过渡金属化合物

丹尼尔·I. 霍尔姆斯基
(Daniel I. Khomskii) 著

伍 亮 译

上海科学技术出版社

内 容 提 要

　　过渡金属化合物的物理性能极其丰富,是最重要的一类功能材料。决定其性能多样性的是多种能量相近的物理效应之间的复杂相互作用,尤其是过渡金属 d 电子之间的强关联作用。本书从强电子关联最基本的 Hubbard 模型出发,跟随章节的深入,循序渐进地引入更贴合实际的物理效应,例如原子在晶体中的变化、轨道结构、自旋轨道耦合和非整数电子占据等,从而抽丝剥茧地解释了过渡金属化合物中多种有序态(例如磁序、轨道序、电荷序)与物理性能(磁性、铁电性、多铁性、超导性、金属-绝缘体转变)之间的关联和起源。本书是理解过渡金属化合物中物理机制和由此导致的重要功能特性的全面总结,是凝聚态物理、材料学等相关领域科研工作者不可或缺的参考书。

序 | PREFACE

过渡金属化合物在材料科学、凝聚态物理等研究领域一直占据着重要地位,并有着广泛的应用和不可限量的潜在应用价值。例如,过渡金属氧化物中包含了最高超导转变温度的铜基超导材料(如 $YBa_2Cu_3O_{7-\delta}$)、最优异的铁电材料体系(如 $PbZr_xTi_{1-x}O_3$、$BaTiO_3$、$K_xNa_{1-x}NbO_3$)、磁性材料(如 Fe_3O_4 和 $Y_3Fe_5O_{12}$)、多铁性材料(如 $BiFeO_3$ 和 $TbMnO_3$)、金属—绝缘体转变材料(如 VO_2)、广泛使用的锂离子电池电极材料(如 $LiCoO_2$ 和 $LiFePO_4$)等。

过渡金属元素的电子态在这些广泛而重要的功能中起着至关重要的主导作用。经过数十年的研究,已经发展为凝聚态物理学中的一个重要分支——强关联物理学。通过对过渡金属化合物中晶格、电荷、自旋和轨道自由度相互关联的理解,解释或预言大多数过渡金属化合物的性质,介绍过渡金属化合物中某一类材料或性能方面的综述论文已经不胜枚举。然而,前沿工作的总结难免缺乏基础性和系统性。于是,德国科隆大学著名科学家 Daniel I. Khomskii 教授凭借其几十年的研究经验,将过渡金属化合物的物理学在本书原著 *Transition Metal Compounds* 一书进行了较为全面的总结和精彩的梳理。本书主要是对最重要的基本概念进行清晰的定性阐述,避免了繁杂的推导细节,打通了基础理论(例如量子力学和固体物理)与前沿研究的壁垒,尤其适合对本领域有兴趣或刚入门的科研工作者和研究生。

目前,几乎所有国内外的高校和研究所都有大量的科研人员从事过渡金属化合物相关的研究。鉴于本领域涉及的物理知识广泛且深刻,类似中文著作的缺失一定程度阻碍了本领域在国内的发展,增加了国内广大科研工作者和研究生对本领域核心知识进行系统学习的难度。伍亮同志根据其在本领域前沿方向的多年工作基础,信达雅的翻译还原了本书原著的精髓,同时修订了原著中的一些细节纰漏,更新了一些近几年来的科研进展。本书无疑是对本领域广大科研工作者和研究生大有裨益、可以持续参考的重要读物。

期望译著《过渡金属化合物》的出版能有助于我国科研工作者对过渡金属化合物的物理学形成更为系统的认知,为相关的科学研究提供坚实的基础,更好地推动我国对过渡金属化合物的产业化应用。

南策文

中国科学院院士

清华大学

2023 年 8 月

译者序 | THE TRANSLATOR'S PREFACE

Daniel I. Khomskii 教授是凝聚态物理,尤其是过渡金属化合物领域的世界知名学者。译者自 2012 年攻读博士期间,师从清华大学南策文院士研究多铁性材料、CMR 锰酸盐等。在阅读浩如烟海的文献期间,学习了 Khomskii 教授在多铁材料领域的重要论文,特别是关于多铁材料的机制总结。之后译者接触到了本书的英文原著,其关于过渡金属化合物物理原理的全面覆盖、精彩解析,一直指导着译者在该领域的学习和研究。

有幸的是,译者在 Rutgers 大学从事博士后工作期间,合作导师 Jak Chakhalian 教授邀请到了 Khomskii 教授来实验室交流。Khomskii 教授用几天时间深入浅出地为我们讲解了与原著相关的知识,让译者受益匪浅,也萌生了通过翻译该书来更深入理解相关研究领域的想法。

2020 年回国之后,译者在昆明理工大学任教,于是将 Khomskii 教授的原著推荐给实验室的研究生。然而,译者发现许多研究生英语能力较为薄弱,阻碍了理解其中较为深奥而有意义的物理原理,因此译者正式启动了该书的翻译工作。这个过程并没有想象中的容易,原著涉及凝聚态物理中很多核心理论,其中一些也是译者的知识盲区,只能通过一边学习一边翻译,以求最大限度地还原原著的本意和精髓。最终,译者在今年完成了翻译,在这个过程中也更新了很多认知,同时希望这一微薄的工作能够帮助更多被英语困扰的研究生及学者进行对相关领域的系统性学习。本译著也得到了 Khomskii 教授的鼓励和支持,他邮件写道:

"Maybe you can arrange it with some official publishing company, so that they publish your translation as a regular book, available to everyone, so that it would be displayed and sold in regular bookstores? I don't care about money, it is not important for me; but it could increase the circulation of the book, and I would be very glad of that."

"或许你可以将你的译著交与出版社出版,以便在书店展示和售卖。我并不在乎钱,这对我而言不重要;但出版可以增加本书的流通,对此我将会非常高兴。"

寥寥数语蕴含了 Khomskii 教授伟大的科学情怀,我也希望本译著能让 Khomskii 教授毕生心血的学术精华得到更多的传播。

鉴于译者水平有限,可能无法完全还原原著的精髓,因此也非常建议读者研读 Khomskii 教授原著 *Transition Metal Compounds*。同时感谢南策文院士的精彩序言,感谢本实验室张欣瑜和黄鑫等同学阅读校审。任何建议或意见,欢迎通过电子邮件 l-wu12@tsinghua.org.cn 反馈。

伍 亮

昆明理工大学

2023 年春,中国昆明

前言 | FOREWORD

过渡金属(transition metal，TM)化合物是一类独特的固体材料，有着丰富的物理内涵。其导电性囊括了从超导到宽带隙绝缘体，以及金属—绝缘体转变材料。过渡金属化合物的磁性也千差万别，实际上大多数强磁体都属于过渡金属(或稀土)化合物。它们还表现出许多有意思的物理现象，例如多铁性和庞磁阻。同样，高 T_c 超导体也属于此类材料。

过渡金属化合物还是研究强关联电子系统的主要阵地，发现和发展了许多新颖的物理概念，例如 Mott 绝缘体。

从应用的角度来说，对过渡金属化合物磁性的关注和应用已经有了很长的历史。近年来，这类材料的电学特性逐渐崭露头角，其中自旋电子学、磁电耦合效应、多铁性和高 T_c 超导等有着(且已经有了)重要的应用前景。

过渡金属化合物的物理学包含许多方面。其中一些本质上很基础，例如对其电子结构的描述与传统能带理论不同，后者适用于标准金属(如 Na 或 Al)、绝缘体或半导体(如 Ge 或 Si)。此外，过渡金属化合物还具有许多特殊性质，这很大程度上是由构成这些化合物的原子或离子的结构细节决定的。如果想让描述更真实，就必须考虑这些特征。过渡金属化合物中许多有意思的现象都是直接基于相应原子或离子的具体特征。一本过渡金属化合物的专著必须兼顾两个方面：一是应该描述系统(系统中的状态很大程度上由电子—电子相互作用，即强电子关联作用决定)中的概念性问题，二是也应该将其与特殊类型过渡金属离子的具体细节结合起来。

本书的目的是对过渡金属化合物的物理学提供一个有条理、一般性的论述。于是，本书只关注包含过渡金属元素的固体材料，而未涉及无机化学范畴内包含过渡金属元素的分子系统，Cotton 等的 *Basic Inorganic Chemistry* 和 Bersuker 的 *Electronic Structure and Properties of Transition Metal Compounds* 等专著涵盖了这类主题。尽管如此，许多在后一领域中最早出现且至关重要的概念对固体材料来说也非常重要，因此这些概念在本书中也有一定程度的讨论。于是，本书主要聚焦包含过渡金属元素固体材料概念性的、普适的，以及特定类别材料和现象背后具体的物理问题。对固体理论方面更一般性的处理则可以参考许多其他专著，尤其是之后会经常涉及的 Khomskii 的 *Basic Aspects of the Quantum Theory of Solids: Order and Elementary Excitations*，可以认为是本书的姊妹篇。

本书试图涵盖过渡金属化合物领域的主要内容。当然，此领域极其丰富，如果深入所有细节，每一个子领域都需要数倍于本书的体量来描述。因此，本书仅聚焦基本的概念并尽可能定性地对其进行解释,而省略了推导细节。对某些具体问题更详细的讨论和处理则可以在相应的参考文献中找到。希望这种风格可以使本书更易于阅读,对广大读者更有帮助,无论是在过渡金属化合物物理学方面的专家,还是在无机化学和材料科学领域的工作者;也希望本书能有益于本领域无论资深的科学家还是入门的研究生。

本书源于一系列的学术讲座,在过去的十年里,这些讲座通常以过渡金属化合物短期"速成课程"的形式在德国、法国、英国和韩国等地开展。这些讲座的受众通常是在本领域工作或对本领域感兴趣的研究生和科研人员,他们主要来自物理、无机化学和材料科学系。因此,希望本书,尤其是作为一本高级教材,为这类读者提供帮助。

本书的理念决定了本书的特点。例如,本书多采用示意图而非实验数据来阐述主要概念,尽管本领域的研究在很大程度上是实验性的。因为有时特定化合物的实验数据虽然包含了这类材料的一般性特征,但其中一些具体数据细节可能会掩盖掉本书关注的主要效应。

这一考虑也关系到参考文献。在可能的情况下,本书尽量不过多引用原始文献(尽管有很多这样的文献),而是引用已有的书籍或综述论文。作者提前向做出重要工作却没有在本书中提及的同仁致歉。

因为不同章节的内容往往涉及十分不同且一定程度上独立的领域,作者预计部分读者不会完整阅读本书而是选择跳过某些部分。因此,为了保持讨论的连续性,作者在书中重复了部分其他章节详细讨论过的内容。作者认为这样的重复是合理的,因为它使每一章内容更加独立。

本书另一个特点是它的布局和风格。作者会用一个简短的总结来结束每一章,用几页的篇幅来陈述主要的概念和内容。这样做有几个目的,首先,简短的总结可以使读者重温相应章节的主旨,并帮助加强理解,至少可以使章节主旨深入人心。其次,这些总结也可以在首次阅读时查看,这样读者可以立即了解相应章节中讨论的问题,再决定详细或是推迟阅读该章节。例如,关于多铁材料的章节可能会引起在相关领域科研工作者的兴趣,但对那些研究高 T_c 超导的人来说则不然。这些总结至少会让这部分读者有机会快速了解"这章到底讲了什么",即使是自己不感兴趣的领域。

实际上,这些"总结"汇集在一起就会形成一本"书中书",用很小的篇幅就能对整个领域进行定性的介绍。作者希望这个"书中书"将对广大读者有帮助,无论是在过渡金属化合物领域刚刚开始学习和工作的青年学者,还是资深科学家都可以被迅速唤起记忆中的这些知识。

再多说几句关于本书呈现的总纲和结构。正如上文提到的,过渡金属化合物的主要物理效应与强电子关联有关,于是产生了电子局域化、Mott 绝缘体等基本概念。讨论这些问题一般从最简单的模型出发,即每个格座上只有一个非简并的原子轨道态,且仅包含一个电子($n=1$),电子之间具有强关联相互作用 $U/t \gg 1$,其中 U 是在座(on-site)Coulomb 排斥,t 是电子跃迁。通过这个简单的模型已经能够阐明上述的一些关键概念。然而,为了使描述更贴合实际,则必须引入更多的细节,如原子内特性、轨道结构和自旋轨道耦合等。然后,可以逐渐放宽最初施加的限制条件,即不再要求每个格座被整数电子占据(例如每个格座一个电子)和强关联性。

　　本书的布局或多或少遵循了这一模式。第 1 章以简单的非简并 Hubbard 模型为例,讨论了基本的物理现象。然后,在第 2 章~第 8 章中,逐渐引入了更多具体的物理性质,例如过渡金属元素的原子结构,原子或离子在晶体中发生的变化,与轨道结构相关的效应,包括轨道简并等。这种方式仍然主要处理整数占据 d 能级的强关联电子,尽管在某些情况下,限制已经放宽,例如,主要发生在非整数占据 d 能级系统的电荷序。取消这一限制的主要影响,以及掺杂和任意填充能带系统的处理,将在第 9 章进行讨论。最后,在第 10 章中,解除了强关联电子系统最后的"限制",即 $U \gg t$,并考虑变量 U/t 的一般情况,特别关注此时发生的极为有意思的金属—绝缘体(Mott)转变现象。在第 11 章中,简要讨论了另一类强电子关联固体的主要性质,也就是不再基于过渡金属,而是基于 4f 或 5f 金属(稀土和锕系元素)的化合物。这些材料中有许多有意思的现象,如 Kondo 效应,在过渡金属化合物中也以某种形式出现。尽管 4f 和 5f 金属化合物有一些特殊的性质,但其主要物理性质与过渡金属化合物较为相似。在本书中完整地讨论这些材料和现象是必要的,因为它们与过渡金属化合物中观察到的现象有着密切的关系。

　　最后,作者要感谢同事和同行们,多年来他们的帮助和与他们的讨论对作者理解这个宏大的研究领域大有裨益。在此特别感谢 L. Bulaevskii、K. Kugel、I. Mazin、T. Mizokawa、M. Mostovoy、G. Sawatzky、S. Streltsov、Hao Tjeng 和 Hua Wu。

丹尼尔·I. 霍尔姆斯基

目录 | CONTENTS

第 1 章
固体中局域和巡游电子

本书的主题是过渡金属化合物物理学,过渡金属元素包括：3d - Ti、V、Cr、Mn……,4d - Nb、Ru……,5d - Ta、Ir、Pt……;这类材料表现出极其丰富的性质。电学性质方面,这类材料包括金属、绝缘体和导电性跨越数个量级的金属—绝缘体转变材料。磁学性质方面,过渡金属化合物多为磁性材料,并囊括了几乎所有的强磁体(或含有稀土离子的化合物,其物理性质与过渡金属化合物类似)。值得一提的是,高临界温度的超导体也属于过渡金属化合物(T_c 约为 150 K 的高 T_c 铜氧化物,或近期发现的 T_c 高达 $50\sim60$ K 的 FeAs 型铁基超导)。

决定过渡金属化合物性质多样性的主要因素是其电子具有两个概念上截然不同的状态：局域在相应离子格座的局域电子和类似正常金属(例如 Na)中离域的巡游电子。当然,电子也可以介于以上两种状态之间。当处理局域电子时,须使用原子物理的概念,而对于巡游电子,则可以使用传统能带理论。

这种划分可以追溯到 20 世纪上半叶。在量子力学发展的初期,人们曾详细研究了原子中的电子,包括原子结构、壳层模型、原子量子数等不同方面。这些对于过渡金属化合物也至关重要,在本书的主要章节中将讨论这些问题。然而,本章作为介绍性章节,将主要聚焦固体中电子局域态和巡游态的竞争关系。

1.1 巡游电子和能带理论

20 世纪上半叶开始了关于原子形成固体时,其电子"命运"的研究,促成了大获成功的能带理论。能带理论讨论了自由电子(电子之间无相互作用)在周期离子晶格中的运动,形成了由(允许)能带和它们之间的禁带组成的能谱,如图 1.1 所示,其中展示了能带 $\varepsilon_i(k)$ 和相应的态密度 $\rho(\varepsilon)$。

如果晶体中有 N 个原子,则每个能带包含 N 个 k 点。例如一维情况下 $k_n = 2\pi n/N$, $n = -\frac{1}{2}N, \cdots, +\frac{1}{2}N$。于是在连续极限下($N$ 足够大) $-\pi \leqslant k < \pi$(本书绝大多数情况下取晶格常数 $a = 1$)。k 的范围 $-\pi \leqslant k \leqslant \pi$ 构成了(第一)Brillouin 区。于是,对于 N 个格座的系统,每条能带包含了 N 个能级,根据 Pauli 原理,每个能级可以容纳自旋态 ↑ 和 ↓ 的两个电子,即每条能带可以容纳 $2N$ 个电子。

此时电子占据最低能级。如果电子数 $N_{el} < 2N$,那么电子密度 $n = N_{el}/N < 2$,电子只能

部分占据最低能级,最高占据态的动量和能量被称作 Fermi 波矢 k_F 和 Fermi 能级 ε_F,如图 1.2 所示,此时系统呈金属性。

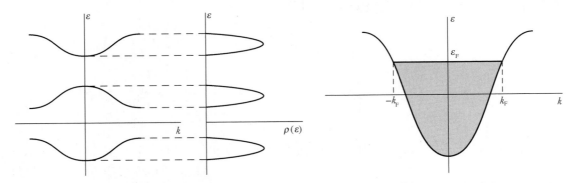

图 1.1　固体中自由电子能谱 $\varepsilon(k)$ 和
态密度 $\rho(\varepsilon)$ 示意

图 1.2　金属的能带结构(阴影部分为占据态;
ε_F 和 k_F 为 Fermi 能级和 Fermi 波矢)

在一维情况下,系统存在两个 Fermi 点 $\pm k_F$。在二维和三维系统中,电子占据低于 Fermi 能级的态 $\varepsilon(k) \leqslant \varepsilon_F$,其边界构成了 Fermi 面。实际上,多个能带可能会发生相互重叠,相应的 Fermi 面一般来说非常复杂。

在图 1.1 这样最简单的非简并能带中,如果 $N_{el} = 2N$,电子将完全占据最低能带,系统呈绝缘性,此时带隙将完全填充的价带和空的导带分隔开,如图 1.3 所示。这是关于普通能带绝缘体或半导体(例如 Ge 和 Si)的标准描述。

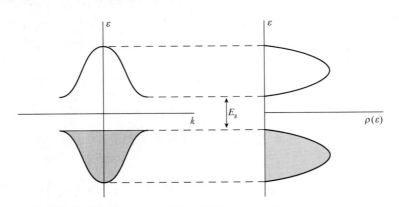

图 1.3　典型绝缘体或半导体的能带结构(阴影部分为占据态)

描述固体中能带的形成有两种方法。第一种方法研究在周期晶格势场中自由电子的运动(图 1.4),可以从周期势场中自由电子的能谱 $\varepsilon(k) = k^2/2m$ 出发。相应的 Schrödinger 方程在数学上被称为 Mathieu 方程,其能谱如图 1.5 所示。对于给定的周期晶格 $\mathcal{K} = 2\pi n/a$ (a 为晶格常数),不同的能带在 Umklapp 波矢处被带隙分隔。通过周期性平移获得第一 Brillouin 区的能谱,如图 1.1、图 1.3 所示,这便是所谓**自由电子近似**。当然,与图 1.4、图 1.5 简单的一维情形不同,真实晶体材料的结构更复杂,其能带结构也随之更加复杂,不同的能带在某些取向上可能会相互重叠。但其基本规则是类似的,如果每个离子或晶胞的电子数量为奇数,在自由电子近似下,总有能带处于部分填充的状态,此时系统呈金属性。而当该电子数量为偶数时,系统则可能处于绝缘态,如图 1.3 所示(尽管某些情况下能带重叠会使系统呈金属性或半金属性)。

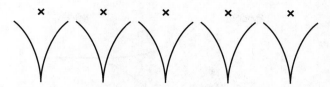

图 1.4　能带理论中处理电子运动的周期势场

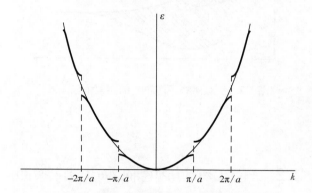

图 1.5　自由电子在周期势场中能带的起源

　　能带理论中常用的另一种近似是**紧束缚近似**,此物理图像通常更接近真实过渡金属化合物中的 d 电子,本书将主要使用此近似。紧束缚近似从孤立原子及其局域原子能级出发,然后处理电子在原子间的隧穿或跃迁,即从晶体中一个势阱运动到另一个(图 1.6)。电子在两个相邻势阱间的跃迁导致初始能级[图 1.6(a)中虚线]劈裂为成键和反键,即 $|b\rangle = \dfrac{1}{\sqrt{2}}(|1\rangle + |2\rangle)$ 和 $|a\rangle = \dfrac{1}{\sqrt{2}}(|1\rangle - |2\rangle)$,进而在由这种(格座)中心构成的周期晶格中,每个原子能级将展宽成能带,如图 1.6(b),其电子态为动量 k 的平面波:

$$|\boldsymbol{k}\rangle = \frac{1}{\sqrt{N}} \sum \mathrm{e}^{\mathrm{i}\boldsymbol{k} \cdot \boldsymbol{n}} |\boldsymbol{n}\rangle \tag{1.1}$$

其中,$|\boldsymbol{k}\rangle$ 为平面波波函数,$|\boldsymbol{n}\rangle$ 为格座 $\boldsymbol{n}$ 的原子态。于是,得到了与图 1.1 类似的能带结构,其中每个能带源于相应的原子能级(同样,这些能级原则上可以相互重叠,如图 1.7 所示著名图像,当原子间距缩小时,原子能级逐渐展宽形成能带)。对于很大的原子间距,相邻原子的波

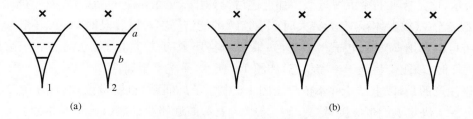

图 1.6　紧束缚近似下的能带的起源

函数重叠很小,也就是图 1.6 中相邻势阱之间的隧穿概率很低,能带则会很窄,可以当作孤立的离子处理。这是描述巡游电子态向局域电子态转变过程的一种常用近似。

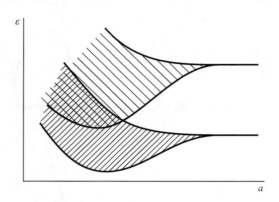

图 1.7 能级对原子间距 a 的典型依赖关系

1.2 Hubbard 模型和 Mott 绝缘体

考虑最简单的理想晶格,其由简并电子能级的原子组成,例如,可以看作周期性排列的氢原子或者质子,其间距为 a(设为 1),每个格座只有一个非简并的 1s 能级(图 1.6 所示虚线)。电子在格座间跃迁:

$$\mathcal{H} = -t \sum_{\langle ij \rangle, \, \sigma} c_{i\sigma}^{\dagger} c_{j\sigma} \tag{1.2}$$

其中,$c_{i\sigma}^{\dagger}$、$c_{j\sigma}$ 为格座 i 处自旋 σ 的电子的产生和湮灭算符,t 为跃迁矩阵元,$\langle ij \rangle$ 求和加权所有最近邻的跃迁,形成能带(本书将采用广泛使用的二次量子化形式,其简介见附录 B)。对式(1.2)进行 Fourier 变换可以得到此能带的 Hamiltonian:

$$\mathcal{H}_b = \sum_{\boldsymbol{k}, \, \sigma} \varepsilon(\boldsymbol{k}) c_{\boldsymbol{k}\sigma}^{\dagger} c_{\boldsymbol{k}\sigma} \tag{1.3}$$

其能谱为

$$\varepsilon(\boldsymbol{k}) = -2t(\cos k_x + \cos k_y + \cos k_z) \tag{1.4}$$

其中,项的数量代表维度,即一、二或者三项分别代表一维链式,二维方形或三维立方晶格,如图 1.8 所示,这是标准的紧束缚近似。如上述讨论,对于 N 个格座的晶格,在每个能带中存在 N 个能级,当 N(或者体积 V)无穷大时产生连续的能谱[式(1.4)],根据 Pauli(不相容)原理,一个能带可以容纳 $2N$ 个电子。于是,如果每个格座只有一个电子,也就是电子浓度 $n = N_{\mathrm{el}}/N = 1$ 时,该能带将处于半满状态,如图 1.8 所示,系统呈金属性。

值得注意的是,以上结论并不依赖于图 1.6 中原子的间距,也就是说式(1.2)和式(1.4)中跃迁矩阵元 t 决定了能带宽度 $W = 2zt$,其中 z 表示最近邻原子数($z = 2 \times$ 维度)。然而,跃迁 t 正比于电子在格座间的隧穿概率,随着格座间距的增大而呈指数次衰减。尽管如此,根据式(1.3)、式(1.4)和图 1.8,无论格座间距有多大,t 有多小,系统都将保持金属性。根据这个推断,例如将"氢原子"的间距设为 1 m,这样的系统仍然呈金属性。

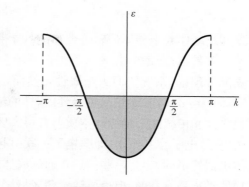

当然,这显然是不合理的。直觉上,以上系统由电中性氢原子组成,电子局域在相应格座,系统应该是绝缘的。那么以上处理到底出现了什么问题? 至少缺少了一个重要的物理效应:电子之间的 Coulomb 排斥作用。可以预见,如果原子间距足够大,那么电子将局域在各自格座,此时每个格座已经存在一个电子,第二个电子很难跃迁到这个已经被占据的格座上。

图 1.8　紧束缚近似下每个格座一个电子($n = N_{el}/N = 1$)的自由电子非简并能带

如图 1.9(a)所示,假设每个格座只有一个电子,要形成带电激发态,就必须将某一个格座 i 的电子转移到 j[图 1.9(b)]。此时,格座 i 的空穴,格座 j 的额外电子(双电子占据或"双占据子")可以通过向相邻格座跃迁而在整个晶体中移动,并贡献电流。

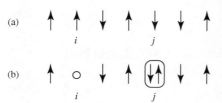

图 1.9　每个格座一个电子的系统中产生的带电激发态(空穴和双占据子)

然而,带电激发态(空穴和双占据子)的形成,必须在已经存在一个电子的格座 j 处放入一个额外的电子。这至少会增加格座 j 处的两个电子的 Coulomb 排斥能,按照惯例记为 U,相应的 Hamiltonian 为

$$\mathcal{H}_{int} = U \sum_i n_{i\uparrow} n_{i\downarrow} \tag{1.5}$$

[对于非简并情况,例如"1s"能级,每个格座只能容纳自旋方向相反的两个电子,所以相互作用式(1.5)包含了格座 i 处的电子密度 $n_{i\sigma} = c_{i\sigma}^{\dagger} c_{i\sigma}$]。结合式(1.2)和式(1.5),得到系统的 Hamiltonian:

$$\mathcal{H} = -t \sum_{\langle ij \rangle, \sigma} c_{i\sigma}^{\dagger} c_{j\sigma} + U \sum_i n_{i\uparrow} n_{i\downarrow} \tag{1.6}$$

这便是 Hubbard 模型[1]。

显然,当考虑以上物理效应时,在系统中产生一个这样的电子空穴对(或双占据子-空穴对)我们需要消耗在座电子排斥能 U[式(1.5)],但是随之我们会获得该电子和空穴的动能[**注意:此处"我们"代表系统之外的环境,我们消耗能量(或失去能量)表示系统中能量的升高,此处指的是电子空穴对的产生需要我们提供额外的能量来克服在座电子排斥能 U,导致系统能量升高;而我们获得能量则表示系统中相应能量的降低,此处指的是电子和空穴动能的降低。于是如果"我们"可以从某一过程中获得能量,则该过程会导致系统能量的降低,进而系统更稳定,反之亦然,下文会经常使用这样的描述,且经常省略"我们"**]:当电子和空穴在晶体中移动时,便形成能带结构式[(1.3)、式(1.4)],它们占据了最低能级,相应的能量为 $-\frac{1}{2}W = -zt$,即获得的总能量为 $W = 2zt$。对定量而言,如果 $U > W$,那么电子就会保持在它们最初的位置或格座[图 1.9(a)]呈绝缘性。为了产生导电的电子-空穴激发态,需要克服能隙:

① Hubbard. Proc. Roy. Soc. A, 1963, 276: 238.

$$E_g \approx U - W = U - 2zt \tag{1.7}$$

这和绝缘体或半导体(满)价带和(空)导带之间带隙的作用相同,如图 1.3 所示。

于是,对于每个格座一个电子($n=1$)的系统,如果电子跃迁 t 很小(即带宽 W 很窄),根据能带理论,系统依旧为金属性。然而,引入在座 Coulomb 排斥能 $Un_{i\uparrow}n_{i\downarrow}$[式(1.5)]后,当 $U \gtrsim W = 2zt$ 时,系统呈绝缘性,这样的绝缘体被称为 Mott 或 Mott-Hubbard 绝缘体[①]。Mott 绝缘体和传统能带绝缘体本质上有很大区别,后者是由于晶体的周期性造成的,而前者完全是由电子-电子相互作用,即**强电子关联**引起的。相应地,Mott 绝缘体的大多数性质与传统绝缘体也截然不同,尽管一些描述普通绝缘体的概念也可以用来描述 Mott 绝缘体,例如能隙。这样的类比是有益的,但也要注意两者概念之间的区别,本书后面会列举大量相关的案例。

以上讨论与分子化学键理论的联系有必要在此提及。分子轨道(molecular orbital,MO)理论是对化学键形成最简单的描述,例如在氢分子 H_2 中,电子在两个格座(质子)a 和 b 之间运动的波函数为

$$|\Psi_{\pm}\rangle = \frac{1}{\sqrt{2}}(\Psi_a \pm \Psi_b) \tag{1.8}$$

其中,+和-代表成键和反键轨道。H_2 的基态为两个电子反平行排列占据成键轨道:

$$|\Psi_{MO}\rangle = \frac{1}{2}[\Psi_a(r_1) + \Psi_b(r_1)][\Psi_a(r_2) + \Psi_b(r_2)] \cdot \frac{1}{\sqrt{2}}(1\uparrow 2\downarrow - 1\downarrow 2\uparrow) \tag{1.9}$$

这是一个关于坐标对称,自旋反对称的单态,被称为 MO 态,或分子轨道—原子轨道线性组合(MO-linear combination of atomic orbitals,MO LCAO)态,或 Hund-Mulliken 态。可以看出,式(1.9)中存在相应电子在不同格座的 $\Psi_a(r_1)\Psi_b(r_2)$ 项,即非极性(同极性)态。然而,分子轨道态存在相同的概率包含离子态 $\Psi_a(r_1)\Psi_a(r_2)$,此时两个电子都位于原子 a 上。当推广到大的周期晶体中,这种分子轨道态会导致自由电子式(1.3)和式(1.4)的标准能带图像。

然而,离子态 $\Psi_a(r_1)\Psi_a(r_2)$ 显然会消耗巨大的在座 Coulomb 排斥能。为了避免此消耗,化学键也可以用 Heitler-London 态来描述:

$$|\Psi_{HL}\rangle = \frac{1}{\sqrt{2}}[\Psi_a(r_1)\uparrow \Psi_b(r_2)\downarrow - \Psi_a(r_1)\downarrow \Psi_b(r_2)\uparrow] \tag{1.10}$$

此时,排除了两个电子同时位于一个格座的离子态,避免了相应的高能量态[②]。在能级图 1.10(a)中,分子轨道态相应的两个电子占据能量为 $-t$ 的成键轨道,类似的 Heitler-London 态,如图 1.10(b)所示。值得注意的是,此时基态不再是自由电子的单电子态,而是考虑了电子-电

[①] 见 Mott N. F.. Metal-Insulator Transitions. London:Taylor,Francis,1990;2nd ed.,关于 Mott 绝缘体的一些有意思的历史注释见附录 A。

[②] 在二次量子化形式下,波函数式(1.9)和式(1.10)可以用式(1.6)中电子产生与湮灭算符 $c^{\dagger}$ 和 c 来表示:

$$|\Psi_{MO}\rangle = \frac{1}{2}(c_{1\uparrow}^{\dagger} + c_{2\uparrow}^{\dagger})(c_{1\downarrow}^{\dagger} + c_{2\downarrow}^{\dagger})|0\rangle$$

$$|\Psi_{HL}\rangle = \frac{1}{\sqrt{2}}(c_{1\uparrow}^{\dagger}c_{2\downarrow}^{\dagger} - c_{1\downarrow}^{\dagger}c_{2\uparrow}^{\dagger})|0\rangle$$

其中,$|0\rangle$ 表示真空态。由于 Fermi 算符 c_i 和 c_j 的反交换性,即 $c_{i\sigma}^{\dagger}c_{j\sigma'}^{\dagger} = -c_{j\sigma'}^{\dagger}c_{i\sigma}^{\dagger}$,要求波函数具有反对称性。

子相互作用的多(双)电子态。于是,Heitler‐London 成键态的能量与分子轨道态能量$-t$不同,而是$\approx -t^2/U$,其中U是在座 Coulomb 排斥[式(1.5)]。再次强调,这属于多电子态,低能级为单态,高能级为三重态。实际上,以上两种方法主要用来描述分子的化学键,例如氢分子 H_2。

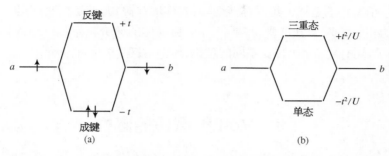

图 1.10　(a) 两个格座在 MO LCAO 近似下的成键和反键态;(b) Heitler‐London 近似下的成键单态和反键三重态

从以上讨论可知,MO 或 MO LCAO 对应的是固体的能带理论,而 Heitler‐London 对应的是 Mott 绝缘体理论(电子相互回避而局域在各自的格座上)。

类比于能带绝缘体,图 1.11 展示了 Mott 绝缘体理论中 Hubbard 子能带。当电子之间没有相互作用时($U=0$),能带处于半满状态;当 U 足够大时,即 $U/t>(U/t)_{\text{crit}}$,或 $U>U_{\text{crit}}\approx W=2zt$,能带就会劈裂成两个子能带,其带隙约 $E_g\approx U$(更准确来说,$E_g\approx U-W=U-2zt$)。对于每个格座一个电子的系统,即 $n=N_{\text{el}}/N=1$,每个子能带可以容纳 N 个电子,于是低能带将会被完全占据,而高能带为空带,这样的子能带被称作**下和上 Hubbard(子)带**,与普通绝缘或半导体的能带类似,如图 1.3 所示。

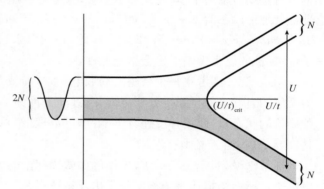

图 1.11　Hubbard 模型中能带对电子‐电子排斥能的依赖关系

图中 crit 为 critical 的缩写,即 U/t 的临界值。图右的两个能带分别为下 Hubbard 带(阴影区域)和上 Hubbard(子)带(非阴影区域)

然而,此时一个重要的区别是,能带绝缘体的带隙是由晶体的周期势场导致的,而 Mott 绝缘体完全是由电子-电子相互作用导致的。另外,图 1.3 中每个能带可以容纳 $2N$ 个电子,而在 Mott 绝缘体中,当 U 足够大时(图 1.11),两条 Hubbard 子带各自只能容纳 N 个电子。

实际上,情况甚至更加复杂。能带绝缘体每个能带的容量是常数 $2N$,即每个格座可以容纳两个态。然而,Hubbard 子带的容量却不是常数,而依赖于系统的电子数量。当改变系统电子数量时,Hubbard 子带中的电子会重新分布,也就是每个格座上的电子数会发生变化,也被称作**谱权重再分配**或**谱权重转移**,这是 Mott 绝缘体一个重要的特征,详细介绍见 9.1 节。实验上,例如光学领域,谱权重再分配起着很重要的作用,突出了 Mott 绝缘体与能带绝缘体的区别。

图 1.11 和接下来的讨论可以直接推出一个重要的现象。已经证明对于每个格座一个电

子的系统,当 $U \gg t$ 时,非简并 Hubbard 模型表明该系统为 Mott 绝缘体,当 $U=0$ 时则为金属。于是,从自由电子出发,并逐渐增加系统的 U 或者 U/t,那么系统将发生金属—绝缘体转变(Mott 转变)。很多过渡金属化合物都存在由压力、温度或成分驱动的 Mott 转变。一般来说,这种金属—绝缘体转变会伴随晶体和(或)磁结构的变化,这本身就能够在能谱中打开能隙。于是对于一个特定的金属—绝缘体转变,其具体的起源,尤其是相变过程中电子关联性和结构畸变之间的相互关系十分重要,需要进行单独具体的研究。金属—绝缘体转变,尤其是 Mott 转变的例子,还有对 Mott 转变不同的理论处理将在第 10 章进行介绍。

1.3 Mott 绝缘体的磁性

从 1.2 节可知,Mott 绝缘体的特点是电子的局域化(每个格座一个电子)。相应地,局域电子就代表同时出现了**局域自旋**或**局域磁矩**。在某种意义上,已经从晶体中电子的能带描述(其中电子被视为巡游的、非局域的平面波)转变成电子局域在相应格座的原子物理描述方法。本节将继续讨论简单模型[式(1.6)]中,只考虑格座 i 和自旋 σ 所带来的基本效应,更详细的理论处理可以参阅 Khomskii 的 *Basic Aspects of the Quantum Theory of Solids: Order and Elementary Excitations* 第 12 章。在此,必须引入自旋,否则就算系统每个格座只有一个电子,在标准的能带理论下也会呈绝缘性。

于是,当仔细考察每个格座的局域电子时,局域自旋在低温必定会在某种程度上有序,因为无序的自旋将使得系统处于高简并态(简并度为 2^N,因为每个格座可以存在自旋 ↑ 和 ↓ 两种等价的状态)。此简并度违背了 Nernst 定理(绝对零度时,所有系统都有序,其熵为 0),于是 $T=0$ 时,自旋必须有序。

通常来说,对于关联系统,先用例如微扰理论的方法解决无关联问题,然后再把关联项考虑进来。然而当描述每个格座一个电子的强关联($U \gg t$)系统 Hubbard 模型式(1.6)时,所用的方法恰恰相反,即先选取 Mott 绝缘体作为基态,然后尝试将关联能最小化。于是式(1.6)中第二项关联能被当作主要 Hamiltonian,第一项电子跃迁当作微扰($t/U \ll 1$)。实际上,关联能导致电子局域在一个格座上,此时自旋是简并的。而电子的两次跃迁,作为二次项解除了自旋简并,导致(反)铁磁交换相互作用进而产生磁序。

可以通过以下方法来理解这个过程,如图 1.12 所示。考虑以下两种情况:相邻格座的电子自旋平行[图 1.12(a)]或者反平行[图 1.12(b)]。这两种情况的关联能都最小,为基态 $E_0=0$。式(1.6)中 Hamiltonian 的第一项,电子跃迁,理论上使电子运动到其相邻格座,形成图 1.9(b)所示一个空穴和一个双电子格座,此激发态的能量 $E_{\mathrm{ex}}=U$。然而,此激发态并不属于非极性态 2^N 简并的基态流形。将式(1.6)的跃迁项执行两次,能将双电子格座的额外电子移回空格座而回到基态,因此这样的二阶过程理论上是可能的。

在量子力学中,二阶效应对基态的贡献总是:

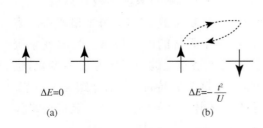

$$\Delta E=0$$

$$\Delta E=-\frac{t^2}{U}$$

(a)   (b)

图 1.12 非简并能级 Mott 绝缘体中
反铁磁(超)交换起源图解

$$\Delta E_2 = \sum_n \frac{|\langle 0|H'|n\rangle|^2}{E_0 - E_n} \tag{1.11}$$

其中，H' 为微扰，其求和遍历所有的 $E_n > E_0$ 的激发态，为负值。此时微扰 H' 是式(1.6)第一项电子跃迁引起的。于是，如果一个电子跃迁到相邻格座又跃迁回初始格座的虚跃迁是允许的，这个过程能降低该系统的能量[对于基态，式(1.11)中分母总是负的]。

对于平行自旋[图 1.12(a)]，虚跃迁被 Pauli 原理禁止，系统相应的能量变化为零。对于反平行自旋[图 1.12(b)]，虚跃迁是允许的，并获得能量 $-2t^2/U$。由于此项描述电子跃迁了两次，于是分子为 t^2，而分母为双电子占据同一个格座中间态的关联能 U，系数 2 来自有两种跃迁形式，即先跃迁至左边还是右边。于是，此过程使得系统中相邻自旋反平行的能量更低，为基态。事实上，这也是 Heitler-London 波函数式(1.10)中单态—三重态劈裂的原因。

人们实际上可以进行严格的计算，于是可以发现该系统的磁态可以绕过式(1.6)，而采用更简洁的有效 Heisenberg Hamiltonian 来描述：

$$\mathcal{H}_{\text{eff}} = J \sum_{\langle ij \rangle} \boldsymbol{S}_i \cdot \boldsymbol{S}_j, \quad J = \frac{2t^2}{U} \tag{1.12}$$

此 Hamiltonian 作用在 2^N 简并基态流形中非极性态的子空间上，描述了该系统的基态和最低激发态(即磁激发或自旋波)。在推导式(1.12)时，需要用到电子和自旋算符的相互关系，对于每个格座一个电子的子空间：

$$\begin{cases} c_{i\uparrow}^{\dagger} c_{i\uparrow} \Rightarrow \frac{1}{2} + S_i^z, \quad c_{i\downarrow}^{\dagger} c_{i\downarrow} \Rightarrow \frac{1}{2} - S_i^z \\ c_{i\uparrow}^{\dagger} c_{i\downarrow} \Rightarrow S_i^+, \quad c_{i\downarrow}^{\dagger} c_{i\uparrow} \Rightarrow S_i^- \end{cases} \tag{1.13}$$

其中，$S_i^+ = S_i^x + iS_i^y$ 和 $S_i^- = S_i^x - iS_i^y$ 分别是将自旋从 ↓ 到 ↑，以及从 ↑ 到 ↓ 的翻转算符。值得注意的是，图 1.12(b)中虚跃迁过程，不只是"跃迁"的电子可以回到初始位置，格座 j "原本的"电子也可以跃迁到格座 i，也就是发生了电子之间的**交换**。因此，有效 Hamiltonian[式(1.12)]呈 Heisenberg 形式，即不仅包括了经典的 Ising 项 $S_i^z S_j^z$，还包括了(量子)交换项 $S_i^x S_j^x + S_i^y S_j^y = \frac{1}{2}(S_i^+ S_j^- + S_i^- S_j^+)$。

在此有必要说明，在描述例如式(1.12)的交换相互作用时，不同论文使用的习惯可能不同。有的人使用相反的符号，$-J \sum \boldsymbol{S}_i \cdot \boldsymbol{S}_j$，有的人使用 $2J \sum \boldsymbol{S}_i \cdot \boldsymbol{S}_j$。同样人们求和 $\sum_{\langle ij \rangle}$ 时，是否是把 i 和 j 当作独立变量，如果当作是独立变量，则会被计算两次(这也是本书所用的惯例)，例如 $\boldsymbol{S}_1 \cdot \boldsymbol{S}_2$ 被 $i=1, j=2$ 和 $i=2, j=1$ 计算了两次。如果每一对自旋仅被计算一次，此时式(1.12)中交换常数不再是 $2t^2/U$，而是 $4t^2/U$。因此查阅文献中交换常数的时候，需要确定作者使用了哪种交换积分。

从 Mott 绝缘体的有效 Hamiltonian[式(1.12)]可以看出对于简单的非简并 Hubbard 模型式(1.6)，当 $n=1$ 且 $U \gg t$ 时，系统具有反铁磁序，和图 1.12 的定性讨论吻合。这种交换相互作用被称为**超交换**，有时候也被称为动态交换。如上所述，尽管超交换具有 Heisenberg 交换相互作用形式($\approx \boldsymbol{S}_i \cdot \boldsymbol{S}_j$)，实际上这并不是原本的 Heisenberg 交换相互作用(属于 Coulomb 相互作用的交换部分)：

$$\int \Psi_1^*(\boldsymbol{r})\Psi_2^*(\boldsymbol{r}')\frac{e^2}{|\boldsymbol{r}-\boldsymbol{r}'|}\Psi_1(\boldsymbol{r}')\Psi_2(\boldsymbol{r}) \tag{1.14}$$

而是由有效电子离域，即动能的降低造成的：当相邻自旋处于反平行时，根据不确定性原理 $\delta x \delta p \gtrsim \hbar$，电子可以通过虚跃迁部分离域到相邻格座，导致动能的降低。这种超交换事实上是磁性绝缘体中最主要的交换机制；真正的 Heisenberg 交换相互作用 $\int \Psi^* \Psi^* (e^2/r) \Psi\Psi$[式(1.14)]通常很弱(且符号相反)。在真实过渡金属化合物中，原子层面上的结构非常复杂，由此产生的磁交换形式可能会更加复杂，而且也不一定是反铁磁性的，这些细节将在第 2 章中讨论。但至少从概念上讲，Mott 绝缘体的形成机制和其中的磁交换已经在简单的 Hubbard 模型[式(1.6)]中得到了正确的描述(公式很简单是因为忽略了很多细节，其性质却不然)。

1.4 Mott 绝缘体中电子运动与磁性的相互作用

遵循本书的总体规划，本节继续使用非简并 Hubbard 模型来描述其他几种效应，它们在实际情况中扮演着重要角色。其中一个最重要的效应是，对于 Mott 绝缘体，其电子和自旋自由度存在非常复杂的相互作用。以强关联系统中的基态为例，如上所述，当 $n=1$ 和 $U \gg t$ 时，系统为反铁磁 Mott 绝缘体。让我们观察一个额外电子或空穴掺杂到此系统(或者来自电子-空穴激发态)后的运动。理论上它可以存在于任何一个格座 i，因为一旦产生，由于式(1.6)中的跃迁项，它可以在不增加额外 Coulomb 排斥 U 的情况下移动，这将使得此载流子的态展宽形成能带：图 1.11 的下(对于空穴)或者上(对于电子)Hubbard 带。然而，这些电子或空穴不是在空的晶格中，而是在其他反铁磁序的电子背底中移动，如图 1.13 所示。因此，假设自旋↑的电子在格座 i(图 1.13)，理论上它可以移动到相邻的格座，而不需要额外的 Hubbard 能 U。然而，由于反铁磁序的存在，根据 Pauli 原理，相邻格座已经存在一个自旋相同的电子，这样的移动则会被禁止。于是，背底反铁磁序将会阻碍甚至完全阻止额外电子的运动。在一定温度下(甚至在 $T=0$ 时，由于零点涨落)，电子的运动可以通过翻转相邻格座的自旋来实现，但反铁磁作用越强，电子的移动便越难。

理论处理确实指出，此效应在平均场近似下使得有效电子跃迁降低了①：

$$t_{ij} \longrightarrow (t_{ij})_{\text{eff}} = t_{ij}\frac{\frac{1}{4}+\langle \boldsymbol{S}_i \cdot \boldsymbol{S}_j \rangle}{\sqrt{\frac{1}{4}-\bar{S}^2}} \simeq t\sqrt{\frac{1}{4}-\bar{S}^2} \tag{1.15}$$

其中，$\bar{S}=\langle S_i \rangle$为平均亚晶格磁矩。当 $\bar{S} \to \frac{1}{2}$时，电子跃迁将会被完全抑制。反铁磁体总是存在振动(非零温度的热扰动或零点涨落)，使得 $\bar{S}$ 降低从而保证了微弱的跃迁。

然而，以上的处理忽略了一个重要的因素，使得乍看之下这些讨论都失去了意义。在处理

① Bulaevskii L. N., Nagaev E. L., Khomskii D. I.. Zh. Exp. Teor. Fiz. 1968, 54: 1562; Khomskii. Basic Aspects of the Quantum Theory of Solids: Order and Elementary Excitations. Cambridge: Cambridge University Press, 2010.

电子运动的时候,考虑的是**额外**电子的跃迁(图 1.13)。但所有的电子是等价的,虽然自旋↑的额外电子因为近邻格座已经存在自旋相同的电子而不能移动,而这个"原有"自旋↓的电子依旧可以跃迁(图 1.14)。于是,这看起来像在每一步中,"原有"电子可以移动,使得额外负电荷(双重占据格座)也可以在整个反铁磁有序的晶体中移动。当讨论一个空穴而非额外电子的运动时,这一点将更加明显,如图 1.15 所示。此时,相邻格座的电子在每一步都可以跃迁到空格座上使得空穴可以在整个晶体中移动。

图 1.13　"额外"电子在反铁磁　　　　　　图 1.14　"额外"电子在反铁磁 Mott
　　　　　背底中移动　　　　　　　　　　　　　　　绝缘体中可能的运动

　　然而,注意此时存在一个非平凡的效应,每次电子移动到空格座上,相当于交换了亚晶格的自旋。于是初始状态[图 1.15(a)]所有奇数格座的自旋↑,偶数格座自旋↓,经过空穴的两次跃迁后[图 1.15(c)]得到了在格座 3 和 4 处"错误的"、翻转的自旋↓↑(对于未掺杂的情形,初始自旋为↑↓)。于是空穴在此过程中移动,经过反铁磁晶体会留下一条"错误的"自旋轨迹[1]。

　　在一维系统中,该过程形成一个"畴壁"[图 1.15(b)(c)中格座 2 和 3],但是空穴的进一步移动不会消耗额外的能量,因此并不十分致命。然而对于二维和三维系统,情况就截然不同了,如图 1.16 所示。此时,空穴的移动(与相邻格座的电子交换位置)会留下一条"错误的"自旋轨迹,即与它们相邻的格座形成"错误的"铁磁键(图 1.16 中波浪键)。因此,空穴从初始位置移动得越远,需要消耗更多的能量,每一步额外消耗 $J(z-2)$,其中 z 是最近邻数。于是消耗的能量与空

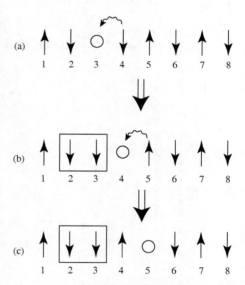

图 1.15　空穴移动导致的自旋-电荷分离
形成了畴壁(两个自旋↓↓)和一个
不影响反铁磁背底的空穴

————————————————

① 经过几步后的激发态非常奇特,例如图 1.15(c)所示,空穴被自旋↑和↓包围,也就是它不携带自旋(如果把空穴从晶体中拿走,会恢复成无畸变的反铁磁序)。相比之下,存在一个自旋激发态,也就是两个相邻的平行自旋(此处为格座 2 和 3)。这个缺陷(实际上是一个激发态,可以通过交换自旋,例如 1 和 2 而移除)携带自旋 $\frac{1}{2}$。这个自旋 $\frac{1}{2}$ 中性激发态被称为**自旋子**(spinon),而空穴[图 1.15(c)格座 5]为一个**空穴子**(holon)。因此,初始在图 1.15(a)格座 3 处携带电荷 $+e$ 和自旋 $\frac{1}{2}$ $\left(准确地说此处是 -\frac{1}{2},相当于是初始自旋 \frac{1}{2} 在格座 3 处消失了\right)$ 的空穴,分裂成了**两个激发态**,一个带电空穴子但不携带自旋,一个中性自旋子携带自旋 $-\frac{1}{2}$,这就是**自旋-电荷分离**,见 Anderson P. W.. The Theory of Superconductivity in the High-T_c Cuprate Superconductors. Princeton,NJ:Princeton University Press,1997。自旋-电荷分离对于一维系统较为典型,在高维系统中也经常出现,例如阻挫系统(5.7.2 节)或是高 T_c 超导(第 9 章)。

穴轨迹的长度 l 成正比，$\approx Jl$。

在二维和三维情况中，空穴可以沿着带有回路的曲线轨迹运动。但就算是最短的、初始点 $r=0$ 和点 $r=R$ 之间的直线轨迹，也会消耗能量 $\approx J|R|$。所以就算只考虑最小能耗轨迹，能量也随着距离线性增加，这相当于空穴在一个随着距离线性增长的势场 $V_{\text{eff}}\approx J|R|$ 中运动（图 1.17），相当于存在恒力：

$$F=-\frac{\partial V_{\text{eff}}}{\partial R} \tag{1.16}$$

将空穴拉回原点。此情形被称为**约束**：恒定张力的绳将空穴绑定在其原点（这种情况与量子色动力学中夸克约束十分类似）。于是，空穴移动的定性形式如图 1.18 所示，其在初始位置附近随机徘徊，并不断地返回原点，偶尔向较远的地方移动。因此，跃迁幅度为 t 的空穴并不产生净电流或者电荷的远距离转移。只有约化跃迁[式（1.15）]能让空穴彻底离域，贡献电流[①]。显然，这种情况对于额外电子也一样（图 1.14），电子每一步移动也会产生"错误"自旋，导致相同的约束。

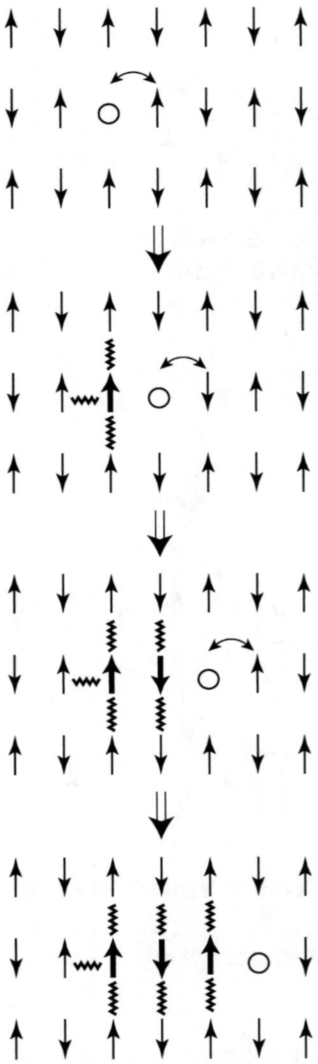

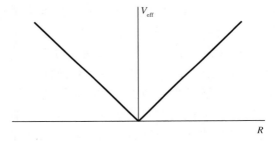

图 1.17 空穴在二维和三维反铁磁背底中运动的约束势场

图 1.16 在二维和三维系统中，空穴在反铁磁背底中移动留下的"错误"自旋轨迹示意

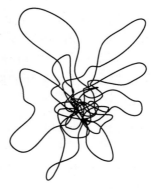

图 1.18 反铁磁中空穴轨迹示意

① 另一种产生真正离域的机制如下：由于量子效应[交换相互作用式（1.12）中 $S_i^+S_j^-$ 项]，空穴移动产生"错误"的自旋轨迹可以被"恢复"——这些"错误"的自旋可以被 S^+S^- 项翻转为"正确的"自旋。但这个过程只能发生在 $J\ll t$ 情况下，即相应的空穴将移动得非常缓慢低效。最终由于 S^+S^- 项引起的空穴的相干运动被量子干涉效应强烈抑制，见 Weng Z. Y., Sheng D. N., Chen Y. C., et al. Phys. Rev. B, 1997, 55: 3894。

因此,二维和三维中空穴或额外电子在反铁磁背底中移动是被强烈抑制的,无法获得更多的动能。然而,如果背底的自旋序为铁磁,那么空穴和额外电子的运动将畅通无阻,进而可以获得最大的动能$\approx W \approx zt$(空穴或额外电子将处于对应能带的底部)。因此,对于非常强的关联$U \gg t$,如果将系统(或者其中某一部分)由反铁磁变为铁磁,则会消耗交换能$\approx J V_f \approx t^2 V_f / U$,其中$V_f$是系统铁磁部分的体积;但可以获得电子或空穴的动能$\approx t\delta$,其中$\delta$是掺杂浓度。如果获得的能量大于消耗的,系统将部分甚至全部转变为铁磁态。

如果$U = \infty$,对于包含一个额外电子或空穴的简单二分晶格系统,可以严格地证明这一点,称为 Nagaoka 铁磁[①]。一定大小的U,以及一定程度的空穴或额外电子掺杂浓度δ的情况要复杂得多,部分内容将会在第 5 章和第 9 章讨论,此处强调一个也适用于更真实情况的一般性结论:d 轨道整数(电子)占据的未掺杂系统通常是反铁磁绝缘体,而掺杂系统则往往是铁磁金属,即 Mott 绝缘体通常为反铁磁,而铁磁与金属态往往共存。

当然,这一相对普适的规律也有例外:反铁磁金属和铁磁绝缘体。但这类材料相对少见,且都源于特殊的机制。反铁磁金属的亚晶格磁矩通常较弱,可以用自旋密度波(spin density waves,SDW)来描述(特殊叠套 Fermi 面金属的状态)。相反,铁磁绝缘体通常起源于其离子特殊的轨道结构,这将在第 5、第 6 和第 9 章详细讨论。

1.5　掺杂的 Mott 绝缘体

1.4 节已逐渐从传统的每个格座一个电子的 Mott 绝缘体讨论到部分填充 d 轨道($n \neq 1$)的情况。部分填充 Hubbard 带的掺杂强关联系统比整数占据态更加复杂。这类问题将在之后的章节中具体讨论,在此,仅给出一些定性的讨论和普适的结果。

如上所述,掺杂载流子(电子或空穴)和背底磁结构有着非常强的相互作用。当$U \gg t$时,未掺杂系统一般为反铁磁绝缘体,而掺杂系统更倾向于铁磁金属态。以上效应也可能发生在局部,产生铁磁微区:捕获额外电子或空穴的磁极化子。这是一种相分离现象,将在 9.7 节中详细讨论。然而,这种相分离会被长程 Coulomb 相互作用阻碍,或至少部分抑制,因为长程 Coulomb 相互作用"不喜欢"电荷分离,而倾向于电中性。此时,系统中仍可能出现均匀的铁磁态,如图 1.19 所示。此时,对于每个格座一个电子($n = 1$),

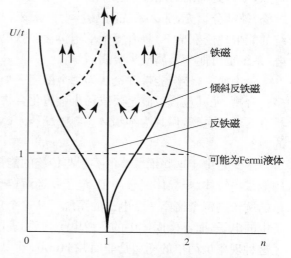

图 1.19　不同能带填充和相互作用强度的 Hubbard 模型定性相图(引自 Penn D. R., Phys. Rev., 1966, 142: 350; Khomskii D. I. Sov. Phys., 1970, 29: 31)

---

① Nagaoka Y., Phys. Rev., 1966, 14: 392.

当 $U \gg t$ 时,得到反铁磁态。但对于某些特殊情况(叠套 Fermi 面的二分晶格),甚至在更小的 U/t 时,也会得到反铁磁态。对于较大 U/t 和重掺杂,可能出现铁磁态;尽管铁磁态出现的具体条件和存在的限制仍有争议。在反铁磁态和铁磁态之间可能存在一个中间过渡相:倾斜反铁磁态(越接近铁磁态倾角越大)、螺旋态(越接近铁磁态波长越长直至无穷大)或铁磁反铁磁混合的相分离态(掺杂浓度越高,铁磁体积越大,直至占据整个样品)。

另一个饶有兴趣的可能性是,掺杂 Mott 绝缘体不仅可以产生金属态,甚至还会导致超导态。尤其是在铜氧化物中发现高 T_c 超导后,这种可能性开始被更广泛研究,但结果仍然是不确定的。有一些结果确实指出超导可能存在于简单 Hubbard 模型中,但也有文献持反对观点。同样,在对相应化合物的结构和性质的重要细节有了更多的理解后,9.6 节将对这些问题进行更详细的讨论。无论如何,如今仍有相当多的,甚至仅基于初始 Hubbard 模型[式(1.6)]的理论工作来致力解决这些问题。

1.6 本 章 小 结

按照本书的总体规划,在此对本章做一个简短的定性总结,方便读者在不过多深入了解细节的情况下熟悉主要的结论。本章讨论了固体中电子的可能状态。在单电子图像中,即只考虑周期性晶格势场而忽略电子之间的相互作用,很多情况下,已经可以比较满意地描述电子的结构和很多固体的性质。在此图像中,电子的能谱由能带和带隙组成,每个能带包含 $2N$ 个态,即 $2N$ 个电子容纳空间。如果一些能带被完全填充,且下一个空带与占据态之间存在一个带隙,则得到标准的能带绝缘体或半导体,如 Ge 或 Si。然而,如果其中一些能带(原则上可以重叠)被部分填充,那么系统则为金属,一般来说奇数或非整数的电子系统符合此条件。在传统的能带理论框架下,只有每个单胞包含偶数电子的系统为绝缘体,但即便如此,如果能带重叠,系统也可能为金属或半金属。

无论如何,传统能带理论认为每个格座一个或奇数个电子的系统**应该**呈金属性,然而,很多化合物,尤其包含过渡金属或稀土金属化合物,在满足此条件时仍然为绝缘体。例如 MnO,具有 5 个 d 电子,但其为绝缘体,带隙 $E_g \approx 4$ eV。这样的例子还有很多,为什么它们是绝缘的呢?

主要是由于这些绝缘体的类型与传统的能带绝缘体截然不同,被称为 **Mott 绝缘体**。传统的能带绝缘体、半导体或金属中,电子是巡游(离域)的,而 Mott 绝缘体中电子是**局域的**,最简单的例子是每个格座一个电子的系统。从这个角度来说,Mott 绝缘体中电子态更像原子或离子中的电子,而不像固体中的巡游电子,其物理起源是电子-电子相互作用,即强电子关联。描述这种现象最简单的模型是非简并 Hubbard 模型[式(1.6)],该模型描述了格座 i 处跃迁矩阵元为 t 和在座 Coulomb 相互作用为 U 的电子在格座间的跃迁。该跃迁使得电子离域形成能带,对于每个格座一个电子的系统($n = N_{el}/N = 1$),无论 t 多小,都呈金属态。然而,当格座间距离较大,相邻格座的波函数重叠较小,相应的跃迁振幅 t 也较小(带宽 $W \approx t$ 较窄)时,电子倾向于局域在相应的格座,因为两个电子占据同一个格座时,Coulomb 相互作用较大。对于金属态,必然会出现这样的双电子占据,其能量为 $\approx UP(2)$,其中 $P(2)$ 是双占据态出现的概率。强电子关联 $U\gg t$ 不利于双电子态,即 $P(2)\simeq0$。但这样的态是绝缘的:为了产生带电激发态,必须将电子移动到另一个格座上,因为该格座已经存在一个电子,所以此时需要消耗 Coulomb 相互作用能 U,同时可以获得电子和空穴的动能 $\approx t$。当 $U>t$(更准确的表述是 $U>W=2zt$ 时),将不利于产生带电激发态,此时系统保持每个格座一个电子的绝缘态,即为 **Mott 绝缘体**。于是,这种绝缘态的本质与传统能带绝缘体的截然不同:后者的绝缘性是单电子图像下,晶体的周期势场导致的,而 Mott 绝缘性的起源完全是由于电子-电子相互作用,也就是强电子关联。

固体中电子的描述(巡游电子的能带图像和局域电子的 Mott 绝缘体图像),在分子的化学键理论中有类似的对应:与能带图像类似的是 MO 理论,也被称为 MO LCAO 理论,有时也称为 Hund - Mulliken 图像。另一个化学键的描述:Heitler - London 图像,排除了离子态,因此相当于局域电子的 Mott 绝缘体图像。尽管像 H_2 这样的小分子是这两种图像的过渡,但对于固体,这两种图像确实描述了两种不同的热力学状态,其性质截然不同,并且在它们之间有一个明确的(相)转变:**金属—绝缘体转变**或 **Mott 转变**。

由于 Mott 绝缘体中电子是局域的,这也意味着局域的自旋,即**局域磁矩**的产生。因此,大多数 Mott 绝缘体是强磁体,反之亦然,实际上所有的强磁体要么是 Mott 绝缘体,要么至少是强关联系统,强磁性的本质在于强电子-电子关联。

在最简单的情况下(每个格座一个电子,非简并电子能级,强关联 $U\gg t$),局域电子之间的有效交换相互作用是反铁磁的,见式(1.12)。这是由于电子向相邻格座的虚跃迁,即由于部分离域导致获得额外动能的趋势。对于非简并电子,因为 Pauli 原理,只有相邻格座的自旋反平行时,跃迁才可能发生。因此,在未掺杂 Mott 绝缘体($n=1$ 和 $U\gg t$)的基态中,会得到反铁磁序,最低激发态为磁激发态(自旋波)。交换相互作用[式(1.12)]的交换积分 $J\approx2t^2/U$,被称为**超交换**,为绝缘体中主要的交换机制。

当 Mott 绝缘体掺杂后,掺杂的电子和空穴在晶体中运动可能产生金属态。然而,强关联的存在使得这些金属表现反常。因此背底反铁磁序会阻碍载流子的运动。当额外电子,或空穴在反铁磁背底中移动时,会留下一条"错误的"自旋轨迹,在二维或三维系统中,导致**约束效应**,即电子或空穴绑定在其初始位置附近。为了获得动能(能带能),将反铁磁序转变为铁磁序是有利的。此时,我们失去超交换相互作用能[式(1.12)],但获得了更多电子或空穴的动能。因此,可能会得到铁磁金属(较低掺杂可能会导致更复杂的磁序,例如倾斜反铁磁、磁螺旋或者反铁磁基体中的铁磁微区)。这是一个普遍的趋势,在更复杂的情形可能看到:Mott 绝缘体一般是反铁磁,而铁磁性常常伴随着金属性(尽管也有一些有意思的例外,将在之后讨论)。

此外,掺杂 Mott 绝缘体中铁磁金属态并不是唯一的可能,由此产生的金属态可能仍然是常规顺磁体,甚至是超导的。有观点认为电子关联和相应的磁自由度实际上决定了高 T_c 铜基超导或者新型铁基超导的本质,尽管这一物理图像还缺少许多细节。

第 2 章
孤立的过渡金属离子

第 1 章简要介绍了通过非简并 Hubbard 模型[式(1.6)]描述固体中关联电子的一般方法。从本章开始,将结合 d 电子的具体特征,对过渡金属化合物展开更详细的论述。俗话说:"魔鬼藏在细节里。"为了使描述更真实,必须考虑 d 电子的主要特征和最重要的相互作用等。本章先简要总结原子物理的基本概念,以及其在孤立过渡金属离子中的具体应用。

2.1　原子物理基本要素

本节简要回顾原子物理的部分基础知识。原子中电子的状态可以由几个量子数来描述:主量子数 n、角(动量)量子数 $l \leqslant n-1$、磁量子数 l^z $(-l \leqslant l^z \leqslant l)$ 和自旋量子数 S(或 m_s)$\left(-\dfrac{1}{2}, \dfrac{1}{2}\right)$。$l = 0, 1, 2, 3 \cdots$ 对应的(亚)壳层通常记为 s, p, d, f $\cdots$。l^z 取值范围为 $\{l, l-1, \cdots, -l\}$,共 $(2l+1)$ 个轨道。每个轨道可以容纳两个自旋相反的电子。实际上,壳层 l 一共可以容纳 $2 \times (2l+1)$ 个电子:2 个 s 电子($l=0$)、6 个 p 电子($l=1$)、10 个 d 电子($l=2$)和 14 个 f 电子($l=3$)。

孤立原子的壳层最开始是按照顺序填充的:$n=1$($l=0$);$n=2$($l=0$;$l=1$);$n=3$($l=0$);($l=1$)。但是从 $n=3$ 开始,情况有所变化,在填满 $n=3$ 的 s 和 p 壳层后,电子先填入 4s 壳层($4s^1$ 和 $4s^2$),之后才会填入 3d 壳层。这导致了从 Sc 开始的 3d 过渡金属系列的产生,见本书末尾的元素周期表。3d 壳层填满后,才填充 4p 壳层,类似的情况也发生在 4d 和 5d 系列过渡金属中(存在少量不规则情况,见下文)。

为什么会有这样乍看之下很奇怪的行为? 要理解这一点,必须要回顾原子结构的量子力学描述。电子在荷电 Z 的原子核 Coulomb 势场中的运动可以用标准 Schrödinger 方程来描述:

$$\nabla^2 \Psi + \frac{2m}{\hbar^2} [E - V(r)] \Psi = 0 \tag{2.1}$$

其中,$V(r) = -Ze^2/r$。在球对称势场中,其通解为

$$\Psi_{lm} = f(r) Y_{lm}(\theta, \phi) \tag{2.2}$$

此处球谐函数 $Y_{lm} = P_l^{|m|}(\cos\theta) e^{im\phi}$("e"非电荷),其中 $P_l^{|m|}$ 为 Legendre 函数。对于给定的 l 和 m,这个问题可以简化为定义域 $(0, \infty)$ 上的一维方程 $f(r) = \chi(r)/r$:

$$\frac{d^2\chi}{dr^2} + \left[\frac{2m}{\hbar^2}(E-V) - \frac{l(l+1)}{r^2}\right]\chi = 0 \tag{2.3}$$

其形式为与式(2.1)同类型的一维 Schrödinger 方程,只是将 V 换成关于角动量 l 的电子有效势场:

$$V(r) \Rightarrow \tilde{V}(r) = V(r) + \frac{\hbar^2}{2m}\frac{l(l+1)}{r^2}, \quad V(r) = -\frac{Ze^2}{r} \tag{2.4}$$

因为势场 $\tilde{V}(r)$ 的离心势一项随着 l 增大而迅速增强 $[\approx l(l+1)/r^2]$,d 壳层($l=2$),尤其是 f 壳层($l=3$)的有效势场变成相当窄的势阱,使得其能级升高,导致 3d 能级比 4s 更高。于是在元素周期表中,随着原子序数的增加,填满 3s 和 3p 壳层后,先填充 4s,当电子组态达到 $\cdots$ $3s^2 3p^6 4s^2$(元素 Ca)后,再填充 3d 壳层[1]。这导致了过渡金属族的产生,例如 3d 过渡族,从 Sc($4s^2 3d^1$)到 Cu($4s^1 3d^{10}$)。Cu 的电子组态并不是 $4s^2 3d^9$,尽管如此,化合物中 Cu 元素的 4s 和一个 3d 电子通常会参与形成化学键导致 Cu^{2+} 的电子组态为 $3d^9$,此结果不受 Cu 的初始电子组态影响。由于 3d 和 4s 壳层能量接近,上述的电子再分配会发生在少数特定的元素中,例如 Cr 的电子组态是($4s^1 3d^5$),而不是($4s^2 3d^4$),这通常与全满或者半满的 d 壳层更加稳定有关。如上述例子中的 Cu,电子在 3d 和 4s 间的再分配在过渡金属化合物中作用不明显,因为 s 电子和部分 d 电子会参与成键,过渡金属元素通常以离子形式存在。4d 和 5d 过渡金属族也存在类似情况[2]。

此处引入一个非常重要的结论。根据单电子 Schrödinger 方程的解,波函数的能级和半径随着主量子数的增加而增加(一般来说,最大电子密度的半径 $\approx n^2 a_0$,a_0 为 Bohr 半径)。然而对于真实原子,其电子运动在原子核的中心势场和其他电子的自洽场中,情况会更加复杂。于是,尽管过渡金属原子的 4s 和 3d 壳层的能量相近,但其"尺寸"明显不同。例如对于 Ti,其 4s 壳层半径 $\approx 1.48\,\text{Å}$,而其 3d 壳层则更加局域 $\approx 0.49\,\text{Å}$。于是,尽管 3d 电子在能量上与价电子相当,可以参与成键,但是它们非常强烈地局域在原子核附近,其半径 $\approx 0.5\,\text{Å}$。以上讨论对 4d 和 5d 电子也有效,尽管程度上越来越轻,也就是说,d 电子的有效半径随着 3d、4d、5d 增加,事实上 5d 电子已经更接近巡游电子,即使在例如氧化物这样的化合物中。

当观察 3d(4d 或 5d)系列中 d 电子的行为时,还可以获得另一个重要信息。由于原子核的荷电数随着元素周期表从左向右移动而增加,可以预期相应元素壳层的大小会有所收缩,这也符合实验观测。例如,Ti 的 3d 壳层半径 $\approx 0.49\,\text{Å}$,而 Mn 的降低到 $\approx 0.39\,\text{Å}$,Ni 的降低到 $\approx 0.324\,\text{Å}$。这对于 4f 稀土元素也成立,被称为**镧系收缩**。以上趋势对于相应固体的形成非常重要,例如过渡金属的半径决定了原子间距,往往也决定了晶体结构,之后会遇到很多这样的例子。

当过渡金属形成氧化物等化合物时,通常 s 和部分 d 电子会参与形成化学键(或进入阴离子形成离子键)。于是 Sc 典型的价态是 3+(所有外层电子 $4s^2 3d^1$ 全部被夺走);Ti 可能出现 2+、3+ 或 4+ 等价态。而其中(可能)剩余的 d 电子,在一阶近似下,可以认为局域在相应的离子附近,根据第 1 章的知识,这些离子参与组成的固体中,局域的 d 电子具有局域的磁矩,可以形成某种磁有序的结构。然而与第 1 章中每个格座一个电子的非简并系统相比,真实的离子可能包含多个 d 电子,于是其总的自旋可能不同,d 电子的轨道角动量同样能贡献总磁矩。

---

[1] 之后的讨论将省略全满(深层)能级,只标记与讨论相关的电子组态,例如(4s, 3d)。
[2] 这一效应对中间价态稀土化合物和重 Fermi 子系统尤为重要,见第 11 章。

2.2 Hund 定则

原子或离子中多电子状态的分类是原子物理学的一个重要方面。在此,不深入讨论细节而仅给出一些最重要的结论。先讨论完全旋转对称的孤立原子或离子,之后再讨论固体中离子可能出现的变化。

对于同一壳层上有多个电子的原子,其相应能级的填充存在着一定的规律。其中最重要的一条是 Hund **第一定则**,即电子填充能级时,使总自旋最大。例如,对于 $l=2$ 的 d 壳层,一共有 $2l+1=5$ 个轨道,其 $l^z=-2,-1,0,1,2$,如图 2.1 所示。对于孤立原子或离子,这些轨道是简并的。因此,根据 Hund 第一定则,电子优先平行地占据不同的轨道,例如 4 个

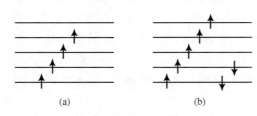

d 电子的轨道占据为图 2.1(a) 所示,此时总自旋 $S=2$。根据 Pauli 原理,自旋平行的 d 电子最多只有 $n_d=5$ 个,额外的电子只能反平行填入,例如图 2.1(b) 展示了 7 个电子的填充。于是,对于填充少于一半的 d 壳层,其总自旋 $S=\frac{1}{2}n_d$,而填充超过一半时,$S=\frac{1}{2}(10-n_d)$。

图 2.1 根据 Hund 第一定则的 d 能级的填充

Hund 第一定则的第二部分要求,在所有自旋最大化(或自旋多重度最大化)的电子排布中,总轨道角动量(角量子数)最大的为基态[①]。鉴于 d 电子的角动量 $l=2$,因此,两个 d 电子的总轨道角动量 $L=l_1+l_2$,根据量子力学,总角动量 L 的取值范围是 4 到 0 的整数。但是,根据 Pauli 原理,不是所有总自旋 S 和总角动量 L 的组合都是允许的。假设给定两个 d 电子,由自旋 $S_1^z=\pm\frac{1}{2}$ 和角动量 $m_{orb}=l^z=(2,1,0,-1,-2)$ 所描述的第一个 d 电子的状态为:

$|l^z,S^z\rangle=\left|2,+\frac{1}{2}\right\rangle,\left|2,-\frac{1}{2}\right\rangle,\left|1,+\frac{1}{2}\right\rangle,\left|1,-\frac{1}{2}\right\rangle,\left|0,+\frac{1}{2}\right\rangle,\left|0,-\frac{1}{2}\right\rangle$(负 l^z 不会给出任何新的态)。对于第二个电子,由于 Pauli 原理,两个电子的状态组合可能为: $\left|\left(2,+\frac{1}{2}\right)_1\left(1,\pm\frac{1}{2}\right)_2\right\rangle,\left|\left(2,+\frac{1}{2}\right)_1\left(0,\pm\frac{1}{2}\right)_2\right\rangle$ 等,但不能是 $\left|\left(2,+\frac{1}{2}\right)_1\left(2,+\frac{1}{2}\right)_2\right\rangle$。

Hund 第一定则的第一部分表明最大总自旋为基态,此处 $S=1$,例如态 $\left(S_1^z=+\frac{1}{2},S_2^z=+\frac{1}{2}\right)$,第二部分表明,在相同总自旋时,最大总轨道角动量 L 为基态,于是,此例子中 $L=3$ 为最大的可能性,一个可能的电子组态为 $\left|\left(2,+\frac{1}{2}\right)_1\left(1,+\frac{1}{2}\right)_2\right\rangle$($L=4$ 被 Pauli 原理所禁止)。

① 不同书籍所用的专业术语可能不同,有的作者将最大总自旋和(满足最大自旋前提下的)最大角动量分别称为 Hund 第一和第二定则。那么下一条关于总动量的规则被称为 Hund 第三定则,对应于本书中 Hund 第二定则。

也就是说,两个 $S=1$ 的 d 电子,其波函数关于自旋是对称的$\left(\text{例如}\left|S_1^z=+\dfrac{1}{2},S_2^z=+\dfrac{1}{2}\right\rangle\right)$。

这意味着该波函数的坐标部分一定是反对称的,即不能是 $|l_1^z=+2,l_2^z=+2\rangle$ $(L=4)$。于是,两个 d 电子的光谱项为$(S=2,L=3)$或^5F[标准的原子光谱(支)项符号为$^{2S+1}L_J$],其中 L 是总轨道角动量,$2S+1$ 是自旋多重度,J 是总角动量 $\boldsymbol{J}=\boldsymbol{L}+\boldsymbol{S}$,由自旋轨道耦合决定。按照惯例,$L=0,1,2,\cdots\cdots$分别记为 S, P, D, ……态。这些论证给出了过渡金属原子和离子的基态光谱项。对于球对称的孤立离子,其基态光谱项符号见表 2.1。

表 2.1　球对称孤立离子的基态光谱项符号

离子	d^1	d^2	d^3	d^4	d^5	d^6	d^7	d^8	d^9
符号	^2D	^3F	^4F	^5D	^6S	^5D	^4F	^3F	^2D

可以注意到,n 和$(10-n)$个 d 电子的光谱项是相同的。这是因为 10 个电子完全填充壳层的 S 和 L 与空壳层的相同,都为零。于是,把例如 d^9 和 d^8 当作有一个或者两个 d 空穴,根据电子—空穴对称性,就可以得出以上对称的光谱项。

Hund 第一定则的起源是原子内 Hund 交换相互作用,属于一种铁磁交换,记作:

$$\mathcal{H}_H\approx-J_H\sum_{\alpha\neq\beta}\left(\frac{1}{2}+2\boldsymbol{S}_{i\alpha}\cdot\boldsymbol{S}_{i\beta}\right)+\text{const} \tag{2.5}$$

其中,J_H 是 Hund 交换常数,$\boldsymbol{S}_{i\alpha}$ 是格座 i 处角量子数为 $\alpha=l^z$ 的电子自旋。其起源是标准 Coulomb 相互作用,根据 Pauli 原理,自旋平行的电子相互规避,于是其平均 Coulomb 排斥作用降低,导致总能量降低,进而稳定了自旋平行的态(多电子系统则倾向于最大总自旋)。同样的原理也适用于轨道。

另一个导致相同结论的因素是:由于更有效的屏蔽作用,双占据轨道的平均半径比单占据轨道在一定程度上要大。因此,在单占据轨道上的电子更靠近原子核,并对其产生更强的 Coulomb 引力,从而稳定了这种占据态。无论如何,导致 Hund 第一定则的这两个因素,很大程度上直接归咎于 Coulomb 相互作用。

由此产生对总能量的贡献仍然可以写成式(2.5),因此可以用来描述部分填充的壳层。这个表达式很有用,可以用来描述以下纯粹量子力学效应:不仅是 Hund 定则稳定了**平行**自旋 $S_1\uparrow$ 和 $S_2\uparrow$,更重要的是它们构成了一个 $S_{tot}=1$ 的**三重态**。正是在这种三重态中,电子相互"回避"而获得了 Coulomb 能。然而,除了 $|S_{tot}^z=+1\rangle=|S_1\uparrow,S_2\uparrow\rangle$ 和 $|S_{tot}^z=-1\rangle=|S_1\downarrow,S_2\downarrow\rangle$外,三重态还包括:$|S_{tot}^z=0\rangle=\dfrac{1}{\sqrt{2}}\{|S_1\uparrow,S_2\downarrow\rangle+|S_1\downarrow,S_2\uparrow\rangle\}$,即一个总自旋 $S_{tot}^z=0$ 的对称自旋态。根据量子力学,三重态中对称自旋态的确意味着波函数关于坐标反对称,使得在相近位置 r_1 和 r_2 出现两个电子的概率降低了($r_1=r_2$ 时,此概率为 0)。同样,对于多于两个 d 电子的系统,总自旋 S 最大的态代表了"最反对称的"波函数,进而减少了 Coulomb 排斥作用,这是 Hund 定则的本质。

然而,在平均场近似下,往往可以忽略三重态中 $S_{tot}^z=0$ 的态,只考虑图 2.1(a)(b)中所示两种态。Hund 交换相互作用[式(2.5)]则可以被重新写作:

$$\mathcal{H}_{H}^{MF} = -J_{H}\sum\left(\frac{1}{2}+2S_{i\alpha}^{z}\cdot S_{i\beta}^{z}\right) \tag{2.6}$$

于是可以通过统计原子或离子中**平行自旋对**的数量来确定 Hund 交换相互作用的总贡献：每一对平行自旋贡献 $-J_{H}$。于是图 2.1(a)(b)相应的 Hund 能分别为 $-6J_{H}$ 和 $-11J_{H}$（$-10J_{H}$ 来自自旋↑，$-J_{H}$ 来自自旋↓）。

之后会经常使用这个规则来统计 Hund 能对总能量的贡献，通常大多数情况下这已经足够了，但是人们必须意识到，原则上存在与 $S_{tot}^{z}=0$ 态相关的量子效应，其可能的作用将在 5.2 节中进行介绍。

此处简要介绍了 Hund 耦合，其精确处理需要使用原子物理学原理，例如 Slater - Koster 积分或 Racah 参量等概念。本书展示的简化处理用于定性讨论大多数现象通常是足够的。但人们也需要知道它的局限性，特别是式(2.5)和式(2.6)中 Hund 能的系数，可以有不同的表达式，一定程度上可能与此简单的处理有所不同，例如 3.3 节中的例子。然而，对于大多数实际用途，以及阐明各种情况下的定性趋势，本书的这种处理通常已经足够了，后文将经常使用并提及其可能的局限性。

过渡金属典型的 Hund 能数值如下：对于 3d，$J_{H}\approx(0.8\sim0.9)$ eV；4d，$J_{H}\approx(0.6\sim0.7)$ eV；5d，$J_{H}\approx0.5$ eV。有意思的是，与第 1 章中直接 Coulomb 排斥能 U 相比，以上的值虽然来自孤立过渡金属原子，但对晶体中过渡金属离子几乎不变。也就是说，孤立原子构成（即使是金属性的）固体后，J_{H} 几乎没有被屏蔽和改变。这是因为该能量实际上是同一个原子壳层中，不同自旋或轨道的电子能量**差值**。虽然原子或离子构成固体的过程中，单独的某项确实发生了变化，但其差值通常保持不变。

可以证明，对于孤立的原子或离子，下列关系成立：

$$U_{mn}=U_{mm}-2J_{H} \tag{2.7}$$

其中，U_{mn} 是电子在不同轨道（$m\neq n$）上的直接 Coulomb 排斥能，U_{mm} 是同一轨道上的 Coulomb（或 Hubbard）排斥能。尽管在固体中，U_{mn} 和 U_{mm} 都被屏蔽，但其差值几乎不变。注意，这个关系只对球对称状态有效，对晶体中离子并不一定适用，见第 3 章。

2.3　自旋轨道耦合

决定原子或离子光谱项的另一个重要因素是相对论自旋轨道耦合：

$$\mathcal{H}_{SO}=\sum_{i}\zeta_{i}\boldsymbol{l}_{i}\cdot\boldsymbol{S}_{i} \tag{2.8}$$

其中，求和遍历所有电子。

自旋轨道耦合导致电子光谱项劈裂成总角动量为 $\boldsymbol{J}=\boldsymbol{L}+\boldsymbol{S}$ 的多重态。在原子物理学中，有两种描述多电子态的机制：Russell - Saunders(LS)耦合和 jj 耦合。

jj 耦合适用于非常强的自旋轨道耦合，例如 4f 和 5f 元素，首先对每个电子的自旋和轨道角动量求和：$\boldsymbol{j}_{i}=\boldsymbol{l}_{i}+\boldsymbol{s}_{i}$，然后再求和获得原子的总角动量 $\boldsymbol{J}=\sum\boldsymbol{j}_{i}$。然而，多数情况下使

用的是 LS 耦合。

LS 机制适用于大多数的过渡金属元素，尤其是所有的 3d(4d，特别是 5d 的情况一定程度上更加复杂)。这一机制中，先将所有电子的自旋角动量求和 $S = \sum s_i$ 和轨道角动量求和 $L = \sum l_i$，最后引入自旋轨道耦合，将 S 和 L 耦合得到总角动量 J。

LS 机制中自旋轨道耦合可以写成：

$$\mathcal{H} = \lambda L \cdot S \tag{2.9}$$

其中，耦合常数 λ 由局域自旋轨道耦合常数 ζ_i [式(2.8)] 构成，对于一个壳层，所有的 ζ 相同，$\zeta_i = \zeta$，于是：

$$\lambda = \pm \frac{\zeta}{2S} \tag{2.10}$$

其中，"+"号用于填充不到一半的壳层，"−"号用于填充超过一半的壳层。注意，因为式(2.10)的分母中存在"归一化因子"$2S$，自旋轨道耦合系数 λ 的值一般不同于"原子"中的 ζ，且依赖于对应离子的价态和自旋态。例如 V^{3+} (d^2, $S=1$) 和 V^{4+} (d^1, $S=\frac{1}{2}$) 的 λ 不同。

相互作用(2.9)耦合了 L 和 S，导致了总角动量 $J = L + S$，不同 J 的原子总能量不同。根据量子力学基本的规则，J 对能量的贡献，根据式(2.9)，由以下数量积决定：

$$\langle L \cdot S \rangle = \frac{J(J+1) - L(L+1) - S(S+1)}{2} \tag{2.11}$$

之所以式(2.10)中归一化系数为 $1/2S$，是为了使得不同 J 之间的能量差和 J 在一个量级。

根据量子力学规则，量子数 J 的可选值 $J = L+S, L+S-1, \cdots, |L-S|$。对于填充不到一半的壳层，$\lambda > 0$，$J$ 最小时为最低能级，多重能级的能量随着 J 增加而增加，这是正常的多重态结构。对于填充超过一半的壳层，可以使用空穴表示法，取 $\lambda < 0$，多重态的能级顺序被反转，J 取最大值时为最低能级。以上有时被称为 Hund **第二定则**[①]。于是，Hund 第二定则表明，填充不到一半的壳层为**正常多重态结构**，能量随着 J 的增加而增加；填充超过一半的壳层为**反转多重态结构**，能量随着 J 的增加而减少。

如上所述，标准光谱(支)项的符号为 $^{2S+1}L_J$，其中对于轨道矩 L，人们使用常规记号：对于 $L=0$ 为 S，$L=1$ 为 P，$L=2$ 为 D 等。因此，将自旋轨道耦合和 Hund 第二(或第三)定则考虑进来，自由原子或离子的最低光谱项符号见表 2.2。

表 2.2 包含自旋轨道耦合和 Hund 定则后的球对称孤立离子的基态光谱项符号

离子	d^1	d^2	d^3	d^4	d^5	d^6	d^7	d^8	d^9
符号	$^2D_{3/2}$	$^3F_2$	$^4F_{3/2}$	$^5D_0$	$^6S_{5/2}$	$^5D_4$	$^4F_{9/2}$	$^3F_4$	$^2D_{5/2}$
g_J	$\frac{4}{5}$	$\frac{2}{3}$	$\frac{2}{5}$	—	2	$\frac{3}{2}$	$\frac{4}{3}$	$\frac{5}{4}$	$\frac{6}{5}$

[①] 或者 Hund 第三定则，见第 18 页脚注①。

表 2.2 是对表 2.1 的"升级",表中最后一行为总角动量 J 的有效 g 因子,见式(2.12)。注意,当把自旋轨道耦合考虑进来后,之前非相对论原子结构中电子-空穴对称性便失效了,这可以通过对比表 2.2 和表 2.1 中的基态多重态看出。

根据标准的量子力学处理,由轨道角动量 L、自旋 S 和总角动量 J 描述的基态多重态自由原子的有效角动量由有效 g 因子(Landé 因子)决定:

$$g_J = 1 + \frac{J(J+1)+S(S+1)-L(L+1)}{2J(J+1)} = \frac{3}{2} + \frac{S(S+1)-L(L+1)}{2J(J+1)} \quad (2.12)$$

于是,与外场相互作用的 Zeeman 效应($-HM$)中,磁矩 $M = g_J\mu_B J$。Curie(或 Curie - Weiss)磁化率 $\chi = C/T$, $C = \frac{1}{3}\mu_{eff}^2$ 中,有效矩 $\mu_{eff} = g_J\mu_B\sqrt{J(J+1)}$。$g_J$ 的值见表 2.2。

自旋轨道耦合对晶体中过渡金属离子的效应在形式上有一定程度改变,将在第 3 章中详细讨论。此处展示 Landé 公式的一种推广,如果自旋和轨道角动量的 g 因子为 g_S 和 g_L,那么总角动量 J 的 g 因子为:

$$g_J = \frac{g_L+g_S}{2} + \frac{L(L+1)-S(S+1)}{2J(J+1)}(g_L-g_S) \quad (2.13)$$

通常 $g_L = 1, g_S = 2$,便得到标准的表达式[式(2.12)]。但此广义表达式在之后讨论晶体中过渡金属离子时会很有用。

自旋轨道耦合对重元素:4d 尤其是 5d 元素(实际情况可能处于 LS 和 jj 机制之间,尽管更接近 LS)很重要。这是因为自旋轨道耦合常数随着原子序数 Z 迅速增加,$\lambda \approx Z^4$,或者使用式(2.8)中"原子"自旋轨道耦合常数 ζ, $\zeta \approx Z^{4①}$。如式(2.10)之后提到的,λ 依赖于离子价态和自旋态。因此,自旋轨道耦合对较重的元素变得更重要。对于轻的 3d 元素,例如 Ti,其 $\zeta \approx 20$ meV。对于较重的 3d 元素,这已经变强很多,例如 Co 的 $\zeta \approx 70$ meV。对于 4d 和 5d 元素,自旋轨道耦合更强,5d 元素的 ζ 或 λ 可以达到 ≈ 0.5 eV,这已经接近相应的电子跃迁 t 和在座 Hubbard 排斥能 U[3d 元素为 $\approx(3\sim6)$ eV,5d 元素降低到 $\approx(1.5\sim2)$ eV]。

2.4 本章小结

本章简要讨论了原子物理的基础,主要集中在对之后描述过渡金属化合物很重要的效应上。关于原子结构的"经典"量子理论首先描述了电子在原子核 Coulomb 势场中运动的状态。电子态为壳层结构,包括主量子数 $n = 1, 2, 3, \cdots\cdots$;对于每个 n 有角(动量)量子数 $l < n$: $l = 0, 1, 2, 3$ 分别对应 s, p, d, f 壳层。对于每个 l,有 $2l+1$ 个轨道,对应磁量子数 $m = l^z = \{l, l-1, \cdots\cdots, -l\}$,根据 Pauli 原理,每个轨道可容纳自旋相反的两个电子。于是对

---

① $\zeta \approx Z^4$ 经常在与自旋轨道耦合相关的论文中出现,然而还有其他的估算方法,例如另一种处理,见 Landau L. D., Lifshitz E. M., Quantum Mechanics. Oxford: Pergamon Press, 1965,可以得到 $\zeta \approx Z^2$。当然,这两种依赖关系都只是粗略的估计,并不能当作自旋轨道耦合的真实值,真实值只能通过实验确定。

于孤立原子和离子 d 壳层($l = 2$)是五重简并的,最多容纳 10 个电子。

在元素周期表中(见本书末),不同的壳层填充按照 n(1s; 2s, 2p)的顺序填充,但是从 $n = 3$ 开始,填充的机制有所变化,填充完 3s 和 3p 后,4s 壳层开始填充,填满后才到内层的 3d 壳层。同样的情况也发生在 4d 和 5d 元素中。于是才有了 d 壳层逐渐填充的 3d(Sc, Ti, V,……, Cu)和类似的 4d 和 5d 系列。最外层 s 电子和部分 d 电子可以参与形成离子或者共价键,于是化合物中过渡金属离子的价态可能会变化(例如,Ti^{2+},Ti^{3+} 和 Ti^{4+};V^{2+},……,V^{5+})。

尽管 d 电子的结合能相对较小,可以被看作价电子(参与成键的外层电子),但其半径实际上很小,对于 3d 电子 ≈ 0.5 Å。如果 d 电子不参与成键,即不进入例如 F^- 或 O^{2-} 等阴离子,一阶近似下,可以当作局域电子,于是第 1 章中关联效应扮演着潜在重要的角色,尤其是有机会得到多种磁结构的 Mott 绝缘体。

当连续的电子开始填充 d 轨道,电子之间的相互作用决定了占据哪个能级,形成哪个状态。电子之间的 Coulomb 排斥作用最小化要求最有利的波函数关于坐标具有"最大化反对称性",也就是电子尽可能"回避"彼此。这些状态伴随着最大总自旋,总自旋相同时要求最大轨道角动量,这便是 Hund 第一定则。最大总自旋的要求在过渡金属化合物中也扮演着重要的角色(晶体中轨道角动量不再是一个有效的量子数)。Hund 能的简单估算方法是统计平行自旋对的数量,在平均场近似下,每一对平行自旋增加稳定能$-J_H$[3d 的 $J_H \approx (0.8\sim0.9)$ eV,4d 的 $J_H \approx (0.6\sim0.7)$ eV, 5d 的 $J_H \approx 0.5$ eV]。有意思的是,原子 Hund 能并不会被屏蔽,固体中 Hund 能与孤立原子或离子的基本相同。

还有一个重要的相互作用是相对论自旋轨道耦合 $\approx l \cdot s$。绝大多数轻元素,包括 3d 和 4d 过渡金属,都适用于 Russell - Saunders(LS)耦合机制。首先电子的自旋结合形成总自旋 $S = \sum s_i$,轨道角动量结合形成总轨道角动量 $L = \sum l_i$,然后自旋轨道耦合 $\lambda L \cdot S$ 形成总角动量 $J = L + S$[①]。以上决定了原子的多重光谱项,记作 $^{2S+1}L_J$。Hund 第二定则表明对于填充不到一半的壳层,多重态的顺序是正常的,即多重态的能量随着 J 增加而增加,但是对于填充超过一半的壳层,情况刚好相反。这些规则对固体中过渡金属非常重要,尽管晶体中其形式可能会发生一定的改变。

根据 3d、4d、5d 系列的顺序,一般性的趋势是 d 电子的关联变弱。4d,尤其是 5d 电子比 3d 电子的半径大,相应地,与周围离子有更大的共价性,形成更宽的能带。与此同时,有效 Hubbard 排斥能和 Hund 能降低。相反,这些重元素的相对论自旋轨道耦合作用变得越来越强,越来越重要,能决定 4d,尤其是 5d 系统的很多性质。

---

① 5d 元素的情况可能更加复杂,处于 LS 和 jj 机制(对于 4f 和 5f 元素较为典型)的中间态,尽管如此,还是可以使用 LS 机制作为一阶近似。

第 3 章
晶体中的过渡金属离子

3.1 晶 体 场 劈 裂

过渡金属离子构成晶体时电子态会发生改变。孤立原子和离子具有球对称性,相应的态可以由主量子数 n、角量子数 l 等描述,如果考虑自旋轨道耦合,则还包括总角动量 J。晶体中原子或离子不再是球对称的,其对称性由晶体结构决定。因此,如果过渡金属离子被阴离子八面体包围,例如 O^{2-} [图 3.1(a)],这是过渡金属化合物中的典型情况,例如氧化物 NiO 和 $LaMnO_3$,原本五重简并的 d 能级($l = 2$;$l^z = 2, 1, 0, -1, -2$)劈裂成能量较低的三重态 t_{2g} 和较高的双重态 e_g [图 3.1(b)][①]。这样的劈裂由 d 电子和周围离子的相互作用引起,被称为晶体场劈裂。劈裂的类型和相应能级的特点由晶体的对称性决定。对该劈裂的详细研究本身是一个专业的领域,主要通过群论研究,本书将不具体讨论此方法。总而言之,通过这样的处理,可以得到如图 3.1(b)所示劈裂(并展示了相应能级的简并度)。本书仅给出因此产生的物理效应的定性解释,而不再提供相应的数学描述(一般为对称群的表示理论,尽管本书会用到相应的术语和符号)。

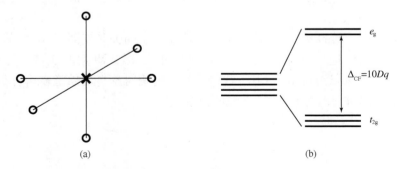

(a)　　　　　　　　　　　　(b)

**图 3.1　八面配位体(例如氧,"○"表示)中过渡金属离子
("×"表示)及其 d 能级的晶体场劈裂**

如图 3.1(b)所示,五重简并波函数 $|l = 2, l^z\rangle$(之后简单地表示为 $|l^z\rangle$),例如 $|l^z = +2\rangle$、$|+1\rangle$、$|0\rangle$ 等,在八面体立方晶体场中劈裂成高能双重态 e_g 和低能三重态 t_{2g}。这些符号源自

---

① 如果晶体对称性低于立方,即使是正 MO_6 八面体也会因为更远邻的相互作用导致 d 能级的额外劈裂;这里暂时忽略这些效应。

群论,立方群中双重简并表示为 E_g,三重简并表示为 T_{2g}(Mulliken 符号)。下标 g,源于德语的偶数 gerade,代表相应的基函数关于空间反转 $r \to -r$ 为偶函数。有时也使用 Bethe 符号:Γ_3 对应 E_g,Γ_5 对应 T_{2g}。此外,Mulliken 符号中对称一维表示 A_{1g} 对应 Bethe 符号的 Γ_1。立方群另一个重要的表示,同样也是三重简并:Γ_3 或者 T_{1u},可以在一些离子例如 Co^{2+} 的基态中得到(下标 u 为德语的奇数 ungerade,代表相应的波函数关于空间反转为奇函数)。

晶体场劈裂记为 Δ_{CF},常常也记为 $10Dq$[①]。保持这些能级重心不变的情况下(例如当作 0),于是三重态的能量 $E_{t_{2g}} = -\frac{2}{5}\Delta_{CF} = -4Dq$,双重态能量 $E_{e_g} = +\frac{3}{5}\Delta_{CF} = +6Dq$。相应的波函数是五个基函数 $|l^z\rangle$ 的线性叠加:

$$e_g: \begin{cases} |z^2\rangle = |3z^2-r^2\rangle = |l^z=0\rangle \approx \frac{1}{2}(3z^2-r^2) = \frac{1}{2}(2z^2-x^2-y^2) \\ |x^2-y^2\rangle = \frac{1}{\sqrt{2}}(|2\rangle+|-2\rangle) \approx \frac{\sqrt{3}}{2}(x^2-y^2) \end{cases} \tag{3.1}$$

$$t_{2g}: \begin{cases} |xy\rangle = -\frac{i}{\sqrt{2}}(|2\rangle-|-2\rangle) \approx \sqrt{3}\,xy \\ |xz\rangle = -\frac{1}{\sqrt{2}}(|1\rangle-|-1\rangle) \approx \sqrt{3}\,xz \\ |yz\rangle = \frac{i}{\sqrt{2}}(|1\rangle+|-1\rangle) \approx \sqrt{3}\,yz \end{cases} \tag{3.2}$$

此处,选择基球谐函数 $|l^z\rangle$ 的实数组合[②]。

通常这些波函数的归一化方法可以不同,尤其是 e_g,除了式(3.1),还可以采用以下形式的波函数:

$$\begin{cases} |z^2\rangle = \frac{1}{\sqrt{6}}(3z^2-r^2) = \frac{1}{\sqrt{6}}(2z^2-x^2-y^2) \\ |x^2-y^2\rangle = \frac{1}{\sqrt{2}}(x^2-y^2) \end{cases} \tag{3.3}$$

当然,式(3.1)和式(3.3)系数的比值相同。之后本书将使用这种归一化方法,在第 6 章中讨论不同 e_g 轨道之间的跃迁矩阵元时,这种归一化将非常便利。

除了式(3.1)或式(3.3)和式(3.2)的实数基外,也可以使用其他线性组合方式,这对 t_{2g} 能级可能特别有用,例如:

$$\begin{cases} |t_{2g}^0\rangle \approx -\frac{i}{\sqrt{2}}(|2\rangle-|-2\rangle) \approx |xy\rangle \\ |t_{2g}^1\rangle = |1\rangle \approx -\frac{1}{\sqrt{2}}(|xz\rangle+i|yz\rangle) \\ |t_{2g}^{-1}\rangle = |-1\rangle \approx \frac{1}{\sqrt{2}}(|xz\rangle-i|yz\rangle) \end{cases} \tag{3.4}$$

---

① $10Dq$ 现今被广泛使用,尤其是在化学类论文中。其中 D 代表立方晶体场 $\approx D(x^2+y^2+z^2)$ 主要部分的强度,q 是计算晶体场劈裂的某些矩阵元的比值。然而,现在"Dq"或者"$10Dq$"经常被当作整个符号使用。

② 本书使用简写符号 $|z^2\rangle$ 表示 $|3z^2-r^2\rangle = |2z^2-x^2-y^2\rangle$,也适用于类似的 x 和 y 取向轨道。

同样,通常对于 t_{2g},式(3.2)和式(3.4)使用不同的归一化方法,这并不影响任何结果。

可以看出,孤立离子某些态的 $l=2$ 轨道角动量淬灭了。因此,双重态 e_g 中 l 的所有矩阵元都为零:根据式(3.1),显然对角元 $\langle e_g | l^z | e_g \rangle = 0$,而 l^x 或 l^y(或 $l^{\pm} = l^x \pm il^y$)的非对角元也为零,因为算符 $l^{\pm}$ 仅能混合 $\delta l^z = \pm 1$,而 e_g 由 $|l^z=0\rangle$ 和 $|l^z=\pm 2\rangle$ 组成。

三重态 t_{2g} 的情况则不同,容易看出,式(3.4)中,对应状态 l^z 的矩阵元的值为 $\langle l^z \rangle = 0$,± 1,非对角元原则上也并不为零。

事实上,三重态 t_{2g} 可以映射到有效轨道角动量 $\tilde{l}=1$ 的三重态,这个映射非常方便,以后会经常用到。注意,有效角动量应该被视为负的(相应的自旋轨道耦合可以乘以某个常数,见下文)。或者取 $\tilde{l}=+1$,此时有效自旋轨道耦合常数 $\tilde{\lambda}$ 和有效轨道 g 因子 $\tilde{g}$ 则为负数,见 3.4 节。这是最常用的、也是本书采用的描述方法。这导致自旋轨道耦合劈裂的 t_{2g} 三重态的能级顺序与第 2 章 $l=1$ 的孤立原子相反。因此,对于填充不到一半的 t_{2g} **亚壳层**(d^1,d^2,d^3),其多重态能级顺序反转,最大总角动量 $\tilde{J}=\tilde{l}+S$ 为基态;反之,填充超过一半的 t_{2g} **亚壳层**具有正常的多重态能级顺序(基态为 $|S-\tilde{l}|$)[①]。下面将讨论相应结果在特定情况下的应用(晶体场中特定的离子)。但在此之前,先讨论在不同的情况下,决定晶体场劈裂的类型有哪些物理因素。

重新审视过渡金属离子在正八面体中情况[图 3.1(a)],其波函数式(3.1)和式(3.2)的形式如图 3.2 所示,波函数的表达式实际上对应于相应状态下的电子密度分布。因此,例如 $|z^2\rangle$ 轨道 $\approx (2z^2-x^2-y^2)$ 沿着 z 方向有较大的波瓣(lobe),在 xy 平面有较小的波瓣,如图 3.2(a)所示;$|x^2-y^2\rangle$ 轨道有沿着 x 和 y 方向的波瓣。根据式(3.1)~式(3.3),图 3.2 中相应贡献的符号也很重要。对于孤立过渡金属离子(例如在非磁性基体中过渡金属杂质),这些符号可以反转,代表相应波函数相位的改变,这对于孤立的离子是无关紧要的。然而,对于过渡金属离子富集系统,这些符号的选择,也就是相位变得非常重要,例如不同符号的跃迁矩阵元会极大地影响相应的能带结构。

对比 e_g 和 t_{2g} 轨道的电子分布[图 3.2(a)(b)与图 3.2(c)~(e)],容易理解晶体场劈裂[图 3.1(b)]的起源。实际上,e_g 电子突起的波瓣(电荷密度)直接指向过渡金属离子周围带负电的阴离子(称为**配位体**,所以有时晶体场劈裂也叫作**配位场劈裂**)。相应地,e_g 电子受到带负电配位体(例如 O^{2-})很强的 Coulomb 排斥,使得 e_g 能级上升。相反,t_{2g} 波函数的电子密度没有直接指向配位体,而是指向它们的间隙($|xy\rangle$、$|xz\rangle$ 和 $|yz\rangle$ 分别沿着 xy、xz 和 yz 平面的对角线),如图 3.2(c)~(e)所示。于是,t_{2g} 受到来自配位体较弱的 Coulomb 排斥作用,导致其能级比 e_g 要低[图 3.1(b)]。以上效应对晶体场劈裂的贡献被称为点电荷贡献(如第 24 页脚注①所述,晶体中还必须考虑与更远离子的相互作用,这可能会改变晶体场劈裂的细节。然而一般来说,只考虑最近邻效应可以给出正确的定性图像)。

t_{2g} 复数线性组合[式(3.4)]的电子密度分布也很有意思,对应轨道角动量 l 或有效轨道角动量 $\tilde{l}$ 的本征态。式(3.4)中 $|t_{2g}^1\rangle$ 和 $|t_{2g}^{-1}\rangle$ 电子密度的形状可以通过 xz 或 yz 轨道[图 3.2(d)

---

① 严格来说,晶体中离子,对轨道角动量 L 和总角动量 J 的电子光谱项的标准分类并不适用:在球对称性缺失的情况下,L 和 J 不再是好的量子数。而是需要根据晶体点群相应的群表示来重新编排不同的(光谱)项符号。但在 LS 耦合方式适用的情况下,仍然可以使用这些符号,它们至少能给出正确的多重性和能级顺序。3d 和 4d 元素通常如此,而 5d 元素则更加复杂,它们处于 LS(Russell-Saunders)和 jj 机制适用范围之间。但对 5d 元素,使用 L_{eff} 和 J_{eff} 的有效值,通常也能给出正确的定性描述。

（e）]绕 z 轴旋转获得。也就是说，它们的形状为向 z 轴扩展的空心圆锥，如图 3.3 所示。旋转的方向（顺时针或逆时针）对应轨道角动量 $l^z = \pm 1$。3.4 节还会用到此物理图像。

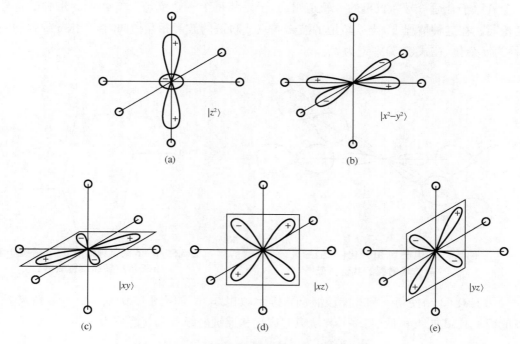

图 3.2　d 轨道典型的形状（电子密度）

（a）（b）e_g 轨道；（c）（d）（e）t_{2g} 轨道

点电荷贡献并不是决定晶体场劈裂类型和大小的唯一因素。另一个同样重要的因素是 d 电子与周围配体之间的共价效应（为了讨论的具体化，本书只讨论氧，但是对于其他配位元素例如 F、Cl、S、Se 等，其定性的结果类似）[1]。过渡金属离子的 d 轨道与周围的氧离子 2p 轨道相互重叠（与最外层 2s 轨道也存在重叠，但是与氧 2p 的共价效应更为重要）。首先讨论 e_g 电子，例如 $|x^2 - y^2\rangle$ 轨道（图 3.4）。可以看到，$|x^2 - y^2\rangle$d 轨道与氧 O1 和 O3 的 p_x 轨道，O2 和 O4 的 p_y 轨道的重叠很强，于是此 d 轨道和相应氧的 p 轨道之间存在一个较大的跃迁矩阵元，可以写作以下形式：

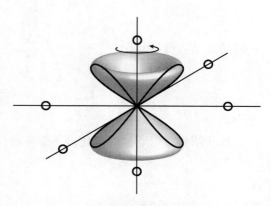

图 3.3　非零轨道角动量的 $|xy\rangle \pm i|yz\rangle$ 态的形状（电子密度）

$$\mathcal{H}_{pd} = t_{pd\sigma}[d^\dagger_{x^2-y^2}(p_{1x} - p_{2y} - p_{3x} + p_{4y}) + \text{h.c.}] \tag{3.5}$$

其中，$d^\dagger$、d、$p^\dagger$ 和 p 分别为相应电子的产生和湮灭算符。此处的符号反映的是 $|x^2 - y^2\rangle$ 轨

① 在较早的论文或者化学论文中，术语"配位场劈裂"通常指代 d 能级劈裂的共价贡献，而"晶体场"通常指代点电荷（Coulomb）贡献。在当今的物理论文中，这两个术语被当作是同义词。

道和相应 p 轨道的相对符号,如图 3.4 所示,以便每一对过渡金属-氧(TM - O)的符号乘积保持相同,保证相应跃迁的相长干涉。相应地,对于式(3.1)和式(3.3)的 $|z^2\rangle$ 轨道,必须选择周围六个氧原子合适符号和权重的 p 轨道组合,于是与每个 p 轨道与 $|z^2\rangle$ 轨道的重叠的符号和强度相同。在这种情况下,当 d 轨道的波瓣和氧 p 轨道的波瓣相互指向时,杂化导致强烈的重叠,称为 σ 杂化,在式(3.5)中记为 $t_{pd\sigma}$。

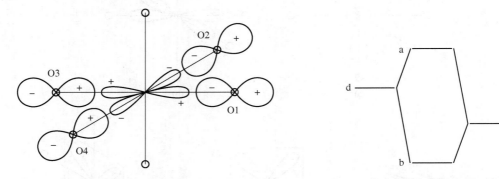

图 3.4 e_g 电子 p - d 杂化(σ 键)形成   图 3.5   p - d 杂化导致的 p - d 劈裂(b 和
晶体场劈裂的共价贡献   a 表示成键和反键轨道)

p - d 杂化(3.5)使得 p 和 d 能级混合并排斥,如图 3.5(参阅图 1.10)所示。一般情况下,氧的 p 能级 ε_p 比 d 能级 ε_d 低(得多),e_g 轨道的成键和反键能级 b 和 a 能量为

$$
\begin{cases}
\varepsilon_b = \varepsilon_p - \dfrac{t_{pd\sigma}^2}{\varepsilon_d - \varepsilon_p} \\[2mm]
\varepsilon_a = \varepsilon_d + \dfrac{t_{pd\sigma}^2}{\varepsilon_d - \varepsilon_p}
\end{cases}
\tag{3.6}
$$

相应的波函数可以写作:

$$
\begin{cases}
|\psi_b\rangle = \alpha|p\rangle + \beta|d\rangle \\
|\psi_a\rangle = \beta|p\rangle - \alpha|d\rangle
\end{cases}
\tag{3.7}
$$

其中,$\alpha \gg \beta$。

这些结果可以通过对角化以下矩阵获得:

$$
\begin{bmatrix}
\varepsilon_d & t_{pd\sigma} \\
t_{pd\sigma} & \varepsilon_p
\end{bmatrix}
\tag{3.8}
$$

得到能级:

$$
\varepsilon_{\pm} = \frac{\varepsilon_d + \varepsilon_p}{2} \pm \sqrt{\left(\frac{\varepsilon_d - \varepsilon_p}{2}\right)^2 + t_{pd\sigma}^2}
\tag{3.9}
$$

当 $t_{pd} \ll \varepsilon_d - \varepsilon_p$,得到式(3.6)。对于 e_g 电子,将与所有周围氧离子的杂化都考虑进来,那么 $|x^2 - y^2\rangle$ 和 $|z^2\rangle$ 轨道的偏移相同(从对称的角度考虑,这两个态属于二维 E_g 表示,只要对称性保持相同,例如在未畸变的 O_6 的八面体中,这两个能级一定是简并的)。

对 t_{2g} 类似的分析表明存在一个类似的 t_{2g} - 2p 杂化,但是由于 t_{2g} 轨道与 e_g 的形式不同,相

应的 d-p 重叠要弱,如图 3.6 所示。因此,例如 $|xy\rangle$ d 轨道与图 3.4 所示 p 轨道是正交的,但是与图 3.6 所示 p 轨道有相互重叠和杂化。这些 p 轨道,与 TM-O 键垂直,被称为 π 轨道,相应的跃迁矩阵元记作 $t_{pd\pi}$。由于 $t_{pd\pi}$ 比 $t_{pd\sigma}$ 小(一般来说 $t_{pd\pi}\approx\frac{1}{2}t_{pd\sigma}$),图 3.5 所示 t_{2g} 成键—反键劈裂比 e_g 的劈裂要小,由此产生的图像如图 3.7[①] 所示。可以看出,主要具有 d 特征的反键态(图 3.7 中 e_g 和 t_{2g} 能级)发生劈裂,于是 e_g 轨道高于 t_{2g}(主要具有 2p 特征的成键轨道被完全填充)。因此,e_g 电子更强的 d-p 共价导致图 3.1(b) 中 t_{2g}-e_g 晶体场劈裂[②]。

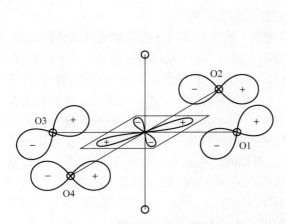

图 3.6　t_{2g} 电子 p-d 杂化(π 键)形成
晶体场劈裂的共价贡献

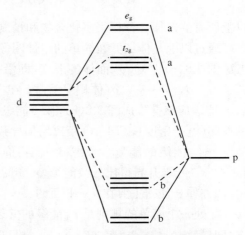

图 3.7　p-d 杂化导致晶体场劈裂的起源
(b 和 a 表示成键和反键轨道)

因此,d 能级晶体场劈裂的贡献有两种:点电荷贡献(带负电配位体的 Coulomb 排斥作用)和 d-p 共价(杂化)贡献。这两种贡献的结果相同,一般情况下,反键 e_g 能级具有更多的 d 轨道特征,能量高于 t_{2g}。数值上,共价贡献一般比点电荷贡献大。对于氧化物或者氟化物,点电荷贡献仍然比较重要,但是对于 S、Se 和 Te 配位体,共价贡献起主导作用。同样,随着 3d、4d、5d 元素 d 轨道半径的增大(O、S、Se、Te 中 p 轨道半径增加),由于其共价贡献的增强,p-d 杂化和 Δ_{CF} 也随之增加。

定性而言,在考虑晶体场劈裂时,处理点电荷贡献通常更加简单:这让我们在更复杂的情况下构建晶体场劈裂的简单的、往往也是正确的物理图像。本书将经常使用此物理图像,但值得注意的是点电荷贡献并不是唯一且常常不是主要的贡献。

晶体场劈裂的共价贡献很大程度上决定了**光谱化学序列**,即决定晶体场劈裂 Δ_{CF} 程度的配位体相对强度:

$$I^-<Br^-<S^{2-}<Cl^-<NO_3^-<F^-<OH^-<O^{2-}$$
$$<H_2O<NH_3<NO_2^-<CN^-<CO \tag{3.10}$$

越往右典型的 Δ_{CF} 越大。此规律在判断过渡金属离子自旋态时很重要,见 3.3 和 5.9 节。注

---

①　如上述说明,见例如式(3.5),O_6 八面体中 6 个氧 p 轨道应该与相应与之杂化的 d 轨道形成对称性相同的线性组合。这就是图 3.7 中成键和反键态具有双重和三重简并轨道的原因。

②　如果配位体 p 能级在 d 能级之上(**负的电荷转移能隙**),会导致更复杂的相反情形,见 4.3 节。

意,最强的几个配位体例如 NH_3 和 CO 是电中性的,其对晶体场劈裂最强贡献主要由共价引起。不同配体的晶体场劈裂差异很大,例如对于 Cr^{3+},弱配位体 Cl^- 和 F^- 导致的 Δ_{CF} 分别为 13 800 cm^{-1} 和 15 000 cm^{-1},即 1.7 eV 和 1.9 eV。然而对于强配体,Δ_{CF} 几乎是前者的两倍,例如 NH_3 和 CN^- 导致的 Δ_{CF} 分别为 21 600 cm^{-1} 和 26 700 cm^{-1},即 2.7 eV 和 3.3 eV。如上所示,晶体场劈裂随元素周期表中某一列自上而下(3d 到 5d)增强。对于同一行 d 元素,Δ_{CF} 的变化同样存在半经验性规律,以氟化物为例,Δ_{CF} 随着以下序列增加:

$$Mn^{2+} < Ni^{2+} < Co^{2+} < Fe^{2+} < V^{2+} < Fe^{3+} < Cr^{3+} < V^{3+} \tag{3.11}$$

以上所有的规律在分析很多化合物和预测新材料性能时非常有用。

通过以上晶体场劈裂简单的定性图像,容易理解八面配位体畸变造成对称性降低的效应。考虑图 3.8(a)中 O_6 八面体的形变,即沿 z 轴的四方伸长,相应氧的坐标变化:$z \rightarrow z + 2\delta$,$x \rightarrow x - \delta$,$y \rightarrow y - \delta$(体积 $V \approx xyz$ 在一阶近似下不变)。观察图 3.2(a)(b)可以看出,形变后 e_g 能级应该劈裂成图 3.8(b),$|z^2\rangle$ 能级比 $|x^2-y^2\rangle$ 的低,因为 $|z^2\rangle$ 波函数在 z 方向有更大的波瓣(电子密度),TM−O 距离增加导致能量降低。反之,xy 面上 TM−O 距离减小会升高 $|x^2-y^2\rangle$ 能级的能量。考虑 d−p 共价也会导致相同的结论,面内更强的 d−p 杂化使得 $|x^2-y^2\rangle$ 能级升高得比 $|z^2\rangle$ 能级多,参阅图 3.7。类似的讨论表明相应 t_{2g} 劈裂如图 3.8(b)所示,四方伸长使得主要在 xy 平面的 $|xy\rangle$ 轨道升高,$|xz\rangle$ 和 $|yz\rangle$ 轨道降低,参阅图 3.2(c)~(e)(此处一个简单的规则是 t_{2g} 能级的劈裂"跟随"e_g,如果 $|x^2-y^2\rangle$ 能级升高,那么 $|xy\rangle$ 也升高,同样 $|xz\rangle$ 和 $|yz\rangle$"跟随"$|z^2\rangle$)。容易理解,如果不是四方伸长,而是**收缩**[$\delta < 0$,图 3.8(c)],

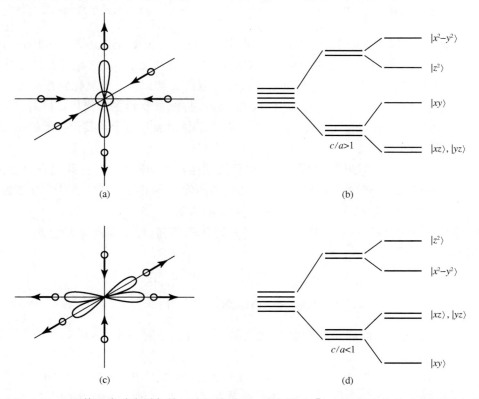

图 3.8 MO_6 八面体四方畸变引起的 d 能级劈裂(Q_3 畸变模式)[(a)(b)四方伸长,(c)(d)四方收缩]

e_g 和 t_{2g} 能级的劈裂会发生反转，相应的 d 能级如图 3.8(d) 所示。为了保持重心不变，单态 $|xy\rangle$ 的偏移应该是双重态 $|xz\rangle$ 和 $|yz\rangle$ 的两倍。对于强配位体和关于立方晶体场非常强的偏离，例如对于非常强的八面配位体伸长，t_{2g} 尤其是 e_g 额外的劈裂可能非常强以致图 3.8(b) 的 $|z^2\rangle$ 能级比 $|xy\rangle$ 能级更低，甚至比 $(|xz\rangle, |yz\rangle)$ 双重态还低。

其他类型畸变会导致 d 能级额外的晶体场劈裂。图 3.9 展示了正交畸变，$x \to x + \delta$，$y \to y - \delta$，$z \to z$。此畸变同样会使 e_g 发生劈裂，由此产生的本征态不再是最开始选择的 $|z^2\rangle$，$|x^2 - y^2\rangle$ 轨道，而是它们的线性叠加：

$$\frac{1}{\sqrt{2}}(|z^2\rangle \pm |x^2 - y^2\rangle) \tag{3.12}$$

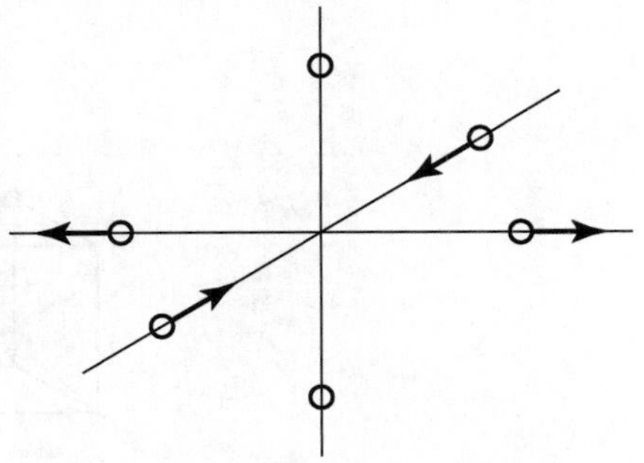

图 3.9　Q_2 畸变模式产生正交对称性，也会导致 t_{2g} 和 e_g 能级的劈裂

类似地，t_{2g} 能级在正交畸变下不再劈裂成一个单态和双重态，而是三个单态。

t_{2g} 在**三方畸变**[MO_6 八面体沿 [111] 方向伸长或收缩，图 3.10(a)] 下也会发生劈裂，如图 3.10(b) 所示。e_g 轨道在三方畸变下并不会发生劈裂，t_{2g} 劈裂成单态 a_{1g} 和双重态 e_g^π，相应的波函数可以被写成以下形式：

$$\begin{cases} |a_{1g}\rangle = \dfrac{1}{\sqrt{3}}(|xy\rangle + |xz\rangle + |yz\rangle) \\[2mm] |e_{g\pm}^\pi\rangle = \pm \dfrac{1}{\sqrt{3}}(|xy\rangle + e^{\pm 2\pi i/3}|xz\rangle + e^{\mp 2\pi i/3}|yz\rangle) \end{cases} \tag{3.13}$$

这些轨道的形式很有意思。$|a_{1g}\rangle$ 在局域坐标中的形状很简单，该局域 z' 轴沿着三方畸变轴的方向，x' 和 y' 轴在其垂直的平面，如图 3.11 所示。在局域坐标中，$|a_{1g}\rangle$ 轨道为

$$|a_{1g}\rangle \approx 3z'^2 - r^2 = 2z'^2 - x'^2 - y'^2 \tag{3.14}$$

也就是说，这类似于 $|z^2\rangle e_g$ 轨道 [式 (3.1)]，但是电子密度在 z' 方向伸长，即从图 3.10 中一个 O_3 三角中心指向相反方向 O_3 三角的中心，如图 3.12 所示。

式 (3.13) 中另外两个 t_{2g} 轨道，记为 $|e_{g\pm}^\pi\rangle$，为复数轨道。它们类似于两个最低轨道 [式 (3.4)]，实际上是轨道角动量为 $|l^{z'} = \pm 1\rangle$ 的态，其中，轨道角动量的量子化轴不是式 (3.4) 的四方轴 [001]，而是三次轴 [111][式 (3.13) 和式 (3.14) 中 $|a_{1g}\rangle$ 态实际上是关于该轴的 $|l^{z'} = 0\rangle$ 态]。这些 e_g^π 轨道的形状为绕 [111] 轴的圆环面，如图 3.13 所示。类似于式 (3.2) 四方对称的情况，同样可以取式 (3.22) 的 e_g^π 态的线性组合，其形式较难处理：

$$\begin{cases} |e_{g1}^\pi\rangle = \dfrac{1}{\sqrt{3}}[\sqrt{2}(x'^2 - y'^2) - x'z'] \\[2mm] |e_{g2}^\pi\rangle = \dfrac{1}{\sqrt{3}}(\sqrt{2}x'y' + y'z') \end{cases} \tag{3.15}$$

(在以 z' 轴沿 [111] 的局域坐标中)。这两个轨道为"十字形"(类似 xy 和 $x^2 - y^2$)，位于与 z 轴大致垂直的平面中(略有倾斜)，轨道之间的关系为相互旋转 $45°$，如图 3.14 所示。

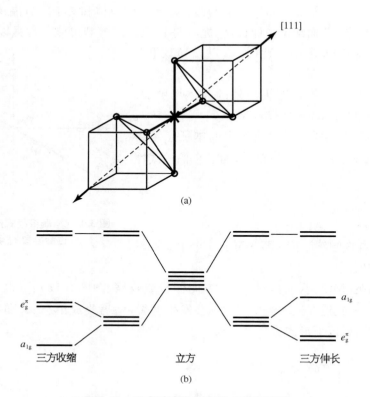

(a)

(b)

图 3.10   三方畸变和相应的 d 能级劈裂

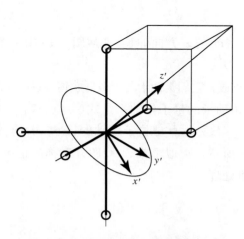

**图 3.11   MO$_6$ 八面体三方畸变的局域
坐标轴(x', y', z')**

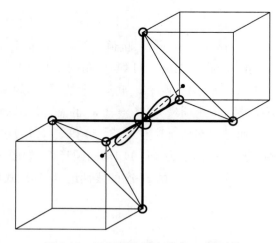

图 3.12   三方晶体场中单态 a_{1g} 的形状

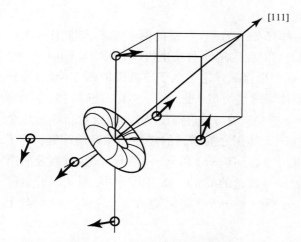

图 3.13　源自 t_{2g} 的 e_g^{π} 轨道典型形状,展示了非零轨道角动量的复数组合(参考图 3.3)

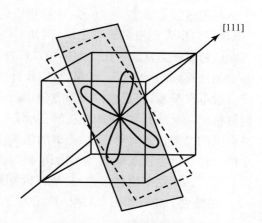

图 3.14　实数 e_g^{π} 轨道形状示意

第二个这样的轨道位于一个倾斜于垂直轴的平面上,并围绕[111]轴旋转 45°

从图 3.14 容易理解 t_{2g} 能级在三方畸变中劈裂的特点。沿 z' 方向局域伸长时,此方向的三个 O^{2-} 变得更近,导致电子密度主要在此方向的 $|a_{1g}\rangle = |z'^2\rangle$ 轨道受到更强的 Coulomb 排斥作用,能量升高,晶体场劈裂如图 3.10(b)右边部分所示。相反,三方收缩使得这些 O^{2-} 远离 z' 方向,以至于 $|a_{1g}\rangle = |z'^2\rangle$ 轨道指向较大 O_3 三角中心的"空隙",使得能量降低,如图 3.10(b)左边部分[①]。

通常使用 xy、xz 或 yz 平面对角线夹角 α 的变化来描述三方畸变,如图 3.15 所示。正八面体的 $\alpha = 60°$,三方伸长导致 $\alpha < 60°$,三方收缩导致 $\alpha > 60°$。

以上主要讨论了过渡金属离子在八面体中的晶体场劈裂。然而,这并不是过渡金属离子唯一的配位方式。例如,它们可能位于配位体(例如氧)四面体的中心,也可能位于其他多面体中,d 轨道的晶体场劈裂依赖于此配位关系。因此对于四面体配位(过渡金属离子在正四面体中心),d 轨道同样劈裂成双重态 e_g 和三重态 t_{2g},但是其能级的顺序与图 3.1(b)八面体配位相反,且 t_{2g}-e_g 劈裂 Δ_{CF}(tetr.)比在八面体中小。在最简单的情况下,Δ_{CF}(tetr.) $\simeq \dfrac{4}{9} \Delta_{CF}$(octahedr.)。由此产生的晶体场能级如图 3.16。正四面体的进一步畸变也

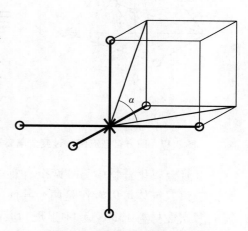

图 3.15　表征三方畸变的 α 角

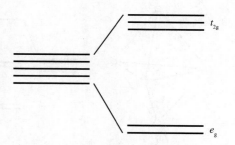

图 3.16　四面体配位中过渡金属离子 d 能级的晶体场劈裂

---

① 注意,e_g^{π} 能级在三方晶体场中与"真正的"e_g 能级对称性相同,因此容易被微扰等作用混合。

会使 d 能级产生额外的劈裂,类似于图 3.8 和图 3.10。

其他过渡金属离子配位会导致相应的晶体场能级劈裂,典型的例子是四方锥型五配位(图 3.17),出现在很多钒氧化物(例如 CaV_2O_5)和高 T_c 超导铜氧化物(例如 $YBa_2Cu_3O_7$)中。五配位可以视为移除了图 3.1(a)中八面体的一个顶点氧。这类似于非常强的四方伸长,强到一个氧被移到"无限远"。于是,可以预计其晶体场劈裂类似于图 3.8。然而,此时过渡金属离子一般不在基面,而是被拉入四方锥中,即沿 z 方向升高了 δz,如图 3.17(a)所示。如果这个偏移很大,能级的顺序可能被反转,见图 3.17(b)。使用之前描述的定性图像容易理解:对于基面上的过渡金属离子,下顶点氧的消失使得 $|z^2\rangle$(还有 $|xz\rangle$ 和 $|yz\rangle$)能量降低,过渡金属离子的上移靠近上顶点氧,缓慢增加了氧与例如 $|z^2\rangle$ 轨道的 Coulomb 排斥作用[图 3.2(a)],能量升高。如果这个位移很强,甚至可以导致 $|z^2\rangle$ 和 $|x^2-y^2\rangle$ 能级交叉($|xz\rangle$ 和 $|yz\rangle$ 相对于 $|xy\rangle$ 能级也一样),如图 3.17(b)所示。

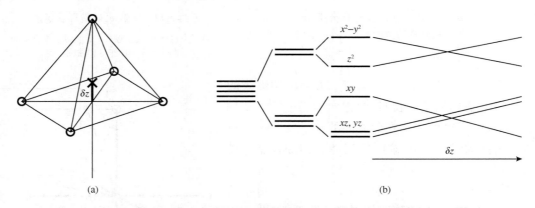

图 3.17　四方锥型五配位过渡金属离子的 d 能级劈裂对其"被拉入"四方锥内位置的依赖关系

过渡金属化合物中另外两个有意思的配位是图 3.18(a)的三角双锥体和图 3.18(c)三棱柱。三角双锥体可以看作是两个共面的四面体(这种配位关系在例如六方 $YMnO_3$,或者可能的多铁性材料 $LuFe_2O_4$ 中出现),其晶体场劈裂见示意图 3.18(b)。图 3.18(c)三棱柱的例子为 $Ca_3Co_2O_6$,其晶体场劈裂见示意图 3.18(d)(能级之间的相对位置和间距由三棱柱的形状决定)。

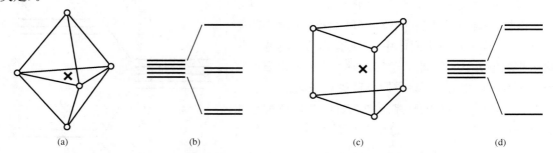

图 3.18　(a)(b) 三角双锥体的晶体场劈裂;(c)(d) 三棱柱的晶体场劈裂

晶体场劈裂还有一个重要的因素。在以上的分析中,只讨论了八面配位体沿 z 方向的伸长,同样也可以讨论沿 x 或者 y 方向的伸长或收缩。因此产生的晶体场劈裂是相同的,但是相应的 d 轨道却不同,例如沿 z 方向伸长会稳定 $|z^2\rangle \approx 2z^2-x^2-y^2$,而沿 x 方向类似伸长

会稳定 $|x^2\rangle \approx 2x^2 - y^2 - z^2$ (图 3.19)。这同样适用于沿 y 方向的伸长。对于 e_g 电子，可以考虑基轨道 $|z^2\rangle$ 和 $|x^2 - y^2\rangle$ 的任意线性组合:

$$|\theta\rangle = \cos\frac{\theta}{2}|z^2\rangle + \sin\frac{\theta}{2}|x^2 - y^2\rangle \quad (3.16)$$

其中角度 θ 表示相应的态,式(3.16)中系数的选择使 $|\theta\rangle$ 归一化。

于是可以将 $|\theta\rangle$ 态画在一个圆中,如图 3.20 所示。每个态(3.16)对应方位坐标 θ 圆上的一个点。容易看出,例如式(3.1)或式(3.3),和式(3.16)中

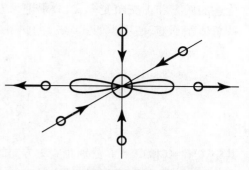

图 3.19   其他取向(此处为 x 方向)的 z^2 型轨道的稳定化

$|\theta = 0\rangle$ 对应 $|z^2\rangle$; $|\theta = \pi\rangle$ 对应 $|x^2 - y^2\rangle$; $\left|\theta = -\dfrac{2}{3}\pi\right\rangle$ 对应 $|x^2\rangle \approx |2x^2 - y^2 - z^2\rangle$;

$\left|\theta = \dfrac{2}{3}\pi\right\rangle$ 对应 $|y^2\rangle$。类似地, $\left|\pm\dfrac{1}{3}\pi\right\rangle$ 分别对应 $|y^2 - z^2\rangle$ 和 $|x^2 - z^2\rangle$。因此,初始的立方对称(x、y 和 z 方向等价)反映在图 3.20 中 θ 面的三次对称上。可以看出,图 3.9 的正交畸变稳定了式(3.12)型的态,对应图 3.20 中 $\left|\theta = \pm\dfrac{1}{2}\pi\right\rangle$ [或者正交畸变旋转 $\pm\dfrac{2}{3}\pi$,对应氧在 (xz) 或 (yz) 平面,而非图 3.9 中 (xy) 平面偏移的态]。

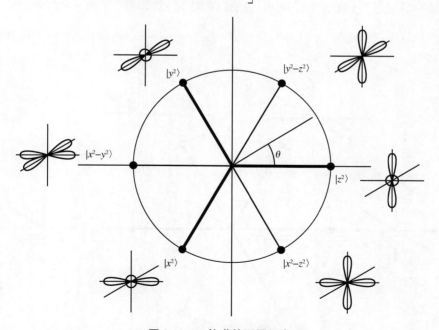

图 3.20 e_g 轨道的不同组合

事实上可以证明,图 3.20 圆上所有状态的等价性是对称性及四方和正交畸变同时存在的结果(但应忽略晶格非谐振性和高阶轨道-晶格耦合,见下文)。在立方对称中,不仅电子态 e_g 是双重简并的,而且还存在着**双重简并振动模式**。它们通常用 E_g 表示,实际上它们就是上面

描述的四方和正交畸变模式,分别记为 Q_3 和 Q_2(或者使用 Q_θ 和 Q_ε)。这些振动模式需要保持总体积不变,使用类似式(3.3)的归一化,可以写作:

$$\begin{cases} Q_3 = \dfrac{1}{\sqrt{6}}(2z - x - y) \\ Q_2 = \dfrac{1}{\sqrt{2}}(x - y) \end{cases} \tag{3.17}$$

其中,$Q_3 > 0$ 和 $Q_3 < 0$ 分别对应 z 方向的四方伸长和收缩,Q_2 对应正交畸变,如图 3.8 和图 3.9 所示[注意有时用相反的符号表示 Q_2,此处 Q_2 的符号是这样选择的:任意畸变叠加的形变,对应于式(3.16)形式的波函数,见式(3.18)]。因此,双重简并 e_g 电子与 Q_3 和 Q_2 畸变相互作用,并可以被劈裂,且与这些振动模式的耦合亦是如此,这实际上保证了图 3.20 的 θ 平面中,圆上态的能量相同。

通常对于晶体中的单个过渡金属离子,其电子态[式(3.16)]与最近邻配体的畸变之间是一一对应的,也可以表示为基畸变 Q_3 和 Q_2 的线性组合:

$$|\tilde{\theta}\rangle = \cos\tilde{\theta}|Q_3\rangle + \sin\tilde{\theta}|Q_2\rangle \tag{3.18}$$

畸变是经典变量,因此式(3.18)中系数为 $\cos\tilde{\theta}$ 和 $\sin\tilde{\theta}$,而双重简并电子态为旋量;这就是在式(3.16)中系数为 $\cos\dfrac{\theta}{2}$ 和 $\sin\dfrac{\theta}{2}$ 的原因。因此,与图 3.20 类似,可以在 (Q_3, Q_2) 平面上表示 E_g 畸变引起的局域形变,如图 3.21 所示。从式(3.18)易知,与图 3.20 一致,$\tilde{\theta} = 0$ 和 $\tilde{\theta} = \pi$ 分别对应沿 z 方向伸长和收缩。类似地,角度 $\tilde{\theta} = \dfrac{2}{3}\pi$ 和 $-\dfrac{1}{3}\pi$ 分别对应沿 y 方向伸长和收缩;

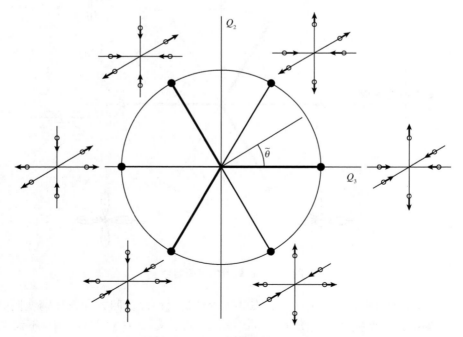

图 3.21 Q_3-Q_2 畸变的不同组合

$\tilde{\theta} = -\dfrac{2}{3}\pi$ 和 $\dfrac{1}{3}\pi$ 分别对应沿 x 方向同样的畸变。对于一般情况下的 $\tilde{\theta}=\theta$，这些畸变稳定了图 3.20 所示的轨道。根据上述讨论，对于孤立过渡金属离子，(Q_3, Q_2) 空间的混合角度确实等于相应的电子空间角度，即 $\tilde{\theta}=\theta$。也就是说，局域畸变（最近邻氧八面体畸变）和各自轨道式 (3.16) 类型存在一一对应关系［容易验证，选择式 (3.17) 的 Q_3, Q_2 模式，对于 $\theta=\tilde{\theta}$，波函数式 (3.16) 对应畸变式 (3.18)］。在大多数情况下，过渡金属离子富集系统也是如此。然而一般情况下，这不一定成立，因为 d 能级的晶体场劈裂不仅仅由最近邻的配体决定，还存在来自更远离子较强的贡献，或者当其他因素对电子能量有贡献时，这个规则在原则上会被打破。此时，轨道占据类型会不同于仅仅由局部八面配位体畸变引起的轨道占据类型，即 $\tilde{\theta}\neq\theta$。这样的案例相当少见，但确实存在。之后将不考虑这种例外情况，而假设轨道混合角等于决定局部畸变的角度，即 $\tilde{\theta}=\theta$。

晶格畸变和轨道占据之间通常存在有效对应关系，因此常使用结构数据来确定轨道占据情况。根据式 (3.17) 和式 (3.18)，可以得到：

$$\tan\theta = \frac{Q_2}{Q_3} = \frac{\dfrac{1}{\sqrt{2}}(y-x)}{\dfrac{1}{\sqrt{6}}(2z-x-y)} = \frac{\sqrt{3}\,(y-x)}{2z-x-y} \tag{3.19}$$

如图 3.21 所示。此处 x, y, z 为过渡金属到对应氧的距离。根据这些距离和式 (3.18) 可以得到 (Q_3, Q_2) 平面的混合角 θ 和轨道占据类型。这种方法经常被用来确定轨道占据情况，特别是在包含轨道简并 Jahn-Teller 离子的系统，见 3.2 节。

通常式 (3.19) 的形式略有不同，例如，在 $LaMnO_3$ 等锰酸盐中，典型的轨道占据接近图 3.22，即不同的轨道在基面上交替出现。然而，准确的轨道占据类型与图 3.22（这相当于 $|x^2\rangle$ 和 $|y^2\rangle$ 轨道的交替，即图 3.20 中两个 $\theta = \pm\dfrac{2}{3}\pi$ 的亚晶格）略有不同。这些亚晶格的真实夹角更小，$\approx \pm 108°$。从这个更精确的态可以得知，例如，对于图 3.22 中 A 格座（Mn^{3+}），y 方向的 Mn-O 距离 l 较长，x 方向的 Mn-O 距离 s 较短，以及 z 方向 Mn-O 距离 m 处于中间值。于是式 (3.19) 可以写作：

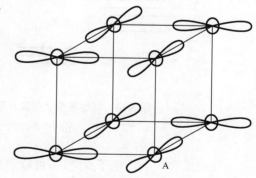

图 3.22　$LaMnO_3$ 中轨道序示意

$$\tan\theta = \pm\frac{\sqrt{3}\,(l-s)}{2m-l-s} \tag{3.20}$$

使用这些表达式时必须注意：不同 Mn-O 距离（l、m 和 s）的确定，取决于讨论的 θ（或 $\tilde{\theta}$）平面的象限等特定的情形。

类似于 e_g 电子可以与双重简并 E_g 畸变相互作用，并被劈裂，t_{2g} 电子同样能被 E_g 和三方畸变（三重简并畸变，记为 T_{2g}）劈裂，这些相互作用及其相关效应构成了 Jahn-Teller 效应这一庞大而重要的领域，详见 3.2 节和第 6 章。

3.2 孤立过渡金属离子的 Jahn‑Teller 效应

对于包含多个 d 电子的过渡金属离子,这些 d 电子将占据使总能量最小化的可用 d 能级。如果晶体场劈裂不是太大,d 层的填充遵循第 2 章讨论的 Hund 定则:电子占据总自旋最大的态。即必须用自旋平行的电子一个接一个地填充晶体场劈裂的 d 能级,直到所有 5 个能级被填满,之后,对于 $n_d > 5$,必须用相反自旋来填充剩下的态。这种原子组态被称为**高自旋态**。高自旋态和 d 能级另一种占据态(例如低自旋态)的竞争相关的效应,将在 3.3 节讨论;本节主要讨论其他与轨道简并相关的效应。

考虑图 3.1(b)中立方对称的(正八面配位体中过渡金属离子)晶体场能级。当增加 d 电子数量时,应该用平行自旋的电子自下而上一个接一个地填充能级(Hund 定则)。假设有四个 d 电子,例如 Mn^{3+},其中三个在 t_{2g} 能级上,为半满,第四个自旋相同的电子,例如 ↑ 必须在 e_g 能级上,如图 3.23(a)所示。但 e_g 能级是简并的,这个电子可位于这两个轨道中任何一个(或它们的线性叠加)。对于 d^9 组态,情况也是相同的,如图 3.23(b)所示,但此时不是一个 e_g 电子,而是一个 e_g 空穴,典型情况如 Cu^{2+} (d^9)。还有其他相同特征的离子态,例如 Ni^{3+} 的低自旋态,其中 6 个 d 电子占据 t_{2g} 能级后,最后一个,也就是第 7 个电子,处于双重简并 e_g 能级上。

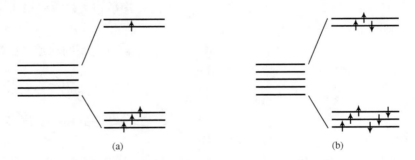

图 3.23 导致双重轨道简并和强 Jahn‑Teller 效应的典型的电子组态

(a) d^4 组态,例如 Mn^{3+};(b) d^9 组态,例如 Cu^{2+}

仅考虑这一个 e_g 电子或空穴,可以看到,在正 MO_6 八面体晶体场中,除了常规双自旋简并(自旋 ↑ 或 ↓),还存在一个额外的双重简并:**轨道简并**。

一个著名的论断,被称为 Jahn‑Teller(JT)定理[①],提出在基态中只允许时间反演不变性相关的自旋(Kramers)简并(只能被磁序或外磁场打破)。所有其他简并都是不允许的:任何其他的简并态都是不稳定的,对应的不是能量的最小值,而是最大值或鞍点,且总会发生降低对称性、解除简并的小畸变。在以上案例中,解除轨道简并度为 O_6 八面体的畸变,例如四方或正交畸变,其中 e_g 能级劈裂如图 3.8 所示。一般来说,可以证明这种微扰(畸变)会使得简并能级线性劈裂:类似于磁能级的 Zeeman 劈裂。因此,对于小畸变 u,e_g 能级将按照 $\pm gu$ 劈

---

① Jahn H. A., Teller E.. Proc. Roy. Soc. A, 1937, 161: 220.

裂,其中 g 是电子声子耦合常数。

当然,任何畸变都会使弹性能量升高 $\frac{1}{2}Bu^2$,其中 B 是体积模量。因此,基态的总能量作为畸变的函数为:

$$E = \pm gu + \frac{1}{2}Bu^2 \qquad (3.21)$$

(此处假设耦合常数 g 为正)。当 $u = 0$ 时,两个 e_g 能级是简并的,如图 3.24 所示。从图 3.24 和式 (3.21) 可以看出,此时能量最小值对应的不是结构对称的未畸变情况($u = 0$),而是一定程度的畸变 u_0,通过最小化能量式(3.21)可以得到:

$$\frac{\partial E}{\partial u} = 0 \ \Rightarrow \ u_0 = \pm \frac{g}{B} \qquad (3.22)$$

把此值代回式(3.21),得到此畸变导致能量降低:

$$E_0 = E_{JT} = -\frac{g^2}{2B} \qquad (3.23)$$

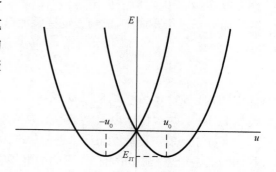

图 3.24　双重简并能级的能量对解除简并的畸变的依赖关系

失去的弹性能被获得的、与畸变线性相关的电子能过补偿。JT 效应本质是:相对于解除简并同时降低能量,简并的对称情形是不稳定的。此时系统中一定会发生畸变,以便电子占据能量降低的能级[由式(3.21)~(3.23)可知,$u > 0$ 和 $u < 0$ 对应两个相互正交的轨道]。在上述 e_g 轨道案例中,对于四方伸长,占据轨道为 $|z^2\rangle$;四方收缩,占据轨道为 $|x^2 - y^2\rangle$,如图 3.8 所示。实际上,对于伸长的八面体(典型情况,见下文)不再是图 3.23 所示的简并情况,而是图 3.25 所示的轨道占据情况。可以看出,在 Jahn-Teller 畸变后,电子占据了特定的轨道。这就是同时讨论 Jahn-Teller 效应和轨道序的原因,因为它们总是同时发生,尽管其微观机制主要是电子-晶格(此时为 Jahn-Teller)相互作用,或者具有电子(交换)特性,见第 6 章。

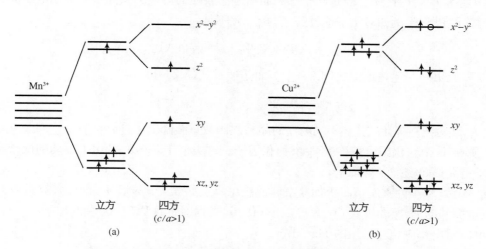

图 3.25　立方和四方(伸长的八面体)晶体场中的 d 能级劈裂

(a) d^4 离子(例如 Mn^{3+})的 d 能级填充;(b) d^9 离子(例如 Cu^{2+})的 d 能级填充

一般来说,系统倾向于占据特定的轨道,并产生相应的畸变,例如典型 JT 离子富集的系统:高 T_c 超导原型材料 $La_2CuO_4[Cu^{2+}(t_{2g}^6 e_g^3)]$ 和庞磁阻(colossal magnetoresistance, CMR)锰酸盐 $LaMnO_3[Mn^{3+}(t_{2g}^3 e_g^1)]$。在此类系统中,这种伴随特定轨道占据的协同畸变现象称为协同 JT 效应或轨道序,见第 6 章。然而,对于晶体中孤立的 JT 离子,情况可能不同。观察图 3.24 可知:当双重简并轨道只与一种畸变作用时,例如由单一参量(畸变 u)表征的沿 z 方向的四方畸变,有两个极小值:$u > 0$,对应四方伸长,占据态为 $|z^2\rangle$ 轨道;另一个能量相同,但是对应四方收缩,$u < 0$,对应占据态为 $|x^2 - y^2\rangle$。根据量子力学,此时系统的两个最小值态会相互隧穿而处于量子叠加态,成键或反键叠加形式如下:

$$|\Psi_\pm\rangle = \frac{1}{\sqrt{2}}(|\Psi_1\rangle \pm |\Psi_2\rangle) \tag{3.24}$$

其中,例如 $|\Psi_1\rangle$ 是晶体畸变为 $|u > 0\rangle = |\phi_1\rangle$ 以及电子占据为 $|z^2\rangle = |\psi_1\rangle$ 的态;$|\Psi_2\rangle$ 是晶体畸变为 $|u < 0\rangle = |\phi_2\rangle$ 以及电子占据为 $|x^2 - y^2\rangle = |\psi_2\rangle$ 的态。

实际上,总是采用传统绝热近似(adiabatic approximation)来描述固体中电子,其中对于相同的晶格组态 $|\phi\rangle$,可能存在不同的电子态 $|\psi_i\rangle$,于是总波函数为:

$$|\Psi_i\rangle_{ad} = |\psi_i\rangle|\phi\rangle \tag{3.25}$$

与传统绝热近似不同,此处不同电子态对应不同的晶格组态,两个基的状态为:

$$\begin{cases} |\Psi_1\rangle = |\psi_1\rangle|\phi_1\rangle \\ |\Psi_2\rangle = |\psi_2\rangle|\phi_2\rangle \end{cases} \tag{3.26}$$

这样的态被称为**振动**态。对于孤立 JT 中心(或类似的 JT 分子),与朴素的理解相反,JT 效应实际上并没有导致对称性降低:量子隧穿恢复了对称性,并且波函数是式(3.24)型的对称(或者反对称)组合,虽然其具有混合电子-晶格(振动)特征[式(3.26)]。于是,平均晶格畸变为零,即 $\langle u \rangle = \langle \Psi_+|u|\Psi_+\rangle = \langle \Psi_-|u|\Psi_-\rangle = 0$,即似乎 JT 效应不会导致可观测的结果(一定程度的畸变)。然而实际上,不同的电子态 $|\psi_i\rangle$ 常常匹配其对应的晶格组态 $|\phi_i\rangle$,这会强烈地影响这类系统的物理性质。于是电子态和晶格组态较强的对应关系能强烈抑制电子算符的非对角矩阵元,以至于例如对于一些算符 $\hat{A}$,矩阵元不是:

$$A_{12} = {}_{ad}\langle \Psi_1|\hat{A}|\Psi_2\rangle_{ad} = \langle \psi_1|\hat{A}|\psi_2\rangle \tag{3.27}$$

[以上矩阵元出现在绝热近似式(3.25)中],而是通过式(3.26)得到:

$$A_{12} = \langle \Psi_1|\hat{A}|\Psi_2\rangle = \langle \psi_1|\hat{A}|\psi_2\rangle\langle \phi_1|\phi_2\rangle \tag{3.28}$$

也就是说,非对角矩阵元被描述不同畸变的晶格波函数重叠降低了,即 $\langle \phi_1|\phi_2\rangle < 1$。在 Jahn-Teller 领域,这个约化因子被称为 **Ham 约化因子**。这类似于著名的极化子运动的能带窄化效应(电子被晶格畸变强烈修饰)。

晶体中 e_g 电子的真实情况更加复杂和有意思。正如 3.1 节最后所讨论的,双重简并 e_g 电子与双重简并的 E_g 振动模式 Q_2 和 Q_3 相互作用,根据对称性原理,这些相互作用是相同的。因此,可以写出相应相互作用的 Hamiltonian:

$$\mathcal{H}_{JT}^{(e_g)} = -\frac{1}{2}g[(c_1^\dagger c_1 - c_2^\dagger c_2)Q_3 + (c_1^\dagger c_2 Q_2 + h.c.)] \tag{3.29}$$

其中，$c_1^\dagger$、$c_2^\dagger$ 和 c_1、c_2 为电子在 JT 离子轨道 1 和 2（对于 e_g 来说为 $|z^2\rangle$ 和 $|x^2-y^2\rangle$，此处不考虑电子自旋）的产生和湮灭算符。系数为 $\frac{1}{2}$ 的理由将在第 6 章给出。实际上，Q_3 和 Q_2 畸变都可以解除 e_g 简并。此时得到一个不再只依赖于晶格坐标参数 u 的图 3.24 形式，而是将其绕垂直轴旋转的图 3.26 形式的能量面[此近似下的能量只取决于 $Q_2^2+Q_3^2$，即与 (Q_3, Q_2) 平面的方位角 θ 不再相关；注意，这里假设畸变混合角 $\tilde{\theta}$ 等于轨道混合角 θ]。这个势能面被称为"**墨西哥帽**"势。实际上，此时不仅存在两个等效极小值 $\pm u_0$，如图 3.24 所示，还存在一个等效**连续区**，即图 3.26 中的"低谷"（根据上文已经可以预计此结果，如图 3.20 和图 3.21 及其讨论所示）。

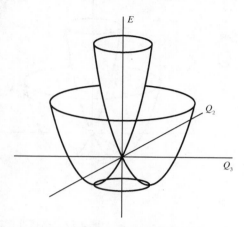

图 3.26　双重简并 e_g 电子与双重简并 E_g 畸变 (Q_3, Q_2) 相互作用产生的"墨西哥帽"势

因此，量子力学处理不仅给出了两个极小值之间的隧穿，如图 3.24 和式（3.23）～式（3.28），更准确而言是给出系统在图 3.26 中的极小势能面上自由"旋转"。相应地，系统的总状态将不仅仅是一个振动态，而是这些态组成的完整流形。根据标准量子力学，此位形空间中的旋转运动将被量子化，就像分子的标准旋转运动一样，具有相应的旋转量子数等[①]。

图 3.26"墨西哥帽"中存在**锥形相交**，实际上是 $E(Q_2, Q_3)$ 表面的奇点，很多丰富的物理效应与此坐标空间中围绕该奇点的轨迹有关。

图 3.26 势能最小值的所有状态在近似下是等价的，此近似将晶格振动视为谐振，见式（3.21），仅包含电子和晶格自由度最低阶的相互作用，参考式（3.21）和式（3.29）。如果不只考虑这些近似，则还应该考虑，例如，晶格非谐振性[在能量（3.21）中加入 $\approx u^3$ 项，或者 $\approx Q_3^3$，$Q_3^2 Q_2$ 等]，或理论上更高阶的电子-晶格相互作用。这些贡献导致了总能量与方位角 θ 的关联，见式（3.16）、式（3.18）和图 3.20、图 3.21，其形式为：

$$E_2 \approx \gamma\cos 3\theta \tag{3.30}$$

实际上，根据式（3.30）中系数 γ 的符号，图 3.26 中势能低谷发生"翘曲"，因此出现三个极小值，如图 3.27 所示。对于 $\gamma < 0$，极小值出现在 $\theta = 0$、$\pm\frac{2}{3}\pi$。这些极小值对应沿 z、y 和 x 轴 MO_6 八面体局部伸长，相应轨道占据为 $|z^2\rangle$，$|y^2\rangle$ 和 $|x^2\rangle$，如图 3.20 和图 3.21 所示。此时系统不能自由旋转，而是"卡"在某个极小值点。和之前讨论类似，在这些极小值之间也存在隧穿。这三个对应于极小值的态劈裂成一个单态 A 和一个双重态 E。在文献中，关于非简并单态和简并双重态哪个能量更低，一直存在争论。直到最近才发现这两种

---

　① 有意思的是，由于总波函数 $|\Psi\rangle$ 包含电子波函数 $|\psi\rangle$（3.26），当绕图 3.20 中圆或图 3.26 的势能面底部一圈，即相位变化 2π 时，总的波函数会改变符号。以上通过式（3.16）容易看出，即将 θ 变化 2π 后，波函数式（3.16）的符号改变了。因此，该旋转量子化给出半整数量子数，类似于自旋 $\frac{1}{2}$ 系统。这里出现了与几何相位有关的效应，实际上是在 JT 系统的物理学研究中首次发现的（Longuet-Higgins H. C.，Öpik U.，Pryce M. H. L.，et al. Proc. Roy. Soc. A，1958，244：1），远早于其他领域发现的相应效应，现在称为 Berry 相位效应。

情况都是可能的：对于小的非谐振性，即三个极小值之间的势垒很低，双重态 E 是基态，而对于非常强的非谐振性，单态 A 会更低。这表明上述锥形交点对得到状态的类型起着至关重要的作用。

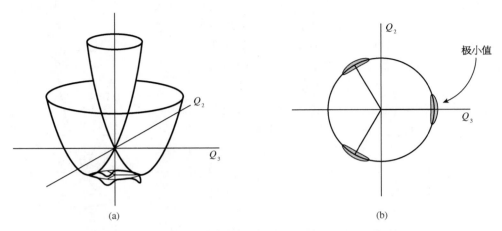

图 3.27　晶格非谐振性和高阶 JT 耦合引起的"墨西哥帽"低谷的弯曲和经典近似下的三个局部极小值

如果式(3.30)中 γ 的符号相反，优先的状态是局部八面体收缩的态。然而，一般认为在典型情况下，符号的选择应该给出 $\theta = 0$、$\pm\dfrac{2}{3}\pi$ 为极小值，即局部伸长。立方非谐振性的形式为 $\zeta u^3/3!$（$\zeta < 0$），事实上，如果考虑式(3.21)只有四方畸变的简单例子，对于畸变 $z \to z + 2u$，$(x, y) \to (x - u, y - u)$（最低阶近似下保持体积 $\approx xyz$），弹性能为：

$$\approx \frac{B}{2}\big[(\delta x)^2 + (\delta y)^2 + (\delta z)^2\big] - \frac{|\zeta|}{6}\big[(\delta x)^3 + (\delta y)^3 + (\delta z)^3\big] \tag{3.31}$$

于是，该畸变后的能量变化为：

$$\delta E = 3Bu^2 - |\zeta|u^3 \tag{3.32}$$

可以看出，此时局部伸长（$u > 0$）更有利。确实，已知的数百种包含强 JT 离子的化合物（双重简并 e_g 型）实际上都显示局部伸长畸变。仅仅有一种或者两种已知的系统宣称存在局部收缩的八面配位体。例如，准二维绝缘体 K_2CuF_4 中 Cu^{2+}，之前被认为是此规则唯一的例外，而之后的研究表明其依旧是沿 x 和 y 方向的局部伸长（图 3.28）。这个长轴交替沿 x 和 y 方向的伸长，显然导致单胞在 z（或 c）方向上的净收缩，这最开始被当作是 c 方向上局部收缩的标志（Cu^{2+} 不是一个电子而是空穴轨道，局部伸长的八面体对应"十字形"空穴轨道——此时为 $|x^2 - z^2\rangle$ 和 $|y^2 - z^2\rangle$ 轨道）。

　　上述所有有趣的量子效应都非常重要，实际上对于小的 JT 系统，如分子或晶体中孤立的 JT 杂质更是至关重要；它们是 JT 现象的重要组成部分，得到了积极的研究。对于 JT 离子富集系统，例如在晶格的每个格座都有 JT 离子，就会发生协同畸变和协同轨道序，这与图 3.26 "墨西哥帽"中"旋转"对称的自发破缺相对应。在这些情况下，人们通常以准经典的方式处理晶格，而忽略真正的振动效应。这种方法将在第 6 章中讨论。量子力学方法处理晶格振动到何种程度，才对富集系统有意义仍然是一个悬而未决的问题，值得进一步研究。

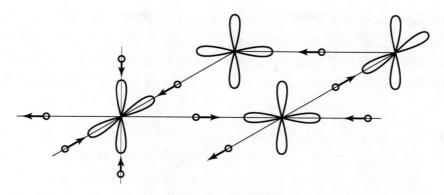

图 3.28　K_2CuF_4 的 JT 畸变和空穴轨道

目前为止,主要讨论了双重简并 e_g 轨道的 JT 效应。从图 3.1(b)可以清楚知道,部分填充的三重简并 t_{2g} 能级也存在轨道简并。由于 t_{2g} 轨道形状不同,与相邻配位体(氧、氟等)的 π 杂化较弱,t_{2g} 与晶格畸变的 JT 耦合一般比 e_g 电子弱(且通常弱得多)。尽管如此,在许多部分填充 t_{2g} 能级的化合物中仍观察到 JT 效应和相应的轨道序。具体对于这些情况,首先,如前一节所讨论的,不仅四方和正交畸变 E_g,三方 T_{2g} 畸变也能解除 t_{2g} 的简并。另一个与 e_g 情况不同的是,对于部分填充的 t_{2g} 能级,根据 t_{2g} 电子的数量,JT 畸变会导致 MO_6 八面体的局部伸长或收缩。从图 3.8 中可以清楚知道,对于两个或七个 d 电子,八面体倾向于四方伸长 $c/a>1$,其中最低的双重态由两个或者四个电子占据。然而对于一个或者六个 d 电子,更倾向于由一个电子(对于 d^1 组态)或者两个电子(对于 d^6 组态)占据单态,此时局部八面体会收缩,$c/a<1$(此处只考虑高自旋态过渡金属离子,同样需要注意,为了保持 t_{2g} 能级的重心不变,单态能量偏移为 E_{JT},双重态能量偏移为 $-\dfrac{1}{2}E_{JT}$,伸长和收缩的 E_{JT} 符号相反,如图 3.8 所示)。

关于 t_{2g} 另一个复杂情况是,虽然 e_g 电子轨道角动量是淬灭的(3.1 节),然而 t_{2g} 的却不为零,存在一阶自旋轨道耦合,这种相互作用也会导致特定类型的轨道占据和相应的晶格畸变,且与 Jahn-Teller 效应造成的畸变相反,将在 3.4 和 6.5 节详细讨论。

3.3　高自旋与低自旋态

如前所述,晶体场导致原本五重简并的 d 能级劈裂,例如,一个三重态 t_{2g} 和双重态 e_g[图 3.1(b)]。相应地,这些能级的填充依赖于晶体场劈裂的大小 $\Delta_{CF}=10Dq$。

在原子中,根据 Hund 定则,电子占据不同的能级以获得最大的总自旋。于是,对于在八面体中过渡金属离子,前三个电子会平行地占据最低的 t_{2g} 能级。问题从第四个电子开始,其中一个选择是,以相同于 t_{2g} 电子自旋的方式占据一个 e_g 能级,如图 3.29(a)所示。首先,用一个简单模型,假设所有轨道的 Hubbard 排斥能 U 相同做出相应的估计,某些衍生结果将稍后在本节讨论。从获得 Hund 能的角度来看,图 3.29 最大自旋(高自旋态)更为有利,根据之前的规则,可以获得 Hund 能 $E_{\text{Hund}} = 3J_{\text{H}}$(第四个相同自旋的 e_{g} 电子与其他三个 $t_{2\text{g}}$ 电子相互作用获得 Hund 能)。然而,由于此时电子占据更高的 e_{g} 能级,需要消耗能量 Δ_{CF}。还存在另一种可能性,第四个电子在一个 $t_{2\text{g}}$ 能级上,此时其自旋必须与原有的电子反平行,如图 3.29(b) 所示。这样可以获得晶体场能 Δ_{CF},但是失去 Hund 能 $3J_{\text{H}}$。如果晶体场劈裂不是很大:

$$\Delta_{\text{CF}} < 3J_{\text{H}} \tag{3.33}$$

那么第一种情况,即自旋最大的态,更为有利。这是大多数 3d 过渡金属氧化物中的典型情况,被称为**高自旋**(high-spin, HS)态。然而,如果在这种情况下晶体场劈裂很大,$\Delta_{\text{CF}} > 3J_{\text{H}}$,第四个电子在 $t_{2\text{g}}$ 上则更有利。因此总自旋将会变小,不再是图 3.29(a) 所示的 HS 态 $S = 2$,而是 $S = 1$,被称为**低自旋**(low-spin, LS)态。随着 Δ_{CF} 的增加,HS 态向 LS 态的转变,实际上是相应离子的多重态的变化。

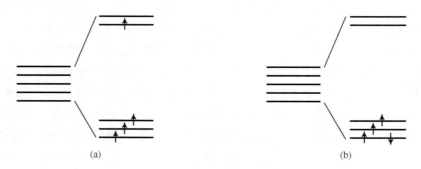

图 3.29　4 个 d 电子占据的过渡金属离子

(a) 高自旋态;(b) 低自旋态

LS 态有时出现在 3d 氧化物中,例如 LaCoO_3,但在 4d 和 5d 化合物中更典型。这是因为 4d 和 5d 轨道的空间范围更大,所以相应的 p-d 杂化和晶体场劈裂比 3d 元素更大,且 Hund 耦合 J_{H} 较小,见第 2 章[3d 元素的 $J_{\text{H}} \approx (0.8 \sim 0.9)$ eV, 4d 元素的 $J_{\text{H}} \approx (0.6 \sim 0.7)$ eV, 5d 元素的 $J_{\text{H}} \approx 0.5$ eV]。例如,3d 离子 Mn^{3+}(d^4)常常处于 HS 态 $t_{2\text{g}}^3 e_{\text{g}}^1$,$S = 2$[图 3.29(a)],而与之相应的 4d 离子 Ru^{3+}(d^4)一般为 LS 态 $t_{2\text{g}}^4 e_{\text{g}}^0$,$S = 1$[图 3.29(b)]。

如上所述,3d 化合物有时也会出现 LS 态,但一般包含例如 NO_2^- 或 CN^- 的强配位体而表现出很强的晶体场劈裂,见式(3.10)的光谱化学序列。这通常发生在金属有机化合物或金属团簇中,一个经典例子是"普鲁士蓝"$\text{Fe}_7(\text{CN})_{18} \cdot n\text{H}_2\text{O}$,$n \approx 14$,其分子式经常被写作 $\text{Fe}_4^{3+}[\text{Fe}^{2+}(\text{CN})_6]_3 \cdot n\text{H}_2\text{O}$。"普鲁士蓝"于 18 世纪在德国首次合成,是最早的合成染料之一,颜色呈明亮的蓝色。它的晶体结构相当简单,如图 3.30 所示,其 Fe^{2+} 和 Fe^{3+} 离子交替出现(存在许多普鲁士蓝类似物,例如包含 Co 和 Mn 或者其他过渡金属离子组合)[1]。非常强的配位体 CN 使相应的 3d 离子 Fe^{2+}(在一些系统中也包括 Fe^{3+})呈 LS 态。

HS 态和 LS 态的相对稳定性不仅取决于晶体场与 Hund 耦合的相对强度,还取决于 d 电子的数量。判据式(3.33)仅针对四个 d 电子的情形。使用相同的方法,可以很容易地研究其

---

① 普鲁士蓝 $\text{Fe}_7(\text{CN})_{18} \cdot n\text{H}_2\text{O}$,$n \approx 14$ 的结构(图 3.30)类似于钙钛矿结构 ABO_3,其中 $B = \text{Fe}$,A 格座空缺(或者被水分子部分占据),CN 取代氧连接 Fe-Fe 键。然而,在该系统中,无论是 Fe 还是 CN,通常都存在一定的非理想配比;在某些化学键上是 H_2O 而不是 CN。

他情况下不同自旋态的相对稳定性。因此,例如,对于组态 d^5 的离子,需要对比 HS 组态 $t_{2g}^3 e_g^2 \left(S = \dfrac{5}{2} \right)$ 和 LS 组态 $t_{2g}^5 \left(S = \dfrac{1}{2} \right)$。通过之前制定的规则,令 t_{2g} 能级的能量为零,此时 HS 态的能量为:

$$E_{HS}(d^5) = 2\Delta_{CF} - 10J_H \qquad (3.34)$$

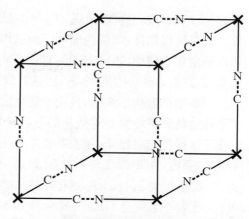

图 3.30　含有强配体 (CN) 的"普鲁士蓝"结构示意图("×"表示 Fe 离子)

(按照惯例,见 2.2 节,Hund 能由平行自旋对给出,对于 HS 组态 $t_{2g}^3 e_g^2$,平行自旋对为 10)。类似地,LS 态的能量为:

$$E_{LS}(d^5) = -4J_H \qquad (3.35)$$

(三个向上的自旋贡献 $3J_H$,两个向下的自旋贡献 J_H)。对比方程 (3.34) 和 (3.35) 可以看出,如果:

$$2\Delta_{CF} < 6J_H, \quad 即 \quad \Delta_{CF} < 3J_H, \qquad (3.36)$$

HS 态更稳定,此条件和四个 d 电子的式 (3.3) 相同。反之,LS 态会更为有利。

然而,这种情况对六个 d 电子是不同的(例如 Co^{3+} 和 Fe^{2+})。此时,HS 态为 $t_{2g}^4 e_g^2 (S = 2)$,LS 态为 $t_{2g}^6 (S = 0)$。类似的处理可以获得:

$$\begin{aligned} E_{HS}(d^6) &= 2\Delta_{CF} - 10J_H, \\ E_{LS}(d^6) &= -6J_H. \end{aligned} \qquad (3.37)$$

相应地,如果:

$$2\Delta < 4J_H, \quad 即 \quad \Delta < 2J_H, \qquad (3.38)$$

HS 态更稳定。如果 $\Delta_{CF} > 2J_H$,则 LS 态更稳定。可以看出,式 (3.38) d^6 离子的 LS 态条件比式 (3.33) d^4 和式 (3.36) d^5 离子的低,即对于含有例如 Co^{3+} 或 Fe^{2+} 的材料,有更大的概率为 LS 态:晶体场劈裂 $\Delta_{CF} \approx (1.5 \sim 2)\,\mathrm{eV}$ 已经和 $2J_H \approx (1.6 \sim 1.8)\,\mathrm{eV}$ 相当。确实,这样的 LS 态在钙钛矿 $LaCoO_3$ 的基态中出现,在此材料中 Co^{3+} 为 LS 态 t_{2g}^6,为非磁性,$S = 0$。然而,其磁性态,例如 HS 态 $t_{2g}^4 e_g^2$ 的 $S = 2$,和非磁性 LS 态能量很接近,随着温度的升高,逐渐向 HS 态转变,导致了磁化率的迅速增加,如图 3.31 所示。

六个 d 电子的组态还存在另一种可能。除了 HS 和 LS 态,中间态 $t_{2g}^5 e_g^1$ $(S = 1)$ 也是可能的。这便是所谓的**中间** (intermediate spin, IS) 态。在 $T \neq 0$ 时,$LaCoO_3$ 的真实占据态问题仍然还有争议。就孤立离子不同自旋态能量的估计(仅取决于 Δ_{CF} 和 J_H 的比值),可以

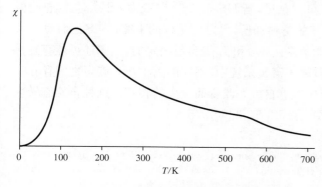

图 3.31　$LaCoO_3$ 磁化率示意图(其基态为非磁 LS 态 Co^{3+},与磁性 HS 态能量接近)

很容易证明 IS 态不可能出现：因为不是 HS 态($\Delta_{CF} < 2J_H$)，就是 LS 态($\Delta_{CF} > 2J_H$)能量最低。但是可以期望，当其他因素开始起作用时，例如相邻格座的杂化和能带的形成，在过渡金属离子富集系统中，IS 态能量可能会变得更低。尽管如此，即使包括这些效应，似乎也很难稳定 Co^{3+} 在 $LaCoO_3$ 中的 IS 态，但是可以在掺杂系统中实现，例如 $La_{1-x}Sr_xCoO_3$。

在本节的数值估算中，使用了简化的假设，假设所有轨道的 Hubbard 排斥能 U 相同，并使用了通过统计平行自旋对数量的方法计算了 Hund 交换相互作用 J_H 的贡献。虽然这种方法给出了正确的定性结论，但在数值上可能不太准确，尤其是不同的表达式中 Hund 交换相互作用 J_H 的系数，参阅式(2.6)和式(2.7)后的说明。如果对 U_{mn} 使用式(2.7)，那么判据式(3.33)和式(3.36)会变为 $\Delta_{CF} < 5J_H$，判据式(3.38)变为 $\Delta_{CF} < 4J_H$。在更复杂的处理中，不仅要考虑 U 和 J_H，还要考虑所有 Slater-Koster 或 Racah 参量，使得结果为以上两种讨论的中间值。数值计算确实给出 d^4 的 HS-LS 转变判据为 $\Delta_{CF} \leqslant 3.69J_H$，对于 d^6 为 $\Delta_{CF} \leqslant 2.57J_H$(R. Green 未发表结果)。比起使用"原子"关系式(2.7)，即 $U_{mn} = U_m - 2J_H$(Kanamori 近似)的估算，以上数值更接近于我们最初的估值式(3.33)和式(3.38)。因此，本书假设所有轨道的 U 为一个平均值的简化处理，被证明比起似乎更复杂和精确的 Kanamori 近似更接近真实。之后，本书将使用这一假设。然而，人们应该始终意识到其局限性，特别是对于不同表达式中 J_H 的精确数值系数问题。

晶体中的孤立过渡金属离子哪个态在什么条件下最稳定通常由广泛使用于光谱学的 Tanabe-Sugano 图决定[①]。图 3.32 展示了 d^5 组态的例子。横轴为 Racah 参量 B 归一化的 Δ_{CF}，纵轴同样为 Racah 参量 B 归一化的不同光谱项能量，其基态定义为 0。可以看出，在某一临界 Δ_{CF}[在本书简化模型中由式(3.36)给出]，HS 态$\left(t_{2g}^3 e_g^2, S = \dfrac{5}{2}, 光谱项符号 ^6A_1, 如图 3.32 所示\right)$转变为 LS 态$\left(t_{2g}^5 e_g^0, S = \dfrac{1}{2}, 光谱项符号 ^2T_2\right)$。此时，IS 态$\left(t_{2g}^4 e_g^1, S = \dfrac{3}{2}\right)$理论上也可以存在，对应光谱项符号 $^4T_1$，如图 3.32 所示，但在此近似下，能量总是比 HS 或 LS 态高。类似地，对于 d^6 组态(Co^{3+}，如图 3.33 所示)，HS 基态($t_{2g}^4 e_g^2, S = 2$，光谱项符号 $^5T_2$)在大的 Δ_{CF} 下转变为 LS 态($t_{2g}^6, S = 0$，光谱项符号 $^1A_1$)，同样，IS 态($t_{2g}^5 e_g^1, S = 1$，光谱项符号 $^3T_1$)能量更高[②]。

在 HS/LS 的故事里还有一个重要的要素。对于同种离子，例如 Co^{3+}，HS 和 LS 态的离子半径区别很大，LS 态总是比 HS 态小，差值可达 $\approx 15\%$(根据离子半径表，6 配位 HS 态 Co^{3+} 的离子半径为 0.61 Å，LS 态则为 0.545 Å)。于是可以预见，当 HS 态 Co^{3+} 转变为 LS 态时，晶格会发生明显收缩。相反，如果对包含 HS 态 Co^{2+} 的材料加压，可以使系统的平衡往 LS 态移动[③]。

孤立过渡金属离子的 HS 和 LS 态的竞争是由 Δ_{CF} 和 J_H 等参数决定的，最多还可能存在热(温度)诱导的高占据态。然而，在过渡金属离子富集系统中，不同的离子与自旋态之间存在一定的相互作用，因此可能发生协同现象，例如随着自旋态改变而发生的相变。这种自旋态转变确实在许多含 Co^{3+} 和 Fe^{2+} 的材料中观察到，见 5.9 节和 9.5.2 节。

---

① Tanabe Y., Sugano S.. J. Phys. Soc. Jpn., 1954, 9：753；Tanabe Y., Sugano S.. J. Phys. Soc. Jpn., 1956, 11：864；Sugano S., Tanabe Y., Kamimura H.. Multiplets of Transition Metal Ions in Crystals. New York: Academic Press, 1970.

② 图 3.32 和图 3.33 只给出了 Tanabe-Sugano 图很小的一部分以展示其原理。

③ Lengsdorf R., Ait-Tahar M., Saxena S. S., et al. Phys. Rev. B, 2004, 69：140403.

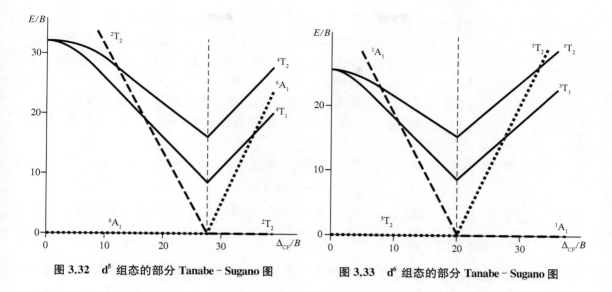

图 3.32 d⁵ 组态的部分 Tanabe‒Sugano 图　　　图 3.33 d⁶ 组态的部分 Tanabe‒Sugano 图

3.4　自旋轨道耦合的作用

　　根据第 2 章内容,自旋轨道耦合 $\lambda \boldsymbol{L} \cdot \boldsymbol{S}$ 在原子中起着非常重要的作用,基本决定了多重态结构。当过渡金属离子进入晶体后,晶体场劈裂打破了旋转不变性,严格地说,$\boldsymbol{L}$ 和 $\boldsymbol{J}$ 不再是好的量子数。尽管如此,自旋轨道耦合在固体中仍然起着非常重要的作用。自旋轨道耦合的作用取决于其(以及带来的能级劈裂)与晶体场劈裂之间的比例。如果晶体场劈裂小于自旋轨道耦合,可以把晶体场当作微扰,仍然可以使用原子物理的概念。然而在大多数情况下,至少在 3d 系列和大多数 4d 化合物中,情况是相反的,主要的晶体场劈裂 Δ_{CF}(劈裂成 t_{2g} 和 e_g 能级),比自旋轨道耦合大(得多)。通常,对于 3d 元素,在氧化物或氟化物中 $\Delta_{\mathrm{CF}} \approx (1.5 \sim 2)$ eV,然而自旋轨道耦合小得多,例如对于 Ti,$\lambda \approx 20$ meV,重一些的 Co,$\lambda \approx 70$ meV。此时,首先要考虑晶体场能级,然后再考虑自旋轨道耦合的作用。但对于重元素,尤其是 5d 元素,情况可能会有所不同。

　　在此一般性的分类中,常常需要考虑得更具体一些。虽然,立方晶体场劈裂 Δ_{CF} 确实往往比 λ 大。但是,基于立方对称的畸变,例如图 3.8 和图 3.10 中四方或者三方劈裂(特别是由 JT 效应引起的),而产生的进一步 d 能级劈裂已经与自旋轨道耦合导致的能级劈裂相当,甚至在 3d 系统中亦是如此。通常 JT 畸变与自旋轨道耦合引起的畸变是相反的,系统可以根据 JT 或自旋轨道"方案"演化,之后会遇到这样的例子。

　　此处更具体地讨论一下自旋轨道耦合的作用。根据 3.1 节,五重简并 d 能级($l^z = \pm 2$,± 1,0)在晶体场作用下劈裂成典型的三重简并 t_{2g} 和双重简并 e_g,如图 3.1(b)所示。e_g 能级由 $|l^z = 2\rangle$、$|l^z = -2\rangle$ 和 $|l^z = 0\rangle$ 组成,于是 $\langle e_g | \boldsymbol{l} | e_g \rangle = 0$,即轨道角动量是冻结的(淬灭的)。相应地,自旋轨道耦合 $\lambda \boldsymbol{l} \cdot \boldsymbol{S}$ 一阶近似下对这些态不起作用,即只有在考虑高阶效应时,自旋轨道耦合才会产生影响。这些高阶效应对于某些现象仍然相当重要,例如,它们决定了单离子

磁各向异性,或电子自旋共振(ESR)中 g 因子的各向异性。因此,著名的 JT 离子 Cu^{2+} (d^9) (e_g 能级上有一个空穴),常常处于强畸变的八面配位体中,甚至在五(四方锥)或四(正方)配位体中,通常有很强的各向异性 ESR 信号($g_{\parallel} \approx 2.2, g_{\perp} \approx 2.08$)。关于纯电子 $g = 2$ 的偏离是因为二阶自旋轨道耦合的贡献,参考 5.3 节。

对于部分填充的 t_{2g} 能级,自旋轨道耦合的作用更为重要。根据式(3.4),轨道角动量对于 t_{2g} 态是非零的,这些 t_{2g} 态的线性组合对应于有效轨道角动量的本特征态 $\tilde{l} = 1$。相应地,自旋轨道耦合以一阶方式作用在 t_{2g} 上,导致其劈裂。

通过有效角动量 $\tilde{l} = 1$ 表示 t_{2g} 能级的自旋轨道耦合非常方便,其形式为:

$$H_{SO}(t_{2g}) = \tilde{\lambda} \tilde{l} \cdot S \tag{3.39}$$

其中,$\tilde{l}$ 是三重态 t_{2g},$\tilde{l} = 1$ 的有效轨道角动量。可以证明耦合常数 $\tilde{\lambda}$ 与原始 λ 的数值成正比,但是符号相反$\left(\text{例如,对于 } Fe^{2+}, \tilde{\lambda} = -\lambda; \text{对于 } Co^{2+}, \tilde{\lambda} = -\dfrac{2}{3}\lambda\right)$[1]。相应地,如 3.1 节所述,对于 t_{2g} **亚壳层**,Hund 第二定则与一般情况相反:对于填充不到一半的 t_{2g} 亚壳层,最大简并或者最大总角动量 $\tilde{J}$ 的能量最低[2](反转多重态),但是对于填充超过一半的情况,$\tilde{J}$ 越小能量更低。这有着重要的影响,其中一些乍看之下甚至是出乎意料的。

几个例子:对于一个 t_{2g} 电子 $\tilde{l} = 1$,$S = \dfrac{1}{2}$,即总简并度为 $(2\tilde{l}+1)(2S+1) = 3 \times 2 = 6$。

这六个能级被自旋轨道耦合劈裂成一个四重态 $\tilde{J} = \tilde{l} + S = \dfrac{3}{2}$ 和一个双重态 $\tilde{J} = \tilde{l} - S = \dfrac{1}{2}$,四重态的能量更低。类似地,对于两个 t_{2g} 电子 $\tilde{l} = 1$,$S = 1$,$(2\tilde{l}+1)(2S+1) = 3 \times 3 = 9$,此九重态劈裂成一个五重态 $\tilde{J} = 2$,一个三重态 $\tilde{J} = 1$ 和一个单态 $\tilde{J} = 0$,其中五重态为基态。然而,如果考虑五个 t_{2g} 电子,即一个 t_{2g} 空穴(填充超过一半的 t_{2g} 壳层),仍然能得到类似 t_{2g}^1 的一个四重态 $\tilde{J} = \dfrac{3}{2}$ 和双重态 $\tilde{J} = \dfrac{1}{2}$,但此时双重态的能量更低。这显然在含有 Ir^{4+}(t_{2g}^5)的化合物中出现,例如 Sr_2IrO_4[3],见下文。

这对于 HS 态 Co^{3+} 尤为重要,见 3.3 节。HS 态 Co^{3+} 的组态为 $t_{2g}^4 e_g^2$,即 t_{2g} 能级的填充超过一半:其包含两个 t_{2g} 空穴而非两个 t_{2g} 电子。有效轨道角动量 $\tilde{l} = 1$,但是总自旋 $S = 2$(两个 e_g 电子也贡献 S)。实际上,可能的总角动量 $\tilde{J} = 3$、2 或 1,根据"反转"Hund 第二定则,三重态 $\tilde{J} = 1$ 能量最低(t_{2g} **壳层**填充超过一半)。因此,如果忽略自旋轨道耦合,可以认为,当 $S = 2$ 时,HS 态 Co^{3+} 的基态是一个五重态,但是实际上,其基态为三重态。这对于解释 $LaCoO_3$ 类似化合物的自旋态转变非常重要,根据磁和热力学数据的拟合,可以得出(对于 LS 单态为基态)第一激发态是三重态,人们往往基于此推断这个激发态是 $S = 1$ 的 IS 态 Co^{3+}($t_{2g}^5 e_g^1$)。但是,实际上这个三重态是能量最低的 HS 态,而不是 IS 态 Co^{3+}!这将在 5.9 节和 9.5.2 节继续讨论。

类似地,对于 Co^{2+}($t_{2g}^5 e_g^2$)(t_{2g} 壳层填充超过一半),其 $\tilde{l} = 1$,$S = \dfrac{3}{2}$。总角动量 $\tilde{J}$ 的可能

---

① Abragam A., Bleaney B.. Electron Paramagnetic Resonance of Transition Ions. Oxford: Clarendon Press, 1970.

② 人们(包括本书)仍然使用有效总角动量 $\tilde{J}$ 这一术语,但严格来说,根据 $\tilde{J}$ 的分类是无效的,因为对于晶体场中的离子,$\tilde{J}$ 不再是一个好的量子数。尽管如此,能级的多重性和使用 $\tilde{J}$ 得到的结果一致。

③ Kim B. J., Jin H., Moon S. J., et al. Phys. Rev. Lett., 2008, 101: 076402; Jackeli G., Khaliullin G.. Phys. Rev. Lett., 2009, 103: 067205.

值为 $\frac{5}{2}$、$\frac{3}{2}$ 和 $\frac{1}{2}$，其中双重态 $\widetilde{J}=\frac{1}{2}$ 为基态，因此，这些离子的行为与有效自旋 $S_{\mathrm{eff}}=\frac{1}{2}$（双重基态）离子类似，当然许多特征，例如各向异性，与真正的自旋 $\frac{1}{2}$ 情况并不同。这种描述，就有效自旋 S_{eff} 而言经常被使用，特别是在处理过渡金属离子的共振现象，如 ESR，它被称为**自旋 Hamiltonian** 描述。对于重过渡金属离子而言，约化到具有各向异性相互作用的有效自旋模型 $\left(\text{例如有效自旋}\frac{1}{2}\right)$ 变得尤为重要，例如上文提到的 LS 态 Ir^{4+} ($t_{2g}^5 e_g^0$)。

如上述讨论，当使用有效轨道角动量 $\widetilde{l}=1$ 来描述部分填充的，未淬灭轨道角动量的 t_{2g} 壳层的过渡金属离子时，基于 $\widetilde{l}$ 的自旋轨道耦合的符号与正常情况相反，且有效轨道角动量的 g 因子，$g_{\widetilde{l}}<0$，而不是对于真正轨道角动量常见的 $g_l=1$。因此，总磁矩 $M=\mu_B g_{\widetilde{J}}\widetilde{J}$，决定了与外磁场 H 的相互作用，可能与人们朴素的期望不同，相应的 Zeeman 劈裂为：

$$\mathcal{H}_Z = -MH = -\mu_B g_{\widetilde{J}}\widetilde{J} H, \qquad (3.40)$$

（注意磁化率的 Curie - Weiss 定律中有效磁矩 $\mu_{\mathrm{eff}}=g_{\widetilde{J}}\mu_B\sqrt{\widetilde{J}(\widetilde{J}+1)}$）。有效 g 因子 $g_{\widetilde{J}}$ 的表达式为：

$$g_{\widetilde{J}} = \frac{1}{2}(g_{\widetilde{l}}+g_S) + \frac{\widetilde{l}(\widetilde{l}+1)-S(S+1)}{2\widetilde{J}(\widetilde{J}+1)}(g_{\widetilde{l}}-g_S) \qquad (3.41)$$

（其中，$\widetilde{l}=1$，$g_S=2$），见式(2.13)。例如，对于 Co^{2+}，$g_{\widetilde{l}}=-\frac{2}{3}$，$\widetilde{J}=\frac{1}{2}$ 的基态双重态的 g 因子 $g_{\widetilde{J}=1/2}(\mathrm{Co}^{2+})=-\frac{3}{2}g_{\widetilde{l}}+\frac{5}{3}g_S=4.33$，于是决定式(3.40)的 Zeeman 效应的 Co^{2+} 的有效磁矩为 $M=\mu_B g_{\widetilde{J}}\widetilde{J}\approx2.17\mu_B$，相比于纯自旋磁矩 $g_S\mu_B S=2\mu_B\cdot\frac{3}{2}=3\mu_B$ 较低。

如果考虑理想八面体配位中过渡金属离子在 t_{2g} 能级上只有一个 d 电子（例如 Ti^{3+} 和 V^{4+}）这一看似更简单的情况，则会出现一种相当不寻常的情形。自旋 $\frac{1}{2}$ 的单态 t_{2g} 电子也可以通过有效轨道角动量 $\widetilde{l}=1$ 描述（负自旋轨道耦合常数 $\widetilde{\lambda}=-1$，有效轨道 g 因子 $g_{\widetilde{l}}=-1$）。根据上述规则，填充不到一半的 t_{2g} 壳层具有反转多重态顺序，即基态为四重态 $\widetilde{J}=\frac{3}{2}$。但是，根据式(3.41)，这个明显具有磁性的离子 $\left(\widetilde{l}=1,\ S=\frac{1}{2}\right)$ 的有效 $g_{\widetilde{J}}$ 因子为零，即 $g_{\widetilde{J}}=0$[可以这样定性地理解，此时，轨道角动量 $\widetilde{l}=1$ 指向与自旋 $S=\frac{1}{2}$ 相反的方向，但是由于轨道 g 因子为 $|g_l|=1$，而自旋 g 因子为 $g_S=2$，于是总的磁矩为零，$g_S S+g_{\widetilde{l}}\widetilde{l}=2S-\widetilde{l}=0$，这仅仅是一个粗略的定性物理图像，要真正证明这个结果，就必须寻求例如式(3.41)给出的完整描述]。

自旋磁矩和轨道磁矩的精确抵消只对理想立方对称有效，即使是很小的四方或三方畸变，也会破坏这种抵消。依赖于畸变，有效 g 因子的值可以在 +2 到 −4 之间，且 g 因子变为各向异性。目前尚不清楚 Ti^{3+} 或 V^{4+} 等 d^1 离子的这些特征，特别是其 g 因子为零的可能性，是否会在含有此类离子的块体中发挥作用（块体的局部对称通常低于立方对称）。

在 4d 或 5d 系统中，自旋轨道耦合较强，可能存在相当不平凡的情形（自旋轨道耦合 ≈0.5 eV，与电子跃迁或由于立方对称性降低而导致的晶体场劈裂接近）。因此，例如对于 LS 态 Ir^{4+} (t_{2g}^5)，其 $S = \frac{1}{2}$，$\tilde{l} = 1$，按照一般规则，对于填充超过一半的 t_{2g} 亚壳层，基态为双重态 $\tilde{J} = \frac{1}{2}$。因此，包含多电子 Ir^{4+} 离子的相应材料可以映射到有效自旋为 $\frac{1}{2}$ 的非简并类 Hubbard 模型（但跃迁矩阵元是非平凡的）。

LS 态的 Ru^{4+}(d^4) 的情况更加"奇特"。Ru^{4+} 的组态为 t_{2g}^4，为填充超过一半的 t_{2g} 壳层，其 $\tilde{l} = 1$，$S = 1$。其可能的 $\tilde{J} = 2$、1 或 0，最低能态为非磁性单态 $\tilde{J} = 0$。因此，此时明显为磁性的 Ru^{4+}（$\tilde{l} = 1$，$S = 1$）可以有效地变为非磁性：这不是因为上文 d^1 离子那样 g 因子为零，而是因为总角动量本身在基态为零，$\tilde{J} = 0$。对于组态为 d^4 的 5d 离子，如 Ir^{5+}，这种效应更为重要，因为其自旋轨道耦合和相应的 $J = 0$ 基态要稳定得多。

然而，实验上大多数含有 Ru^{4+}（甚至一些含有 Ir^{5+}）的材料是磁性的，或者是（交换增强的）Pauli 顺磁金属。为什么会这样？首先，在许多这样的材料中，Ru 的准确晶体场的对称性低于立方。此时，Ru 的 t_{2g} 能级进一步劈裂，至少使得轨道角动量部分淬灭。因此，如果存在四方畸变，例如收缩，t_{2g} 能级将劈裂成如图 3.34 所示，其最低能级 d_{xy}（或 $|\tilde{l}^z = 0\rangle$）为双重占据，高能级 d_{xz} 和 d_{yz} [或 $|\tilde{l}^z = \pm 1\rangle = \frac{1}{\sqrt{2}}(|xz\rangle \pm i|yz\rangle)$] 都是单占据的，所以总轨道角动量

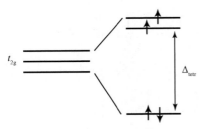

图 3.34　组态 d^4 的 t_{2g} 能级的 Jahn - Teller 劈裂

为零。相应地，此时自旋 $S = 1$，表现出磁性（如果额外的四方劈裂 Δ_{tetr} 大于自旋轨道耦合）。类似地，如果在富集系统中存在相邻 Ru 离子的交换相互作用，且比自旋轨道耦合更强，也将稳定磁性（或者磁序）态。尽管如此，即使在这些情况下，$\tilde{J} = 0$ 的非磁性 Ru^{4+} 的能量也相对较低，在解释不同化合物的实验结果时应该考虑到这个态。尽管组成的离子名义上为非磁性基态，但存在磁序的系统称为**单态磁性**，见 5.5 节。

对于块体过渡金属化合物，人们常用平均场近似来处理自旋轨道耦合，用 $\lambda l^z S^z$ 来替代 $\lambda \mathbf{l} \cdot \mathbf{S}$。此时，在磁有序态中，轨道角动量与自旋平行（或反平行），从而导致特定的 d 轨道占据和相应的晶格畸变。这种现象出现在磁序临界温度（T_c 或者 T_N）以下，实际上是磁致伸缩的一种形式。因此，例如一个电子占据的 t_{2g} 能级（图 3.35），其自旋轨道耦合为 $\tilde{\lambda} \mathbf{l} \cdot \mathbf{S}$（$\tilde{\lambda} < 0$），对于自旋 $S^z = +\frac{1}{2}$，轨道角动量为 $l^z = -1$：

$$|l^z = -1\rangle = \frac{1}{\sqrt{2}}(|xz\rangle - i|yz\rangle) \tag{3.42}$$

其形状如图 3.3 所示，类似 $|xz\rangle$ 轨道绕 z 轴旋转，其电子浓度呈空心圆锥状（$l^z = +1$ 和 $l^z = -1$ 的状态在顺时针或逆时针旋转意义上不同，电子密度分布相同）。该电子云将受到来自沿垂直轴顶点氧剧烈的 Coulomb 排斥作用，这将导致氧八面体伸长，得到的能级结构如图 3.35(a) 所示。可以看出，这种畸变和劈裂与从 Jahn - Teller 效应得到的预期正好相反，如图 3.35(b) 所示。事实上，对于一个 t_{2g} 电子，Jahn - Teller 效应不会导致四方伸长，而是收缩：

图 3.35(b)中占据态能量降低 $-E_{JT}$,而图 3.35(a)中这个能量偏移为 $-\frac{1}{2}E_{JT}$。但在图 3.35 (a)中,由于自旋轨道耦合 $\lambda l^z S^z$,还存在额外的劈裂。实际上,图 3.35(b)所示状态的能量,受 Jahn-Teller 相互作用的影响,为:

$$E_{(JT)} = -E_{JT}, \tag{3.43}$$

而图 3.35(a)所示状态的能量,被自旋轨道耦合稳定,为:

$$E_{(SO)} = -\frac{1}{2}E_{JT} - \frac{1}{2}\lambda. \tag{3.44}$$

从以上表达式看到,当 $E_{JT} > \lambda$ 时,系统将根据"JT 方案"演化,此时单态 $|xy\rangle = |l^z = 0\rangle$ 能量更低,轨道角动量淬灭,相应的 MO_6 八面体的局部畸变为四方收缩。然而,如果自旋轨道耦合足够强,即 $\lambda > E_{JT}$,自旋轨道耦合将更加重要,此时畸变将相反,为四方伸长,使 $|xz\rangle$ 和 $|yz\rangle$,即 $|\tilde{l}^z = \pm 1\rangle = \frac{1}{\sqrt{2}}(|xz\rangle \pm i|yz\rangle)$ 能量降低,见图 3.35(a)。此过程获得的 JT 能量较少,但由轨道角动量不为零,自旋轨道耦合会进一步劈裂这个双重态,降低能量。

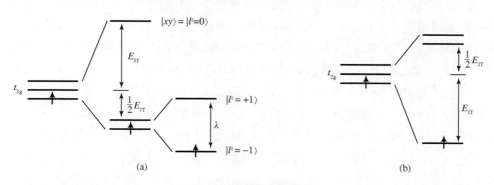

图 3.35　t_{2g} 能级劈裂

(a) 由于四方伸长和自旋轨道耦合(平均场近似处理);(b) 由于四方收缩(此时轨道角动量淬灭)

以上两种情况都能在实验中观察到。因此,在 3d 系列的开端(Ti、V 化合物),自旋轨道耦合较弱,通常 JT 效应主导。在 JT 劈裂后,轨道角动量和自旋轨道耦合实际上消失了(或者至少没有一阶效应)。然而,对于较重的 3d 金属,自旋轨道耦合明显增强[注意自旋轨道耦合常数 λ 正比于 Z^4(或 Z^2,见第 22 页脚注①),其中 Z 是原子序数],例如 Co 的 $\lambda \approx 70$ meV,而 Ti 的 $\lambda \approx 20$ meV。相应地,对于较重的 3d 元素,通常自旋轨道耦合主导,在部分填充 t_{2g} 能级的情况下,材料会按照"自旋轨道方案"畸变。如前所述,在 T_c 或 T_N 以下磁有序时,相应轨道占据导致的轨道序(图 3.3),以及相应的晶格畸变,以"巨磁致伸缩"的形式出现。因此,例如,许多 Co^{2+} 氧化物或氟化物(d^7,$t_{2g}^5 e_g^2$),在 T_N 以下为四方收缩,相应的能级劈裂如图 3.36 所示(即在双重简并轨道 $|l^z = \pm 1\rangle$ 上有三个电子或者一个空穴)。这两个轨道在 T_N 以下进一步劈裂稳定了这种畸变。实际上,例如 CoO 在 T_N 以下出现很强的四方收缩——如此强的收缩以至于该转变为弱 I 级相变,伴随着晶格常数的跳变。因此,自旋主要沿 z 方向(伴随偏离此方向一定的弱倾斜),即得到一个沿易轴[001]方向强各向异性。这实际上是一个相当普遍的特征:对称情况下,如果材料具有部分填充 t_{2g} 轨道且伴随足够的强自旋轨道耦合,那么它的

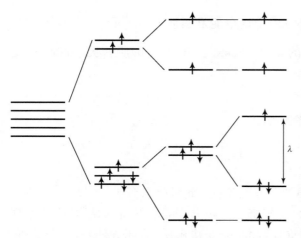

图 3.36 四方收缩 MO_6 八面体中组态为 d^7 的离子
（如 Co^{2+}）典型 d 能级晶体场和自旋轨道劈
裂（平均场近似处理）

磁弹性耦合、磁致伸缩，以及磁单轴各向异性
往往也非常强。这些因素本质上与部分填充
的 t_{2g} 能级的未淬灭轨道角动量有关。然而，
如果这些能级是半满的，例如 Cr^{3+}（t_{2g}^3）或
Mn^{2+}（$t_{2g}^3 e_g^2$）和 Fe^{3+}（$t_{2g}^3 e_g^2$），或全满的，例如
Ni^{2+}（$t_{2g}^6 e_g^2$）或 Cu^{2+}（$t_{2g}^6 e_g^3$），相应的效应就
会弱得多。

目前为止，主要讨论了 Jahn‐Teller 和
自旋轨道耦合之间的竞争，以及自旋轨道耦
合和四方畸变之间的相互作用。但是，如 3.1
节所述，t_{2g} 轨道在三方畸变下也会劈裂，如
图 3.10 所示。因此，上述讨论的所有效应
也可能在这种畸变下发生。实际上，对于部
分填充的 t_{2g} 能级，存在三方畸变诱导的 JT

效应，或者强自旋轨道耦合诱导的符号相反的三方畸变，并伴随着自旋和轨道序。但此时，应
该选择不同的轨道量子化轴：沿着三次轴，或立方设定中[111]轴（图 3.11）。如图 3.10（b）所
示，相应的晶体场劈裂原则上与四方畸变类似，即 t_{2g} 能级劈裂为单态和双重态（注意三方畸变
不劈裂 e_g 能级）。如 3.1 节所述，单态 a_{1g} 的轨道角动量淬灭，即 $|l^z = 0\rangle$，其量子化轴为图 3.10
（a）中[111]轴。剩下两个态为 $|l^z = \pm 1\rangle$ 的本征态，它们的电子密度呈图 3.13 所示的"圆环
面"形式。因此，对于三方劈裂，轨道角动量 $l^z = \pm 1$ 指向[111]（立方设定下），相应地，自旋
也应该指向该方向。许多含 Fe^{2+}（$3d^6$，HS，$t_{2g}^4 e_g^2$）的化合物都是这种情况，例如 FeO 和
$KFeF_3$ 都是[111]易轴，T_N 以下为三方畸变。为什么 Co^{2+}（t_{2g} 能级上一个空穴）化合物通常是
四方畸变，而 Fe^{2+}（在半满的 t_{2g} 上两个 t_{2g} 空穴或者一个 t_{2g} 电子）的类似化合物通常是三方畸
变，实际上还不清楚（畸变并不总是如此，但显然是这些化合物的典型特征）。

3.5 过渡金属化合物中典型晶体
结构形成的基本原理

过渡金属化合物的晶体结构异常丰富，对其性质影响强烈。因此，有必要描述晶体结构形
成的普适性原理。这一领域已经相当成熟，有很多相关的专著和综述，本书仅简要总结决定过
渡金属化合物形成的普适性原理。

当讨论离子形成固体时，人们通常会提到四种主要的化学键：离子键、共价键、金属键和
van der Waals 键。真正的金属键在本书主要的对象——过渡金属化合物，例如氧化物或卤化
物中很少遇到。van der Waals 键有时会遇到，特别是在一些层状化合物中，但是 van der
Waals 键很弱，对这类化合物的电子结构或磁性影响有限。

过渡金属化合物中最典型的是离子键，或者是离子键和共价键的结合。相比于氧化物，例

如硫化物或硒化物,共价贡献变得更强。在一阶近似下,主要是离子键和相应离子的大小,决定了化合物的晶体结构。

考虑离子的尺寸极其重要,人们常常可以根据组成离子的大小来很好地描述特定化合物的结构特征。离子尺寸通常由离子半径 R 描述,显然依赖于元素的种类及其电离水平(价态)。离子半径还依赖于相应离子的自旋态,例如 Co^{3+},见 3.3 节。不同配位数也会影响离子半径,例如,Fe^{3+} 在氧八面体中半径为 0.645 Å,而在四面体中为 0.40 Å。

此处强调一个重要的事实,这是一个相当普遍的,特别是在物理学家中常见的误解。在研究过渡金属氧化物时,通常最关注的是过渡金属离子:主要是其电子结构决定了这些化合物性质。因此,当人们展示这类系统的晶体结构时,几乎总是只保留过渡金属离子并将其展示为大球。氧离子要么完全省略,要么用相应的氧多面体来标记,氧离子本身最多显示为小球。在很多情况下,这已经足够了,本书也经常会这样处理。但在讨论真实晶体结构时,必须意识到,在大多数情况下恰恰相反:氧离子 O^{2-} 通常比过渡金属离子**大得多**。根据配位数的不同,O^{2-} 半径为 $\approx(1.35\sim1.42)$ Å,而过渡金属离子的典型半径不到其一半,3d 元素的离子半径通常为 $\approx(0.5\sim0.7)$ Å。表 3.1 给出了本书中遇到的几种重要离子的半径(Å),便于读者获得一个一般性的认知(表中括号内的罗马数字表示配位数)。对于过渡金属离子,最常出现的是八面体(六)配位(记作Ⅵ),有时候为四面体(四)配位(Ⅳ)。其他的金属离子,例如 Ba^{2+} 或者 La^{3+},是典型的十二配位(Ⅻ),例如钙钛矿 $BaTiO_3$ 和 $LaMnO_3$。

表 3.1　一些重要离子的半径(引自 Shannon R. D. Acta Crystallogr, Sect. A, 1976, 32: 751)

元　素	离子半径/Å	元　素	离子半径(Ⅵ配位)/Å
O^{2-}	1.35~1.42	Ti^{3+}	0.67
F^-	1.28~1.33	Ti^{4+}	0.60
Cl^-	1.81	V^{3+}	0.64
Br^-	1.96	V^{4+}	0.58
I^-	2.20	Cr^{3+}	0.615
Mg^{2+}	0.57(Ⅳ);0.72(Ⅵ)	Mn^{2+}	0.83
Zn^{2+}	0.60(Ⅳ);0.74(Ⅵ)	Mn^{3+}	0.645
Cd^{2+}	0.78(Ⅳ);1.31(Ⅻ)	Mn^{4+}	0.53
Ca^{2+}	1.34(Ⅻ)	Fe^{2+}:LS/HS	0.61/0.78
Sr^{2+}	1.44(Ⅻ)	Fe^{3+} HS	0.645
Ba^{2+}	1.61(Ⅻ)	Co^{2+}	0.745
La^{3+}	1.36(Ⅻ)	Co^{3+}:LS/HS	0.545/0.61
Gd^{3+}	$\approx(0.95\sim1.1)$	Co^{4+}	0.53
Lu^{3+}	$\approx(0.9\sim1.0)$	Cu^{2+}	0.57~0.73(不同配位数)

通过表 3.1 可以发现,首先,3d 离子确实比典型的阴离子如 O^{2-}、F^- 或 Cl^- 要小得多。其次,在元素周期表的每一行中,价态相同的离子尺寸从左到右递减,每一列中,尺寸自上而下递增。如上所述,对于稀土金属(La、……、Lu),这被称为镧系收缩。

　　许多过渡金属化合物(如氧化物或氟化物)晶体结构的"构造"可以理解为大离子的密堆积，其间隙被小离子占据。以二元化合物$(TM)_m O_n$为例，首先大O^{2-}"球"形成密堆积，在平面上为六方填充，如图3.37(a)所示。在ab平面，这些离子形成了三角晶格，如图3.37(b)所示(为了使图不那么拥挤，用小球来表示此第一层离子，而没采用更接近实际的大球体相互接触的方式)。

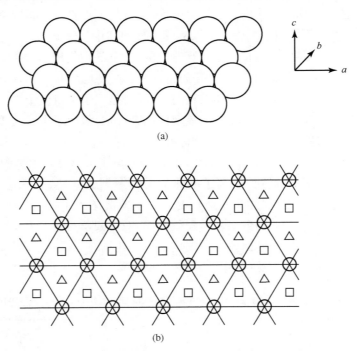

(a)

(b)

图3.37 **(a)** 一层离子的密堆积(通常是大的阴离子)；**(b)** 离子在
相邻密排面中可能的位置("□"或"△")

　　给定层上方的相邻层密排面，可以位于图3.37(b)中"上三角"("□")或"下三角"("△")中心。如果第一层为A，那么第二层可以位于B("□")或C("△")。

　　考虑两层阴离子A和B("○"和"□"位置为大"球体")。A和B之间的间隙有两种类型：在每个"□"下面或在每个"○"上面的四面体间隙(间隙中的离子有四个等效的最近邻O^{2-})或八面体间隙[A和B层间，图3.37(b)"△"处，如图3.38所示]。因此，过渡金属离子在密排阴离子亚晶格中有两种典型的配位：四面体和八面体配位。晶体结构其余部分取决于负离子层的堆积方式，以及哪些间隙，以什么顺序，被哪种过渡金属离子所占据。

　　密排阴离子面有着不同的堆积方式，例如$ABAB\cdots\cdots$、$ABCABC\cdots\cdots$或者$ABACABAC\cdots\cdots$不同堆积方式得到不同的$TM-O$多面体填充方式。因此堆积$ABABAB\cdots\cdots$的结构是重复图3.37(b)，其中三角层为"空"(不填充)，在c方向充当晶体结构的支撑。与图3.38(b)相比较可知，如果过渡金属离子占据这些位置，便得到了共面的MO_6八面体的垂直柱。这是$CsNiCl_3$或$BaCoO_3$等化合物的典型模式(大的离子Cs^+和Ba^{2+}占据了这些柱与柱之间的位置，见下文)。这样的材料具有准一维结构。$ABABAB\cdots\cdots$的晶体结构中，阴离子的堆积通常是六方的。

　　类似地，如果在密堆$ABAB\cdots\cdots$的结构中，由阴离子占据**所有**八面体位置，会得到NiAs型六方结构。在这种情况下，MO_6八面体将在c方向上共面，就像上面提到的$CsNiCl_3$结构一样，而在ab平面中，这些八面体共棱。

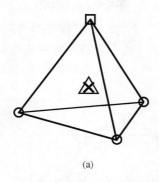
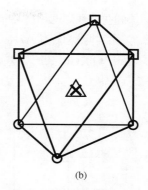

(a)　　　　　　　　　　(b)

图 3.38　小的过渡金属离子("×")在大阴离子形成的(a) 四面体和(b) 八面体间隙中典型位置[此处,按照图 3.37 的记号,用"○"表示第一层阴离子,用"□"表示第二(上)层的阴离子]

在六方密堆(hcp)的大阴离子层 $ABABAB\cdots\cdots$ 中,如果金属离子 M 每隔一层占据八面体间隙,即 $(AMB)(AMB)\cdots\cdots$,则得到 CdI_2 结构。其中,金属离子形成了共棱 MX_2 八面体二维三角层。许多有意思的层状过渡金属化合物都属于此类,例如过渡金属二卤族化合物 TaS_2、$NbSe_2$ 和 $NiTe_2$,后文会提到其中一些例子。

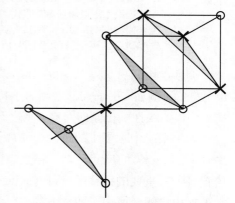

另一种典型的阴离子序列是 $ABCABC\cdots\cdots$,通常为立方结构。如果用金属离子填充所有的八面体间隙,将得到 NaCl 结构,许多过渡金属一氧化物(如 NiO)为此结构,如图 3.39 所示(实际上,图 3.39 中标准岩盐结构的"构建"可以理解为沿着[111]方向,$ABC\cdots\cdots$ 堆积的大 Cl^- 或 O^{2-},其八面体间隙填充 Na^+ 或 Ni^{2+})。可以看出,过渡金属离子(图 3.39 中的"×")也构成三角[111]层。可以认为四个这样的层,垂直于图 3.39 中所有四个[111]立方体对角线,由此形成的 MnO 或 NiO 的结构为立方结构。最近邻过渡金属离子的 MO_6 八面体共棱,形成与 90° $M-O-M$ 键,次近邻过渡金属离子的八面体共顶点(氧),形成 180° $M-O-M$ 键。

图 3.39　岩盐(NaCl)结构,例如 NiO[在立方晶体设定中,氧("○"表示)在[111]方向形成 ABCABC 排列,而过渡金属(如 Ni,"×"表示)占据由密堆氧形成的八面体间隙]

如果用非磁性离子(如 Li^+ 或 Na^+)取代 NiO 或 CoO 中一半过渡金属离子,使 Ni^{3+} 和 Li^+ 排列在连续的[111]层中,岩盐结构就会出现一个有意思的"衍生"结构,如图 3.40 所示(非磁性离子用"△"表示,磁性 Ni 或 Co 用"×"表示;氧按照惯例用"○"表示)。此时,层堆积的顺序(沿[111]方向)为 $A(Ni)B(Li)C(Ni)A(Li)B(Ni)C(Li)A\cdots\cdots$其中阴离子(此处为氧)为 $ABCABC$ 密排堆积。实际上,系统将由共棱 MO_6 八面体构成的二维层状结构组成,这些层为三角晶格。这种结构的完整对称性为三方,相应的材料体系为 $LiNiO_2$、$LiVO_2$ 或 Li_xCoO_2(一种非常重要的材料,是可充电锂电池的基础)。

如果该结构中没有非磁性离子,则得到 $CdCl_2$ 型结构($AMBCMABMC\cdots\cdots$)。此时,$\{AMB\}$ 结构单元之间通常是 van der Waals 键,即这些材料是真正的层状材料,例如 $MnBr_2$、$FeCl_2$ 和 $NiCl_2$ 等。如果一些其他的离子,例如 Cu^+ 或 Ag^+ 取代了三角磁性层之间的碱金属离子且磁性层保持不变,但不再位于 O_6 八面体中心(如 Na_xCoO_2 中 Na),而是位于两个氧原子中间,类似哑铃状,此时氧层的实际顺序为 $AB(Cu)BA\cdots\cdots$,由此产生的结构被称为铜铁矿(delafossite)结构,例如 $Cu^+Fe^{3+}O_2$、$Cu^+Cr^{3+}O_2$ 和 $Ag^+Cr^{3+}O_2$ 等。这类材料可能是非常有意思的多铁材料,见第 8 章。

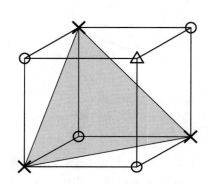

图 3.40 $LiCoO_2$ 或 $NaNiO_2$ 系统的晶体结构["○"代表阴离子,"×"代表过渡金属离子(例如 Co,Ni),"△"代表非磁金属离子(例如 Li,Na)]

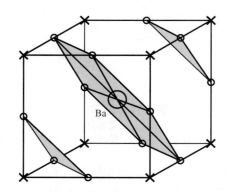

图 3.41 钙钛矿 ABO_3 结构,例如 $BaTiO_3$[大的 A 离子(此处为 Ba,大"○")以有规律的方式取代了一些氧离子(小"○")]

铜铁矿中阴离子层 A 和 B 并不是密堆积(B 层直接在 B 层之上)。这是因为某些组态为 d^{10} 的离子,例如 Cu^+ 或 Ag^+,倾向于特殊的线性配位(O-Cu-O 哑铃型),稳定了铜铁矿的结构。Cu^+ 的线性配位倾向对高 T_c 铜氧化物超导也很重要。

如果系统中除了小的过渡金属离子,还存在其他的大金属离子,例如 $BaTiO_3$ 和 $LaMnO_3$ 中,Ba^{2+} 和 La^{3+} 的尺寸和 O^{2-} 相当,甚至更大,见表 3.1。它们占据密堆积结构中某些 O^{2-} 的位置,例如,重要的钙钛矿(perovskite)结构[1],如图 3.41 所示。钙钛矿结构,例如 $BaTiO_3$,通常被视为过渡金属离子的立方晶格(例如 $BaTiO_3$ 中 Ti,图 3.41 中"×"),氧位于在 TM-TM 棱的中心,而 Ba 占据了立方体的中心。如上所述,该物理图像通常足以用来讨论这类化合物的性质,但实际上仍存在一定的误导:从晶体化学的角度,应该把这种化合物看作大离子 O^{2-} 和 Ba^{2+} 的密堆积(立方设定下的[111]方向,图 3.41 的阴影部分),而小的过渡金属离子,例如 Ti^{4+},占据其八面体间隙。在 O^{2-} 的六方密堆积层中一些位置被大的 Ba^{2+}(或 $LaMnO_3$ 中 La^{3+} 等)离子占据,其氧配位数为 12。

使用类似的考量,人们可以理解大多数其他氧化物的"构造":金红石(rutile)结构 MO_2(TiO_2、CrO_2、……)、尖晶石(spinel)AB_2O_4、刚玉(corundum)M_2O_3 等。

金红石结构(图 3.42)可以看作是 c 方向上共棱 MO_6 八面体链,相邻链旋转 $90°$ 与前一链共顶点。也可以把这个结构看作是位于类似图 3.37(b)所示的密堆积的 MO_2 层中的共棱 MO_6 八面体链,而图 3.42 的后一条链位于下一 MO_2 层中。

同样,刚玉结构 M_2O_3 可以视为类似于上文描述的准一维六方 $CsNiCl_3$ 那样,在 c 方向为共面 MO_6 八面体,但没有像 $CsNiCl_3$ 那样形成无限的垂直列,而是只有一对被两个过渡金属离子占据的正八面体,下一对这样的八面体发生偏移,如图 3.43 所示。实际上,在刚玉结构的

---

[1] "钙钛矿"这一矿物的分子式为 $CaTiO_3$。

$A(M)B$ 层中, ab 面上的过渡金属离子并没有占据所有的八面体间隙, 而是只占据了其中 2/3, 因此在这个平面上它们形成了蜂窝状晶格。钛铁矿(ilmenite)结构(例如"钛铁矿"本身 $FeTiO_3$)与该结构有关, 可以想象为在 Fe_2O_3 刚玉结构中, 每个垂直的 Fe 对中的第二个 Fe, 被 Ti 取代(与 Fe^{2+} 和 Ti^{4+} 形成交替蜂窝层)。

在以上的氧化物中, 过渡金属离子都在 O_6 八面体中, 不同的是: 密堆积氧层的顺序($ABAB$ 或 $ABCABC$ 等); 一些氧可能被大的阳离子, 如 K^+、Ba^{2+} 或 La^{3+} 取代; 以及八面体间隙的不同占据。然而, 在密堆氧亚晶格中也存在四面体间隙, 如图 3.38(a)所示。四面体间隙也可能(与八面体一起或者单独)被占据。在 $ABCABC$ 填充大的阴离子中, 占据所有四面体间隙, 会得到氟化物 CaF_2 型结构。尖晶石[①] AB_2O_4 可以看作是 $ABCABC$······型氧密堆积中特定的四面体 A 离子和八面体 B 离子占据。近期发现的 $YBaCo_4O_7$ 型化合物(锑钠铝矿结构, $SbNaBe_4O_7$)可以看作是氧堆积 $ABAC$······中 Co 只占据四面体间隙, 大的 Ba^{2+} 取代了一些氧。

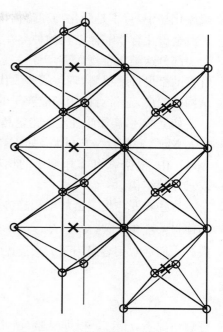

图 3.42　金红石结构, 例如 TiO_2 和 VO_2 ("×"表示金属离子, "○"表示阴离子, 例如氧)

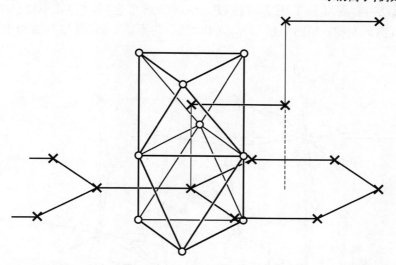

图 3.43　刚玉结构, 例如 Al_2O_3、Cr_2O_3 和 V_2O_3 ("×"表示金属离子, "○"表示氧)

目前为止, 讨论了主要是离子键和小过渡金属离子构成的过渡金属化合物, 例如氧化物或硫族化合物。对于硫化物、硒化物, 共价性变得越来越重要, 而上述(至少在概念上)简单的方案: 大的阴离子和非磁性阳离子的密堆积, 小的过渡金属离子在其间隙, 可能不再适用, 因此可能出现其他更复杂的结构现, 例如黄铁矿(pyrite)FeS_2 和 NiS_2。在黄铁矿中, 硫离子形成二聚体, 这些化合物的分子式可以表示为 $Fe^{2+}(S_2)^{2-}$ 和 $Ni^{2+}(S_2)^{2-}$, 其晶体结构为 NaCl 型。在许多其他

---

① "尖晶石"这一矿物的分子式为 $MgAl_2O_4$。

硫族化物中,特别是硒化物和碲化物中,硒或者碲之间的共价键起着非常重要的作用。因此,过渡金属化合物晶体结构的种类并没有被以上讨论的例子和规则所全面覆盖。但是,对于很大一部分这类化合物而言,上述关于它们"构造"的一般原则是有效的,对这些原则的一般性理解有助于设计新材料,理解哪些取代是可行的等。甚至更微妙的结构特征,例如对理想钙钛矿结构的偏离,通常可以用相应离子的密堆积的类似概念来解释,之后会遇到许多这样的例子。

如上所述,离子半径对于稳定晶体结构起着非常重要的作用,例如钙钛矿 ABO_3(如 $SrTiO_3$ 或 $LaMnO_3$)对比六方材料(如 $CsNiCl_3$ 或 $BaCoO_3$)。但在同一类结构中,例如在钙钛矿 ABO_3 中,根据 A 和 B 阳离子的相对半径,理想立方结构可能会发生进一步的畸变,变为正交或三方等结构。

这些转变与更紧密的堆积趋势有关,取决于相应离子半径 R 的比值。对于钙钛矿 ABO_3 的理想密堆积有,$2(R_B+R_O)=a$ 和 $2(R_A+R_O)=a\sqrt{2}$,其中 a 为理想立方钙钛矿晶格常数。人们通常用**容忍因子** t 来描述钙钛矿的情况,定义为:

$$t = \frac{R_A+R_O}{\sqrt{2}(R_B+R_O)}. \tag{3.45}$$

理想情况下,$t=1$。根据经验,钙钛矿结构满足 $0.7 \lesssim t \lesssim 1$。如果 t 接近 1,钙钛矿仍然是立方的。然而,对于较小的 t(换句话说,如果 A 离子足够小),立方钙钛矿通过倾斜和旋转 BO_6 八面体转变为正交(或三方)结构,见图 3.44 中的案例。图中显示了 MO_6 八面体绕(立方设定)[110]轴的典型旋转,并导致了正交结构(Pbnm)[①]。通常也同时存在围绕[001]轴的旋转。Pbnm 设定下,轴 a、b 和 c 如图 3.44 所示,可以看到,与原始单胞(晶格参数为 1)比起来,正交

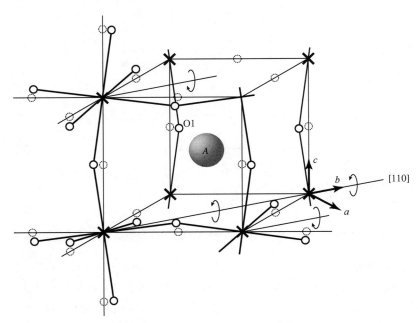

图 3.44 钙钛矿结构中(GdFeO$_3$ 型)畸变导致了正交结构(中心大球表示原子 A,"×"表示原子 B,"○"表示氧)

---

① 有时用 Pnma 来描述这种结构,其与 Pbnm 在轴的选择上有所不同:$(a,b,c)_{Pbnm} \rightarrow (c,a,b)_{Pnma}$。

Pbnm 结构的单胞是 $\approx(\sqrt{2},\sqrt{2},2)$。这种畸变被称为 GdFeO$_3$ 型畸变,导致 $B-O-B$ 夹角的减小,从而导致有效 d-d 跃迁和相应带宽减小。

　　图 3.45 为钙钛矿中不同相在不同容忍因子下的典型顺序,其中也给出了不同相的 TM-O-TM 夹角(结构的稳定性与容忍因子的数值没有绝对意义,和大多数经验规律一样,它们仅显示总的趋势,并为总的方向服务)。对于非常小的容忍因子,$t\lesssim(0.7\sim0.75)$,钙钛矿结构不稳定,因此对于锰酸盐 RMnO$_3$,其中 R 为半径较小的稀土(Tm、Eu)或 Y,YMnO$_3$ 型的六方结构是稳定的,见第 8 章(尽管通过特殊的"技巧",也可以将这些系统稳定在钙钛矿结构)。其他小容忍因子的常见结构(过渡金属离子仍在八面体间隙中)是 FeTiO$_3$ 型钛铁矿和刚玉结构。钙钛矿结构在 $t\gtrsim1.02$ 时也不稳定,此时会形成六方结构,例如 CsNiCl$_3$ 或 BaCoO$_3$,其中 NiCl$_6$ 或 CoO$_6$ 八面体共享一个面并在 c 方向形成链。因此钙钛矿通常存在于 $0.75\lesssim t\lesssim1$,在大多数情况下并不是立方的,而是正交或三方的。

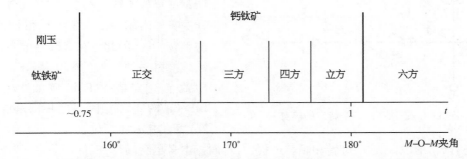

图 3.45　畸变钙钛矿的结构对容忍因子 t[式(3.45)]和相应 $M-O-M$ 夹角的依赖关系示意图(图中数值不是绝对界限,相反,它们指向一个整体趋势并服务于总的方向,具体的界限不仅取决于容忍因子 t,还取决于很多其他因素)

　　TM-O-TM 夹角以及相应的 d-d 跃迁和带宽的减小对材料的物理性能有相当大的影响。因此,对于给定的化合物,例如其 B 格座 TM 离子(Ni、Mn 或 Fe 等)相同,那么较小的 A 格座离子,即较小容忍因子 t 和相应更强倾斜及更小带宽,会使该化合物更倾向于绝缘。例如,A 格座离子可以是不同的稀土元素,其大小随着原子序数的增加,即从 La 到 Lu 而减小(镧系收缩)。因此,掺杂 LaMnO$_3$(例如 La$_{1-x}$Ca$_x$MnO$_3$)在一定的掺杂范围($0.3\lesssim x\lesssim0.5$)变为金属性,但类似的 Pr$_{1-x}$Ca$_x$MnO$_3$ 中 Pr 比 La 半径更小而保持了绝缘性。或者,例如在 RNiO$_3$ 型镍酸盐中,LaNiO$_3$ 为金属性,PrNiO$_3$ 和 NdNiO$_3$ 在相对较低的温度发生金属—绝缘体转变,$T_c\approx100\sim150$ K,但是对于更小的稀土离子,绝缘性存在的区间变大,相应的临界温度剧烈升高,如图 3.46 所示。

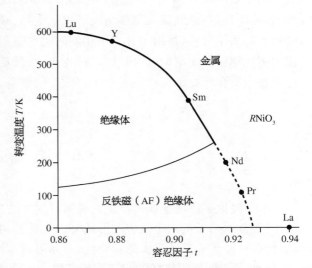

图 3.46　不同稀土元素 R 的钙钛矿镍酸盐 RNiO$_3$ 定性相图(虚线显示同时发生的 I 级金属—绝缘体和顺磁—反铁磁转变)

Glazer 给出了对钙钛矿中畸变一种非常有效和方便的分类。在一阶近似下,所有这些畸变都可以由刚性 BO_6 八面体的旋转得到。这些旋转可以表示为围绕$[100][010]$和$[001]$或 a、b 和 c 轴的连续旋转。例如,如果一个八面体绕 c 轴顺时针旋转,根据晶格"连接性",a 和 b 方向上相邻的八面体应绕同一 c 轴逆时针旋转,如图 3.47 所示。但是在上方相邻平面的八面体可以与此平面的八面体同相(位)旋转(顺时针),也可以逆时针反相(位)旋转。Glazer 将第一种情况记为 c^+(与相邻 c 平面绕 c 轴同相旋转),将第二种情况记为 c^-。类似的旋转也可以发生在其他立方轴 a 和 b 上。因此,人们可以通过旋转的组合,例如$(a^-b^+c^-)$或$(a^-b^-c^-)$

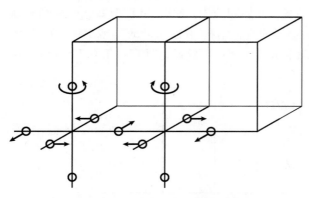

图 3.47 钙钛矿中一个特定的畸变

来分类所有可能的畸变(不是所有的组合都是允许的)。上述组合是钙钛矿中最常见的,但并不是唯一可能的组合。$(a^-b^+a^-)$ 为 $GdFeO_3$ 型畸变,导致正交 Pbnm 结构,$LaMnO_3$ 属于这类畸变。像$(a^-b^+a^-)$这样的符号表示绕 a 轴$[100]$和 c 轴$[001]$的旋转相同,因此也在 c 轴处记为 a^-。钙钛矿中另一种常见的畸变为 $(a^-a^-a^-)$,导致了三方结构 $R\bar{3}c$,例如 $LaCoO_3$ 或 $BiFeO_3$ 的高温相中,这两种都是重要的材料,将在之后详细讨论。

注意,严格地说,在这些旋转和倾斜过程中,八面体本身也会畸变,以保持晶格的"连续性"。这有时会导致非常违反直觉的结果:在新的 Pbnm 结构设定下的 b 轴,作为初始立方晶格的主要旋转轴($[110]$,图 3.44),会变得比基面的垂直轴更短,即 $b<a$,而不是 $b>a$,后者为刚性八面体旋转的情况。这通常发生在非常小的 A 格座离子,即小的容忍因子的钙钛矿 ABO_3 中。

当然,大离子"球"的密堆积,小过渡金属离子占据它们之间间隙这样的考虑,并没有涵盖所有的重要因素。例如相应离子的 Coulomb 相互作用(Madelung 能)的贡献也很重要。此外,如前所述,共价效应在很多情况下也很重要。事实上,在真正的微观描述中,决定离子之间的距离的离子尺寸,是由与分子中相同的化学因素决定的,即离子"根本上"具有电子性质。而使用刚性球体和密堆积的"机械式"描述,显然只是一种简化。然而,上述"几何"方案通常为描述过渡金属化合物结构提供了一个非常好的框架。

3.6 本章小结

本章讨论了过渡金属离子进入晶体时发生的主要变化。过渡金属氧化物的一个典型情况是,过渡金属离子被六个氧包围形成 O_6 八面体,尽管其他配位(四面体配位等)也是可能的。此时,孤立原子或离子失去球对称性,而局部对称性由晶格的对称性决定。

d 电子与周围阴离子的相互作用导致五重简并 d 能级劈裂,称为晶体场(CF)或配位场劈裂。晶体场劈裂有两种贡献:点电荷贡献(d 电子与周围荷电离子的 Coulomb 相互作用,主要是最近邻阴离子)和与阴离子 p 轨道的杂化(共价)效应。一般情况下,这两种贡献定性上导致

d 能级的劈裂顺序相同。数值上,共价贡献在大多数情况下大于点电荷贡献,但在定性分析上,使用点电荷图像往往更方便。

对于立方晶体场,例如未畸变的 MO_6 正八面体,五个 d 能级被劈裂成能量较低的三重态 t_{2g} 和能量较高的双重态 e_g。对于四面体配位,这种劈裂发生反转,即双重态 e_g 能量更低(该劈裂大约为八面体中的一半)。e_g 电子的波函数,$\approx (2z^2 - x^2 - y^2)$ 和 $\approx (x^2 - y^2)$ 的波瓣(电子密度)指向阴离子(例如氧),相应的电子云受到带负电 O^{2-} 的强烈排斥(连同与这些氧更强的 d-p 杂化),升高了 e_g 能级。t_{2g} 电子的波函数,$\approx xy$、yz 和 xz,指向氧离子之间,因此与 O^{2-} 的排斥较小,能量较低。t_{2g}-e_g 劈裂记作 Δ_{CF}(有时用 10Dq),对于氧化物中 3d 离子,通常约为 $1.5 \sim 2$ eV,并随着 4d 和 5d 元素增加。

不同配体的相对强度,即它们引起的晶体场劈裂的相对大小,存在一定的经验规律。例如,相较于 O^{2-},Cl^- 是较弱的配体,氰基(CN^-)是最强的配体之一(比氧强得多)等。不同配体根据其强度的排序给出了所谓的光谱化学序列,见式(3.10)。

对称性的进一步降低,例如由于 O_6 八面体的畸变,导致 d 能级额外的劈裂。四方和正交畸变可以劈裂 e_g 和 t_{2g} 能级,而三方畸变只能劈裂 t_{2g} 能级。

通常 d 电子按照 Hund 定则填充 d 能级,即总自旋最大为基态,为高自旋(HS)态。然而如果晶体场劈裂 Δ_{CF} 足够大(非常强的配体,如 CN 族等),可能不利于占据与 t_{2g} 电子自旋平行的高能量 e_g 能级,于是额外的电子($n_d > 3$)以反平行自旋占据 t_{2g} 能级,此时被称为低自旋(LS)态。例如,某些含有六个 d 电子的 Co^{3+} 或 Fe^{2+},可能存在自旋 $S = 2$ 的 HS 态 $t_{2g}^4 e_g^2$,或 $S = 0$ 的 LS 态 $t_{2g}^6 e_g^0$[以及理论上可能的中间自旋态,例如 $S = 1$ 的 Co^{3+}($t_{2g}^5 e_g^1$)]。这些状态之间可能发生(相)转变。低自旋态在 3d 系统不是很典型,但在 4d 和 5d 系统中更为常见,因为后者的晶体场劈裂更大,而 Hund 能 J_H 较小。然而,LS 态也能在一些 3d 离子中存在,尽管通常需要比氧更强的配体。

当用 n 个 d 电子填充 d 能级时,可能会出现一个电子(或一个 d 空穴)占据对称组态的能级,例如对于正 MO_6 八面体来说,能级是简并的。这个能级可能是双重简并的[例如一个 e_g 电子的 Mn^{3+}($t_{2g}^3 e_g^1$),一个 e_g 空穴的 Cu^{2+}($t_{2g}^6 e_g^3$)],或者是三重简并的,此时为部分填充的 t_{2g}。在这种情况下,系统通常是不稳定的,通过一定的畸变,将简并能级劈裂,使得包含电子的能级下降,空能级上升。占据态能级能量的降低关于畸变是线性的(类似 Zeeman 劈裂),而晶格畸变导致的能量升高仅仅是二次方的,所以这样的畸变总能自发发生。这是 Jahn-Teller 定理或 Jahn-Teller 效应的本质,其指出轨道简并的对称组态总是不稳定的,从而发生晶格畸变,通过降低对称性,解除轨道简并。这种效应对于轨道简并离子(所谓 JT 离子)的富集系统尤为重要:此时,Jahn-Teller 效应会导致一种协同的结构相变:协同 Jahn-Teller 效应,并产生相应的轨道序。在过渡金属化合物中,这类材料很多,特别是含有强 JT 离子的系统,例如 Mn^{3+}(CMR、多铁性锰酸盐);Cu^{2+}(高 T_c 超导铜氧化物)等,详细讨论见第 6 章。

对于轨道简并的孤立过渡金属杂质或小分子,Jahn-Teller 效应会导致非平凡的量子效应,例如系统在不同畸变状态之间的量子隧穿。实际上,平均对称性被恢复(或没有破缺),但系统的波函数会发生剧烈改变:每个电子(轨道)态都将与相应的畸变(振动波函数)关联。这种影响在富集系统中的重要性还不清楚,但通常都被忽略了。

正如第 2 章的讨论,d 电子不仅具有自旋磁矩,而且还具有轨道磁矩,而相应的自旋轨道

耦合 $\lambda \boldsymbol{l} \cdot \boldsymbol{S}$ 给出了孤立原子或离子不同的多重态。当过渡金属离子进入晶体后,失去了球对称性,轨道角动量的作用发生变化。在 e_g 双重态中,轨道角动量被冻结或淬灭:相应波函数为 $|3z^2-r^2\rangle \approx |l^z=0\rangle$ 和 $|x^2-y^2\rangle \approx (|l^z=2\rangle + |l^z=-2\rangle)$。在此流形上,自旋轨道耦合 $\lambda \boldsymbol{l} \cdot \boldsymbol{S}$ 为零,即 $\langle e_g | \lambda \boldsymbol{l} \cdot \boldsymbol{S} | e_g \rangle = 0$。根据微扰理论,自旋轨道耦合对这些能级仅存在二阶作用。尽管如此,二阶微扰贡献仍然非常重要,例如,引起 g 因子的强烈改变,也会引起磁各向异性(详细讨论见 5.6 节)。而对于 t_{2g} 能级部分填充的离子,自旋轨道耦合的作用更强。此时,轨道角动量没有淬灭,自旋轨道耦合为一阶作用,对 t_{2g} 能级部分填充的离子性质有很强影响。自旋轨道耦合对于较重元素的作用尤为强烈,例如 3d 系列末端元素(Fe、Co),尤其是 4d 和 5d 元素。特别地,自旋轨道耦合决定了相应光谱项的多重度,原则上甚至可以导致自旋和轨道磁矩的抵消。

在 t_{2g} 能级部分填充的系统中,处理自旋轨道耦合的一个非常方便的方法是通过有效轨道角动量 $\tilde{l}=1$ 来描述 t_{2g} 三重态。这样,可以重写自旋轨道耦合,并描述由此产生的能级。结果表明,有效自旋轨道耦合 $\tilde{\lambda}\tilde{l} \cdot \boldsymbol{S}$ 为负。因此,有效总角动量 $\tilde{J}=\tilde{l}+\boldsymbol{S}$ 的多重态顺序规则(Hund 第二定律)与正常的相反,即为反转多重态顺序:对于填充少于一半的 t_{2g} 壳层(t_{2g} 电子少于 3 个),$\tilde{J}$ 越大,能量越低;对于填充超过一半的 t_{2g} 壳层(t_{2g} 电子多于 3 个),$\tilde{J}$ 越小,能量越低。

本章最后讨论了决定例如过渡金属氧化物不同晶体结构的一般原则。过渡金属化合物主要是离子(键)材料,但共价性仍然起着非常重要的作用。此时,离子大小也很重要。一般来说,过渡金属离子比 O^{2-} 或 Cl^- 等阴离子小得多,因此经常可以把过渡金属化合物的结构想象成大阴离子(O^{2-}、Cl^-)与占据它们之间八面体或四面体间隙的小过渡金属离子形成的密堆积。对于三元或更复杂的化合物,例如钙钛矿 ABO_3(如 $BaTiO_3$、$LaMnO_3$ 等),大的 A 格座离子(Ba、La)取代部分阴离子(O^{2-}),小的过渡金属 B 离子仍然处于它们之间的间隙中。这种方法可以合理解释许多过渡金属氧化物和卤化物的结构。然而,对于包含例如 S、Se 或 Te 的类似系统,情况可能更复杂。同样,Coulomb 力(Madelung 能)对晶体结构的稳定性也有重要贡献。无论如何,大离子密堆积,小过渡金属存在其间隙的考量,为理解相当多过渡金属化合物的晶体结构提供了一个非常有用的普适性框架,也包括偏离理想结构的情况,例如钙钛矿 ABO_3 的 $GdFeO_3$ 型畸变,它依赖于 A 和 B 离子半径的比值,可以用容忍因子 t 描述。当 $t<1$ 时,钙钛矿结构逐渐从立方转变为正交或三方,此时 TM‐O‐TM(B‐O‐B)夹角减小,降低了 d‐d 跃迁,强烈地影响着相应材料的性能。

第 4 章
Mott‒Hubbard 绝缘体与电荷转移绝缘体

4.1　电荷转移绝缘体

目前为止,当讨论强关联系统时,主要讨论的是 d 电子本身的性质。然而,通常系统不只包含过渡金属元素,对于化合物,除了过渡金属离子及其 d 电子,还包含其他离子和电子。这些可以是巡游电子或能带电子,例如在许多金属间化合物中,部分将在第 11 章中讨论。但更多时候,本书的对象,例如过渡金属氧化物、氟化物等化合物都是绝缘体。即使在这种情况下,原则上讨论中不仅需要包含过渡金属的关联 d 电子,还需要包含例如 O 或者 F 的 s 或 p 价电子。在第 3 章讨论 d 能级的晶体场劈裂时,一定程度上讨论了这一点,尤其是在讨论 p‒d 杂化的贡献时,见 3.1 节和图 3.4～图 3.7。

在某些情况下,可以先预测出 d 电子以外其他电子的行为,并将描述简化为只包含 d 电子的情况,但是有效参数由 d 电子与例如氧 p 电子的相互作用决定[①]。然而,在其他情况下,必须明确包含 d 电子以外的电子。特别是当氧 2p 能级的能量接近 d 能级时。典型的情况是过渡金属离子在晶格中被氧隔开,如图 4.1 所示,材料体系包括 NiO,钙钛矿材料(例如基于 $LaMnO_3$ 的 CMR 锰酸盐),高 T_c 超导母相铜氧化物 La_2CuO_4("二维钙钛矿"),与前文一致,

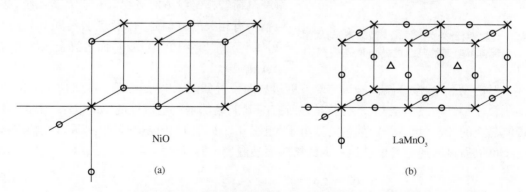

图 4.1　过渡金属化合物的典型晶体结构,展示了阴离子(例如氧,
"○"表示)位于过渡金属离子("✕")之间

(a) NaCl 结构;(b) 钙钛矿结构

---

① 下面将主要讨论过渡金属氧化物,原则上同样的观点经过一些修正,也适用于硫化物、硒化物和氟化物等。

用"×"表示过渡金属离子,用"○"表示氧离子。理想情况下,这些材料为立方晶格,过渡金属离子在 O_6 八面体的中心,氧位于两个过渡金属离子正中间,于是 TM - O - TM 夹角是 180°。实际上,即使对于钙钛矿,也经常出现刚性 O_6 八面体倾斜或旋转等畸变,导致正交或三方结构,参见 3.5 节。由于 Jahn - Teller 效应,存在轨道简并的过渡金属离子时,O_6 八面体本身可能会发生一定程度的畸变,见 3.2 节。但整体特征仍保持不变,例如氧的位置在过渡金属离子之间且 TM - O - TM 夹角不太偏离 180°。

此时,需要考虑的重要电子为过渡金属 d 电子和配体 p 电子:它们之间有最强的重叠,因此对此类系统性质的影响最大(原则上也必须包括 s 电子,但几乎不改变定性物理图像)。因此,对 Hubbard 模型一般化的最简单的理论模型为所谓的 d - p 模型(有时,特别是与高 T_c 超导铜氧化物有关时,也称为三带模型):

$$\mathcal{H} = \varepsilon_d \sum d_{i\sigma}^{\dagger} d_{i\sigma} + \varepsilon_p \sum p_{j\sigma}^{\dagger} p_{j\sigma} + \sum t_{pd,ij}(d_{i\sigma}^{\dagger} p_{j\sigma} + \text{h.c.}) + U_{dd} \sum n_{di\uparrow} n_{di\downarrow}$$
$$(+ U_{pp} \sum n_{pj\uparrow} n_{pj\downarrow} + U_{pd} \sum n_{di\sigma} n_{pj\sigma'}) \tag{4.1}$$

此处,考虑最简单的情况,例如非简并 d 能级与相应 p 能级的杂化,其中 p - d 重叠最强,跃迁为 $t_{pd,ij}$,即 p 态的波瓣指向 d 离子,如图 4.2 所示(参考图 3.4)。这也是高 T_c 超导铜氧化物的典型情况,二维正方形晶格 Cu^{2+} 离子被四个氧原子包围[可以视为"二维钙钛矿":图 4.1(b) 中 xy 基面]。此处只展示了 Cu^{2+} 的一个 e_g 轨道:$d_{x^2-y^2}$ 轨道,根据剧烈伸长的 CuO_6 八面体[典型的强 JT 离子 $Cu^{2+}(d^9)$]的晶体场劈裂,该轨道包含一个 d 电子,其余的 d 能级是双占据

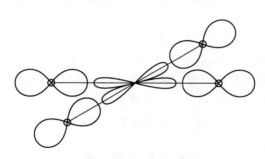

图 4.2 e_g 轨道(此处为 $x^2 - y^2$ 型轨道)与周围配体 p 轨道的典型重叠(pdσ 重叠)

的,如图 3.25 所示[事实上,这里应该说是一个 $(x^2 - y^2)$ 空穴,而其他"空穴"态为空。然而,为了简便起见,先讨论一个 e_g 电子,其可以在 Ni^{3+} $(t_{2g}^6 e_g^1)$ 的低自旋态下实现]。我们将主要使用这个简化模型来说明引入氧 p 轨道的可能影响,特别是通过与更知名的 Mott 或 Mott - Hubbard 绝缘体相比较,解释电荷转移绝缘体的概念。对于真实系统,必须包括所有相关的 d 轨道,以及氧的不同 p 轨道(注意,氧有三个 $l = 1$ 的 p 轨道,而过渡金属离子有五个 d 轨道)。

一般情况下,过渡金属 d 能级与氧 p 能级相对位置如图 4.3 所示,即 p 能级位于 d 能级之下。化合物中氧名义上是 O^{2-},也就是说所有的 p 能级都是完全填充的,如图 4.3 所示。d 能级可能是空的,或者包含一定数量的 d 电子,组态 d^n。标准 Hubbard 模型中,局域在特定格座的电子可以通过跃迁至其他已经占据的格座而被激发,消耗能量 U:

$$d^n d^n \longrightarrow d^{n-1} d^{n+1}, \quad \Delta E = U = U_{dd} \tag{4.2}$$

与之相比,除了以上过程外,还存在另一种可能的激发:一个电子从已经占据的 2p 能级转移到过渡金属离子上,这需要一定的能量 Δ_{CT},称为**电荷转移能**:

$$d^n p^6 \longrightarrow d^{n+1} p^5, \quad \Delta E = \Delta_{CT} \tag{4.3}$$

此过程中,会出现一个额外的 d 电子,最重要的是,还会出现一个氧空穴:完全填充的 p 能级

p^6 中缺失一个电子。化学上，这相当于从正常 O^{2-} 变成离子态 O^-。通常此状态用 $d^{n+1}\underline{L}$ 表示，其中 $\underline{L}$ 表示一个配体(此时为氧)空穴。

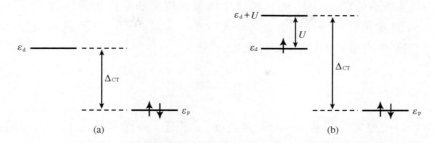

图 4.3　过渡金属氧化物中 **p** 和 **d** 能级的典型位置，展示了电荷转移能隙

(a) 空 d 壳层的过渡金属离子(d^0)；(b) 组态 d^1 的过渡金属离子

对于最简单的空 d 壳层情况，电荷转移能为：

$$\Delta_{CT}(d^0) = \varepsilon_d - \varepsilon_p \tag{4.4}$$

如图 4.3(a) 所示。然而，如果 d 壳层上已经存在电子，那么在电荷转移过程中，不仅将一个电子从 p 能级 ε_p 提升到 d 能级 ε_d，而且此电子会被已占据 d 电子排斥，此时：

$$\Delta_{CT}(d^1) = (\varepsilon_d + U_{dd}) - \varepsilon_p \tag{4.5}$$

此修正是由于简单的单粒子描述不再适用于关联电子，激发能也应包含电子-电子相互作用时的能量变化。多电子系统的电荷转移能的真正定义，一般来说还取决于特定离子所涉及的 d^n 和 d^{n+1} 组态，即 Hund 能 J_H 等。因此，包含所有多粒子效应的电荷转移能的定义是恰当的，是讨论这类系统中不同物理过程唯一需要的(参数)。例如式(4.4)和式(4.5)的具体说明(其包含了最基本的能量 ε_p 和 ε_d，且依赖于真实电子组态)几乎是不需要的，这可能有用，例如在从头起(ab initio)能带结构计算中。

对于几乎完全填充的 d 壳层，例如包含 Cu^{2+}(d^9)的铜氧化物中，有时用空穴来重写整个处理更加方便。那么 Cu^{2+} 包含一个 d 空穴，而初始完全填充 O^{2-}($2p^6$)没有空穴。在这种情况下，电荷转移过程为 $d^9p^6 \to d^{10}p^5$，即相当于将 d 空穴转移到氧上。类似于图 4.3，空穴能级图可以表示为图 4.4，其中 ↑ 表示空穴，此时电荷转移能为：

$$\Delta_{CT} = \tilde{\varepsilon}_p - \tilde{\varepsilon}_d \tag{4.6}$$

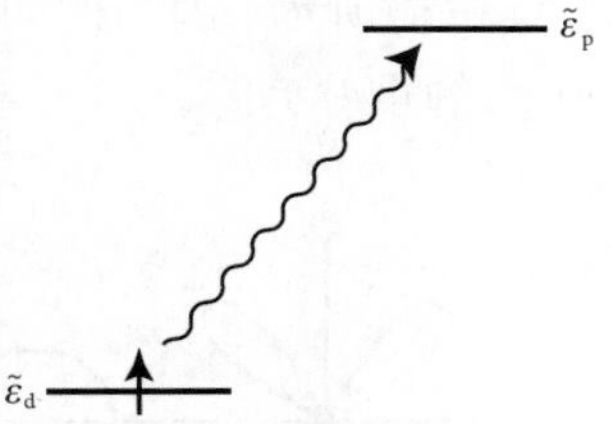

图 4.4　空穴物理图像中 **p** 和 **d** 能级的典型位置 [例如 Cu^{2+}(d^9)]

其中 $\tilde{\varepsilon}_p$ 和 $\tilde{\varepsilon}_d$ 分别为一个 p 空穴和一个 d 空穴的能量。同样，如果想在同一个氧上产生**两个**空穴(例如，将两个氧 p 电子转移到两个铜离子上)，原则上还要考虑氧上两个空穴的 Coulomb 排斥能 U_{pp}，见式(4.1)。这一贡献经常被忽略，但事实上它并不小，与起始 3d 金属的 U_{dd} 相当：$U_{pp} \approx 3$ eV。此外，氧的 Hund 能原则上也应该包括在内，因为它也相当大，$J_H^{(pp)} \simeq 1.2$ eV。

在简单情况下，例如钙钛矿，氧位于过渡金属离子之间，直接的 d－d 跃迁通常可以忽略，但过渡金属 d 态和氧 p 态之间存在重叠和相应的格座间跃迁，即模型 Hamiltonian 中系数为 t_{pd} 的项。实际上，d 电子可以通过氧从一个过渡金属跃迁另一个。这个过程如图 4.5 所示：第一步(1)一个电子,例如自旋↑,从氧 2p 轨道例如往右跃迁到过渡金属 TM(j),第二步(2)相同自旋的 d 电子从 TM(i)跃迁到现在为空的氧 p 轨道。实际上,TM(i)的 d 电子转移到了相邻的 TM(j):虽然不是直接转移,而是通过中间氧。相应的跃迁为两步过程,产生一个氧空穴作为中间态,即 $d_i^n p^6 d_j^n \longrightarrow d_i^n p^5 d_j^{n+1} \longrightarrow d_i^{n-1} p^6 d_j^{n+1}$。$p^5 d_j^{n+1}$ 态消耗激发能 Δ_{CT},参考式 (4.3)。因此,得到的有效 d-d 跃迁矩阵元为:

$$t_{dd}^{eff} = \frac{t_{pd}^2}{\Delta_{CT}} \tag{4.7}$$

实际上,通常可以把更完整的 d-p 模型,通过 d-d 跃迁 $t = t_{dd}^{eff}$ 简化为 Hubbard 模型。然而,正如下文提到的,这个简化并不总是可行的,也不是对所有过程都适用。

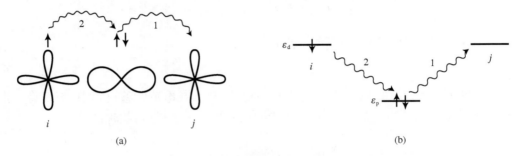

图 4.5　d 电子通过中间氧在过渡金属之间跃迁的过程

在讨论此之前,还应该注意到,更现实的描述应该考虑到在过渡金属上不止一个 d 轨道,而是五个可能的轨道,每个氧也有三个 p 轨道。容易看出,对于例如图 4.5 所示的 180° TM-O-TM 键,e_g 轨道与指向它们的氧的 2p 轨道有很强的重叠,即沿着 TM-O 键的方向。这些轨道称为 σ 轨道,相应的跃迁矩阵元记为 $t_{pd\sigma}$。然而过渡金属的 t_{2g} 轨道与 σ 轨道没有重叠,如图 4.6(a)所示:因为例如 d_{xy} 轨道波函数为 xy 形式,其波瓣符号不同,根据对称性,其与 σ 轨道 p_x 的重叠为零。

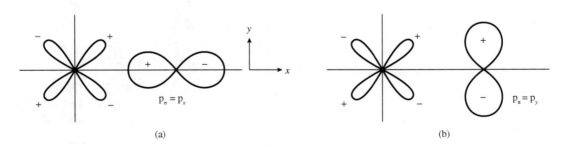

图 4.6　t_{2g} 电子可能的 d-p 重叠

(a) $t_{2g} xy$ 轨道正交于氧 p_x 轨道;(b) $t_{2g} xy$ 轨道与 p_y 轨道之间存在非零跃迁,称为 pdπ 跃迁

与之相比,d_{xy} 轨道与氧的另一个 p_y 轨道有非零重叠,如图 4.6(b)所示,同样见 3.1 节。这个垂直于 TM-O 键的 p 轨道称为 π 轨道,相应的 p-d 跃迁积分记为 $t_{pd\pi}$。从图 4.5 和图 4.6 可以看出,$t_{pd\pi}$ 要比 $t_{pd\sigma}$ 小。一般来说 $t_{pd\sigma} \approx (1.7 \sim 2) t_{pd\pi}$。相应地,$e_g$ 电子通过氧的有效 d-d 跃迁和相应的能带宽度(带宽)$\approx t_{dd}^{eff}$ 也会比 t_{2g} 电子大。这常常会产生重要的影响,例如,

在 $La_{1-x}A_xMnO_3$ ($A=Ca$, Sr)型锰酸盐(所谓 CMR 锰酸盐)中,锰平均价态为 Mn^{3+x},即平均组态为 $t_{2g}^3 e_g^{1-x}$ [或形式上包含 $(1-x)Mn^{3+}$ ($t_{2g}^3 e_g^1$)和 xMn^{4+} ($t_{2g}^3 e_g^0$)],通常可以忽略 t_{2g} 电子的跃迁而将其视为局域电子,每个 Mn 产生局域自旋 $S=\dfrac{3}{2}$。但剩余的 $(1-x)e_g$ 电子部分填充了相对较宽的 e_g 能带,在一定掺杂范围内这些电子可以导致 CMR 锰酸盐的金属导电性。这些巡游的 e_g 电子还为局域自旋之间的交换相互作用提供了一种特殊的机制,称为**双交换**,见 5.2 节,并导致金属态锰酸盐的铁磁序。

现在讨论在什么情况下可以排除氧态,而过渡到有效跃迁 t_{dd}^{eff} 的单带 Hubbard 模型,和什么情况下不能排除氧态,此时系统的状态是什么。乍看之下,如果 p-d 跃迁 t_{pd} 比 U 和 Δ_{CT} 小得多,似乎可以从一般的 d-p 模型过渡到有效单带 Hubbard 模型。确实,从式(4.2)和式(4.3)可以看出,如果从 d 电子局域在相应过渡金属离子和满 p 壳层 p^6 的"标准"态出发,$d^{n-1}d^{n+1}$ 和 $d^{n+1}p^5$ 型激发需要激发能 U_{dd} 和 Δ_{CT}。类似于例如 Hubbard 模型描述的普通 Mott 绝缘态,可以证明,如果电子跃迁 t_{pd} 比 U_{dd} 和 Δ_{CT} 小(得多),电子将维持在其局域位置,此时系统为绝缘体。因此,由此产生的基态将与 Mott 或 Mott – Hubbard 绝缘体的基态相同。

然而,根据 U_{dd} 和 Δ_{CT} 的相对大小,系统**最低带电荷激发态**不同。如果 $\Delta_{CT}>U_{dd}$,则最低激发为 $d^n d^n \to d^{n+1} d^{n-1}$,即与 Mott – Hubbard 绝缘体相同。此时,确实可以像式(4.7)那样排除氧态,并从完整 d-p 模型过渡到 $t=t_{dd}^{eff}$ 的 Hubbard 模型。这个态的所有性质都和 Mott – Hubbard 的一样,为标准的 Mott – Hubbard 绝缘体。

然而,如果以上关系相反,即 $\Delta_{CT}<U_{dd}$,系统的基态是相同的(当 $t_{pd}\ll\Delta_{CT}$),但最低电荷激发态不同:此时不再是 d-d 跃迁,而是氧 2p 壳层与过渡金属 d 壳层之间的 p-d 跃迁。也就是说,根据式(4.5),此时电子激发为 d 能级上的额外电子,但空穴激发为氧的 p 空穴。相应地,如果用空穴掺杂这类系统,例如 CMR 锰酸盐 $La_{1-x}(Ca,Sr)_xMnO_3$ 或高 T_c 超导铜氧化物 $La_{2-x}Sr_xCuO_4$,产生的空穴将主要是氧 p 空穴。

当然总存在一定的 p-d 杂化(Hamiltonian 中系数为 t_{pd} 的项),因此没有纯粹的 d 态或者氧 p 态,见式(3.7)和图 3.7,于是产生的态为 $\alpha|d\rangle+\beta|p\rangle$ ($\alpha^2+\beta^2=1$)型叠加。如果考虑 d 和 p 空穴态,那么第一种情况,即 $\Delta_{CT}\gg U_{dd}$ 的 Mott – Hubbard 绝缘体,空穴将主要位于 d 能级,所以 $\alpha\gg\beta$。在相反情况下,$\Delta_{CT}\ll U_{dd}$,空穴主要在氧上,所以 $\beta>\alpha$,此时称为**电荷转移绝缘体**。此概念最初是由 Zaanen、Sawatzky 和 Allen 提出,通常被称为 ZSA 方案。

这两种情况都得到了 d 电子局域的绝缘基态(前提是 $t_{pd}<\langle U_{dd},\Delta_{CT}\rangle$),同时获得了局域磁矩和磁序。但是这种绝缘态可分为两种:如果 $\Delta_{CT}>U_{dd}$,为 Mott – Hubbard 绝缘体;如果 $\Delta_{CT}<U_{dd}$,则为电荷转移绝缘体,由此得到图 4.7,非阴影部分为绝缘态。但再一次强调,绝缘区域被划分为两个子区域,Mott – Hubbard 和电荷转移绝缘体,相应的,所有的强关联绝缘体也可以按照以上两类划分。有意思的是,事实证明,大多数 3d 氧化物不属于

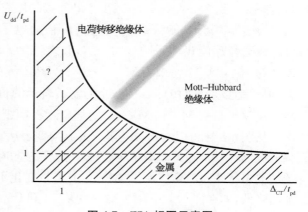

图 4.7　ZSA 相图示意图

Mott – Hubbard 型而是电荷转移。仅仅起始过渡元素(Ti 和 V)氧化物为 Mott – Hubbard 型,而较重的 3d 元素(Fe、Co、Ni 和 Cu)氧化物大多为电荷转移绝缘体。此分类还取决于相应离子的价态,这些问题将在下文讨论。

在图 4.7 的阴影区域,即当 p – d 跃迁增大时,还会导致其他现象。具体来说,如果在 Mott – Hubbard 系统中降低 U_{dd}/t_{pd},系统最终会经历 Mott 转变而进入金属态。

当减小 Δ_{CT}/t_{pd},即在相图 4.7 中向左移动时,电荷转移绝缘体会发生什么就不那么清楚了。系统可能也会进入金属态,但 d 电子仍然是强关联的(U_{dd}/t_{pd} 依旧远大于 1)。此状态类似于重 Fermi 子:巡游电子(例如弱关联的氧 p 电子)与强关联 d 电子共存的金属态,见第 11 章。或者,系统可能变为一种特殊类型的绝缘体(类似于 Kondo 绝缘体)。这些问题将在 4.3 节和 10.5 节中进行更详细的讨论。

本节最后讨论相图 4.7 不同区域相应的条件。结果表明,电荷转移能 Δ_{CT} 随着过渡金属离子从轻到重、价态由低到高而降低。相应的结果如图 4.8 所示(该图由 T. Mizokawa 汇编)。可以看出,对于起始 3d 金属,Δ_{CT} 相当大,因此相应的材料,Ti 或 V 氧化物,位于 ZSA 相图 4.7 的 Mott – Hubbard 区域。相反,大多数重 3d 元素的 $\Delta_{CT} < U_{dd}$ 相对较小,即得到电荷转移绝缘体。因此,本书讨论的大多数强电子关联和局域电子的过渡金属化合物严格地说不属于 Mott – Hubbard 绝缘体,而是电荷转移绝缘体。而对于形式上高氧化态的重 3d 离子,如 Cu^{3+} 或 Fe^{4+},电荷转移能很小甚至为负。这意味着对于大多数相应的化合物,空穴实际上位于氧上,此时必须将例如 Cu^{3+} 表示为 $Cu^{2+} \underline{L}$,$\underline{L}$ 代表一个配体空穴(例如氧空穴)。类似地 Fe^{4+} 应该表示为 $Fe^{3+} \underline{L}$,Co^{4+} 为 $Co^{3+} \underline{L}$ 甚至 $Co^{2+} \underline{L}^2$(实际状态为这些态的叠加,此处说的更接近于总波函数中相应组态的权重)。

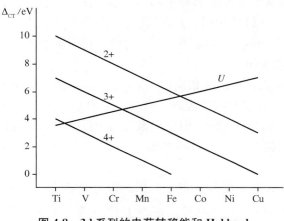

图 4.8 3d 系列的电荷转移能和 Hubbard 排斥 U 的特征值

定性地,可以结合图 4.8 中电荷转移能隙 Δ_{CT} 的趋势进行如下解释。对于过渡金属离子,从价态 2＋到 3＋再到 4＋,减少了 d 能级的填充,$d^n \rightarrow d^{n-1} \rightarrow d^{n-2}$。电子从配体 p 壳层转移到过渡金属离子 d 能级的能量包括转移的电子与过渡金属离子上已经存在的 d 电子的 Hubbard 排斥能 U,见图 4.3、式(4.4)和式(4.5)。该排斥随着 d 电子数的减少而降低,大致可以认为 $\Delta_{CT}(M^{3+}) \simeq \Delta_{CT}(M^{2+}) - U$。当然不同的屏蔽过程等因素,将"破坏"定量的符合程度,但总趋势是正确的:Δ_{CT} 随过渡金属离子的价态(氧化态)的增加而降低,降低的大小从 M^{2+} 到 M^{3+} 与从 M^{3+} 到 M^{4+} 基本上相当,参考图 4.8。

从图 4.8 还可以看出,Δ_{CT} 随着元素周期表从左到右呈下降趋势:核电荷数 Z 越大,d 能级越低(也就是说,随着 d 电子半径减小且不完全屏蔽增加,d 电子的结合能增加)。同时,阴离子的 p 电子距过渡金属原子核较远,其能量变化不大。实际上,p – d 电子转移能随着 Z 的增加而降低,即在图 4.8 所示的 3d 系列从 Ti 到 Cu 的过程。

4.2 电荷转移绝缘体中的交换相互作用

回到电荷转移绝缘体的基态,本节讨论其与 Mott 绝缘体中典型的标准超交换(见第 1 章)相比的变化。与 1.3 节中处理超交换类似,在式(4.1)模型中,必须考虑可能的电子跃迁,这将解除自旋简并。以下对超交换的贡献与 Hubbard 模型完全相同:根据式(4.7),存在 d 电子从一个过渡金属跃迁到另一个并返回的可能性,如图 4.9(a)所示。这里用数字 1, ⋯, 4 来标记电子跃迁的顺序,并写成"化学反应":

$$d_i^n p^6 d_j^n \xrightarrow{1} d_i^n p^5 d_j^{n+1} \xrightarrow{2} d_i^{n-1} p^6 d_j^{n+1} \xrightarrow{3} d_i^n p^5 d_j^{n+1} \xrightarrow{4} d_i^n p^6 d_j^n \tag{4.8}$$

由此产生的非简并 d 能级的交换相互作用将是反铁磁性的:

$$\mathcal{H} = J \sum_{\langle ij \rangle} \boldsymbol{S}_i \cdot \boldsymbol{S}_j \tag{4.9}$$

其交换常数为 $J = J_{dd}$,其中:

$$J_{dd} = \frac{2t_{dd}^2}{U_{dd}} = \frac{2t_{pd}^4}{\Delta_{CT}^2 U_{dd}} \tag{4.10}$$

参考式(1.12),t_{dd} 由式(4.7)给出[因子 2 来自两种可能的电子跃迁顺序:从 i 到 j,然后返回,如图 4.9(a)所示,或者顺序相反,从 j 到 i 再返回]。事实上,这几乎是所有过渡金属化合物(如氧化物)中超交换的主要机制,且不一定要求是电荷转移绝缘体:在标准的 Mott - Hubbard 绝缘体中,d - d 跃迁也通过中间配体发生,见第 5 章。

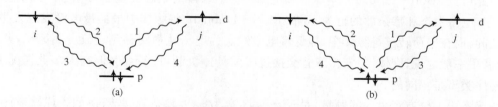

图 4.9 包含阴离子 p 轨道的交换相互作用机理

包括氧 p 轨道后,会出现另一种可能的跃迁,如图 4.9(b)所示:首先一个电子从中间氧跃迁到例如右边的 TM(j)离子,之后另一个 p 电子跃迁到 TM(i)离子,然后这些电子跃迁回来。对应图 4.9(b),与式(4.8)类似的"反应"如下:

$$d_i^n p^6 d_j^n \xrightarrow{1} d_i^n p^5 d_j^{n+1} \xrightarrow{2} d_i^{n+1} p^4 d_j^{n+1} \xrightarrow{3} d_i^{n+1} p^5 d_j^n \xrightarrow{4} d_i^n p^6 d_j^n \tag{4.11}$$

可以看出,对于非简并 d 能级和 180° TM - O - TM 键,如果过渡金属离子 i 和 j 的自旋反平行,这个过程是允许的。因此,该过程也导致反铁磁耦合,增强了相互作用(4.9)。这一过程与图 4.9(a)和式(4.8)相比,区别是此处两次跃迁后的中间态不是一个 d 电子转移到近邻过渡金属离子 $d_i^{n-1} p^6 d_j^{n+1}$(激发能 U_{dd}),而是两个氧空穴 $d_i^{n+1} p^4 d_j^{n+1}$(氧组态为 p^4 而不是 p^6)。如式(4.3)所定义,一个 p 电子转移到 d 能级消耗能量 Δ_{CT}。因此,产生两个 p 空穴消耗 $2\Delta_{CT}$,但是同一个氧上的两个空穴也会相互排斥,排斥能为 U_{pp},即中间态的能量为 $2\Delta_{CT}+U_{pp}$。在交换常数 J 的表达式式(4.9)中,这将取代 U_{dd}。

还可以注意到,在图 4.9(b)和式(4.11)过程中,还存在一种额外的可能性:最开始两次跃迁(1)和(2)之后,返回氧的电子可能存在相反的顺序,即先从 i 返回 j,也就是可以交换(3)和(4)的顺序。实际上图 4.9(b)的过程相对于图 4.9(a)会有两倍不同的"路径"。因此,第二种交换相互作用最终导致额外的反铁磁交换[式(4.9)],其交换积分为:

$$J_{pd} = \frac{4t_{pd}^4}{\Delta_{CT}^2(2\Delta_{CT}+U_{pp})} = \frac{2t_{pd}^4}{\Delta_{CT}^2\left(\Delta_{CT}+\frac{1}{2}U_{pp}\right)} \tag{4.12}$$

此时总的反铁磁交换常数为式(4.10)和式(4.12)贡献之和,即:

$$J_{total} = \frac{2t_{pd}^4}{\Delta_{CT}^2}\left(\frac{1}{U_{dd}} + \frac{1}{\Delta_{CT}+\frac{1}{2}U_{pp}}\right) \tag{4.13}$$

取决于 d 电子的 Hubbard 排斥能 $U=U_{dd}$ 和电荷转移能 Δ_{CT}(更确切地说是 $\Delta_{CT}+\frac{1}{2}U_{pp}$)的比值,式(4.13)中某一项将占主导作用。此处可以再次看出 Mott - Hubbard 和电荷转移绝缘体之间的区别,如图 4.7 所示:在 Mott - Hubbard 范围,$\Delta_{CT}\gg U_{dd}$,式(4.13)中第二项变得无关紧要,回到 Hubbard 模型或式(4.9)和式(4.10)中超交换的标准结果。在电荷转移范围($U_{dd}\gg\Delta_{CT}$),应该保留式(4.13)的第二项,此时得到的基态也是绝缘和反铁磁的(注意,此处仅考虑非简并 d 能级和 180° TM - O - TM 键),但图 4.9(b)的式(4.11)过程起主导作用,其交换常数为式(4.12)。有时第一个过程被称为超交换,第二个被称为半共价交换。

由此可见,Mott - Hubbard 绝缘体和电荷转移绝缘体的基态类型非常相似。区别主要在于最低带电激发态和掺杂后的行为不同:Mott - Hubbard 绝缘体中最低带电激发态发生在 d 轨道之间,而在电荷转移绝缘体中,最低带电激发态为电子从氧转移到过渡金属离子,并产生氧(或者更一般地说,配体)空穴。尽管交换过程的具体机制可能不同,但在大多数情况下,产生的磁序类型是相同的。

绝缘态中一个有意思的问题是,对于 $t_{pd}\ll\{U_{dd},\Delta_{CT}\}$,基态的细节(例如磁或轨道序的类型)在 Mott - Hubbard 和电荷转移区域是否总是相同。如上所述,在简单晶格(如钙钛矿)中最简单的非简并 d 能级情况下确实是这样的:基态是反铁磁 Mott 绝缘体,唯一的区别为交换相互作用的具体表达式,参见式(4.10)和式(4.12)(当然最低带电激发态也不同)。然而,情况并非总是如此,在轨道简并的情况下,Mott - Hubbard 和电荷转移绝缘体的基态本身及轨道和磁序的类型都可能不同。

4.3　小或者负电荷转移能隙系统

4.1 节的最后提到,对于靠后的 3d 元素和高价态过渡金属离子,电荷转移能隙可能非常小，甚至变成负的，如图 4.8 所示。小的或负的电荷转移能隙对于 4d 和 5d 元素来说可能性更大，例如元素周期表中的 Ni - Pd - Pt，或者在 Cu - Ag - Au 系列。相应化合物的性质可能相当不平凡。

此时，最重要的特征是（氧）p 能带所起的重要作用，通常它会获得一定数量的空穴。这从电荷转移能的定义可以看出：如果 $\Delta_{CT}<0$，"反应"$d^n p^6 \longrightarrow d^{n+1} p^5$ 会自发发生，因为此过程中，我们会获得而不是消耗能量，即应该出现氧空穴（组态 p^5 而非 O^{2-} 的"正常"组态 p^6）。这一点从晶体场劈裂方案（图 4.10）也可以看出，为图 3.7 标准能级情形的推广。[一如既往，在使用此图像时必须注意，这里显示的能级不仅仅是自由电子单粒子能级，还包括 Coulomb（或 Hubbard）相互作用的影响，于是 p - d 转移 $d^n p^6 \longrightarrow d^{n+1} p^5$ 的能量，即 $\Delta_{CT}=\varepsilon_d-\varepsilon_p$（此时为负）应该为 $\Delta_{CT}=\varepsilon_d^0-\varepsilon_p^0+nU$。]

从图 4.10 可以看出，如果一开始有六个电子在 p 能级上，对于 $\Delta_{CT}<0$，倾向于转移（至少其中一些）p 电子到 d 能级上，产生 p 空穴。该过程即使在理想配比系统中也会发生，甚至在 $T=0$ 的基态中也会发生。因此，这类过渡金属离子的初始价态，例如 Fe^{4+}（d^4），看起来更像

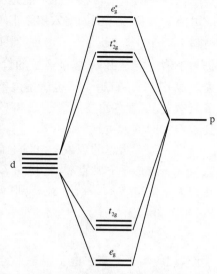

图 4.10 负电荷转移能隙情形的能级结构示意图（阴离子 p 能级高于过渡金属 d 能级）

Fe^{3+}（d^5）O^-（$2p^5$）$\equiv Fe^{3+}\underline{L}$，其中 $\underline{L}$ 按照惯例表示配体（此处为氧）空穴，被称为**自掺杂**①。在小或者负的电荷转移能隙下，氧空穴的大量出现可以非常强烈地改变这类化合物的性质。

乍看之下，负电荷转移能隙涉及晶体场劈裂这个意想不到的结果。如图 4.10 所示，对于**反键轨道**（此处表示为 e_g^* 和 t_{2g}^*），d 轨道的顺序是正常的（t_{2g} 能级位于 e_g 之下），但对于成键轨道，由于共价（p - d 杂化）而产生的劈裂是相反的。在通常情况下 p 能级比 d 更低（正的电荷转移能隙，如图 3.7 所示），成键轨道主要具有 p 特征，例如为氧 p 轨道，且通常不需要担心它们：它们远低于 Fermi 能级。所有 $\Delta_{CT}>0$ 的"正常"系统的有意思现象都发生在反键轨道上，实际上为通常处理的 d 能级。然而负电荷转移能隙的情况有所不同：此时主要的成键轨道具有 d 特征，可以看作是反转的 d 能级的晶体场劈裂：成键 e_g 能级低于 t_{2g}，与普通情况相反。在这种相当罕见的情况下，晶体场劈裂的 Coulomb 贡献和共价贡献的作用相反。具体而言，p - d 杂化给出了图 4.10 所示的能级顺序，即成键 e_g 能级低于 t_{2g}。但 Coulomb 效应，或点电荷贡献倾向于产生相反的效应：相比 t_{2g}，e_g 电子仍然会更强烈地排斥带负电的配体，使得（成键的）e_g 能级比 t_{2g}**高**。显然，共价贡献通常占主导地位。

回到负电荷转移能隙和包含氧空穴材料的具体特征：氧空穴的巨大贡献能强烈地改变这类系统的性质。这样的 p 空穴可能是局域的，也可能是巡游的：当 p 空穴为巡游时系统为金属态，氧在 Fermi 能级附近贡献很大。这确实是经常发生在形式上包含较重高价态 3d 元素的过渡金属氧化物中。例如，$SrFeO_3$ 和 $SrCoO_3$ 为金属，$SrFeO_3$ 为螺旋磁结构，$SrCoO_3$ 为铁磁。另一个类似的例子是铁磁金属 CrO_2。显然，这些晶体中铁磁性的起源与金属导电性有关

---

① Korotin M. A., Anisimov V. I., Khomskii D. I., et al. Phys. Rev. Lett., 1998, 80: 4305.

（见 5.2 节和 9.4 节），这在很大程度上是因为氧空穴的重要贡献。

对于某些掺杂的过渡金属化合物，小或者负的电荷转移能隙尤为重要。原始未掺杂过渡金属化合物的电荷转移能隙可能是正的，但空穴掺杂会产生较高价态的离子，因此电荷转移能隙可能变为负的。例如空穴掺杂 $LaCoO_3$ 系统，$La_{1-x}Sr_xCoO_3$；或者空穴掺杂高 T_c 超导原型材料 La_2CuO_4，$La_{2-x}Sr_xCuO_4$。根据图 4.8，原始离子态（Co^{3+} 和 Cu^{2+}）的 Δ_{CT} 值相对较小，但仍为正值。但是由 Sr 掺杂产生的价态 Co^{4+} 和 Cu^{3+} 的 $\Delta_{CT} \lesssim 0$。这意味着，此时这些态应该被表示成 $Co^{3+}\underline{L}$ 和 $Cu^{2+}\underline{L}$，也就是说掺杂空穴不会过多地去到 d 壳层，而是进入氧 p 壳层，产生了氧空穴（尽管各自态的量子数和 Co^{4+} 和 Cu^{3+} 相同）。在解释这些材料的性质时，应该考虑到 p 空穴的巨大贡献。

另一种有意思的现象是自发电荷歧化，对于这种现象，小或者负的电荷转移能隙和显著的氧空穴贡献似乎非常重要，这将在 7.5 节中进行更详细的讨论。此处只强调，这种现象通常是在有大量氧空穴的系统中观察到的，例如 $CaFeO_3$，其中，形式上为 Fe^{4+}（d^4）的态"分解"为 Fe^{3+}（d^5）和 Fe^{5+}（d^3）：

$$2Fe^{4+} \longrightarrow Fe^{3+} + Fe^{5+} \tag{4.14}$$

然而，相应离子的真实电子组态一定不是为 Fe^{4+} 或者 Fe^{5+}，而是 $Fe^{3+}\underline{L}$ 和 $Fe^{3+}\underline{L}^2$，也就是实际的空穴位于氧上：尽管相应态的**量子数**与 $Fe^{3+}\left(S=\dfrac{5}{2}\right)$ 和 $Fe^{5+}\left(S=\dfrac{3}{2}\right)$ 一致。因此，应该将式（4.14）表示为：

$$2Fe^{3+}\underline{L} \longrightarrow Fe^{3+} + Fe^{3+}\underline{L}^2 \tag{4.15}$$

也就是说，这个反应主要涉及 p 空穴的转移。电荷歧化［式（4.14）和式（4.15）］之所以成为可能，正是由于氧空穴的巨大贡献：如果这个过程涉及真正的 d 电子转移，$2d^4 \to d^5 + d^3$，将需要克服非常大的 Hubbard 能 U_{dd}。但如果这些空穴主要在氧上，它们的再分配只需要克服两个 p 空穴的排斥能，而围绕过渡金属离子中心的氧 p 壳层（由 6 个氧 p 轨道组成）在空间上是扩展的，需要的能量当然要小得多。

电荷歧化还有其他的例子，特别是含有小的稀土元素 R 的钙钛矿镍酸盐 $RNiO_3$，或者 $Cs_2Au_2Cl_6$，可以理解为钙钛矿 $CsAuCl_3$ 中两个"Au^{2+}"歧化成 Au^+（d^{10}）和 Au^{3+}（d^8）$=Au^+\underline{L}^2$。

一系列重要且特殊的问题涉及 Δ_{CT} 逐渐从正转变为负的系统，也就是在图 4.7 ZSA 相图中保持 U_{dd}/t_{pd} 很大时"从右往左"移动（即图 4.7 中问号标记的区域）。正如 4.1 节中提到的，此时 d 电子仍然是强关联的（$U/t \gg 1$）。但是这样一个窄的 d 能级会与 p 能级重叠，形成相对展宽的、关联性较低的 p 能带。这种情况类似于混合价或重 Fermi 子稀土化合物，其能谱和态密度类似于图 11.7，将在第 11 章讨论在这种材料中可能遇到的复杂情况。由此产生的态的结果和类型并不是先验清楚的，可能取决于特定系统的晶体和电子结构细节。它可以是金属性的，具有不同的磁性，如上文提到的 $SrFeO_3$；或者它可能是绝缘的、磁有序的或抗磁的，可能发生自发电荷歧化等，详细讨论见 10.5 节。

最后但同样重要的是，氧空穴的巨大贡献有助于铜氧化物（如 $La_{2-x}Sr_xCuO_4$）的高 T_c 超导现象。这些材料主要是通过 CuO_2 平面的空穴掺杂获得，即形式上由 Cu^{2+}（d^9）态形成 Cu^{3+} 态，而实际上主要是氧上的空穴态，即 $Cu^{2+}\underline{L}$。这个因素在多大程度上对高 T_c 超导超导性起作用,还是一个悬而未决的问题,但它似乎真的很重要,将在 9.7 节中对其进行更详细的讨论。

4.4　Zhang - Rice 单态

前一节讨论了小或负电荷转移能隙的情况,并提出在这种情况下,对系统进行空穴掺杂时,空穴在一阶近似下没有进入过渡金属离子的 d 壳层,而是进入了配体,例如氧的 p 壳层。此时,必须在对系统的描述中包含 p 态,并使用式(4.1)型的模型。

尽管如此,将 d 态和 p 态混合的 d - p 杂化仍然存在。在某些情况下,这能导致系统的行为类似于简单的单带 Hubbard 模型。空穴掺杂的铜氧化物(高 T_c 超导的基础)就是这种情况,被称为 Zhang - Rice 单态[①]。

4.4.1　d - p 束缚态,以及 d - p 模型约化为单带模型

假设从由二维 CuO_2 平面构成的 La_2CuO_4 开始,Cu 亚晶格形成正方形晶格,氧位于铜离子之间(图 4.11)。由于 CuO_6 八面体强烈的局部畸变(c 方向伸长),晶体场劈裂使得 Cu^{2+} 离子的轨道简并解除,得到一个"活跃的"e_g 轨道 $x^2 - y^2$,如图 3.25(b)所示(此时用空穴轨道更为便利)。因此,在一阶近似下,可以忽略轨道简并,而只需要考虑由此 d 轨道和其相邻平面内四个氧的杂化 p 轨道组成的系统(此近似下,顶点氧不起作用)。

当用空穴掺此系统时,形式上从初始状态 Cu^{2+}(d^9)生成 Cu^{3+}(d^8)态。原则上,有两种方法可以做到这一点。可以移除图 3.25(b)的高能级轨道 $x^2 - y^2$ 的电子,并得到非磁性低自旋 $Cu^{3+} [t_{2g}^6 (z^2)^2]$,$S = 0$ 态。或

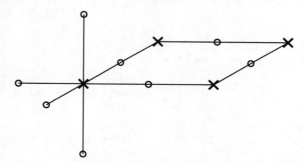

图 4.11　高 T_c 超导铜氧化物中(例如 La_2CuO_4)CuO_2 面晶体结构中主要元素("×"为 Cu 离子,"○"为氧)

者,可以从 z^2 轨道上移除一个电子,此时得到 $S = 1$ 的高自旋态 $Cu^{3+} [t_{2g}^6 z^2 \uparrow (x^2 - y^2) \uparrow]$(此时 CuO_6 八面体的 Jahn - Teller 伸长应该消失,或至少被强烈抑制)。由于在 Cu^{2+}(和 Cu^{3+})中 e_g 轨道的劈裂通常是相当大的,第一种情况优先级更高:在 z^2 轨道上留下两个电子更为有利。实际上,Cu^{3+}(d^8)形式,如果存在,几乎将始终处于非磁性 $S = 0$ 态。

然而,事实上情况却有所不同。Cu^{3+} 的电荷转移能隙为负,如图 4.8 所示。这意味着空穴主要进入氧 p 轨道,即 Cu^{2+}(d^9)$\underline{L}$,它会与(相对较少的)Cu^{3+}(d^8)产生杂化。

$Cu^{2+}\underline{L}$ 态有一个 $S = \dfrac{1}{2}$ 的 Cu^{2+} 离子(此时当作是 $x^2 - y^2$ 轨道上存在一个空穴更方便),而周围氧的 p 轨道上的空穴也具有自旋 $\dfrac{1}{2}$。它们之间的杂化会导致反铁磁交换,并产生

---

① Zhang F. C., Rice T. M.. Phys. Rev. B, 1988, 37: 3759.

(d↑p↓ — d↓p↑)型单态,即 Cu^{2+} 上的 d 空穴和周围氧上的 p 空穴会形成束缚单态,这便是 **Zhang‐Rice 单态**。如上所述,此单态会与 $S=0$ 的 Cu^{3+} 态混合。

重要的是,x^2-y^2 态的 d 空穴与**四个氧**的 p 态杂化。这种相干杂化极大地提高了束缚能,稳定了 Zhang‐Rice 单态。这可以通过以下方式说明:由图 3.4 可知,x^2-y^2 的 d 态与相同对称性的 p 态组合杂化,见式(3.5):

$$|p\rangle_{x^2-y^2} = |p_{coh.}\rangle = \frac{1}{\sqrt{4}}(+p_1-p_2-p_3+p_4) \tag{4.16}$$

(符号的选择使 p‐d 的重叠的符号相同)。如果 p‐d 跃迁矩阵元 $t_{pd} = \langle d_{x^2-y^2}|\hat{t}|p_1\rangle$,那么相干叠加的杂化为:

$$t_{pd,\,coh.} = \langle d_{x^2-y^2}|\hat{t}|p_{coh.}\rangle = 4 \cdot \frac{1}{\sqrt{4}}t_{pd} = 2t_{pd} \tag{4.17}$$

也就是 p‐d 跃迁 t_{pd} 翻倍了。类似地,如果一个 d 态与 N 个其他态相干杂化,有效跃迁 t 将被变为 $\sqrt{N}t$。这一事实也很重要,例如对简并能级系统中 Mott 转变,见 10.4.2 节。

实际上 d‐p 杂化会导致形成束缚态,其能量在简单近似下由 d 态和相干的 p 态的两个耦合方程决定。相应的能量,一如既往由矩阵的特征值给出:

$$\begin{bmatrix} \varepsilon_d & t_{pd,\,coh.} \\ t_{pd,\,coh.} & \varepsilon_p \end{bmatrix} \tag{4.18}$$

结合式(4.17),得到:

$$\begin{aligned} \omega_\pm &= \frac{1}{2}(\varepsilon_p+\varepsilon_d) \pm \sqrt{\frac{1}{4}(\varepsilon_p-\varepsilon_d)^2 + t_{pd,\,coh.}^2} \\ &= \frac{1}{2}(\varepsilon_p+\varepsilon_d) \pm \sqrt{\frac{1}{4}(\varepsilon_p-\varepsilon_d)^2 + 4t_{pd}^2} \end{aligned} \tag{4.19}$$

对于 $\varepsilon_p-\varepsilon_p \gg t_{pd}$,得到基态(Zhang‐Rice 单态)能量为:

$$\omega_- = \varepsilon_d - \frac{4t_{pd}^2}{\varepsilon_p-\varepsilon_d} \tag{4.20}$$

可以看出,首先确实得到了束缚单态,即 d 和 p 空穴。其次,由于与适当组合的四个氧 p 态的相干杂化,决定结合能的单键跃迁矩阵元 t_{pd} 增强了,即 $t_{pd} \longrightarrow t_{pd,\,coh.} = 2t_{pd}$,在式(4.20)的情况下,结合能增强了 4 倍。[如果 d 和 p 态是近简并的,$\varepsilon_p-\varepsilon_d < t_{pd,\,coh.}$,则由式(4.19)可得结合能 $\approx 2t_{pd,\,coh.}$,也就是说,它将增加到原来的两倍[1]。]

总结一下得到的结果。实际上,当从包含 $Cu^{2+}\left(d^9, S=\frac{1}{2}\right)$ 的未掺杂铜氧化物,例如 La_2CuO_4 出发,对其进行空穴掺杂,例如 $La_{2-x}Sr_xCuO_4$,空穴首先进入氧的 p 态,然后与 Cu^{2+} 形成束缚单态。也就是说,结果与处理由简单 Hubbard 模型描述过渡金属的非简并 d 态,并

---

[1]　人们也可以直接得到这些结果,只要分别写出描述四个氧 p 态杂化的久期方程,而不需要相干叠加[式(4.16)],也就是将久期方程写成 5×5 的矩阵形式,代替式(4.18)。然后可以看出,最低和最高的成键态和反键态能量将由相同的式(4.19)和式(4.20)给出,其余三个根 $\omega=\varepsilon_p$ 描述了非键氧态。

掺杂它完全相同：每个空穴都是不荷电（电子或空穴）和没有自旋的态。Zhang-Rice 单态就是这样一个态。对于典型的高 T_c 超导铜氧化物，至少对于基态和最低激发态，可以将 d-p 模型式（4.1）简化为非简并 Hubbard 模型，用 Zhang-Rice 单态代替空穴态。

注意，对于空穴掺杂的铜氧化物，通常还须考虑两个空穴的 Coulomb 相互作用，至少当它们在同一格座时，例如 Cu^{3+}（d^8）。严格地说，不能像前文那样用单粒子图像来描述此态。此相互作用的加入将改变一些表达式和数值估算（类似于在分子价键的描述中，从分子轨道 MO LCAO 图像过渡到 Heitler-London 图像），但定性结论不变。

这种情形的数学描述完全遵循式（4.18）~式（4.20）。但是当包含电子关联后，必须处理多电子组态，例如 $d^n p^6$ 和 $d^{n+1} p^5 L$。能级的久期方程与式（4.18）完全一样，但在对角线位置上为完整的 E_{d^n} 和 $E_{d^{n+1}L}$。相应地，其解与式（4.19）和式（4.20）相同，仅需将 ε_d 替换为 E_{d^n}，ε_p 替换为 $E_{d^{n+1}L}$。也就是在式（4.20）中分母为 $E_{d^n} - E_{d^{n+1}L}$，根据式（4.3），此不外乎就是电荷转移能隙 $|\Delta_{CT}|$。

电荷转移能隙为小而正的电荷转移绝缘体（例如未掺杂 La_2CuO_4）的总态密度如图 4.12 所示。d 和 p 能级将宽化成能带，如果没有 d-p 杂化，d 能带将位于 p 能带以下。但由于杂化，会形成一个分离能带，即 Zhang-Rice 能带。对于铜氧化物，在电子图像中，这不是一个束缚态，而是一个反束缚态（但它在常用于铜氧化物的空穴表示中为束缚态）。如图 4.12 所示，Zhang-Rice 能带可能与 p 能带分离或合并。可以认为，这个能带是由于已经占据的 d 和 p 能带之间的排斥形成的。

在未掺杂的铜氧化物 Cu^{2+}（d^9）中，所有低于 Fermi 能级（图 4.12 中零点）的态都被填充。但是当用空穴填充这样的系统时，空穴会首先进入 Zhang-Rice 态（图 4.12 中用虚线表示掺杂系统的新 Fermi 能级）。而这个能带中的态，原则上可以用单带 Hubbard 模型来描述。

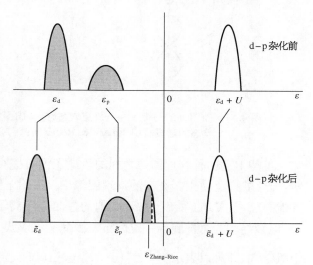

图 4.12　d-p 杂化前后的态密度的示意图，展示了 Zhang-Rice 单态的形成（下半部分图中虚线表示空穴掺杂系统的 Fermi 能级位置，其中空穴进入了 Zhang-Rice 单态）

Zhang & Rice 的结论是，可以将掺杂铜氧化物的描述从完整的 d-p 模型约化到单带 Hubbard 模型（或所谓的 t-J 模型，见 9.7 节），现在在描述高 T_c 超导铜氧化物时几乎被普遍认可。然而，也有相互矛盾的说法。例如，Emery & Reiter[1] 认为，掺杂引入的 p 空穴不是附在一个 Cu^{2+} 上，形成 Zhang-Rice 单态[图 4.13（a）]，而是附在**两个相邻的**带有空穴的氧离子"左侧和右侧"的 Cu 离子上。因此这两个 Cu 离子的反铁磁交换很强，如图 4.13（b）所示。在 Zhang-Rice 模型中，反铁磁 d-p 耦合导致了单格座束缚单态的形成。但在 Emery-Reiter 图像中，图 4.13（b）中这三个格座（三个自旋）会形成一个总自旋 $S = \frac{1}{2}$ 的态，可以看作是 Cu

① Emery V. J., Reiter G.. Phys. Rev. B, 1988, 38：4547.

的自旋平行,氧的自旋与之反平行。也就是说,氧空穴提供了 Cu^{2+} 自旋间的铁磁耦合机制,根据第 3 章和 4.2 节的讨论,该耦合为 $\approx t_{pd}^2/\Delta_{CT}$,比原始的 Cu - Cu 反铁磁耦合 $\approx t_{pd}^4/\Delta_{CT}^3$ 强得多。因此,在此物理图像中,空穴掺杂导致了对未掺杂铜氧化物原始反铁磁序非常强烈的阻挫,这可以解释掺杂对反铁磁的快速抑制(注意,Zhang - Rice 图像也可以得出这样的结论,这类似于简单 Hubbard 模型中通过掺杂抑制反铁磁性,见第 1 章)。

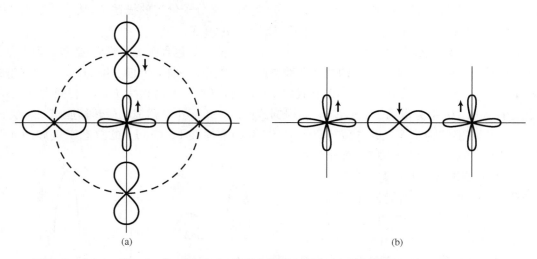

图 4.13　(a) Cu 的一个 $x^2 - y^2$(空穴)轨道与周围氧的四个 p 轨道杂化,展示了 Zhang - Rice 单态的形成;(b) Emery & Reiter 图像,其中氧空穴与两个相邻的铜离子耦合

虽然上述两种物理图像之间的争论还没有完全解决,但 Zhang - Rice 图像似乎更接近现实,至今被广泛使用。类似的物理图像不仅适用于铜氧化物,还可以应用于其他小或负电荷转移能隙(p 空穴)的系统。对于其他的过渡金属离子,也可以有这样的 p 空穴和 d 轨道的束缚态,但最终态的总自旋不一定为零。因此例如形式上 Cr^{4+}(d^2, $S = 1$)的 CrO_2,实际上包含大量氧空穴,即可以表示为 $Cr^{3+}\left(d^3, S = \dfrac{3}{2}\right)$ 和 $S = -\dfrac{1}{2}$ 氧 p 空穴形成的束缚态(或至少与此态强烈混合)。产生的状态的总自旋再次为 $S = 1$。换句话说,此态也类似于 Zhang - Rice 态(p 空穴和过渡金属离子的束缚态),此时,p 空穴和过渡金属离子之间也存在反铁磁耦合。但是,此时得到的状态不是单态,而是 $S = 1$ 的态。同样,在 $La_{1-x}Sr_xCoO_3$ 中,形式上有 xCo^{4+} 离子,组态为 $\left(t_{2g}^5, S = \dfrac{1}{2}\right)$(低自旋态,见 3.3 节)。但实际上,根据图 4.8,Co^{4+} 的电荷转移能隙为负,即更倾向于(低自旋)$Co^{3+}\left(t_{2g}^6, S = 0\right)\underline{L}\left(S = \dfrac{1}{2}\right)$。

此处注意到一个重要问题。如果 $\Delta_{CT} < 0$,最开始把 n 个 d、0 个 p 空穴放在过渡金属离子上,得到组态 $d^n p^6$,根据第 2 章和第 3 章(尤其是 3.3 节)的讨论容易理解,这样 d 离子的电子组态和相应的光谱项(总自旋)将是:例如 Cu^{3+}(d^8, $S = 0$)、Cr^{4+}(d^2, $S = 1$)和 $Co^{4+}\left(t_{2g}^5, S = \dfrac{1}{2}\right)$。如果在实际情况中,一些空穴进入氧,组态 $d^n p^6 \rightarrow d^{n+1} p^5 = d^{n+1}\underline{L}$,p 空穴被相应的 d 离子束缚,其**量子数**,例如总自旋,和最初的组态 d^n 保持一致。因此,得到 Zhang - Rice 单态 $Cu^{3+} \rightarrow Cu^{2+}\underline{L}(S = 0)$,"类 Zhang - Rice"束缚态 $Cr^{4+} \rightarrow Cr^{3+}\underline{L}(S = 1)$ 和

$Co^{4+} \rightarrow Co^{3+} \underline{L} \left(S = \dfrac{1}{2} \right)$。然而，**自旋密度的空间分布**是不同的，此时自旋密度不再集中在 d 壳层，例如 Cr^{4+} 或 Co^{4+}，而是集中在围绕特定过渡金属离子的氧上。相应地，在磁中子散射中很重要的磁形状因子也与 d 壳层的不同。形状因子可以用于从磁中子散射中获取磁矩。对于负电荷转移能隙和含氧空穴的系统，如果使用标准 d 电子的形状因子，就会得到错误的有效磁矩 μ_{eff}。处理这类实验数据时，必须要考虑到这一点。

4.4.2　包含配体空穴的系统中"真正的"p 空穴、交换相互作用和磁态

4.2 节讨论了电荷转移绝缘体中交换相互作用的变化，主要讨论了 $\Delta_{CT} > 0$ 的情形，定性而言，交换相互作用与简单 Hubbard 模型相同：如果考虑轨道自由度，须将 t_{pd}^2/U 替换成 $t_{dd}^2/\left(\Delta_{CT} + \dfrac{1}{2} U_{pp}\right)$，见式（4.10）、式（4.12）和式（4.13）。然而，对于负电荷转移能隙，情形可能不同。此时某些氧上存在**真正的** p 空穴，这可能导致磁态的强烈改变。

最简单的物理图像在之前已经展示过，如图 4.13（b）所示，可以清楚地看到，真正的 p 空穴会使 Cu‐Cu 交换相互作用变为铁磁性，而不再是像未掺杂铜氧化物（如 La_2CuO_4）中的反铁磁性。这种铁磁交换比原始反铁磁交换要强：根据式（4.13），$Cu^{2+}-Cu^{2+}$ 的反铁磁交换 $J_{dd} \approx t_{pd}^4/\Delta_{CT}^2\left(\Delta_{CT} + \dfrac{1}{2}U_{pp}\right)$，而（假设局域的）p 空穴与 Cu^{2+} 自旋的交换相互作用为 $J_{pd} \approx t_{pd}^2/\Delta_{CT}$，比 J_{dd} 要大得多（正是这种强烈的交换相互作用导致了 Zhang‐Rice 单态的形成）。也就是说，空穴掺杂导致的每一个空穴都会使 $La_{2-x}Sr_xCuO_4$ 的反铁磁性受到**强烈的阻挫**，即使空穴浓度很小，也会使 $La_{2-x}Sr_xCuO_4$ 的反铁磁性被快速抑制。这与实验观察结果一致，参见以 $La_{2-x}Sr_xCuO_4$ 为例的高 T_c 超导铜氧化物的相图（图 4.14）。

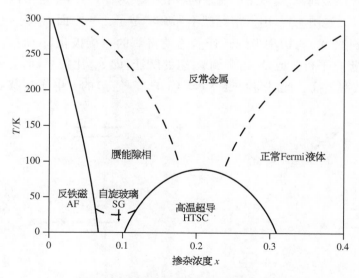

图 4.14　高 T_c 超导铜氧化物相图示意图

此物理图像当然过于简化，我们将 p 空穴视为局域的而忽略了由于 p‐d 杂化而发生跃迁和离域的可能性。这种 p_1-d-p_2 跃迁的与 p‐d 交换相互作用的量级相当，$\approx t_{pd}^2/\Delta_{CT}$（近邻

氧上的 p 态直接重叠也能导致 p 空穴离域，使 p 带更宽）。类似于第 1 章的讨论，可以证明这样的 p 空穴运动也会被背底反铁磁序抑制，反之，空穴的运动也会破坏反铁磁序（这个因素包含在有效单带模型中，Zhang-Rice 单态的形成证明了这一点，见上一节）。无论如何，阻挫交换 J_{pd} 和 p 空穴的动能（能带能）效应相同：通过掺杂快速抑制背底反铁磁。虽然简化的图 4.13(b) 缺少一些细节，但通常足以定性地理解掺杂在这些系统中的作用。

人们可以进一步地预测重掺杂（此时为高浓度氧空穴）的情形。原则上，可能存在不同的结果。可能得到简单的非磁性 Fermi 液体金属态，如图 1.19 所示。相反，特别是当过渡金属态 $d^n L$ 本身有磁性时，例如 $Co^{4+}(d^5) = Co^{3+}(d^6)L$［甚至是 $Co^{2+}(d^7)L^2$］，这些局域磁矩通过巡游 p 电子（或 p 空穴）耦合会使金属态具有铁磁性。这可以看作是一种双交换形式，见 5.2 节讨论，不过需要一定的修正（在标准双交换图像中，移动的电子主要也是 d 电子，而在这里更多是配体的 p 电子）。在 $x \gtrsim 0.2$ 的 $La_{1-x}Sr_xCoO_3$（见 9.2.2 节）和一些其他系统确实观察到了这种铁磁性金属态，在本书后文还会遇到。

如前所述，小或负的电荷转移能隙系统有很多氧空穴。一个有意思的问题是氧上的自旋极化状态。此问题同样存在于属于电荷转移范围内未掺杂的过渡金属化合物。

对于反铁磁序，如果氧位于自旋相反的过渡金属中间，氧上的分子场将为零，那么平均自旋 $\langle S_O \rangle = 0$（氧上仍然可能有很多 p 空穴，但上下自旋数量相同）。然而，对于例如铁磁序，或者对于 A 型反铁磁结构中面内氧（铁磁层以反铁磁方式堆叠，面内氧"夹"在平行自旋的 Mn 离子之间，如图 5.24 所示，这是未掺杂 $LaMnO_3$ 型锰酸盐的典型情况），情况可能会有所不同。问题是氧上的自旋与近邻过渡金属离子的自旋是平行还是反平行的。

事实证明，氧的自旋极化依赖于具体的情况。例如过渡金属离子自旋↑的离子对 $Fe^{3+}(t_{2g}^3 e_g^2) - O^{2-}$ 或 $Mn^{2+}(t_{2g}^3 e_g^2) - O^{2-}$，从图 4.15(a) 容易看出，此时，只有自旋↓的 p 电子可以跃迁到这类过渡金属离子，氧上的剩余的极化必须为↑，与净磁矩**平行**。然而，对于离子对 $Cr^{3+}(t_{2g}^3 e_g^0) - O^{2-}$［图 4.15(b)］，情况就不那么清楚了。一方面，自旋↓的 p 电子可以跃迁至 Cr^{3+} 的 t_{2g} 态［图 4.15(b) 中虚线跃迁］，这使得氧的自旋极化（p 轨道的剩余的一个电子）与 Cr 的自旋极化平行。但是，这个到 t_{2g} 态的跃迁，即 $t_{pd\pi}$ 比较小，而与 e_g 态（此时为空）的杂化，即 $t_{pd\sigma}$，效率更高。此时将自旋↑（与 Cr 自旋平行）的 p 电子转移到空的 e_g 态更有

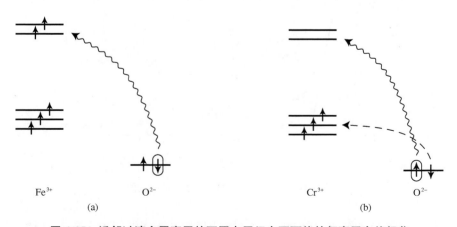

图 4.15 近邻过渡金属离子的不同电子组态下可能的氧离子自旋极化

(a) $Fe^{3+}(d^5)$；(b) $Cr^{3+}(d^3)$

利,因为此时中间态符合 Hund 定则,能量更低。但是此时氧上剩余的自旋与 Cr 的**相反**。因此,这些过程($p - t_{2g}$ 和 p-e_g 跃迁)相互竞争,谁将占主导地位并不是先验清楚的。于是,此时氧上的磁极化可能与过渡离子的相反。类似的情况可以存在于许多其他化合物中,例如含有 $Ru^{4+}(t_{2g}^4 e_g^0) - O^{2-}$ 的化合物,像 $(Ca,Sr)_2 RuO_4$ 或 $(Ca, Sr)_3 Ru_2 O_7$。此时,一个 p-t_{2g} 跃迁通道被阻断,而跃迁到 e_g 轨道的通道有两个。另一方面,如第 2 章所述,对于 4d 和 5d 元素,有利于平行(↑)自旋转移(p-e_g 跃迁)的 Hund 耦合 J_H 变得更小,因此,此时氧上的自旋极化仍是一个开放性问题。

4.5　本 章 小 结

在典型的强关联系统中,例如过渡金属氧化物,晶体中过渡金属离子通常被阴离子隔开,例如 O^{2-}(本书主要讨论的是氧,同样的论点也适用于其他配体,如 S、Se 和 Cl 等)。此时,d 态之间的直接重叠和跃迁非常小,但过渡金属 d 态和配体(例如氧)p 态之间的杂化很重要,因为有效 d-d 跃迁将通过中间配体发生。此时,在描述中除了 d 电子外,还必须包括配体的 p 电子。得到的式(4.1)模型是式(1.6)标准 Hubbard 模型的推广,并给出了对过渡金属氧化物更完整的描述。

包括氧 p 态后,系统出现新的带电激发态:除了 Hubbard 模型中 d-d 跃迁 $d^n d^n \to d^{n+1} d^{n-1}$,还可能出现从 O^{2-} 的完全填充 2p 壳层 $2p^6$ 转移一个电子到过渡金属离子的激发态:$d^n p^6 \to d^{n+1} p^5$。d-d 跃迁需要"消耗"能量 U_{dd}——一个过渡金属离子上两个 d 电子的 Hubbard 排斥能。与之相比,p-d 跃迁的激发能不同,可以比 d-d 跃迁的大或者小,称为**电荷转移能**,记为 Δ_{CT}。

对于深层氧 p 能级,$\Delta_{CT} \gg U_{dd}$,此时可以排除 p 态并将描述约化为标准 Hubbard 模型,其通过氧发生有效的 d-d 跃为 $t_{dd} = t_{pd}^2 / \Delta_{CT}$,其中 t_{pd} 为 p-d 跃迁。当电荷转移能 Δ_{CT} 更小,$\Delta_{CT} < U_{dd}$,但依旧满足 $t_{pd} \ll \{\Delta_{CT}, U_{dd}\}$ 时,基态和 Mott 绝缘体一样,即 d 电子是局域的,具有局域磁矩和(反铁)磁序。但是最低带电激发态不同:不是 d-d 激发,而是 p-d 激发,也就是在 d 能级上产生一个额外的电子,空穴激发为氧的 p 空穴。这种 $\Delta_{CT} < U_{dd}$ 的系统,对于整数 d 电子仍然是绝缘体,称为**电荷转移绝缘体**。得到的 Zaanen - Sawatzky - Allen(ZSA)相图,如图 4.7 所示。

电荷转移绝缘体的磁交换相互作用也类似于 Mott 或 Mott - Hubbard 绝缘体,对于非简并 d 电子和简单的 $\approx 180°$ M-O-M 键角,其交换相互作用为反铁磁性的。但是交换过程中激发态为两个氧空穴,$d^{n+1} p^4 d^{n+1}$,而不是 Hubbard 模型中的 $d^{n+1} d^{n-1}$。相应地,电荷转移能 Δ_{CT}(更准确来说为 $\Delta_{CT} + \frac{1}{2} U_{pp}$)取代 Hubbard 情形的 U_{dd},作为交换常数表达式的分母,参见式(4.10)和式(4.12)。

电荷转移能在 3d 系列中有规律地变化(从 Ti 到 Cu 逐渐降低),并且随着过渡金属离子价态的增加(TM^{2+} 到 TM^{3+} 到 TM^{4+})而降低,相应的数据如图 4.8 所示。

特别有意思的是小或负电荷转移能的情形,这可能发生在靠后的 3d 高价态元素中,

例如形式上的 Fe^{4+} 或 Cu^{3+}。此时，真正的电子组态应该是氧空穴，例如 $Fe^{4+} \to Fe^{3+}\underline{L}$ 或 $Cu^{3+} \to Cu^{2+}\underline{L}$，其中 $\underline{L}$ 表示氧空穴。可以称这种情况为**自掺杂**：氧空穴自发形成，即使是在名义上未掺杂的理想配比化合物中，例如 $CaFeO_3$ 或 CrO_2。类似地，如果用空穴掺杂这种系统，例如高 T_c 超导铜氧化物 $La_{1-x}Sr_xCuO_4$，掺杂的空穴将主要进入氧中，即此时得到的主要是 $Cu^{2+}(d^9)O^-(p^5) = Cu^{2+}\underline{L}$，而非 $Cu^{3+}(d^8)$。

在某些情况下，特别是高 T_c 超导铜氧化物中，可以将一般性描述的 d‑p 模型简化为标准非简并单带 Hubbard 模型。这种可能性依赖于束缚态（Zhang‑Rice 单态）的形成，此态由 $Cu^{2+}\left(S = \dfrac{1}{2}\right)$ 和一个自旋相反的配体空穴（离域在 Cu 周围四个氧上）组成。d‑p 杂化的相干效应极大地增强了 Zhang‑Rice 单态的结合能。实际上，掺杂磁性 Mott（更准确地说是电荷转移）绝缘体（如 La_2CuO_4）所产生的态相当于每个掺杂空穴一个单态：完全类似于简单 Hubbard 模型移除电子时（空穴掺杂）所产生的态。尽管此物理图像仍然存在一些问题，但在许多情况下已经得到了成功的应用。

一般来说，小或负电荷转移能隙系统的状态可能不同，特别是当 U_{dd} 较大时。它们可能是金属（重 Fermi 子类型，因为它们仍然有强关联 d 电子和关联较低的氧 p 电子共存），或者是绝缘体（可能类似 Kondo 绝缘体）。它们的磁性可能不同，包括铁磁性［例如 CrO_2 和 $(La/Sr)CoO_3$］。自发电荷歧化可能发生，如 $CaFeO_3$，更多细节见 7.5 节。铜氧化物中高 T_c 超导现象也可能与此有关。

第 5 章
交换相互作用和磁结构

在研究真实材料中交换相互作用和磁结构时,必须考虑以下几个因素。其中最重要的是材料的几何结构和不同的交换路径,以及离子的轨道结构。通过 4.1 节中讨论的特殊情形,可以推导出在这些情况下决定交换相互作用的符号和强度的一般规则。这些通常被称为 Goodenough - Kanamori - Anderson(GKA)规则。为了更加接近实际,必须从例如式(4.1)的模型出发,同时考虑过渡金属 d 电子和配体 p 电子。

5.1　绝缘体中的超交换和 Goodenough - Kanamori - Anderson 规则

首先考虑图 4.5 中最简单的几何结构,氧(或其他配体)位于两个过渡金属离子之间,也就是 180° TM - O - TM 键。如果存在"磁性活跃的"轨道,且每个轨道上有一个局域 d 电子,都指向氧,如图 4.5 和图 5.1(b)所示,或类似地,如果存在半满 t_{2g} 轨道与同一个氧 p_π 轨道重叠,如图 4.6(b)所示,这种情况与 1.3 节或 4.1 节中考虑的情况完全相同:得到一个相当强的反铁磁交换,对于 Mott - Hubbard 绝缘体:

$$J \approx \frac{t_{pd}^4}{\Delta_{CT}^2 U} = \frac{t_{dd}^2}{U} \tag{5.1}$$

或者,对于电荷转移绝缘体:

$$J \approx \frac{t_{pd}^4}{\Delta_{CT}^2 \left(\Delta_{CT} + \frac{1}{2} U_{pp}\right)} = \frac{t_{dd}^2}{\Delta_{CT} + \frac{1}{2} U_{pd}} \tag{5.2}$$

其中,有效 d-d 跃迁 $t_{dd} = t_{pd}^2 / \Delta_{CT}$,参考式(4.10)、式(4.12)和式(4.13)$\Big($为了简便,之后主要讨论第一种情形,但是必须注意在很多情况下,分母不是 U_{dd},而是 $\Delta_{CT} + \frac{1}{2} U_{pp}\Big)$。这种交换机制被称为**超交换**[①],有时也被称为**动态交换**。对于电荷转移绝缘体,有时使用术语"半共

---

① Anderson P. W.. Phys. Rev., 1959, 115: 2.

价交换"①。

　　然而，当轨道占据不同时，情况也会随之改变。假设系统含有一个 e_g 电子如 Mn^{3+} 或低自旋 Ni^{3+}，或一个 e_g 空穴，如 Cu^{2+}。电子或空穴理论上可以占据两个 e_g 轨道 d_{z^2} 和 $d_{x^2-y^2}$ 中任意一个，或者它们的线性组合。假设沿 z 方向的过渡金属离子对，一个过渡金属离子的电子在 z^2 轨道上，另一个在 (x^2-y^2) 轨道上，如图 5.1(a) 所示。从图中可以清楚看到，这些轨道是正交的（注意不同波瓣的波函数符号），也就是说它们之间没有电子跃迁（也可以在这里画一个 p_z 轨道，事实上 d-d 跃迁通过 p_z 发生，但这并不改变这一结论）。此时，离子 i 的 z^2 轨道上的电子可以跃迁到离子 j 类似的**空** z^2 轨道上[图 5.1(a) 中虚线轨道]，然后再跃迁回来。这个虚跃迁对应于图 5.2 所示的过程，又会给总能量带来一个负的贡献 $\approx -t^2/U$，参见 1.3 节（此处 $t = t_{dd}$）。但是，与非简并轨道的情况不同，对于图 5.1(b) 中相互指向的半满轨道，这种跃迁对于反平行和平行自旋都是允许的。然而，最终导致能量的降低不同：在第一种情况下[反平行自旋，图 5.2(a)]，中间态的能量将是 U，此时获得的能量为：

$$\Delta E_{\uparrow\downarrow} = -\frac{t^2}{U} \tag{5.3}$$

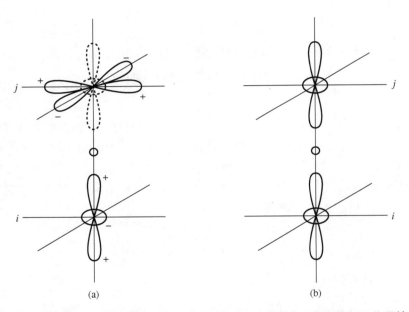

图 5.1　取决于(半)填充轨道(实线)和空轨道(虚线)类型的不同交换相互作用情形

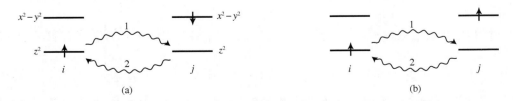

图 5.2　不同自旋构型的已填充轨道和空轨道之间的跃迁过程

---

①　Goodenough J. B.. Magnetism and the Chemical Bond. New York：Interscience，1963.

然而对于图 5.2(b)中平行自旋的情形,中间态为离子 j 处的两个自旋平行的电子,根据第 2 章的讨论,此时电子获得 Hund 能 J_H,因此,此情形获得的能量为:[1]

$$\Delta E_{\uparrow\uparrow} = - \frac{t^2}{U - J_H} \qquad (5.4)$$

可以看出,此时第二种可能性,即铁磁序,更为有利。相比于自旋反平行的情况,获得的额外能量为:

$$\Delta E_{\uparrow\uparrow} - \Delta E_{\uparrow\downarrow} = - t^2 \left(\frac{1}{U - J_H} - \frac{1}{U} \right) \simeq - \frac{t^2}{U} \frac{J_H}{U} \qquad (5.5)$$

在最后一步中,对 $J_H/U < 1$ 使用了级数展开[注意,一般而言 3d 元素 $J_H \approx (0.8 \sim 0.9)$eV,$U \approx (3 \sim 5)$eV,于是 $J_H/U \approx 0.2$]。这些定性讨论可以被严格证明:对 t/U 使用微扰理论,类似 1.3 节,此时确实可以得出,产生的交换相互作用是铁磁的:

$$\mathcal{H} = J \sum_{\langle ij \rangle} \boldsymbol{S}_i \cdot \boldsymbol{S}_j, \qquad J \approx - \frac{t^2}{U} \frac{J_H}{U} \qquad (5.6)$$

因此,如果相邻离子包含未成对电子的"活跃"半满轨道相互指向,那么它们之间存在有效跃迁 t[图 5.1(b)],交换相互作用为强反铁磁性,$J_{af} \approx t^2/U$,这是**第一 GKA 规则**的本质。然而,如果一个离子上的已占据轨道只与另一个离子上的空轨道重叠[图 5.1(a)],交换则为较弱的铁磁性,$J_f \approx (t^2/U)(J_H/U)$,其中 $J_H/U \approx 0.2$(**第二 GKA 规则**[2])。

　　此处有必要对以上结果做一些说明。根据以上推导,铁磁耦合在第二种情况下较弱,不仅仅是因为因子 J_H/U 较小,还因为此时电子不仅可以从 i 格座跃迁到 j 格座,反之亦可从 j 格座跃迁回 i 格座[图 5.1(b)]。这使得交换积分的式(1.12)和式(4.13)中的系数为 2。然而,在图 5.1(a)的情况下,只允许一种过程:电子可以从 i 格座跃迁到 j 格座并返回,但反之则不行。因此,此时铁磁交换将没有此额外的系数 2,而被进一步削弱。然而,情况并非总是如此。如果存在如图 5.3 所示的情况,相邻离子上的电子位于 t_{2g} 轨道 xz 和 yz 上,此时已占据轨道和空轨道再次重叠,因此会有式(5.5)型的铁磁交换(t_{2g} 轨道跃迁积分较小)。然而,此处 i 格座 xz 轨道的电子可以跃迁到 j 格座 xz 轨道,j 格座 yz 轨道的电子可以跃迁到 i 格座 yz 轨道。此时,交换相互作用中会出现系数 2,但是相对于反铁磁交换(发生在两个离子上的已占据轨道都是 xz 的直接跃迁),铁磁交换中较小的(小于 1)系数 J_H/U 依然存在。尽管如此,图 5.1(a)中,轨道正交的情况下跃迁通道数量减少的情况更为典型。

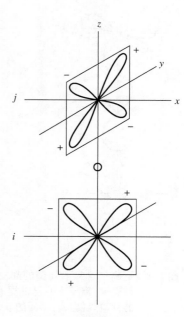

图 5.3　正交的 t_{2g} 轨道

---

[1]　为了简便,此处及之后假设所有轨道的 Coulomb(或 Hubbard)排斥 U 相同。一般来说,对于轨道 m 和 n 的 U_{mn} 可能不同,详细讨论参考 3.3 节的讨论。使用不同的 U_{mn} 值将使处理的普适性降低,依赖于特定的轨道占据。因此,下面得到的表达式在定性上是有效的,但是其中 J_H 的系数在数值上是不准确的。

[2]　为了便于展示,此处使用第一、第二和第三 GKA 规则的概念,一般来说,根据具体的晶格结构、特定的电子组态和轨道占据、直接 d - d 交换或配体交换的相对重要性,可能会导致许多不同的情况,因此很难进行准确的分类。这就是在文献中,人们只使用更一般性的 GKA 规则。尽管如此,本书中采用的粗略分类可以作为一般指南,虽然不够准确,却是有用的。

对于电荷转移绝缘体,还需要就如何应用这一规则做一些说明。此时,必须明确地包括氧轨道:此时需要考虑图 5.4 的情况,其中相应的跃迁过程已经标出(也就是必须把 4.2 节的处理推广到简并轨道),而不再是图 5.1(a)的情况。可以看出,两个电子从氧转移到 i 格座和 j 格座后的中间态,相比于自旋反平行[图 5.4(b)]的能量($2\Delta_{CT}+U_{pp}$),自旋平行时[图 5.4(a)]的能量($2\Delta_{CT}+U_{pp}-J_H$)依旧更低,这有利于铁磁交换。此时需要更加小心的是:在第一步中,如果将一个自旋↑的 p 电子转移到 j 格座的空轨道上(已经有一个自旋↑的电子),电荷转移能量本身会发生轻微的变化,$\Delta_{CT} \rightarrow \Delta_{CT}-J_H$。同样,此时可以存在多种交换"路径":第一个电子从氧跃迁到 j 格座或者 i 格座,同样也适用于往回跃迁(一共四种可能性)。综合所有这些因素,我们最终得到,对于电荷转移绝缘体,当占据轨道(与空轨道通过氧的重叠)的 $t_{pd} \ll \Delta_{CT} < U_{dd}$ 时,得到铁磁交换,交换常数为:

$$J \approx \frac{4t_{pd}^4}{\Delta_{CT}^2(2\Delta_{CT}+U_{pp})} \cdot J_H\left(\frac{1}{\Delta_{CT}}+\frac{1}{2\Delta_{CT}+U_{pp}}\right)$$

$$\approx \frac{2t_{dd}^2}{\Delta_{CT}+\frac{1}{2}U_{pp}} \cdot \frac{3}{2}\frac{J_H}{\Delta_{CT}} \tag{5.7}$$

其中,照例,$t_{dd}=t_{pd}^2/\Delta_{CT}$,最后一步 $U_{pp} < \Delta_{CT}$。

可以看出,对于 Mott 绝缘体($U > \Delta_{CT}$)和电荷转移绝缘体($U < \Delta_{CT}$),结果在定性上是相同的:对于 180° TM‐O‐TM 键,在轨道为正交占据的情况下(只允许在已占据轨道和空轨道之间重叠和电子跃迁),与非简并轨道或直接重叠的已占据轨道的反铁磁交换相比,此交换相互作用是铁磁的,其强度减弱的系数 $\approx J_H/U$ 或 $\approx J_H/\Delta_{CT}$。

第三点是,通常的系统不仅存在一个"活跃的"局域电子[例如低自旋 Ni^{3+} ($t_{2g}^6 e_g^1$),其中满 t_{2g}^6 壳层是磁性不活跃的],而是例如组态为 $t_{2g}^3 e_g^1$ 的 Mn^{3+} 的情形。在 Mn^{3+} 中,除了一个 e_g 电子(例如在 $LaMnO_3$ 中,它与氧轨道重叠最强,因此对交换的贡献最大),还包含三个在 t_{2g} 能级上的局域电子。除了暂时忽略它们对交换可能的直接贡献外,它们还会通过 Hund 定则与 e_g 电子相互作用。因此,如果相邻离子的电子占据正交轨道,

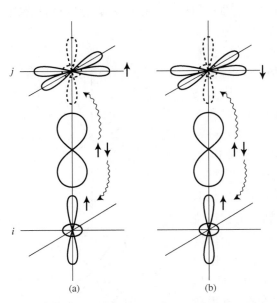

图 5.4 明确包含氧 p 轨道的超交换过程导致铁磁交换[离子 i 的已占据 d 轨道和离子 j 的空轨道(虚线)之间的 p‐d 跃迁]

并且我们将导致铁磁交换[式(5.6)和式(5.7)]的处理推广到这种情形,那么对于反平行自旋,其中间态(一个 e_g 电子转移到相邻离子)的能量为 $U+3J_H$[此时通过转移 i 格座的电子到 j 格座,会失去 i 格座上来一个 e_g 电子与其三个"同伴"(或"旁观")t_{2g} 电子的 Hund 能,如图 5.5(a)所示]。然而从 i 格座转移到 j 格座的电子自旋平行,如图 5.5(b)所示,会获得 J_H,相应式(4.2)能量的分母将变为 $U-J_H$(根据第 2 章的惯例,通过计算平行自旋对的数量容易获得以上结果,这给出了不同组态下 Hund 能的贡献)。相应地,此时不再是式(5.5)给出的铁磁交换,而是:

$$\Delta E_{\uparrow\uparrow} - \Delta E_{\uparrow\downarrow} = -t^2 \left(\frac{1}{U - J_H} - \frac{1}{U + 3J_H} \right) \simeq -\frac{t^2}{U} \frac{4J_H}{U} \qquad (5.8)$$

（假设仍然可以使用 $J_H/U < 1$ 的微扰展开，尽管此时未必准确）。可以看出，其他局域自旋的存在会相当强烈地增强铁磁耦合——此时为 4 倍（另见第 44 页和第 83 页的脚注①）。

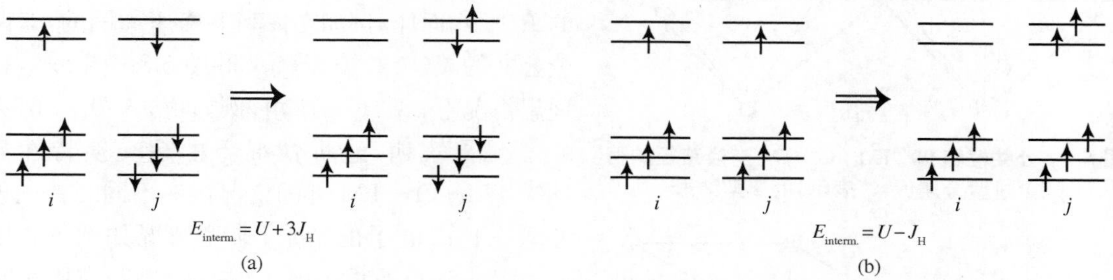

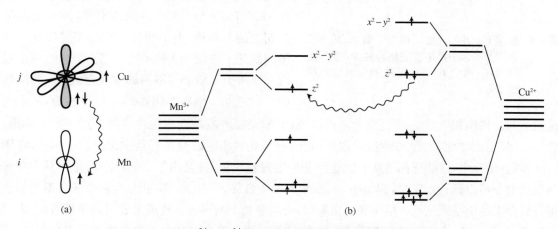

图 5.5　与其他("旁观")d 电子的 Hund 耦合导致的铁磁交换增强

以上考虑了源于电子跃迁到相邻离子**空**轨道上的铁磁交换。容易看出，如果在一个离子上有一个半满的轨道和一个相邻的**全满**轨道重叠，情况会完全相同，例如，如果有两个组态为 $(e_g^1)_i (e_g^3)_j$ 的相邻离子，其"活跃的"半满轨道相互正交，如图 5.6 所示——例如 Mn^{3+} (e_g^1) 和 Cu^{2+} (e_g^3) 之间的交换相互作用，当 Mn^{3+} (i 格座) 的一个 e_g 电子在 z^2 轨道上时，假设 Cu^{2+} (j 格座) 的电子组态为 $(z^2)^2 (x^2 - y^2)^1$。此时，虚跃迁将包括一个自旋 ↓ 电子从双重占据轨道 $(z^2)_j$ 转移到离子 i 的同一轨道，Cu 上剩余两个自旋之间的 Hund 相互作用将使图 5.6 中铁磁构型的能量低于反铁磁构型，即稳定了铁磁交换相互作用 $J_{ij} \approx -(t^2/\tilde{U})(J_H/\tilde{U})$（其中 $\tilde{U}$ 包含两个不同离子的能量差，此处是 Mn 和 Cu，即 $\tilde{U} = \varepsilon_{Mn} - \varepsilon_{Cu} + U_{Mn}$ 是 $J_H = 0$ 时一个电子从 Cu 转移到 Mn 的总能量变化）——正如上文所考虑的 j 格座为空 z^2 轨道情形一样[图 5.1(a) 和图 5.2]。

图 5.6　以 Mn^{3+} – Cu^{2+} 对为例不同离子之间可能的交换过程
[在 j 格座(Cu)上，阴影的 z^2 轨道为双重电子占据]

尽管共顶点过渡金属离子氧八面体情形，即 $180°$ TM – O – TM 键，非常常见（例如，钙钛矿或层状材料如 La_2CuO_4），但这并不是唯一的情形。晶格的几何结构往往要复杂得多。另一种典型情况是相邻的 MO_6 八面体共棱，其 TM – O – TM 角为 $90°$，如图 5.7 所示。例如，在

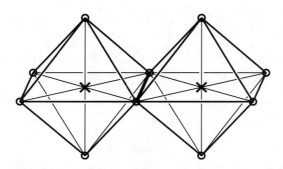

图 5.7 公共棱和 90° TM-O-TM 交换路径的两个过渡金属（"×"表示）的典型情形

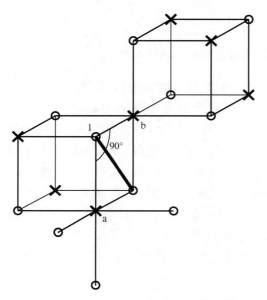

图 5.8 尖晶石 AB_2O_4（金属由"×"表示，阴离子由"○"表示）中 B 格座晶格的 90°交换相互作用（两个 BO_6 八面体的公共棱用粗线表示）

另一类主要的材料——尖晶石 AB_2O_4 中会遇到这样的结构，其基本结构要素如图 5.8[①] 所示。图 5.8 展示了八面体 B 格座和氧的亚晶格，A 格座（未展示）的金属为四面体配位，位于图 5.7 中"立方体"之间。可以看出，在这个结构中，相邻的 BO_6 八面体，例如在 a 和 b 格座周围的，有两个公共的氧（公共棱，图 5.7 和图 5.8 中粗线），在理想情况下，B-O-B 角，例如角 a-O_1-b，为 90°。结果表明，这种情况下的超交换特性与 180° TM-O-TM 键的情况截然不同。首先再考虑一下 e_g 电子的情形，典型情况如图 5.9 所示。图 5.9(a) 展示了电子（局域自旋）在同种轨道上的情况，例如 z^2。图 5.9(b) 则为电子在正交轨道 z^2 和 x^2-y^2 上。

对于如图 5.7 和图 5.8 所示的共棱八面体，过渡金属离子的间距约为 180° $M-O-M$ 键的 $\frac{1}{\sqrt{2}}$，因此相邻离子之间可能出现直接 d-d 重叠和跃迁，这对于 t_{2g} 轨道尤其重要，见下文。对于图 5.9 所示的 e_g 轨道类型，波函数的波瓣指向氧，通过氧的跃迁依旧更为重要。但是，从图 5.9 中可以清楚地看到，这种情况与图 4.5、图 5.1 和图 5.4 中 180° TM-O-TM 键的情况截然不同。在 180° TM-O-TM 键的情形中，参与交换的是**相同的** p 轨道，电子通过其在相邻过渡金属离子间跃迁。在图 5.9 所示的 90°键情形中，两个过渡金属离子 i 和 j 与**不同的** p 轨道重叠：非阴影的 p_z 轨道与 i 格座非阴影的 e_g 轨道重叠，阴影的

p_x 轨道与 j 格座相应的 e_g 轨道重叠。相应地，贡献交换的虚跃迁也包含这两个正交的 p 轨道。容易看出，正因如此，不管 e_g 轨道的占据情况如何，此时相应的交换总是铁磁的。事实上，在图 5.9 的两种情况中，虚跃迁都将从 p 轨道到相应的过渡金属，并且由于 Pauli 原理，每次只有自旋相反的电子可以跃迁。于是，例如图 5.9 所示的两个自旋 S_1 和 S_2 都向上，当两个来自**不同 p 轨道**自旋向下的电子跃迁到 i 格座和 j 格座后，中间态剩下不同氧 p 轨道未成对的**平行自旋**，由于氧轨道的 Hund 能 J_H^p，此组态更稳定。然而，如果 i 和 j 格座的 d 电子的自旋是反平行的，自旋相反的电子就会从氧跃迁到这些格座，由此产生的带有两个反平行自旋的氧空穴中间态较不稳定。因此，采用在讨论正交轨道之间 180°交换相互作用中使用过的相同方法，此处会得到铁磁态

[①] 硫硼尖晶石化合物 AB_2T_4，其中 $T=$S、Se、Te，也广泛存在。为简便起见，下文仅讨论了氧，但必须注意，S、Se、Te 与过渡金属离子的共价性要比与氧的强（得多），这足以影响这些系统的性质。

的能量低于反铁磁态,相应获得的能量是**氧上的 Hund 定则**导致的,所以得到的铁磁交换常数为:

$$J_{90°} \approx - \frac{t_{pd}^4}{\Delta_{CT}^2(2\Delta_{CT} + U_{pp})} \frac{J_H^p}{(2\Delta_{CT} + U_{pp})} \tag{5.9}$$

(当然,数值系数取决于所占据轨道的具体类型,以及相应的跃迁积分)。这一结论对于 i 和 j 格座的**相同** e_g 轨道[图 5.9(a)]或**不同轨道**[图 5.9(b)]占据都是有效的[①]。注意,氧上的 Hund 能 J_H^p 一点也不小,事实上,$J_H^p \approx 1.2$ eV,甚至比过渡金属离子的都要大[3d 离子 $J_H \approx (0.8 \sim 0.9)$eV;4d 离子 $J_H \approx 0.7$ eV;5d 离子 $J_H \approx (0.5 \sim 0.6)$eV]。无论如何,主要结论保持不变:对于 90° TM - O - TM 键,相同或者不同的 d 轨道占据,e_g 电子间的交换相互作用都是较弱的铁磁性,见式(5.9)[②]。

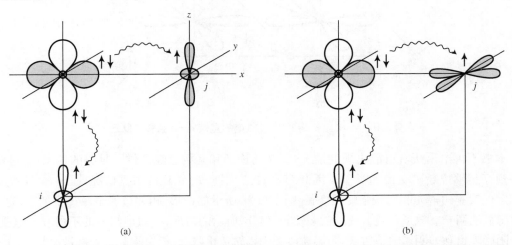

图 5.9　过渡金属离子"活跃的"轨道呈 **90°**键的一种可能的情况(右上角的阴影 **d** 轨道是单占据的)

　　如果 t_{2g} 能级参与交换,情况可能会有所不同。首先,从图 5.10 可以看出,对于共棱八面体,相邻离子上指向氧与氧中间的 t_{2g} 轨道实际上是相互指向的,例如图 5.10 中 xy 轨道。由此产生的 d - d 跃迁对起始 3d 金属(如 Ti、V、Cr)非常重要。如果已占据的"活跃"轨道确实指向彼此,就会产生反铁磁交换,如图 5.10 所示。这是例如 $CdCr_2O_4$ 型 Cr 尖晶石中情形:组态为 t_{2g}^3 的 Cr^{3+} 离子占据尖晶石结构的 B 格座,如图 5.8 所示,其三个 t_{2g} 轨道与相邻离子的相应轨道直接重叠。但对于较重的过渡金属,如 Co、Ni,通常通过氧的跃迁再次变得更加重要。

　　还要注意的是,特别对于共棱 90° TM - O - TM 键的相邻离子 t_{2g} 轨道,必须注意电子跃迁 t_{dd} 和 t_{pd} 的符号。这在只有一种特定的交换机制起作用的情形中不那么重要,不论是由于

---

　　①　此交换相互作用只有当一个(半)填充的 e_g 轨道与相应氧的 p_σ 完全正交时为反铁磁性,例如图 5.9(b)中如果 i 格座的 e_g 电子占据$(x^2 - y^2)$轨道,那么氧 p 电子将从氧 p_z 轨道跃迁至 j 格座的**空** z^2 轨道。但显而易见,这需要 Hund 定则作用**两次**:一次在氧上,一次在过渡金属 i 格座上。相应地,此时反铁磁交换相互作用的 J_H 项的阶数较高,$\approx [t_{dd}^2/(2\Delta_{CT} + U_{pp})] \cdot [J_H J_H^p/(2\Delta_{CT} + U_{pp})^2]$,可以忽略不计。

　　②　此处还可以注意到 e_g 电子 90°和 180°交换相互作用的另一个不同。如果在 180°交换的情形中,一个可能的中间态是 $d^{n-1}p^6 d^{n+1}$,使得(铁磁或反铁磁)交换相互作用在式(5.1)中分母的 $U = U_{dd}$,即存在通过氧的有效 d - d 转移的可能性——而 90°的情形,这一可能性不再存在,因为与相邻过渡金属离子 e_g 轨道重叠的 p 轨道是正交的。相应地,在这种情况下,中间态必然为两个氧空穴,即使在 $\Delta_{CT} \gg U$ 的 Mott - Hubbard 绝缘体中。这将进一步减少 Mott - Hubbard 绝缘体中相应的(铁磁)90°交换相互作用。

直接 d-d 跃迁或通过氧的跃迁：两种情形下的交换常数不是 $\approx t_{dd}^2$ 就是 $\approx t_{pd}^4$，见式 (1.12) 和本节之前的表达式。然而，如果同时存在直接 d-d 重叠和通过氧的重叠，其符号就变得非常重要，就如共棱八面体的 t_{2g} 轨道情形一样。此时，直接跃迁 t_{dd} 和通过氧的有效跃迁 $\tilde{t}_{dd} = t_{pd}^2/\Delta$ [式 (5.1) 和式 (5.2)]，符号可能相同或相反（注意，在 Hubbard 模型中，直接跃迁通常认为是负的）。在第一种情形中，这两个过程相互增强并加强了总的交换，但在第二种情况下，它们会（部分）抵消并削弱相应的交换。

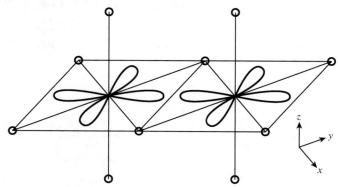

图 5.10　共棱结构情形中 t_{2g} 轨道的直接 d-d 重叠和跃迁

　　本书不再给出所有可能出现的情况，上文的论证和案例已经提供了足够的信息，通过使用这些规则足够推断出交换的类型。因此容易看出，根据 t_{2g} 轨道的占据情况，通过 $90°$ 交换路径的 t_{2g}-t_{2g} 交换可能是相对较强的反铁磁 [图 5.11(a) 所示的情形，相邻过渡金属离子的已占据 t_{2g} 轨道与氧的**同一** p 轨道重叠]，或弱铁磁 [图 5.11(b) 所示的情形，t_{2g} 轨道与氧的**不同** p 轨道重叠，即非阴影轨道和非阴影轨道重叠，阴影轨道和阴影轨道重叠]。但更重要的一点是：当 t_{2g} 轨道活跃时，$90°$ 交换存在同时涉及 t_{2g} 和 e_g 轨道的重要交换路径，如图 5.12(a) 所示。该图展示了 i 格座 xz 轨道和 j 格座 (x^2-y^2) 轨道上分别存在一个电子的情形。此时，**同一** p_x 轨道与 i 格座 t_{2g} 的 xz 轨道（跃迁积分 $t_{pd\pi}$）和 j 格座 e_g 的 (x^2-y^2) 轨道（跃迁积分 $t_{pd\sigma}$）同时重叠。相应地，图 1.12、图 4.9 和图 5.1(a) 中所有导致反铁磁交换的 $180°$ 交换过程，此时也会起作用，于是，在这种情形中，即使对于 $90°$ 交换，t_{2g}-e_g 跃迁也会导致很强的反铁磁交换，参见式 (4.13)，其交换积分为：

$$J \approx \frac{t_{pd\sigma}^2 t_{pd\pi}^2}{\Delta_{CT}^2}\left(\frac{1}{U_{dd}} + \frac{1}{\Delta_{CT} + \frac{1}{2}U_{pp}}\right) \tag{5.10}$$

（注意，配体 e_g 轨道与 p 轨道的重叠用 $t_{pd\sigma}$ 表示，而 $t_{pd\pi}$ 是配体 t_{2g} 轨道与 p 轨道的较小的重叠，通常 $t_{pd\sigma} \approx 2t_{pd\pi}$）。

　　类似地，如果 i 格座的占据态还是同样的 xz 轨道，但是 j 格座电子占据的是垂直于 TM-O 键的 t_{2g} 轨道 yz [图 5.12(b)]，或者 $|y^2-z^2\rangle$，此时一个电子跃迁到 j 格座一个**空** e_g 轨道 [例如 $|x^2\rangle = 3x^2-r^2$，图 5.12(b) 中阴影] 会导致铁磁交换。

　　本书无法讨论所有不同情况的可能性，希望上文案例中一般性"方法"已经足够清晰。大致来说，人们可以总结出**第三 GKA 规则**的典型情形。对于 $90°$ 键，e_g-e_g 交换总是较弱的铁磁性，直接 t_{2g}-t_{2g} 交换可以得到反铁磁交换，而根据特定的轨道占据，通过氧的 t_{2g}-t_{2g} 交换，以及 t_{2g}-e_g 交换可以是较强的反铁磁或者弱铁磁。

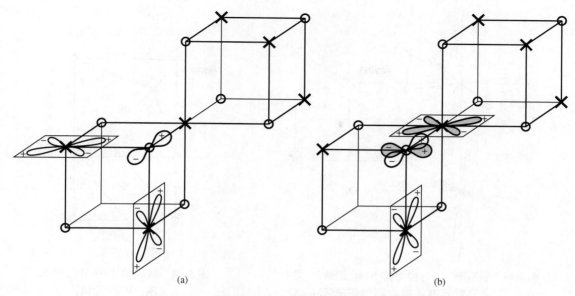

图 5.11　(a) 90° M - O - M 键的 t_{2g} 轨道的反铁磁耦合;(b) 90°键的铁磁 t_{2g} - t_{2g}
　　　　交换(已占据的 t_{2g} 轨道与阴离子的正交 p 轨道重叠)

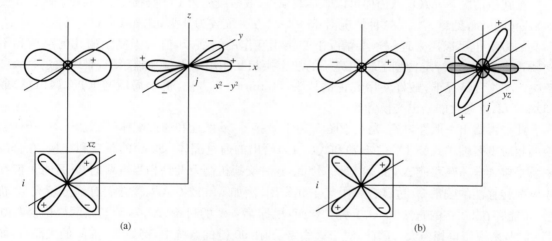

图 5.12　(a) 对于 90°键,通过阴离子 p 轨道的强反铁磁 t_{2g} - e_g 交换的一个可能过程;
　　　　(b) j 格座空 e_g 轨道(阴影)导致弱铁磁交换的情形[参考图 5.11(b)]

　　以上的例子并没有穷尽在过渡金属化合物中可能遇到的所有情形。即使在概念上最简单的结构中,如钙钛矿,也常常存在 MO_6 八面体旋转和倾斜,导致从立方转变为正交或三方结构,因此 TM - O - TM 夹角有时可以强烈地偏离 180°,如图 5.13 所示,其中展示了很多钙钛矿中典型的 O_6 八面体绕[110]方向的倾斜(为了保持晶格的"完整性",这些倾斜的方向应在离子之间交替)。可以看出,由于这些倾斜(导致正交结构 Pbnm),TM - O - TM 夹角变得小于 180°——甚至可以小到 ≈(150°~160°),如图 3.45 所示。实际上,这种情况在某种意义上为介于 180°和 90°交换之间的情形。于是,根据 GKA 规则,在电子强局域化的情况下,TM - O - TM 夹角的减小会削弱反铁磁交换,而增强铁磁交换。这一趋势对很多现象都很重要,例如多铁中的磁致伸缩机制,见第 8 章。

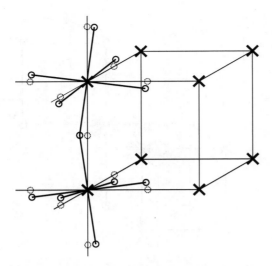 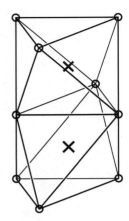

图 5.13 阴离子八面体倾斜(GdFeO₃ 型畸变)导致正交或三方结构的钙钛矿中 TM－O－TM 夹角介于 180°和 90°之间

图 5.14 共面的两个 MO_6 八面体("×"为金属,"○"为配体,例如氧)

在其他情况下, MO_6 八面体可以既不共顶点(或多或少为 180°交换)也不共棱(导致 90°交换),而是共面,见图 5.14。这种情况对于一些六方系统较为典型,比如 $BaCoO_3$ 和 $CsCuCl_3$。前文的方法也可以用来理解这些情况下交换相互作用的细节,但对于复杂的几何结构和不同轨道占据,找出特定构型下特定离子的超交换相互作用变得越来越繁琐,难以通过"手算"解决。在这种情况下,最好使用真正的从头(ab initio)算方法,例如局域密度近似(LDA)或 LDA＋U,这通常能给出交换常数。

此处再给出一般性讨论,是关于图 5.10 的直接 d－d 跃迁和通过配体(O、S、Se 等)跃迁交换的相对重要性。式(5.1)、式(5.7)和式(5.10)给出的通过配体(如氧)的跃迁和交换,在分母中总是包含电荷转移能 Δ_{CT} 的某次幂。因此,这种交换机制无疑是相当重要的,并且有可能在小电荷转移能的较重 3d 过渡金属中起主导作用,例如 Mn 或 Co,尽管它们有部分填充 t_{2g} 轨道,可能存在 90°键的直接 d－d 重叠。然而,根据第 4 章的讨论,Δ_{CT} 对于起始的 3d 金属,如 Ti 或 V,来说变得相当大。因此,对于这些离子,在 90°键的系统中,例如 Ti 和 V 的尖晶石,如 $MgTi_2O_4$ 或 ZnV_2O_4,直接 d－d 跃迁 t_{dd}^{direct} 将比相应通过配体的有效跃迁 $t_{dd}^{eff}=t_{pd}^2/\Delta_{CT}$ 更为重要。人们经常用此物理图像来解释此类系统的性质。

按照同样的思路:如上所述,直接 d－d 跃迁,如果存在,通常会导致反铁磁耦合,例如对于尖晶石中共棱八面体的 Cr^{3+},如 $CdCr_2O_4$(Cr^{3+} 的三个已占据 t_{2g} 与尖晶石 B 亚晶格最近邻 Cr 有直接重叠,如图 5.8 所示)。然而,在包含 S、Se、Te,而非氧的类似尖晶石中,90° Cr－S(Se,Te)－Cr 开始占主导地位,因为与它们 p 轨道强得多的共价性。而且,由于这个 90°交换是铁磁的,这样的硫硼尖晶石化合物是一般为铁磁性——例如著名的铁磁半导体,如 $CdCr_2S_4$ 或 $HgCr_2Se_4$,同样参见下文 5.6.3 节。

作为本节的结尾,我们简要总结了决定不同情况下交换相互作用类型的主要规则(在下面的表达式中,省略了数值系数,例如 2 等)。图 5.15 示意了各种情形,其中,活跃的(半满)d 轨道显示为非阴影或浅阴影,空轨道显示为深阴影。

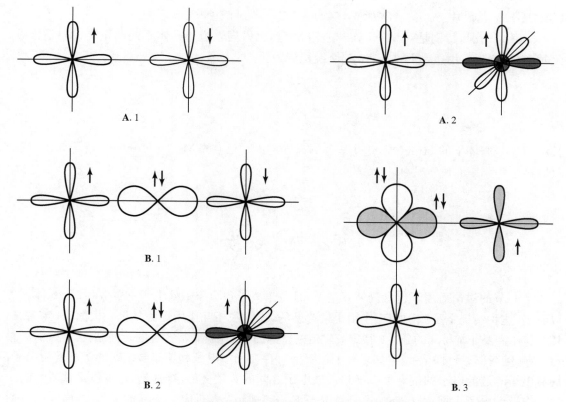

图 5.15　导致 GKA 规则的不同几何构型下的不同轨道占据

A. 当主要交换相互作用为直接 d‑d 跃迁 t_{dd} 时：

1. 如果在两个离子的(半满)活跃轨道之间有重叠和跃迁,此交换相互作用是强反铁磁性的,$J \approx t_{dd}/U$(第一 GKA 规则)(此处和之后,U 总是为 U_{dd})。

2. 如果已占据轨道是正交的,电子只能从已占据轨道跃迁到空轨道,此时这种交换相互作用是弱铁磁的,$J \approx -(t_{dd}/U)\cdot(J_H/U)$(第二 GKA 规则)。

B. 当交换相互作用是通过配体(如氧)的 p 轨道进行时：

1. 如果两个离子的已占轨道与同一配体的 p 轨道重叠,交换相互作用具有强反铁磁性：

$$J \approx \frac{t_{pd}^4}{\Delta_{CT}^2}\Big(\frac{1}{U}+\frac{1}{\Delta_{CT}+\frac{1}{2}U_{pp}}\Big)=(t_{dd}^{eff})^2\Big(\frac{1}{U}+\frac{1}{\Delta_{CT}+\frac{1}{2}U_{pp}}\Big)$$

其中,Δ_{CT} 为电荷转移能隙,$t_{dd}^{eff}=t_{pd}^2/\Delta_{CT}$(第一 GKA 规则)。

2. 如果相邻过渡金属离子上已占据和空 d 轨道与 p 轨道重叠,交换为弱铁磁的,对于 $U<\Delta_{CT}$：

$$J \approx -\frac{(t_{dd}^{eff})^2}{U}\cdot\frac{J_H}{U}$$

对于 $U>\Delta_{CT}$：

$$J \approx -\frac{(t_{dd}^{eff})^2}{\Delta_{CT}+\frac{1}{2}U_{pp}}\cdot\frac{J_H}{\Delta_{CT}}$$

（第二 GKA 规则）。

3. 某些情况，特别是对 90° TM - O - TM 键，已占据轨道与配体不同的正交 p 轨道重叠，此时，交换相互作用也是弱铁磁性，其交换积分为：

$$J \approx -\frac{(t_{dd}^{eff})^2}{\Delta_{CT} + \frac{1}{2}U_{pp}} \cdot \frac{J_H^p}{\Delta_{CT}}$$

其中，J_H^p 是配体上的 Hund 能，这个表达式甚至对 $U < \Delta_{CT}$ 的 Mott - Hubbard 绝缘体也有效，可以称之为第三 GKA 规则。

5.2 双 交 换

上一节的讨论适用于包含局域 d 电子，且每个离子包含整数 d 电子的强 Mott 绝缘体。可以看出，这种情况下反铁磁相互作用是最典型的，比铁磁相互作用更为常见。根据 5.1 节，铁磁相互作用需要非常特殊的条件：特定 d 轨道的特殊占据态，或非常特定的几何结构。然而，如果对 Mott 绝缘体进行掺杂，或者如果一个系统同时存在局域电子和填充于某些能级的巡游电子，局域电子和巡游电子的耦合可以导致局域电子之间的有效交换，特别是，这可以是铁磁性的。

当巡游电子占据宽导带时，电子填充至 Fermi 能级 ε_F（对应 Fermi 波矢 k_F），局域电子通过此导带的相互作用即为著名的 Ruderman - Kittel - Kasuya - Yosida（RKKY）相互作用，它是长程的，以振荡的方式依赖于局域电子之间的距离 r：

$$J(r) \approx \frac{I^2}{\varepsilon_F} \frac{\cos(2k_F r)}{r^3} \tag{5.11}$$

此局域电子和巡游电子之间的交换相互作用是二阶的（参见附录 B）：

$$I_{ik} \boldsymbol{S}_i \cdot c_{k\sigma}^{\dagger} \hat{\boldsymbol{\sigma}} c_{k\sigma} \tag{5.12}$$

式（5.12）中"s - d"交换 I 的起源为 s - d 杂化，或与 Hund 耦合 J_H 性质相同的局域原子内相互作用。由于 RKKY 交换 $\approx I^2$，因此局部的 s - d 交换 I 的细节，甚至符号，并不会有明显作用，也不会明显改变由此产生的磁结构。相反，重要的是相对于式（5.11）震荡周期而言的局域电子的位置。RKKY 相互作用是许多稀土金属和金属间化合物的交换的主要来源，并对磁性元素（尤其是过渡金属）与非磁性金属合金，如 Cu 等构成的稀合金中自旋玻璃态的形成至关重要。

然而就本文的目的，更重要的是另一种情况——不是宽导带和大 Fermi 能级 $\varepsilon_F \gg I$〔推导 RKKY 相互作用式（5.11）的前提〕，而是相反的窄导带和小 Fermi 能级，这样的局域 s - d（或者，在我们的情况中 $d_{inerrant} - d_{local}$）交换 I 至少与 ε_F 相当或大于 ε_F。此时，不能使用推导（5.11）时 $I/\varepsilon_F < 1$ 的微扰理论，而必须考虑相反的极限。这导致了一种特殊的交换机制，称为**双交换** (double exchange，DE)[①]。

---

① Zener F. C.. Phys. Rev.，1951，37：3759；de Gennes P. G.. Phys. Rev.，1960，118：141.

本书将在掺杂 Mott 绝缘体（例如 $La_{1-x}Sr_xMnO_3$）这一特殊情形中讨论双交换（事实上，双交换最初的想法就是专门为此系统提出的，尽管后来这甚至被用来解释 Fe 和 Ni 等金属的铁磁性）未掺杂 $LaMnO_3$ 为电子局域的钙钛矿反铁磁 Mott 绝缘体，其 Mn^{3+} 离子的组态为 $t_{2g}^3 e_g^1$。先不考虑简并 e_g 电子的轨道序问题（事实上，这对确定 $LaMnO_3$ 的精细晶体和磁结构非常重要），此时只考虑掺杂的影响。当用 Sr^{2+} 或 Ca^{2+} 取代 La^{3+} 时，系统被移除了一些 e_g 电子，即 e_g 空穴掺杂。钙钛矿系统中，例如 $LaMnO_3$，其 $\approx 180°$ Mn‐O‐Mn 键的 $dp\sigma$ 重叠较大，产生了相对较宽的导带，不过小于（或至少同量级）e_g 电子与相对局域的 t_{2g} 电子之间耦合的 Hund 能。

实验上，当增加掺杂时，系统会经历一系列的相变，见相图示意图 5.16。可以看到不同类型磁序的绝缘相：对未掺杂 $LaMnO_3$ 或掺杂浓度 $x \lesssim 0.1$ 为 A 型（铁磁层以反铁磁形式堆叠）；接近 $x=1$ 时，为 G 型（向上和向下的自旋棋盘状交叠，即相邻自旋方向相反）；多种电荷序（charge ordering, CO）相，等等。对我们而言，最感兴趣的是 $0.2 \lesssim x \lesssim 0.5$ 范围内铁磁金属相。正是在这一物相中发现了磁场对电阻率的强烈抑制作用，这一巨大的（负）磁电阻赋予了这类化合物的名字——CMR 锰酸盐，并引起了人们对这类系统的极大兴趣。

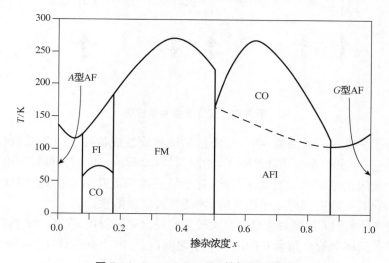

图 5.16　$La_{1-x}Ca_xMnO_3$ 的相图示意图

AF——反铁磁态；FI——铁磁绝缘体；CO——电荷序；FM——铁磁金属；AFI——反铁磁绝缘体

该系统的铁磁机制显然与掺杂和同时出现的金属导电性有关，该机制就是双交换。描述这一现象的最简单的模型是局域电子$\left(\text{此处为三个局域 } t_{2g} \text{电子}, S=\dfrac{3}{2}\right)$，与占据窄带的掺杂电子同时存在的系统，且它们通过 Hund 交换发生相互作用：

$$\mathcal{H}_{DE} = -t\sum_{\langle ij\rangle,\,\sigma} c_{i\sigma}^\dagger c_{j\sigma} - J_H\sum_i \boldsymbol{S}_i \cdot c_{i\sigma}^\dagger \hat{\boldsymbol{\sigma}} c_{i\sigma} + J\sum_{\langle ij\rangle} \boldsymbol{S}_i \cdot \boldsymbol{S}_j, \tag{5.13}$$

其中，$c_{i\sigma}^\dagger$ 和 $c_{i\sigma}$ 是格座间跃迁为 t 的导电电子的产生和湮灭算符（描述了例如在 $La_{1-x}Ca_xMnO_3$ 中 e_g 电子，更准确地说是 e_g 空穴），系数为 J_H 的项是总自旋为 $\boldsymbol{S}_i$ 的局域（t_{2g}）电子的 Hund 交换，最后一项是局域自旋之间的反铁磁交换，在未掺杂的情况下，得到反铁磁序。此处，符号 $\langle ij\rangle$ 一如既往地表示对最近邻的求和。

容易看出，掺杂导致的导电电子，会倾向于铁磁序。这一效应非常类似于第 1 章讨论的单带模型(Hubbard 模型)中电子动能和磁结构之间的相互影响。根据该讨论，背底反铁磁序会抑制电子跃迁，降低了动能(能带能)。为了获得额外的动能，磁结构倾向于发生改变，例如变为铁磁：此时会失去局域电子的交换能，但可以被获得的巡游电子的动能所克服。这就是 Nagaoka 铁磁，以及在第 1 章中讨论的，在载流子周围可能形成磁极化子("ferron")的原因。

可以看出，在式(5.13)中，包含了两种类型的电子——自旋为 S 的局域电子和导电电子——其物理原理与第 1 章的讨论类似。如果 Hund 能(Hamiltonian 中第二项)与电子跃迁 t 或带宽 $W \simeq 2zt$(z 为最近邻原子数)相当，则在每个离子上导带电子的自旋 $\boldsymbol{\sigma}_i$ 应该平行与局域电子自旋 $\boldsymbol{S}_i$。如果相邻离子 $\boldsymbol{S}_j$ 的自旋与 $\boldsymbol{S}_i$ 平行，则导电电子可以很容易地从 i 格座跃迁到 j，如图 5.17(a)所示。然而，如果相邻的自旋是反平行的，如图 5.17(b)所示，此时跃迁将被禁止，或至少被强烈抑制：最终态的 j 格座两个电子的自旋将相反，这将失去较大的 Hund 能 J_H。如果获得的能量 $\approx t$ 小于此失去的能量，导电电子将被"锁定"在其反铁磁体中相应的格座，此时无法获得其动能。为了获得此动能，局域自旋的磁结构倾向于变为铁磁。这种铁磁序的稳定机制就是所谓的**双交换**。

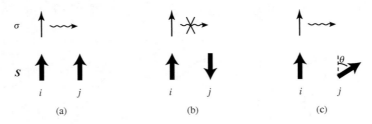

图 5.17 双交换机制示意图

实际上，为了获得一定的动能，不一定要把局域自旋变成铁磁。对于低掺杂浓度，只要将反铁磁亚晶格倾斜一定的角度 θ 就足够了，如图 5.17(c)所示。此时允许导电电子一定程度的跃迁，但不会立刻失去全部的交换能。因此，对于最开始的低掺杂，可以预期首先形成一个**倾斜的**反铁磁态，只有在较高巡游电子浓度时，才能变成真正的铁磁。

数学上，用准经典的方法来处理局域自旋较为容易。可以看出，在 $J_H \gg t$ 的极限下，图 5.17(c)中巡游电子在局域自旋夹角为 θ 的两个离子之间的跃迁，由有效跃迁矩阵元给出[①]：

$$t_{\mathrm{eff}} = t \cos \frac{\theta}{2} \tag{5.14}$$

对于铁磁序(平行自旋，$\theta = 0$)，得到一个完全不受阻碍的跃迁。对于反平行自旋 $\theta = \pi$，有效跃迁为零，跟定性讨论一致[②]。

---

① 此处忽略了 t_{eff} 的相位因子，原则上这可能对其他效应很重要。

② 严格地说，这只有在用经典方法处理局域自旋时才成立。如果将局域自旋的量子本质考虑进来，情况会发生改变。诚然，Hund 耦合[式(5.13)中第二项]不要求局域自旋和巡游电子自旋平行，而是要求离子总自旋 $\boldsymbol{S}_{\mathrm{tot}} = \boldsymbol{S} + \boldsymbol{\sigma}$ 最大。于是，例如对于 $S = \frac{1}{2}$，最终态为 $S_{\mathrm{tot}} = 1$ 的**三重态**。但是此三重态，除了平行自旋 $|S^z \uparrow, \sigma^z \uparrow\rangle$ 和 $|S^z \downarrow, \sigma^z \downarrow\rangle$，还包括 $|S_{\mathrm{tot}}^z = 0\rangle = \frac{1}{\sqrt{2}}(|S^z \uparrow, \sigma^z \downarrow\rangle + |S^z \downarrow, \sigma^z \uparrow\rangle)$。可以看出，以上波函数的一部分对应的态，可以通过图 5.17(b)的初始态转移导电电子到右边得到。因此，此跃迁在反铁磁态中并没有像式(5.14)所描述那样被完全禁止，而仅仅是被抑制了，对于 $S = \frac{1}{2}$ 其系数为 $1/\sqrt{2}$(对于更高的自旋为 $1/\sqrt{2S+1}$)。然而，对跃迁的抑制已经足够导致以上讨论相同的结论，即掺杂逐渐向铁磁态改变磁结构，可能会通过一个倾斜态；最终相图仅有一些数值系数和细节形式改变。

通过式(5.14),可以很容易地探讨掺杂后的系统的磁结构的变化。假设有一个均匀的倾斜态,两个亚晶格的自旋夹角为 θ(图 5.18)。电子浓度为 x 时,此状态的能量,根据式(5.13)和式(5.14),为:

$$\frac{E}{N} = JS^2 z\cos\theta - xzt\cos\frac{\theta}{2} \tag{5.15}$$

其中,第一项为磁能(按照惯例,z 为最近邻原子数),第二项为电子的能带能,其中,浓度为 x 的电子,在跃迁矩阵元为 $t\cos\dfrac{\theta}{2}$、能带底为 $-zt\cos\dfrac{\theta}{2}$ 的紧束缚能带中运动(假设所有电子都在能带底,而忽略它们的 Fermi 分布,其 Fermi 能级为 $\approx t_{\text{eff}}x^{\frac{5}{3}}$,当 $x < 1$ 为 x 的高阶项)。关于 θ 最小化此能量,得到:

图 5.18　双交换系统中出现的
倾斜磁态

$$\cos\frac{\theta}{2} = \frac{tx}{4JS^2} \tag{5.16}$$

因此,对于 $x=0$ 的未掺杂系统,确实是反铁磁的 $\left(\cos\dfrac{\theta}{2}=0,\ \theta=\pi\right)$,一旦开始掺杂,即 $x \neq 0$,自旋就开始倾斜。倾角随着 x 的增大而逐渐增大,直到:

$$x = x_c = \frac{4JS^2}{t} \tag{5.17}$$

此时,$\cos\dfrac{\theta}{2}=1$,即 $\theta \to 0$,因此系统变为铁磁态。当 $x > x_c$ 时,系统维持铁磁态。如果跃迁能量 t 远远大于局域电子的反铁磁性耦合 J,$t \gg J$,铁磁转变在相当小的 $x \ll 1$ 时就会发生,这证明了近似地把所有电子看作在能带底部,而忽略 Fermi 能级 $\approx x^{\frac{5}{3}}$ 的合理性。由此得到的系统相图如图 5.19 所示。

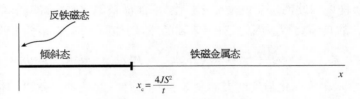

图 5.19　取决于掺杂浓度 x 的倾斜态可能存在的区间

如果考虑第 94 页脚注②中的量子效应,可以看出对于很低的掺杂浓度 x,倾斜态并不会出现,而是存在一个下临界浓度 $\tilde{x}_c$,当 $x < \tilde{x}_c$ 时,材料仍保持反铁磁性,而当 $x > \tilde{x}_c$ 时,倾斜态才会出现。还存在另一个复杂性:可以证明,相对于相分离为纯反铁磁序的未掺杂区域和掺杂铁磁金属"微区",均匀倾斜态通常不稳定。这种非均匀态似乎确实可以在低掺杂 CMR 锰酸盐中观察到,见 9.7 节。

然而,即使关于中间态还有很多分歧,一般性结论仍然是正确的:窄带内移动的巡游电子,例如在 CMR 锰酸盐中通过掺杂产生的电子,由于双交换,使磁序趋向于铁磁态。因此,综上所述,在包含强关联电子的系统中,无论是在单带(第 1 章)还是多带情况下,包含局域电子的 Mott 绝缘态通常为反铁磁性,而铁磁性在掺杂金属系统中更常见。在某些特定的情况下,铁磁性可能会出现在绝缘体中,但通常需要特定的轨道序或非常特殊的几何结构,而更像是例外。甚至根据经验也能知道:在 Tsuda[①] 等收集的大量磁性氧化物汇编中,只有大约 10% 的为铁磁,而 90% 为反铁磁。

5.3　自旋轨道耦合的作用：磁各向异性、磁致伸缩和弱铁磁性

迄今为止,在处理过渡金属化合物的交换相互作用时,只考虑了纯自旋相互作用而忽略了自旋轨道耦合。在这种情况下,磁交换是各向同性的 Heisenberg 型,$\approx S_i \cdot S_j$[②]。此时,自旋空间与晶体的实空间没有任何联系,自旋量子化轴 z、x 和 y 与晶格中真实取向也没有关系。这种联系只有在考虑自旋轨道耦合 $\lambda L \cdot S$ 时才成立:它将自旋耦合到以轨道角动量 L 为表征的电子的轨道运动上,而后者在晶体中已经具有某种特定的取向。因此,正是通过自旋轨道耦合,自旋方向开始与晶格匹配,这种相互作用最终决定了诸如系统的磁各向异性、磁弹性耦合和磁致伸缩等效应。在某些情况下,它还会导致反铁磁序自旋的弱倾斜,从而产生弱铁磁性。

这些问题通常在磁学相关的书中通过唯象方法详细讨论。此处不再展开讨论这些问题,而主要讨论它们与相应系统的微观电子结构相关的内容。

在 2.3 节中讨论自旋轨道耦合时,已经遇到了几种自旋取向很重要的情况。对于未淬灭轨道角动量的情形,例如部分填充的 t_{2g} 能级,自旋轨道耦合有特别强的影响。

从唯象的角度上讲,可以通过增加 Heisenberg 交换或式(5.6)中依赖于自旋方向(或平均磁化强度)与晶轴的关系项来描述磁各向异性。于是,这些项的形式便取决于晶格对称性。磁晶各向异性能,类似所有其他对总能量的贡献,应为在晶体的对称操作或时间反演下不发生变化的标量。后一个条件说明此能量应该是磁化强度(或亚晶格磁化强度)的偶函数。晶体的对称性决定了这种组合的具体类型。因此,对于单轴晶体,例如四方对称晶体,相应的能量形式为:

$$E_{\text{tetr.}} = -\kappa m_z^2 = -\kappa \cos^2 \theta \quad \text{或} \quad +\kappa(m_x^2 + m_y^2) = \kappa \sin^2 \theta \tag{5.18}$$

其中,$m_\alpha (\alpha = x、y、z)$ 为磁化强度的方向余弦(为了简便,此处考虑铁磁的情形),$m_\alpha = M_\alpha / |M|$,于是 $m_x^2 + m_y^2 + m_z^2 = 1$;$\theta$ 是磁化强度和 z 轴的夹角。

式(5.18)的系数 κ 的符号决定了磁化强度的方向。如果 $\kappa > 0$,自旋倾向于沿 z 轴方向,为**易轴型**磁晶各向异性。如果 $\kappa < 0$,自旋位于其垂直面内,为**易面型**磁晶各向异性。κ 可能具有温度依赖性,甚至在一定温度下改变符号(导致**自旋重定向**转变)。尤其是,T_c 附近时 $\kappa \approx$

---

①　Tsuda N., Nasu K., Yanase A., et al. Electronic Conduction in Oxides. Berlin: Springer-Verlag.

②　虽然这些系统中主要交换机制并不是真正的 Heisenberg 型,而是 Coulomb 相互作用中的交换部分 $\int \Psi_1^*(r) \Psi_2^*(r') \frac{1}{|r-r'|} \Psi_1(r') \Psi_2(r)$。如上所述,可以证明此项虽然形式上存在,但总是比超交换相互作用小得多。事实上,正如第 1 章所述,系统中真正的自旋序机制,获得的不是 Coulomb 能中交换能部分,而是电子的动能,要么是绝缘体中的虚跃迁($\approx t^2/U$),要么是在掺杂系统中,双交换相互作用下的实跃迁。

$|M|^2$，即为 II 级相变，其中 $|M|^2 \approx (T_c - T)$，系数 κ 趋近于零。但是在 T_c 以下，相应的自由能项不为零，这使得例如对于接近 T_c 的易轴型磁晶各向异性情形，所有自旋都是沿着 z 轴方向。从这个意义上说，易轴型磁晶各向异性使系统类似 Ising 模型。在较低的温度下，非线性效应开始发挥作用，磁序的具体类型可能会改变，例如特别是在交换相互作用会导致螺旋磁结构的系统中，见第 8 章。在接近 T_c 的易轴型磁晶各向异性情形中，磁序为共线型，但可能具有一定的周期（甚至可能与晶格常数的比值为无理数，即**无公度**）——这就是所谓的正弦自旋密度波，如图 5.20（a）所示。只有在较低的温度下，系统才会变成螺旋结构，如图 5.20（b）所示。这种转变在许多螺旋基态的材料中被观察到，例如在一些多铁系统中，如 $TbMnO_3$ 和 $Ni_3V_2O_8$，见第 8 章。

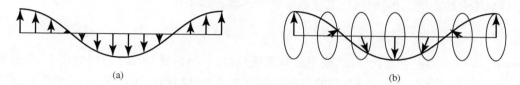

图 5.20　(a) 正弦；(b) 螺旋自旋密度波

原则上，磁晶各向异性中还存在 m 的高阶项，如 m^4、m^6 等。这些项的形式也由晶格对称性决定。本书不再给出相应的表达式，具体可以参考磁学相关的专著。此处只展示立方系统中一个重要的例子。由于所有的主要取向 x、y 和 z 此时是等价的，各向异性能量中没有二阶项，对称允许的最低项是：

$$E_{cubic} = \kappa_1 (m_x^2 m_y^2 + m_y^2 m_z^2 + m_x^2 m_z^2) \quad \text{或} \quad E_{cubic} = -\frac{1}{2}\kappa_1 (m_x^4 + m_y^4 + m_z^4) \quad (5.19)$$

$\kappa_1 > 1$ 导致磁化方向沿一个立方轴，m_x、m_y 或 $m_z \neq 0$，即此时有三个等价的易轴。对于 $\kappa_1 < 0$，当磁化方向沿着一个立方对角线（四个等价 [111] 方向之一）时，能量最小。此时，$m_x = m_y = m_z$，于是根据 $m_x^2 + m_y^2 + m_z^2 = 1$，得到 $m_x^2 = m_y^2 = m_z^2 = \frac{1}{3}$，此状态的各向异性能当 $\kappa_1 < 0$ 最小。T_c 附近，立方各向异性常数表现为 $\kappa \approx M^4$。

磁各向异性存在不同机制。最常见的、通常也是最强的是**单离子**(single-site)**各向异性**，它由相应过渡金属离子的电子组态决定，尤其是晶体场劈裂。当考虑自旋轨道耦合时，在某些情况下会出现**交换各向异性**——原则上交换相互作用与简单的 Heisenberg 形式 $\approx S_i \cdot S_j$ 不同。下面几节将讨论这些效应。在特定情况下，经典偶极-偶极相互作用也会导致磁各向异性，尽管在大多数过渡金属富集系统中，这种效应通常很弱（虽然在某些稀土化合物中可能很强）。

5.3.1　轨道单态：磁各向异性

如上所述，磁晶各向异性的微观起源是自旋轨道耦合，其强烈依赖于相应过渡金属离子的电子组态。人们应该区分过渡金属离子的轨道单态和未淬灭轨道角动量的情形。

在轨道单态情况下，例如包含半满或全满的、即轨道角动量淬灭的 t_{2g} 能级的离子中，自旋轨道耦合为微扰 $\lambda/\delta E$ 的二阶作用，其中 δE 为激发能，对应例如转移 t_{2g} 电子到 e_g 能级上 [例如在 Cr^{3+} (t_{2g}^3) 中，由基态 t_{2g}^3 转变为 $t_{2g}^2 e_g^1$]，此时 $\delta E = \Delta_{CF} = 10Dq$。在其他情况下，例如有相当强的四方或三方畸变的部分占据 t_{2g} 能级，t_{2g} 能级可能劈裂成单态 $|xy\rangle$（或 $|l^z = 0\rangle$）和双重

态($|xz\rangle$,$|yz\rangle$)(或$|l^z=\pm1\rangle$),参考图 3.8 和式(3.4)。此时如果有一个 t_{2g} 电子在基态单态(xy 或 a_{1g})中,激发是该电子跃迁到 e_g^π 双重态,此时激发能 δE 为 xy 和(xz,yz)之间,或者 a_{1g} 和 e_g^π 之间的能量差,即由四方或三方畸变的强度决定。然而,如果这个额外的劈裂 δE 大于自旋轨道耦合 λ,可以对 $\lambda/\delta E$ 使用微扰,则下面讨论的所有结果都是适用的。但如果 $\delta E\approx\lambda$,情况则会更加复杂。

对 $\lambda/\delta E$ 做微扰可以计算不同效应。其中之一为单离子各向异性,对于四方对称:

$$\mathcal{H}_{\text{single-site}}=-KS_z^2 \tag{5.20}$$

此项导致磁有序态的磁各向异性,其系数 κ 由平均场近似给出

$$\kappa=K\langle S_z\rangle^2=KM_z^2 \tag{5.21}$$

其中,$M_z=\langle S_z\rangle$ 为平均磁化强度(或亚晶格磁化强度)。然而式(5.20)的项对高于 T_c 的磁性也有贡献,导致了例如磁化率 $\chi(T)$ 的各向异性。这还会引起例如通过 ESR 探测的 g 因子关于纯电子 $g=2$ 的偏离且变为各向异性。g 因子变化 δg 的量级为:

$$\frac{\delta g}{g}\approx\frac{\lambda}{\delta E} \tag{5.22}$$

其中,$\delta g=|g-2|$。

单离子各向异性的强度依赖于相应离子具体的电子占据,粗略估计为[①]:

$$K\approx\frac{\lambda^2}{\delta E}\approx\left(\frac{\lambda}{\delta E}\right)^2\delta E\approx\left(\frac{\delta g}{g}\right)^2\delta E \tag{5.23}$$

注意到,只有当离子的自旋 $S>\frac{1}{2}$ 时,式(5.20)中量 S_z^2 才是非平凡的,对于 $S=\frac{1}{2}$,其为一个平凡的常数。这也与式(5.18)中各向异性常数 κ 的表达式相符(单离子各向异性的贡献),在 $T=0$ 时成立:

$$\kappa=KS\left(S-\frac{1}{2}\right) \tag{5.24}$$

在一定温度的平均场近似下,相应的表达式变为式(5.21)。当 $S=\frac{1}{2}$ 时,其他贡献导致了单轴各向异性,例如交换各向异性,见下文。但是对于 $S>\frac{1}{2}$,当单离子各向异性存在时,它经常主导磁各向异性。

如上所述,自旋轨道耦合的另一个效应是在磁交换相互作用中出现的交换各向异性,使得磁性系统呈各向异性。在没有自旋轨道耦合的情况下,交换相互作用为 Heisenberg 形式,

① Hamiltonian 中单离子项的一般表达式可以写作:
$$\mathcal{H}_{\text{anis.}}=\lambda^2(\Lambda_x S_x^2+\Lambda_y S_y^2+\Lambda_z S_z^2)$$
其中 $\Lambda_x=\sum_n\frac{\langle0|L_z|n\rangle\langle n|L_x|0\rangle}{E_n-E_0}$。$\Lambda_y$,$\Lambda_z$ 的表达式类似。其中 $|n\rangle$ 是能量为 E_n 的激发能级。对于单轴系统,可以约化此表达式到式(5.20),并得到各向异性常数的估计式(5.23)。

$J\boldsymbol{S}_i \cdot \boldsymbol{S}_j$,即两个自旋的标量积[理论上,此处讨论的是此相互作用的 SU(2)不变性——关于旋转不变]。但是一般来说,交换相互作用是两个具有张量交换"常数"的矢量 $\boldsymbol{S}_i$ 和 $\boldsymbol{S}_j$ 的卷积:

$$\mathcal{H}_{ij} = \boldsymbol{S}_i \cdot \hat{J} \cdot \boldsymbol{S}_j = \sum_{\alpha\beta} S_{i\alpha} J_{\alpha\beta} S_{j\beta} \tag{5.25}$$

其中,指数 α,$\beta = \{x, y, z\}$,$J_{\alpha\beta}$ 是 3×3 张量。如果此张量是对角化的,那么 $J_{\alpha\beta} = J\delta_{\alpha\beta}$,此时回到了 Heisenberg 交换相互作用。但是一般来说,此张量可能包含对称或者反对称的非对角元。

张量 $J_{\alpha\beta}$ 的对称部分往往可以对角化,例如在四方情况会导致相互作用:

$$\mathcal{H} = \sum_{ij} J_\parallel S_i^z S_j^z + J_\perp (S_i^x S_j^x + S_i^y S_j^y) \tag{5.26}$$

其中,$J_\parallel \neq J_\perp$。如果 $J_\parallel > J_\perp$,得到类 Ising 的相互作用;相反的情况下,相互作用为类 xy 型。如果 $J_\parallel = J$,$J_\perp > J + \delta J$,则可以得到 δJ 的估算:

$$\delta J \approx \left(\frac{\lambda}{\delta E}\right)^2 J \approx \left(\frac{\delta g}{g}\right)^2 J. \tag{5.27}$$

在平均场近似下,用 $\langle S \rangle^2$ 代替 $\boldsymbol{S}_i \cdot \boldsymbol{S}_j$,各向异性交换式(5.26)和式(5.27)对总唯象交换各向异性式(5.18)也有贡献 $\delta\kappa \approx \delta J$。比较单离子和交换各向异性式(5.23)和式(5.27)可以看出,一般来说单离子贡献式(5.23)要比交换贡献式(5.27)大得多(通常 $\delta E \gg J$)。但是对于例如不存在单离子各向异性的 $S = \frac{1}{2}$ 系统,各向异性均来自交换项式(5.26)和式(5.27)[1]。

5.3.2 反对称交换和弱铁磁性

一般性的交换相互作用和 Heisenberg 交换相互作用 $\approx \boldsymbol{S} \cdot \boldsymbol{S}$ 的另一个非常重要的区别是可能存在**反对称**交换。一如既往,可以把一个对偶矢量和反对称 3×3 矩阵关联起来:

$$D_\alpha = \sum_{\beta\gamma} \varepsilon_{\alpha\beta\gamma} J_{\beta\gamma}, \tag{5.28}$$

其中,$\varepsilon_{\alpha\beta\gamma}$ 是一个完全反对称张量,于是交换相互作用式(5.25)反对称部分可以被写作:

$$\mathcal{H}_{ij}^{as} = \boldsymbol{D}_{ij} \cdot (\boldsymbol{S}_i \times \boldsymbol{S}_j) \tag{5.29}$$

此相互作用最早由 Dzyaloshinskii[2] 在研究两个反铁磁亚晶格 $\boldsymbol{S}_1$ 和 $\boldsymbol{S}_2$ 的相互作用时通过对称性得出:

$$\boldsymbol{D}_D \cdot (\boldsymbol{S}_1 \times \boldsymbol{S}_2) \tag{5.30}$$

之后,此表达式由 Moriya[3] 从微观角度推导得出,于是经常被称为 Dzyaloshinskii - Moriya

---

[1] 理论上还存在另一种纯经典起源的磁各向异性——磁矩间经典的偶极-偶极相互作用:

$$\frac{(\boldsymbol{M}_i \cdot \boldsymbol{M}_j) - (\boldsymbol{M}_i \cdot \boldsymbol{r}_{ij})(\boldsymbol{M}_j \cdot \boldsymbol{r}_{ij})/|r_{ij}|^2}{|r_{ij}|^3}$$

这也依赖于磁矩的方向和相应离子的相对取向。通常这部分的各向异性要比单离子各向异性小,但是它可能与交换各向异性相当,尤其是对于弱自旋耦合系统[式(5.27)中 J 较小的情况]。

[2] Dzyaloshinskii I. E.. J. Phys. Chem. Solids, 1958, 4: 241.

[3] Moriya T.. Phys. Rev., 1960, 120: 91.

(DM)相互作用。我们称式(5.30)的 $\boldsymbol{D}_\mathrm{D}$ 为 Dzyaloshinskii 矢量,式(5.29)中给定键(ij)相应的矢量 $\boldsymbol{D}_{ij}$ 称为 Dzyaloshinskii‑Moriya 矢量,有时简称 Moriya 矢量。

因此,人们必须区分对于**给定的键**的 Dzyaloshinskii‑Moriya 矢量 $\boldsymbol{D}_{ij}$ 和**整个晶体**相应的 Dzyaloshinskii 矢量 $\boldsymbol{D}_\mathrm{D}$。矢量 $\boldsymbol{D}_\mathrm{D}$ 通过对局域矢量 $\boldsymbol{D}_{ij}$ 恰当的叠加获得;某些情况下,$\boldsymbol{D}_{ij}$ 可以(至少部分)相互抵消。相应作用[式(5.30)]的矢量 $\boldsymbol{D}_\mathrm{D}$ 的存在性和方向由对称性决定,这事实上最早由 Dzyaloshinskii 完成。

Moriya 通过微扰理论给出 $\boldsymbol{D}$ 的估值:

$$D \approx \frac{\lambda}{\delta E} J \approx \frac{\delta g}{g} J \tag{5.31}$$

于是,当此相互作用存在(对称性允许)时,它比对称交换各向异性式(5.27)要强,一般来说和单离子各向异性式(5.23)相当。

DM 相互作用式(5.29)和式(5.30)一个重要的结论是,它只要存在(见下文),就会导致相邻自旋的倾斜,最终可能导致反铁磁中出现弱铁磁性。诚然,一对自旋 $\boldsymbol{S}_1$ 和 $\boldsymbol{S}_2$,由于交换相互作用 $J\boldsymbol{S}_1 \cdot \boldsymbol{S}_2$ 为共线(铁磁或者反铁磁),在受到 DM 相互作用时,例如图 5.21(a)的 Dzyaloshinskii‑Moriya 矢量,这些自旋会倾斜,进而使得矢量积 $\boldsymbol{S}_1 \times \boldsymbol{S}_2$ 非零并平行(或反平行)于 $\boldsymbol{D}_{12}$。这让我们获得一定的能量——反对称交换能式(5.29)。容易看出,此能量与倾斜角 θ 呈线性关系,$\delta E_\mathrm{DM} \approx D \sin\theta \approx \theta$,而由于交换相互作用的系统能量升高为二阶的,$\delta E_\mathrm{exch.} \approx J\theta^2$。事实上,对于任意 $D \neq 0$($D \ll J$),自旋都会有倾斜,其倾斜角 $\theta \approx D/J$($\approx \lambda/\delta E \approx \delta g/g$),见式(5.31)。对于平行自旋,这仅仅会轻微降低总磁矩[并且由于图 5.21(a)中 $\boldsymbol{S}_1$ 和 $\boldsymbol{S}_2$“水平”投影反平行,引入一个弱反铁磁成分]。但是,如果最初自旋是反平行的,即反铁磁序,这个效应会更加有意思:如图 5.21(b),根据同样的理由,$\boldsymbol{S}_1$ 和 $\boldsymbol{S}_2$ 的倾斜会导致净**铁磁矩**的出现,$\boldsymbol{M} = \boldsymbol{S}_1 + \boldsymbol{S}_2$。

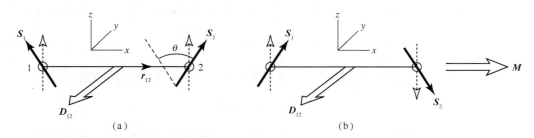

图 5.21 反对称交换(Dzyaloshinskii‑Moriya 相互作用)导致的自旋倾斜

(a)初始为铁磁序;(b)初始为反铁磁序

如上所述,每个自旋会倾斜一个小的角度 $\frac{1}{2}\theta$,其中 $\theta \approx D/J$,于是总的铁磁矩 $M \approx S\theta \approx SD/J$(或者,在一定温度下,$\approx \langle S \rangle D/J$,其中 $\langle S \rangle$ 为平均**亚晶格**磁矩)。如果晶体中不同自旋对的净磁矩相互叠加而不是抵消,那么整个样品就会产生一个除了反铁磁序(例如 $\langle \boldsymbol{S}_1 \rangle = -\langle \boldsymbol{S}_2 \rangle$)外的一个铁磁成分 $\boldsymbol{M} \perp \langle \boldsymbol{S}_1 \rangle,\langle \boldsymbol{S}_2 \rangle$,其中 $|\boldsymbol{M}| \approx |\langle \boldsymbol{S}_1 \rangle| D/J$。正如绝大多数情形 $D/J \ll 1$(典型的 $D/J \approx 10^{-2}$),这个铁磁矩要比亚晶格磁矩小得多,因此称之为**弱铁磁性**。但是,实验上外磁场与铁磁成分的耦合比反铁磁强得多,即使弱铁磁也会导致一些很强的效应。

在什么情况下,什么系统中会存在反对称 DM 交换,以及导致弱铁磁?这主要由对称性决定。Moriya 根据对称性,制定了一套规则来决定在什么情况下某一特定键的相互作用式 (5.29)是非零的,以及矢量 $\boldsymbol{D}_{ij}$ 指向什么方向。因此,如果在自旋 $\boldsymbol{S}_1$ 和 $\boldsymbol{S}_2$ 之间存在一个反转中心,显然这两个自旋的 DM 耦合为零,因为自旋 $\boldsymbol{S}_1$ 和 $\boldsymbol{S}_2$ 在反转作用下交换位置,式(5.29)中矢量积 $\boldsymbol{S}_1 \times \boldsymbol{S}_2$ 变号,导致 Hamiltonian 中相应的项为零。类似的讨论可以得出一系列由 Moriya 论述的规则:

1. 当在自旋 $\boldsymbol{S}_1$ 和 $\boldsymbol{S}_2$ 之间存在反转中心时,那么 $\boldsymbol{D}_{12}=0$;
2. 当离子 1 和 2 之间存在垂直于直线(12)(即矢量 $\boldsymbol{r}_{12}$)的镜面时,$\boldsymbol{D}_{12}$ 平行于此镜面;
3. 当镜面穿过 $\boldsymbol{r}_{12}$ 时,$\boldsymbol{D}_{12}$ 垂直于此镜面;
4. 当存在垂直于 $\boldsymbol{r}_{12}$ 且通过其中点的二次轴时,$\boldsymbol{D}_{12}$ 垂直于此二次轴;
5. 当 $\boldsymbol{r}_{12}$ 上存在 n 次轴($n>2$),$\boldsymbol{D}_{12}$ 平行于 $\boldsymbol{r}_{12}$;

这些规则一般来说足够理解 Dzyaloshinskii‐Moriya 矢量和 Dzyaloshinskii 矢量在特定情形中取向,尽管无法得知其数值和最重要的符号。图 5.22 所示的典型情况,对例如不少多铁材料至关重要。其中展示了钙钛矿晶格 ABO_3 中一个对于较小 A 离子常见的典型畸变(GdFeO₃ 畸变)。该畸变由刚性 BO_6 八面体绕基面对角线[110](在格座之间交替)倾斜,导致从立方到正交结构 Pbnm(如 3.5 节所述,通常还伴随着围绕纵轴[001]的旋转)的转变。此畸变后,离子 1 和 2 的局部情形如图 5.22(b)所示。可以看出,此时没有反转中心,但是有一个垂直于 $\boldsymbol{r}_{12}$ 的镜面,穿过中间的氧。根据上文的规则 2,Dzyaloshinskii‐Moriya 矢量 $\boldsymbol{D}_{12}$ 应该位于此镜面内。同时,存在包含三角(1‐O‐2)的镜面,从规则 3 得知,$\boldsymbol{D}_{12}$ 需要垂直于此镜面。因此,可以看出 $\boldsymbol{D}_{12}$ 要同时垂直 $\boldsymbol{r}_{12}$ 和矢量 $\boldsymbol{\delta}$[图 5.22(b)的中间氧偏离直线(12)中点]。事实证明,此时:

$$\boldsymbol{D}_{12} \approx \boldsymbol{r}_{12} \times \boldsymbol{\delta} \tag{5.32}$$

并且,增加图 5.22(a)中 BO_6 八面体的倾斜(即增加 $\boldsymbol{\delta}$)会导致 DM 相互作用的增强,而改变 $\boldsymbol{\delta}$ 的符号会导致 $\boldsymbol{D}_{12}$ 符号的改变,相应地,自旋 $\boldsymbol{S}_1$ 和 $\boldsymbol{S}_2$ 的倾斜及弱铁磁矩 $\boldsymbol{M}=\boldsymbol{S}_1+\boldsymbol{S}_2$ 也会反号,见图 5.21(b)。

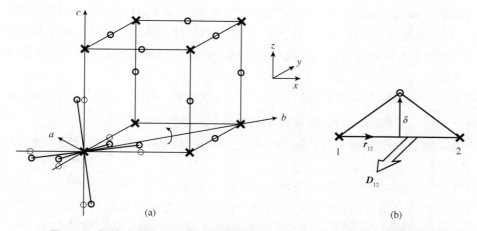

图 5.22　钙钛矿中由于 MO_6 倾斜造成的 Dzyaloshinskii‐Moriya 相互作用

对于很多磁性系统的给定自旋对,反对称交换(或者说 DM 交换)的存在是相当典型的。然而,在块体中,这并不是总能导致净铁磁矩:很多情况下,不同自旋对的磁矩相互抵消了,例如高 T_c 超导的原型材料 La_2CuO_4。未掺杂的 La_2CuO_4 为 Mott 绝缘体,每个 Cu^{2+} 上的自旋

$S = \dfrac{1}{2}$，组成"层状钙钛矿"结构[层状结构与图 5.22(a) 的 xy 基面相同，畸变类似]。此系统中，每个平面具有沿 c 方向的净磁矩，但是相邻平面的磁矩相反，于是此系统在不加磁场时没有净磁矩。但是，沿 c 方向的磁场可以翻转此磁矩，于是 La_2CuO_4 表现出典型的变磁行为，在一定临界场 $H_c \parallel c$ 时，磁化强度急剧增加。对于很多反铁磁材料，此机制会导致基态净磁矩，典型例子为赤铁矿 Fe_2O_3。

DM 相互作用还可能使本该为共线铁磁转变为反铁磁（螺旋）系统，如图 5.23 所示[这是图 5.21(a) 情形到更大系统的推广，此时为铁磁原子链]。如果交换相互作用是铁磁的，且存在 DM 相互作用式 (5.29)，其矢量 D 对每个自旋对相同，得到的磁结构将会是（摆线型）螺旋的，如图 5.23 所示。也就是说，此系统不再是铁磁的，而变为长周期螺旋反铁磁（相邻自旋的螺距角 $\theta \approx D/J$ 较小，相应的，周期较大）。这可能是这种磁结构在某些材料中出现的原因，例如 MnSi——一种非常有意思的材料，具有长周期螺旋磁结构，在压力下存在较大的非 Fermi 液体相，其中发现了新颖的磁织构（例如 skyrmion），见 5.8 节。类似的效应可以解释经典多铁性材料 $BiFeO_3$ 的长周期螺旋磁结构而非简单的共线反铁磁：$BiFeO_3$ 的铁电相变发生在 $T_{FE} = 1\,100$ K 以下，导致空间反转对称性破缺和 DM 相互作用式 (5.29) 的出现，其 DM 矢量的方向如图 5.23 所示，反之，这将 $BiFeO_3$ 中存在的两个简单的反铁磁亚晶格转化为长周期 ≈ 700 Å 的螺旋磁结构。

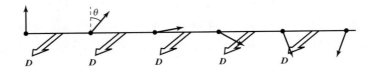

图 5.23　相同 Dzyaloshinskii 矢量的每个自旋对形成的摆线型螺旋磁结构

如上所述，很多磁结构中，例如钙钛矿，从图 5.22 显然可知，Dzyaloshinskii - Moriya 矢量即使存在，其关于不同的自旋对可能不同。自旋倾斜是否能诱导净磁矩同时依赖于磁结构的类型和自旋的取向，即自旋各向异性。从图 5.22 中例子易知，D_{ij} 的方向依赖于局部晶体结构，但是如果自旋取向和磁各向异性使得自旋不允许在 D 的方向上倾斜，则弱铁磁性不会出现。通过对称性的考量再次可以得到哪些类型的磁序和自旋取向可以共存，特别是哪些可以产生（弱）铁磁性。

对于 MO_6 氧八面体倾斜导致的正交结构 Pbnm 钙钛矿，如图 5.22 所示，Bertaut[1] 建立了类似的规则。[注意，在 Pbnm 结构中，相对于最初的立方单胞，新的正交单胞为 $\sqrt{2} \times \sqrt{2} \times 2$，其新的 a、b 和 c 轴如图 5.22 所示，在下文中，将正交 a、b 和 c 轴记为 x'、y' 和 z'，而**不**是图 5.22(a) 原始的立方 x、y 和 z 轴。]

在钙钛矿中存在四种基本的磁序类型，记为 F、A、C 和 G 型，如图 5.24 所示。此处，F 型有序为简单的铁磁，A 型有序由铁磁层的反铁磁堆叠组成，C 型有序包含相互反平行的铁磁链，G 型有序是简单的双亚晶格（棋盘）反铁磁，对于给定自旋，其所有的最近邻自旋与之反平行[2]。

---

① Bertaut E. F.. Magnetism. New York：Academic Press，1965.

② 原则上，在钙钛矿中还可以存在更多的复杂磁序，例如 E 型（x 和 y 方向的自旋为 ↑ ↑ ↓ ↓）或者在电荷序的半掺杂锰酸盐中常见的 CE 型有序；这些例子会在之后相应的章节中讨论。此外还可能存在不同的螺旋磁结构等。但是这四种结构——F、A、C 和 G——是钙钛矿中磁序的最主要的基本类型。

依赖于特殊的情形(各自离子的自旋各向异性),自旋可以沿着不同的轴有序排列,被记为,例如 $F_{x'}$(自旋平行于 x' 轴的铁磁序)或 $G_{z'}$(自旋平行于 z' 轴的 G 型反铁磁序)。对称关系表明哪种具体的有序类型可以共存。Bertaut 通过表格的形式展示了相应的结果:

Γ_1	$A_{x'}$	$G_{y'}$	$C_{z'}$
Γ_2	$F_{z'}$	$C_{y'}$	$G_{z'}$
Γ_3	$C_{z'}$	$F_{y'}$	$A_{z'}$
Γ_4	$G_{x'}$	$A_{y'}$	$F_{z'}$

其中,每一行对应一种特定的表示,根据 Bethe 符号,记为 Γ_1、Γ_2 等。因此,例如对于自旋沿着 z' 轴的双亚晶格反铁磁,$G_{z'}$(表中第二行),可能(并会)出现铁磁性 $F_{x'}$,其铁磁矩 $\boldsymbol{M} \parallel x'$(同时可能出现与 C 型有序 $C_{y'}$ 的混合)。但是例如同样的 $G_{z'}$ 反铁磁无法给出在 y' 方向的弱铁磁。

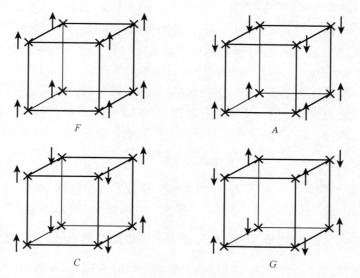

图 5.24 立方晶格(例如 ABO_3 钙钛矿中 B 离子的磁晶格)中四种基本的磁序类型

同样值得注意的是,就像在固体物理学中那样,如果某些项或者有序类型是对称性允许的,它们实际上**总会**出现,尽管这些额外的有序类型的强度可能会非常弱而难以探测;总有某些(可能非常弱)的相互作用导致此类额外有序的出现。实验上,这些情形通常通过中子衍射来研究:首先磁中子衍射可以确定主导的磁序,对于例子 $G_{z'}$,根据以上的表格,人们可以专门去寻找弱得多的信号,例如 $F_{x'}$ 和 $C_{y'}$ 有序。

在铁磁绝缘体中,反对称 DM 交换并不是弱铁磁的唯一可能原因,另一个是前文讨论的为(单离子)磁各向异性。理解其最简单的定性方法还是图 5.22(a)所示的情形,由于 TM - O$_6$ 八面体的倾斜,相邻八面体的局部轴不再平行。假设局部单离子各向异性为沿着从过渡金属离子到顶点氧的易轴(此处不讨论此假设的真实性)。由于 $GdFeO_3$ 型畸变,沿着 c 轴的两个离子的易轴沿着不同的方向倾斜。于是,如果这些自旋之间存在反铁磁交换,则可以得到图 5.25 的情形——这些离子的自旋倾斜,产生净铁磁矩 $\boldsymbol{M}$。

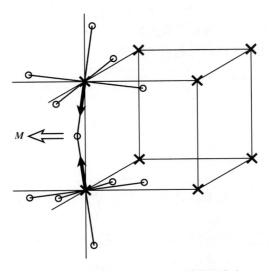

图 5.25 在立方钙钛矿中由于单离子各向
异性可能导致的弱铁磁

同样,块体中这样的磁矩可能会相互抵消。但是存在在此机制下产生弱铁磁性的材料——例如金红石 NiF_2。有时,局域各向异性和 DM 反对称交换引起的自旋倾斜可以共存,甚至相互竞争,例如 YVO_3。

关于交换 Hamiltonian 式(5.25)和式(5.29)中各向异性项,有两点值得注意。第一,如上所述,必须区分给定自旋对的反对称交换 $\boldsymbol{D}_{ij} \cdot (\boldsymbol{S}_i \times \boldsymbol{S}_j)$ 中 Dzyaloshinskii‑Moriya 矢量 $\boldsymbol{D}_{ij}$ 和整个晶体的 Dzyaloshinskii 矢量 $\boldsymbol{D}_D$,参考式(5.29)和式(5.30)。不同键的 $\boldsymbol{D}_{ij}$ 方向和大小可能不同。Moriya 规则就是根据这些局部矢量制定的。然而,Dzyaloshinskii 矢量 $\boldsymbol{D}_D$ 是整个晶体的属性,其存在性是由把晶体当作一个整体时的对称性决定的。局部矢量 $\boldsymbol{D}_{ij}$ 的叠加可以为零,于是尽管会导致局部的自旋倾斜,

但并不一定会产生净磁矩。如上所述,这是在例如层状材料 La_2CuO_4 中情形,其中铁磁矩在一层中朝上,而在相邻层中朝下,于是没有净磁矩。因此,特定键的 Dzyaloshinskii‑Moriya 矢量不为零并不能确保材料出现非零净磁矩。更准确地说,净弱磁矩的产生是由矢量 $\boldsymbol{D}_D$ 决定的,此时它必须不为零。例如包含弱铁磁的反铁磁自由能 F 的 Landau 展开中正是矢量 $\boldsymbol{D}_D$ 与反铁磁矢量 $\boldsymbol{L} = \boldsymbol{S}_1 - \boldsymbol{S}_2$(其中 $\boldsymbol{S}_1$ 和 $\boldsymbol{S}_2$ 是反铁磁亚晶格的平均磁化强度)和净磁矩 $\boldsymbol{M} = \boldsymbol{S}_1 + \boldsymbol{S}_2$ 耦合:

$$F \approx \boldsymbol{D}_D \cdot (\boldsymbol{L} \times \boldsymbol{M}) \tag{5.33}$$

[注意,这与式(5.30)等价]。此项不为零时,系统中总会出现弱铁磁($\boldsymbol{M} \neq 0$)。

第二,Shekhtman 等[①]注意到一个重要的事实。可以证明,如果从包含自旋轨道耦合的非简并 Hubbard 模型出发,也就是考虑自旋 $\frac{1}{2}$ 且没有轨道简并的系统,于是**对于给定键**,由 DM 反对称交换 $\boldsymbol{D}_{ij} \cdot (\boldsymbol{S}_i \times \boldsymbol{S}_j)$ 和各向异性对称交换式(5.25)和式(5.26)引起的各向异性实际上会抵消。此时,给定键(ij)的各向异性对称项一般形式如下:

$$\frac{1}{2J}(\boldsymbol{D}_{ij} \cdot \boldsymbol{S}_i)(\boldsymbol{D}_{ij} \cdot \boldsymbol{S}_j) \tag{5.34}$$

DM 相互作用看似强得多:如上所述,见式(5.31),其为 $\approx [(\lambda/\delta E)J \approx (\delta g/g)J]$,然而对称各向异性较弱,$\approx [(\lambda/\delta E)^2 J \approx (\delta g/g)^2 J]$,见式(5.27)。但是实际上,DM 相互作用对总能量的贡献仅为二阶形式,$\approx [D^2/J \approx (\delta g/g)^2 J]$。诚然,对于 $D/J \ll 1$,此相互作用的能量为 $\approx [D \sin\theta \approx D\theta]$,其中 θ 为倾斜角。但是此倾斜角本身是由 Heisenberg 交换 $J\boldsymbol{S}_i \cdot \boldsymbol{S}_j$(要求 $\theta = 0$)和反对称交换 $\boldsymbol{D}_{ij} \cdot (\boldsymbol{S}_i \times \boldsymbol{S}_j)$ 的相互竞争决定的。θ 可以通过最小化由这两种贡献组成的总能量得出,结果证明 $\langle \boldsymbol{S}_i \times \boldsymbol{S}_j \rangle \approx \theta \approx D/J$,其给出该能量 $\approx D^2/J \approx (\delta g/g)^2 J$——即与对称各向异性为相同量级。对于给定键,这两项的贡献恰好抵消。由于在许多情况下,不同

---

① Shekhtman L., Entin‑Wohlman O., Aharony A.. Phys. Rev. Lett., 1992, 69: 836.

化学键的贡献不能同时为零,所以整个样品中仍然可能存在总的弱铁磁性;只有在这些情况下,才能得到净铁磁矩。

磁系统中各向异性项在磁激发谱中存在重要的表现,各向异性对系统的热力学性质有贡献,可以通过中子散射和共振实验等方法来测量。对于 $J\boldsymbol{S}\cdot\boldsymbol{S}$ 型 Heisenberg 相互作用的各向同性情况的磁激发——即磁振子或自旋波——对于铁磁和反铁磁情形,分别为 $\omega\approx Jk^2$ 和 $\omega\approx Jk$ 型无间隙谱(对于较小的动量 k)。这与自旋空间的各向同性有关:例如,对于 Heisenberg 铁磁体,其有序态的磁化方向是任意的,也就是说,不同 $\boldsymbol{M}$ 方向的铁磁态都是等价的,其能量相同。$k\to0$ 的激发相当于样品整体磁化强度的旋转。事实上,这样的激发态为简并基态间的转化,而不需要消耗能量。这就是为什么自旋波在各向同性磁体中是无间隙的,其能谱 $\omega(k)$ 从零开始。理论学家称此结果为 Goldstone 定理:如果有序态打破了**连续**对称性,那么在短程相互作用的系统中,在这样的有序态中应该存在一个无间隙的集体激发,称为 Goldstone 模。

然而,如果系统中存在一定的各向异性,例如 $\kappa>0$ 的易轴各向异性 $-\kappa m_z^2$,情况则会不同。此时,系统存在**自旋能隙**——自旋波能谱从非零有限值 ω_0 起始。对于易轴铁磁,$\omega_0\approx H_A\approx\kappa S$,其中 H_A 为各向异性场。对于易轴反铁磁,$\omega_0\approx\sqrt{2H_A H_{exch.}}\approx\sqrt{2\kappa J}$,其中 $H_{exch.}$ 为交换或分子场。反对称 DM 相互作用和对称各向异性交换一般来说同样对自旋能隙有贡献。如上所述,测量自旋能隙的标准方法为中子散射和铁磁或者反铁磁共振,但是也可以采用块体磁性测量的方法。

还应该注意到,同样的反对称 DM 相互作用在某些磁性系统中磁电效应和多铁性的机制中起着非常重要的作用,见第 8 章。

5.3.3 磁弹耦合和磁致伸缩

如上所述,自旋轨道耦合将自旋耦合到轨道上,并通过此进一步耦合到晶格上。因此,这导致了自旋和晶格子系统之间的有效相互作用,即自旋-声子相互作用,其中一个子系统的变化可以引起另一个的变化。这是**磁致伸缩**的一个原因——自旋子系统的变化引起的晶格畸变。

自旋轨道耦合及由此产生的磁各向异性和弱铁磁性并不是磁致伸缩的唯一机制。一个更简单的机制来自例如交换相互作用的距离依赖性,即 $J_{ij}=J(r_{ij})$ 的交换相互作用 $J_{ij}\boldsymbol{S}_i\cdot\boldsymbol{S}_j$,是离子 i 和 j 之间距离和方向的函数。相应地,当改变晶格(距离 $\boldsymbol{r}_{ij}$)时,会出现自旋和晶格位移之间的 $gu_{ij}\boldsymbol{S}_i\cdot\boldsymbol{S}_j$ 型有效耦合,其中耦合常数 $g\approx\partial J/\partial r$(更准确地来说,此处必须要提及的是 J 对不同应变分量 e_{ij} 和 $\partial J/\partial e_{ij}$ 的依赖)。此外,根据 5.1 节,在通过中间配体发生的超交换中,或多或少位于两个自旋之间的配体的移动,也会改变此交换。例如,这遵循于 GKA 规则:如果 M_1-O-M_2 夹角减小,也就是氧远离磁性离子 M_1 和 M_2 的连线,反铁磁交换一般来说会减弱,反之亦然。因此,由交换伸缩引起的磁弹耦合不仅包括交换相互作用 J_{ij} 对自旋 $\boldsymbol{S}_i$ 和 $\boldsymbol{S}_j$ 之间距离的依赖,还包括对"内部坐标",例如 M_1-O-M_2 夹角的依赖,即这种磁弹耦合涉及横向声子模。

这些自旋晶格耦合机制有时会导致磁相变从 II 级到 I 级的转变(Bean-Rodbell 机制[①]):例如进入磁有序相时,晶格可能会收缩,并导致交换相互作用和有效磁化强度的增加,这些效

---

① Bean C. P., Rodbell D. S., Phys. Rev., 1962, 126: 104.

应可能会相互增强,使这个过程变成雪崩式的,也就是该转变成为Ⅰ级相变。

这种磁致伸缩的另一个重要影响是,它可能成为**多铁材料**(同时具有磁性和铁电性)中磁序耦合电极化的机制之一。这些问题将会在第8章中详细讨论。

回到自旋轨道耦合的作用,如上所述,其导致了磁各向异性——即磁化强度(或反铁磁中亚晶格磁矩)方向与晶格特定取向的绑定。因此,例如当通过改变温度或施加磁场来改变磁结构时,也会改变晶格。换言之,磁晶各向异性的能量也依赖于晶格畸变或应变 e_{ij},而正是这种依赖关系导致了磁弹耦合和磁致伸缩。如果各向同性交换能对畸变的依赖导致了伸缩对(亚晶格)磁化强度的依赖,对各向异性项相应的依赖也导致应变与磁化**方向**的耦合。

尽管交换对晶格坐标的直接依赖导致了磁弹耦合 $\approx g \approx \partial J/\partial r \approx J/a$,其中 a 是典型的间距(晶格常数),而由自旋轨道耦合导致的磁弹耦合和磁致伸缩(对于淬灭轨道角动量 $\langle 0|\boldsymbol{L}|0\rangle = 0$ 的单轨道态)与 $(\lambda/\delta E)^2 \approx (\delta g/g)^2$ 成正比,正如式(5.27)中那样。

晶体的畸变会改变其对称性。因此非零应变 e_{zz} 会使立方对称性转变为四方。于是,如果从式(5.19)各向异性的立方晶体出发,在受应变晶体中会产生式(5.18)单轴各向异性。此效应非常重要,尤其是对下文的简并轨道态和未淬灭轨道角动量系统。

5.4 未淬灭轨道角动量系统

未淬灭轨道角动量的过渡金属离子的磁各向异性和磁致伸缩情况截然不同。对八面体中过渡金属,如果八面体是规则的或只是轻度扭曲,那么未淬灭轨道角动量的过渡金属离子为部分填充了 t_{2g} 能级的离子。此情形在3.4节进行了一定程度的讨论;此处复述主要的结论并比较此类系统和淬灭轨道角动量系统的行为。

根据3.1节的讨论,t_{2g} 轨道可以选择为实波函数 $|xy\rangle$、$|xz\rangle$ 和 $|yz\rangle$;或者也可以表示为复波函数组合 $|xy\rangle$ 和 $|\pm\rangle \approx \frac{1}{\sqrt{2}}(|xz\rangle \pm i|yz\rangle)$。$|xy\rangle$ 态与 $\frac{1}{\sqrt{2}}(|l^z=2\rangle - |l^z=-2\rangle)$ 相同,$|\pm\rangle$ 为 $|l^z=\pm 1\rangle$,见式(3.2)和式(3.4)。

三重态 t_{2g} 可以被有效轨道角动量 $\widetilde{l}=1$ 描述,故 $|xy\rangle$ 对应 $|\widetilde{l}^z=0\rangle$,$|\pm\rangle = \frac{1}{\sqrt{2}}(|xz\rangle \pm i|yz\rangle)$ 对应 $|\widetilde{l}^z=\pm 1\rangle$。相应地,自旋轨道耦合 $\lambda \boldsymbol{L}\cdot\boldsymbol{S}$ 同样变为 $\widetilde{\lambda}\widetilde{\boldsymbol{l}}\cdot\boldsymbol{S}$,其中 $\widetilde{\lambda}=\alpha\lambda$,对于 Fe^{2+},$\alpha=-1$,对于 Co^{2+},$\alpha=-\frac{2}{3}$(通常采用这种处理方法的两种典型离子)。

相对于通过对 $\lambda/\delta E$ 使用微扰理论来处理自旋轨道耦合的轨道单态的情形,此时自旋轨道耦合是一阶的,导致基态的 $\widetilde{\boldsymbol{l}}$ 平行(或反平行)于 $\boldsymbol{S}$。这对磁有序态中尤其重要,其中平均自旋在特定方向上取某些特定值。轨道相应的方向,以及它们的电子密度形状(图3.3),首先会导致强烈的磁致伸缩。因此,正如3.4节所述,在 CoO 中,自旋在低于 T_N 时主要沿某一立方轴,导致电子云的相应取向,其 t_{2g} **空穴**轨道的形状如图3.3所示;因为此晶格畸变,导致了 $c/a < 1$ 的立方相。Co^{2+}O 相应的能级方案如图3.36所示:四方收缩使得 t_{2g} 三重态劈裂成能量较低的单态 $|xy\rangle = |\widetilde{l}^z=0\rangle$ 和被三个电子占据的能量较高的双重态 $|\widetilde{l}^z=\pm 1\rangle$,即此

时简并仍然保持。但是自旋轨道耦合进一步劈裂能量较高的双重态,正是此额外能量的获取稳定了该畸变(标准 Jahn - Teller 效应会导致相反的 $c/a > 1$ 畸变,其 t_{2g} 双重态 $|\tilde{l}^z = \pm 1\rangle$ 或 $|xz, yz\rangle$ 能量较低被四个电子占据)。正是由于自旋轨道耦合,大多数 Co^{2+} 化合物为局部收缩的八面体畸变,而不是 JT 效应所要求的伸长的八面体。对于 JT 型畸变(伸长),获得的净能量为 E_{JT},而对于实验观测的(收缩),获得的能量为 $\frac{1}{2}(E_{JT} + |\tilde{\lambda}|)$;如果 $|\tilde{\lambda}| > E_{JT}$($CoO$ 和 $KCoF_3$ 属于此情形),系统按照"自旋轨道方案"而非 Jahn - Teller 方案演化[参考式(3.43)和式(3.44)]。自旋轨道耦合似乎对于较重的 3d 元素占主导作用,例如 Co 和 Fe,但是对于起始的 3d 元素例如 V 和 Ti,JT 效应一般来说更强,相应的 JT 畸变决定了轨道序的类型(并淬灭了这些系统的轨道角动量),也可以参见 6.5 节。

由于 t_{2g} 能级可以被四方 E_g 和三方 T_{2g} 畸变所劈裂,所以该类化合物中磁致伸缩可以导致四方或者三方结构。在特定化合物中,哪种结构会出现取决于具体的电子和晶体结构,还取决于 t_{2g} 电子和立方或三方模 $g c_{ia\sigma}^{\dagger} c_{ia\sigma} u_i$(参见附录 B)的耦合强度,以及相应畸变模 $\frac{1}{2} B u_i^2$ 的刚度:此畸变导致获得的能量为 $\approx g^2/B$,如果对于四方畸变,此获得的能量更大[即与四方模 g_{tetr} 的耦合更强,和(或)此模"弹簧系数"B_{tetr} 更小],温度低于 T_c 或 T_N 时系统变为四方,反之亦然。实验上似乎大多数立方 Co^{2+} 化合物(Co 位于八面体中)转变为四方相(CoO 和 $KCoF_3$),而对于 Fe^{2+},一般来说出现三方畸变(FeO 和 $KFeF_3$)。

需要指出的是,真实的磁各向异性,即磁能关于自旋取向对晶格方向的依赖关系,不仅包括自旋轨道耦合 $\lambda \boldsymbol{L} \cdot \boldsymbol{S}$(这给出了自旋与磁性离子电子云形状的关系),还包括电子云与晶格本身的相互作用。换言之,磁各向异性和磁致伸缩,或者说磁弹耦合,一般是一致的:要么都较弱,要么都较强。例如强磁致伸缩使得 CoO 和 FeO 在 T_N 以下变为单轴:在四方收缩的 CoO 中,自旋和轨道在自旋轨道耦合的一阶作用下都平行于 z 轴,即此时各向异性常数式(5.18)为 $\kappa \approx \lambda$,而不再是对于淬灭轨道角动量的 $\approx \lambda^2/\delta E$。于是,包含部分填充 t_{2g} 能级的、未淬灭轨道角动量的材料的磁致伸缩和磁各向异性强得多。回想一下,对于非简并的情况,各向异性常数 $\approx \lambda^2/\delta E$,一般来说有以下三种情况:

1. 完全填充 t_{2g} 能级[例如 Ni^{2+}($t_{2g}^6 e_g^2$)]或者半满 t_{2g} 能级[例如 Mn^{2+} 或 Fe^{3+}($t_{2g}^3 e_g^2$)]的离子,其最低激发态为 t_{2g}-e_g 激发,于是 $\delta E \approx 10Dq \approx 2$ eV;这些系统的各向异性和磁致伸缩往往最弱。

2. 部分填充 t_{2g} 能级的系统,并且该能级被局域畸变劈裂,则得到的态不再是简并的。例如某些 Ti 和 V 的化合物,其中 t_{2g} 能级的晶体场劈裂导致了非简并态,一般 $\delta E \approx 0.2$ eV。此时,仍然对 $\lambda/\delta E$ 使用微扰理论,尽管需要稍微谨慎一点。无论如何,粗略的估算得知各向异性常数一般比 Ni^{2+} 和 Mn^{2+} 强 ≈ 10 倍。

3. 最后,如果存在简并的部分填充 t_{2g} 能级,例如 CoO 和 FeO,各向异性和磁致伸缩还要再强一个量级。

实验确实证实了这些推断,因此,实验上 Co^{2+} 和 Fe^{2+} 的磁性绝缘体的磁致伸缩和磁各向异性比类似的 Ni^{2+}、Mn^{2+} 和 Fe^{3+} 化合物大 $\approx 10^2$ 倍。此特性被用于某些实际应用,例如 Co^{2+} 被用于磁致伸缩器件等。从微观上看,所有这些强效应都是由于相应离子的本征轨道(t_{2g})简并和未淬灭的轨道角动量,因为自旋轨道耦合已经在最低阶起作用。

5.5 单态磁性

如上所述,可能会出现过渡金属(或稀土)离子的基态是非磁性单态的情况。这可能发生在特定的晶体场劈裂情形——因此一些包含偶数个电子的稀土离子,例如 Pr^{3+}、Tb^{3+} 或 Tm^{3+},通常具有单重基态(例如常用于稀土金属的 Bethe 符号的 Γ_1),其与下一激发态,例如单态 Γ_3 和单态 Γ_4 被一定的能隙 Δ(一般来说 $10 \sim 100$ K)隔开。另一种类似情况可能存在于例如非常强的四方收缩八面体中,组态为 d^2 的过渡金属,因此电子占据将为 $(xy)\uparrow (xy)\downarrow$(对于 3d 元素并不是非常现实的情形,但是对于例如 5d 元素,这是可能的)。这实际上是低自旋态的情形,见 3.3 节,其晶体场劈裂超过稳定高自旋态的 Hund 能。正如该章的讨论,低自旋态确实在例如 Co^{3+} 中出现。在 4.3 节中提到的另一种可能性是,由于自旋轨道耦合,离子的基态为 $J = 0$ 的态(低自旋态 t_{2g}^4 的 4d 和 5d 离子,例如 Ru^{4+} 和 Ir^{5+})。

当存在强而正的单离子各向异性 $+KS_z^2$ 时,参考式(5.20),如果此各向异性比交换 $IS_i \cdot S_j$ 更强,甚至名义上的磁性离子也会发生类似的情况。即该系统的总 Hamiltonian 为:

$$\mathcal{H} = I \sum_{\langle ij \rangle} S_i \cdot S_j + K \sum_i (S_z)_i^2 \tag{5.35}$$

(此处将交换相互作用记为 I,以便区分某些例子中使用过的离子总角动量 J。)该系统的基态为每个格座 $\langle S_z \rangle = 0$ 的态;它的能量将低于最优的磁有序态,此时为 xy 有序(自旋在 xy 平面内)。这样的磁序会使我们获得交换能量 $\approx I$,但失去各向异性能量 $\approx K$,如果 $K > I$,此有序态无法实现,系统保持每个格座 $\langle S_z \rangle = 0$ 的非磁性态。

在磁性离子形成二聚体的材料中也会遇到类似的情况,二聚体通常处于单态,而三重态为激发态,能量更高。如果二聚体内耦合 I_{intra} 大于二聚体间交换 I_{inter},则系统将保持非磁性,并可视为由单态"单元"构成。

如上所述,通常存在磁激发态的格座间耦合。如果此耦合变得足够强,超过离子(或二聚体)提升到磁激发态的能量,系统中可能会出现磁序,尽管**孤立**离子(或二聚体)的基态是非磁性单态,这便是**单态磁性**(有时也称为**感生磁性**)。

理解这一现象最简单的方法是首先考虑这种单态系统(甚至先不考虑格座间相互作用)在外磁场中行为。例如,考虑离子的基态是 $|J = 0\rangle$ 的单态,第一激发态是 $|J = 1\rangle$ 的三重态的情况,并对此系统施加 z 方向的磁场。三重态会发生常规的 Zeeman 劈裂,如图 5.26 所示,于是 $|J_z = \pm 1\rangle$ 态会劈裂成:

$$E_{\pm} = \Delta \pm g_J \mu_B H \tag{5.36}$$

其中 Δ 为基态单态 $|J = 0\rangle$ 和激发态三重态 $|J = 1\rangle$ 的能量差。可以看出,当 $H > H_c = \Delta / g_J \mu_B$ 时,$|+1\rangle$ 的磁态比单态 $|J = 0\rangle$ 更低,即会发生突然向

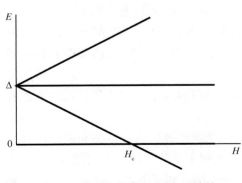

**图 5.26 磁场中单态-三重态系统的
能级示意图**

（此时为完全极化的）磁态的转变。此过程的细节取决于具体情况，尤其是基态和激发态之间的磁偶极子是否存在非对角矩阵元，见下文，但从图 5.26 所示的简化处理可以清楚地看出该现象的本质。

容易理解，在上文的例子中，外磁场所起的作用，可以被内部或交换磁场 $H_{int} = I\langle J\rangle$ 所替代，其中 $\langle J\rangle$ 为系统的平均磁化强度[这也可以是式（5.35）Hamiltonian 的自旋系统或单态二聚系统的平均自旋 $\langle S\rangle$]。显然，当格座间交换 I 大于激发能 Δ 时，相应的交换场大于 H_c，系统的基态则是磁有序的。

这种单态磁性的具体行为存在不同的情况。大多数情况下，该行为取决于非磁基态和磁性激发态之间的磁偶极子的非对角矩阵元。更准确地说，必须区分矩阵元 $\langle 1|J_z|0\rangle$ 或 $\langle 1|S_z|0\rangle$，其中 $|0\rangle$ 为单重基态，$|1\rangle$ 为典型的激发态（它也有可能是单态，见下文，或三重态等），$J^\pm$ 或 $S^\pm$ 为类似的非对角矩阵元。对于球对称系统，总是可以选择磁场和磁矩的方向，使得出现 $\langle 1|J_z|0\rangle$ 矩阵元。然而，对于例如由 Hamiltonian 所描述的四方系统，其行为对于平行和垂直于 z 轴的磁场不同。在平行场 H_z 中会出现组合 $H_z S_z$，在此模型中，不存在 $|0\rangle = |S_z = 0\rangle$ 和能量为 K 的激发态 $|\pm 1\rangle = |S^z = \pm S\rangle$ 之间的非零矩阵元[例如，$NiCl_2 - 4SC(NH_2)_2$ 中 Ni 的 $|\pm 1\rangle$ 态]。此时，施加平行的磁场会导致非磁项和磁性项的交叉，如图 5.26 所示[①]。对于感生磁性（当激发态的交换相互作用足够强时会出现），我们在此特定情况中会得到 xy 磁序；尽管在没有这种跃迁的各向同性系统中，单态磁性可以以类似跳跃式的 I 级相变形式出现。

然而在其他情形中，例如对于在六方晶体场中 Pr^{3+} 的两个最低单态，会出现这两个单态之间 J_z 的非对角矩阵元，$\alpha = \langle 1|J_z|0\rangle$。以 d 电子而非 4f 电子为例，人们容易理解这种可能性。因此，例如 $|xz\rangle$ 和 $|yz\rangle$ 间的轨道角动量 l_z 存在非零矩阵元，即 $\langle xz|l_z|yz\rangle \neq 0$。我们确实可以马上从磁态为 $|l_z = \pm 1\rangle \approx |xz\rangle \pm i|yz\rangle$ 这一事实中看出这一点。此情形与 Van Vleck 顺磁性非常类似。非磁基态系统的 Van Vleck 顺磁响应是由外加磁场下磁激发态 $|n\rangle$ 对基态 $|0\rangle$ 的混合引起的，在微扰理论中为：

$$|\Psi_0\rangle = |0\rangle + \sum_n |n\rangle \frac{\langle n|\boldsymbol{H}\cdot\boldsymbol{J}|0\rangle}{E_n - E_0} \tag{5.37}$$

即存在对能量的贡献 $\approx H^2$，或在基态中存在磁矩 $\approx H$。当激发能 $\Delta \approx E_n - E_0 \gg T$ 时，对磁化率相应的顺磁贡献与温度无关，但是当温度与激发能在同一个量级时，Van Vleck 贡献也变得强烈依赖于温度，接近 Curie 行为 $\chi \approx 1/T$。此温度依赖的 Van Vleck 贡献在例如 Eu^{3+} 中非常典型。

此时，单态磁性的性质也会不同。由矩阵元 $\alpha = \langle 1|J_z|0\rangle$ 连接的两个单态情形的平均场处理，会得到一个自洽方程，由此首先确实可以看到，当格座间交换相互作用：

$$\frac{4Iz|\alpha|^2}{\Delta} > 1 \tag{5.38}$$

足够强时存在磁性解，其中 z 为最近邻原子数。此时磁相变是 II 级相变，临界温度和零温磁化

---

①　然而此时，在垂直场 $H_\perp$ 中会出现形式为 $\langle \pm 1|H_\perp S_{x,y}|0\rangle$ 或 $\langle \pm 1|H_\perp S^\pm|0\rangle$ 的非对角矩阵元，因此在 $H_\perp$ 中，这些项存在相互排斥，即磁激发态到基态 $|S_z = 0\rangle$ 的逐渐混合。

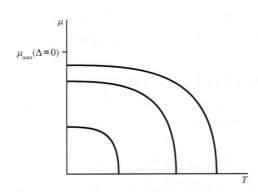

图 5.27 在不同的 I/Δ 值下双单态模型中磁化行为示意图（基态到激发态的能隙 Δ 随着曲线由上到下而增加）

强度均随 Δ 的增加而减小，如图 5.27 所示，直到 $\Delta = 4Iz|\alpha|^2$ 时消失。

单态磁性现象最初主要在稀土系统中研究，其激发能通常相对较小，为 10～100 K。该类系统包括 Pr_3Tl、Pr_3In、$TbSb$ 和 $TbVO_4$ 等。但显然有些过渡金属化合物也属于此类。如前文所述，孤立 Ru^{4+} 和 Ir^{5+} 离子为总角动量 $J=0$ 的单重基态。显然，在某些 Ru^{4+} 化合物，甚至 Ir^{5+} 化合物（具有强得多的自旋轨道耦合和相应更大的激发能 Δ）中经常出现的磁序就是这种类型的，尽管该行为的细节尚未得到充分研究。此时，额外的晶体场劈裂也起着重要作用，例如四方或三方，其至少可以部分淬灭轨道角动量并"破坏"纯 $J=0$ 基态。

此现象的另一个例子是在 $YBaCo_2O_{5.5}$ 型系统中出现磁有序态，其中某些相的低自旋 Co^{3+} ($S=0$) 转变为磁态，尽管其中的具体情况还没有完全阐明。

此处有必要提及另一个相关的方面。如上所述，当格座间相互作用不够强而系统保持非磁性时，可以通过施加磁场使其产生磁性。如图 5.26 所示，在临界磁场时，非磁性和磁性能级交叉。当然，在实际情况中，总存在一定的格座间相互作用，即使可能不够强到使系统产生磁性。无论如何，这会导致磁激发态（磁激子）一定程度的色散，类似于图 5.26 中单态-三重态，或式(5.35)中态 $S_z=0$ 到磁性双重态 $S_z=\pm1$ 的跃迁。当增加外磁场（或交换 I）时，磁激发谱的能隙将会减小，当临界磁场 $H=H_c$［或临界交换 $I/\Delta=(I/\Delta)_c$］时，在某一波矢 Q_0 处该能隙变为零，之后变为负值。此时，系统变为磁性（在波矢 Q_0 处有序——譬如铁磁、反铁磁性或螺旋磁结构），这可以解释为产生了宏观数量 $q=Q_0$ 的磁振子，即磁振子的 Bose 凝聚。这一现象在许多系统中得到了研究，尤其是单态二聚体［$TlCuCl_3$、$BaCuSi_2O_6$ 和 $SrCu(BO_3)_2$］系统，以及与 Bose 凝聚的相似性被广泛用来解释这些结果[1]。特别是在式(5.35)所描述的系统中，在 $H=H_c$ 处量子相变的临界指标与 Bose 凝聚的一致。包含真正单态磁性的系统中，例如 Pr_3Tl，出现的软模（相变时能量趋于零的磁激子）也得到了研究。

5.6　几种典型情况中的磁序

在本节中，将利用上述基本概念简要讨论磁性绝缘体中磁序的一些典型案例。原则上，存在着许多不同类型磁亚晶格的材料。磁序的具体形式既取决于这些结构细节，也取决于相应离子的电子结构。每个系统都应该被独立讨论，但是本书无法包含所有的情况，而只能选择一

---

[1]　在 Bose 凝聚的标准系统中，考虑固定粒子数 N 或密度 $n=NV$；^4He 或超冷 Bose 气体便属于此情形。本文此处的情形在某种意义上是不同的：磁振子的数量原则上不是固定的，在这种情况下，通常不存在常规的 Bose 凝聚。然而此时磁场起着化学势的作用，对于化学势固定的系统，还能观察到某些 Bose 凝聚的特征。

些有代表性的案例。

从磁性的角度来说,最简单的例子是铁磁序。但如上所述,铁磁性通常出现在金属系统中。绝缘体中铁磁性相当罕见,通常是由特定类型的晶体堆积和轨道序引起的。

更丰富和更有意思的情况是不同类型的反铁磁序(其中也可能是亚铁磁或弱铁磁)。这些系统能展示不同类型的标准长程有序,但反铁磁相互作用也可以导致新的磁态类型,如自旋玻璃或自旋液体。

5.6.1 二分晶格反铁磁;磁性和结构特征

从概念上讲,最简单的反铁磁体具有二分晶格,此时磁性格座可以分为两个亚晶格,于是一个亚晶格上的最近邻格座属于另一个亚晶格。例如立方体晶格(此时指磁性格座形成的晶格),例如钙钛矿 ABO_3 中立方体晶格,其中 B 是磁性离子;或者类似的层状 A_2BO_4,可以粗略地视为二维正方形晶格。其他的例子是 bcc 或体心四方晶格(bct),如金红石结构(例如 NiF_2 或 MnO_2)。在二分晶格的六方或刚玉结构系统(例如 Cr_2O_3 和 Fe_2O_3)中,磁性离子在基面形成蜂窝晶格。

尽管这些系统在概念上很简单,但其磁序并不总是不言自明的。因此,对于主要为反铁磁相互作用的立方晶格,最自然的磁结构为交替自旋(类似棋盘)的反铁磁序,即 5.3.2 节的 G 型。然而,即使在此最简单的情况下,也存在其他类型的反铁磁序:A 型有序(铁磁层的反铁磁型堆叠)和 C 型有序(反平行的铁磁链),如图 5.24 所示。此时,可能还存在更复杂的有序类型:例如 E 型(x 和 y 方向的自旋为 ↑↑↓↓)或 CE 型等。所有这些不同类型的磁序主要是由特定的轨道序,如 $LaMnO_3$ 中交替 $|x^2\rangle$ 和 $|y^2\rangle$ 轨道(得到 A 型磁序),或晶格畸变(BO_6 八面体的倾斜和旋转——$GdFeO_3$ 型畸变)引起的。

bcc 或 bct 晶格中情况类似:如果交换相互作用主要是最近邻(离子之间)的,并对所有最近邻对都一样,此时可以预期为一个顶点自旋与中心自旋反平行的简单双亚晶格结构。这确实是大多数金红石型反铁磁体,例如 NiF_2 和 MnF_2 中情形。但是 $CrCl_2$ 的磁序是不同的(所谓的第三种体心有序):Cr^{2+} ($t_{2g}^3 e_g^1$) 为强 Jahn-Teller 离子,显然协同 Jahn-Teller 畸变和相应的轨道序使得磁结构更加复杂。另一个金红石型晶体中更为复杂的磁结构例子是 MnO_2,为螺旋型。

因此,即使在二分晶格中磁结构也可以千差万别。这通常会使相应物质的特性发生根本性变化。一个惊人的例子为两种经典的刚玉结构反铁磁,Cr_2O_3 和 Fe_2O_3。尽管它们的结构非常相似,但磁序是不同的,如图 5.28 所示。图中展示了 c 方向上 Fe 和 Cr "主链"的自旋序,其中 ★ 表示晶体结构中空间反转中心。

可以看出,Fe_2O_3 的磁结构并没有打破此空间反转(注意磁矩是赝矢量,即空间反转时符号不变——更多细节见第8章)。相反,Cr_2O_3 的磁结构会打破此空间反转对称性(空间反转时,自旋向上变为自旋向下)。这导致这两种材料巨大区别:Fe_2O_3 由于 Dzyaloshinskii-Moriya 反对称交换呈

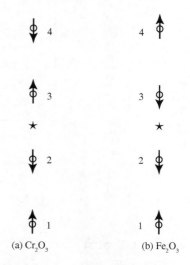

图 5.28 Cr_2O_3 和 Fe_2O_3 的磁结构示意图(展示了它们相对于空间反转不同的对称性,星号 ★ 是反转中心)

弱铁磁,见 5.3.2 节,而 Cr_2O_3 没有类似的弱铁磁,反而表现出线性磁电效应——在外磁场 H 作用下产生电极化 $P \approx \alpha H$,反之亦然,在电场 E 作用下产生磁极化 $M \approx \alpha E$(理论上可以平行或垂直于场),详细讨论见 8.1 节。这些材料的具体性质不仅取决于磁序的类型,还取决于由磁各向异性决定的自旋取向(图 5.28 中自旋可能与"链"平行或垂直,这将改变这些材料的特性)。

当讨论二分晶格材料时,必须明确相应系统晶体结构的某些细节,这也可能影响磁性质。特别地,一类重要的材料是钙钛矿 ABO_3 及其类似的层状材料,如单层 A_2BO_4、双层 $A_3B_2O_7$ 等。钙钛矿通常表现出从立方到正交的结构相变,例如见 3.5 节。如该节所述,对于相对较小的 A 离子和较大的过渡金属 B 离子,即较小的容忍因子:

$$t = \frac{R_A + R_O}{\sqrt{2}(R_B + R_O)} \tag{5.39}$$

BO_6 八面体通常发生旋转和倾斜,于是 $B-O-B$ 夹角变得比理想夹角 180° 要小。于是(通过氧的)有效 d-d 跃迁和由此产生的带宽变小,稳定了绝缘态——对比 3.5 节(图 3.46)提到的稀土镍酸盐 $R\mathrm{NiO}_3$ 情形。

同样的因素——A 离子半径及相应的容忍因子式(5.39)的减小,导致了更强的倾斜和更小的 $B-O-B$ 夹角——在稀土锰酸盐 $R\mathrm{MnO}_3$ 中(连同轨道序)导致了磁结构的规律性变化,从大 R 离子(La、Pr)的 A 型(铁磁层的反铁磁堆叠)到小 R 离子的 E 型(x 和 y 方向的自旋为 ↑↑↓↓)(图 5.29)。在 DyMnO_3 和 TbMnO_3 附近还存在一个非常有意思的中间类螺旋区域,这使得这些材料变为多铁性,见第 8 章[①]。

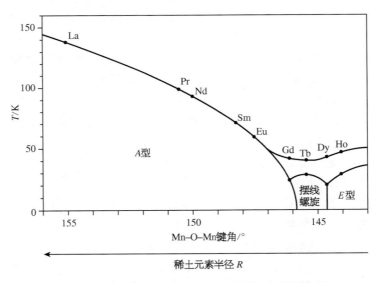

图 5.29 不同稀土元素的钙钛矿 $R\mathrm{MnO}_3$ 相图示意图

5.6.2 fcc 晶格

一类重要的磁性氧化物是一氧化物,如 NiO 或 MnO。这可能不是一个像钙钛矿那样大

---

① E 型锰酸盐也是多铁材料,但机制不同,见第 8 章。

的类别,但磁性量子理论中许多概念都是在这些材料上发展和检验的。它们具有岩盐(NaCl)结构,磁性离子形成 fcc 晶格(图 5.30),氧位于 x、y 和 z 方向的 TM – TM 键中间(图 5.30 中的"○")。(这种结构可以用四个简单的立方体来表示,例如,从 a、b、c、d 等格座开始,彼此相互叠套。)可以看出,这种晶格不是二分的:如果只包含最近邻的反铁磁交换,例如图 5.31 中格座 a 和 b 间会产生阻挫。因此,在三角(a,b,c)中,所有的键都是等价的,且应该为反铁磁的,但 fcc 结构不允许形成简单的双亚晶格反铁磁:例如,如果自旋 S_a 和 S_b 为反铁磁,那么无论怎么处理自旋 S_c——使其向上或向下——总存在一个"错误的"键为平行自旋,见图 5.31。

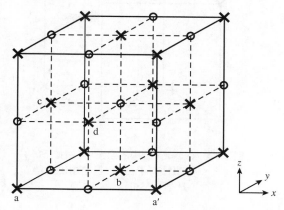

图 5.30 岩盐结构化合物中四个磁性亚晶格[其中磁性离子("×")形成 fcc 晶格,"○"为氧]

　　这就是**几何阻挫**磁体中问题的本质,详细讨论见 5.7 节。过渡金属一氧化物的 fcc 晶格或许是阻挫磁体最早的案例,但事实上,该系统的阻挫并不是特别强。这主要是由于,实际上这些系统中交换相互作用不仅仅是最近邻反铁磁交换,更重要的是次近邻(next-nearest neighbors, nnn)之间的相互作用,例如图 5.30 中沿着"直线"穿过中间的氧的离子 a 和 a′。确实,根据 5.1 节的 Goodenough – Kanamori – Anderson 规则,通常当过渡金属离子包含指向

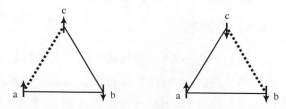

图 5.31 反铁磁交换相互作用中磁阻挫的起源

氧的部分填充 e_g 轨道(与相应氧的 p 轨道有较大的 $t_{pd\sigma}$ 重叠)时,例如图 5.30 中离子 a 和 a′ 的 180° TM – O – TM 交换是最强的。通过公共氧的最近邻的交换,例如 J_{ab},是 90°交换,于是根据 GKA 规则,这要弱得多,甚至可能是铁磁的。只有处理仅 t_{2g} 轨道被占据的起始 3d 金属时,例如 Ti 和 V,这些轨道的直接重叠(例如图 5.30 中 a 和 b 格座的 xy 轨道重叠)才能产生足够强的、与通过氧的反铁磁交换相匹敌的反铁磁交换。但是一氧化物 TiO 和 VO 并非简单的氧化物,尽管它们也是 NaCl 结构:其金属和氧的亚晶格通常有很多[≈(10%~20%)]空位,即变化的化学计量,其性质也非常不平凡。此外,一氧化物 CrO 在自然界中并不存在。

　　如果确实次近邻的反铁磁交换最强,例如在 NiO、MnO、CoO 和 FeO,此时首先要使图 5.30 中四个立方亚晶格呈反铁磁,然后以某种方式排列这些亚晶格。这种亚晶格间的有序仍是未确定的:容易看到,如果使图 5.30 中从 a 格座开始的立方亚晶格呈反铁磁,那么其作用在 b 格座和相应亚晶格的分子场将为零,如图 5.32 所示,即在平均场近似下,亚晶格 b 任意自旋取向都是可能的,即等价的。但至少这只是四个亚晶格之间的简并,而不是与离子数(N)成比例的巨大的简并,正如许多其他阻挫系统一样,见下文。相应地,此额外简并度通常会被磁各向异性、较远邻相互作用等因素解除,因此实际上大多数 NaCl 结构的一氧化物具有转变温度较高的长程磁序结构。因此,MnO、CoO 和 NiO 的 Néel 温度分别为 122、290 和 520 K。磁序的类型通常被称为第二类 fcc,Ⅰ 型:可以被看作是铁磁[111]层的反平行堆叠,如图 5.33 所示。

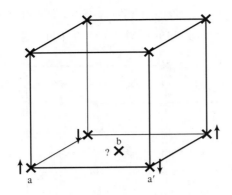

图 5.32 在 NaCl 结构的系统中（例如 MnO）的磁性离子在 fcc 晶格中磁阻挫（参考图 5.30）

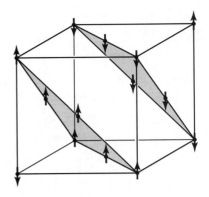

图 5.33 fcc 晶格中典型磁结构

总之，虽然对于最近邻反铁磁交换，fcc 晶格形式上是阻挫的，然而由于超交换的特性，次近邻交换一般来说要比最近邻的强（得多），因此阻挫的程度显著降低，MnO 和 NiO 型的 fcc 反铁磁或多或少表现为良好的反铁磁体。

5.6.3 尖晶石

另一类相当大的、有代表性的磁性材料是尖晶石 AB_2O_4。在 20 世纪 50 年代计算机工业发展的早期阶段，磁性尖晶石作为主要材料被广泛用于磁存储器（"铁氧体"），直到今天仍然获得大量关注。尖晶石（实际上大多数其他氧化物也一样）可以理解为 O^{2-} 的一种特殊的密堆积，金属离子 A 和 B 分别占据四面体和八面体的间隙，见 3.5 节。

在理想情况下，如果没有额外畸变，尖晶石是立方的。描述其晶体结构的最简单方法之一如图 5.34 所示，其中展示了 B 和 O 的亚晶格，并标记了 A 格座的位置，一如既往，用"×"表示金属 B 离子，用"○"表示氧。位于氧四面体内部的 A 离子表示为"□"，与周围氧的化学键标记为波浪线。从图中可以看出，$B-O$ 网状结构与图 5.30 中岩盐—氧化物一定程度上类似，但 B_4O_4"立方体"并没有填满整个空间，而是被一些 A 离子取代了[①]。从图 5.34 和图 5.35 可以看出，尖晶石结构的一个非常有意思的特征是 B 格座形成的共顶点的四面体网络。这是很强的阻挫情形，决定了尖晶石的很多特殊性质，其中只有 B 格座是磁性的，而 A 格座被非磁性离子占据，例如 $CdCr_2O_4$ 等类似化合物。

磁亚晶格中类似的拓扑结构——共顶点的四面体网络——在另一类化合物，烧绿石 $A_2B_2O_7$[②]

---

① 实际上，每个 B 格座的局部对称性或点对称性低于立方，是三方的。这是由两个因素造成的：第一，尖晶石中氧离子不一定形成正八面体，它们可以在图 5.34 中 B_4O_4 立方体中移动，尤其是当 A 离子较大时，导致 BO_6 八面体的三方畸变。氧相对于理想位置的偏移通常可以用一个特定的参数 u 来表示。但即使没有这样的氧偏移，更远邻的离子对晶场也有贡献：此时容易看出，对于给定两个 B_4 顶点的 B 离子，例如 1，沿着一个四面体到另一个四面体的方向，在其两侧存在两个由 B 组成三角，即图 5.35 中阴影三角。对于给定离子 1，此方向实际上是 B_4O_4 立方体的一个 [111] 对角线，不同于其他三个类似的方向。这导致格座 1 的局部三方对称性。但是对于图 5.34 和图 5.35 中其他的 B 离子，该三方轴将沿着其他的 [111] 方向，于是保持整个晶体的立方对称性，尽管每个 B 格座的点对称性原则上为三方。

该因素有多重要，以及相应晶体场劈裂是什么，依赖于特定的情形。通常在一阶理论处理中该因素被忽略。同样，如果这两种导致三方劈裂和 BO_6 局部三方畸变的因素，和更远邻的 B 离子的作用部分抵消，会降低总的效应。

② 烧绿石矿的化学式为 $(Na,Ca)_2Nb_2O_6(OH,F)$。

中也会遇到,其中 A 和 B 格座都形成了这样的网络。这就是为什么人们经常把尖晶石中 B 格座亚晶格称为烧绿石亚晶格。

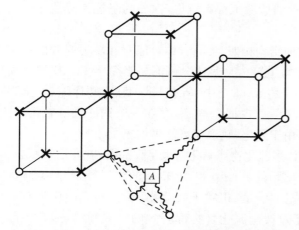

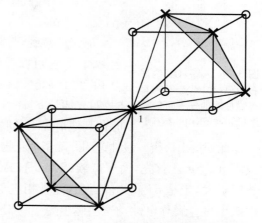

图 5.34　AB_2O_4 尖晶石中八面体 B 格座("×")和四面体 A 格座的位置　　　图 5.35　AB_2O_4 尖晶石中 B 格座共顶点四面体的强阻挫晶格(此亚晶格经常被称为烧绿石亚晶格)

在目前详细研究的大多数尖晶石中,A 和 B 离子都具有磁性。特别有应用价值的是含有较重的 3d 金属(如 Mn、Fe 和 Co)的材料。此时,主要的超交换是通过氧进行的,可以看出 B-O-B 交换相对较弱:此为 90° 交换,根据 GKA 规则一般较弱(且一般为铁磁)。A-O-B 夹角较大,≈125°,大多数情况下,当 A 和 B 格座都为磁性时,此为更强的交换相互作用。如果 J_{AB} 为反铁磁的,一般情况下也是如此,那么亚晶格 A 的自旋将与亚晶格 B 相反,由于 A 格座和 B 格座自旋相反且 B 格座是 A 格座的两倍,得到的磁性状态将为**亚铁磁**,使得这些材料在应用上备受关注。例如磁铁矿或天然磁石 $Fe_3O_4 = Fe[Fe_2]O_4$(对于尖晶石,一般用中括号表示 B 格座离子),其中 Fe^{3+} 离子位于 A 格座,50/50 比例的混合 Fe^{2+}/Fe^{3+}(或平均价态 $Fe^{2.5+}$)占据 B 格座。这是一个非常著名的材料:它是第一个人类已知磁性材料,由欧洲人(显然磁石在古代中国被更早发现,并在最早的罗盘中当作磁针)在小亚细亚(现土耳其)的马格内西亚(Magnesia)山发现,并由此产生了"磁性(magnetism)"一词。Fe_3O_4 的磁性实际上不是铁磁,而是亚铁磁:由于强反铁磁 A-B 交换,Fe_3O_4 的磁有序温度高达 $T_c = 858$ K,且自发磁极化较大——理论上,单位化学式的自旋应为 $2S_B - S_A$,其中 $S_{Fe^{3+}} = \dfrac{5}{2}$,$S_{Fe^{2+}} = 2$,于是单位化学式未补偿的自旋 $S = 2$,相应地,磁矩 $M \approx g\mu_B S = 4\mu_B$,是一个相当大的值[①]。很多其他磁性尖晶石中都能遇到类似的情形。

但这并不是尖晶石中唯一可能的磁序类型。如果 B-B 交换不可忽略,可能会出现更复杂的磁结构,例如图 5.36 所示的类型,被称为 Yafet–Kittel 结构:例如,A 离子的自旋是 ↓,

---

① 顺便提一下,磁铁矿 Fe_3O_4 之所以有名还因为它显然是第一个观察到温度诱导绝缘体—金属转变的过渡金属化合物:著名的 ≈120 K 的 Verwey 转变,由 Verwey 在 1939 年发现。120 K 以上,Fe_3O_4 为导体,尽管不是一个很好的金属:随着温度升高到 ≈(400~500)K,电阻率仍然会持续降低。但是在 $T_V \approx 120$ K,电阻率跳变 ≈10^2,低于 T_V 时,Fe_3O_4 确实为绝缘体(或小带隙半导体)。更有意思的是,Fe_3O_4 可能是第一个已知的多铁化合物:显然,在低于 Verwey 转变温度时变成铁电的。这些问题将在第 7 章和第 8 章讨论。

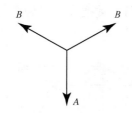

图 5.36 AB_2O_4 尖晶石中 A 和 B 离子都具有磁性时的一种可能磁序（Yafet-Kittel 结构）

B 离子的自旋是倾斜的，它们之间也有一定的反铁磁性，于是它们的净自旋与 A 格座的相反。

只有 B 离子有磁性的情形也很有意思，强烈的阻挫使磁性非常复杂，见 5.7 节。

应该注意到，与其他结构相似，尖晶石中可能存在轨道简并的过渡金属离子，这可以导致轨道序。某些情况可能相当简单：在 B 格座上为 JT 离子 Mn^{3+} $(t_{2g}^3 e_g^1)$ 的 Mn_3O_4 中，所有 $|z^2\rangle$ 型的、并伴随（相当强的）四方伸长 $c/a \approx 1.14$ 的已占据 e_g 轨道，存在一个铁磁性的轨道序。但在其他情况下，同样由于阻挫，轨道序可能更加复杂。

此处给出一个一般性说明。除了氧化物，许多硫化物或硒化物也是尖晶石结构，如 $CdCr_2S_4$ 或 $HgCr_2Se_4$。首先，由于硫族（S、Se 和 Te）化物的 3p、4p 和 5p 轨道的半径相对于氧的 2p 轨道更大，于是 d-p 共价更强，能带相应更宽。于是，相对于氧化物，硫化物或硒化物有更大概率呈金属导电性。这实际上是一个对于过渡金属化合物都有效的一般性趋势，在尖晶石中尤其明显。其次，如果磁性离子在 B 格座，该系统中 90° B-S(Se, Te)-B 交换相互作用变得更强且一般为铁磁性，此时获得铁磁 B 格座的概率更高。典型的例子为 Cr 尖晶石：尽管 $CdCr_2O_4$ 中 Cr 离子间直接 t_{2g}-t_{2g} 交换起主导作用且为反铁磁性，于是 Cr-O 尖晶石的磁结构由于阻挫而变得非常复杂，但是类似的 S 或者 Se 化合物，例如 $CdCr_2S_4$，是著名的铁磁半导体。

本节结尾就一个很明显但并不总是被意识到的情形做一个说明。在分析不同化合物的磁结构时，选取交换常数时必须非常小心：不仅要考虑特定自旋对的交换，还要考虑与其他近邻离子的相互作用。有时，会遇到被称为"公敌"的情况。此时，特定的平行自旋对并不一定表明其交换是铁磁的：这有可能是其他位置间的反铁磁交换占主导，使得这一特定的自旋对平行，如图 5.37 所示。图中展示了相邻两行自旋的一种可能的排列，其中行与行之间呈铁磁序（2 和 2′ 格座的自旋平行）并不是因为链间交换 $J_{22'}$ 是铁磁的，而是因为 J_{12}、J_{23} 和 $J_{21'}$、$J_{23'}$ 更强的反铁磁耦合。首先假设行内的反铁磁交换（图 5.37 中粗线）最强。于是 1′ 和 3′ 格座与 2 格座的自旋反平行，于是 $J_{1'2'}$ 和 $J_{2'3'}$ 的反铁磁耦合使得 $S_{2'}$ 平行于 S_2，尽管 $J_{22'}$ 仍然可以是反铁磁的 $\left[\text{虽然比} \frac{1}{2}(J_{21'} = J_{23'}) \text{弱}\right]$。也就是说，自旋 S_2 和 $S_{2'}$ 平行排列并不是因为它们之间的铁磁交换，而是因为它们具有"公敌" $S_{1'}$ 和 $S_{3'}$（还有 S_1 和 S_3）。这种情形是可能的：例如在钙铁铝石 $A_2GaMnO_{5+\delta}$（A = Ca、Sr）和 $BiCoO_3$ 中会遇到，这很可能也是 V_2O_3 的反铁磁绝缘相中 V^{3+} 离子对的自旋平行的原因。此时还可以看到不同相互作用之间的竞争：图 5.37 中交换相互作用 $J_{22'}$ 使自旋 2 和 2′ 倾向于反平行，而其他相互作用（$J_{21'}$、$J_{23'}$ 和 $J_{2'1}$、$J_{2'3}$）则与之相反。这直接把我们引入到下一节的主题——磁阻挫。

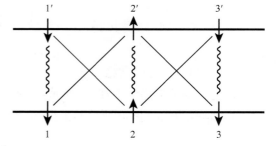

图 5.37 2 和 2′ 位自旋被"强制"平行排列［由于 (1、2、3) 链和 (1′、2′、3′) 链的强反铁磁交换，以及适当的强反铁磁"对角"耦合 (1′2) 和 (3′2) 的组合等原因］

5.7 阻挫磁体

一类主要的、特殊的磁系统是所谓的阻挫磁体。这是一个非常活跃的研究领域,但许多有意思的重要问题还没不明晰。

谈论阻挫系统时,通常会想到几何阻挫晶格,其结构单元包括三角、四面体或五边形等。上文图 5.31 中的讨论表明,至少对于最近邻反铁磁相互作用和易轴(类 Ising)各向异性而言,会得到一个很大的简并度:许多自旋构型的能量相同。但是,例如图 5.38 中方形等非阻挫晶格,如果在最近邻交换 J 的基础上加入次近邻交换 J',(乍看之下)也有类似的情况。因此,如果 $J \gg J'$,可以预期一个简单的双亚晶格磁结构(类似图 5.24 中 G 型结构),但是可以看出,此时对角的自旋是平行的,对于次近邻的反铁磁交换 J' 来说是不利的。因此,可以预期,如果 J' 增大,图 5.38 所示的态迟早会

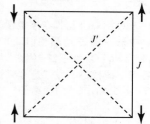

图 5.38 包含相互竞争的最近邻和次近邻交换相互作用的方形晶格中的磁阻挫

变得不稳定,一些更复杂的磁序类型可能会出现。这实际上也是一种潜在的阻挫情形。

但是大多数情况下,谈论阻挫系统的时候确实想到的是特定类型晶格的真正几何阻挫材料。最常被研究的是四种阻挫系统,即三角、kagome、GGG(或超 kagome)和烧绿石晶格,见下文。

阻挫的根本概念是,在阻挫系统中,很难形成一个有序态,使得所有键的交换相互作用都得到满足。相应地,在某些情况下,根本无法建立标准磁序。或者,即使存在磁序,相对于相互作用强度所期望的临界温度,真实的临界温度将被剧烈抑制。众所周知,在高温下,局域自旋系统的磁化率遵循 Curie – Weiss 定律,$\chi = C/(T - \Theta)$,Weiss 常数 Θ 由给定离子与其相邻离子的所有交换相互作用之和给出,$\Theta \approx \sum_j J_{ij}$。 因此,例如在强反铁磁交换 J 的三角系统中,常数 Θ 可能相当大,$\approx Jz$(其中 z 是最近邻原子数)。在非阻挫系统中,例如二分晶格系统,磁序温度 $T_N \approx \Theta$(理论上,在平均场近似下,此时 $T_N = \Theta$,实际上二者经常有一定程度的差异,但是不会很大)。在阻挫系统中,尽管存在潜在的强交换,但是有序态(如果存在)只会获得一小部分交换能,因此事实上此时 $T_N \ll \Theta$。参数 T_N/Θ,或更准确来说 Θ/T_N 经常被用作表征阻挫程度的经验参数:对于非阻挫系统 $\Theta/T_N \approx 1$,对于阻挫系统 $\Theta/T_N \gg 1$。

强阻挫系统在温度 $T > \Theta$ 时表现为正常顺磁性,在 T_N 以下,可能存在磁序。在较宽的温度区间 $T_N < T < \Theta$ 中,短程(反)铁磁关联已经形成,但由于存在许多能量相近的态,仍然没有长程序。这种态通常被归为**集体顺磁性**。

5.7.1 三角晶格系统

存在相当多的包含三角磁性层的层状磁性材料,例如某些基于岩盐结构的有序系统,如 $LiVO_2$、$LiNiO_2$ 和 $NaCoO_2$(同样见 3.5 节)。可以将这些系统,例如 $LiNiO_2$,看成 fcc 结构的岩盐(NiO)结构中一半磁性 Ni 离子被非磁 Li 离子取代。如果系统是有序的,那么有序通常发生在连续的[111]平面,类似于图 5.33 所示的磁序。因此,Ni 的三角[111]层被类似的非磁

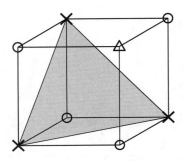

图 5.39 NaCl 结构有序磁性氧化物中形成的三角晶格[LiNiO₂ = (Li₁/₂Ni₁/₂O) 型系统]("×"为磁性离子,例如 Ni,"△"是非磁性离子,例如 Li,"○"为阴离子)

Li 层隔开,如图 5.39 所示("×"为 Ni 离子,"○"为氧离子,"△"为非磁 Li 离子)。对于包含类似二维磁性三角层的例如 $CuFeO_2$ 和 $AgCrO_2$ 等材料:它们与有序一氧化物的不同之处在于非磁性 Cu^+ 或 Ag^+ 在三角层之间的位置不同。这些系统被称为铜铁矿。有机分子基层状三角磁体也很有意思。

当最近邻为反铁磁相互作用时,图 5.40 所示的三角晶格确实是阻挫的。因此,如果在此晶格上存在 Ising 模型,可以严格证明基态不存在唯一的磁序,其简并度很大,于是在 $T = 0$ 时,熵并不为零。理解它最简单的方法是把三角晶格分解成一个蜂窝晶格和其中心处的额外自旋(图 5.41)。蜂窝晶格是二分的——可以将自旋排列成反铁磁使得所有的近邻离子都反平行。但是此时中心自旋的分子场为零,可以随意指向上或者下。也就是说,这样的简并状态数目是有限的,为 $2^{N/3}$,因为每一个中心自旋有两种可能的状态(↑和↓),这样格座的总数为总自旋数 N 的 $\frac{1}{3}$。于是此态具有一定的熵 $S = \frac{1}{3}N\ln 2$。此值与 Wannier[①] 发现的精确值相差不大。

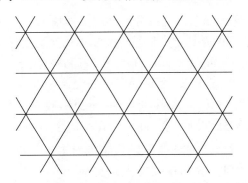

图 5.40 图 5.39 中磁性离子形成的三角晶格

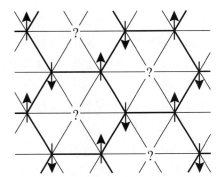

图 5.41 三角晶格上 Ising 系统的阻挫的演示

可以用这个例子来说明另一种阻挫磁体中相当典型现象——在 $M(H)$ 依赖关系中出现的**磁化平台**。诚然,如果对图 5.41 的态施加任意小的正磁场,"犹豫不定"的中心自旋会有序排列,于是总磁化强度为 $\frac{1}{3}M_{max}$

$\left(\right.$其中 M_{max} 为所有自旋指向相同方向时的总磁化强度。类似地,对于小的负磁场,所有这样的自旋会指向下方,此时磁化强度为 $-\frac{1}{3}M_{max}\left.\right)$。如果继续增加正磁场,磁化强

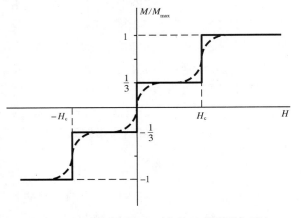

图 5.42 三角晶格中 Ising 自旋形成的磁化平台

① Wannier G. H.. Phys. Rev., 1950, 79: 357.

度会保持不变($T = 0$ 时)直到另一个临界场 $H_c \approx J$,**所有的** ↓ 自旋翻转为 ↑,系统变为铁磁。

因此,产生的磁化行为如图 5.42 所示,即在 $H = 0$ 和 $H = H_c$ 之间,会出现 $M = \frac{1}{3}M_{max}$ 平台(实线表示 $T = 0$ 的行为,而虚线表示 $T \neq 0$ 时"平滑的"行为)。这种磁化平台在很多阻挫系统中非常典型,而原始三角晶格上构筑的蜂窝晶格等"超结构",如图 5.41 所示,对于此磁化平台上的态也相当典型。

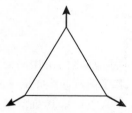

以上的讨论都适用于三角晶格上的 Ising 自旋。那么对于例如更现实的 Heisenberg 交换相互作用 $J\boldsymbol{S}_i \cdot \boldsymbol{S}_j$ 情况呢?此时要复杂得多,有些问题还没有解决。如果用经典的方式考虑 Heisenberg 自旋,容易证明,每个三角的最佳经典状态是自旋相互呈 120°(图 5.43)。此自旋组态给出最低的经典能量,每个三角为 $3JS^2\cos\frac{2}{3}\pi =$

$-\frac{3}{2}JS^2$[①]。在富集系统的二维三角晶格中,这将导致三个亚晶格的长程磁序,如图 5.44 所示,新的单胞由虚线表示,与原始单胞(实线)相比为 $\sqrt{3} \times \sqrt{3}$。

图 5.43　反铁磁相互作用的自旋三角中最优的经典自旋序

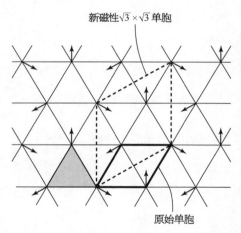

新磁性 $\sqrt{3} \times \sqrt{3}$ 单胞

原始单胞

图 5.44　三角晶格中经典自旋的 120° 有序

还要注意,经典自旋的三角晶格的约束相当强:一旦固定其中一个三角(例如图 5.44 中阴影三角)上的自旋(相互之间呈 120°),其他自旋的方向就被唯一确定了。其他类型的晶格,例如 kagome 或烧绿石晶格(见下文),即使是经典情况下也不是这种情况。从这个意义上说,三角晶格是**过约束的**,而例如 kagome 晶格是**欠约束的**。

但故事还远没有结束,即使是对三角晶格。我们仅知道它的经典行为,但真正的自旋是量子的,而量子效应和涨落甚至可以在 $T = 0$ 时起作用。量子涨落对 $S = \frac{1}{2}$ 的系统尤其强烈(对于较大的自旋,情况逐渐接近经典),这可能导致十分不同的状态类型。

5.7.2　共振价键

一个自旋为 $\frac{1}{2}$ 的 Heisenberg 反铁磁体的二维三角晶格的实际基态仍然存在一些争论。许多数值计算似乎表明,与经典自旋相同的 120° 有序,如图 5.44 所示,在量子情况下也可能出现。然而,也有相反的观点,例如认为在基态中没有长程有序,此时系统将为某种**自旋液体**。一般来说,自旋液体指的是一种没有传统长程有序的态,即在每个格座上,平均自旋 $\langle \boldsymbol{S}_i \rangle = 0$,但其中存在强短程反铁磁关联。这些态可能是无间隙或有间隙激发。人们还必须区分此态中

---

① 注意对于没有各向异性的 Heisenberg 相互作用 $J\boldsymbol{S} \cdot \boldsymbol{S}$,自旋轴与晶轴没有任何关系,对于此时的三角:相互呈 120° 的自旋不需要位于三角的平面内,而是可以指向空间的任意方向。

单态和三重态的激发。

$S = \frac{1}{2}$ 的三角 Heisenberg 反铁磁中这样的态由 Anderson[1] 提出，被称为**共振价键**（resonating valence bond，RVB）态。可以通过以下方式来解释其主要观点。

从反铁磁 Heisenberg 交换的一维 $S = \frac{1}{2}$ 自旋链出发：

$$\mathcal{H} = J \sum_i \boldsymbol{S}_i \cdot \boldsymbol{S}_{i+1} \tag{5.40}$$

［注意，之前常用的交换常数 J 的定义为对 $\boldsymbol{S}_i \cdot \boldsymbol{S}_j$ 中 $\{i, j\}$ 进行独立加权，即每个自旋对被计算了两次，例如 $\boldsymbol{S}_1 \cdot \boldsymbol{S}_2 + \boldsymbol{S}_2 \cdot \boldsymbol{S}_1$。与之相反，式(5.40)中每对自旋仅被计算了一次］。

人们能想到的最简单的反铁磁态为所谓的 Néel 态，即方向交替的自旋 ↑↓↑↓↑↓…… 如图 5.45(a)所示。其能量为：

$$E_{\text{Néel}} = -\frac{1}{4}NJ \tag{5.41}$$

但是也可以形成不同的态，如图 5.45(b)所示，使得每两个键中的一个为真正的 $\frac{1}{\sqrt{2}}(1\!\uparrow 2\!\downarrow - 1\!\downarrow 2\!\uparrow)$ 型单态。根据量子力学，一个这样的键能为 $J\langle \boldsymbol{S}_i \cdot \boldsymbol{S}_j \rangle = -\frac{3}{4}J$。$\Big[$回想一下，$\boldsymbol{S}_{\text{tot}}^2 = S_{\text{tot}}(S_{\text{tot}}+1) = (\boldsymbol{S}_1 + \boldsymbol{S}_2)^2 = \boldsymbol{S}_1^2 + \boldsymbol{S}_2^2 + 2(\boldsymbol{S}_1 \cdot \boldsymbol{S}_2) = S_1(S_1+1) + S_2(S_2+1) + 2(\boldsymbol{S}_1 \cdot \boldsymbol{S}_2)$，对于 $S_1 = S_2 = \frac{1}{2}$ 及单态 $S_{\text{tot}} = 0$，得到 $\langle \boldsymbol{S}_1 \cdot \boldsymbol{S}_2 \rangle = -\frac{3}{4}$。$\Big]$定性上易知：如果 Néel 态中仅 Heisenberg 交换 $J(S_1^z S_2^z + S_1^x S_2^x + S_1^y S_2^y)$ 的 z 分量有贡献，给出式(5.41)中系数为 $\frac{1}{4}$，对于真正的单态，在自旋空间中实际上是各向同性的，所有三个分量 $S_1^z S_2^z$、$S_1^x S_2^x$ 和 $S_1^y S_2^y$ 贡献是相同的，给出每个键能为 $-\frac{3}{4}J$。

图 5.45 反铁磁 Heisenberg 链的 Néel 结构(a)和价键结构(b)的比较

事实上，此态可以被称为**价键**（valence bond，VB）态［图 5.45(b)中单态确实和价键中自旋单态相同］，其总能量为：

$$E_{\text{VB}} = -\frac{3}{4}J \cdot \frac{1}{2}N = -\frac{3}{8}NJ \tag{5.42}$$

---

[1] Anderson P. W.. Mat. Res. Bull., 1973, 8: 153.

$\left(\text{每一个键贡献}-\dfrac{3}{4}J\text{，而键的数量为格座数的一半}\dfrac{1}{2}N\right)$。尽管失去了一半的键，但是与图 5.45(a) 的 Néel 态相比，每一个单态键的系数为 3。因此，此时 VB 态比 Néel 的能量更低[①]。

如果允许在不同 VB 构型间存在所谓的**共振**，还能进一步降低 VB 态的能量：例如，如果格座 (12)(34)(56)……没有通过键相连，可以连接另一种格座对……(23)(45)……这些不同的态可以混合，进一步降低能量。这就是共振价键 (RVB) 态。此共振概念由 L. Pauling 从化学中提出，例如对于苯分子 C_6H_6（图 5.46），其中展示了两种 C_6 六边形共振构型[图 5.46 中双线对应图 5.45(b) 的单态键]。应用于三角晶格时，相应物理图像如图 5.47 所示，其中在晶格上以某些特殊的方式形成了单态键。实际上，用这样的键覆盖三角晶格的方式多种多样（实际上，更长的、更远邻的键也是允许的，如图 5.48 所示）。所有这些不同的构型会贡献于基态，成为最终的 RVB 态。

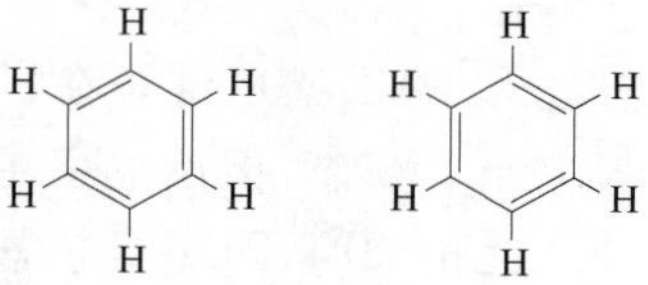

图 5.46　苯分子 C_6H_6 的共振价键图像

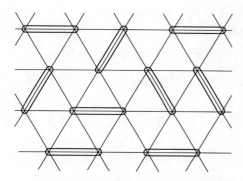

图 5.47　三角晶格中 (短程) RVB 态的典型构型（存在大量这样的等价构型，它们在量子隧穿作用下相互混合）

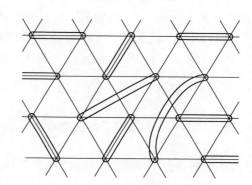

图 5.48　更一般的 RVB 态 (包括长程键上的单态)

人们必须对比此态和真实长程磁序的最优状态（此时为图 5.44 的 120°态）的能量，后者的能量，从经典角度为：

$$E_{120°} = J \cdot \frac{1}{4}\cos\frac{2}{3}\pi \cdot \frac{1}{2}Nz = -\frac{3}{8}JN \tag{5.43}$$

$\left(\text{其中，}\dfrac{1}{4}\cos\dfrac{2}{3}\pi \text{ 为该态} \langle \boldsymbol{S} \cdot \boldsymbol{S} \rangle \text{的值，} z \text{ 为最近邻原子数，此时 } z=6\right)$。然而，最简单的，有代表性的 VB 态的能量，例如图 5.47，为：

$$E_{\text{VB}} = -\frac{3}{4}J \cdot \frac{1}{2}N = -\frac{3}{8}JN \tag{5.44}$$

因此可以看出，尽管对于一维系统 VB 态已经比 Néel 态更低（甚至没有考虑不同 VB 态的共

---

① 注意可收缩晶格中反铁磁 Heisenberg 相互作用的一维自旋链相对于晶格二聚化是不稳定的，因为晶格二聚化后连续键的交换常数符号交替，J_+, J_-, J_+, J_-，……，系统的基态确实变成图 5.45(b)。自发二聚化现象和一维金属中著名的 Peierls 二聚化类似；对于自旋链，则称为**自旋 Peierls 相变**。

振,这还能进一步降低此态的能量),此处,对于三角晶格,最佳经典有序态式(5.43)的能量和特定的 VB 态式(5.44)一致。当把不同可能的单态构型间的共振考虑进来后,RVB 态的能量变得更低,$E_{RVB} < E_{VB}$。因此,可以认为此时 RVB 态比长程有序态更稳定,于是此三角系统变为自旋液体态。

然而以上结论并不直接。导致 RVB 态比 VB 态能量更低的量子涨落同样也会作用于图 5.44 的 120°态:经典的图像如该图所示,但这仍然是一个 Heisenberg 系统,此时一定存在量子涨落,与经典值式(5.43)相比,这会降低平均亚晶格磁化强度$\langle \boldsymbol{S}_i \rangle$,也会降低系统能量。有序态和 RVB 态的能量在量子涨落下哪一个更低不是先验明确的。如上所述,很多数值计算倾向于 120°态,但是也存在相反的观点。

无论如何,即使不考虑这种特殊情况(二维三角晶格),作为阻挫系统的一种可能的态,RVB 态的概念非常重要。这一概念被广泛用于描述不同材料的性质,甚至包括高 T_c 超导铜氧化物。

此概念应用于高 T_c 超导时使用了 RVB 态的另一个有意思的特性,和第 11 页脚注①中情形类似。假设从图 5.47 型的 RVB 态出发,通过激发其中一个单态到三重态,例如(ab)键,如图 5.49(a)所示,来制造一个激发态,即翻转价键上的一个自旋。于是可以"再次交换"这些自旋,使得图 5.49(a)中 b 格座的自旋↑和单态(cd)中自旋↓在(bc)键上形成单态。因此获得图 5.49(b)的情形,其中两个孤立的自旋$\frac{1}{2}$相互分离。所以初始激发态[图 5.49(a)中(ab)键上的 $S=1$ 三重态]被劈裂成**两个**自旋$\frac{1}{2}$的等价激发。通过"再次交换"自旋继续这个过程,这样的自旋$\frac{1}{2}$激发态可以在整个晶体中移动,被称为**自旋子**。注意这样的激发态带有自旋$\left(S = \frac{1}{2}\right)$,但是不携带任何电荷。

但是此时也可以进行一些其他的操作。从图 5.49(b)的态出发并从例如 d 位**移除**一个电子,得到图 5.49(c)的态,此时 d 格座存在未补偿的电荷$+e$——离子的电荷量,但是此位置不再有自旋。通过在例如图 5.46 中初始 RVB 态中单态(ab)键移除一个自旋↓的电子,然后通过交换某些单态键将得到的"空态"移动到图 5.49(c)的 d 格座,也能获得这样的态。可以看出,此"空态"也可以在整个晶体中移动,即这也是一个元激发,这样带(正)电而不带自旋的激发被称为**空穴子**。因此可以得知,RVB 态的元激发为自旋子,自旋$\frac{1}{2}$的中性激发和空穴子(带电无自旋激发)①。这与传统的能带金属或半导体中常规激发不同,其中电子或空穴激发既带有电荷又带有自旋。因此此时发生了**自旋-电荷分离**。所有这些特征类似于第 11 页脚注①中提到的一维关联系统的性质。这些特征在多大程度上与高 T_c 超导现象相关仍是一个悬而未决的问题。

---

① 也可以在系统中**增加**一个例如自旋↓的电子,将其放在自旋↑的位置(图 5.49 中 a 格座)。此时获得了一个无自旋对象,但是电荷为$-e$。一般来说以上讨论的概念是应用于空穴掺杂的铜氧化物,因此通常说的空穴子的电荷是$+e$,而不是类似的$-e$。

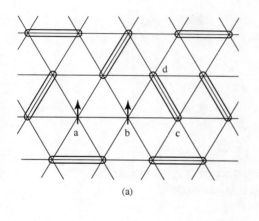

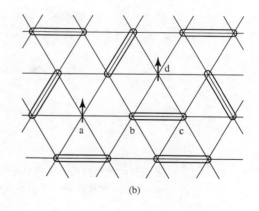

(a) (b)

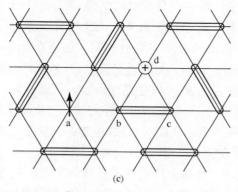

(c)

图 5.49　(a) 破坏一个单态键形成自旋$\frac{1}{2}$的自旋激发演示；(b) 和其他的键"再交换"$\left[\begin{array}{l}\text{因此，孤立自旋}\end{array}\right.$
$\left(\text{自旋}\frac{1}{2}\text{电中性对象——自旋子}\right)$相互分开$\left.\right]$；(c) 从该格座移除一个电子后留下一个没有
自旋的正电荷——空穴子

5.7.3　强阻挫晶格

其他典型的阻挫系统有 kagome、烧绿石和"GGG"晶格，其中阻挫的作用可能比三角系统
更强。

（1）kagome 晶格。kagome 晶格如图 5.50 所示（此命名的起源是一种特殊的日本编织图
案，类似的图案也可见于古罗马镶嵌画和伊斯兰建
筑）。可以看出，kagome 晶格也由三角组成，但是与图
5.40 三角晶格中不同三角共棱（即两个公共格座）相
比，kagome 晶格中三角共顶点，这导致了强烈的差异。
如果试图构建与图 5.44 中 120° 有序态类似的态，可以
看出，尽管每个三角中相对自旋取向是完美的 120°，仍
然存在大量的简并，如图 5.51 所示：如果自旋指向第
一个三角的外部，第二个三角有两种可能，如图 5.51
(a) 和图 5.51(b)，其公共的自旋当然是固定的，但是剩
下的两个自旋总是可以互换。

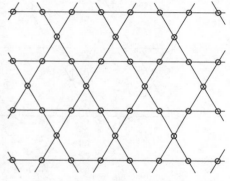

图 5.50　kagome 晶格(此处"○"为磁性离子)

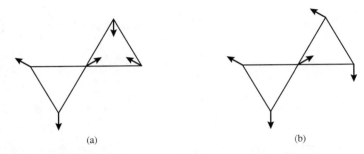

图 5.51 两个共顶点三角(kagome 晶格的基本构成单元)的等效磁构型
(两者在每一个三角中都为最优经典 120° 自旋序)

因此,如果在所有三角中构建 120° 自旋取向结构,则存在一个数量巨大的、经典上等价的态。因此,尽管在三角晶格中,120° 取向的要求实际上唯一地决定了这样的基态(取决于三个亚晶格的互换——但这是任何反铁磁体的典型情况),但是在 kagome 晶格中,此要求即使在经典意义上也会产生大量的简并——从这个意义上说,kagome 晶格是**欠约束**的。实际上,kagome 晶格的情形比在三角晶格复杂和有意思得多。基态极有可能没有长程有序(尽管也有人提出相当复杂的有序结构)。元激发谱也很不寻常:三重激发态似乎存在能隙,但是存在很多无能隙单态激发,因为随着系统规模的增加,单态在低能量处累积,于是最后单态激发可能不存在能隙,且它们的态密度在 $\omega \to 0$ 处可能极其巨大。

在文献中讨论的有序态中,有些为特定方式排列的类 VB 单态,或真正的磁有序态,它们可能被例如某种各向异性所稳定。在 kagome 系统中,特别是实验上常讨论的、**具有**长程有序的两种特殊态,为图 5.52(a) 中所示的均匀的 $q = 0$ 态和图 5.52(b) 中所示的交错态($\sqrt{3} \times \sqrt{3}$ 态)。在图 5.52(a) 的 $q = 0$ 态中,所有的自旋不是指向三角的外部就是内部,其单胞保持不变。在图 5.52(b) 的交错态中,三角随着自旋**手性**矢量交替:

$$\boldsymbol{\chi} = \boldsymbol{S}_1 \times \boldsymbol{S}_2 + \boldsymbol{S}_2 \times \boldsymbol{S}_3 + \boldsymbol{S}_3 \times \boldsymbol{S}_1 \tag{5.45}$$

此手性指向非上即下,在图 5.52(b) 中由＋和－标记。在图 5.52(a) 中均匀态的手性是相同的,例如 $\boldsymbol{\chi} = +$。

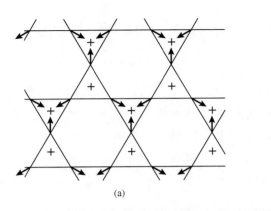
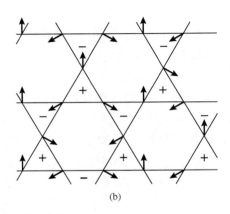

图 5.52 kagome 晶格的两种典型有序态

(a) 常数自旋手性的 $q = 0$ 结构;(b) 交错矢量的自旋手性 $\sqrt{3} \times \sqrt{3}$ 结构

（2）**GGG 晶格**。另一个强阻挫欠约束系统例子是"GGG"——钆镓石榴石（gadolinim gallium garnet）（石榴石的通式是 $A_3B_5O_{12}$，为立方系统，很多石榴石是优异的铁磁体）。GGG 中磁性 Gd 离子形成共顶点三角的三维网络结构，因此这就是 kagome 系统的三维类比（又是被称为**超 kagome**）。因此，对于反铁磁交换，这些也是非常强的阻挫系统。与之密切相关的是某些尖晶石结构，其 $A[B'_{1/4}B''_{3/4}]_2O_4$ 类型的 B 格座亚晶格具有有序的 B' 和 B'' 离子。如果 B' 和 B'' 有序，一般来说，其排序为 B 亚晶格在每一个四面体中（见图 5.34），一个是 B' 三个是 B''，且 B'' 离子构成的三角共顶点，形成类似于 GGG 的三维网络结构。一个引人注目的系统 $Na_4Ir_3O_8$ 被证明在非常低的温度下没有长程有序，即为极强的阻挫（上文提到的参数 Θ/T_N 此时非常大）。

（3）**烧绿石晶格**。最后简要讨论另一种强阻挫晶格——烧绿石晶格，其由共顶点的四面体组成。在 5.6.3 节讨论尖晶石 B 格座亚晶格的时候已经给讨论过此晶格。真正的烧绿石，通式为 $A_2B_2O_7$（或 $A_2B_2O_6X$），包含两个这样的亚晶格：A 和 B 格座都形成烧绿石晶格。通过改变组分，可以使得其中一个亚晶格有磁性，例如 $R_2Ti_2O_7$，其中稀土离子 R^{3+} 是磁性的，但是 $Ti^{4+}(d^0)$ 是非磁性的。或者可以使 B 亚晶格是磁性的，又或者使 A 和 B 亚晶格都是磁性的。

烧绿石材料的性质千差万别。某些是金属性的，甚至是超导的。也有很多优异的绝缘体，其磁性往往相当不平凡。这一般与烧绿石晶格的阻挫有关。在单个四面体的水平已经存在很大的简并度：对于反铁磁相互作用的 Ising 自旋，存在例如两个自旋 ↑ 和两个自旋 ↓ 的基态。但是四个格座的自旋的分布已经可以得到六个不同的状态。通过公共顶点相连的四面体导致基态非常大的简并度。

实际情况确实非常有意思，即使是名义上各向异性非常强的（Ising）离子的情况。根据 5.6.3 节的讨论，此时每个离子具有一个天然的轴，指向四面体的内部或者外部。相应地，易轴对不同离子将会不同，即使是对非常强的各向异性离子——例如全部指向四面体中心（图 5.53）。于是，依赖于交换相互作用的符号，存在图 5.53(a)、图 5.53(b)（4 进，或者 4 出）的情形，或者是图 5.53(c)（2 进 2 出）的情形：第一种情形在反铁磁相互作用时出现，第二种情形在铁磁相互作用时出现。

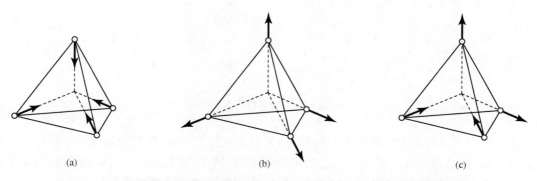

(a)　　　　　　　　　(b)　　　　　　　　　(c)

图 5.53　磁性四面体（其为烧绿石 $A_2B_2O_7$，以及尖晶石 AB_2O_4 的 B 格座晶格的结构单元，易轴指向四面体中心的 Ising 自旋的不同构型可能性）

(a) 4 进态；(b) 4 出态；(c) 2 进 2 出态（被称为自旋冰）

令人意外的是,最有意思的情形为铁磁相互作用: 图 5.53(c) 的 2 进 2 出结构是高度阻挫的[①]。这是著名的**自旋冰**:"2 进 2 出"和真正冰中的氢原子一样。自旋冰系统(典型的例子为 $Dy_2Ti_2O_7$)的研究得到了很多有意思的结果,一直到"磁单极子"[②]的发现——特定的自旋构型,例如自旋弦,其端点与场论中磁单极子(高能物理中还没有,也许永远也不会被发现)的行为高度类似。

烧绿石晶格上的 Heisenberg 系统本身非常独特,某些特性还没有完全阐明。一个有意思的特性是,反铁磁 Heisenberg 相互作用的自旋 $\frac{1}{2}$ 组成孤立四面体时,其基态为单态(此问题存在精确解),但是它仍然是双重简并的。此额外简并度与上文提到的自旋手性有关,此时为**标量自旋手性**:

$$\kappa_{123} = \boldsymbol{S}_1 \cdot (\boldsymbol{S}_2 \times \boldsymbol{S}_3) \tag{5.46}$$

此物理量是定义在三角(123)上的,在精确解中,对于一个孤立的四面体,可以使用四个三角的任意一个,其结果相同。有一些观点认为,Heisenberg 自旋的烧绿石晶格基态可以用手性这一额外自由度来描述,尽管在很多真实系统中,也可以获得常规磁序,尤其是当考虑磁各向异性(通常会出现)和反对称 DM 相互作用时。

(4) **阻挫系统中"磁 Jahn - Teller 效应"**。阻挫系统中还有另一种可能性为,可能存在结构相变解除阻挫,并稳定特定的基态。一个简单的例子是三角晶格的畸变,畸变后三个方向中某一个方向的键变长,相应的交换常数变小,如图 5.54 所示[如果存在没有轨道简并的直接 d - d 相互作用,例如 Cr^{3+}(t_{2g}^3)化合物]。此时,交换常数为 J(图 5.54 中实线)的更强的键构成有效的四方晶格,并且至少当 $J \gg J'$(J' 为图 5.54 中较长的、虚线所示键的交换常数)时,在此四方晶格中会得到一个简单的双亚晶格反铁磁(参考 5.7 节开头的讨论)。类似的现象在其他晶格中也可能发生,例如在烧绿石或者尖晶石中。因此例如尖晶石的 B 格座亚晶格的四方收缩会导致(xz)和(yz)方向的交换增强,(xy)方向的交换减弱,使得晶格变为二分晶格,如图 5.55 所示(同样,较强的键由实线表示,较弱的键由虚线表示)。

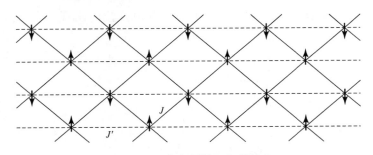

图 5.54　各向异性三角晶格

还可能存在其他类型的畸变来解除简并,但是无论如何,解除阻挫并稳定长程磁序的可能性显然是存在的(似乎在一系列的化合物中已经实现,例如尖晶石 $CdCr_2O_4$,尽管此时畸变的具体类型和产生的磁结构似乎比图 5.54 和图 5.55 中简单的例子更加复杂)。

---

① 令人惊讶的是,反铁磁相互作用的情形更简单:基态为 4 进和 4 出自旋的交替四面体长程磁序。
② Castelnovo C., Moessner R., Sondhi S. L., Nature, 2008, 451: 42.

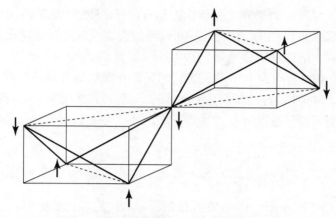

图 5.55　各向异性烧绿石晶格(该畸变理论上会
解除磁阻挫并导致磁有序态)

阻挫磁体中这种畸变的一般趋势与 3.2 节中描述的 Jahn - Teller 效应有许多共同之处:
理想阻挫系统的基态简并度很大,即很多不同的态能量相同。通过某些畸变来降低系统的对
称性,从而至少部分地解除这种简并可能是有利的。如果畸变后磁性系统中获得的能量超过
失去的弹性能,这样的过程就会自发发生。在 3.2 节的 Jahn - Teller 系统总是如此。在阻
挫系统中,简并度高得多,我们需要处理的不仅是离散的能谱,还有连续的能谱,一般来说无法保
证以上机制关于简单的畸变也会起作用。至少原书作者还没有看到,阻挫系统中关于某些降
低阻挫并(至少部分)解除简并的畸变总是不稳定的普适证明;对于每个特定的情况都要进行
独立的审视。但这肯定是可能的,在处理阻挫系统时必须注意这一点。

(5) **包含竞争相互作用系统中的螺旋磁结构**。此处适合讨论一个通常发生在包含竞争相
互作用的阻挫系统中更普遍的现象,如图 5.40,或图 5.54 的各向异性三角晶格所示。通常此
时如果产生磁序,得到的不再是例如图 5.54 和图 5.55 所示的简单双亚晶格型,而是螺旋型,其
磁周期可以与晶格周期无公度。这种情况尤其会发生在行为接近经典的较大自旋系统中。可
以用最近邻(nn)和次近邻(nnn)反铁磁交换的简单一维模型来解释这种状态的起源:

$$\mathcal{H}=J \sum_i \boldsymbol{S}_i \cdot \boldsymbol{S}_{i+1} + J' \sum_i \boldsymbol{S}_i \cdot \boldsymbol{S}_{i+2} \tag{5.47}$$

其中 J、$J' > 0$。对于 $J \gg J'$,可以期望一个经典的简单双亚晶格反铁磁序,如图 5.56(a)所
示。但是可以看出,该结构中,次近邻的自旋是平行的,这对于式(5.47)次近邻交换 J' 是不利
的,进而在系统中引入了阻挫。

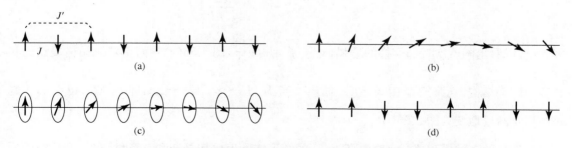

图 5.56　包含竞争性最近邻和次近邻反铁磁交换的一维自旋系统的可能状态

在相反的极限下($J' \gg J$)，必须优先使次近邻自旋反平行，如图5.56(d)所示，而"牺牲"了最近邻交换 J。但是原则上，在这两个极限中间，可以尝试找到能同时优化最近邻和次近邻交换相互作用的磁结构。结果证明这是特定周期为 l 或波矢为 $Q = 2\pi/l$ 的螺旋磁结构，如图5.56(b)所示(此处令晶格常数为1)。自旋旋转的平面在此近似下是任意的：可能为包括自旋链轴的平面，如图5.56(b)所示，或者垂直平面[图5.56(c)的"常规螺旋"]，或者任意其他平面。

这种螺旋的周期可以通过以下方式找到。式(5.47)交换 Hamiltonian 在动量空间中可以重新写作：

$$\mathcal{H} = \sum_q J(q) \boldsymbol{S}_q \cdot \boldsymbol{S}_{-q} = \sum_q J(q) \mid \boldsymbol{S}_q \mid^2 \tag{5.48}$$

其中 $J(q)$ 是交换 J_{ij} 的 Fourier 变换。在此处最近邻和次近邻的情形中：

$$J(q) = 2J \cos q + 2J' \cos 2q \tag{5.49}$$

根据式(5.48)，$J(q)$ 最小时能量 $E_0 = \langle \mathcal{H} \rangle$ 最小。因此须找出 $J(q)$ 的最小值：

$$\frac{\partial J}{\partial q} = -2J \sin q - 4J' \sin 2q = -2J \sin q \left(1 + 4\frac{J'}{J}\cos q\right) = 0 \tag{5.50}$$

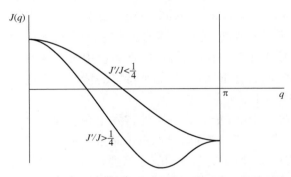

图 5.57 最近邻与次近邻竞争的一维模型中交换相互作用 $J(q)$ Fourier 变换的可能形式[在平均场近似下，$J(q)$ 的极小值给出了磁结构的波矢]

分析这个方程最简单的方法是图像法，如图5.57所示：画出了有代表性的 J'/J 值的 $J(q)$。可以看出，式(5.50)存在 $\sin q = 0$ 的解，即 $q = 0$ 或 $q = \pi$。从式(5.49)可以看出，解 $q = 0$(铁磁序)对应能量的最大值。解 $q = \pi$ 为图5.56(a)所示的反铁磁态，对应了当 $(1 + 4J'/J) > 0$ 时，即 $J'/J < \frac{1}{4}$ 时的能量极小值。然而，如果 $J'/J > \frac{1}{4}$，由图5.57可知，显然此解变为最大值，而 $J(q)$ 的最小值由以下条件给出：

$$1 + 4\frac{J'}{J}\cos q = 0 \tag{5.51}$$

即

$$\cos q_0 \equiv \cos Q = -\frac{1}{4J'/J} \tag{5.52}$$

因此，可以看出随着次近邻交换的增强，对于 $J'/J > \frac{1}{4}$，图5.56(a)的简单双亚晶格反铁磁将转变为螺旋结构，其波矢 Q 由式(5.52)给出。当 $J'/J \to \infty$，$Q \to \frac{1}{2}\pi$，即 $l = 2\pi/Q = 4$，于是磁结构将渐近地变为图5.56(d)。

在特殊的一维模型式(5.47)中，$S = \frac{1}{2}$ 的情形实际上更加复杂和有意思(在一维系统中通常是这样的）：可以证明实际上从 $J'/J \simeq 0.241$ 开始，系统在自旋波能谱中逐渐形成一个能隙，其基态和图 5.45(b)所示的单态键极其相似；对于 $J'/J = \frac{1}{2}$，确实为每两个键一个单态。但是无论如何，简单的平均场处理准确地预言了对于足够大的 J'/J，图 5.56(a)的初始 Néel 态（或者具有类似自旋关联的一维情况）将变得不稳定，其磁态将发生变化；该处理几乎给出了发生转变的正确 J'/J 临界值（相对于 $S = \frac{1}{2}$ 的实际情况的 $J'/J \simeq 0.241$，经典平均场近似下 $J'/J = \frac{1}{4} = 0.25$）。同样的类平均场处理对阻挫和相互竞争交换的二维或三维系统更为有效。为了找到合理的磁序，应该采用相同的方法——动量表示法，并找到 $J(q)$ 的最小值（此时 q 是一个二维或三维矢量）。通常这种方法可以恰当描述或预测在这类系统中观察到的螺旋磁序类型。具体螺旋结构的类型，尤其是自旋旋转的平面[图 5.56(c) 的常规螺旋，或图 5.56 (b) 的摆线结构]——对于例如可能的多铁行为，是一个非常重要的问题——这将取决于磁各向异性，即自旋轨道耦合(5.3 节)。

5.8　不同类型的磁织构

我们已经知道，不同情况的磁结构不同。除了简单的铁磁或反铁磁结构外，还可能出现更复杂的共线或非共线磁结构。可能最有意思，也是最常见的是不同类型的螺旋磁结构，例如，常规螺旋（在垂直于螺旋方向的平面上旋转的自旋）或摆线螺旋（在包含螺旋方向的平面上旋转的自旋），见第 8 章图 8.12。同样还存在不同类型的圆锥螺旋磁结构等。这在稀土金属和化合物中更常见，但在许多过渡金属化合物中也会遇到。尤其是，这种螺旋结构在某些材料的多铁性能中起着特殊的作用，见第 8 章。

除了这些均匀块体磁结构外，还存在着非常丰富的非均匀磁结构，通常在专门的磁学书籍中讨论，此处将简要地提及其中一部分，特别是那些在磁电耦合现象中起重要作用的，或在自旋电子学中有重要应用前景的。

最简单的非均匀磁性是磁畴壁，例如将铁磁畴分开的畴壁。这样的畴具有不同的、往往非常复杂的形状。最简单的磁畴为条状磁畴（图 5.58）和圆柱状磁畴（cylindrical magnetic domain，CMD）（图 5.59）。分隔磁畴的畴壁可能具有特殊的内部结构。因此，通常人们需要区分 Bloch 畴壁和 Néel 畴壁，见后文图 8.19。Bloch 畴壁中，自旋在畴壁面内旋转，即与块体

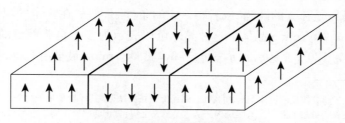

图 5.58　铁磁体中的条状磁畴

的常规螺旋类似。而与摆线螺旋结构类似的是 Néel 畴壁,其自旋在垂直于畴壁的平面内旋转。这些畴壁除了磁特性不同外,还可能具有有意思的磁电特性,详见第 8 章。

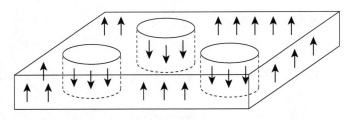

图 5.59　铁磁体中的圆柱状磁畴

然而,除了畴壁等二维缺陷外,还可能存在一维(线)缺陷——磁涡旋。它们可以被看作,例如,畴的半径趋于零的圆柱状畴。根据这种圆柱状畴中畴壁的类型(类 Bloch 或类 Néel 型),可以得到图 5.60(a)或图 5.60(b)的磁涡旋。通常这样的磁涡旋中心的自旋与涡旋轴平行,即垂直于自旋旋转的平面[①]。

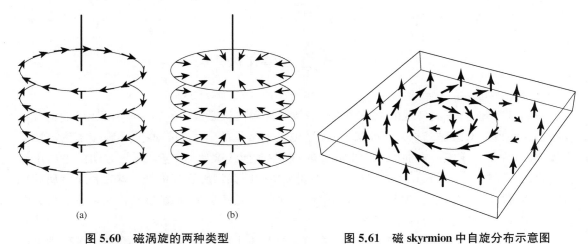

图 5.60　磁涡旋的两种类型
(a) 类 Bloch 结构;(b) 类 Néel 结构

图 5.61　磁 skyrmion 中自旋分布示意图

还可能存在点状磁缺陷,被称为 skyrmion(磁"刺猬")。磁性薄膜中典型的 skyrmion 结构如图 5.61 所示;它类似于图 5.60 的磁涡旋,但在三维系统中,skyrmion 可以是真正的类点缺陷。例如,在一个 skyrmion 中,远离其中心的自旋指向上,中心自旋指向下,中间区域自旋在这两个方向之间逐渐旋转,如图 5.61 所示。在某些情况下,中间区域的自旋可以全部指向中心,或者如图 5.61 所示,可以"头到尾"旋转;这两种情况对应不同种类的磁涡旋,参考图 5.60。skyrmion 可以是孤立的缺陷,或者在一定的条件下,例如在一定的温度和磁场下,可以形成周期性晶格——skyrmion 晶体。这种晶体可以表示为三个自旋螺旋的组合,其波矢 q_1、q_2 和 q_3 相互夹角为 120°,于是 $q_1 + q_2 + q_3 = 0$。磁 skyrmion 最早由 Bogdanov 和 Yablonskii

---

①　严格地说,类似于超导体或超流体 He 中的涡旋,磁涡旋是拓扑缺陷,其环量是量子化的。这意味着对于一个真正的涡旋,无法从远离涡旋核心处过渡到一个共线结构。从这个意义上讲,真正的涡旋不同于小半径的圆柱形磁畴,也不同于在下面讨论的 skyrmion。然而,定性地说,此物理图像是适用的。

提出,实验上最早在块体 MnSi 和 Ir(111)面上单原子层 Fe 中观察到[①]。从第 8 章的论述中可以推出,这种磁涡旋可以表现出磁电效应;由图 5.61 显然可知,这种类型的 skyrmion 具有非零环磁极矩 $\boldsymbol{T} \approx \sum \boldsymbol{r}_i \times \boldsymbol{S}_i$(例如图 5.61 的内"环"),于是在外磁场下会产生电极化:

$$\boldsymbol{P} = \boldsymbol{T} \times \boldsymbol{H} \qquad (5.53)$$

见式(8.14),这确实在绝缘 Cu_2OSeO_3 的 skyrmion 晶体相(所谓的 A 相)中被观察到。

5.9 自旋态转变

本节将讨论在一些包含例如 Co^{3+} 或 Fe^{2+} 离子(不仅限于此)的过渡金属化合物中观察到的特定现象,即与可能存在的、能量相近,但总自旋(或多重态)不同的态相关的现象,也就是 3.3 节讨论的高自旋(HS)和低自旋(LS)态。在这类离子富集的系统中,这些状态能量接近,可以引起一种特殊类型的相变——自旋态转变(也可以是逐渐发生,平滑过渡,而不一定像真正的相变那样)。这种转变导致了相应系统的磁性的强烈改变——实际上不仅可以改变交换相互作用和磁序类型,而且还可以改变过渡金属离子本身的磁态,这在之前的讨论中没有涉及。在这个意义上,这一节与本章的其他部分有些不同;此时讨论的不仅仅是纯粹的磁现象,还有其他因素和相互作用,特别是与晶格的相互作用,将变得很重要。

自旋态转变可以由温度引起,但也可以由压力、辐照、掺杂等引起。最后一种情况(掺杂系统中自旋态转变的具体特征)将在 9.5.2 节中详细讨论;此处专注于"纯"化合物。

可能最有名的,也是研究得最透彻的过渡金属化合物自旋态转变的例子是钙钛矿 $LaCoO_3$。在低温下,其 Co^{3+} 离子处于 LS 态($t_{2g}^6 e_g^0$),是非磁性的,$S=0$。随着温度的升高,某些磁态在热作用下出现,在 $\approx(60 \sim 100)$K 时,磁化率急剧增加,经过最大值后,将再次下降,或多或少遵循 Curie 定律,如图 3.31 所示。然而,对 Cuire 定律的拟合实际上并不是很令人满意。

在 $LaCoO_3$ 中发生的另一个转变,或者更准确来说是在 ≈ 500 K 时平滑过渡到另一个态。早期解释是在 $\approx(60 \sim 100)$K 的第一个平滑转变时,LS Co^{3+} 离子部分转变为 HS 态,而在 ≈ 500 K 时,所有 Co 离子发生 LS - HS 转变。

如 3.3 节中的讨论,Co^{3+} 不仅存在 LS 态($t_{2g}^6 e_g^0$,$S=0$)和 HS 态($t_{2g}^4 e_g^2$,$S=2$),还存在 IS 态($t_{2g}^5 e_g^1$,$S=1$)。从头起(ab initio)计算提出在第一个转变时(≈ 100 K),LS Co^{3+} 部分转变为 IS 态,并只有在 ≈ 500 K 时 Co^{3+} 的 HS 态才变多。然而,更近期的实验和理论研究对这一解释提出了一些质疑。光谱数据不太符合 $T \gtrsim 100$ K 的 IS 态图像,而更符合 LS 和 HS 态的 $\approx 50:50$ 混合。同样,理论研究表明(见 3.4 节),当考虑自旋轨道耦合后,Co^{3+} 的 HS 态变为三重态 $\tilde{J}=1$,而 IS 态为五重态(即实际上与人们根据 HS 态 $S=2$ 和 IS 态 $S=1$ 这一事实的朴素期望完全相反)。实验数据明确表明 $LaCoO_3$ 的第一激发态是三重态;这符合其最有可能为 HS 态。然而,对于 $LaCoO_3$ 中现象的准确解释仍在讨论中。

① Bogdanov A. N., Yablonskii D. A.. Sov. Phys.-JETP, 1989, 68:101; Mühlbause S., Binz B., Jonietz F., et al. Science, 2009, 323:915; Heinze S., von Bergmanm K., Menzel M., et al. Nat. Phys., 2012, 7:713.

由以上讨论可知，$LaCoO_3$ 自旋态转变并不是真正的相变，而是一个平滑的过渡。但存在自旋态转变为真正相变的过渡金属化合物，并伴随着晶格和磁性的变化。例如，$RBaCo_2O_{5+\delta}$ 型化合物的情形（其中 R 通常是较小的稀土金属或 Y，其中 $0 \lesssim \delta \lesssim 1$），如 $YBaCo_2O_{5.5}$，这可以被看作是 A 格座有序的 Y 和 Ba，以及氧空位有序的钙钛矿 ABO_3。这些系统经历一系列的相变，其中显然结构和磁序以及 Co^{3+} 的自旋态都发生了转变。

在试图理解自旋态转变的特征时，必须考虑几个因素。一个是事实上典型的 LS 态离子如 Fe^{2+} 或 Co^{3+} 比相应的 HS 态要小得多，例如八面体中 Co^{3+} 的 LS 态离子半径为 $0.545\,Å$，而 HS 态的为 $0.61\,Å$。因此，自旋态转变伴随着剧烈的体积变化，这种与晶格的耦合是不同离子之间相互作用的主要机制之一。首先，这种相互作用可以使自旋态转变为一种协同现象。这种相互作用的另一个可能结果是可以稳定"混合"态，此时不同自旋态的离子相互交替，如图 5.62 所示。从图中立即可以看出，一个离子的自旋态转变，例如图 5.62 中 A 格座从（小体积）LS 态转变为（大体积）HS 态会稳定相邻离子的小体积 LS 态，于是得到的态为 HS 和 LS 态的有序排列。实验上，此现象似乎在 $TlSr_2CoO_5$ 和 $NdBaCo_2O_{5.5}$ 中观察到。

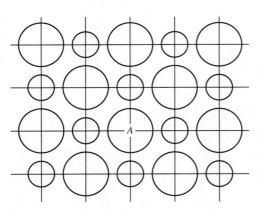

图 5.62　Co^{3+} 离子交替自旋态的可能起源（大"○"表示 HS 态，小"○"表示 LS 态）

此因素对于理解压力下自旋态转变的趋势也很重要。压力会稳定体积更小的态，即 LS 态，因此在压力下会发生 HS－LS 转变。这在许多过渡金属材料中都能观察到，例如包含 Fe^{2+}、Fe^{3+} 和 Co^{3+} 的材料。

$La_{1-x}Sr_xCoO_3$ 中存在一个有意思的情况。当 $x \gtrsim 0.2$ 时，系统变为铁磁金属，更多细节见 9.5.2 节。包含 LS Co^{3+} 的未掺杂 $LaCoO_3$ 为绝缘体。然而，掺杂的 $LaCoO_3$ 呈金属性，其中一些 Co 离子转变为铁磁（IS 或 HS）态。

通常情况下，包含强关联电子的材料在压力下变得更具金属性。简单地说，这与压力下电子跃迁和带宽的增加有关。我们将会在第 10 章中讨论很多这样的例子。然而，$(La,Sr)CoO_3$ 的情况却不同。此时压力导致 HS－LS 转变，但是 LS 态"更加绝缘"（在 HS 或 IS 态，相对较宽的 e_g 能带能被部分填充并参与导电，而组态为 $t_{2g}^6 e_g^0$ 的 LS 态中导电通道是关闭的）。相应地，$x \gtrsim 0.2$ 的 $La_{1-x}Sr_xCoO_3$ 在压力下转变为绝缘体。上述因素解释了这种违反直觉的行为。

处理自旋态转变系统的另一个重要因素是，非零自旋的态比 LS 态的熵更大。由于态的稳定性取决于自由能 $F = E - TS$ 最小的条件，所以熵 S 较高的态，即 HS 或 IS 态，通常在较高的温度下更稳定。

自旋态转变的平均场处理考虑了这些因素（不同格座之间主要是通过晶格和自旋熵发生相互作用），得出的结论是，有时这种转变可以是平滑的过渡，但也可以是真正的相变。

另一个与此物理图像相关的有趣效应是，在某些系统中，某些离子的自旋态可以被改变，例如通过光照。其中也许最引人注目的是普鲁士蓝类似物（图 3.30）。在这些系统中，自旋态转变伴随着电荷转移，并可以被温度和光照引起。在一般条件下，普鲁士蓝类似物 $K_{0.2}Co_{1.4}Fe(CN)_6$ •

$n\mathrm{H_2O}$，$n\approx 7$ 中，Co 离子为 Co^{3+}，Fe 离子为 Fe^{2+}，都为 LS 非磁态。在 $\approx 200\,\mathrm{K}$，系统发生电荷转移，过渡金属离子的价态发生改变，Co^{3+} 变为 Co^{2+}，Fe^{2+} 变为 Fe^{3+}，由此产生的态都是磁性态。更引人注目的是，这种由 $\mathrm{Fe}-\mathrm{Co}$ 电子转移引起的转变，以及由此产生的磁态，也可以由光照诱导。类似的效应也在例如通式为 $\mathrm{Rb}_x\mathrm{Mn}[\mathrm{Fe(CN)_6}]_{(2+x)/3}\cdot n\mathrm{H_2O}$ 的 $\mathrm{Mn}-\mathrm{Fe}$ 普鲁士蓝类似物中观察到，其中电子电荷转移和自旋态转变，也可以由温度和光照引起，如图 5.63 所示。

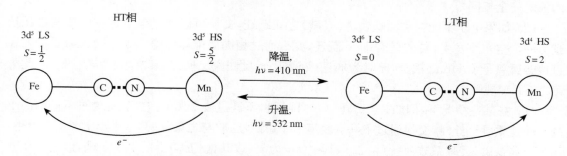

图 5.63　$\mathrm{Mn}-\mathrm{Fe}$ 普鲁士蓝类似物中温度或光照依赖的电荷转移和自旋态变化示意图（引自 Lummen TTA，Gengler RYN，Rudolf P，et al. J. Phys. Chem. C，2008，112：14158）

5.10　本 章 小 结

如前几章的讨论，对于强关联和每个格座电子数为整数的材料，其为包含局域电子并因此具有局域磁矩的 Mott 绝缘体。由于交换相互作用，以超交换为主，系统形成某种类型的磁序。在第 1 章讨论的最简单情形中（非简并电子、每个格座一个电子、简单晶格），这种超交换是反铁磁性的，$\approx J\boldsymbol{S}_i\cdot\boldsymbol{S}_j$，$J=2t^2/U$，其中 t 为 d-d 跃迁矩阵元，U 为在座 Hubbard 排斥，于是材料形成反铁磁序。

在实际情况中，人们必须考虑几个决定交换相互作用性质、符号和强度的因素，它们最终导致了实验上观察到的不同磁结构。这些因素主要是晶格的几何结构和不同过渡金属离子的特定轨道占据类型。还必须考虑到，如第 4 章所述，在大多数情况下，过渡金属离子的交换是通过中间配体（例如 O^{2-} 或 F^-）进行的。因此，根据晶格几何结构，既要考虑由过渡金属离子自身形成的晶格类型（可能是简立方，如钙钛矿，但也可能相当复杂，如许多阻挫磁体），也要考虑到局部几何结构——TM-O-TM 键的类型。它们可能是 180°键，其中氧离子位于连接两个过渡金属离子的线上，在钙钛矿 ABO_3 或其层状类似物 A_2BO_4、$A_3B_2O_7$ 等中会遇到。或者它们可以是 90°键，存在于当相邻的 MO_6 八面体共棱（两个氧）时。这是在例如尖晶石 AB_2O_4 中 B 格座，或 $\mathrm{CdI_2}$ 结构的二维层状系统（如 $\mathrm{NaCoO_2}$、$\mathrm{LiNiO_2}$ 等）中的情形。当然也存在其他的可能性。

Goodenough-Kanamori-Anderson(GKA)规则决定了这些情况下局域电子之间交换相互作用的符号和强度，这些规则的简单形式如下。

（1）当轨道的占据和局部几何结构为以下情形：相邻过渡金属离子的已占据（半满，有一个 d 电子或空穴）轨道之间有重叠或跃迁，或者通过相同配体（例如氧）的 p 轨道重叠，只有自旋反平行时，格座间的虚跃迁才被允许，此时交换为强反铁磁性的。对于直接 d-d 跃迁，反铁

磁交换 $J \approx t_{dd}^2/U$；对于 Mott-Hubbard 系统中通过氧的跃迁，当 d-d 排斥 U 小于电荷转移能 Δ_{CT} 时，反铁磁交换 $J \approx t_{pd}^4/\Delta_{CT}^2 U$，而当 $\Delta_{CT} < U$ 时，即电荷转移绝缘体中，$J \approx t_{pd}^4/\Delta_{CT}^2 \left(\Delta_{CT} + \frac{1}{2}U_{pp}\right)$（实际上，适用第一 GKA 规则的情况与第 1 章中有效 $\tilde{t}_{dd}$ 和 U_{eff} 的简单 Hubbard 模型的情况完全相同）。

（2）如果电子不能在磁活跃轨道（半满）之间跃迁，交换可以通过电子从一个格座虚跃迁到另一个空轨道发生，要么直接 d-d 跃迁，要么通过相同的配体轨道。不过交换需要借助在过渡金属离子上 Hund 耦合，此时为弱铁磁（相比于反铁磁交换，其衰减系数 $\approx J_H/U$）。此为第二 GKA 规则。

（3）在某些情况下，例如 90° TM-O-TM 键，不同过渡金属的占据轨道通过**不同阴离子**的 p 轨道重叠。此时，交换通过不同 p 轨道电子虚跃迁到"与之重叠的"过渡金属离子上产生，同样为弱铁磁，衰减系数为 $\approx J_H^p/\Delta_{CT}$，其中 J_H^p 为氧（或其他配体）上的 Hund 耦合，它一点儿不小，例如对于氧，$J_H^p \approx 1.2$ eV。

这些规则还存在一些细节。局部几何结构可以在 180°和 90°键之间，例如 TM-O-TM 夹角为 160°等。人们必须每次单独研究交换相互作用的具体特征。上述 GKA 规则只给出了一般性的指导，但通常情况下，足以大致理解在不同情况下的预期。

当对系统进行掺杂，即引入巡游载流子（电子或空穴），或者仅仅"通过构造"使得系统中既有局域电子又有巡游电子时，就会出现另一种借助导电电子的交换相互作用机制。如果导带的带宽和相应的 Fermi 能级很大，这种机制称为 RKKY（Ruderman-Kittel-Kasuya-Yosida）交换，$\approx \cos(2k_F r)/r^3$，其中 r 为磁性离子间距，k_F 为 Fermi 波矢。这种交换在空间中振荡，既可能是铁磁性的，也可能是反铁磁性的。对于规则系统，例如稀土金属或化合物，它可以给出不同类型的磁序，包括例如螺旋磁序。对于随机系统，如非磁性金属中过渡金属杂质，它可以导致自旋玻璃相。

但是当巡游载流子在窄带中移动时，局域自旋借助导电电子的耦合是铁磁的，称为**双交换**。其本质是第 1 章中已经提到的一个事实：为了获得电子的动能，使系统转变为铁磁性更为有利。对于强 Hund 耦合 J_H，每个格座上额外掺杂的电子自旋应该与"核心电子"（给定格座的局域电子）的自旋平行。这些局域电子之间通常为反铁磁交换，这将使局域自旋指向相反的方向。如果局域自旋确实为反铁磁排列，那么掺杂的电子将无法在格座间跃迁。因此为了获得掺杂载流子的动能（能带能），将局域自旋序变为铁磁更为有利：失去了局域自旋的交换能 J，但是获得了掺杂载流子的动能 $\approx tx$，其中 t 和 x 分别为掺杂载流子的跃迁和浓度。因此，大致而言，如果 $x \gtrsim J/t$，系统倾向于转变为铁磁性——这便是铁磁性的双交换机制[①]。大多数情况下，$J \ll t$（一般来说，$J \approx 100$ K ≈ 0.01 eV 而 $t \approx 0.5$ eV），在这样的系统中，铁磁在相对较小的掺杂时就会出现，例如在 CMR 锰酸盐 $La_{1-x}Ca_xMnO_3$ 中，铁磁出现在 $x \approx 0.2$。

当更低的掺杂不足以使整个样品转变为铁磁时，则存在不同情形。一个是形成铁磁和反铁磁序共存的（或者说，介于铁磁和反铁磁之间的）均匀**倾斜态**（倾斜角随着掺杂增加而变大直

---

① 另一种简单的定性方法来解释这一机制是，假设在给定格座，由于 Hund 交换，掺杂电子的自旋与该格座的局域自旋平行。然后，当这个电子跃迁到相邻格座时（当然在跃迁过程中保持其自旋），会将相邻格座的自旋"拉向"相同的方向，从而促进净铁磁性的产生。

到完全变为铁磁态)。另一个是相分离(更多细节见 9.7 节),即在反铁磁基体中形成铁磁金属微区。无论如何,在此案例中可以再次看出上文已经提到的趋势:铁磁倾向于和金属导电性同时存在。

很多过渡金属化合物磁性的重要细节由自旋轨道耦合决定。自旋轨道耦合缺失时,自旋系统本质上与晶格是不相关的:有序态的自旋取向相对于晶格可以是任意方向的。因此,此时磁系统是各向同性的。当考虑自旋轨道耦合后,磁各向异性才会出现。

在唯象描述中,磁各向异性可能的形式由晶体的对称性决定。因此,对于四方系统,可以存在 $\approx -km_z^2$ 项,取决于常数 k 的符号,会导致易轴或者易面磁体。类似地,人们可以分析其他对称的情况。

微观上,磁各向异性存在两种主要来源:单离子各向异性,例如对于 $S > \frac{1}{2}$ 的离子,存在 $\approx -K(S^z)^2$ 项,以及交换各向异性,其类型为 $J_\parallel S^z S^z + J_\perp (S^x S^x + S^y S^y)$。由于自旋轨道耦合,离子的 g 因子也会改变。对于没有 t_{2g} 简并的过渡金属离子(组态为 t_{2g}^3 或 t_{2g}^6,或 t_{2g} 能级被非立方晶体场相对剧烈地劈裂),此时轨道角动量淬灭,得到 $\delta g/g \approx \lambda/\Delta_{CT}$,其中 λ 为自旋轨道耦合 $\lambda L \cdot S$ 常数。此时单离子各向异性和交换各向异性都 $\approx (\lambda/\Delta_{CF})^2 \approx (\delta g/g)^2$[其中 $K \approx (\delta g/g)^2 \Delta_{CT}$,$|J_\parallel - J_\perp| \approx (\delta g/g)^2 J$]。

然而,对于部分填充 t_{2g} 能级的过渡金属离子,其轨道角动量没有淬灭,此时的情况有所不同,自旋轨道耦合为一阶作用,尤其是在磁有序态中,自旋和轨道角动量平行或反平行。实际上,T_c 或者 T_N 以下,此类系统中轨道角动量同样沿特定的方向,轨道占据改变,伴随着相应的晶格畸变,电子密度出现非球形(四极)分布。因此,此时出现非常强的**磁弹耦合**和相应的**磁致伸缩**——比轨道角动量淬灭的过渡金属系统强得多。同时,磁各向异性变得十分巨大,很大程度上是由这种强磁弹耦合导致的。因此,在此类系统中[例如包含 Fe^{2+} ($t_{2g}^4 e_g^2$) 和 Co^{2+} ($t_{2g}^5 e_g^2$) 的系统]观察到的非常强的磁各向异性,磁弹耦合和磁致伸缩,正是由潜在 t_{2g} 简并和相应自旋轨道耦合的重要作用导致的。

自旋轨道耦合引起的轨道占据变化和相应的晶格畸变,以及 t_{2g} 能级相应的晶体场劈裂,使人联想到 Jahn - Teller 效应引起的轨道序现象,见第 3 章和第 6 章。然而,轨道占据的类型是不同的,由 Jahn - Teller 效应和自旋轨道耦合引起的晶格畸变被证明是相反的。因此,通过测量例如 t_{2g} 简并的特定化合物的晶格畸变,可以获得 Jahn - Teller 效应和自旋轨道耦合中哪个起主导作用。由于重原子的自旋轨道耦合更强(例如 $\lambda \approx Z^4$,其中 Z 为原子序数),一般来说对于 3d 元素,Jahn - Teller 效应在较轻的 3d 元素(Ti、V 和 Cr)中更强,但是自旋轨道耦合在较重的 3d 元素(Fe 和 Co)中主导。

除了对称交换,某些系统还存在**反对称交换** $\approx D_{ij} \cdot [S_i \times S_j]$[Dzyaloshinskii - Moriya (DM)相互作用]。这同样要求存在自旋轨道耦合,$|D| \approx (\lambda/\Delta_{CF})J \approx (\delta g/g)J$。这种相互作用只存在于特定的情况下,例如当 i 和 j 格座之间没有反转对称中心时。Moriya 给出了决定 DM 相互作用存在的条件和 Dzyaloshinskii 矢量 D 方向的规则,见 5.3.2 节。

DM 相互作用的重要结果是导致自旋倾斜(对于共线自旋,我们无法获得 DM 相互作用能)。特别地,这会导致在某些反铁磁体中出现**弱铁磁性**。在过渡金属化合物中存在相当多的此类系统,例如 Fe_2O_3 等。DM 相互作用的另一个结果是可能导致**线性磁电效应**,见第 8 章。

根据上述规则,原则上可以理解在不同过渡金属化合物中观察到的磁结构。一种特殊的情况是所谓的**阻挫**磁性材料。通常来说,这些是阻挫晶格系统,例如三角、kagome、GGG 型(kagome 和 GGG 型由共顶点三角网络组成)和烧绿石晶格(共顶点四面体组成)。但有时,如果包括远邻相互作用(例如,沿着正方形对角线的交换),阻挫也可能存在于方形晶格中。简单地说,阻挫意味着不可能建立一个同时满足所有键上反铁磁相互作用的磁结构。此时,仍然可能存在长程有序态,但也许相当复杂,而且这种有序态通常发生在比交换相互作用的典型值低得多的温度下,可以用 Curie - Weiss 磁化率 $\chi \approx C/(T - \Theta)$ 中的用 Weiss 温度 $\Theta \approx zJS(S + 1)$ 来度量,其中 z 为最近邻原子数。标准情况下,磁有序温度 $T_N \approx \Theta$,而在阻挫系统中,通常来说 $T_N \ll \Theta$。比值 Θ/T_N 被视为阻挫程度的经验性度量:该比值越大,系统阻挫越强。

在更强的阻挫情况下,可能根本不存在长程磁序。但是可能仍然存在相当发达的短程反铁磁关联,此态被称为**自旋液体**。可能存在不同类型的自旋液体态,其单态或三重态中可以有或者没有能隙。

这种自旋单态最"流行"的一种类型是**共振价键(RVB)**态。这给出了一维反铁磁体一个很好的描述(虽然不准确),而且原则上也可以存在于某些高维系统中,特别是那些阻挫和(或)一定掺杂的系统。主要由 Anderson P. W. 提出的观点认为,这种状态可能与铜氧化物中高 T_c 超导有关,见第 9 章。这种状态可以有相当不平凡的激发,例如具自旋 $\frac{1}{2}$ 的中性激发——**自旋子**(而不是普通的 $S = 1$ 的自旋波或磁振子),或者带电无自旋激发——**空穴子**。也就是说,该系统中可能发生**自旋-电荷分离**:带电荷 $+e$ 和自旋 $\frac{1}{2}$ 的空穴分裂成电荷为零、$S = \frac{1}{2}$ 的自旋子,和电荷为 $+e$、$S = 0$ 的空穴子。

除了在块体材料中存在的各种均匀磁态外,还可能出现不同类型的磁缺陷或复杂的磁织构。例如,众所周知的畴壁,其将不同序参量的磁畴分开,例如不同取向的铁磁极化。三维材料中畴壁是二维的。但也可能出现其他类型的缺陷,例如一维磁涡旋或被称为 skyrmion 的"磁刺猬"型的类点缺陷。根据这些缺陷中特定的自旋结构,它们可能不仅展现出非平凡的磁性,而且还能展现出有意思的电学性能(如磁电耦合)。因此,一些磁涡旋和 skyrmion 具有环磁极矩。这些特性作为电和磁之间耦合起源特别重要,将在第 8 章中详细讨论。

当过渡金属化合物中过渡金属离子存在不同的自旋态(不同的多重态)时,可能会出现一种特殊的磁现象。在某些这样的系统中,可能会出现特殊类型的转变——自旋态转变——在这种转变中,不仅磁矩以某种方式排列,而且离子的磁矩大小也会发生变化。这种转变可以随着温度、压力、成分,甚至光照的变化而发生。这可以是真正的相变,甚至是 I 级的,但也可以是平滑的过渡。后者最著名的例子是钙钛矿 $LaCoO_3$。在特殊情况下,可能会出现不同自旋态(Co^{3+} 的低自旋和高自旋态)的有序排列,例如棋盘状。导致协同自旋态转变和最终的自旋态有序的主要物理机制通常是通过晶格耦合的,源于不同自旋态的过渡金属离子截然不同的离子半径。

在过渡金属(或稀土)离子的基态为单态,但存在低能磁激发态(如三重态)的系统中,可以存在一种特殊类型的磁性。这可能是由于基态是低自旋的,例如 Co^{2+} 的 $S = 0$ 态,或者由于自旋轨道耦合,基态为 $J = 0$ 的单态。在这种情况下,如果激发态的过渡金属离子的交换相互作用大于单态-三重态的激发能,尽管孤立离子处于非磁性单态,但这种过渡金属离子富集系统的基态仍然可能是磁性的：此时激发三重态在自身分子场中有效 Zeeman 劈裂将大于单态-三重态的激发能，而 Zeeman 劈裂的磁能级将低于单态能级。这种情况被称为**单态磁性**。这在稀土化合物中最常见，例如含有 Pr^{3+} 的化合物，但也存在于过渡金属化合物中。同样的物理效应——非磁单态和 Zeeman 劈裂激发态的交叉——也可以在外磁场，而非内部磁场中发生。该能级交叉后，系统的状态转变为磁性，这通常可以描述为相干态中磁振子的产生，有时也被称为**磁振子 Bose 凝聚**。

第 6 章
协同 Jahn – Teller 效应和轨道序

根据 3.1 和 3.2 节,在对称(例如立方)晶体场(例如正 MO_6 八面体)中,过渡金属离子的基态通常存在轨道简并。例如 Mn^{3+} $(t_{2g}^3 e_g^1)$、Cr^{2+} $(t_{2g}^3 e_g^1)$、低自旋 Ni^{3+} $(t_{2g}^6 e_g^1)$ 和 Cu^{2+} $(t_{2g}^6 e_g^3)$ 的双重 (e_g) 简并,以及三重简并(部分填充 t_{2g} 能级)。原则上相对于晶格畸变,这些态是不稳定的,从而解除轨道简并——这便是 Jahn – Teller(JT)定理的本质,见 3.2 节。

对于 t_{2g} 离子,自旋轨道耦合也起着重要作用,并且可以解除 t_{2g} 轨道的简并。因此,这些系统中 JT 效应的表现可能与 e_g 电子的情形不同。所以,我们首先考虑"干净的" e_g 电子情形,然后讨论它在此类离子富集系统的效应;之后再转到 t_{2g} 系统,并分析其特有的性质。

3.2 节简要讨论了孤立离子 JT 效应的部分内容,特别是振动效应的重要作用。本章讨论包含轨道简并 JT 离子的富集系统性质。我们将看到,在富集系统中(大量的 JT 离子,理想情况下每个单胞都包含 JT 离子),会出现不同 JT 离子之间的相互作用,并因此 JT 效应获得了一个协同特性——**协同 Jahn – Teller 效应**(cooperative Jahn – Teller effect, CJTE)。由于该作用,一般来说系统会发生结构相变,解除轨道简并同时导致每个离子的特定轨道占据——**轨道序**(orbital ordering, O.O.)。

在 20 世纪 60—70 年代讨论这类现象时,术语 CJTE 用得最多;近期,O.O.使用得更多。但实际上,这只是描述同一物理现象——在电子子系统中伴随 CJTE 或 O.O.的 Jahn – Teller 晶格畸变的不同术语。然而,人们应该知道,这两个现象不能独立发生:即使轨道序往往由电子效应引起,也总是会伴随晶格的畸变。因此,在某种意义上说,CJTE 和 O.O.之间的关系是"先有鸡还是先有蛋"的问题,它们总是同时发生。

还有另一个一般性的说明。在伴随相应轨道序的结构相变中,序参量可以是畸变 u_{ij}(或相应的应变),或轨道占据。离子的电子密度在高温无序态是球形的(或者是例如立方对称性的,由晶体场决定),在轨道序形成的过程中,它变为各向异性——例如沿着一个方向伸长,如图 3.8(a)所示,或者收缩,如图 3.8(b)所示。相应地,可以看出此过程中,每个离子没有出现真正的电荷序和电偶极,而是形成了电四极矩。因此,正如上一章提到的,在 CJTE 或轨道序中真正的序参量是四极矩 $Q_{\alpha\beta}$,为二阶张量。然而,在特殊的情形下,可以用更简单的序参量简化表述,例如有效赝自旋 $\tau = \dfrac{1}{2}$,见下文。

现今,轨道序的研究已经相当完善,本书将描述其主要效应。

6.1 e_g 系统中的协同 Jahn‑Teller 效应和轨道序

本节的开头需要回顾一下 3.1 和 3.2 节中关于轨道的主要描述。该章节讨论了八面体坐标中过渡金属离子的 e_g 简并情形,典型的例子为 d^4(Mn^{3+} 和 Cr^{2+})和 d^9(Cu^{2+})。此时,双重简并的 e_g 轨道中存在一个电子或者空穴,如图 6.1 所示。注意,相应的 e_g 轨道,在立方晶体场中(正 MO_6 八面体)是简并的,为 $|z^2\rangle$ 和 $|x^2-y^2\rangle$ 轨道,如图 6.1(c)、图 6.1(d)所示。但是,可以取这两个轨道的任意线性组合作为基,例如可以采用和图 6.1(c)中 $|z^2\rangle$ 形状相同的,但是朝 x 方向的 $|x^2\rangle$ 轨道等。这样线性组合的一般形式可以写作[①]:

$$|\theta\rangle = \cos\frac{\theta}{2}|z^2\rangle + \sin\frac{\theta}{2}|x^2-y^2\rangle \tag{6.1}$$

人们可以在 θ 平面来表示这些态,如图 6.2 所示(此表示在 3.1 节已经介绍过了)。e_g 波函数的形式在归一化下可以被写作(见 3.1 节):

$$|z^2\rangle = \frac{1}{\sqrt{6}}(2z^2-x^2-y^2), \quad |x^2-y^2\rangle = \frac{1}{\sqrt{2}}(x^2-y^2) \tag{6.2}$$

基于此,可以计算在 θ 平面内不同角度对应的态:$|0\rangle \Longleftrightarrow |z^2\rangle$,$|\pi\rangle \Longleftrightarrow |x^2-y^2\rangle$,$\left|\frac{2}{3}\pi\right\rangle \Longleftrightarrow |y^2\rangle$,$\left|\frac{4}{3}\pi = -\frac{2}{3}\pi\right\rangle \Longleftrightarrow |x^2\rangle$,$\left|\frac{1}{3}\pi\right\rangle \Longleftrightarrow |y^2-z^2\rangle$,$\left|-\frac{1}{3}\pi\right\rangle \Longleftrightarrow |x^2-z^2\rangle$ 等,其中使用了简写符号,$|z^2\rangle = |3z^2-r^2\rangle$,$|x^2\rangle = |3x^2-r^2\rangle$ 和 $|y^2\rangle = |3y^2-r^2\rangle$。

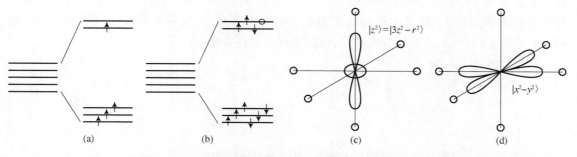

图 6.1 导致强 Jahn‑Teller 效应的可能轨道简并情形及两个基 e_g 轨道的形状

---

① 更一般地说,这种线性组合的系数同样可以是复数,$\alpha|z^2\rangle + \beta|x^2-y^2\rangle$,其中 $|\alpha|^2 + |\beta|^2 = 1$。在此处所展示的标准处理中,这样的复数组合并没有出现,但是原则上可以考虑某些系数确实为复数的特殊情形。不过,复数系数状态的性质和式(6.1)中实数系数的有很大区别。因此,例如组合 $\frac{1}{\sqrt{2}}(|z^2\rangle \pm i|x^2-y^2\rangle)$ 具有球对称电子密度,即它们与任何晶格畸变无关(这就是在标准 CJTE 处理中它们不出现的原因,这依赖于晶格畸变导致 JT 简并的解除)。但是这样的复数状态,和量子力学中其他的复数状态类似,在时间反演下变号,也就是它们打破时间反演不变性,因此是磁性的。然而,它们的磁(偶极)矩为零,可以证明,这些态中非零的实际上为**磁八极矩**。(见 van der Brink J., Khomskii D. I.. Phys. Rev. B, 2001, 63: 140416)

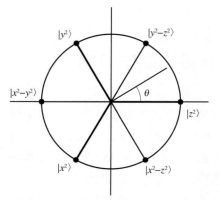

图 6.2 θ 平面(可以方便地找出各种可能的轨道态)

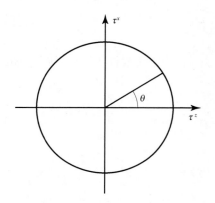

图 6.3 双重简并的 e_g 轨道子空间到赝自旋 $\tau = \dfrac{1}{2}$ 空间的映射

描述这些双重简并态的一种简单方法是使用赝自旋 $\dfrac{1}{2}$ 算符 $\boldsymbol{\tau}$,于是:

$$\left|\tau^z = +\frac{1}{2}\right\rangle \Longleftrightarrow |z^2\rangle$$
$$\left|\tau^z = -\frac{1}{2}\right\rangle \Longleftrightarrow |x^2 - y^2\rangle \tag{6.3}$$

因此,图 6.2 的 θ 平面被映射到 (τ^z, τ^x) 平面(图 6.3),此时任意态 $|\theta\rangle$ 可以表示为在 (τ^z, τ^x) 平面[①]中此赝自旋 $\boldsymbol{\tau}$ 的特定取向。赝自旋算符服从自旋 $\dfrac{1}{2}$ 算符的、或对应 Pauli 矩阵的标准对易关系。因此,可以使用与普通自旋 $\dfrac{1}{2}$ 相同的方法来处理赝自旋,使用相同的近似,原则上也能得出所有相同的复杂性,如量子效应(尽管由于与晶格的强耦合,后者对轨道的影响要小于对真正自旋的影响,见下文)。严格地说,赝自旋 $\boldsymbol{\tau}$ 与普通自旋 $\boldsymbol{S}$ 的区别是:普通自旋描述了磁态,即形式上 $\boldsymbol{S}$ 的所有分量关于时间反演 $\mathcal{T}$ 为奇。然而,τ^x,τ^z 事实上描述的是特定的电荷分布,即它们关于时间反演为偶,只有第三个分量 τ^y 关于 $\mathcal{T}$ 为奇(根据第 139 页脚注①,在 JT 系统的描述中,τ^y 几乎不出现)。

3.2 节已经讨论了孤立过渡金属离子轨道简并的结果,并描述了相应的一些现象,如轨道自由度之间的耦合和相应的晶格畸变。e_g 能级可以被双重简并畸变或声子 Q_3 和 Q_2 劈裂,其中 Q_3 为四方伸长($Q_3 > 0$)或收缩($Q_3 < 0$),Q_2 为正交畸变,如图 6.4(为了使本章内容更为独立,重复了部分 3.1 和 3.2 节的内容)。这些局部畸变通过相互作用[式(3.29)]与相应离子 i 的轨道占据耦合,根据赝自旋算符式(6.3),可以重写为:

$$c_{i1}^\dagger c_{i1} = n_{i1} = \frac{1}{2} + \tau_i^z$$
$$c_{i2}^\dagger c_{i2} = n_{i2} = \frac{1}{2} - \tau_i^z$$
$$c_{i1}^\dagger c_{i2} = \tau_i^+ \tag{6.4}$$
$$c_{i2}^\dagger c_{i1} = \tau_i^-$$

其中,下标 1 和 2 分别代表 $|z^2\rangle$ 和 $|x^2 - y^2\rangle$ 轨道。由此产生的在座相互作用形式为:

$$\mathcal{H}_{\text{JT}, i} = -g(\tau_i^z Q_{3i} + \tau_i^x Q_{2i}) \tag{6.5}$$

其中,由于对称性的要求,e_g 轨道与 Q_3 和 Q_2 的耦合常数 g 相同。

---

① 第 139 页脚注①讨论的复数态对应第三个 Pauli 矩阵 τ^y 的本征态。

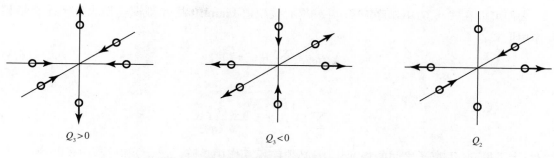

$Q_3 > 0$　　　　$Q_3 < 0$　　　　Q_2

图 6.4　解除 e_g 简并的局部 MO_6 八面体畸变

6.1.1　格座间耦合的 Jahn‑Teller 机制

当 JT 离子形成固体时，例如 $LaMnO_3$ 或者 $KCuF_3$，会出现不同离子轨道态和相应畸变之间的相互作用。理解此相互作用最简单的方法是研究公共氧（即 MO_6 八面体共顶点）连接两个 JT 离子的情形，如图 6.5 所示。由图显然可知，当 A 的占据轨道为 $|z^2\rangle$ 时，相应的 AO_6 八面体在 z 方向局部伸长，这不利于 B 格座相同的轨道占据，因为会产生相同的畸变：鉴于 AO_6 八面体被拉长了，BO_6 八面体倾向于收缩，因此可以预期 B 格座被另一轨道，即 $|x^2 - y^2\rangle$ 占据。无论如何，可以看出，事实上在此类离子富集系统中，公共氧连接的不同八面体会立即导致不同格座上畸变和轨道占据的耦合，于是轨道有序的过程产生协同性，并具有真正的相变形式。

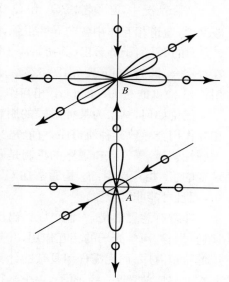

实际上，以上机制甚至不要求 JT 离子具有公共氧：在晶体中，任意局部畸变会导致应变场，其作用范围很远，另一个 JT 离子，甚至不需要离前一个 JT 离子很近，就能感受到这个应变并相应地改变其轨道占据。

图 6.5　一对相邻 Jahn‑Teller 离子中（其 O_6 八面体共顶点）Jahn‑Teller 畸变与相应轨道序的耦合示意图

数学上，我们可以将式（6.5）局部 Jahn‑Teller Hamiltonian 推广到一个大的系统来描述此情形：

$$\mathcal{H}_{JT} = -\sum_{i,q} g_{i,q}\left[\tau_i^z Q_3(\boldsymbol{q}) + \tau_i^x Q_2(\boldsymbol{q})\right] + \sum_q \omega_{3,q} b_{3,q}^\dagger b_{3,q} + \sum_q \omega_{2,q} b_{2,q}^\dagger b_{2,q}$$
$$= -\sum_{i,q} \widetilde{g}_{i,q}\left[\tau_i^z(b_{3,q}^\dagger + b_{3,-q}) + \tau_i^x(b_{2,q}^\dagger + b_{2,-q})\right] + \sum_q \omega_{3,q} b_{3,q}^\dagger b_{3,q} + \sum_q \omega_{2,q} b_{2,q}^\dagger b_{2,q}$$

$$(6.6)$$

其中，$g_{i,q} = g(\boldsymbol{q})e^{i q \cdot R_i}$（对于 $\widetilde{g}$ 类似），并引入了声子算符 $b_{\alpha,q}^\dagger$，$b_{\alpha,q}$（$\alpha = 3, 2$），于是：

$$Q_3(\boldsymbol{q}) \Rightarrow b_{3,q}^\dagger + b_{3,-q}, \qquad Q_2(\boldsymbol{q}) \Rightarrow b_{2,q}^\dagger + b_{2,-q} \tag{6.7}$$

（已经将数值系数，包括例如原子质量等，合并到了有效耦合常数 g 和 $\widetilde{g}$ 中）；其中 $\omega_{\alpha,q}$ 为相应声子的频率。

人们可以在式(6.6)中排除声子,并获得有效轨道 Hamiltonian,其具有赝自旋 τ 的交换相互作用形式:

$$\mathcal{H}_{\text{eff}} = \sum_{ij} J_{ij} \tau_i \tau_j \tag{6.8}$$

其中:

$$J_{ij} = -\sum_q e^{iq\cdot(R_i - R_j)} \frac{|\,\tilde{g}(q)\,|^2}{\omega(q)} \tag{6.9}$$

注意,为了得到 JT 离子之间的相互作用,必须使相互作用矩阵元 $g(q)$ 和(或)声子频率 $\omega(q)$ 有一定的(依赖于 q 的)色散:没有色散时,对于常数 g 或 $\tilde{g}$,以及 ω(即对于局域声子),相互作用式(6.9)将变为 $J_{ij} = \delta_{ij}\tilde{g}^2/\omega$,于是不同 JT 离子之间没有任何耦合,即没有任何协同本质的局部 JT 效应。还可以看出,声学声子的耦合会导致一个长程相互作用,而光学声子会导致一个短程相互作用(主要是最近邻离子间的耦合)。

实际情况中,必须考虑 Q_2 和 Q_3 两种模式,以及它们依赖于具体晶体结构的表达式。一般来说,轨道相互作用各向异性很强,$\tau^z\tau^z$、$\tau^x\tau^x$ 和 $\tau^z\tau^x$ 项的系数不同。这可以通过考虑沿着 z 方向的 JT 离子链看出(其初始离子顺序如图 6.5 所示),此时该链仅有 Q_3 模,由于其仅与 τ^z 算符耦合,即为 Ising 型(由图 6.5 易知这是 Ising"反铁磁")。仅对于非常对称的模型,相互作用式(6.8)可能与 Heisenberg 相互作用类似。

无论如何,结果为某种形式的赝自旋交换 Hamiltonian。并且,类似磁系统,可以预计此相互作用会导致某种轨道序,可能是"铁磁的"(更准确地说是铁磁性轨道)或"反铁磁的"(即反铁磁性轨道)等。该轨道序的机制是基于晶格畸变的 JT 相互作用,或更准确来说,通过晶格畸变的 JT 相互作用:这是通常在 CJTE 处理中用到的机制。这一机制存在于所有 JT 系统中,而且可能非常重要。

非常有意思的是,人们可以给出该机制的一个纯经典解释,至少可以用经典弹性理论来描述通过长波声学光子的相互作用,并且通常可以相当好地描述由此得到的协同 JT 畸变和相应的轨道有序,而无需任何复杂的计算。在弹性理论中,当从晶格中移除一个原子("一个球")并在此格座放置另一个原子(一个半径不同的球,例如在电荷序情形;或椭球,例如 JT 情形),此原子会在晶体中产生应变,这取决于此"杂质原子"的形状和基体的弹性常数,如 c_{11}、c_{12} 和 c_{44}。可以证明,位于立方晶体 $r = 0$ 处的球型杂质会产生应力场 $F(r)$:

$$F(r) \approx dQ \frac{\Gamma(n)}{|r|^3} \tag{6.10}$$

其中 Q 为杂质"强度"($Q \approx v - v_0$,v 为杂质体积,v_0 为被取代部分的体积),而:

$$d = c_{11} - c_{12} - 2c_{44} \tag{6.11}$$

c_{ij} 为晶体的弹性模量。关键参数 $\Gamma(n)$(其中 $n = r/|r|$)描述了应力场的角度依赖关系——即对矢量 r 方向余弦 n_x、n_y、n_z 的依赖关系:

$$\Gamma(n) = n_x^4 + n_y^4 + n_z^4 - \frac{3}{5} \tag{6.12}$$

此应力场如图 6.6 所示:应力在 x 和 y 轴附近为正(图 6.6 中阴影部分),而在对角线方向为负(反之亦然,这取决于杂质的大小和组合 $c_{11} - c_{12} - 2c_{44}$ 的符号)。因此,另一个杂质进入晶体时会受到来自第一个杂质的吸引或排斥(依赖于它们的相对位置)。如果杂质可以移动,例如电荷序的情况,将导致条纹结构(电荷沿着吸引的路径有序排列,例如沿着图 6.6 "风车"中的 x 和 y 轴),详细讨论见第 7 章。类似地,如果存在引起局部畸变(通常为 MO_6 八面的局部伸长)的 JT 离子,由此产生的椭球体(JT 离子的形状)会通过类似的应力场相互影响,于是在离子特定的堆叠下出现能量最小值,导致总应力最小。因此可以证明,对于例如 $LaMnO_3$,其中每个 Mn^{3+}($t_{2g}^3 e_g^1$)导致 MnO_6 八面体的局部伸长,这些长轴的最优排列将如图 6.7 所示(也可以参考图 3.22)——此结构几乎和实验上观测到的低于 T_{JT} 时的 $LaMnO_3$ 一致(不同的 xy 面要么同相位,如图 6.7 所示,要么反相位,这两种结构能量几乎相同)。

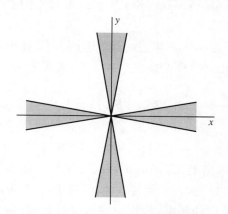

图 6.6　类"风车"区域对应弹性介质中杂质的吸引或者排斥

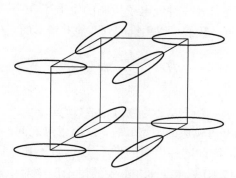

图 6.7　立方晶体中伸长八面体("雪茄")的最优排列(引自 Khomskii DI & Kugel KI. Phys. Rev. B, 2003, 67: 134401)

有必要在此重新说明 3.2 节所讨论的另一个一般性特点:对于 e_g 电子,几乎没有任何例外,局部 JT 效应都会导致 MO_6(或者 MF_6)八面体的伸长。于是,确实可以把此情形看作是长"雪茄状"物体的密堆积,这会导致图 6.7 的结构,其轨道占据如图 3.22 所示。标准的讨论导致了类似式(6.8)的有效轨道相互作用,忽略了稳定伸长八面体的非简谐效应。因此,标准的讨论会导致"反铁磁轨道序",譬如 $|z^2\rangle$ 和 $|x^2-y^2\rangle$ 轨道的相互交替排列,如图 6.5 所示。但是,这对应着 A 格座的局部伸长(沿 z 轴)和 B 格座的收缩,正如 3.2 节所讨论的,这在非简谐效应和高阶 Jahn‑Teller 相互作用的角度是非常不利的。如上所述,在 e_g 系统中,实验上的局部收缩实际上从未被观察到:在已知的数百种 e_g 简并的绝缘 JT 系统中,仅有一种或两种局部收缩的情况,并且这些例子仍然存在争议。这样的结果是,当考虑到这些非简谐效应时,在图 6.5 的情形中,产生的轨道序不再是展示的(z^2,x^2-y^2)型(一个 MO_6 八面体伸长,另一个收缩),而是(z^2,x^2)或者(z^2,y^2)型(图 6.8):公共顶点氧的偏移会

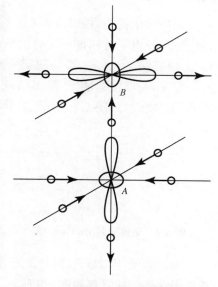

图 6.8　当八面体只允许局部伸长时的一对 Jahn‑Teller 离子的局部畸变和轨道占据(参考图 6.5)

稳定 B 格座的局部畸变,这也对应着 BO_6 八面体的**局部伸长**,但是其长轴垂直于 z 方向;这同样也是局部伸长,但是沿着 x 或 y 方向。图 3.22 和图 6.7 的基面中的情形正是这种类型。

无论如何,晶格效应在 JT 系统中起着非常重要的作用,可以导致轨道序,并确定其特征。但这并不是轨道序的唯一机制,另一种是纯电子或超交换机制,见下节。

6.1.2 轨道序的超交换机制("Kugel‐Khomskii 模型")

前几节已经考虑了轨道与晶格畸变的 JT 耦合。这种耦合只涉及电荷自由度,而不依赖于相应离子的自旋。当然,如 5.1 节所述,在建立一定的轨道序后,它强烈地影响交换相互作用的类型和由此产生的磁性——这构成了 Goodenough‐Kanamori‐Anderson 规则的主要部分。但原则上,该机制中的轨道序与自旋序是独立的。

还有另一种纯电子机制的轨道序,由 Kugel 和 Khomskii[①] 提出,这与磁序的超交换机制非常接近。我们可以用推广到双简并情形的式(1.6)Hubbard 模型来描述 e_g 电子(参见附录 B):

$$\mathcal{H} = -\sum_{\substack{\langle ij \rangle, \\ \alpha\beta, \ \sigma}} t_{ij}^{\alpha\beta} c_{i\alpha\sigma}^{\dagger} c_{j\beta\sigma} + \sum_{\substack{i, \\ \alpha\sigma \neq \beta\sigma'}} U_{\alpha\beta} n_{i\alpha\sigma} n_{i\beta\sigma'} - J_{\mathrm{H}} \sum_i \left(2\boldsymbol{S}_{i1} \cdot \boldsymbol{S}_{i2} + \frac{1}{2} \right) \qquad (6.13)$$

其中,α,$\beta = 1$,2 为轨道指数(例如 $1 \Longleftrightarrow |z^2\rangle$、$2 \Longleftrightarrow |x^2 - y^2\rangle$)。一般来说,跃迁积分 $t_{ij}^{\alpha\beta}$ 取决于参与轨道的类型和 $\{i, j\}$ 离子对之间的取向。原则上,Coulomb 矩阵元 U 也可能依赖于轨道:因此同一轨道的排斥,$U_{11} = U_{22}$ 比不同轨道的 U_{12} 大。然而,在一阶近似中,这种差别通常可以忽略,参见 3.3 节中的讨论。这对于定性讨论已经足够,尽管一些数值系数,特别是那些包含 Hund 耦合 J_{H} 表达式的系数,可能会不同。式(6.13)中的 Hund 耦合与 2.2 节中的规则相对应:对于平行自旋,Hund 耦合为 $-J_{\mathrm{H}}$,$\boldsymbol{S} \cdot \boldsymbol{S} = +\frac{1}{4}$,而反平行自旋的能量零点在平均场近似下为 $\boldsymbol{S} \cdot \boldsymbol{S} = -\frac{1}{4}$。

利用这个模型,可以考虑 $U \gg t$ 且双重简并轨道上每个格座一个电子的情况。于是,每个格座的局域电子有四种可能的状态:$(1\uparrow)$、$(1\downarrow)$、$(2\uparrow)$ 和 $(2\downarrow)$,可以用赝自旋 τ_i 和自旋 S_i 的值来描述。类比 1.3 节对超交换的处理可知,关于 t/U 的二阶微扰中的虚跃迁将解除该简并。但是,与非简并情况(图 1.12)相比,此时对于两个相邻的格座,必须考虑四种(而非两种)不同的可能性,如图 6.9 所示。

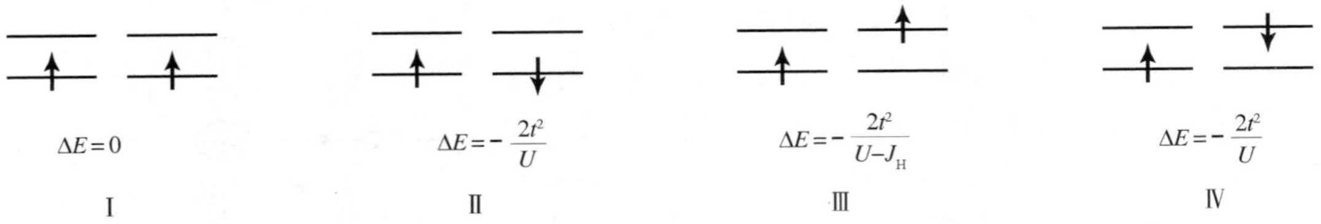

图 6.9 双重简并 Hubbard 模型中同时发生自旋和轨道序的机制(超交换或 Kugel‐Khomskii 机制)

为了简便,考虑只有对角跃迁元的情况,即 $t^{11} = t^{22} = t$,$t^{12} = 0$。可以看到,在二阶微扰理论中获得的能量将如图 6.9 所示。第一种情况(相同自旋,相同轨道)不会获得任何能量,因

① Kugel K. I., Khomskii D. I.. Zh. Exp. Teor. Fiz., 1973,64:1429.

为此时虚跃迁被 Pauli 原理禁止。其他三种组态可以获得一定的能量,最大的能量获得是第三种组态:自旋相同但轨道不同。这种组态是最有利的,因为对于中间态,两个电子在同一格座,这些电子的自旋平行,使这个态的能量降低了 J_H[同样在情形Ⅲ和Ⅳ的中间态中,两个电子在不同轨道上的排斥也会减小,见例如式(2.7);为了简便,此时忽略了这个影响,但包括它也不会改变定性结论]。因此,在这个简化的模型中,应该期望基态是交替轨道占据的状态,即"反铁磁轨道序",但自旋是铁磁的。这是一个相当普遍的趋势,至少在 180° TM - O - TM 键的 JT 系统中,即 MO_6 八面体共顶点(公共氧)时:一般来说,反铁磁轨道序导致自旋铁磁性,反之亦然,铁磁轨道序通常导致自旋反铁磁性。此时我们注意到与5.1 节中讨论的 GKA 规则的一个密切关系:事实上,根据 GKA 规则,交换的符号是由轨道占据决定的,(半)填充轨道的重叠导致反铁磁性,而已占据轨道和空轨道的重叠导致铁磁性。第一种情形类似于图 6.9 中的情形Ⅱ,而第二种情形类似于图 6.9 中的情形Ⅲ。不同之处在于,在 GKA 规则中,**假定**了特定的轨道占据,但在此处,与相应自旋序一起**得到**了轨道序。

同样,与非简并情形类似,其中对于 $n = 1$ 和 $t/U \ll 1$,可以从式(1.6)Hubbard 模型转到式(1.2)有效自旋模型,此时在这个极限下,也可以从式(6.13)简并 Hubbard 模型转到关于局域电子的有效模型。非简并情形中这样的局域电子由自旋 S_i 表示,导致了式(1.12)Heisenberg Hamiltonian,与之不同的是,此时每个格座包含一个局域电子的态由**两个量子数**表示:自旋态和轨道态,即两个算符 S_i 和 τ_i。相应地,有效模型的形式为:

$$\mathcal{H}_{\text{eff}} = J_1 \sum_{\langle ij \rangle} S_i \cdot S_j + J_2 \sum_{\langle ij \rangle} \tau_i \tau_j + 4J_3 \sum_{\langle ij \rangle} (S_i \cdot S_j)(\tau_i \tau_j) \tag{6.14}$$

该交换作用的自旋部分具有 Heisenberg 形式 $S \cdot S$,但是轨道部分($\tau\tau$)一般是各向异性的,这实际上与轨道的取向特点有关。系数 J_1、J_2 和 J_3 包含了 $\approx t^2/U$ 和 $(t^2/U)(J_H/U)$ 项。这个自旋轨道模型有时被称为 Kugel - Khomskii(KK)模型。

在简单的对称情形中,例如图 6.9(其中 $t^{11} = t^{22} = t$,$t^{12} = 0$,与键 ij 的取向无关,且所有的 U 相同),式(6.14)有效 Hamiltonian 具有实标量积 $\tau \cdot \tau$ 的更简单形式:

$$\mathcal{H}_{\text{eff}} = \sum_{\langle ij \rangle} [J_1 S_i \cdot S_j + J_2 \tau_i \cdot \tau_j + 4J_3 (S_i \cdot S_j)(\tau_i \cdot \tau_j)] \tag{6.15}$$

其中:

$$J_1 = \frac{2t^2}{U}\left(1 - \frac{J_H}{U}\right), \quad J_2 = J_3 = \frac{2t^2}{U}\left(1 + \frac{J_H}{U}\right) \tag{6.16}$$

也就是说,此时轨道算符 τ_i 类似于自旋,同样具有 Heisenberg 形式。理论物理学家称之为 SU(2) × SU(2) 对称。对于 $J_H = 0$,此模型的对称性甚至更高,为 SU(4)。但是对于一般的情形,尤其是对于特定重叠和跃迁的真实 e_g 轨道,产生的 Hamiltonian 对于变量 τ 而言是相当各向异性的;尤其是它包含了 $\approx \tau^z\tau^z$、$\approx \tau^z\tau^x$ 和 $\approx \tau^x\tau^x$ 项,但完全不包含 τ^y。

图 6.9 中所示的情形和式(6.15)、式(6.16)所描述的情形,导致了同时存在的铁磁轨道序和反铁磁自旋序,这对于 e_g 简并和 180° TM - O - TM 键钙钛矿型晶格的材料相当典型。然而,必须注意:这并不是一个普适的趋势。对于其他的几何构型,结果可能会不同。因此,如5.1 节所述,对于共棱八面体和 90° TM - O - TM 键的 e_g 系统,磁结构将会是铁磁的,与 e_g 电子的轨道占据无关,这也和这种几何构型的 GKA 规则一致。尽管如此,趋势通常是铁磁轨道序导致反铁磁自旋交换,反铁磁轨道导致铁磁自旋交换。然而,这一规则并不适用于所有情况。

就像刚才提到的,在真实系统中,即使简单晶格系统,例如钙钛矿立方晶格,有效 KK Hamiltonian 看起来可能相当复杂。这不仅是 τ 算符的高度各向异性,而且相应项的具体形式依赖于格座 i、j 之间键的取向,见 6.6 节。尽管如此,利用此 Hamiltonian,人们相当成功地描述许多材料的自旋和轨道结构。作为案例,下面将讨论 $KCuF_3$、K_2CuF_4 和 $LaMnO_3$ 的轨道和自旋结构。

6.1.3 轨道序的典型案例

在 $KCuF_3$ 中,Cu^{2+}($t_{2g}^6 e_g^3$)包含三个 e_g 电子,或者说一个 e_g 空穴。对于 Cu^{2+},人们通常与此空穴轨道打交道(注意对于空穴轨道,局部畸变的符号与相应电子情形相反)。

$KCuF_3$ 的理论轨道结构与实验相符,如图 6.10 所示,其中展示了空穴轨道。存在一个等价的结构,其中上和下 xy 平面轨道相同;实验上,这两种多型体存在的概率几乎相同[1]。

这个轨道结构的一个非常有意思的特征是,从 GKA 规则可以清楚地看出,在 z 方向上会有很强的反铁磁交换(占据轨道的强烈重叠——此时空穴轨道扮演着活跃轨道,携带自旋)。然而,在基面上,占据的空穴轨道相互正交;即仅存在占据轨道和空轨道之间的跃迁,于是交换为弱铁磁性。由此产生的磁结构如图 6.10 所示,为 A 型反铁磁(铁磁层以反铁磁形式堆叠),但是实际上,z(或者 c)方向的反铁磁交换比 xy(或 ab)面的交换强得多。实际上,该材料几乎是立方的,从磁性质角度,它是最好的一维反铁磁材料之一,并且这完全是由相应的轨道序导致的。

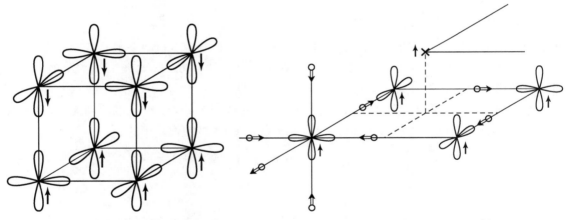

图 6.10 $KCuF_3$ 的轨道序和自旋序(展示的是 Cu^{2+} 的空穴轨道)

图 6.11 K_2CuF_4 的轨道和自旋结构,其中展示了空穴 x^2-z^2 和 y^2-z^2 轨道,双箭头表示氧离子的偏移

另一种类似的材料为"层状钙钛矿"K_2CuF_4(图 6.11)。此时二维层中的轨道序与图 6.10 所示的 $KCuF_3$ 基面相同[2]。类似地,面内的结构同样也是铁磁。非常有意思的是,K_2CuF_4 的

---

① 再次提醒,图 6.10 中描绘的轨道此时为 **d 空穴轨道**,即此时 CuF_6 八面体的局部畸变仍然是局部**伸长**,其长轴垂直于轨道所在的平面,这些轨道在 x 和 y 方向交替,类似于图 6.7 的畸变。

② 最初人们认为 K_2CuF_4 的轨道结构有很大的不同,每个离子为 z^2 轨道,对于空穴而言,这意味着 CuF_6 八面体在 c 方向的收缩。K_2CuF_4 甚至作为包含 Cu^{2+} 的非伸长而是收缩八面体的唯一材料在一些书中被引用;这似乎与晶体结构有关(K_2CuF_4 的单胞确实在垂直于平面的方向收缩)。然而,事实证明并非如此,此材料真正的轨道结构如图 6.11 所示,这意味着每个 Cu^{2+} 仍然在局部伸长的 F_6 八面体中,但是长轴在 x 和 y 方向上交替(垂直于图 6.11 的空穴轨道)。因此,出现了在 c 方向的净收缩,这并不是由于 CuF_6 八面的收缩造成的,而是因为它们的长轴位于 ab(或 xy)面内。

面间耦合被证明也是铁磁的,于是此材料为真正的铁磁体。它也是一个良好的绝缘体,于是它是罕见的透明铁磁材料代表(不幸的是,磁序仅出现在低温)。

有意思的是,"层状钙钛矿"中,即使是相同的 JT 离子 Cu^{2+},这种轨道序类型也不是唯一的。包含不同轨道序最著名的例子是 La_2CuO_4——高 T_c 超导原型材料。它的晶体结构基本上与 K_2CuF_4 的相同,但与后者不同的是,其轨道序是铁磁的:在每个 Cu 离子处,占据的**空穴**轨道为 $x^2 - y^2$(图 6.12)。CuO_6 八面体的局部畸变同样为伸长,但是此时长轴全部沿着 z(或者 c)方向平行排列,而不是 K_2CuF_4 中沿着 x 和 y 方向交替。显然,这与初始畸变和相应的 e_g 能级劈裂有关,往往出现在这种"214"结构中:至少在氧化物中,其顶点氧远离过渡金属离子,于是局域地来说,甚至没有 JT 效应时,MO_6 八面体已经四方伸长,其局部 $c/a > 1$。因此,包含非 JT 离子 Ni^{2+}($t_{2g}^6 e_g^2$)的 La_2NiO_4 中 NiO_6 八面体在 c 方向出现局部伸长。显然,La_2CuO_4 中此"外力"已经足够使得 JT 畸变沿着这个方向,并且 JT 效应进一步地在相同的方向上使 CuO_6 八面体伸长,伴随着 e_g 能级的强烈劈裂和由此产生的在每个 Cu 离子处的 $(x^2 - y^2)$ 轨道(图 6.13),因此相对于 K_2CuF_4 的反铁磁序,这稳定了 La_2CuO_4 的铁磁畸变和铁磁轨道序[①]。

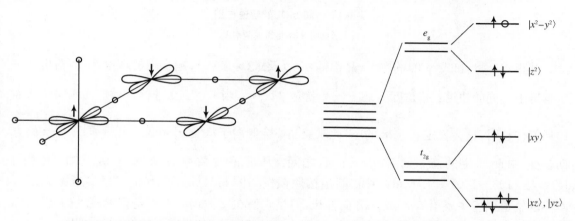

图 6.12　高 T_c 超导原型材料 La_2CuO_4 的轨道和自旋结构(其中展示了空穴 $x^2 - y^2$ 轨道)　　图 6.13　La_2CuO_4 中 Cu 离子 d 能级的晶体场劈裂

La_2CuO_4 和其他高 T_c 超导铜氧化物中的 z^2 和 $(x^2 - y^2)$ 能级的劈裂如此强以至于人们处理电子结构时通常只考虑 $(x^2 - y^2)$ 能带而忽略初始的轨道简并——尽管在一些高 T_c 超导的理论中,人们试图用 JT 自由度来解释这些系统中超导的起源。对于高 T_c 超导的发现者之一 Müller K. A.,JT 物理学的概念实际上是这一发现的指南。

另一类轨道序起重要作用的系统是 $La_{1-x}A_x MnO_3$($A = Ca$、Sr)型锰酸盐,它们因为在一定的掺杂浓度下(一般为 $0.3 \lesssim x \lesssim 0.5$)表现出 **CMR** 效应而受到极大关注,详细讨论见第 9 章。此处仅提及,在未掺杂 $LaMnO_3$(也包括某些 $x \neq 0$ 的相)中,Mn^{3+}($t_{2g}^3 e_g^1$)的轨道自由度很大程度上决定了这类系统的性质。

$LaMnO_3$ 和很多其他 $RMnO_3$($R = Pr$、Nd 等)材料为钙钛矿结构,Mn^{3+} 离子的 JT 本质导致了伴随轨道序的结构相变,对于 $LaMnO_3$ 转变温度为 $T_{JT} \approx 800$ K,而更小的稀土元素锰酸盐的转

---

① 　e_g 轨道的 Jahn – Teller 劈裂如此之大以至于图 6.13 中 z^2 和 xy 轨道可能交叉。

变温度更高。在更低的温度，$T_N \approx 140$ K，$LaMnO_3$ 中出现磁序，为 A 型反铁磁。$LaMnO_3$ 的基态轨道结构通常如图 6.14(a)所示：局部畸变对应伸长 MO_6 八面体的长轴在 x 和 y 方向交替排列（图 6.7）。从轨道式(6.1)角度 $|\theta\rangle$ 来看，这样的态对应两个 $\theta = \pm\frac{2}{3}\pi$ 亚晶格。

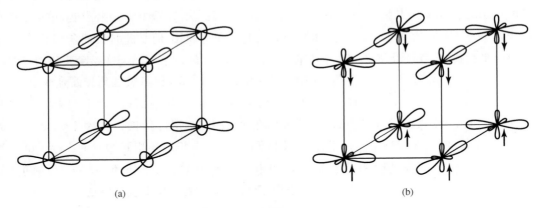

图 6.14　$LaMnO_3$ 的轨道占据

(a) 示意图；(b) 更真实的情况

　　基于式(6.8)和式(6.9)的电子-晶格耦合，以及式(6.14)KK 超交换的理论计算，给出了一定程度上不同的轨道：其角度不是 $\pm\frac{1}{3}\pi$ 就是 $\pm\frac{1}{2}\pi$。当考虑到由非简谐效应而倾向于八面体局部伸长时，这会稳定 $\pm\frac{2}{3}\pi$ 的态，此时亚晶格会倾向于从 $\pm\frac{1}{3}\pi$ 或 $\pm\frac{1}{2}\pi$ 向 $\pm\frac{2}{3}\pi$ 的方向转变，由此产生的态被证明介于它们之间：从晶格常数或者从 ESR 谱可知，轨道角度 $\approx \pm(105\sim110)°$。$LaMnO_3$ 中的轨道按照惯例如图 6.14(a)所示（也可以参考图 3.22）。真实的轨道确实主要沿着 x 或 y 方向伸长，但是它们在 z 方向具有一定程度较大的波瓣，而不是在第三个方向(y 或 x)的较小波瓣，如图 6.14(b)所示。如果继续这个过程［即图 6.14(a)的轨道序在 θ 平面中"未弯曲"的状态，对应 $\theta = \pm 120°$］，会得到"十字形"轨道，如图 6.10 所示($\theta = \pm 60°$)。$LaMnO_3$ 离这个极限还很远，但是这个关于图 6.14(a)中简单状态的修正更有利于使得面内相互作用更加铁磁性，并有助于增强 z（或 c）方向的反铁磁耦合，这最终导致了 A 型磁序，如图 6.14(b)所示。

　　以上讨论了导致协同轨道序和相应晶格畸变的两种主要机制：通过晶格作用的 Jahn-Teller 相互作用(6.1.1 节)和超交换（或 KK）相互作用(6.1.2 节)。那么在真实系统中，哪种机制更加重要呢？这并不那么简单。关键在于，在大多数真实系统中，这两种机制通常会导致相同类型的轨道序。因此，这个问题相当于是一个定量的问题。

　　当然，在真实材料中这两种机制都存在；人们并不能让其中一个不起作用。但是在计算中可以这么做。相应的从头起（ab initio）计算，确实证明在典型的情况中，两种机制都起作用，并大致相等，电子-晶格（Jahn-Teller）相互作用可能一定程度上强一些。对于 $KCuF_3$ 和 $LaMnO_3$，最具体的这种计算证明了这一点。因此，一般来说，为了恰当地描述这些效应，应该同时包含这两种机制，但是，相反地，可以只保留其中一种机制而获得一定的定性理解；通常，结果的定性特征可以被这种简化方法相当好地复现。

　　重要的一点是,由于轨道序可以由超交换(KK)和 Jahn – Teller 相互作用驱动(而磁序只归因于交换相互作用),轨道序一般来说出现的温度要比磁序高。有时这被认为是 Jahn – Teller 相互作用起主导作用的证据。然而,应该注意到纯电子相互作用,例如式(6.15)和式(6.16),可以导致同样的结果。通常不同自旋和轨道模式(例如铁磁自旋/反铁磁轨道和反铁磁自旋/铁磁轨道)的能量相同[在主要近似下,即不考虑式(6.16)中的 Hund 耦合 J_H 时],并且此简并被 Hamiltonian 中 $\approx J_H/U$ 项解除。实际上,轨道序出现温度 $T_{OO} \approx t^2/U$,见式(6.15)和式(6.16),但是磁(自旋)有序在低得多的温度出现,$T_N \approx (t^2/U)/(J_H/U)$——一般来说为轨道序温度的 $\approx \frac{1}{5}$。在实际情况中,电子-晶格(Jahn – Teller)相互作用确实扮演着非常重要的角色。

6.2　轨道序引起的维数约减

　　如上所述,轨道序的一个非常典型的特征是轨道的**取向性**;这将轨道序及其数学描述与自旋序极大地区分开来。轨道序非常具体的特点是,由于取向性特点,它可以有效地降低电子子系统的维数,例如,从电子的角度使一个三维系统变成二维甚至一维。

　　理解此最简单的方法是图 6.12 中的例子:如果在晶格中每个格座处占据 $(x^2 - y^2)$ 轨道,电子则可以在 x 和 y 方向跃迁,但是无法在 z 方向跃迁。因此,如果在一个三维系统中形成这样的轨道序,电子结构本质上会变成二维的。我们在 $KCuF_3$(图 6.10)中已经看到了类似的例子:如前所述,由于特殊的轨道序,这种实际上为立方结构的三维晶体在磁性上变得非常类似一维。

　　这种性质还有其他的例子,例如 B 格座上包含 t_{2g} 电子的尖晶石,如 $MgTi_2O_4$,如图 6.15 所示。人们可以把这个 B 格座亚晶格想象成沿 (xy)、(xz) 和 (yz) 方向的链。三个 t_{2g} 轨道的波瓣沿着这些方向:xy 轨道沿着 xy 链,xz 轨道沿着 xz 链,yz 轨道沿着 yz 链。因此,如果 d-d 跃迁主要是由于直接 d-d 重叠,这显然是起始 3d 金属中的情况,如 Ti、V 或 Cr,于是例如在 xy 轨道上的电子只会跃迁到相应的 xy 链的类似 xy 轨道上,也就是说,它本质上变成了一维的(类似地,会出现一维 xz 和 yz 带)。

　　众所周知,一维系统总是不稳定的(例如关于 Peierls 畸变的不稳定性):对于每个格座一个电子的 Peierls 二聚反应,或每个格座 $\frac{1}{2}$ 电子的四聚反应等。结果,在这种一

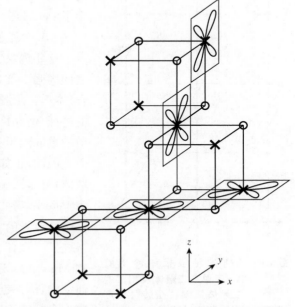

图 6.15　在尖晶石 AB_2O_4 中直接 d-d 跃迁的 t_{2g} 轨道在 B 格座形成一维跃迁链("×"表示过渡金属离子,"○"表示氧)

维系统中出现了单态二聚体,类似于 5.7.2 节中讨论的价键态。显然这是 $MgTi_2O_4$ 中出现的情况:由相应的轨道序引起的有效一维能谱,事实上导致了类似于 Peierls 相变的自旋单态,并打开了自旋能隙。因此,此时轨道序引起了 Peierls 畸变[①]。

轨道序对过渡金属化合物的金属—绝缘体转变也有很大影响,详细讨论见第 10 章。此处,只涉及轨道所起的作用。轨道序对金属—绝缘体转变影响的最明显的例子是 VO_2,这也与维数约减有关。在金红石结构的 VO_2 中,在 $T_c = 68℃$ 时发生非常强的金属—绝缘体转变,其电阻变化可达 10^4。伴随此转变的结构变化,包括沿 c 方向 V 链的二聚化(以及倾斜——所谓的二聚体"扭转"),如图 6.16 所示。

长期以来,文献中对这种转变是由电子关联引起的 Mott 转变,还是主要是晶格驱动的一维链二聚的类 Peierls 相变(图 6.16)进行了积极的讨论。现在大多数实验证明,Mott 物理确实与 VO_2 有关。但是结构上发生了什么,如何解释图 6.16 所示的变化,以及它们为什么会发生?关键是,在 T_c 以上 VO_2 的电子性质,例如电导率,是比较各向同性的,而非完全一维的,这在解释图 6.16 所示的图案时是无法回避的。

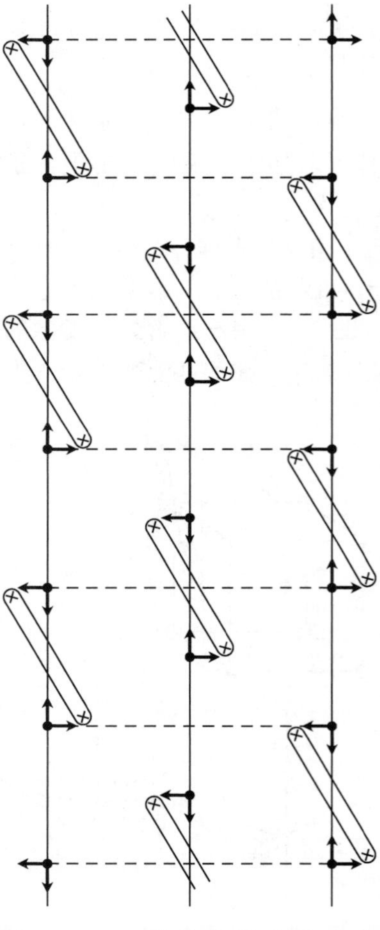

光谱实验发现的答案是,确实在 T_c 以上,VO_2 中 V^{4+} (t_{2g}^1) 的轨道占据的电子结构是相当各向同性的(所有三个 t_{2g} 轨道数量上或多或少相等)。然而,在 68℃ 的 I 级金属—绝缘体转变时,随着结构和电导率的变化,轨道占据也发生了剧烈的变化:低于 T_c 时,c 方向波瓣的轨道(图 6.16 中 V 链的方向,同样见图 10.8)被主要占据(而二聚体"扭转"——实际上类似 V 离子相对氧的类反铁磁偏移——也非常重要)。此时电子结构变成了一维的,并在此基础上,在一维链中发生了 Peierls 二聚反应,这在实验中可以被观察到。(同样见 10.2.2 节中相关的讨论。)

图 6.16 VO_2 的绝缘相中伴随着 V-V 单态二聚体及相应的二聚体倾斜("扭转")而产生的畸变示意图

这些现象实际上作为一个整体 I 级相变同时发生,并且彼此增强。实际上,VO_2 中的金属—绝缘体转变具有"组合"本质:在强电子关联情况下发生,即伴随许多 Mott 转变的特征,但晶格畸变也起着非常重要的作用。对于后者,轨道的重取向至关重要。

因此,正如上所述,在特定的轨道序形成后,由于轨道的取向特征,系统的电子结构有时本质上会变为一维的,并因为 Peierls 畸变,系统中有可能出现二聚体——为每个格座一个 d 电子的单态二聚体,但有时也可以是较大自旋离子的"铁磁"二聚体。第一种类型的例子,除了已经提到的 VO_2 和 $MgTi_2O_4$,还包括 TiOCl 和一些其他系统。对于某些几何结构,例如锯齿形链系统,即使没有额外的晶格畸变,轨道序本身就能给出单态(尽管这种畸变也会发生,但并不起到

① Khomskii D. I., Mizokawa T.. Phys. Rev. Lett., 2005, 94: 156402.

如此重要的作用），例如烧绿石 $NaTiSi_2O_6$ 和 $La_4Ru_2O_{10}$。但是离子自旋 $S > \dfrac{1}{2}$ 时，相应的二聚体可能由于双交换作用而变为铁磁的，这可能是 ZnV_2O_4 中的情况。

此外，在某些情况下，轨道序不会导致单态**二聚体**，而是类似的**三聚体**或更复杂的团簇。因此，在层状材料 $LiVO_2$、$LiVS_2$ 和 TiI_2 中，其二维三角晶格且离子为 d^2 组态 [V^{3+} (t_{2g}^2) 和 Ti^{2+} (t_{2g}^2)]，此时三个亚晶格会发生轨道有序，如图 6.17 所示。在此基础上，系统中出现强耦合三聚体（图 6.17 中阴影三角），其中由于轨道序，根据 GKA 规则，三角中的三个离子之间存在很强的反铁磁耦合，而这些三角之间的相互作用要弱得多（并且可能是铁磁的）。因此，这三个强反铁磁交换的 $S = 1$ 的离子，具有 $S_{tot} = 0$ 的单重基态（即 "$1+1+1=0$"）。这些系统的磁化率在轨道序转变温度之下急剧降低（在 $LiVS_2$ 中，这还是金属—绝缘体转变），并且系统变为抗磁性的（可能仍然具有一定程度的 Van Vleck 顺磁性）。

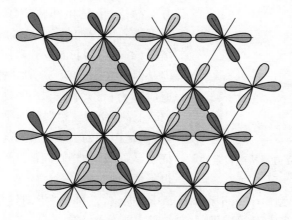

图 6.17　$LiVO_2$ 中的轨道序导致了单重基态紧密结合的 V_3 三角（三聚体，阴影）

轨道序能导致更大的单态团簇，例如 CaV_4O_9 中的单态方形四聚体，或具 AlV_2O_4 中的单态七聚体。同样的轨道诱导的交换各向异性使烧绿石 $Tl_2Ru_2O_7$ 的磁性变为一维的，从而在这样一个自旋为 1 的 Ru^{4+} 离子的一维链中出现 Haldane 能隙[①]。因此，可以看到轨道的取向特性可以导致相当不平凡的磁结构，尤其是包括单态。

还有其他具有类似物理效应的例子——由于轨道序导致的维数的降低，自旋能隙的出现，自旋轨道纠缠，以及金属—绝缘体转变的变化。

6.3　轨道和阻挫

与磁序类似，轨道序的具体特征强烈依赖于晶格的类型。特别地，在 5.7 节中已经看到，在

---

① Haldane 能隙是自旋激发谱中的一个能隙，存在于 Heisenberg 相互作用的偶数自旋（如 $S = 1$）的一维磁链中，见 Haldane D. Phys. Rev. Lett.，1983，50：1153。

几何阻挫的磁性系统中会遇到非常特殊的现象。类似地,可以预期在这样的系统中,轨道序也会有这样的复杂性,有时候情况确实如此。但通常,由于轨道特殊的本质,有效轨道-轨道相互作用[式(6.8)或式(6.14)型轨道"交换",尽管通常有相当强的各向异性]可能是"铁磁的",此时,名义上晶格阻挫并不起作用。例如,这是在三角晶格的 $NaNiO_2$ 中[低自旋 Ni^{3+} ($t_{2g}^6 e_g^1$) 在双重简并 e_g 能级上有一个电子]或尖晶石 Mn_3O_4 中[组态为 $t_{2g}^3 e_g^1$ 的 Mn^{3+} 离子占据四面体公共顶点 B 格座亚晶格(烧绿石型亚晶格)的情况]。在这两种情况下,有效轨道相互作用是"铁磁的",并且产生铁磁轨道序(原则上,$LiNiO_2$ 的性质与 $NaNiO_2$ 类似,但 $LiNiO_2$ 较为特殊,见 6.6 节)。

相比之下,轨道的具体特征,特别是在前一节强调过的空间各向异性可以导致在简单晶格(如方形或立方)中出现阻挫。例如考虑双重简并的 e_g 电子,并假定由于强非简谐性(3.2 节),

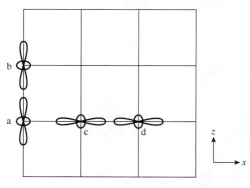

图 6.18 在简单方形或立方晶格中轨道的取向性也会造成阻挫

只有"伸长的" $|z^2\rangle$、$|x^2\rangle$ 或 $|y^2\rangle$ 型轨道是被允许的。因此,例如考虑图 6.18 中"铁磁"轨道耦合的方形晶格,于是相邻轨道倾向于相互指向。那么对于沿着 z 方向的一对离子[如图 6.18 中的一对离子(a, b)],两个离子都应该为 $|z^2\rangle$ 轨道占据。但是对于类似的沿 x 方向的一对离子,相应的轨道应该为 $|x^2\rangle$[图 6.18 中离子(c, d)]。因此,键(ac)上的情况是"错误的":相应的轨道并不相互指向,而是正交的。实际上,这个看似简单的系统被证明是强烈阻挫的,而最终的轨道序类型仍然一点也不清楚。

描述以上情况的模型由 Kugel 和 Khomskii 提出,被称为"指南针模型"。该模型描述了(赝)自旋的类 Ising 相互作用,但不同方向的键自旋分量不同:

$$\mathcal{H}_{\text{comp.}} = J \left(\sum_{\langle ij \rangle \| z} \tau_i^z \tau_j^z + \sum_{\langle ij \rangle \| x} \tau_i^x \tau_j^x + \sum_{\langle ij \rangle \| y} \tau_i^y \tau_j^y \right) \tag{6.17}$$

这确实类似于在磁指南针中指针的偶极相互作用:这些指针倾向于"头对尾"排列,但它们的方向取决于"指针"之间的相对方向。一维的情况将很简单,例如,沿 z 方向有序排列的"指南针"链,以便所有的"指针"[式(6.17)]中的所有 τ_i 在 z 方向都指向例如上方。但是类似的 x 方向所有的"指南针"链会指向例如右方。这种指南针在形成例如方形或立方晶格时"将会不知道"该指向哪个方向。因此,式(6.17)这个看似简单的模型,对每对离子来说都是平凡的(一种 Ising 相互作用)并且在轨道物理中会自然而然地出现,在二维和三维的情况下,即使是在经典极限下,结果也是相当不平凡的。

这个模型在二维蜂窝晶格上的一个形式被精确地解出了,其解的性质相当不平凡,特别是,这可以用于拓扑保护的量子计算。实现这种情形的一种可能材料为 Na_2IrO_3,其在强自旋轨道耦合作用下,自旋和轨道自由度可以用式(6.17)型模型或其推广来描述。

在名义上简单的晶格中,轨道取向性引起的有效阻挫情形,在其他情况下也会发生,例如对于 t_{2g} 电子。正如 6.2 节中已经提到的,对于钙钛矿晶格中的 t_{2g} 电子,只有三个 t_{2g} 轨道中的两个,在每个方向上会发生相互作用,例如沿着 z 方向一对离子的 xz 和 yz 轨道,如图 6.20 所示。但对于其他方向,其他轨道对是活跃的(例如,x 方向上离子的 xy 和 xz 轨道)。可以看出,此时情况与式(6.17)有些相似,其中不同方向上轨道相互作用的算符不同。可以证明,此时简并度很大,并且基态的类型相当不平凡(同样见 6.5 节和 6.6 节)。

轨道的取向性特征和由此产生的阻挫相互作用也会强烈影响稀 Jahn - Teller 系统的性质——在这种材料中,轨道简并的 JT 离子并不占据规则晶格的每一个格座,而是在非 JT 基体中以随机杂质的形式存在。如 6.1.1 节所讨论的,这些 JT 中心通过晶格(通过应变)的相互作用是长程的,但符号取决于它们之间的方向和各自轨道的取向。实际上,可以得到类似于自旋玻璃的情形——轨道玻璃态。这些状态的物理性质也可能非常奇特。

6.4　轨　道　激　发

按照惯例,当处理某些自由度时,可能存在与之相关的集体激发。对于由式(1.12)交换相互作用引起的磁序,集体激发为自旋波,或磁振子。在轨道系统中,轨道序不再由自旋 S,而是由赝自旋 τ[式(6.3)和式(6.4)]表征,在轨道有序态具有非零平均$\langle \tau \rangle \neq 0$。因此,也可以考虑特殊的激发——轨道波,或轨道子。

从形式上看,轨道的情况似乎与自旋的情况完全相同:对于双重简并的情况,轨道由(赝)自旋 $\frac{1}{2}$ 描述,其中有效交换相互作用为式(6.8)型。该相互作用可能是各向异性的,轨道激发可能与自旋激发耦合,参考相互作用式(6.14);但对于磁性系统,也可能存在不同类型的各向异性,如 5.3 节所述。因此,一般来说,可以预期轨道激发态的存在。

然而,还有一些额外的因素使轨道激发的情况不同于自旋波。一个是轨道与晶格之固有的强耦合。事实上,轨道激发态可以看成是"原本简并的"d 能级之间的跃迁,这些能级在 Jahn - Teller(或轨道)有序温度以下被轨道"分子场"劈裂;导致该劈裂的主要原因是相应的晶格畸变,伴随(或引起)协同 JT 相变——例如铁性畸变情况下的强四方伸长——如 Mn_3O_4。晶格是"非常惰性的",电子跃迁例如轨道激发主要发生在一个固定的晶格中(这类似于 Frank - Condon 光学跃迁)。事实上,轨道激发看起来像晶体场激发——不同晶体场能级之间的跃迁[①],此时这些跃迁被协同 JT 效应所劈裂。在这个意义上,轨道子的情况可能与磁振子的差别很大,后者在一阶近似下可以被认为仅为磁性子系统中的激发,通常与晶格仅有相对较弱的耦合。

因此,与自旋相反,轨道总是与晶格有很强的耦合(JT 耦合)。实际上,在这两个子系统中,轨道和晶格的混合本质上应该相当强。因此,从声子中分离轨道激发较为困难。实验学家已经遇到了这个问题:对锰酸盐中轨道子的第一次观测后来受到了质疑,其结果似乎更倾向于声子[②]。

原则上可以通过 KK 相互作用式(6.14)给出的自旋轨道耦合来分离混合激发中的轨道贡

---

① 晶体场激发在过渡金属离子中始终存在,无论是在杂质中还是在富集系统中。这种激发的光学研究是无机化学中用来表征这种材料的标准方式,被称为**配位场光谱**。在轨道有序的晶体中,作为真实激发的轨道子与配位场激发的不同之处在于,在富集系统中,这些激发将在晶体中传播,即它们应该有一定的色散。因此,为了探测轨道子,不仅需要得到相应的激发,例如光吸收,还需要测量它们的色散。用最常用的光学方法来实现这一测量通常相当困难。

② Saitoh E., Okamoto S., Takahashi K. T., et al. Nature, 2001, 410：180；Grüninger M., Rückamp R., Windt M., et al. Nature, 2002, 418：39.

献：例如通过施加磁场可以影响自旋子系统，然后通过耦合影响轨道子系统。如果轨道自由度贡献了某些激发（这最初可以简单地解释为声子），轨道对磁场可能的灵敏度将转变为相应的"声子"对磁场的灵敏度。由于传统的声子不依赖于磁场，当观测到某些声子模确实依赖于外磁场时，说明在相应的模中有很大的轨道激发贡献。

对于轨道子-声子耦合，在 t_{2g} 系统中情况可能更加清晰：t_{2g} 电子与晶格的相互作用要弱得多。然而，t_{2g} 系统有另一个复杂性——此时，自旋轨道耦合可能没有淬灭，并且这也会影响轨道激发，见下一节。

无论如何，轨道激发确实非常有意思，但目前为止，该领域可靠的结果还很少。

6.5 t_{2g} 电子的轨道效应

目前为止，本章主要讨论了双重简并 e_g 能级的情况。此时，可以期望在所有属性中都有很强的 JT 耦合及其显著的效应。但是，正如在 3.2 节中提到的，三重简并 t_{2g} 能级也可以存在轨道简并。在立方晶体场中的正 MO_6 八面体中，这样的简并在很多过渡金属离子中存在：Ti^{3+} (t_{2g}^1)、V^{4+} (t_{2g}^1)、V^{3+} (t_{2g}^2) 和 Cr^{4+} (t_{2g}^2)，还有形式上的 Fe^{2+} ($t_{2g}^4 e_g^2$) 和 Co^{2+} ($t_{2g}^5 e_g^2$) 等。三重 t_{2g} 简并的情形有三个不同于双重 e_g 简并的重要因素。第一点是，t_{2g} 电子与晶格的 JT 耦合比 e_g 电子弱；这是由于 t_{2g} 轨道的波瓣并不指向配体（例如氧），而是指向配体与配体之间，如图 3.2 所示。因此，e_g 电子的 JT 劈裂可以达到 $\approx(0.8\sim1)$eV，而对于 t_{2g} 电子通常是 $\approx(0.2\sim0.3)$eV。t_{2g} 电子与晶格之间较弱的耦合可能特别有利于观测这类系统中的轨道子（6.4 节）；这同样也可以导致更强的量子效应（6.6 节）。

第二点是，根据 3.1 节的讨论，如图 3.10 所示，t_{2g} 能级不仅可以被 E_g 畸变（四方或者正交畸变）劈裂，还可以被 T_{2g} 畸变（三重简并三方畸变，例如 MO_6 八面体沿着四个 [111] 轴之一的伸长或收缩）劈裂。于是，t_{2g} 系统的 JT 畸变可以导致四方和三方对称。

在 t_{2g} 简并的材料中，产生的畸变是四方还是三方，取决于哪一种耦合（E_g 模或 T_{2g} 模）更强。但在什么情况下，哪种耦合会更强，以及为什么会这样，并不总是清楚的。在 5.4 节中已经提到的一个有意思的经验现象，对于这种类型的典型材料，例如包含 Co^{2+} ($t_{2g}^5 e_g^2$) 的材料，如 CoO 和 $KCoF_3$，通常会发生四方畸变，自旋易轴方向为 [001]，而包含 Fe^{2+} ($t_{2g}^4 e_g^2$) 的材料，如 FeO 和 $KFeF_3$，则具有典型的三方畸变，自旋平行于 [111] 轴。这种趋势有多普遍，是什么原因导致的，仍然是一个悬而未决的问题。

前文已经多次强调，与 e_g 能级相比，t_{2g} 能级可能最重要的不同之处在于，t_{2g} 能级中相对论的自旋轨道耦合 $\lambda \boldsymbol{L} \cdot \boldsymbol{S}$ 并没有淬灭，而是在最低阶起作用。我们已经在 5.4 节详细讨论了由此导致的结果；此处，为了完整起见，将简要地重复这些结果。

结果表明，对于 t_{2g} 系统，自旋轨道耦合在某种意义上与 JT 效应相互竞争。如 3.4 节所讨论的，自旋轨道耦合使复数轨道稳定，其有效轨道矩 $\tilde{l}_{\text{eff}}$ 平行或反平行于自旋 $\boldsymbol{S}$。对于沿 z 轴的自旋 $S^z \neq 0$，得到 $\tilde{l}^z = \pm 1$。相应的波函数为：

$$|\tilde{l}^z = \pm 1\rangle \approx \frac{1}{\sqrt{2}}(|xz\rangle \pm i|yz\rangle) \tag{6.18}$$

此波函数的形状为绕 z 轴旋转的 xz 轨道,即一个空心圆锥,如图 3.3 所示。如果在上述轨道上有一个电子,它会"推开"顶点氧离子,因此出现四方伸长, $c/a > 1$。此时,晶体场能级如图 6.19(a)所示。可以看出,对于这种没有自旋轨道劈裂的畸变,会得到一个简并的双重态 $(|xz\rangle,|yz\rangle)$,或" $|\tilde{l}^z = \pm 1$ "作为最低态,其上存在一个电子。自旋轨道耦合进一步劈裂此双重态,形成非简并基态,其能量为:

$$E_{(a)} = -\frac{E_{JT}}{2} - \frac{\lambda}{2} \tag{6.19}$$

然而,如果不存在任何自旋轨道耦合,那么包含一个电子的三重简并态就会像图 6.19(b)所示的那样劈裂,即 xy 单态的能量会下降,并且会被这个电子占据。此态将被 JT 相互作用稳定,相应的畸变将不是四方伸长,而是收缩 $c/a < 1$,于是获得的能量为:

$$E_{(b)} = -E_{JT} \tag{6.20}$$

比较能量 $E_{(a)}$ 和 $E_{(b)}$,可以看出,当 $E_{JT} > \lambda$ 时,系统将会根据图 6.19(b)的"JT 方案"演化;然而如果自旋轨道耦合足够强,即 $\lambda > E_{JT}$,则自旋轨道耦合将主导,于是系统按照"自旋轨道方案演化"。相应的畸变将与 JT 效应预期的相反;这会与磁序同时发生,并以巨磁致伸缩的形式出现。

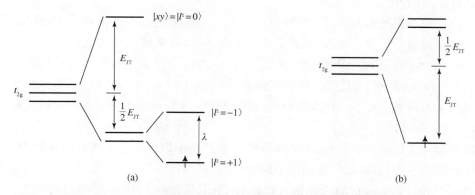

图 6.19　t_{2g}^1 组态 Jahn‑Teller 效应和自旋轨道效应引起的畸变之间的竞争

(a) MO_6 八面体的四方伸长;(b) MO_6 八面体的四方收缩

由于 t_{2g} 轨道既可以被四方畸变又可以被三方畸变劈裂,因此跟随自旋方向(甚至可能被自旋方向决定)的畸变也可以是三方畸变,同样伴随着自旋轨道和 JT 耦合之间的竞争及相似的结果。

如上所述,自旋轨道耦合随着原子序数 Z 的增加而增强,于是自旋轨道耦合对于起始 3d 金属(如 Ti、V)通常不那么重要,但对于较重的 3d 元素(Fe、Co)开始占主导地位。当然自旋轨道耦合对 4d 和 5d 元素也起着非常重要的作用。

这确实与实验观察一致:在 3d 系列的开端,例如 Ti 或 V 化合物中,最终畸变通常由 Jahn‑Teller 效应决定,而 Co 或 Fe 系统的畸变则由自旋轨道耦合决定。

总结本节,应该再次强调,正如上文所讨论的,t_{2g} 简并的存在及其强自旋轨道耦合,导致晶格畸变与自旋序,特别是自旋取向的强耦合。因此,在这些材料中通常存在很强的磁弹耦合和强磁致伸缩——通常在含 Co^{2+} 的系统中,比没有 t_{2g} 简并的[例如 Fe^{3+} $(t_{2g}^3 e_g^2)$、Mn^{2+} $(t_{2g}^3 e_g^2)$]

和 $Ni^{2+}(t_{2g}^6 e_g^2)$]强一到两个数量级。t_{2g} 简并系统的磁各向异性也强得多——这实际上是由于通过自旋轨道耦合与晶格产生了相同的强耦合。因此,这些特征在例如钴酸盐的磁性中非常著名,实际上是原始轨道简并的结果。可以说它们是由"隐藏 JT 效应"引起的:隐藏是因为强自旋轨道耦合已经将轨道简并解除,此时,畸变为"反 JT"型,见上文。尽管如此,所有这些效应——非常强的磁致伸缩、强磁弹耦合和磁各向异性——在这些情况下,本质上是由初始 t_{2g} 简并引起的。

6.6 轨道中的量子效应

直到现在,当讨论轨道序时,人们总是在脑海中浮现出一个准经典图像,经典地或者在平均场近似下处理轨道和相应的晶格畸变。相反,已经将轨道子系统的描述映射到一个有效的赝自旋 $\frac{1}{2}$ 系统上。从相应自旋系统的处理中,我们知道自旋是量子对象,自旋 $\frac{1}{2}$ 系统的量子效应尤其强(特别是低维系统)。人们可能会猜想此时情形亦是如此,赝自旋 $\frac{1}{2}$ 和轨道取向性通常会降低系统的有效维数,见 6.2 节。

但也存在作用相反的因素,其中之一在 6.4 节中提到:通常在这类系统中,轨道与晶格耦合可能会抑制其量子效应。诚然,尤其是对于大的系统,通常可以经典地处理晶格[1]。但可以预期,至少对于 t_{2g} 系统,电子声子相互作用足够弱,所以它不会抑制最终的量子效应。确实,量子效应在一些 t_{2g} 系统中很重要,并且实验上,例如在 $LaTiO_3$ 和 YVO_3 和类似系统中,就是用这个观点来解释的。对于一些阻挫材料,如 $LiNiO_2$,人们还注意到可能存在轨道液体(更准确地说,自旋轨道液体)。

可以通过与常规自旋的类比,来考虑各种可能存在于轨道上的量子效应。对于自旋系统存在例如自旋单态,即价键局域在晶体中的特定键——可以称之为价键晶体。Peierls 或自旋 Peierls 相变导致例如一维链的二聚化,即每隔一个键存在一个单态,就是这种状态的一个例子。阻挫磁体的磁化平台上的可能状态,例如 kagome 晶格中 $\frac{1}{3}$ 平台的态(图 5.42)是另一个例子。

自旋系统中由量子效应稳定的更普适的态是各种类型的自旋液体,这在例如 5.7 节中已经讨论过了。共振价键(RVB)态就是其中典型的例子。自旋系统的经验表明,在低维或阻挫系统中,可以期望形成比传统长程有序更奇异的量子态。

人们还提出了类似情况下,轨道可能出现的类似量子效应。此时,低维数不仅可以从低维晶体结构获得,并且如 6.2 节所述,也可以从轨道的取向性获得。这同样也可以降低有效简并度。因此,如果考虑三重简并 t_{2g} 能级,可以看出,即使在立方晶格中,仅有两个轨道,即 xz 和 yz 在 z 方向上重叠,如图 6.20 所示,因此,对于沿着 z 方向的离子对 $\{ij\}$,可以仅保留这两个

---

[1] 注意,正如 3.2 节所讨论的,对于孤立 JT 离子或者分子,人们可能不仅要处理电子,还要用量子力学的方式处理晶格振动,这构成了振动物理学这一成熟的领域。然而,在像 JT 固体这样的富集系统中,几乎总是忽略这些效应,尽管在什么时候可以这样做,以及在固体中包含振动效应的后果仍然是有意思的开放问题。

轨道,那么对于此离子对,有效模型与 6.1.2 节中双重简并的电子等价,如图清晰所示,其跃迁积分在此处甚至具有简单的对称形式($t^{11} = t^{11} = t$, $t^{12} = 0$,其中 1 $\Leftrightarrow$ xz, 2 $\Leftrightarrow$ yz)。如上所述,该对称模型给出了当 $t \ll U$ 的有效自旋轨道(KK)模型[式(6.15)],$J_{\mathrm{H}} = 0$ 时该模型对称性很高,为 SU(4),甚至对于 $J_{\mathrm{H}} \neq 0$,也是一个"双 Heisenberg 模型",为 SU(2) × SU(2)。因此,在这种情况下,可以预见非常强的量子涨落(至少当忽略与晶格的耦合时)。

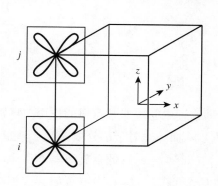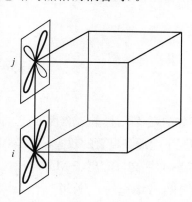

图 6.20　c 方向上过渡金属对上的有两个活跃 t_{2g} 轨道

当应用于真实系统时,例如钙钛矿 $LaTiO_3$ 或 YVO_3,情况则更为复杂,因为还必须考虑其他方向的 Ti 或 V 离子对(其他轨道对)。然而,此时量子效应可能仍然存在,并被用来解释这些系统的某些实验特征。因此,例如 YVO_3 中 c 方向自旋波能谱中出现的能隙可以用 c 链中形成"轨道单态"来解释,这与自旋 Peierls 系统中的自旋单态非常相似。

另一个量子效应可能起着重要作用的系统,是三角晶格 $LiNiO_2$ 准二维材料,它及其类似系统的结构如图 5.39 所示。该材料中 Ni^{3+} 离子处于低自旋态 $t_{2g}^6 e_g^1$,即自旋为 $\frac{1}{2}$,并具有双重轨道简并,或赝自旋 $\tau = \frac{1}{2}$。如上所述,e_g 电子与晶格有强耦合,这理应使轨道的行为经典化,并导致伴随结构相变的长程轨道序。然而,该系统为三角晶格,这可能会导致阻挫(这也取决于相互作用的细节:例如铁磁交换当然不会引起阻挫)。

这些"经典"行为确实在相同晶体结构的 $NaNiO_2$ 中实现了:该材料在 $T_{\mathrm{str}} = 400$ K 时发生从菱方到单斜的结构相变,所有已占据的 e_g 轨道都是相同的(铁磁轨道序),并且在较低温度 $T_{\mathrm{N}} = 20$ K 时为标准磁序——A 型反铁磁,其二维三角层内呈铁磁序,相邻层之间反平行排列。

但事实证明,$LiNiO_2$ 是个"捣蛋鬼",即使到最低温度,它也没有发生任何结构相变,即没有发生协同轨道有序,也没有出现常规的磁序。只有在非常低的温度下(≈ 8 K),某些 $LiNiO_2$ 样品发生自旋玻璃转变,显然与系统中存在一定的无序度有关:要么为一定的非化学计量,要么为一定程度的 Li 和 Ni 格座互换,此时磁性 Ni 离子出现在磁亚晶格之间,导致较强的层间阻挫。但是,为什么 $LiNiO_2$ 本身既没有常规磁序和轨道序,仍然是一个谜。有人提出,这可能是自旋和轨道液体相结合的罕见例子(注意,RVB 态的首要候选系统就是 $S = \frac{1}{2}$ 的三角系统,而这个系统也是如此)。但是,再次强调,尽管轨道形式上类似($\tau = \frac{1}{2}$),其相互作用通常各向异性很强且为长程的,这至少会在轨道部分抑制量子效应。非常类似的 $NaNiO_2$ 的行为却"相当正统",其自旋和轨道都是长程有序的。因此,在 $LiNiO_2$ 中发生了什么仍然不清楚。看似不可避免的 Li 和 Ni 离子的格座互换导致的磁阻挫可以解释不存在常规磁序,但这不足以抑制预期的轨道序(轨道通过晶格的相互作用是长程的,对弱无序度并不太敏感),还需要进一步的实验来澄清。

6.7 本 章 小 结

正如前几章所述,轨道自由度在过渡金属化合物的物理中起着非常重要的作用。特别是在对称情况下会遇到显著的效应,例如轨道简并的正 MO_6 八面体。对于部分填充的 e_g 轨道,这可能是双重简并[高自旋离子 Mn^{3+} ($t_{2g}^3 e_g^1$)、Cr^{2+} ($t_{2g}^3 e_g^1$)、Cu^{2+} ($t_{2g}^6 e_g^3$);低自旋离子 Ni^{5+} ($t_{2g}^3 e_g^1$)]或者对于部分填充的 t_{2g} 轨道[V^{4+} (t_{2g}^1)、V^{3+} (t_{2g}^2) 和 Co^{2+} ($t_{2g}^5 e_g^2$) 等],为三重简并。根据第 3 章,这种情况相对于晶格畸变导致的对称性降低是不稳定的,因为畸变会劈裂相应的能级并解除轨道简并,这就是 Jahn-Teller(JT) 效应的本质。对于孤立的 JT 离子,这会导致相应离子性质的改变(振动效应,见 3.2 节),而在此类离子富集的系统中,通常会导致协同效应(协同 JT 效应 CJTE,或轨道序 O.O.)——一种对称性降低的结构相变,导致简并晶体场能级的静态劈裂,之后在每个离子占据一个特定的轨道态(即发生轨道序)。

这种协同现象通常以一种真正的相变形式出现,一般是Ⅱ级的,但也有可能是Ⅰ级的。这是一种罕见的、微观本质已知的结构相变:根据(绝缘)化合物的化学式,可以检验其在高对称性晶体结构中是否存在轨道简并,如果存在,可以得出在这样的系统中应该存在对称性降低的结构相变。存在这种预测的、并且结构相变的真正微观起源是已知的固体并不多。

轨道简并的过渡金属化合物中 CJTE 的机制主要有两种。第一种是简并电子与晶格畸变的 JT 相互作用。对于 JT 离子富集系统,JT 中心附近的这种畸变不是独立的,而是耦合的,例如当两个 MO_6 八面体通过公共氧连接时,这样的八面体畸变会影响近邻八面体的畸变。因此,这种畸变之间(或相应轨道占据之间)存在相互作用,这一过程具有协同性。事实上,甚至不需要公共氧来使两个 JT 中心发生相互作用:晶格中,围绕一个离子的局部畸变会导致长程应变,能够被其他并非最近邻的 JT 离子"感受到"。

无论如何,不同离子之间的畸变和相应的轨道之间会出现有效耦合,导致 CJTE。描述双重简并 e_g 态的一种便捷方法是通过一种特殊的量子数,这类似于电子的自旋 $\frac{1}{2}$。这种**赝自旋** $\tau = \frac{1}{2}$ 可以描述离子的轨道态:$\tau^z = +\frac{1}{2}$ 对应例如轨道 $|3z^2 - r^2\rangle \equiv |z^2\rangle$),以及 $\tau^z = -\frac{1}{2}$ 对应 $|x^2 - y^2\rangle$)。实际上,不同 JT 离子的相互作用(此时通过晶格或声子)可以写成某种形式的赝自旋交换,$\sum_{ij} J_{ij} \tau_i \tau_j$(一般来说是长程的和各向异性的)。因此,可以用自旋序来类比轨道序,根据特定的情况,可以得到铁磁轨道序(所有 $\langle \tau_i \rangle$ 相同,即每个离子被同一种轨道占据)或反铁磁轨道序(不同轨道的交替),或更复杂的轨道序。

另一种不需要与晶格耦合的轨道序机制是超交换机制[有时称为 Kugel - Khomskii(KK) 机制]。这类似于非简并电子的标准超交换(第 1 章),是由于电子离域的趋势(形式上由于电子在格座间的虚跃迁),这取决于相邻格座上的相对自旋方向,但此时,也取决于各自轨道的相对占据情况。由于虚跃迁而获得的额外能量,对于特定的自旋和轨道占据来说可能更大,因此更倾向于相应的轨道序。

与通过晶格的 JT 轨道相互作用相反,这种机制同时导致基态的自旋和轨道序,被证明是耦合的。(然而,这两种有序的临界温度通常不同。)相应的相互作用具有 $J_1 \sum S_i \cdot S_j + J_2 \sum \tau_i \tau_j + J_3 \sum (S_i \cdot S_j)(\tau_i \tau_j)$ 形式,其中 $J_a \approx t^2/U$,轨道变量 τ 的相互作用可能是各向异性的。

在 180° TM - O - TM 键和 e_g 简并的系统中,这种自旋轨道耦合通常在自旋和轨道部分给出"相反"的有序:铁磁轨道序导致反铁磁自旋,反之亦然,反铁磁轨道序导致铁磁自旋。这也符合第一和第二 Goodenough - Kanamori - Anderson 规则,见第 5 章。然而,这并不是一个普适规则:它不适用于共棱八面体(90° TM - O - TM 键)系统——此时,交换可能是铁磁的,与轨道占据无关。并且,t_{2g} 电子的情况更加复杂。

虽然轨道序的描述常常看起来与磁(自旋)序非常相似,但它们之间存在非常重要的区别。最重要的是轨道的取向性。因此,许多轨道序系统的电子结构的维数可以有效地降低[从三维系统(例如立方)变为其中的一维或二维]。因此,例如由于轨道序,实际上立方钙钛矿 $KCuF_3$ 在磁性上变得一维化;这是已知最好的准一维反铁磁体之一。有时,轨道序引起的交换的这种改变会导致自旋单态的形成:VO_2、$TiOCl$、$NaTiSi_2O_6$、$La_4Ru_2O_{10}$ 中的单态二聚体,或 $LiVO_2$ 和 $LiVS_2$ 中的单态三聚体,甚至更大的单态团簇,例如 AlV_2O_4 中的单态七聚体。

即使是对于简单的晶格,例如方形或立方晶格,轨道的取向性也可能导致轨道部分的强烈阻挫。由此得到的情形{"指南针"模型[式(6.17)]}类似于偶极-偶极相互作用的系统:偶极子("磁指针")倾向于"首对尾"排列,但是,例如在 xy 面的方形晶格中,在 x 方向上相邻偶极子的相互作用倾向于平行于 x 轴的偶极子排列,但是在 y 方向上相邻偶极子的相互作用倾向于平行于 y 轴的偶极子排列。因此,系统受到阻挫,其性质因此可能相当复杂。轨道序的情况有时可能类似于此,尽管在真实系统中,通过晶格应变的长程相互作用,以及相互作用中的高阶项,即使在这些阻挫的情况下,也通常存在一个特定的轨道有序态。

固体中,通常每种有序类型都会导致相应的集体激发。例如晶体中的声子,磁有序态的自旋波或磁振子等。因此,可以认为,在轨道有序的系统中,也应该出现特殊的激发——轨道波或轨道子。诚然,原则上这样的激发应该存在,在文献中已有一些报道。然而,有几个因素使轨道的情况比例如自旋波更加复杂。自旋波是磁子系统中的激发,磁子系统通常是相当独立的,与其他自由度(如声子)的相互作用很弱。然而,轨道与晶格是固有强耦合的,因此很难从传统的声子中分离出轨道激发。轨道激发也与晶体场激发密切相关——实际上它们**就是**具有一定色散的晶体场激发。正是这种色散使它们成为晶体中真正传播的激发。但用光学等常用方法测量这种色散并不容易。因此,轨道激发的情况目前仍然相当不确定,尽管在原则上它们应当存在。

另一个与轨道激发有关的、颇有争议的问题是量子效应在轨道物理中的重要性。同样,用自旋系统作类比大有裨益,但有时也会引起误导。在磁系统中,我们知道量子效应非常重要,特别是对于小自旋系统,例如 $S = \frac{1}{2}$,以及对于低维或阻挫系统,甚至一定程度的量子涨落可以完全破坏传统的长程磁序,见第 5 章。在一些轨道系统中也会遇到类似的情况,特别是那些包含 t_{2g} 电子的轨道系统。例如 $LaTiO_3$ 和 YVO_3 中的特定实验就是用这个观点来解释的。然而,此处的情况还远不明晰。同样,与自旋相比,轨道与晶格的强耦合可以使情形"更接近经典"。从这个意义上说,在电子-晶格耦合特别强的系统中观察到显著量子效应的希望并不大,而在这种耦合较弱的 t_{2g} 系统中机会更大。

相比之下,对于 t_{2g} 系统,另一个因素发挥着重要作用:未淬灭轨道角动量和非零自旋轨道耦合 $\lambda \boldsymbol{L} \cdot \boldsymbol{S}$,见第 3 章和第 5 章。这种耦合通常与 JT 效应相互竞争,也可以解除 t_{2g} 轨道的简并,但与 JT 效应的作用有所不同。JT 效应会稳定实数轨道,例如 t_{2g} 电子的 xy 轨道,而自旋轨道耦合则会稳定复数轨道组合,例如 $\frac{1}{\sqrt{2}}(|xz\rangle \pm i|yz\rangle)$,这对应 $|l^z = \pm 1\rangle$。一个电子局域在这个轨道上会导致晶格畸变,但是与 JT 效应相反:电子在 $(|xz\rangle \pm i|yz\rangle)$ 轨道上会导致 MO_6 八面体在 z 方向**局部伸长**,而 JT 效应会使得电子位于非简并 xy 轨道上,对应八面体的**局部收缩**。因此,一般来说对于 t_{2g} 简并的系统,JT 效应和自旋轨道耦合相互竞争(3.4 节),并且,根据哪个效应更强(即 JT 能 E_{JT} 和自旋轨道能 $\approx \lambda$ 哪个更大),系统则会按照相应的方案演化。由于自旋轨道耦合 $\lambda \approx Z^4$(或 Z^2,见第 22 页脚注①),其中 Z 为原子序数,JT 效应在起始 3d 金属(Ti、V 和 Cr)中起主导作用,而自旋轨道耦合通常决定了较重的 3d 离子(Fe^{2+} 和 Co^{2+})以及 4d 和 5d 元素的性质。

实际上,在过渡金属化合物中,轨道自由度会导致许多非常特殊的现象,特别是含有轨道简并的 JT 离子化合物。这些是有序的特殊类型——由轨道序的协同 JT 效应导致的结构相变。轨道序对系统的磁性有很强的影响,经常导致相当不平凡的磁结构,有时导致非磁性(如单态)态。具体的轨道特征在很大程度上决定了过渡金属化合物很多重要的性质。

第 7 章
过渡金属化合物中的电荷序

在处理过渡金属化合物时,必须考虑所涉及的不同自由度及其相互作用。这些自由度为电荷、自旋和轨道。当然,所有的电子现象都是在晶格的框架中发生的,也就是说,还必须考虑与晶格或声子的相互作用。

电子自旋决定了不同类型的磁序。轨道,特别是在轨道(或 Jahn-Teller)简并的情况下,也会导致特殊的轨道序,而轨道占据的类型在很大程度上决定了磁交换的特征和由此产生的磁结构。

关于电荷,首要问题是电子为局域的还是巡游的。本书正是始于对这两种情况的讨论:固体中巡游电子的能带描述,以及局域电子的 Mott 绝缘体图像。

但即使是对局域电子,也仍然存在一定的自由度,这与电荷有关。在某些系统中,电荷在某种状态下可能是无序的,例如在高温下,而在低温下则是有序的。这种电荷序(charge ordering, CO)将是本章的主题。为了更好地引入电荷序,本章将从讨论与电荷自由度相关的不同类型的有序开始。

在电荷序中,电荷密度本身被调制。因此,此时对应的序参量是电荷密度 $\rho(r)$(或其 Fourier 变换)——一个**标量**;可以说是"**单极子有序**"(当然是电荷单极子)。于是,在某些情况下,离子和电子云可能以某种方式偏移,从而产生**电偶极子**;由此产生的态可能是铁电的(稍微保守地说,或者是反铁电的,见下文)。这也与电荷有序相关,但序参量是一个**矢量**——电偶极矩 d 或极化 P。这些现象将在第 8 章中详细讨论。最后,如上所述,轨道序也与电荷自由度有关。但是此时,离子上的电荷不会改变,电偶极矩也不会形成。从电荷分布角度来看,电荷从 $T > T_{JT}$ 时的球对称(或更确切地说为正 MO_6 八面体立方对称)的轨道无序态,转变为低于 T_{JT} 的非对称有序态,如图 7.1 所示。在图中所示的轨道序态中,电子密度呈**四极**分布。因此,形式上,在电荷序中,序参量是一个标量——电子本身的密度。在铁电性中,它是一个矢量——电极化。在轨道序中,序参量是一个二阶张量,即电四极[①]。

现在讨论不同情况下过渡金属化合物的电荷序。在过渡金属化合物中,电荷序最典型的情况是在每个格座包含非整数电子的系统。这种材料可以称为混合价化合物(尽管这个术语通常专用于稀土材料,见第 11 章)。很多过渡金属元素存在不同的价态,例如 Ti^{2+}(d^2)、Ti^{3+}(d^1)和 Ti^{4+}(d^0);V 的价态可以从 2+ 到 5+,Cr 从 2+ 到 6+ 等。某些化合物中,平均价态可以为中

[①] 正如第 6 章的讨论,在很多情况下,可以将轨道序的描述简化,例如通过一个矢量的类比来描述它——指向矢,就像液晶中一样——这仅仅是一个对称张量。但严格地说,这里的序参量是电四极,特别是在稀土化合物中类似的现象甚至经常被称为四极序,而不是 Jahn-Teller 或轨道序。

间值,例如在 Mn_3O_4 中,平均价态为 $Mn^{8/3+}$;或者在所谓的 Magnéli 相 V_nO_{2n-1},当 $n=2$ 时,得到 $V_2^{3+}O_3$,当 $n \to \infty$ 时,得到 $V^{4+}O_2$,对于其他中间值 n(可以为 3、4、5…)得到 V 的价态介于 3+和 4+之间。

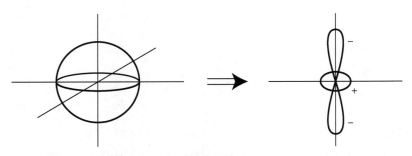

图 7.1　轨道有序时发生的由球形电荷密度向四极型单轴密度分布的转变

另一种典型的情况是对材料进行电子或空穴掺杂时,例如 $La_{1-x}Ca_xMnO_3$;当 $x=0$ 时,所有 Mn 离子均处于 3+态,随着掺杂量的增加,系统中出现了越来越多的空穴,或者说每掺杂一个 Ca 就会出现一个 Mn^{4+},这些额外的空穴或 Mn 的不同价态在低温下可能是有序的。

在某些情况下,晶体中存在不同的晶体学格座,每个格座被特定价态的离子所占据。因此,上述 Mn_3O_4(其化学式可以写作 $Mn^{2+}O \cdot Mn_2^{3+}O_3$)[1]具有尖晶石结构,见 5.6.3 节,其中 Mn^{2+} 占据四面体 A 格座,Mn^{3+} 占据八面体 B 格座。然而,从晶体学的角度来看,所有格座通常都是等价的,然而却包含不同价态的过渡金属离子。

在这种情况下有几种选择。一是,原本存在于价态较小的离子上的额外电子,实际上在晶体中离域,并在过渡金属离子间跃迁。如果这种跃迁足够快,所有的过渡金属离子变得等价,事实上会得到金属导电性——系统可能是一个坏金属,但仍然是金属,这确实在这种情况下经常发生。

另一种可能性是,这些额外的电子,或相应的价态,确实局域在晶体中,但是以随机的方式。这可能是由于晶体中某些缺陷所产生的随机势场,或者在掺杂系统中,如 $La_{1-x}Ca_xMnO_3$,由掺杂元素(此处为 Ca)的 Coulomb 势场引起。或者可能发生自发的额外电子自俘获,例如由于局部晶格畸变。无论如何,结果都将是过渡金属为特定平均价态的随机系统,呈绝缘性(但对这种系统的局域研究,例如 NMR,将显示存在不等价的过渡金属离子)。

第三种可能是形成电荷序的规则(超)结构,这通常在低温下出现。系统可以从上文描述的两种状态(等价过渡金属离子的"金属"态,或随机分布的不同价态的过渡金属离子绝缘态)进入此状态。在第一种情况下,这种有序通常是金属—绝缘体转变,将在第 10 章中详细讨论。在第二种情况下,这种电荷序则是绝缘体—绝缘体转变。但在这两种情况下,系统中都应该存在某种特定的超结构,可以通过结构研究(X 射线、中子散射、电子显微镜)观察到。

---

① 这通常是一种表示复杂化合物组成非常有用的方法,将它们形式上分解成价态明确的简单组分。当然,这种分解并不意味着这些复杂材料确实是由这些成分的混合物组成的,但这往往简化了价电子数,有时确实表明了晶体中不同离子可能的位置。

7.1　半掺杂系统中的电荷序

电荷序的典型情况是每两个格座具有一个额外电子的系统,或者在二分晶格(二分晶格是指晶格可以被细分为两个亚晶格,进而最近邻原子属于另一个亚晶格,例如简单方形或者立方晶格,以及蜂窝晶格等)上包含 50 : 50 不同价态离子的系统。这种情况得到了很好的研究,例如半掺杂的锰酸盐 $La_{0.5}Ca_{0.5}MnO_3$(或用 Sr 代替 Ca,其他稀土如 Pr 和 Nd 代替 La),或半掺杂的"214"层状钙钛矿,如 $La_{0.5}Sr_{1.5}MnO_4$。在这两个例子中,Mn 离子的平均价态为 3.5+,即形式上 Mn^{3+} 和 Mn^{4+} 的数量相等。通常在低温下,基面为棋盘状电荷序,如图 7.2 所示,其中"×"表示 Mn^{3+},"○"表示 Mn^{4+}(注意,本章使用的这种惯例与本书其他部分的不同:"○"通常表示阴离子——氧、氟等)。这似乎是最自然的有序类型,使得长程 Coulomb 排斥最小化:Mn^{3+} 上的额外电子倾向于彼此保持尽可能远的距离,这就形成了图 7.2 中基面上的棋盘状结构。这种情况与低密度电子系统中 Wigner 晶体的形成非常相似。

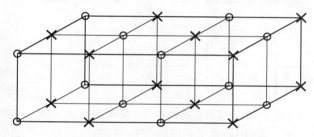

图 7.2　半掺杂锰酸盐(如 $La_{0.5}Ca_{0.5}MnO_3$)的典型电荷序(其中"×"表示 Mn^{3+},"○"表示 Mn^{4+})

然而,当审视实验中的情况时,例如在 $La_{0.5}Ca_{0.5}MnO_3$ 中,如图 7.2 所示,可以立即意识到真实情况更复杂,Coulomb 排斥不是电荷序的唯一驱动力,甚至不是主要驱动力。如果电荷序由 Coulomb 排斥引起,可以预期,Mn 的电荷或价态也会在第三个方向交替。然而,实验上并非如此:从图 7.2 中可以看出,相邻平面实际上是**同相位的**,即 Mn^{3+} 在 Mn^{3+} 的上方,Mn^{4+} 在 Mn^{4+} 的上方。这表明其他相互作用也会贡献此电荷序。这种额外的相互作用很可能是通过晶格的耦合。我们将在其他电荷序系统中看到类似的情况,例如磁铁矿 Fe_3O_4(7.4 节)。

在真实过渡金属化合物中,简单的 Coulomb 排斥通常无法解释电荷序的特点,这也是因为事实上不同离子的实际电荷差异,即电荷转移程度,通常远小于 1(从形式上的 Mn^{3+} 和 Mn^{4+} 价态得出)。实验和理论计算同时证明在电荷序态中,实际的电荷为 $3.5 \pm \delta$,其中 $\delta \lesssim 0.2$。这在无机化学中非常有名,其中强调了例如 O^{2-} 离子的实际电荷永远不是真正的 -2,而是更接近 -1,甚至更小。实验上,可以通过仔细测量不同 Mn 离子的 Mn - O 距离,并计算无机化学中所谓的**键价和**——给定 Mn 离子的所有 Mn - O 键长之和,来确定这个值。存在一个经验的,但经过充分检验的规则,规定了如何从这样的键价和中找到相应离子的价态,这些实验给出了上述的值。

理论上,人们可以从特定的模型或更可靠的从头起(ab initio)能带结构计算来估计电荷差的程度。这些计算还表明,电荷序态中不同格座 Mn 的实际上电荷差异很小。尽管如此,仍然可以使用 Mn^{3+} 和 Mn^{4+} 有序态的术语:尽管不同格座 Mn 的实际电荷可能十分不同于 Mn^{3+} 和 Mn^{4+},但各自态的**量子数**,如自旋、轨道简并等实际与形式上的氧化态 3+ 和 4+ 相符。如果回想一下氧化物中过渡金属离子的 d 态和氧的 2p 态之间总是存在很强的杂化,也可以解释这一点。由于杂化,电荷"泄露"到周围的氧,特别是在电荷转移能较小的情况下(第 4 章),至

少对 Mn^{4+} 来说是这样的。因此，**Mn 离子**上的电荷变化不大——无论如何，电荷主要在氧上。但杂化（Mn－O）态的总量子数要么为 Mn^{3+}，要么为 Mn^{4+}。实际上相应态的波函数并不是纯 d 态，而是包含较大的共价贡献而更加扩展，这确实改变了例如相应离子的磁形状因子[1]。

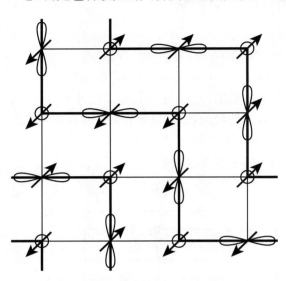

图 7.3 半掺杂锰酸盐基面中 CE 型电荷、轨道和自旋序（其中"○"表示 Mn^{4+} 离子，并展示了 Mn^{3+} 离子的轨道占据）

在电荷有序的半掺杂锰酸盐中还有另一个有意思的方面，这将该系统中的现象与前一章的讨论联系了起来。如前文所述，虽然在电荷序态中，不同 Mn 离子的电荷差异较小，但这些离子的量子数与 Mn^{3+} 和 Mn^{4+} 的一致。特别是 Mn^{3+} 是双重轨道简并的：形式上 $t_{2g}^3 e_g^1$。因此，可以预期电荷序态中存在特定的轨道序，事实确实如此。$La_{0.5}Ca_{0.5}MnO_3$ 基面上的轨道和自旋结构如图 7.3 所示。轨道 $|x^2\rangle$ 和 $|y^2\rangle$ 呈"条纹"有序（通常此图像以旋转 45°的形式展示）。

人们可以通过最小化系统中总应变的趋势来解释这种轨道图案，该机制见 6.1.1 节。有意思的是，如上所述，从头起（ab initio）计算得出不同格座 Mn 的总电荷几乎相同，但也复现了轨道序：不同 Mn 离子周围的电子密度各向异性非常强，这很好地对应了由实验得出的图 7.3。

在 $T_c \simeq 240$ K 时，$La_{0.5}Ca_{0.5}MnO_3$ 中同时出现棋盘状电荷序和相应的轨道序，如图 7.3 所示。在 $T_N = 120$ K 时，其局域自旋呈反铁磁排列。图 7.3 所示的磁序被称为 CE 有序；现在人们常把图 7.3 中的电荷序和轨道序也称为"CE 有序"。这种磁结构可以理解为反铁磁堆叠的铁磁锯齿形结构（图 7.3 中用粗线表示）。这种结构直接遵循 5.1 节中 GKA 规则：沿着这些锯齿，棱处 Mn^{3+} 的已占据 e_g 轨道指向相应顶点处 Mn^{4+} 离子的空 e_g 能级。e_g 电子虚跃迁到 Mn^{4+} 类似的空 e_g 态上，会引起沿锯齿形的铁磁交换。锯齿之间的反铁磁相互作用极有可能是由 t_{2g} 电子的反铁磁交换引起的。

上文讨论电荷序时，特别是半掺杂的锰酸盐，需要注意应该处理形式上为 Mn^{3+} 和 Mn^{4+} 离子的有序，否则在 Mn^{4+} 的 t_{2g}^3 组态基础上的额外电子会局域在特定的 Mn 格座（此时形成棋盘结构）。然而，这并不是这些电子局域化的唯一可能性。除了在特定的**离子**上，电子还可以局域在特定的**键**上。这种可能性实际上并不陌生：在 5.7.2 节中讨论价键或 RVB 态时，实际上已经使用了此物理图像。电子（以单态对的形式）局域在特定的化学键上，而不是在特定的离子上。如果该化学键上有两个自旋相反的电子（处于单态），那么这就是化学家所说的价键，就像在 H_2 分子中那样。但这样的键上也可以只有一个电子，此时类似 H_2^+ 离子。

近期，Daoud-Aladine 等和 Efremov 等[2]在半掺杂锰酸盐中，分别从实验和理论上提出了这

① 如第 4 章所述，例如在解释磁中子散射时，必须考虑对磁形状因子的相应修正。在中子散射中经常观察到过渡金属离子的磁矩偏离形式上的价态（大多数情况下是降低）往往与此有关。

② Daoud-Aladine A., Rodríguez-Carvajal J., Pinsard-Gaudart L., et al. Phys. Rev. Lett., 2002, 89: 097205; Efremov D. V., van den Brink J., Khomskii D. I. Nat. Mater., 2004, 3: 853.

种可能性。该图像为，$Mn^{3+} |x^2\rangle$ 轨道上的额外电子不再局域在特定的离子上（图 7.2 和图 7.3），而是在 x 方向不停地在相邻离子之间来回跃迁，例如与右边的相邻离子（或者从 $|y^2\rangle$ 轨道到下方的相邻离子）。由此产生的结构不再如图 7.3，而是如图 7.4 所示。一个电子在连接两个离子的键上的态也类似于双格座极化子；有时被称为 Zener 极化子，注意这是与 Zener 双交换的类比（在具有局域自旋的两个格座之间跃迁的一个电子会使得自旋铁磁排列，此处亦是如此）。

图 7.2 和图 7.3 中以格座为中心的电荷序和图 7.4 中以键为中心的电荷序之间的选择并不简单。理论处理表明在 $x = 0.5$ 时，以格座为中心的电荷序结构占优，但是如果 $x < 0.5$ 时电荷序能够存在，例如 $Pr_{1-x}Ca_xMnO_3$，见下节，那么以键为中心态开始与格座为中心态相互竞争。结果表明，在这个掺杂范围内，情况可能处于中间状态，以格座为中心和以键为中心的电荷序可能同时存在，使得格座和键都不再等价。最有意思的是，这种混合态是铁电性的，这将在第 8 章中详细讨论。

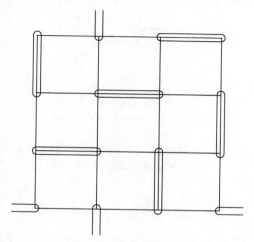

图 7.4　半掺杂锰酸盐中另一种可能的有序（两个相邻格座上具有一个离域电子的 Zener 极化子）

7.2　非半掺杂的电荷序

7.2.1　掺杂锰酸盐

不同离子种类的其他相对浓度的情况可能更为复杂。本书将主要考虑掺杂锰酸盐的例子，如 $La_{1-x}Ca_xMnO_3$（LCMO）和 $Pr_{1-x}Ca_xMnO_3$（PCMO）。LCMO 相图如图 5.16 所示，PCMO 相图如图 7.5 所示。在这两种情况下，在 $x = 0.5$ 处都有一个明确的 CE 型电荷和轨道序。然而，如果不是半填充，这些系统的行为不同。当 $x < 0.5$ 时，LCMO 变为铁磁金属，正是在此相中观察到了 CMR 效应。这些现象在 5.2 节中已有部分描述，将在 9.2.1 节中进行更详细的讨论。然而，PCMO 在全部 x 范围内保持绝缘，包括 $x < 0.5$ 的区域。在其相图的一个较大区间中，即 $0.3 \lesssim x \leqslant 0.5$ 时，保持与 $x = 0.5$ 时相同的周期为 $\sqrt{2} \times \sqrt{2}$ 的棋盘状电荷序，如图 7.2 所示。

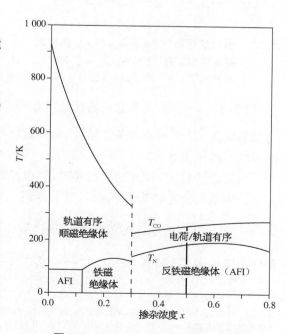

图 7.5　$\mathbf{Pr_{1-x}Ca_xMnO_3}$ 相图示意图

对于 $x > 0.5$，情况有所不同。两个系统都保持绝缘，伴随某种类似于电荷序的超结构，这可能可以用电荷密度波（charge density wave, CDW）的巡游图像来更好地描述，见 7.3 节。

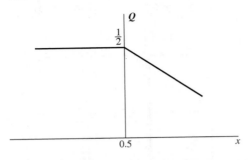

图 7.6 欠掺杂（$x < 0.5$）和过掺杂（$x > 0.5$）$Pr_{1-x}Ca_x MnO_3$ 超结构波矢的行为

当 $x > 0.5$ 时，LCMO 和 PCMO 中超结构的周期性随着掺杂浓度而变化：粗略地来说，当 $x = 0.5$ 时，超结构的波矢 $\boldsymbol{Q} = \left(\frac{1}{2}, \frac{1}{2}, 0\right)$；当 $x > 0.5$，$\boldsymbol{Q} = \left(\frac{1}{2}, \frac{1}{2} - \delta, 0\right)$，其中 $\delta \approx (x - 0.5)$。PCMO 超结构的行为如图 7.6 所示。

当 $x = \frac{2}{3}$ 时，会出现一个有意思的情况。此时，Mn^{3+} 和 Mn^{4+} 离子的比例为 $1:2$。其有序结构与半掺杂情况相似（图 7.3），但额外增加了一行 Mn^{4+} 条纹（图 7.7）。换句话说，又得到了包含 $|x^2\rangle$ 和 $|y^2\rangle$ 轨道的 Mn^{3+} 条纹，其密度给出平均价态 $Mn^{3.67+}$。最有可能是形成如图 7.7 所示的条纹有序，这也可以通过 6.1.1 节的讨论来理解，这是由于应变耦合引起的"杂质"（此处为额外电子，或者 Mn^{4+} 背底下的 Mn^{3+} 组态）之间的相互作用。

此时磁耦合的情况一定程度上更加复杂。同样，两个 Mn^{4+} 离子的自旋相对于图 7.7 中 Mn^{3+} 轨道取向将平行于该 Mn^{3+} 的自旋。但是可以将这些铁磁（Mn^{4+} - Mn^{3+} - Mn^{4+}）区域以不同的方式连接成长程有序结构，如图 7.8 所示（此时展示了两个不同但等价的、包含四个离子"台阶"的磁锯齿结构，但是同样人们也可以使其为 3×5 锯

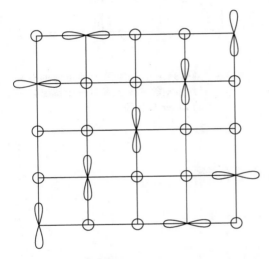

图 7.7 钙钛矿锰酸盐 $La_{1/3}Ca_{2/3}MnO_3$ 中可能存在的条纹有序（其中"$\bigcirc$"表示 Mn^{4+}，并展示了 Mn^{3+} 的已占据轨道）

齿，或者 5×3 锯齿，或者它们的任意组合[1]）。因此可以预见，虽然 $x = \frac{2}{3}$ 处的电荷和自旋序可以形成图 7.7 中明确的条纹结构，但其磁序可能存在很多缺陷、磁堆积层错，相应的磁中子散射峰可能相当宽。

当讨论任意 $x > 0.5$ 的电荷序时，可以提出两种可能性（事实上，这适用于许多周期结构与晶格周期无公度的其他情况）：要么得到一个随掺杂不断变化的简谐（正弦的）密度波矢量 $\boldsymbol{Q}$，对于 $x > 0.5$，如图 7.6 所示，要么仅得到一个平均的物理图像，例如当 x 在 $\frac{1}{2}$ 到 $\frac{2}{3}$ 之间时，得到由类似图 7.2 和图 7.3 中 $x = \frac{1}{2}$ 的结构，和类似图 7.7 的结构组成的交替畴结构。在第二

---

[1] 注意，与图 7.3 中简单的以格座为中心有序相比，在图 7.4 中 $x = 0.5$ 的"Zener 极化子"结构中也有类似问题，而前者的铁磁锯齿结构是唯一的，在图 7.4 的结构中，可以以不同的方式连接铁磁二聚体形成锯齿结构。然而，在以格座为中心和键为中心混合方案中，磁结构又是唯一的了，见 Efremov D. V., van den Brink J., Khomskii D. I.. Nat Mater., 2004, 3: 853。

种情况下,在大的长度尺度上测定周期的 X 射线或中子散射,将得到平均周期,但是非常局域的探测手段,如透射电子显微镜,可以观察到不同电荷序图案(对应不同周期)组成的畴的共存。过掺杂锰酸盐的真实情况尚不清楚,不同的实验得出的结论也不同。

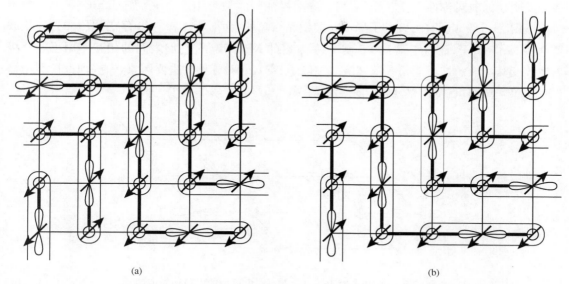

(a)   (b)

图 7.8 $\frac{2}{3}$ 掺杂 $La_{1/3}Ca_{2/3}MnO_3$ 的两个具有相同电荷和轨道序的等价磁结构

    如果 $x > 0.5$ 时的电荷序情况原则上或多或少比较清楚的话[由此产生的超结构平均周期由电子浓度决定,如果超结构是由 Fermi 面的特性(如叠套,见 7.3 节)引起的,那么一般都是这种情况],那么当 $x < 0.5$ 时,PCMO 的情况就更加不清楚了。看起来似乎典型的 $x = 0.5$ 超结构在 $x < 0.5$ 时也会保留下来,如图 7.6 所示。但是在相图的这一部分,有比 $x = 0.5$ 时更多的电子,必须把这些 $(0.5 - x)$ 的额外电子至于某处。这些电子或空穴可能会离域,使得系统变成金属性。这是 $x < 0.5$ 时在 $La_{1-x}Ca_xMnO_3$ 中的情况。但是在这个掺杂范围内的 PCMO 仍然是绝缘的,如图 7.5 所示,电子以某种方式被局域化了。

    原则上存在两种可能性。一是,额外电子随机局域在图 7.2 和图 7.3 的棋盘结构中的某些最初为 Mn^{4+} 格座上;此时,这些额外电子占据的 e_g 轨道很可能是 $|z^2\rangle$ 轨道,它们垂直于图 7.2 和图 7.3 所示的基面。这至少不会在 xy 或 ab 面上对晶格产生强烈的畸变:在 xy 面上轨道为 $|z^2\rangle$ 的 Mn^{3+} 离子半径也相对较小,与 Mn^{4+} 的离子半径相当。由此得到图 7.9:最初为 Mn^{4+} 的一些格座("○")将被轨道为 $|z^2\rangle$ 的 Mn^{3+} 占据。

    另一个选择是更大规模的相分离,其中额外的 Mn^{3+} 离子形成一定尺寸的团簇,样品其余部分或多或少符合 $x = 0.5$ 的化学计量,并具有 CE 型有序。然而,实际情况还不太清楚。

    需要再次强调,与朴素预期相反,掺杂锰酸盐中不存在电子-空穴对称性,欠掺杂($x < 0.5$)和过掺杂($x > 0.5$)的 $R_{1-x}Ca_xMnO_3$ 是相当非对称的,见相图 5.16、图 7.5 和图 7.6。对于 $x < 0.5$,存在伴随 CMR 效应的铁磁金属态(例如,对于 $La_{1-x}Ca_xMnO_3$),然而对于 $x > 0.5$,则不会出现以上情况,过掺杂锰酸盐通常保持绝缘性,伴随不同类型的电荷序。同样,当 $x < 0.5$ 时,如果存在电荷序,例如 $Pr_{1-x}Ca_xMnO_3$,这种电荷序的特征与 $x > 0.5$ 时截然不同:

$x > 0.5$ 的电荷超结构(电荷序或 CDW)由掺杂浓度决定,然而 $x < 0.5$ 时 PCMO 超结构的主要周期仍然与 $x = 0.5$ 的一致,即主要是一个棋盘结构,其中存在一些随机出现的"缺陷"(额外电子,或额外 Mn^{3+} 离子)。空穴掺杂($x < 0.5$)和电子掺杂($x > 0.5$)锰酸盐之间**为什么存**在如此明显的非对称性,目前尚不清楚。这很可能与轨道自由度有关。强 Jahn - Teller 离子 Mn^{3+} 只有一个 e_g 电子,当该电子局域时会使晶格畸变,而对于 $x > 0.5$,存在"很大的空间"放置这些 Mn^{3+} 离子,而对于 $x < 0.5$,则存在太多的 Mn^{3+} 离子,它们之间的相互作用可能会极大地改变其性质。这可能是导致锰酸盐中电子-空穴非对称性的重要因素,一些理论模型与该观点一致。然而,这个问题还没有完全弄清楚。

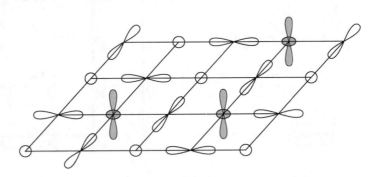

图 7.9 $x < 0.5$ 时 $Pr_{1-x}Ca_xMnO_3$ 中可能的电荷和轨道序

有一个关于锰酸盐电荷序非常有意思的结果,特别是在 $x < 0.5$ 的 PCMO 中奇特的电荷序。此时存在两种竞争状态:一种是伴随电荷序(和轨道序)的绝缘态,在低温下呈反铁磁性,而另一种是没有电荷序的金属态,并且由于双交换机制(见 5.2 节),呈铁磁性。于是,如果对反铁磁电荷序绝缘体施加外磁场,可以使平衡向铁磁金属(FM)态转变,并引起相应的相变。东京的 Y. Tokura 小组已经开展了这样的实验,他们观察到,在一定的临界场下,电阻率急剧下降,这是由电荷序绝缘体向铁磁金属的急剧 I 级相变引起的。此电阻率降低,即负磁电阻,是所有锰酸盐中最强的。

但有意思的是,通过提高某些 $x < 0.5$ 的 PCMO 样品的温度,可能会导致从铁磁金属到电荷序绝缘体的逆转变。不同掺杂浓度下 PCMO 的典型相图如图 7.10 所示(阴影区域为 I 级相变的迟滞区间)。可以看到,磁场确实会导致向铁磁金属的转变。而对于 $x = 0.5$,电荷序态相当稳定——需要 $\gtrsim 20$ T 磁场才能将其转变为铁磁金属。同样可以看出,对于 $x = 0.5$,相图看起来是"正常的":随着温度降低,无序态转变到了电荷序态。

$x < 0.5$ 的情况有所不同。首先,电荷序态不稳定得多:小得多的磁场就可以抑制它。但是,最令人惊讶的是,此时存在一个重入相变:随着温度降低,首先出现电荷序绝缘体,但在更低的温度下,它再次消失,系统转变为铁磁性金属。为什么会有如此奇怪的行为呢?

为了解释这一点,回顾一下在统计力学中,系统在给定温度下的状态是由自由能最小条件决定的:

$$F = E - TS \tag{7.1}$$

在低温下,例如 $T = 0$ 时,以上条件与系统能量 E 最小的条件一致。由于在某种有序态中相互作用能通常最小,例如,交换能在铁磁或反铁磁态中是最小的,通常在 $T = 0$ 时存在某种有序。

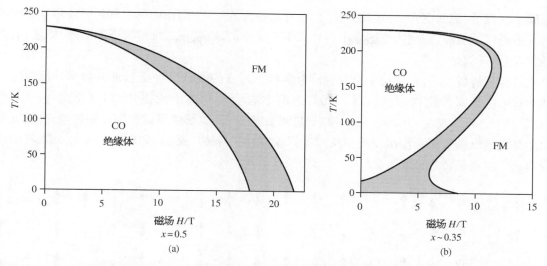

图 7.10　$Pr_{1-x}Ca_xMnO_3$ 两种代表性组分的 H-T 相图（阴影区域是急剧的 I 级相变滞回区间，CO 表示电荷序，FM 表示铁磁金属）（引自 Tomioka Y., Asamitsu A., Kuwahara H., et al. Phys. Rev. B, 1996, 53：R1689；Tokunaga M., Miura N., Tomioka Y., et al. Phys. Rev. B, 1998, 57：5259）

　　但是，随着温度的升高，式（7.1）中包含熵 S 的第二项开始发挥越来越重要的作用。熵作为无序态的度量，在一定温度下，迟早式（7.1）中的第二项会占主导地位，系统进入无序态。因此，普适规则是，随着温度的升高，系统**总是**会进入熵较高的状态，在第 10 章中讨论绝缘体—金属转变时也会遇到这一规则。

　　那么，为什么在 $x = 0.35$［图 7.10（b）］时存在于 PCMO 中的电荷序在低温下消失了呢？或者反过来说，为什么这种有序会随着温度的**升高**而出现呢？

　　答案是，在 $x = 0.35$ 时，电荷序态的熵明显高于在 $T = 0$ 时的铁磁金属态的熵。事实上，虽然铁磁金属态没有任何超结构，如电荷序，它仍然是一个独特的态，Fermi 面是电子自旋极化的。因此，在 $T = 0$ 时，它的熵很低（名义上为零）。随着温度的升高，系统似乎会进入一个更有序的电荷序态。但是，正如上文所述，此电荷序态存在一定的不可避免的本征无序度（对于 $x < 0.5$）：观测的超结构周期与 $x = 0.5$ 相对应，但事实上此时 $x = 0.35$，于是必须把剩下的额外 0.15 电子置于某处。显然，此时需将这些额外电子随机放置在图 7.9 所示的格座，或者形成范围更大但仍然随机的相分离情形。因此，在 $x = 0.35$（且对于所有 $x < 0.5$）时，这种电荷序态实际上是一种"部分无序的电荷序态"，包含本征无序度，因此具有一定大小的熵。显然，正是这种无序熵导致了随着温度的升高向"部分无序的电荷序态"的转变。对于 $x = 0.5$，则不存在这样的无序度，相图为图 7.10（a）中没有重入相变的更"常规"形式，即电荷序一旦开始，会一直延续到 $T = 0$。

7.2.2　条纹

　　过渡金属化合物中一种可能的电荷序是**条纹**形式的准一维有序。可以将过掺杂锰酸盐（如 $x = \dfrac{2}{3}$ 的 $La_{1-x}Ca_xMnO_3$）中的电荷序图案理解为条纹，如图 7.7 所示。特别是对于铜氧化物（如 $La_{2-x}Sr_xCuO_4$）和类似的层状材料（如 $La_{2-x}Sr_xNiO_4$），人们提出了条纹有序。最初的观点是，在掺杂反铁磁材料中，可能倾向于形成反铁磁畴壁，并在畴壁上局域化掺杂的电荷（此处为空穴）。这一现象的物理原理与 1.4 节中讨论的非常相似。可以看出，背底反铁磁序阻碍了载流子(例如空穴)的运动。反之,在样品中加入空穴,则在能量上有利于破坏某些区域的反铁磁序。然而,在此物理图像中为什么不形成小的球形(或二维情况下的圆形)微区,而是条纹,还不甚清楚。

同样不清楚的是,空穴位于沿着过渡金属离子形成的线状条纹是否真的会诱导反铁磁畴壁。这可能是铜氧化物中的情况:Cu^{2+} 上的空穴会使此离子无磁性{名义上为 $S=0$ 的 $Cu^{3+}[t_{2g}^6(z^2)^2]$,或者 Zhang-Rice 单态,见 4.4 节}。那么,确实可以预期,"穿过空穴"较弱但仍然存在的反铁磁相互作用会使条纹"右侧"和"左侧"自旋反平行,如图 7.11(a)所示,其中用双箭头表示被翻转的自旋。

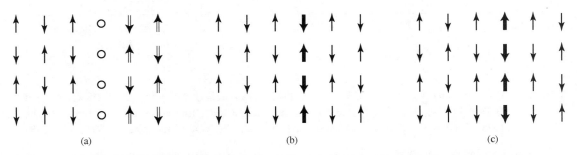

(a)   (b)   (c)

图 7.11　(a) 例如铜氧化物等系统中的以金属为中心的条纹(非磁性离子用"〇"表示);(b)、(c) 锰酸盐或镍酸盐等系统中的以金属为中心的条纹(与块体价态和自旋不同的磁性离子用粗箭头表示)

但此物理图像对锰酸盐来说并不适用,此时未掺杂材料中的 Mn^{3+} 离子,和空穴掺杂时产生的 Mn^{4+} 离子都是磁性的。此时,从图 7.11(b)、图 7.11(c)中可以看出,即使不考虑条纹中 Mn^{4+}(粗箭头)和相邻 Mn^{3+}(细箭头)之间交换的符号,条纹"左侧"和"右侧"的反铁磁序也不会改变,也就是说,此时这些条纹不是反铁磁畴壁。

如果条纹是以氧为中心的,那么情况可能会有所改变,也就是说,如果掺杂的空穴主要位于氧上(在铜氧化物中就是如此,在某种程度上在镍盐中也是如此),条纹可能会变得更有利。结果如图 7.12 所示:当局域空穴位于氧上时(图 7.12 中的"〇"),这些氧离子本身就会变为磁性的,自旋为 $\frac{1}{2}$,并与相邻的过渡金属离子,例如 Cu^{2+},发生交换。此交换相当强,

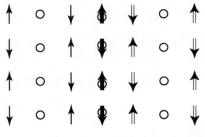

图 7.12　以氧为中心的条纹[此处的箭头表示磁性离子(自旋),"〇"表示氧离子:空心"〇"是非磁性 O^{2-},带有箭头的"〇"是携带 p 空穴的氧。双线箭头表示掺杂后翻转的自旋,其掺杂的空穴位于氧上]

$\approx t_{pd}^2/\Delta_{CT}$,比 Cu-Cu 交换 $\approx \dfrac{t_{pd}^4}{\Delta_{CT}^2}\left(\dfrac{1}{U_{dd}}+\dfrac{1}{\Delta_{CT}+U_{PP}/2}\right)$ 强得多,参考式(4.13)。即使不考虑这种交换的符号(很可能是反铁磁的,但取决于相应的轨道占据),这种携带自旋(图 7.12 中的粗箭头)的氧空穴也会在过渡金属子系统中引起强烈的阻挫:这些 O^- 离子两侧的过渡金属离子自旋**相同**,而不像未掺杂材料的反铁磁结构那样自旋相反。于是,这种氧空穴的链会诱导例如其右侧过渡金属(例如 Cu 或 Mn)的自旋重取向,如图 7.12 中双线箭头所示。也就是说,这种以氧为中心的条纹确实会导致反铁磁畴壁。

在掺杂氧化物中还存在另一种与磁结构无关的条纹形成机制,在 6.1.1 节中已经简要提及。掺杂过渡金属氧化物

时,形式上产生了不同价态和不同尺寸的离子(例如,$La_{1-x}Ca_xMnO_3$ 中的 Mn^{4+})。因此,如果这些离子处于局域态,就会在晶体中产生一定的应变。如图 6.6 和式(6.10)～式(6.12)所示,例如在立方晶体中,这种应变根据离子在晶体中的取向而伴随不同的符号(图 6.6 中的"风车")。这种应变衰减得很慢,$1/r^3$,且没有被屏蔽。事实上,晶体中另一个这样的离子(掺杂的空穴)会感受到此应力,这提供了一个有效的空穴-空穴相互作用,其符号取决于它们在晶体中的相对取向,在某些方向上总是相互吸引。于是掺杂空穴会沿着这些方向排列,这可能是掺杂过渡金属氧化物(如锰酸盐、镍酸盐、铜氧化物等)中条纹形成的天然机制。注意,这种机制与磁结构无关,因此此时没有反铁磁畴壁的问题(反铁磁畴壁与上文提到的锰酸盐中以金属为中心的条纹有关,但应变机制诱导的条纹可能会产生或者钉扎某些磁畴壁)。这也与实验上锰酸盐的电荷序一致,例如 $x = \dfrac{1}{3}$ 或 $\dfrac{2}{3}$ 可以解释为出现在 T_{CO} 的条纹,这比 Néel 温度要高得多(通常是两倍)。显然,这意味着磁性机制不是条纹形成的主要驱动力,至少在这类材料中是这样的。

7.3　电荷序与电荷密度波

正如上节所述,在掺杂锰酸盐(如 $La_{1-x}Ca_xMnO_3$ 和 $Pr_{1-x}Ca_xMnO_3$)中,$x > 0.5$ 的超结构周期直接由掺杂浓度决定(图 7.6)。这是相当典型的电荷密度波(CDW)系统,其中 CDW 由 Fermi 面的特殊性质引起,例如叠套。典型案例为过渡金属二卤族化合物,例如 $NbSe_2$ 或 TaS_2 的 CDW 态。这些是层状材料,其中过渡金属离子形成类似于 $LiNiO_2$ 或 $LiVO_2$ 中的三角层,参见 5.7.1 节。

在高温下,这些材料是相当好的金属,可以用能带图像来描述。在该描述中,电子占据 Fermi 面,对于特定的 Fermi 面形状,正常金属态可能变得不稳定,于是系统中出现 CDW 或自旋密度波(spin density wave, SDW)。这通常发生在所谓的 Fermi 面**叠套**的情况下,要么 Fermi 面包含平带,在特定波矢平移下重叠[图 7.13(a)],或者 Fermi 面可能没有平带,但当它被某个矢量 $\boldsymbol{Q}$ 平移时,仍然会部分重叠[图 7.13(b)]。这还可能是 Fermi 面上有一些口袋,例如电子和空穴袋,同样如果这些 Fermi 口袋之间存在叠套[图 7.13(c)],也就是说,如果它们能够被某些波矢平移时重叠,系统则相对于 CDW 和 SDW 变得不稳定。

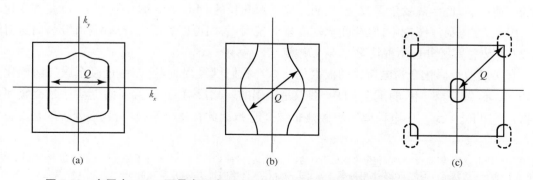

图 7.13　金属中 Fermi 面叠套示意图(这可能导致系统不稳定而形成 CDW 或 SDW 态)

由此产生的态(例如 CDW)可以描述为电子密度获得了一个波矢 Q(与叠套矢量一致)的周期性调制:

$$\rho(r) = \rho_0 + \eta\mathrm{Re}(e^{iQ\cdot r+\varphi}) = \rho_0 + \eta\cos(Q\cdot r + \varphi) \qquad (7.2)$$

其中,η 为 CDW 的振幅,φ 为相位。因此,实际上和电荷序类似,CDW 中的电子密度在空间中呈周期性变化。

用此物理图像可以很容易说明上一节讨论的以格座为中心和以键为中心的电荷序情形。因此,例如对于每个格座一个电子的一维情况,CDW 不稳定性对应于二聚反应,即 CDW 或波矢 $Q = \pi$ 的电荷序(晶格常数取 1),CDW 如图 7.14 所示。图 7.14(a) 的情况对应于以格座为中心的 CDW,或标准电荷序,图 7.14(b) 的情况对应于以键为中心的 CDW,其中离子等价但键不等价。

图 7.14   以格座为中心的电荷密度波与以键为中心的电荷密度波

理论上,CDW 的振幅 η 可能相当小(对于宽能带和弱耦合的金属系统,η 很小)。但如果我们降低带宽和(或)增加耦合强度,此振幅会增加,如果变为与 1 同量级,就可以认为是电荷序了。因此 CDW 和电荷序现象事实上是相同的,除了当电荷调制振幅很弱的时候,会使用 CDW 这个术语(CDW 的电荷调制周期 $d = 2\pi/Q$ 是任意的,可以与晶格周期无公度),如果这样电荷调制相对较强,就可以说是电荷序了,并且一般来说,其周期往往与晶格的周期成公度(比例为有理数,例如二聚化、三聚化等)。

从式(7.2)和图 7.14 还可以看出,根据 CDW 的相位 φ,此电荷密度波既可以以格座为中心[图 7.14(a)],也可以以键为中心[图 7.14(b)][①]。因此,从这个角度来说,在上一节中讨论的以格座为中心和以键为中心的电荷序态非常类似,主要的不同在于相应密度波的相位。但是,如果考虑哪种畸变伴随着这两种状态,并有助于它们的相对稳定性,可以看出这两种状态确实看起来有所不同,并且能量不同:在真实材料中,与图 7.14 所示的简化模型相比,不同的畸变伴随着(也可能引起)以格座或键为中心的电荷序态。在以格座为中心的电荷序锰酸盐中,不同锰离子的有效尺寸有所不同,Mn^{4+} 与周围的氧距离更近,而 Mn^{3+} 与周围的氧则较远(呼吸型畸变)。该过程中 Mn^{4+} 和 Mn^{3+} 之间的距离在一阶近似下不变。相反,对于以键为中心的电荷序态,此距离发生了改变(从而形成了短和长的 Mn-Mn 键),但 Mn-O 距离变化不大。因此,在电荷序图像中,电荷变化幅度相对较大,人们可以真正区分这两种情况,而这对弱耦合 CDW 想要区分这两种情况并不太现实。

真实过渡金属化合物电荷序的极限是什么? 我们已经提到,例如在过渡金属二卤族化合物如 $NbSe_2$ 或 TaS_2 中,弱耦合 CDW 图像是适用的。相反,存在非常强的电荷序过渡金属化合物:例如 Fe_2OBO_3 中电荷调制的振幅非常接近 1,因此在这个系统中,我们处理的是真正意

---

①   理论上,对于弱耦合 CDW,相位可以是任意的,也就是说,这种 CDW 可以相对于晶格连续偏移。这种**滑移** CDW 可以贡献电导——这就是所谓的 Fröhlich **电导率**。对于强耦合和大振幅的密度波,正如电荷序一样,非线性效应开始发挥作用,尤其是可以导致晶格对 CDW 或 SDW 的**钉扎**,在强钉扎下,该电导不再有效。

义上的 Fe^{2+} 和 Fe^{3+}。

在大多数电荷有序的过渡金属氧化物中,情况介于两者之间。如上所述,对于 $La_{1-x}Ca_xMnO_3$ 或 $Pr_{1-x}Ca_xMnO_3$ 等半掺杂锰酸盐,不同 Mn 离子的实际电荷差 $\approx 0.2e$。可以预期,非半掺杂系统,电荷序甚至会更弱(有序的额外电子之间距离更远,导致电荷序的相互作用也更弱)。这确实与实验观察一致。将此态视为电荷序态,还是 CDW 态,仍是一个悬而未决的问题。至少有些实验学家倾向于用 CDW 来解释过掺杂锰酸盐的结果,而不是电荷序。

7.4　阻挫系统中的电荷序:Fe_3O_4 及其类似系统

与磁序类似,电荷序在几何阻挫的系统中性质非常特殊。也许最著名的例子是磁铁矿(磁石)Fe_3O_4 中的 Verwey 转变。前文已经提到过,磁铁矿是人类已知的第一种磁性物质,由此诞生了"磁性"一词。1939 年,荷兰物理学家 Verwey 在 Fe_3O_4 中第一次发现了过渡金属氧化物的金属—绝缘体转变:在 $T_V = 120\ K$ 时,随着温度的降低,Fe_3O_4 发生 Ⅰ 级相变,其电阻率跳变率约 10^2,如图 7.15 所示。低温相肯定是绝缘体,而高于 T_V 时,Fe_3O_4 的导电性较好。然而,从图 7.15 可以看出,它仍不是真正的金属:在 $120\ K < T \lesssim 450\ K$ 时,电导率仍随着 T 增大而增大,而对于正常金属,电导率应该减小(或电阻率应该增大)。$\sigma(T)$ 只有在 $\approx 450\ K$ 以上时,通过一个很宽的峰值区间后才开始下降。然而,有所保留地说,通常仍称这种 Verwey 转变为金属—绝缘体转变。后文将定性地讨论高于 T_V 的中间阶段性质,此处先考虑低温绝缘态,其性质相当不平凡。

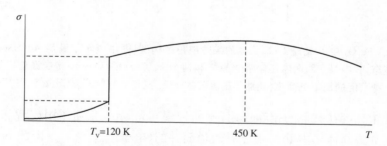

图 7.15　磁铁矿 Fe_3O_4 中电导率行为示意图($T_V = 120\ K$ 是 Verwey 转变)

Fe_3O_4 为尖晶石结构(见 5.6.3 节),其中 Fe^{3+} 离子位于 A 格座,B 格座形式上被混合价 $Fe^{2.5+}$ 占据;可以认为在 B 格座上有等量的 Fe^{2+} 和 Fe^{3+}。为解释此转变提出的第一个想法是,高于 T_V 时 "Fe^{2+}" 离子的额外电子在晶体中的跃迁或多或少是自由的,给出了类似金属的电导率,然而低于 T_V 时,系统出现电荷序,此时 Fe^{2+}(d^6)和 Fe^{3+}(d^5)以某种方式有序排列,使得系统变得绝缘。该有序也会引起晶格畸变;确实,Verwey 转变伴随着结构畸变,即从尖晶石典型的高温立方相到对称性较低的相。

但是,此时尖晶石 B 格座亚晶格(类烧绿石晶格的共顶点四面体,见 5.6.3 和 5.7 节)的阻挫本质开始发挥作用。图 7.16 再次展示了此亚晶格,可以看出,其中使得这些电子之间 Coulomb 排斥最小的 Fe^{2+} 和 Fe^{3+}(或额外的电子)排列方式并不唯一。事实上,此时每两个 B 格座上有一个电子(Fe^{2+} 离子在 Fe^{3+} 背底中),即使在每个四面体中多放两个电子,从 Coulomb 排斥的角度看,这似乎是乍一看最好的选择(这被称为 Anderson 判据,或 Anderson 规则),在一个四面体的水平上,就已经有几个等价状态,其中四个(不是全部!)如图 7.16(a)所示。如果试图将这样的四面体组成共顶点的烧绿石型晶格,如图 7.16(b)所示,将会得到大量的等价状态。在 $T = 0$ 时,系统具有一定大小的(不为零的)熵。

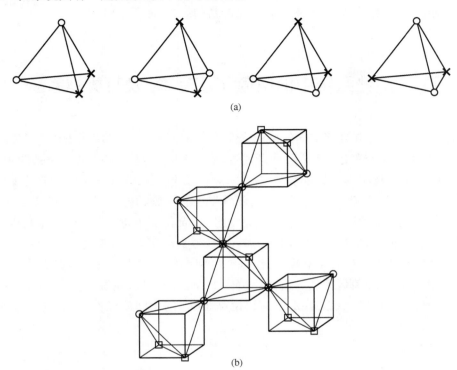

图 7.16　(a) Fe_3O_4 中 **B** 格座 Fe 四面体的某些电荷序构型(图中展示了满足 Anderson 判据的某些态,其中每个四面体包含两个 Fe^{2+} 和两个 Fe^{3+});(b) Verwey 转变温度以下 Fe_3O_4 中一种可能的简单电荷序(显然不是真实的情形,见正文)("〇"表示 Fe^{3+},"□"表示 Fe^{2+})

当然,系统中还存在其他的相互作用,比如长程 Coulomb 相互作用或者与晶格的相互作用。必须注意,立方晶体场中 Fe^{2+} 离子是轨道简并的(电子组态 $t_{2g}^4 e_g^2$),因此 Fe^{2+} 的轨道效应以及自旋轨道耦合可能发挥一定作用。事实上,尽管阻挫很强,人们仍然期望能在 Fe_3O_4 中获得某种特定类型的长程电荷序。但是,这种电荷序原则上可能相当复杂。

Verwey 本人最早建议的有序态如图 7.16(b)所示。此有序满足 Anderson 判据:每个四面体中包含两个 Fe^{2+} 和两个 Fe^{3+}。这种电荷序可以被看作是晶体中 xy 和 $\bar{x}y$ 方向的交替链组成(事实上形成了 Fe^{2+} 和 Fe^{3+} 组成的整个 $\{001\}$ 面);当然,也可能存在不同的畴,其中这些链沿 xz 或 yz 方向。但后来,更详细的实验表明,T_v 以下 Fe_3O_4 的真实电荷图案要复杂得多。这个故事确实很有意思:实验做得越精确,要解释的电荷图案就越复杂。可能最可靠的结构由 Wright 等提出,如图 7.17 所示。首先要注意的是,在这个结构中,强烈违反了 Anderson 判据:在每个四面体中,Fe^{2+} 和 Fe^{3+} 离子的比例不是 3∶1 就是 1∶3。这告诉我们,显然 Coulomb 排斥,至少在最近邻之间,并不是 Fe_3O_4 电荷序的主要因素。这也与上文的普适性观点,以及与实验和理论计算的结果一致,表明 Fe_3O_4 中真实的电荷歧化程度相当小:不同离子(名义上

是 Fe^{2+} 和 Fe^{3+}）之间的电荷差最多为 $\approx 0.2e$。这实际上并不奇怪,要知道 Verwey 转变以上的磁铁矿导电性相对较高。这意味着存在电子在格座间的有效跃迁,人们不应指望这种跃迁会在 T_V 以下立马消失,这使得不同格座电荷有"平均化"的趋势。

显然,稳定 Fe_3O_4 的电荷序不只是 Coulomb 排斥。电子-晶格相互作用很可能也是一个重要的机制,其中轨道自由度会发挥一定的作用。

一个有意思的问题是 Fe_3O_4 中电荷序态的本质仅存在于略高于 Verwey 转变还是在整个 $T_V \lesssim T \lesssim 450$ K 区间,根据之前的讨论,在这个温度区间,这种材料不像是一个正常金属,其电导率 $\sigma(T)$ 仍然随温度增加(图 7.15)。人们提出了两个定性图像来解释这种行为。一种是强电子-晶格相互作用,并从巡游极化

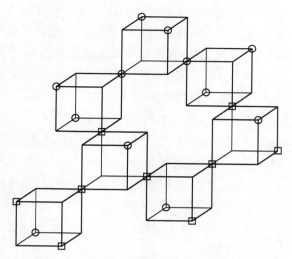

图 7.17 另一种 Fe_3O_4 电荷序(引自 Wright J. P., Attfield J. P., Radaelli D. G.. Phys. Rev. B, 2002, 66: 214422)

子(被晶格极化高度"修饰"的电子)的运动来解释了 Fe_3O_4 在此温度区间的输运特性。另一种使用了晶体与液体的类比:如果我们至少能定性地把 Fe_3O_4 的低温电荷序态看作某种电子(Wigner)晶体,那么在 T_V 以上,Fe_3O_4 表现为"Wigner 液体"——离子间关联性相对完善,但较为随机且动力学过程缓慢(对于非常缓慢的动力学,或许不应该称这种状态为"Wigner 液体",而是"Wigner 玻璃")。这两种图像哪一个更接近于真实的 Fe_3O_4,目前还很难说。

值得一提的是,显然 Fe_3O_4 中的电荷序打破了空间反转对称性,因此 Verwey 转变温度以下的 Fe_3O_4 是铁电的。也就是说,Fe_3O_4 具有多铁性(同时具有铁电性和磁序),见第 8 章。

还有一些其他的化合物(并不是很多)具有阻挫晶格和电荷序,例如 Eu_3S_4。这方面的研究较少,但显然,在 Fe_3O_4 中遇到的问题某种程度上也存在于这些系统中。

7.5 自发电荷歧化

与电荷序有关的一个非常有意思的现象出现在一些价态名义上为整数的材料中,但其价态本质上是不稳定的。在某些这样的系统中,会发生自发的电荷分离,或电荷歧化:相应的离子,例如名义上的 d^n 离子,会歧化成多一个电子和少一个电子的离子:

$$d^n + d^n \longrightarrow d^{n-1} + d^{n+1} \tag{7.3}$$

该现象不仅发生在过渡金属化合物中:非过渡金属化合物最著名的案例之一是 $BaBiO_3$,它在低温下发生结构相变并伴随电荷歧化,名义上:

$$2Bi^{4+}(6s^1) \longrightarrow Bi^{3+}(6s^2) + Bi^{5+}(6s^0) \tag{7.4}$$

当然,与上一节讨论的电荷序类似,这种电荷歧化没有那么强——格座间转移的电子从来都不

是一个完整的电子：电荷变化的振幅此时相当微弱，所以这种转变应该被描述为电荷密度波，参考 7.3 节。但是在化学中众所周知的 Bi^{4+} 离子态（以及一些其他的离子态，如 Tl^{2+} 和 Pb^{3+}）的本征不稳定性，显然扮演着重要的角色，在很大程度上是电荷歧化的驱动力。

在过渡金属化合物中，许多材料都有类似的现象，特别是那些含有 Fe^{4+} ($t_{2g}^3 e_g^1$)、Pt^{3+} ($t_{2g}^6 e_g^1$)、Au^{2+} ($t_{2g}^6 e_g^3$) 的材料，有时还包括低自旋 Ni^{3+} ($t_{2g}^6 e_g^1$)；其中一些已经在第 4 章中提到。一个例子是 $CaFeO_3$，其中 Fe^{4+} 歧化为 Fe^{3+} 和 Fe^{5+}，这可以通过结构表征或者 Mössbauer 效应观察到。还有一些含 Fe^{4+} 的化合物也表现出类似的电荷歧化，如 $La_{2/3}Sr_{1/3}FeO_3$。这些转变通常伴随着金属—绝缘体转变：很显然，Fe^{3+}-Fe^{5+} 超结构的形成导致了能谱中能隙的打开。

然而，并不是所有包含 Fe^{4+} 的材料都表现出这种行为：$SrFeO_3$ 保持了均匀金属性。这很可能是由于 Sr 半径较大造成的：立方 $SrFeO_3$ 中不存在 $CaFeO_3$ 中的正交畸变（$GdFeO_3$ 型），因此 Fe-O-Fe 角较大（180°），有效 d-d 跃迁也更大，带宽更宽。这种较优异的金属中不会发生电荷歧化。

在稀土镍酸盐 $R NiO_3$ 中也观察到了类似的情况。此化合物家族的相图（图 3.46）显示它们中的大多数随着温度的降低会发生金属—绝缘体转变，并伴随（或者更确切地说引起）电荷歧化，形式上为 $2Ni^{3+} \rightarrow Ni^{2+} + Ni^{4+}$（当然电荷歧化的实际程度同样远小于 1）。在这一转变过程中，正交高温结构转变为单斜结构，并出现了两个不等价的、与 Ni^{2+} 和 Ni^{4+} 相关的 Ni 格座。对于较小的稀土元素，NiO_6 八面体的（$GdFeO_3$ 型）畸变较大，导致 d-d 跃迁 t 和 d 带宽较小，从而更倾向于电荷歧化和相应的 T_c 增大。对于较大的稀土元素，d 带较宽，这逐渐抑制了电荷歧化，并随之抑制了金属—绝缘体转变；对于最大的稀土离子 La，$LaNiO_3$ 保持了所有 Ni 离子等价的金属态。此时情况类似于从 $CaFeO_3$（较小的 Ca 离子和电荷歧化）到 $SrFeO_3$（较大的 Sr 离子，保持均匀金属性）所观察到的情况。

不同材料中自发电荷歧化的条件是什么？显然，它们在很大程度上是由局部的、甚至是原子层面的特性决定的。Varma 提出了"跳价"猜想（某些价态被跳过）[1]：通过分析原子能量系统学，特别是不同离子态的电离势，他解释了化学中众所周知的，某些价态相比其他价态更不稳定的趋势。例如，在化学中，Bi^{4+} 或 Pb^{3+} 实际上是不存在的，在相应的化合物中，它们通常歧化为 Bi^{3+} 和 Bi^{5+}，或 Pb^{2+} 和 Pb^{4+}。这种"缺失"或"跳过"某些价态的其他例子是 In^{2+} 和 Sb^{4+}。对于过渡金属元素，同样，Pt^{3+} 总是歧化成 Pt^{2+} 和 Pt^{4+}。

一个有意思的例子是元素周期表中 Cu、Ag 和 Au 这一列元素。对于 Cu 来说，Cu^{2+} 是众所周知相当稳定的。对于 Ag 来说，可以稳定 Ag^{2+}，但是相当困难：Ag 倾向于要么是 Ag^+，要么是 Ag^{3+}。而对于 Au 来说，Au^{2+} 几乎不存在，至少在氧化物中是这样的：Au 总是以 Au^+ 或 Au^{3+} 的形式存在。一个经典的例子是 $Cs_2Au_2Cl_6$，可以理解为普通钙钛矿 $CsAuCl_3$ 的"衍生物"：形式上，$CsAuCl_3$ 中的 Au 应该为 Au^{2+}，但事实上它歧化成了 Au^+ 和 Au^{3+}，并在立方晶格的钙钛矿中以棋盘形式有序排列。Au^{3+} (d^8) 离子附近出现强烈的畸变，可以理解为很强的 JT 畸变[得到的组态是单态 $t_{2g}^6 (z^2)^2$]。实际上，这两种离子，Au^+ 和 Au^{3+}，在晶体中占据不同的格座，这就是为什么人们通常把这种化合物的公式写成 $Cs_2Au_2Cl_6 = Cs_2Au^+ Au^{3+}Cl_6$。此外，名义上 Au^{3+} 的两个 e_g 电子占据相同的轨道（$z^2 \uparrow z^2 \downarrow$），是非磁性的。有意思的是，在

① Varma C. M.. Phys. Rev. Lett., 1988, 61: 2713.

压力下,这种电荷歧化似乎消失了,$Cs_2Au_2Cl_6$ 变成了均匀的金属。

回到呈现电荷歧化的 Fe^{4+} $(t_{2g}^3 e_g^1)$ 和低自旋 Ni^{3+} $(t_{2g}^6 e_g^1)$ 化合物($CaFeO_3$、$YNiO_3$),可以注意到,如果没有歧化,Fe^{4+} 和 Ni^{3+} 离子为双重简并 e_g 轨道上具有一个电子的强 Jahn-Teller 离子。然而,在所有这些情况下,都没有发生 JT 畸变和轨道序,而是发生了电荷歧化。似乎此时系统"摆脱"轨道简并的方法不是 JT 畸变,而是通过"摆脱简并电子"本身:电荷歧化后的态,例如 Fe^{3+} $(t_{2g}^3 e_g^2)$ 和 Fe^{5+} $(t_{2g}^3 e_g^0)$,已经是非简并的了,Ni^{3+} 的情形类似。目前还不清楚 Fe^{4+} 和 Ni^{3+} 的初始 JT 趋势是否真的对最终的电荷歧化是必要的,但至少经验上是这样的,或者至少这对这种电荷歧化是非常有益的。人们能够提出一些真正的理论论据来解释为什么会这样。简而言之,在将电子从一个 Fe^{4+} 离子转移到另一个 Fe^{4+} 离子的过程中,获得的 Hund 能可以稳定这个过程(图 7.18)。在电荷歧化状态下,系统失去了在座 Hubbard 能 U,但获得了 Hund 能 J_H。这一过程对强 Mott 绝缘体显然不利,因为此时 $U > J_H$。但是当接近巡游区间时,U 被有效地屏蔽了,而 Hund 耦合仍未被屏蔽,见 2.2 节,于是接近 Mott 转变时,这种电荷歧化可能变得有利(计算表明,还需要一定的晶格畸变来促进这一过程。没有这种畸变的纯电子效应仍然不足以引起电荷歧化)。无论如何,可以得到 JT 系统的定性相图,如图 7.19 所示:随着电子跃迁 t(或比值 t/U)的增加,协同 JT 效应的临界温度升高,见例如 6.1.2 节[式 (6.15)和式(6.16)],但当 t/U 较大时,系统在接近金属态,JT 畸变和轨道序会减弱并逐渐消失[没人在"好金属(good metals)"中谈论轨道序,即使是在 Fermi 面处存在不同能带的好金属]。结果表明,在这种局域—巡游转变附近,系统可能出现一种伴随自发电荷歧化或电荷密度波的新态。这不是在所有情况下都发生,但确实是可能的[①]。

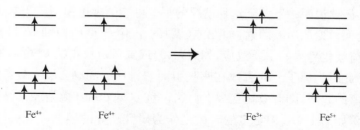

图 7.18 $CaFeO_3$ 等系统中自发电荷歧化的过程示意图

在这些现象中,还有一个因素似乎非常重要。注意,在过渡金属化合物中,电荷歧化发生在名义价态相当高的靠后 3d 元素中。正如 4.1 节所讨论的,这正是非常小或负电荷转移能隙和包含很多氧空穴的情形。显然,这有助于电荷歧化,甚至可能是获得电荷歧化的必要条件。事实上,此时不应该把电荷歧化看作是 d 电子在过渡金属离子之间的真实转移——这确实会消耗非常大的能量,而是当氧空穴大量参与时,相应的电荷再分配可能不是发生在 d 壳层本身,而是发生在周围的氧上。即可以把以下过程:

[①] 这些讨论对 Au^{2+} 不适用,例如在 $Cs_2Au_2Cl_6$ 中。不稳定的 Au^{2+} $(t_{2g}^6 e_g^3)$ 和 Cu^{2+} 一样,也是一个强 JT 离子。但电荷歧化后的"Au^{3+} $(t_{2g}^6 e_g^2)$"态不是类似 Ni^{3+} 的 $S=1$ 高自旋态,而是 $S=0$ 的低自旋态 $t_{2g}^6 z^2 \uparrow z^2 \downarrow$。此态不是通过 Hund 能 J_H 来稳定的,而是通过极大增强的 JT 畸变来稳定的:例如根据式(3.21)~式(3.23),当把不是一个而是 n(此时为两个)电子放在最低的简并能级,式(3.21)将变为 $E(n) = -gun + \frac{1}{2} Bu^2$,最小化后,得到 $E_{JT} = -g^2 n^2 / 2B$,即增加了 n^2 倍——此时为 4 倍。可能正是获得了此额外能量稳定了 $Cs_2Au_2Cl_6$ 中的电荷歧化。

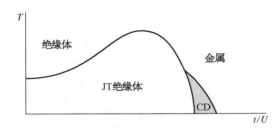

图 7.19 具有 Jahn‐Teller 离子和小或者负的电荷转移能隙的材料接近局域—巡游转变相图可能的形式(CD 表示电荷歧化)

$$2Fe^{4+} \longrightarrow Fe^{3+} + Fe^{5+} \tag{7.5}$$

看作是:

$$2(Fe^{3+}\underline{L}) \longrightarrow Fe^{3+} + (Fe^{3+}\underline{L}^2) \tag{7.6}$$

(按照惯例,$\underline{L}$ 表示配体空穴)。因此,在这个过程中转移的不是电子本身,而是配体的空穴,如图 7.20 所示。显然,这会消耗小得多的 Coulomb 能:氧的轨道要离域得多,并且 $\underline{L}$ 态往往由六个(最少四个)氧围绕一个过渡金属离子(此处为 Fe)的组合构成,于是,两个空穴可以彼此远离而处于 Fe"相反的两侧",这将大大降低电荷歧化的能量消耗。

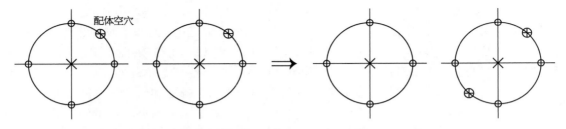

图 7.20 小或者负电荷转移能隙系统中的自发电荷歧化过程
〔电荷歧化主要涉及配体(如氧)空穴的运动〕

总结此讨论,简要说明一下关于这种情况的一个可能的理论模型。当然,在一个完备的理论中,必须考虑上面讨论的所有因素,如配体(氧)的作用、轨道结构细节、Hund 耦合、晶格弛豫等。但造成电荷歧化趋势的主要效应,如式(7.3)或式(7.5)、式(7.6)可以用类似式(1.6)的模型定性描述,但此时为离子上的有效在座吸引而非排斥。的确,式(7.3)意味着两个电子有存在于同一个格座的趋势,即有效相互吸引。这种**负 U Hubbard 模型**经常被用于研究与电荷歧化相关的理论例如 $BaBiO_3$,但更多的时候是作为研究超导的模型。诚然,电子形成电子对的趋势是通往超导的第一步。这种趋势还不能保证超导:即使形成了这样的电子对,它们的"命运"也可能不同。它们可能在动量空间中形成 Bose 凝聚,这确实会产生超导;但它们也可能在实空间中局域化,形成某种超结构,这显然是 $CaFeO_3$、$YNiO_3$ 及 $BaBiO_3$ 中的情况,尽管掺杂的 $BaBiO_3$($Ba_{1-x}K_xBiO_3$)确实是相当高 T_c(≈ 30 K)的超导。

7.6 本章小结

我们在固体中处理的第一个自由度就是电子的电荷。晶体中电子一般有两种状态:巡游态(或能带态),以及强电子关联下的局域态。但是在固体中可能会出现与电子电荷有关的额外有序类型。首先是电荷序,其序参量是电荷本身,或者是电荷的空间调制 $\rho(r)$(标量)。另外两个与电荷有关的有序类型是铁电性,每个格座或者单胞的平均电荷不变,但是存在类似偶极的电荷再分配,导致了非零平均极化 **P**——矢量序参量。电荷部分的第三种有序是轨道序,此时电子分布的变化保持了空间反转对称性,即不会出现偶极矩,但电子密度失去了球对称而变成各向异性——产生了电四极。因此,轨道序真正的序参量为二阶张量电四极,尽管在许多情况下,可以使用更简单的描述,见第 6 章。

　　电荷序通常发生在每个格座具有非整数电子(即过渡金属价态为非整数)的系统中,例如 Fe_3O_4 等材料和 $La_{1-x}Ca_xMnO_3$ 等掺杂系统。在某些这样的系统中,额外的电子或空穴可能离域,系统呈金属性。但在某些情况下,特别是对于可公度(电子数与格座数的比例为有理数)电子浓度,比如每两个格座有一个电子,可能会发生电荷有序,之后电子以一种有序的方式局域,要么位于特定的格座,要么位于特定的键上。通常,这样的电荷序转变也是金属—绝缘体转变:电荷序态通常是绝缘的,而无序态可能(但不一定!)是金属的。

　　晶体中电荷序有不同的可能性。可能最简单的是,在二分格晶格中,每个格座的平均电子密度 $n = \dfrac{1}{2}$,例如 $La_{0.5}Ca_{0.5}MnO_3$。此时,最自然的电荷序态为占据格座和空格座的交替(或者说是不同价态的过渡金属离子的交替,在半掺杂锰酸盐中为 Mn^{3+} 和 Mn^{4+})的棋盘状电荷序。这样的态可能是有利的,因为电子之间彼此尽可能地远离,至少会使电子之间的 Coulomb 排斥能最小化。因此,这种状态类似于 Wigner 晶体。

　　然而,Coulomb 排斥并不是唯一的,甚至可能不是真实晶体中电荷序的主要机制。显然,电子-晶格或电子声子耦合在这里起着非常重要的作用。

　　与第一个事实相关的第二个事实是,尽管通常使用例如 Mn^{3+} 和 Mn^{4+} 的有序来描述电荷序,但实际上,不同格座之间的电荷差几乎总是比名义上的要小得多,通常 $\approx 0.2e$。也就是说,应该使用 $Mn^{3.5\pm\delta}$,其中 $\delta \approx (0.1 \sim 0.2)$。在大多数情况下,把电荷序看成是真实转移一个完整的电子是不正确的:真实电荷差几乎总是相当小的。这也解释了为什么 Coulomb 机制可能对电荷序不是非常有效。物理上,这与过渡金属与配体(例如氧)杂化的重要作用有关。由于此共价性,过渡金属氧化物中离子的实际电荷与从形式上的价态中预期的不同,而通常是更小。然而,例如 Mn^{3+} 和 Mn^{4+} 这样的符号有明确意义:虽然**在过渡金属离子自身上的实际电**荷不是$+3$、$+4$,但相应态的**量子数**,例如自旋,与各自离子态$\Big($对于 Mn^{3+},$S = 2$,对于 Mn^{4+},

$S = \dfrac{3}{2}$ 等$\Big)$的相同。

　　第三个复杂性是,已经在半掺杂锰酸盐(例如 $La_{0.5}Ca_{0.5}MnO_3$ 或 $Pr_{0.5}Ca_{0.5}MnO_3$)中遇到过,即除了简单地以格座为中心的棋盘状在座电荷序,还存在另一种可能性:电子可能**不是局域在过渡金属上**,而是**在键上**(此态和 Peierls 二聚化类似)。这种可能性在实验中提出,理论研究证实了在某些情况下可能确实如此(也可能存在"混合"的情况,即以格座为中心和键为中心的电荷序共存;有意思的是,这是铁电的——详见第 8 章)。

　　对于其他电子浓度,或其他(例如阻挫)晶格,电荷序的情况甚至更加丰富和复杂。对于 $x \neq 0.5$ 时 $R_{1-x}Ca_xMnO_3$ 这样的锰酸盐,电荷序仍然经常出现,特别是在过掺杂区间 $x >$ 0.5。对于 $x < 0.5$,一些锰酸盐,如 $La_{1-x}Ca_xMnO_3$ 或 $La_{1-x}Sr_xMnO_3$,变为金属(伴随 CMR 效应),但其他锰酸盐,如 $Pr_{1-x}Ca_xMnO_3$ 会保持绝缘和电荷序。但 $x > 0.5$ 和 $x < 0.5$ 的电荷序特征有很大的区别。对于过掺杂系统 $x > 0.5$,产生的超结构周期跟随掺杂而变化。这就是为什么有时人们不把这种态描述为电荷序,而是电荷密度波(CDW)态,类似于过渡金属二卤族化合物如 $NbSe_2$ 或 TaS_2 中的 CDW 态。在后两个系统中,CDW 的形成可以用各自金属态下能谱的特殊性质来解释,即所谓的 Fermi 面**叠套**(例如,Fermi 面存在平带)。CDW 超结构波矢的周期由相应叠套波矢 Q 决定,能带填充的改变,例如掺杂,会导致此波矢的改变,相应地,CDW 的周期也会跟着改变——这存在于过掺杂锰酸盐中。但是 $x < 0.5$ 的 $Pr_{1-x}Ca_xMnO_3$ 中的电荷序或 CDW 表现截然不同:此时电荷序的周期与 $x = 0.5$ 时相同,即平均对应于 ab 面上晶格周期的两倍。额外电子,或额外 Mn^{3+} 离子,此时应该存在,显然是以某种随机的方式分布在晶格中。尤其是,这使得这种电荷序态并不是完全有序,可能解释了 $x < 0.5$ 时 $Pr_{1-x}Ca_xMnO_3$ 中相应相变的重入特征。

事实上,可以看到,掺杂锰酸盐 $R_{1-x}Ca_xMnO_3$(R 为稀土元素)的相图对于空穴掺杂($x < 0.5$)和电子掺杂($x > 0.5$)的情况是相当不对称的:对于 $x < 0.5$ 可能存在铁磁金属(CMR)相或奇异的"部分无序电荷序态",但是对于 $x > 0.5$,通常为伴随超结构(电荷序或 CDW)的绝缘态,其周期由掺杂浓度决定。造成这种强电子-空穴不对称性的原因尚不完全清楚:一种可能是与轨道自由度和 Mn^{3+} 附近相应的畸变有关。

在部分掺杂的过渡金属化合物中,一个有意思的现象是**条纹**有序——在这种结构中,掺杂的载流子以链的方式有序排列。条纹存在于轻掺杂铜氧化物和镍酸盐中,也存在于过掺杂锰酸盐中。与半掺杂锰酸盐中的电荷序相比,条纹的形成更加无法用 Coulomb 排斥解释。通常人们将条纹的起源与磁相互作用联系起来:掺杂的载流子可能会在反铁磁畴壁处积聚(反过来又会驱动畴壁的形成)。这种机制适用于铜氧化物和其他材料中的以氧为中心条纹。但条纹的形成还有另一种相当普遍的机制,它不依赖于磁性,而是由"杂质"(不同价态的离子)在弹性介质中产生的非均匀应变引起。可能过掺杂锰酸盐中的条纹(在比磁序更高的温度下出现)是由于这种机制导致的,这种机制实际上是普遍存在的,也可以在其他有条纹的材料中起作用。

阻挫晶格中电荷序的情况可能尤其复杂。最著名的例子是磁铁矿 Fe_3O_4 的 Verwey 转变——这可能是在过渡金属氧化物中观察到的第一个金属—绝缘体转变。Fe_3O_4 中这种转变发生在 $T_V = 120$ K,通常解释为尖晶石晶格中 B 格座亚晶格中 Fe^{2+} 和 Fe^{3+} 的电荷序。但是此亚晶格是强烈阻挫的——它由共顶点四面体(烧绿石晶格)构成,并且在此亚晶格中排列这些(50:50 的)离子的方案不唯一。实际上,尽管经过多年的研究,Fe_3O_4 中电荷序的具体特征仍未确定。目前,最适合的物理图像如图 7.17 所示——尤其是,此结构强烈违反了所谓的 Anderson 判据,即在每个四面体中应该有两个 Fe^{2+} 和两个 Fe^{3+} 离子(即使在这个限制下,系统仍然是强烈阻挫的)。在这个结构中,每个四面体的价态比不是 2:2,而是 3:1 和 1:3。这再次说明,Coulomb 排斥并不是该系统中电荷序的主要驱动力。

通常,电荷序出现在具有非整数电子浓度的过渡金属化合物中(包含形式上不同价态的过渡金属离子)。但在某些系统中,在整数电子数的情况下也出现了类似的现象,即过渡金属离子名义上的价态相同。相应的例子为包含 Fe^{4+} 或 Ni^{3+} 的系统,例如 $CaFeO_3$ 或 $YNiO_3$。这些系统中,发生了**自发电荷歧化**,可以用形式上的"化学反应"来表示:$d^n + d^n \rightarrow d^{n-1} + d^{n+1}$,例如 $2Fe^{4+}(d^4) \rightarrow Fe^{3+}(d^5) + Fe^{5+}(d^3)$。这种现象显然与原子的性质有关。在化学中,有些元素的某些价态是"不利的",如 Au 不能是 Au^{2+},只能是 Au^+ 或 Au^{3+},Pb 只能是 Pb^{2+} 或 Pb^{4+},而不能是 Pb^{3+} 等。因此,在材料的均匀结构中,如果金属处于这种"跳过的"价态,就可能发生自发电荷歧化。另一种可能是材料呈金属性，此时，价态的概念没有严格的含义，所有的金属离子可能保持等价。因此，在某些过渡金属化合物中，如 $YNiO_3$，发生了从均匀金属态（所有 Ni 等价）到电荷歧化绝缘态的转变，$2Ni^{3+} \rightarrow Ni^{2+} + Ni^{4+}$，但是 $LaNiO_3$ 则保持了均匀金属态。类似地，常压下 $CsAuCl_3$ 为包含两种不等价 Au 离子（Au^+ 和 Au^{3+}，通常化学式甚至写作 $Cs_2Au_2Cl_6$）的超结构绝缘体，但在高压下，它显然转变为了均匀金属。

过渡金属化合物中的自发电荷歧化通常发生在平均价态为强 Jahn - Teller 离子上 [$Fe^{4+}(t_{2g}^3 e_g^1)$、低自旋 $Ni^{3+}(t_{2g}^6 e_g^1)$、$Au^{2+}(t_{2g}^6 e_g^3)$]。似乎轨道简并起着一定的作用，使得这样的离子态较不稳定，更容易发生电荷歧化。但更重要的是，这种现象通常出现在具有异常高氧化态和小或负电荷转移能隙的过渡金属离子中，见第 4 章。显然，配体（氧）态的巨大贡献，特别是氧空穴，对电荷歧化非常重要。对于负电荷转移能隙情形，例如会得到 $Fe^{3+}(d^5)\underline{L}$ 而不是 $Fe^{4+}(d^4)$，其中 $\underline{L}$ 表示配体（氧）空穴。相应地，"反应"应为 $2Fe^{3+}(d^5\underline{L}) \rightarrow Fe^{3+}(d^5) + Fe^{3+}(d^5)\underline{L}^2$，而非 $2Fe^{4+}(d^4) \rightarrow Fe^{3+}(d^5) + Fe^{5+}(d^3)$，于是并没有很多的 d 电子在格座之间移动，而是配体空穴在格座间再分配。因此，这样的再分配将消耗更少的 Coulomb(Hubbard) 能而更为有利。再次强调，虽然实际的电荷可能主要在氧上，但得到的态的**量子数**和 Fe^{3+} 和 Fe^{5+} 的一致。在这个意义上，仍然可以使用这样的术语——但要注意，过渡金属离子上的真实电荷变化不大，主要的变化发生在氧上。

第 8 章
铁电、磁电和多铁材料

正如第 7 章开头的讨论,存在与电荷自由度相关的、不同类型的有序现象。例如电荷本身的有序(电荷"单极子")、导致铁电性(ferroelectricity, FE)的电偶极子有序,或者在轨道序对应的电四极有序。我们已经讨论了第一种和第三种可能性,现在来看第二个。

铁电性是一种普遍存在的现象,并不局限于过渡金属化合物中。有机化合物、分子晶体和氢键系统中都存在铁电性。但性能最优、最实用的是过渡金属化合物铁电体,例如著名的 $BaTiO_3$,或广泛使用的 $Pb(ZrTi)O_3$("PZT")。在这些化合物中,有时也会遇到铁电性和磁性有意思的相互作用——这个领域现在一般称为多铁性。多铁性材料指的是同时具有铁电性和磁性的材料(有时也包括铁弹性)——其磁性可能是铁磁的或亚铁磁的,尽管相当罕见,大多数已知的多铁性材料是反铁磁性的。本章讨论这类化合物时,主要关注铁电性的微观机制及其最终与磁性的耦合。

8.1 铁电材料的分类

当讨论强磁体中的微观磁性起源时,至少在概念上很简单:由于强电子关联,固体中的电子被局域化,于是在系统中出现局域自旋和磁矩,并且它们之间的交换作用导致了不同种类的磁序。不同磁性材料的行为都与这一普适图像的具体细节有关。与磁性相比,存在几类差异巨大的铁电性机制,使得其更难理解。

铁电性首先是系统中出现的非零极化,但非零极化并不能保证铁电性。真正的铁电性可以通过施加适当的电场来翻转电极化,即著名的电极化回线——与在磁场中铁磁体的磁滞回线类似。如果极化总是指向一个方向而无法翻转,则为**热释电性**。

下文讨论几种典型的(而非完整的)铁电类型和机制。概念上最简单的情况可能是由本征极性分子构成的材料,如 H_2O 或 HCl。如果这些分子的局部偶极矩指向同一方向,就会产生净电极化 P。局部偶极矩在高温下可能是无序的,为顺电相。它们在一定的温度下可能有序,低于这个温度就会形成铁电相,经典例子为 $NaNO_2$。

在其他情况下,这种偶极矩**只能出现**在 T_c 以下。这两种铁电体分别称为有序–无序铁电体和位移型铁电体。要阐明某种材料是否属于以上特定的铁电体类型并不总是那么容易,通常存在一种中间状态,即 T_c 以上不存在长程有序铁电性,但在 T_c 以上的一定温度范围内,系统具有局域无序偶极矩。

从唯象学的角度来看,铁电领域中一个非常有用的概念是 Born **有效电荷**。当离子在固体中移动时,产生的极化首先包含了离子电荷本身的贡献:

$$\boldsymbol{P}_{\text{ion}} = \sum_i (\boldsymbol{r}_i - \boldsymbol{r}_{i0}) Z_i \tag{8.1}$$

其中求和遍历所有初始格座为 $\boldsymbol{r}_{i0}$,位移为 $\boldsymbol{r}_i$,电荷为 Z_i 的离子。然而,离子的偏移改变了它们之间化学键的细节,于是电子发生再分配,即电子密度的偏移,这也会导致电极化。因此,如果从规则 H^+ 和 Cl^- 离子链开始,然后将离子偏移形成 HCl 分子,初始电子密度分布[图 8.1(a) 的离子键图像中,价电子位于 Cl^- 离子上]的变化如图 8.1(b)所示(阴影表示电荷密度):每个 Cl^- 离子的电子"向左"移动,与靠近的 H^+ 形成化学键。

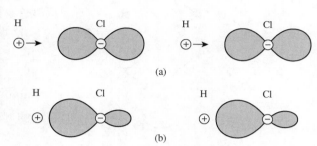

图 8.1　(a) H^+ 和 Cl^- 离子组成的规则链(阴影表示价电子的电荷密度);(b) 由(a)中箭头所示离子偏移后形成 HCl 分子(此时价电子在这个过程中也发生了偏移)

实际上,把正 H^+ 离子(即质子)往右移动,同时把带负电的电子密度往左移动,从而增加了这个过程的总极化。换言之,总极化由离子极化[式(8.1)]和电子极化之和给出:

$$\boldsymbol{P}_{\text{total}} = \boldsymbol{P}_{\text{ion}} + \boldsymbol{P}_{\text{el.}} = \sum_i (\boldsymbol{r}_0 - \boldsymbol{r}_{i0}) Z_i + \boldsymbol{P}_{\text{el.}} \tag{8.2}$$

人们可以将离子偏移造成的极化增加看作是移动离子的有效电荷增加:不再是式(8.1)和式(8.2)中的 Z_i,而是例如对于正离子(此时为 H^+,$Z_i = +1$),此时电荷增加了 Z_i^*,于是式(8.2)总极化可以表示为:

$$\boldsymbol{P}_{\text{total}} = \sum_i (\boldsymbol{r}_i - \boldsymbol{r}_{i0}) Z_i^* \tag{8.3}$$

(在一阶线性近似下,电子极化 $\boldsymbol{P}_{\text{el.}}$ 也与原子位移 $\boldsymbol{r}_i - \boldsymbol{r}_{i0}$ 成正比)。Z_i^* 为 Born 有效电荷,于是其正式定义为:

$$Z_i^* = \frac{v}{e} \frac{\partial \boldsymbol{P}_i}{\partial \boldsymbol{r}_i} \tag{8.4}$$

其中 v 为单胞体积,e 为电子电荷[1]。

Born 有效电荷有时比离子名义上的电荷大得多(注意,离子实际电荷通常小于名义上价态对应的电荷)。因此,$BaTiO_3$ 中 Ti^{4+} 的 Born 有效电荷不是 $+4$,而是 $+7.1$,而此时氧离子的 Born 有效电荷为 -5.8,而非名义上的 -2。较大的 Born 有效电荷通常表示铁电性的倾向。这在相应固体的许多其他性质中也有重要的体现,特别是在光学性质方面,可以极大增强某些声子的振子强度,有时甚至会说是"荷电声子"。

回到铁电性的微观机制,人们可以明确铁电体的几种不同机制和类型。

---

① 理论上,Born 有效电荷是一个张量,$(Z_i^*)_{kl} \approx \partial (P_i)_k / \partial (R_i)_l$,因为电子密度随离子位移而发生的偏移可能在不同的方向上。这个因素经常被忽略,至少在简化处理中是这样的。

(1) **源自永久偶极矩结构单元的铁电性**。已经提到过第一类铁电体——由永久偶极矩结构单元构成的材料,例如在一定温度下有序排列的偶极分子,如图 8.2(a)中 $NaNO_2$ 所示:在 T_c 以下的铁电相中,极性 NO_2"分子"的取向相同,而在 T_c 以上,此取向是随机的。

(2) **包含氢键的铁电性**。在这些系统中,H 离子有两种位置,例如靠近某一个氧。在高温下,这些氢会随机占据这些位置。但在低温下,它们可能会有序排列在特定的位置,并导致铁电性,如图 8.2(b)所示。典型案例为 Rochelle 盐——实际上这是首个发现铁电性的材料。另一个著名的例子是 KH_2PO_4("KDP")。

(3) **孤对电子导致的铁电性**。某些元素,例如 Bi 和 Pb,通常以特定价态存在,如 Bi^{3+}($6s^2$)和 Bi^{5+}($6s^0$),或 Pb^{2+}($6s^2$)和 Pb^{4+}($6s^0$)。在 7.5 节中将这些元素称为"跳价"元素。此时,有意义的是另一个特征:通常在例如含有 Bi^{3+} 的材料中,两个外层电子不参与形成化学键,而是形成所谓的**孤对电子**或**悬挂键**。这种孤对电子(不是纯 $6s^2$,而是其与同一 Bi 上 6p 态,通常也包括与配体 p 态的杂化)可能存在几个特定的等价取向,如图 8.2(c)所示。如果这些孤对电子(偶极矩)在一定温度下发生协同有序,则可以产生铁电性。事实上,许多含有 Bi^{3+} 和 Pb^{2+} 的材料确实是铁电的。

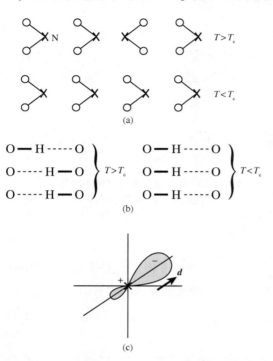

图 8.2 (a) 由永久偶极矩结构单元构成的系统中可能形成的铁电态;(b) 氢键导致的铁电性;(c) 在例如 Bi^{3+} 或 Pb^{2+} 离子中孤对电子有序导致的铁电性

通常 Bi^{3+} 和 Pb^{2+} 促进铁电性的经典解释是,这些离子极化很大,可能会导致著名的极化灾难,这是铁电性的经典解释。然而,微观图像是上面描述的容易发生取向的孤对电子。这种铁电体例子是 $BiFeO_3$——最好的多铁材料之一,或很多所谓的 Aurivillius 相——含有 Bi_2O_2 层与类钙钛矿层交替的层状材料,其通式为 $Bi_{2m}A_{(n-m)}B_nO_{3(n+m)}$,例如 $SrBi_2Ta_2O_9$。在这类材料中有许多优异的,尤其是低疲劳的铁电材料。其中一些含有磁性过渡金属离子,也可能是多铁材料,见下文。

(4) **"几何"铁电体**。在某些无机材料中,铁电性的起源可以追溯到某些晶体学畸变,尽管这些畸变本身并不是铁电的,或者至少它们的驱动力与铁电性无关,而其中的铁电性只是"副产物"。这就是六方系统(如 $YMnO_3$)中铁电性的本质,这些化合物的结构如图 8.3 所示。与钙钛矿类似,不同离子之间的尺寸不匹配导致了结构畸变,主要是刚性结构单元的旋转——钙钛矿中的 MO_6 八面体和此处的 MO_5 三角双锥,如图 8.3(b)所示。这种畸变是由于密堆积的倾向导致的。在钙钛矿 ABO_3 中,BO_6 八面体的旋转和倾斜导致了例如正交 Pbnm 结构,见 3.5 节,这导致 A 离子与一个顶点氧(图 3.44 中 O1)之间的距离变得相当短。但在不同的钙钛矿单胞中,$A-O$ 偶极矩指向相反的方向而相互抵消,因此不会产生净铁电性。然而六方锰酸盐 $RMnO_3$,例如 $YMnO_3$ 中类似的现象,由于与极化模式的非线性耦合,确实会产生非补偿净偶极矩,如图 8.3(c)所示。因此,MO_5 结构单元的旋转和倾斜使得这些六方锰酸盐在相当高的温度$[T_c\approx(800\sim1\,000\,\text{K})]$下具有铁电性。在较低的温度$\approx(70\sim80)\text{K}$下，这些系统中会出现磁序，所以这些材料是多铁性的。

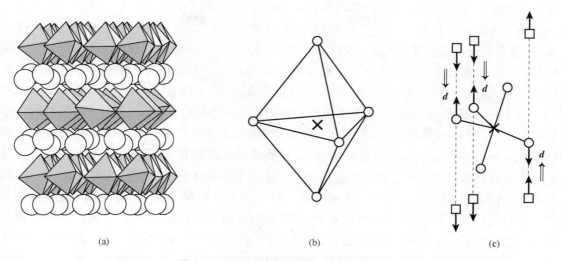

图 8.3　$YMnO_3$ 中"几何"铁电性的机理

(a) $YMnO_3$ 的结构示意图；(b) $YMnO_3$ 中 Mn^{3+} 的配位("×"为 Mn^{3+} 离子，"○"为氧)；(c) MnO_5 三角双锥倾斜引起的 $YMnO_3$ 畸变形成净偶极矩("□"为 Y 离子，局域偶极子用双线箭头表示)

(5) **电荷序导致的铁电性**。铁电性的另一种机制是电荷序，这在过渡金属化合物中很常见，特别是那些含有不同价态过渡金属离子的化合物。此时，电荷序通常是以"额外"电子有序地局域在特定格座的方式出现，如图 8.4(a) 所示。在图 8.4(a) 的情况中没有净极化：该结构具有反转对称性，例如在每个"＋"格座都是一个反转中心，还存在镜面。但非零极化 $\boldsymbol{P}\neq0$ (矢量)要求反转对称性破缺，见下文式(8.11)。

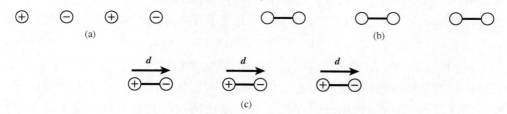

图 8.4　以格座为中心和以键为中心的电荷序结合形成的铁电态

然而，原则上这样的"额外"电子可以在两个格座上离域(类似于 H^+)，如图 8.4(b) 所示；这是 7.1 节中讨论的以键为中心的电荷序，如图 7.4 所示。此时，这两个格座电荷相同，例如 $+\dfrac{1}{2}$，是等价的，但键会变得不等价：通常电子局域的键会变得更短，如图 8.4(b) 所示。例如 7.1 节讨论的半掺杂锰酸盐(例如 $Pr_{1/2}Ca_{1/2}MnO_3$)中会出现电荷序，通常视为以格座为中心的(棋盘状)有序。但也存在另一种情况——以键为中心的有序，即所谓的 Zener 极化子。无论如何，此时也不存在偶极矩，这种结构也是中心对称的，反转中心在键的中点。

然而，如果不同电荷的有序离子，形成长短键交替的"组合"有序，如图 8.4(c) 所示，就会产生偶极矩平行的极性"分子"。因此，这种非等价离子和非等价键的组合会导致铁电性。从对称性来看,图 8.4(c)的结构打破了图 8.4(a)和图 8.4(b)情况中的反转对称性。

有意思的是,理论表明确实在某些情况下能获得这种介于以格座为中心和以键为中心的电荷序之间的中间态。相应的机制可以在 $Pr_{1/2}Ca_{1/2}MnO_3$ 或镍酸盐 $R NiO_3$ 中起作用。$R NiO_3$ 中发生了自发电荷歧化,形式上"反应"为 $2Ni^{3+} \rightarrow Ni^{2+} + Ni^{4+}$。但更常见的是不同电荷的离子(通常是不同的元素)发生二聚反应的情形,见下一节。显然,$TbMn_2O_5$ 和准一维多铁材料 Ca_3CoMnO_6 属于此类,见下文。类似地,也存在这种机制的有机铁电体,例如所谓的电荷转移(施主—受主)分子系统,其中由于电荷转移(或电中性态—离子态转变),"格座"(分子)变得不等价,并且键也变得不等价(例如由于类 Peierl 二聚化)。另一种类似的可能性是,仅因为材料的特殊结构,键从一开始就不等价,并且在此基础上出现以格座为中心的电荷序。一些有机系统显然是这种情况,同样的机制也可能在 $LuFe_2O_4$ 中起作用。后一系统中存在包含混合价 $Fe^{2.5+}$ 离子的双层,随着温度的降低,出现了电荷序,导致每个双层构成的"同伴"层电荷不同。结果会出现与图 8.4(c)完全类似的情况:非等价键(双层内和双层间的层间距离不同),每层的平均电荷也因电荷序而不同。根据产生的偶极矩有序情况(平行或反平行),$LuFe_2O_4$ 为铁电或反铁电。然而,后来的实验对这一观点提出了一些质疑,$LuFe_2O_4$ 中的电荷序在双层中可能不产生偶极矩。因此,$LuFe_2O_4$ 的铁电性问题仍然悬而未决。

Verway 转变温度以下,Fe_3O_4 中的电荷序导致的铁电性基本上已经比较明确(7.4 节)。还应注意,这种现象发生在磁有序态中,因此 Verwey 转变下的 Fe_3O_4 是多铁的。

(6) **过渡金属钙钛矿中的铁电性;d^0 对 d^n 问题**。过渡金属化合物中最常见的铁电体是类似 $BaTiO_3$ 的材料。过渡金属钙钛矿中有大量的铁电体:除了 $BaTiO_3$,还有 $KNbO_3$、$KTaO_3$ 等。我们把这些材料放在铁电机制列表的最后,但实际上它们是数量最多,也是最重要的铁电体。

观察包含过渡金属离子的钙钛矿铁电体时,可以注意到:尽管 $LaMnO_3$、$GdFeO_3$ 等磁性钙钛矿具有部分填充 d 壳层 d^n($0 < n < 10$),但是几乎所有钙钛矿铁电体 ABO_3 的 B 离子都为空 d 壳层 d^0,例如包含 Ti^{4+}($3d^0$)的 $BaTiO_3$ 和 $PbTiO_3$,包含 Nb^{5+}($3d^0$)的 $KNbO_3$,包含 Ta^{5+}($3d^0$)的 $KTaO_3$ 等。看起来至少在钙钛矿中,铁电性和磁性似乎相互排斥:包含空 d 壳层的钙钛矿可能是铁电的(尽管不一定),但一旦过渡金属离子包含至少一个 d 电子,材料就可能是磁性的,但很难是铁电的。存在数百种磁性钙钛矿和数百种铁电钙钛矿,但这两组数据的比较表明它们几乎没有重叠,其原理在现代对多铁性材料的探索中尤为重要,见下文。

乍一看,以上规则有几个例外。其中最著名的是包含"磁性"$Fe(3d^5)$ 的 $BiFeO_3$,它有很好的铁电性,$T_c \approx 1100$ K,以及相当大的极化强度 $\approx (60 \sim 90)\,\mu C/cm^2$($BaTiO_3$ 的极化强度为 $\approx 60\,\mu C/cm^2$),在 $T_N = 640$ K 时产生磁序。其他显然的例外包括铁磁绝缘体 $BiMnO_3$(尽管还不清楚是铁电的还是反铁电的)和近期合成的 $PbVO_3$ 和 $BiCoO_3$(它们不是铁电体,而是热释电体:它们的极性畸变如此之强,以至于无法通过任何合理的电场来翻转电极化)。但所有这些材料都含有 Bi^{3+} 或 Pb^{2+},如上所述,这些元素通常由于其孤对电子而产生铁电性。显然在所有这些系统中真正发生是:铁电性确实是由 Bi 和 Pb 引起,与过渡金属离子如 Fe、Mn、V 或 Co 无关,而在大多数铁电体钙钛矿如 $BaTiO_3$ 或 $KNbO_3$,正是这些空 d 壳层的过渡金属离子导致铁电性。因此,这类材料中铁电性和磁性的互斥问题仍然是一个非常重要的问题,更好地理解这种互斥的本质可以为设计新的多铁性材料开辟道路。

目前在这类化合物中(例如 $BaTiO_3$)的铁电性本质的简单解释如下:过渡金属离子,例如 Ti^{4+}($3d^0$),可能位于 TiO_6 八面体的中心,如图 8.5(a)所示,或从中心向一个氧偏移,如图 8.5(b)所示(实际上,$BaTiO_3$ 中的 Ti 离子在低温时沿[111]方向偏移,但在较高温度下存在一个四方相,其中 Ti 离子的平均位移确实沿着 x、y 或 z 方向,即向一个氧偏移)。在简化的图 8.5 中,这个过程中的 Ti[图 8.5(b)]与一个氧形成了很强的共价键,而不是像图 8.5(a)[1]那样与两个氧形成较弱的键。如果这个过程导致能量的获得,即如果通过加强一个键[图 8.5(b)中与右侧的氧形成的键]获得的能量超过了另一个键的能量损失(以及相应畸变导致的弹性能量损失),那么 Ti 离子从 O_6 八面体中心偏移的过程将更为有利而自发发生。如果每一个晶胞中所有这样的位移是同相的,则会得到铁电性(如果位移在相邻单胞中是交替的,则为反铁电性[2])。因此问题是:什么时候这种偏移是有利的,为什么要求过渡金属离子的空 d 壳层?

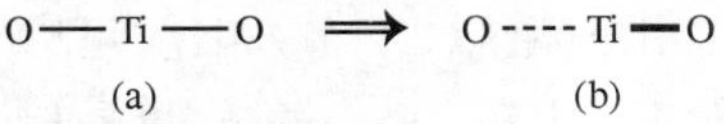

粗略地说[从头起(ab initio)计算也支持这一图像],例如通过将 Ti^{4+} 向一个氧(图 8.5 中右侧的氧)偏移,则增加了一定程度的 p-d 杂化,$t_{pd} \rightarrow t_{pd} + \delta t_{pd}$。那么相应的成键(dp)轨道能量降低,如图 8.6 所示,能量为:

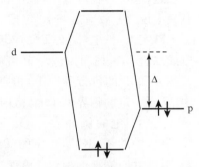

图 8.5　在例如 $BaTiO_3$ 中由于 Ti 和一个(或三个)相邻的氧形成强共价键而导致铁电态的定性解释

图 8.6　由于形成强 Ti-O 共价键而可能获得的能量

$$E_r \approx -\frac{(t_{pd} + \delta t_{pd})^2}{\Delta} = -\frac{t_{pd}^2}{\Delta} - \frac{2t_{pd}\delta t_{pd}}{\Delta} - \frac{(\delta t_{pd})^2}{\Delta} \tag{8.5}$$

然而,在图 8.5 中,另一个氧的 p-d 跃迁矩阵元会减小,$t_{pd} \rightarrow t_{pd} - \delta t_{pd}$,这使得与该氧的键能为:

$$E_l \approx -\frac{(t_{pd} - \delta t_{pd})^2}{\Delta} = -\frac{t_{pd}^2}{\Delta} + \frac{2t_{pd}\delta t_{pd}}{\Delta} - \frac{(\delta t_{pd})^2}{\Delta} \tag{8.6}$$

由此得到的能量[式(8.5)和式(8.6)之和]中,关于 δt_{pd}(或者关于位移 u 的线性项,如果取 $\delta t_{pd} \approx gu$)的线性项将会抵消,但仍获得一定的能量:

$$\Delta E_{total} \approx -\frac{2(\delta t_{pd})^2}{\Delta} = -\frac{2g^2 u^2}{\Delta} \tag{8.7}$$

---

① 这个共价键是在朝向过渡金属离子(例如,Ti^{4+})的氧 p 轨道和相应的 d 轨道(最强的共价性将是朝向这个氧的一个 e_g 轨道)之间建立的。可以认为,O^{2-} 离子"施与"一个原本从 Ti"拿走"的电子,回到了 Ti^{4+} 离子的空 d 态。

② 严格来说,反铁电性的概念没有被很好地定义,而铁电性是反转对称性的自发破缺,但是反铁电性的反转对称性不破缺,也就是说,反铁电性相变在形式上无法与其他任何反转不破缺的结构相变区分开来。事实上,任何结构转变都伴随着一定的电荷再分配,例如在单胞内,可以认为存在相应的局部偶极矩。但它们的定义取决于如何划分单胞,所以这不是此相变的唯一表征。同样在反铁电体的新单胞(双倍原单胞)中,其半个单胞("旧"单胞)的极化例如指向右边,而另一半则指向左边,而相互抵消。因此,严格地说,反铁电相变与其他结构相变没有什么不同,而铁电性确实很特殊:在向铁电态的转变过程中,反转对称性会自发破缺。尽管如此,有时将反铁电性作为一般结构相变的一个特殊子类是有用的:可以预期某些反常现象,例如在相变处的介电常数将相当大,而对于大多数其他结构相变,这是较小的。

也就是说，Ti^{4+} 偏离中心的位移会获得净能量 $\approx (\delta t_{pd})^2 \approx u^2$（位移的二次方关系）。失去的弹性能量也是 $\approx u^2$（为 $\frac{1}{2}Bu^2$，其中 B 是体积模量）。因此，如果获得的能量[式(8.7)]超过损失的能量 $\frac{1}{2}Bu^2$，这种畸变就会自发发生，进而材料变成铁电体。但是如果把这种情况与 Jahn-Teller 系统(3.2节)相比，可以看到它们的区别：在 JT 系统中，获得的电子能量与畸变成线性关系，对于一个小的 u，总是超过弹性能量损失，见式(3.21)。这就是为什么 JT 系统总是关于畸变不稳定而降低对称性。相反，此时这两种能量关于畸变都是二次的。也就是说，电子-晶格耦合 g 必须超过某一临界值，才更有利于产生铁电畸变。这也就是为什么不是所有的过渡金属钙钛矿（即使包含 d^0 离子）都是铁电的。因此 $BaTiO_3$ 是铁电的，而 $SrTiO_3$ 不是（尽管非常接近铁电体，在应变下，甚至在同位素取代 $^{16}O \rightarrow ^{18}O$ 后，$SrTiO_3$ 也会变成铁电体）。从这个意义上说，JT 效应是一个"定理"，但过渡金属化合物中铁电性的出现则是一个"数字游戏"。

事实上，铁电性和 JT 效应起源的比较可以更加深入。可以将铁电性的趋势视为**赝 JT 效应**或二阶 JT 效应的结果：晶格畸变（反转对称性破缺）混合了不同对称性（不同宇称，如 s 和 p，或 p 和 d）的价带和导带，相应获得的能量可能是趋于铁电性的原因。显然，在此物理图像中，需要一定的临界电子-晶格耦合强度来克服失去的弹性能。

上述讨论的例如 $BaTiO_3$ 等材料中出现铁电性的简单定性解释，一方面表明，例如 $BaTiO_3$ 中的 Ti，$KTaO_3$ 中的 Ta 等过渡金属离子，确实有助于提供这些化合物中铁电性的机制，另一方面能帮助理解铁电性在这些系统中出现的条件，特别是至少给我们关于为什么 d^0 构型对铁电性特别有利的提示。其中一个因素如图 8.7 所示（参见图 8.6）：如果 d 能级不空，而是存在例如一个电子，当与一个氧（图 8.5 右侧的氧）建立较强的共价键之后，则不仅会（由两个电子）占据成键轨道，还会（由一个电子）占据反键轨道。因此，在这个反键轨道上，我们将失去在空 d 壳层中所获得的能量[式(8.7)]的一半，使这个过程发生的概率降低。

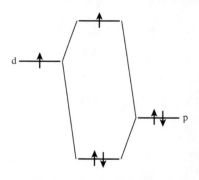

图 8.7 过渡金属离子上的 **d** 电子会减弱与氧形成共价键的趋势从而抑制铁电性趋势的一种机制示意图

然而，此效应不是 d 电子抑制铁电性的唯一因素，甚至可能不是主要因素。举例而言，这无法解释包含 Cr^{3+} ($t_{2g}^3 e_g^0$) 的钙钛矿 $RCrO_3$（所谓的正铬酸盐，其中 R 是稀土元素）在顺磁相中不是铁电的（在磁序相情况可能不同）：在 Cr^{3+} 中，与氧杂化最强的 e_g 轨道是空的，这似乎处理的是图 8.6 而非图 8.7 的情况（如果其中 d 能级指的是 e_g 轨道）。另一种可能的机制通过数值计算得到了证实。这一机制可以定性理解为过渡金属离子与一个氧之间的强共价键意味着单态的形成：

$$\frac{1}{\sqrt{2}}(d\uparrow p\downarrow - d\downarrow p\uparrow) \tag{8.8}$$

现在，假设在这个过渡金属离子上还存在其他局域 d 电子[例如在 Cr^{3+} ($t_{2g}^3 e_g^0$) 的 t_{2g} 轨道上]。这些局域电子会通过 Hund 交换与参与价键的 d 电子（例如 e_g 电子）发生相互作用。假设这些局域自旋为 ↑，那么 Hund 耦合将有利于波函数式(8.8)的前半部分，而不利于后半部分。换句话说，局域自旋"不喜欢"单态，它们倾向于充当"价键破坏者"——类似于在普通超导体中充当破坏单态 Cooper 对的磁性杂质。这可能是另一种 d 电子抑制铁电性的机制,这对以上讨论的铁电性与磁性互斥性有所贡献。

注意,所有这些机制并不能真正禁止 $d^n(n\neq 0)$ 组态的铁电性,而仅仅是使其可能性降低。在这个意义上,似乎互斥的磁性和铁电性确实不是一个"定理",而取决于具体的参数,例如式(8.7)中电子-晶格耦合强度 g、晶体的弹性模量、d 壳层的占据情况、Hund 耦合的强度等。人们无法排除部分填充 d 能级的过渡金属离子仍然具有铁电性的情况。这似乎不太可能,但严格地说,并没有被禁止,而且这样的案例确实在实验中被发现了。

以上的考虑在讨论 8.3 节多铁材料时至关重要。

(7) **电子对铁电性的贡献**。目前为止,主要讨论的是由晶体中离子位移引起的铁电性。然而,晶格畸变总是伴随(或引起)电子波函数的改变和电子密度的重分布。这些影响中哪一个是主要的,从某种意义上说,是一个"先有鸡还是先有蛋"的问题。然而,电子和离子对极化贡献的相对作用并不是一个没有意义的问题。人们需要知道是否存在纯粹由电子机制导致的铁电性,而不严格地依赖于晶格(当然,即使在这种情况下,晶格也会有一定的响应,增强产生的电极化)。

近期理论计算表明,电子对铁电性的贡献确实存在,而且在某些情况下,电子对铁电性的贡献至少与离子的贡献一样重要,尤其是在一些多铁化合物中。然而,不同系统的情况可能区别很大:例如 $TmMnO_3$ 中,电子的贡献占主导,至少提供了总极化的 50%,而在 $TbMnO_3$ 中,离子的贡献占主导,导致了 ≈(80%~90%)的极化强度。

(8) **磁序引起的铁电性**。在上文讨论的铁电体[情形(1)—(7)],即使同时具有磁性,其铁电性的微观本质也与磁性无关。事实上,情况往往相反:例如过渡金属钙钛矿中,磁性离子(或局域的"磁性"电子)对铁电性是有害的。然而,在某些材料中,铁电性只在某些特定磁有序态下才出现,因此,在这些系统中,铁电性本质上是由磁序**引起**的。

这些系统和现象将在 8.3 节详细讨论,此时只需注意到这种多铁有多种可能的分类。在这些材料中,磁序的作用是打破反转对称性。但是,导致极化的微观机制不同。因此,此时铁电性是由磁致伸缩引起的,即交换相互作用 $J_{ij}\boldsymbol{S}_i\cdot\boldsymbol{S}_j$ 中交换常数 J_{ij} 对原子坐标(对距离 R_{ij},或者当存在通过氧的超交换时,$M_i\text{-}O\text{-}M_j$ 夹角等)的依赖。该机制本质上与上文情况(5)所述的机制相同,如图 8.4 所示:如果存在荷电不同的磁性离子,于是对于某些磁结构,例如 ↑↑↓↓ 自旋序,磁致伸缩原则上对于铁磁和反铁磁键不同。因此这些键会变得不等价,例如铁磁键会变短。最终会得到与图 8.4(c)相同的情况,其格座和键不再等价,即得到铁电性,此时铁电性由这种特殊磁结构中的磁致伸缩引起。

另一种由磁序诱导铁电性的微观机制与自旋轨道耦合有关,存在于特殊类型的螺旋磁序系统中。第三种机制与 p-d 杂化在自旋轨道耦合作用下的改变有关,详见 8.3 节。

考虑不同情况下的铁电性时有一个有意思的问题。如上所述,钙钛矿中存在许多铁电体,要么由 d^0 系统(例如 $BaTiO_3$)中价键的形成引起,要么由磁序引起,如 $TbMnO_3$。然而,还存在另一类与钙钛矿数量相当的过渡金属系统——尖晶石 AB_2O_4,见 3.5 节和 5.6.3 节,但它们中几乎没有铁电体(可能唯一的例外是 Fe_3O_4,其在 Verwey 转变温度以下显然是铁电的)。

类似地,在烧绿石这一大类中,只有一到两个铁电体——唯一知名的是 $Cd_2Nb_2O_7$。问题是,为什么会这样? 一个可能的答案是尖晶石(B 格座亚晶格)和烧绿石都是几何阻挫的晶格(由共顶点的四面体组成)。正如 5.7 节所讨论的,这种阻挫可以极大地改变这些系统的磁性,通常会强烈地抑制长程磁序。同样的阻挫也可能阻碍铁电序——电偶极子有序而非磁偶极子（自旋）有序。几何阻挫系统的铁电性条件问题显然值得更深入的研究。

8.2 磁 电 效 应

电和磁在 19 世纪被合并成一门学科，并以 Maxwell 方程组的建立而告终。但是固体中的电和磁序及它们的电和磁响应通常是独立考虑的，并且理由往往很充分：电子和离子的电荷决定了"电"效应，而电子自旋决定了磁性。

然而，在某些情况下，这些自由度强烈耦合。尤其是，这导致了自旋电子学这一庞大领域。这一领域主要研究自旋对固体输运性质的影响，并研究控制这种输运的可能性，例如通过磁场，或者反之，即通过电流控制磁性等。

20 世纪 60 年代起，人们发现了磁和电自由度强耦合的绝缘系统。尽管可以追溯到 Pierre Curie，但是其真正起点是 1959 年 Landau 和 Lifshitz 在其著名 *Electrodynamics of Continuous Media* 一书中的一个评述："让我们指出另外两个原则上可能存在的现象。其一是压磁效应，它由固体中的磁场和形变之间的线性耦合（类似于压电效应）组成。另一种是介质中的磁场和电场之间的线性耦合，这种耦合会导致例如在电场下与电场成比例的磁极化。这两种现象可能存在于某些磁晶对称性中。不过，我们不打算详细讨论，因为到目前为止，这些现象似乎还没有在任何物质中被观察到。"此后不久，Dzyaloshinskii 预言了该效应，并由 Astrov 在实验上进行了验证，即众所周知的反铁磁体 Cr_2O_3 中的**线性磁电效应**[linear magnetoelectric (ME) effect][①]。

磁电效应在实验和理论上都得到了积极研究，第一次是在 20 世纪 70—80 年代，然后在 21 世纪初对其研究得以复兴。

唯象学上，磁电效应本质上是电和磁自由度的线性耦合，可以用以下自由能描述：

$$F_{ME} = -\alpha_{ij}E_iH_j \tag{8.9}$$

其中此处（也包括本章之后的内容），假设对重复指标求和。根据该表达式可得：

$$P_i = -\frac{\partial F}{\partial E_i} = \alpha_{ij}H_j$$
$$M_j = -\frac{\partial F}{\partial H_j} = \alpha_{ij}E_i \tag{8.10}$$

也就是说，确实得到了线性依赖于磁场的电极化，以及线性依赖于电场的磁极化。张量 α_{ij} 被称为磁电张量。一般来说，它有对称和反对称部分，其具体形式由晶体晶格的对称性和磁序的类型决定。

首先讨论对称关系，这对研究磁电效应和多铁效应非常重要。系统的磁和电特性对于不同的变换性质不同，其中最重要的是空间反转变换 I 和时间反演变换 $\mathcal{T}$。像坐标 r 和电极化

---

① Dzyaloshinskii I. E., Sov. Phys.-JETP, 1959, 10: 628; Astrov D. N.. Sov. Phys.-JETP, 1960, 11: 708; Astrov D. N.. Sov. Phys.-JETP, 1961, 13: 729.

P 这样的普通矢量关于空间反转为奇,但是关于时间反演为偶,例如:

$$\mathcal{I}P = -P$$
$$\mathcal{T}P = P \tag{8.11}$$

相反,磁极化(赝矢量)在空间反转下不变,但是在时间反演下变号:

$$\mathcal{I}M = M$$
$$\mathcal{T}M = -M \tag{8.12}$$

理解这一点需要回想一下,磁极化是由电流产生的,如图 8.8 所示,空间反转会使磁矩 M 保持不变,如图 8.8(b)所示。然而,反转时间的方向会反转电流 $j = ev = edr/dt$ 的方向,即磁矩也会反转。对于电极化,如图 8.8(a)所示,情况正好相反。

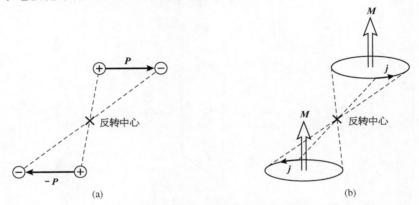

图 8.8　(a) 矢量和(b) 赝矢量(轴矢量)在空间反转下的变换

可以用类似的论点来理解 P 和 M 在其他变换(例如镜面反射)下的变化。从图 8.9(a)、图 8.9(b)可知,当电极化 P 垂直于镜面时会改变符号,但平行于镜面时则保持不变。对于磁矩,情况正好相反:垂直于镜面的磁矩在反射下保持不变[图 8.9(c)],平行于镜面时则改变符号[图 8.9(d)]。如果用小电流回路来表示磁矩,这些规则确实很清晰。对于电子自旋(可以理解为源自"内在电流")来说,它们本质上是一样的。这些规则,连同那些空间反转和时间反演的规则,即式(8.11)和式(8.12),对于理解存在线性磁电效应的条件相当重要,这些方程对解释多铁材料(8.3 节)的性质也非常有用。

特别地,由式(8.9)、式(8.10)与变换性质式(8.11)、式(8.12)的关系可知,磁电响应函数 α_{ij} 在空间反转和时间反演时均为奇。第一个条件给出了允许线性磁电效应的对称群的一些限制,这尤其指出材料的空间反转对称性应该被打破,例如通过相应的磁序。而第二个条件指出相应的材料应该是磁性的,例如反铁磁性的。Cr_2O_3 是磁电材料的经典案例,其与晶体结构相同但不具有线性磁电效应的 Fe_2O_3 情况的对比可以说明这一点。Cr_2O_3 和 Fe_2O_3 在刚玉结构的单胞中有四个过渡金属离子,如图 8.10 所示。可以看出,Cr_2O_3 和 Fe_2O_3 晶体结构相同,但磁序不同。在 Fe_2O_3 中,其磁结构在空间反转下不变(反转中心在图 8.10 中用"★"表示),也就是说,Fe_2O_3 的空间反转对称性没有破缺:例如在反转对称下,格座 2 变为格座 3,在 Fe_2O_3 中,这些格座自旋方向相同。相反,Cr_2O_3 的反铁磁结构打破了反转对称性:同样在反转对称下,格座 2 变为格座 3,但在 Cr_2O_3 中这些格座自旋相反。因此,在 Cr_2O_3 中满足线性磁电效应的必要条件,而在 Fe_2O_3 中则不满足。诚然,Cr_2O_3 是一种磁电材料,而 Fe_2O_3 不是。反之,Fe_2O_3 中存在弱铁磁性,而 Cr_2O_3 中则不存在。Turov 严格证明,如果顺磁相的反转对称性没有破缺,那么在反铁磁相中,材料可以具有线性磁电效应**或**弱铁磁性,但二者不能同时存在(当然可以都不存在)。Cr_2O_3 和 Fe_2O_3 的比较很好地说明了这一普适规律[①]。

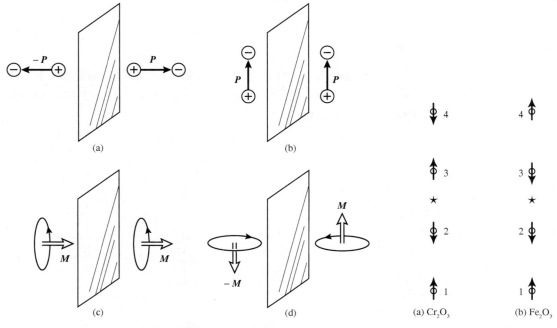

图 8.9 (a)(b) 矢量和(c)(d) 赝矢量
在镜面反射下的变换

图 8.10 不同的磁序类型导致
Cr_2O_3 和 Fe_2O_3 的空
间反转对称性不同

磁电响应函数,即张量 α_{ij},可以有对称分量,也可以有反对称分量。α_{ij} 的对称部分总是可以对角化的。可以看出,在 Cr_2O_3 中,在图 8.10(a)所示的反铁磁状态下,α_{ij} 是对角化的:

$$\alpha_{ij} = \begin{pmatrix} \alpha_{xx} & 0 & 0 \\ 0 & \alpha_{yy} & 0 \\ 0 & 0 & \alpha_{zz} \end{pmatrix}$$

(由对称性,$\alpha_{xx} = \alpha_{yy}$)。此时,根据式(8.10),当电场 $\boldsymbol{E}$ 的方向沿着张量 α_{ij} 的主轴时,会引起电极化 $\boldsymbol{P} \parallel \boldsymbol{E}$。但对于其他系统和其他磁结构,磁电张量 α_{ij} 也可以含有反对称非对角元 $\alpha_{ij} = -\alpha_{ij}$。这样的反对称张量可以用对偶矢量表示:

$$T_i = \varepsilon_{ijk}\alpha_{jk} \tag{8.13}$$

其中,ε_{ijk} 是完全反对称张量(再次假设对重复指标求和)。此(赝)矢量 $\boldsymbol{T}$ 被称为**环磁极矩**(有时也被称为 anapole 矩)(一般来说,环磁极矩和磁电张量之间的关系可能更加复杂)。如果材

---

① 见 Turov E. A.. Usp. Fiz. Nauk, 1994, 164:325,但是,如果反转对称性在顺磁相中已经破缺,那么此规则不成立:即此时弱铁磁性和线性磁电效应可以共存。显然,$BiFeO_3$ 的情况就是如此:其在 $\approx 1\,100$ K 以下为铁电体(因为 Bi 的孤对电子,见 8.1 节),于是反转对称性在此相中已经破缺。而在磁有序相的 $BiFeO_3$ 中,弱铁磁性和线性磁电效应可以共存。

料具有这种反对称磁电张量 α_{ij},那么它也可以用特定方向的非零环磁极矩 T 来表征。环磁极矩关于空间反转 I 和时间反演 $\mathcal{T}$ 都为奇。此时可以看出,磁场中的电极化可以表示为:

$$P = T \times H \tag{8.14}$$

并且,类似地,电场中的磁极化可以表示为:

$$M = -T \times E \tag{8.15}$$

即感生矩将**垂直**于各自的场。非零环磁极矩的磁结构为"磁涡旋"型,如图 8.11 所示。

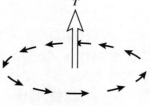

通过电动力学得到环磁极矩的一般表达式可以得出:对于局域自旋系统(净磁化为零,$\sum_i S_i = 0$),环磁极矩的表达式为:

$$T = \frac{g\mu_B}{2} \sum_i r_i \times S_i \tag{8.16}$$

图 8.11 "磁涡旋"和相应的环磁极矩

其中,g 为 g 因子,μ_B 为 Bohr 磁子(注意,如果 $\sum_i S_i \neq 0$,那么由此定义的环磁极矩会依赖于坐标原点的选择,即会随着坐标 $r \rightarrow r + r_0$ 而改变)。根据式(8.16),图 8.11 所示的自旋涡旋沿涡旋轴方向具有非零环磁极矩。根据式(8.14)和式(8.15),可以预期这样的自旋涡旋会表现出线性磁电效应,于是例如面内磁场会导致电极化 $P \perp H$ 和 $P \perp T$。

磁电效应得到了相当多的关注,不仅是因为科学上的兴趣,它还是许多应用的基础。在磁电系统中,可以通过电场来控制磁性,这对于包括存储器件在内的许多应用可能非常有用。例如,可以用电场取代电流在磁盘中写入数据,这非常有吸引力:人们希望大幅减少相应器件的尺寸,并避免 Joule 热。也可以利用其逆(磁电)效应,用这种材料对小磁场进行电测量。从这个角度来看,寻找较大磁电系数的材料非常重要。

磁电响应 α_{ij} 的大小存在一个重要的限制:

$$|\alpha_{ij}| \leqslant \frac{1}{4\pi} \sqrt{\epsilon_{ii}\mu_{jj}}, \tag{8.17}$$

其中 ϵ_{ij} 为材料的(张量的)介电常数,μ_{ij} 为磁导率。此条件,或者更强的条件:

$$|\alpha_{ij}| \leqslant \sqrt{\chi_{ii}^e \chi_{jj}^m}, \tag{8.18}$$

由系统稳定性条件得出[①],其中 χ_{ii}^e 和 χ_{jj}^m 为电极化率和磁化率。

当材料不仅具有电、磁自由度的线性耦合,并且磁序与铁电序真正结合时,将为寻找非平凡电、磁耦合特性的材料提供新的可能,这便是下节要讨论的多铁材料。

8.3　多铁材料:磁性和电性的独特结合

如 8.2 节所述,在 1959—1961 年间,一些材料中发现了电和磁的非平凡相互作用,即理论

---

① Brown W. F., Hornreich R. M., Shtrikman S., Phys. Rev., 1968, 168: 574.

预言的线性磁电效应,并在 Cr_2O_3 中被实验观测到,之后发现了许多这样的材料。这个问题的新转折是,不仅存在强**磁电响应**(例如在电场 E 下出现磁极化 M,或者其逆效应,在磁场 H 下产生电极化 P),而且系统中相应的两种类型的有序,(铁)磁性和铁电性(FE),在无外加电场和磁场的情况下共存于一种材料中,被称为多铁材料(multiferroics,MF)①。

最早发现的多铁材料可能是硼酸盐,尤其是 Ni-I 硼酸盐 $Ni_3B_7O_{13}I$。不久之后,在自然界中发现了或者人工合成了其他几种多铁材料。当时最活跃的研究由苏联两个小组开展,即列宁格勒(圣彼得堡)的 Smolenskii 小组和莫斯科的 Venevtsev 小组。

经过 20 世纪 60 和 70 年代相对密集的研究后,多铁的研究慢慢变少。在 21 世纪初,这一领域又重新获得了关注,可以从中挑出三个重要进展。第一个是理论的发展,其中提出了为什么磁性和铁电性共存是如此罕见的普遍问题。这引起了对该领域新的关注,但最重要的当然是两项实验成果。其中之一是薄膜制备的飞速发展,特别是成功地制备了最流行的多铁性材料之一,$BiFeO_3$ 薄膜,其性能得到了极大的提高,这导致了该领域的巨大发展,主要针对实际应用。

第二个真正将该领域推向活跃的前沿实验进展是在 2003—2004 年发现的一类新型多铁材料,其磁性和铁电性不仅只是共存,而且铁电性还是由磁性**引起**的:Y. Tokura 和 T. Kimura 小组在 $TbMnO_3$、S.-W. Cheong 小组在 $TbMn_2O_5$ 中发现了这一现象。这些所谓的 113 和 125 多铁及其他的稀土类似物至今都被称为"Rosetta 石"(里程碑),这是整个领域的试验场,验证了主要的物理思想——尽管从那时起,已经发现了许多这样的多铁材料。

这些系统的发现,包括丰富而有意思的物理研究,以及在实际应用中的巨大潜力——例如用电寻址磁记录的可能性(且无需电流)、新型四态逻辑(上下电极化和上下磁极化的组合)、新型探测器等的开发——导致了这一领域的飞速发展。

如 8.1 节所述,不同材料的强磁性本质上或多或少是相同的,但铁电性机制和类型多种多样。因此,不同类型的多铁材料因其铁电性的本质而不同。一般来说,可以把多铁材料再分为两类②。

I 类多铁,指的是铁电性和磁性的起源不同,并且在很大程度上是相互独立的多铁材料(当然,存在一定的磁电耦合,这是该领域的主要兴趣点)。一般来说(尽管并不一定)这些系统的铁电性出现在较高的温度,其自发极化往往较大($10 \sim 100 \ \mu C/cm^2$ 量级)。这样的例子为 $BiFeO_3$($T_{FE} \approx 1\,100$ K,$T_N \approx 623$ K,$P \approx 90 \ \mu C/cm^2$),和 $YMnO_3$($T_{FE} \approx 910$ K,$T_N \approx 75$ K,$P \approx 6 \ \mu C/cm^2$)。

II 类多铁,是相对较新发现的系统,其中铁电性由磁性**引起**(即它们也是非本征铁电体——尽管在 I 类多铁系统中也可能存在非本征铁电体)。如上所述,正是这类系统的发现,导致了对这一领域在基础科学方面高涨的兴趣,现在对这些材料的研究力度非常大。本节将主要关注这种磁诱导的铁电性,即第二类多铁性,同时也会简要讨论 I 类多铁系统。

在实际应用方面,由已知的磁体和铁电体以多层膜或自组装纳米结构的形式组成的**复合多铁材料**也被广泛研究。本书不再展开讨论这个方向,但不得不说,从潜在应用的角度来看,这些复合系统看起来最有前景。尽管如此,即使是对于这些面向应用的研究,决定多铁性质的

---

① 原则上,在多铁材料中通常还包括第三类有序:导致铁弹性的自发形变。然而,这在某种程度上是一个独立的领域,如今,多铁性这一术语主要指的是磁性和铁电性的共存。

② 这种分类不同于铁电体的**本征**和**非本征**划分,其中人们最关注的是极化 P 是初级序参量还是作为二次效应出现,例如,由于与其他序参量 η 的耦合,可能是 $\eta^2 P^2$ 型,见附录 C。

基本物理的理解,磁性和铁电性共存的条件,以及决定这些自由度耦合的因素的都是不可或缺的。本书接下来要讨论这些基本问题。

8.3.1　Ⅰ类多铁

"较早"且更多的多铁材料属于Ⅰ类,其中铁电性和磁性源于不同的机制。如上所述,这些通常是优异的铁电体,磁性和铁电转变的临界温度可以远高于室温。然而,磁性和铁电性之间的耦合通常很弱。这些系统面临的挑战是如何增强这种耦合,同时保持其他的有益特性。正如下文所示,Ⅱ类多铁材料的问题正好相反。

根据铁电性的机制,可以列举出至少四种不同的Ⅰ类多铁子类,这一分类紧密依赖于 8.1节内容。

(1) **包含非对称化学单元的多铁**。从概念上讲,最简单的是晶体中产生磁性和铁电性的化学基团不同。最早的天然多铁,例如硼酸盐 $Ni_3B_7O_{13}I$,就是这种类型。硼酸盐是一类主要的化合物,其中囊括许多众所周知的矿物质。它们可以包含不同过渡金属离子,例如 Ni、Co、Mn,磁性由这些离子决定,而其铁电性显然与 BO 基团有关。许多包含例如反转对称性破缺 BO_3 基团的硼酸盐是多铁材料,或至少表现出线性磁电效应。然而,其他Ⅰ类多铁更为重要。

(2) **多铁钙钛矿**。也许最著名的铁电体属于钙钛矿,如 $BaTiO_3$ 或广泛使用的 $Pb(ZrTi)O_3$ (PZT)。在钙钛矿中有许多磁性材料,也有许多铁电材料。如 8.2 节的讨论,这些材料中的磁性和铁电性通常是互斥的:磁性需要部分填充的 d 壳层,而铁电性通常存在于包含空 d 壳层过渡金属离子的钙钛矿中。显然,对这种趋势的理解给出了一个解决此问题的可能策略:构建"混合"钙钛矿,从而将"铁电"d^0 和"磁性"d^n 离子结合在一种材料中。确实,几种这样的混合钙钛矿被成功合成了,例如 $PbFe_{1/2}Nb_{1/2}O_3$ 和 $PbFe_{2/3}W_{1/3}O_3$。某些这样的多铁系统是亚铁磁的,具有非零净磁矩。不幸的是,它们的磁性和铁电性之间的耦合相当弱。

如 8.2 节所述,钙钛矿中磁性和铁电性的互斥不是普适的自然规律。事实上,最近的从头起(ab initio)计算也表明,经典的磁性钙钛矿 $CaMnO_3$ 在受到负压或拉伸应变时可以变成铁电体(或反铁电体)。这一预测在 $Ba_{1-x}Sr_xMnO_3$ 系统中得到了实验证实。因此,原则上不能排除发现或合成其他Ⅰ类多铁钙钛矿的可能。

(3) **孤对电子导致铁电性的多铁材料**。另一种获得多铁性的方法,尤其是在钙钛矿中,是利用另一种铁电性机制——孤对电子铁电性。事实上,许多混合 d^0-d^n 钙钛矿,如上述的钙钛矿也含有 Pb^{2+} 离子,其本身可以提供铁电性。最流行的多铁材料 $BiFeO_3$ 属于这种类型:该系统中的铁电性主要由 Bi 引起,而 Fe 导致磁序。同一类材料还有 $BiMnO_3$,这是罕见的铁磁绝缘体:该系统中的铁磁性起源于一种非常特殊的轨道序。然而,如上所述,它究竟是铁电性的还是反铁电性的还不是很清楚。正如 8.2 节所提到的,另外两种类似的材料也被合成了:$PbVO_3$ 和 $BiCoO_3$[①],但这两种材料的铁电畸变如此之强,任何合理的电场都无法改变其极化,所以应该被归为热释电材料。(另外,Co^{3+} 在 $BiCoO_3$ 中处于低自旋状态,即是非磁性的,因此严格来说,这种材料不应该被称为多铁。)

还有许多其他这种铁电性机制的 Bi 和 Pb 化合物,并可能是多铁的。其中包括上述

---

① 在 $PbVO_3$ 中,Pb 的孤对电子对于热释电结构的形成起着重要作用。但是 V^{4+} 在化学中也倾向于偏离配体八面体的对称中心并且与一个氧形成强共价键——这甚至有一个特殊的名称:氧钒键。

Aurivillius 相,如 $Bi_4Ti_3O_{12}$——众所周知的铁电体,包含交替 Bi_2O_2 层与钙钛矿层的层状材料。其中也有包含磁性离子的化合物,如 $Bi_5FeTi_3O_{15}$,其铁电转变温度相当高(1 050 K)。这类潜在多铁材料的研究才刚刚开始。

(4)"几何"多铁材料。一类特殊的多铁材料是 $RMnO_3$,其中 R 为 Y 或小离子半径的稀土元素。如上所述,尽管化学式与钙钛矿类似,但这些系统不是钙钛矿:它们是层状六方系统,五重配位 Mn 离子位于三角双锥中心,如图 8.3 所示。它们是优异的铁电体,$T_{FE}\approx(800\sim1\,000)K$,在 $70\sim80$ K 发生反铁磁转变。由于阻挫,其磁性相当丰富。这些材料为研究磁畴和铁电畴的相互作用提供了优异的平台。不过,这些材料中的磁电耦合虽然一定存在,但不够强,因此似乎没有很好的实际应用前景。

(5)**电荷序导致铁电性的多铁材料**。以格座为中心和以键为中心的电荷序共存的铁电材料也可以是多铁材料,8.1 节中的例子(PrCa)MnO_3 和 $LuFe_2O_4$ 属于此类,它们都被认为是铁电的(尽管还没有被确定),并且都是磁性的。这些材料中电和磁自由度之间的耦合实际上尚未得到研究。

综上,在这样的系统中,铁电性可能是由介于以格座为中心和以键为中心的中间自发电荷序引起,或者更有可能的是,系统中一开始格座和键就不等价,即自发发生了二次有序。特别是在包含不同电荷过渡金属离子的混合过渡金属氧化物中,由于磁致伸缩,会出现非等价键。这显然是 Ca_3CoMnO_6 和 $TbMn_2O_5$ 中的情形。但这些材料属于 II 类多铁,详细讨论见下文。

8.3.2　II 类(磁性)多铁

如前所述,一种特殊的新型多铁性材料若为铁电性则只存在于磁有序态中,并且完全由特殊类型的磁性引起。例如,$TbMnO_3$ 在 $T_{N1}=41$ K 时出现磁序,在较低温度 $T_{N2}=23$ K 时,磁结构发生变化。在这个低温阶段出现非零电极化,即材料变成多铁。类似地,在 $TbMn_2O_5$ 中,铁电性出现在特殊的磁有序相温度以下。这两篇论文表明,在这些情况下,磁场可以强烈地影响电极化:当 $H=0$ 时,$TbMnO_3$ 的电极化沿着 c 方向,但在磁场(例如沿 a 方向)$H_a\approx5$ T 时,发生自旋转向并伴随电极化的翻转,即电极化旋转了 90°,而对于 $H_b>5$ T,电极化沿 a 方向。在 $TbMn_2O_5$ 中,外场的影响甚至更强:电极化的符号随外场变化,例如,外场在 $+5$ T 和 -5 T 之间的交替变化会产生相应的电极化振荡。电极化对磁场如此强的灵敏性立即引起了相当大的关注,从那时起,这些磁性或 II 类多铁性材料得到了非常深入的研究。在多铁性材料的基础研究中,很大一部分研究致力于这类材料。

除了上文提到的那些 II 类多铁材料外,人们已经发现了很多这样的材料:$Ni_3V_2O_6$、$MnWO_4$、$LiCu_2O_2$、CuO、$CuFeO_2$、$(LiNa)CrO_2$ 和 $NaFeSi_2O_6$。实验上,人们在用各种技术研究这些系统的性质,无论是静态的还是动态的。此外,对 II 类多铁的理解也取得了重大的理论进展。

从这些系统的多铁机制来看,可以将 II 类多铁材料分为两类:其中,铁电性由一种特殊类型的磁螺旋(主要是摆线特性)引起,或者铁电性出现在共线磁结构中。事实证明,在第一子类(II a 型)中,微观上自旋轨道耦合扮演着重要角色,其作用主要通过反对称(Dzyaloshinskii - Moriya)交换实现,而第二子类(II b 型)中,自旋轨道耦合不是必需的,其铁电性由交换伸缩引起。

(1)**螺旋 II 类多铁**。迄今已知的大多数 II 类多铁属于这一子类。根据中子散射等手段,铁电性出现在一种特殊的磁结构中——磁螺旋(图 8.12),大多为摆线型[图 8.12(c)]。这是 $TbMnO_3$、$Ni_3V_2O_6$ 和 $MnWO_4$ 中的情形。因此,在 $TbMnO_3$ 中,磁结构在 $T_{N1}=41$ K 下是

无公度的；然而它不是自旋极化方向的旋转形成的，而是所有自旋在同一方向上的正弦自旋密度波[伴随平均有序自旋分量大小的变化，例如 $\langle S_x \rangle = \langle S_y \rangle = 0$，$\langle S_z \rangle \approx |S| \cos(\boldsymbol{Q} \cdot \boldsymbol{r})$]，如图 8.12(a)所示。然而，在 $T_{N1} = 23$ K 以下时，自旋结构变为摆线螺旋，为波矢 $\boldsymbol{Q} = (Q_x, 0, 0)$ 的 $\langle S_x \rangle \approx |S| \cos(\boldsymbol{Q} \cdot \boldsymbol{r})$，$\langle S_z \rangle \approx |S| \sin(\boldsymbol{Q} \cdot \boldsymbol{r})$。正是在这种状态下，人们发现了非零电极化，此时 $P_z \neq 0$ [图 8.12(c)]。

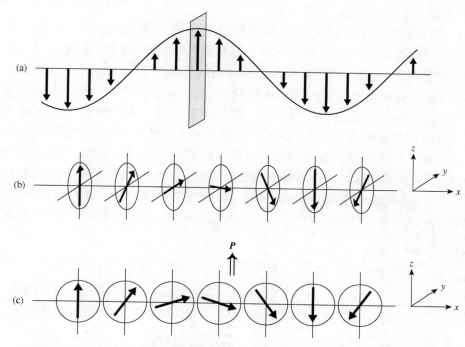

图 8.12 **(a)** 正弦自旋密度波(其中展示了一个镜面)；**(b)** 常规(**helicoidal**)螺旋；**(c)** 摆线(**cycloidal**)螺旋(电极化方向由双线箭头表示)

微观理论处理和唯象学的 Landau 处理可以得出相同的结论。根据 Mostovoy 的研究[①]，对于一个摆线螺旋磁结构，电极化由以下表达式给出：

$$\boldsymbol{P} = c(\boldsymbol{Q} \times \boldsymbol{e}) \tag{8.19}$$

其中 c 为特定的系数，$\boldsymbol{Q}$ 为磁螺旋的波矢，$\boldsymbol{e} \approx \boldsymbol{S}_1 \times \boldsymbol{S}_2$ 为自旋旋转轴。在 Katsura 等[②]的微观方法中，相同的表达式写作：

$$\boldsymbol{P}_{ij} = c' \boldsymbol{r}_{ij} \times (\boldsymbol{S}_i \times \boldsymbol{S}_j) \tag{8.20}$$

其中，$\boldsymbol{P}_{ij}$ 是自旋对 $\boldsymbol{S}_i$ 和 $\boldsymbol{S}_j$ 引起的电极化。作者称这种机制为"自旋电流机制"，此术语现在经常使用。或许应该将其称为"自旋超电流"，以免与金属系统中真正的耗散自旋电流混淆，例如那些用于自旋力矩实验和器件的自旋电流。这一术语来自与超导体的类比：众所周知，超导体中的超电流与超导序参量的梯度成正比，即 $j \approx \mathrm{grad}\, \varphi$。类似地，可以用例如自旋 $\boldsymbol{S}_i$ 与 z 轴的夹角 φ_i 来描述图 8.12(c)的摆线结构。如果自旋旋转如图 8.12(c)所示，此相位随着位置的

① Mostovoy M.. Phys. Rev. Lett., 2006, 96: 067601.
② Katsura H., Nagaosa N., Balatsky A. V.. Phys. Rev. Lett., 2005, 95: 057205.

变化而变化,即与超导体中的超电流类似,因此我们可以在此说是自旋超电流,而式(8.20)中的 $S_i \times S_j$ 项是它的一个度量。

微观处理表明,式(8.19)和式(8.20)的系数 c 和 c' 与自旋轨道耦合 $\lambda L \cdot S$ 中的强度 λ 成正比。作为相对论效应,其效应相对较弱,这也解释了为什么这个机制产生的电极化通常很小:摆线多铁中的自发电极化典型值 $\approx (10^{-2} \sim 10^{-3})\mu C/cm^2$,即比优异铁电体例如 $BaTiO_3$ 和 $BiFeO_3$ 的值小 $2\sim3$ 个量级。

摆线磁体中多铁性的微观起源与弱铁磁性有许多共同之处,见 5.3 节。可以用逆 Dzyaloshinskii‐Moriya 效应来解释 $TbMnO_3$ 等系统中出现的铁电性。根据式(5.29),在低对称磁体中可以存在 $D_{ij} \cdot (S_i \times S_j)$ 类型的反对称交换,其中 Dzyaloshinskii 矢量 D 对于特定的对称性不为零。可以粗略地认为,对于具有中间氧的过渡金属离子对 i 和 j,Dzyaloshinskii 或 Dzyaloshinskii‐Moriya 矢量为 $D_{ij} \approx r_{ij} \times \delta$,见式(5.32),其中 δ 表示氧相对键 r_{ij} 中心的偏移。如果存在这样的偏移,那么 $D_{ij} \neq 0$,于是自旋 S_i 和 S_j 会倾斜而变得非线性,如图 8.13(a)(参考图 5.21 和图 5.22)所示。反之,如果在某些因素下,自旋变得非线性了,例如摆线螺旋,于是这样的氧会发生偏移使得 D_{ij} 不为零,进而获得 Dzyaloshinskii‐Moriya 能,在摆线螺旋磁结构中,氧会沿着一个方向偏移,如图 8.13(b)所示,这导致了摆线磁体中一定的电极化[带正电的过渡金属离子("×")和带负电的氧离子("○")的"重心"沿着垂直于螺旋轴的方向偏移]。

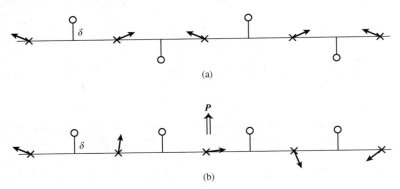

图 8.13 (a) 金属‐金属键中心氧的偏移引起的 Dzyaloshinskii‐Moriya 相互作用并产生弱铁磁性的机理;(b) 摆线螺旋磁结构中氧的偏移,产生铁电极化("×"表示过渡金属离子,"○"表示氧)

在绝缘体中要得到螺旋磁序需要磁阻挫,因此这种 IIa 型多铁通常在阻挫系统中观察到。这些多铁材料作为一个很好的案例,说明了磁阻挫,会导致意想不到的新结果,并具有潜在的重要应用,见 5.7 节。

从上文和式(8.19)、式(8.20)所描述的图像中,可以理解磁场的作用。在标准螺旋反铁磁体中,施加外磁场 H 可以引起类似于著名的自旋转向(spin flop)转变的现象:在磁场中,亚晶格磁矩倾向于在垂直平面内(当然在场方向上也有一定倾斜)。类似地,如果在适当的场下,摆线所在的平面翻转 $90°$,电极化 P 也会翻转:根据式(8.16)和式(8.19),P 位于自旋旋转的平面,但垂直于 Q[1]。

---

[1] 在某些情况下,如 $TbMnO_3$,还应考虑其他磁性离子对 H 的响应,此时为 Tb,这有时会改变这些系统在外部磁场下的行为。

因此,由于逆 Dzyaloshinskii - Moriya 效应,摆线磁性可以诱导电极化。有意思的是,相反的效应也存在,也出现在 I 类多铁材料中。例如,这导致了在 $BiFeO_3$ 中形成长周期(≈ 500 Å)螺旋。在此系统中,在 $\approx 1\,100$ K 以下已经存在的很大的电极化,使得如果铁电性不存在时的简单 G 型共线反铁磁序(这存在于非铁电的正铁氧体 $RFeO_3$ 中)发生畸变。由此产生的 $BiFeO_3$ 磁结构为摆线螺旋,满足式(8.19)关系。确实,获得的能量,由自由能中 $-\boldsymbol{E} \cdot \left[\boldsymbol{Q} \times (\boldsymbol{S}_i \times \boldsymbol{S}_j)\right]$ 型的项所描述,正比于与螺旋的螺距角,但交换相互作用失去的能量关于相邻自旋倾斜的角度是二次方的。因此,如果其中存在任意的非零电极化,磁螺旋应该存在于初始的共线(反)铁磁中。$BiFeO_3$ 中螺旋磁有序也可以用标准的 Dzyaloshinskii 机制来解释,见 5.3.2 节,其中 Dzyaloshinskii 矢量出现在铁电相变温度以下。

关于式(8.19)和式(8.20)有一点需要注意。这两个表达式在研究多铁的科学家群体中非常著名。然而,应该注意,这些表达式是在特定的微观模型中的特定情况下得出的,当条件不同于 Katsura 等和 Mostovoy 的假设时,结论也可能不同。因此,如果磁序更加复杂而无法用在空间中缓慢变化的反铁磁序参量 $\boldsymbol{L} = \boldsymbol{M}_1 - \boldsymbol{M}_2$ 描述时,需要修改式(8.19)。类似地,Katsura 等和 Mostovoy 的推导假设了晶体的特殊对称性,例如简立方或者简四方。此时,式(8.19)和式(8.20)确实是有效的,于是对于一个常规的螺旋磁结构,其中自旋在垂直于螺旋 $\boldsymbol{Q}$ 的波矢面上旋转,如图 8.12(b)所示,其电极化将为零:此时自旋旋转轴 $\boldsymbol{e}$ 或者 $\boldsymbol{S}_i \times \boldsymbol{S}_j$ 平行于 $\boldsymbol{Q}$。然而,其他对称下可能不是这种情况,而出现一个非零极化,即使是对于常规的螺旋磁结构[①]。

实验上,这种情况在 $RbFe(MoO_4)_2$ 中,并在其他层状三角系统,例如 $CuFeO_2$、$LiCrO_2$ 和 $NaCrO_2$ 中被观察到。理论上,此时电极化可以用 p - d 杂化的自旋轨道依赖性来解释。

这种多铁材料的一个有意思案例在 Johnson 等的研究中被称为**铁轴(ferroaxial)**材料[②]。这些是具有空间反转对称性的系统,但它们可以存在于两个互为镜像的变型中。这种对称性的一个案例为图 8.14 所示的著名符号:每个符号都有反转中心(圆盘的中心),且图 8.14(a)是图 8.14(b)的镜像。这种对称由一个轴矢量,或赝矢量 $\boldsymbol{A}$ 表征[此时,垂直于图形的平面,例如在图 8.14(a)中向页面里(远离我们),在图 8.14(b)中向页面外(朝向我们)]。

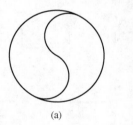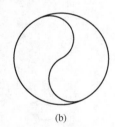

(a)　　　　　　　(b)

图 8.14　一种表示图形(或晶体)存在两种不等价形式的符号(这是铁轴对称的例子,由轴矢量 $\boldsymbol{A}$ 表征)

当这样一个系统(由赝矢量 $\boldsymbol{A}$ 表征)同时存在常规螺旋型磁序,且螺旋轴平行于 $\boldsymbol{A}$[由赝标量 $\kappa = \boldsymbol{r}_{ij} \cdot (\boldsymbol{S}_i \times \boldsymbol{S}_j)$ 表示]时,会出现电极化 $\boldsymbol{P} \approx \kappa\boldsymbol{A}$。注意,$\kappa$ 和 $\boldsymbol{A}$ 关于时间反演都为奇,于是它们的积 $\kappa\boldsymbol{A}$ 为一个常规矢量(关于 $\mathcal{I}$ 为奇 $\mathcal{T}$ 为偶),正如电极化那样。显然,$RbFe(MO_4)_2$、$CaMn_7O_{12}$ 和一些其他的 II 类多铁属于此类。

(2) 共线 II 类多铁。磁诱导铁电体的第二子类是指铁电性出现在共线结构中,此时不需要任何自旋轨道耦合,电极化是交换伸缩的结果。

---

① 对于一个常规螺旋,根据对称性,其电极化仅能指向 $\boldsymbol{Q}$ 的方向(所有垂直的方向等价)。如果存在一个垂直于 $\boldsymbol{Q}$ 的二重旋转轴,例如图 8.12(b)中沿着 z 方向的旋转,则相应的旋转一方面应保持这种情形不变,但另一方面,它将使 $\boldsymbol{P}$ 变为 $-\boldsymbol{P}$。于是此时 $\boldsymbol{P} = 0$。然而,如果此二重旋转轴不存在,电极化则可能出现,至少不是被禁止的(类似的,人们也需要考虑其他的对称元)。

② Johnson R. D., Chapon L. C., Khalyavin P. D., et al. Phys. Rev. Lett., 2012, 108: 067201.

最简单的例子（Ca_3CoMnO_6），如图 8.15 所示，实际上与 8.2 节讨论的机制密切相关——该机制为以格座为中心和以键为中心的电荷序组合导致的铁电性。如果存在由不同电荷的离子组成的链（例如 Ca_3CoMnO_6 中的 $Co^{2+}-Mn^{4+}$），如图 8.15(a)所示，在晶格中仍然存在反转中心，例如每个格座的位置。但是，如果磁序为 ↑↑↓↓ 型，如图 8.15(b)所示，那么反转对称性则被打破，见 8.2 节，这可以导致电极化［注意，自旋方向在反转对称下不变，图 8.15(b)的磁结构破坏了反转对称］。在物理上，铁磁键和反铁磁键的磁致伸缩不同，例如铁磁键会比反铁磁键短，如图 8.15(c)所示（反之亦然）。于是，得到如图 8.4(c)所示的非零净电极化的情况，即铁电态，此时，在这种特定的磁结构中，是由磁致伸缩导致的。

实验上，Ca_3CoMnO_6 中的情形确实如此。Ca_3CoMnO_6 由 $Co^{2+}-Mn^{4+}$ 离子交替的一维链组成，如图 8.16 所示。在高温下，Co^{2+} 和 Mn^{4+} 沿链方向的距离相等，存在对称中心而没有电极化。然而，磁有序温度 $T_N = 13$ K 以下时反转对称性被打破：磁结构为 ↑↑↓↓ 型，如图 8.15 所示。根据上文描述的交换伸缩机制，会得到图 8.15(c)的铁电情形。

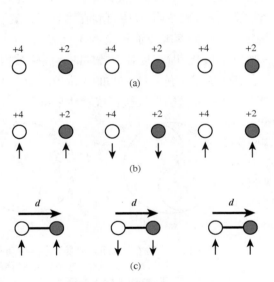

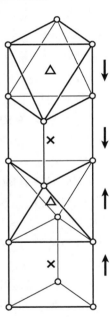

图 8.15　Ca_3CoMnO_6 中的 $Co^{2+}-Mn^{4+}-Co^{2+}-Mn^{4+}$ 链（其磁结构为 ↑↑↓↓，↑↑ 对和 ↑↓ 对的不等价磁致伸缩导致电极化）（引自 Choi YJ, Yi HT, Lee S, et al. Phys. Rev. Lett., 2008, 100, 047601）

图 8.16　Ca_3CoMnO_6 的晶体和磁结构（"×"表示 Co^{2+} 离子，"△"表示 Mn^{4+} 离子，"〇"表示氧）

显然，RMn_2O_5 中的铁电性同样是交换伸缩类型。实验表明，在这些系统中，Mn 的磁序中也存在一定的摆线成分；但是，最可能的解释是其二次效应的本质，电极化不是原因而是结果，是由于某种其他因素导致的（此时为交换伸缩）。事实上，正如上文以 $BiFeO_3$ 为例所解释的那样，电极化与自旋螺旋的耦合导致了式(8.19)和式(8.20)的关联，同样也存在其逆效应：如果系统中由于某种原因出现了自发电极化，其可以使共线磁结构变为摆线磁结构。这可能是 RMn_2O_5 磁结构中弱螺旋分量的来源。另一种可能的解释是，这种无公度的磁序分量可能与这类化合物中的阻挫有关；如 5.9 节所述，阻挫经常导致这种无公度结构。

如上所述，许多系统中交换伸缩原则上可以诱导铁电性，例如在 $YNiO_3$ 型钙钛矿镍酸盐中，存在自发的棋盘式电荷歧化(不同电荷的离子,形式上为 Ni^{2+} 和 Ni^{4+},在{111}面交替),见 7.5 节。通常考虑的磁结构为[111]方向上的 ↑↑↓↓,于是,沿着此方向的情形与 Ca_3CoMnO_6 或者图 8.15 的情形完全等价。此时,镍酸盐变为多铁,其电极化沿[111]方向。然而,在例如 Fernandez-Diaz[1] 提出的另一种磁结构中,情况将有所不同:系统仍然是多铁,但极化方向不同。

上文考虑的交换伸缩系统包含了不同价态的过渡金属离子(Ca_3CoMnO_6 中 Co^{2+} 和 Mn^{4+}, RMn_2O_5 中 Mn^{3+} 和 Mn^{4+},$RNiO_3$ 中形式上的 Ni^{2+} 和 Ni^{4+})。然而,考虑到过渡金属氧化物的交换通常通过中间氧进行,这不仅取决于 TM - TM 的距离,还取决于 TM - O - TM 夹角,即使是同种磁性离子也可以得到与上文类似的效应。因此,在包含小稀土元素的 $RMnO_3$ 中得到了 E 型磁结构,其基面的 Mn 为 ↑↑↓↓ 结构。此时交换伸缩会导致氧离子沿垂直于 Mn - Mn 键的方向偏移,并在此方向产生电极化。事实上,该系统中晶体结构的基本要素如图 8.17 所示:由于 MO_6 八面体的倾斜,在 M - O 链中出现了"之字形"结构(图 3.44)。在 E 型磁结构中,沿着该链的自旋以 ↑↑↓↓ 方式排列。根据 Goodenough - Kanamori - Anderson 规则 (5.1 节),对于 Mn - O - Mn 角接近 90° 的最近邻交换将"更加铁磁",而反铁磁耦合则使此夹角更倾向于 180°。于是,为了获得磁能,在图 8.17 所示的 ↑↑↓↓ 结构中,将氧离子按照双箭头的移动更加有利,即所有带负电的氧离子向上偏移,于是实际上出现了图 8.17 所标记的电极化 $\boldsymbol{P}$。这样的电极化确实被观察到了,尽管其值比理论估计的要小。这一机制在其他系统中也可以起作用,例如镍酸盐 $RNiO_3$。

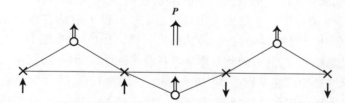

图 8.17　包含小尺寸稀土 R 和 E 型磁结构的钙钛矿锰酸盐 $RMnO_3$ 中导致多铁的交换伸缩机制示意图[短双线箭头表示氧离子("○")偏移,这导致了电极化 $\boldsymbol{P}$]

(3) **阻挫磁体中的电子铁电性。**有意思的是,可能存在一种纯电子机制,可以在阻挫系统中磁诱导铁电性。可以用例如由 $t \ll U$ 的标准 Hubbard 模型[式(1.6)]所描述的三个电子的磁三角来说明可以存在从格座 1 到键 23 中点的电极化现象,如图 8.18 所示,其表达式为:

$$\boldsymbol{P}_{1,23} = \frac{24t^3}{U^2}[\boldsymbol{S}_1 \cdot (\boldsymbol{S}_2 + \boldsymbol{S}_3) - 2\boldsymbol{S}_2 \cdot \boldsymbol{S}_3] \quad (8.21)$$

如果磁结构使式(8.21)的自旋关联函数的组合不为零,则系统出现电极化。注意,这种机制不要求自旋轨道耦合或晶格畸变。有意思的是,同样的处理表明对于其他磁织构——那些具有非零标量自旋手性 $\boldsymbol{S}_1 \times [\boldsymbol{S}_2 \times \boldsymbol{S}_3]$ 的磁织构——在三角中会出现真正的自发轨道流。因此,包含轨道流的态与包含电极化的态相对应。这种联系非常深远,并会导致相当重

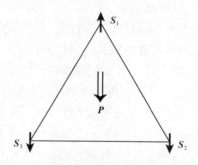

图 8.18　自旋三角中出现的电极化

① Fernandez-Diaz M. T.. Phys. Rev. B, 2001, 34: 144417.

要的结果,如电诱导的电子自旋共振(ESR)等。

人们对不同类型多铁的静态性质,例如基态有序类型、磁场和电场对磁性和铁电性的影响、丰富的畴结构等进行了积极的研究,其中许多性质已经很清楚。但多铁材料也表现出相当不平凡的动力学性质。也许最有意思的是电磁振子——交流电场产生的磁场激发。这种激发是基于磁极化和电极化之间的耦合,这是多铁材料的固有特性,但也存在于线性磁电效应系统中。Dzyaloshinskii‐Moriya 相互作用和交换伸缩都可以导致电磁子的出现,其中后一种机制显然更重要。

8.3.3 多铁与对称性

在磁电效应和多铁性材料这一整个领域发展之初,从 Landau 和 Lifshitz 的评注及 Dzyaloshinskii 有巨大影响的论文开始,对称性在这一领域就起着至关重要的作用,我们已经在本章谈到过这一点。事实上,正如 8.1 节的讨论,从对称的角度来看,电极化的存在打破了空间反转对称性 $\mathcal{I}$(P 为反转对称性下变号的普通矢量,$\mathcal{I}P = -P$),磁序则打破了时间反演对称性 $\mathcal{T}$($\mathcal{T}M = -M$)。在晶体学 Shubnikov 点群中,有 31 个允许自发电极化(所谓的热释电群)。在磁性系统中,必须考虑晶体学对称元素作用下磁结构的变化,并加入时间反演变换。

如 8.2 节所述,线性磁电效应会同时打破空间反转和时间反演不变性。对于多铁材料显然亦是如此(如果 P 和 M 都是非零的,$\mathcal{I}$ 和 $\mathcal{T}$ 都破缺)。对于磁电材料,从式(8.10)~式(8.12)来说也是显然的:线性磁电效应要求磁电系数 α_{ij} 同时关于 $\mathcal{I}$ 和 $\mathcal{T}$ 为奇。

在Ⅰ类多铁中,电极化和磁序是独立出现的,因此 $\mathcal{I}$ 和 $\mathcal{T}$ 对称在各自的转变温度下分别被打破。在Ⅱ类多铁中,反转对称性由相应的磁序打破。因此,例如图 8.12(a)的正弦自旋密度波是中心对称的,且是镜面对称的,因此它本身不具有多铁性。但图 8.12(b)(c)螺旋态的反转对称性被打破,因此这些结构可能是铁电的[如上所述,在图 8.12(c)的常规螺旋中,如果存在与其垂直的二次旋转轴,电极化仍会被抑制]。类似的,在 Ca_3CoMnO_6 中,共线磁序打破反转对称,如图 8.16 所示,这使得此材料具有多铁性(注意,自旋是轴矢量,在空间反转对称下保持不变,$\mathcal{I}S = S$)。对于很多多铁材料来说,尤其是Ⅱ类多铁,对称性考量是必不可少的,也得到了成功的应用。

在这一领域许多有意思的问题是关于多铁性与手性等概念之间的联系。矢量手性被定义为外积 $S_i \times S_j$,为一个关于 $\mathcal{T}$ 为偶的轴矢量。从式(8.19)和式(8.20)可以看出,这与多铁性,尤其是Ⅱ类多铁密切相关。然而,图 8.12(b)中非铁电常规螺旋是手性的,而摆线螺旋(更有利于铁电性)可能是非手性的——这实际上取决于它与晶格的可公度性。在讨论手性对象时,我们指的并不是空间反转下的性质,而是镜面反射下的性质。手性对象的定义,可以追溯到 Kelvin 勋爵:在所有可能的变换(位移、旋转)"一个物体如果不同于其镜像,且与镜像不能重叠,则称为手性物体"。这确实是常规螺旋的情况:在镜面反射下,右螺旋转变为左螺旋,毋庸置疑它们无法重叠。

磁矩的情况有所不同,因为它们在镜面反射下的变换与标准矢量的变换方式不同。如 8.1 节所述,标准矢量的镜面变换为:垂直于镜面的矢量(例如 P)的分量符号改变,即 $P_\perp \to -P_\perp$;而平行分量不变,$P_\parallel \to P_\parallel$[图 8.9(a)(b)]。将这些规则应用到图 8.12(b)的常规螺旋上,确实可以看到,在镜面反射下,右螺旋会变为左螺旋,即常规螺旋是手性的。然而,某些磁摆线,例如摆线周期为晶格周期四倍时,在镜面反射下发生如下变化:通过将图像绕二次轴旋转并施加相应的偏移,它可以与原始摆线重叠。相反,对于周期为三倍晶格周期或者无公度的摆线,则不再成立。因此,摆线螺旋线的手性问题并不平凡。

8.4 其他"类多铁"效应

通过研究多铁,特别是Ⅱ类多铁得到的知识,对预测或解释很多其他物理现象也非常有帮助,其中某些可能对潜在的应用非常有用。例如,铁磁体中的标准畴壁可以分为两类,如图 8.19 所示。图 8.19(a)所示的畴壁称为 Bloch 畴壁;此时磁矩在畴壁所在的面内旋转,垂直于畴之间的取向 q。另一种情况,如图 8.19(b)所示,被称为 Néel 畴壁,自旋在包含 q 的平面内旋转。从图 8.19 和图 8.12(c)的比较易知,在第二种情况下,可以把 Néel 畴壁看作摆线螺旋的一部分。根据式(8.19)和式(8.20),可以预计在这样的畴壁中会出现电极化,并根据式(8.19)和式(8.20)可知其取向平行于畴壁的自旋旋转平面。

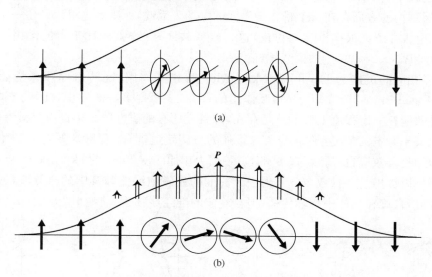

图 8.19 (a) Bloch 畴壁;(b) Néel 畴壁

如果此时把这样的 Néel 畴壁系统放在梯度电场中,此畴壁,即与之相关的电偶极子,根据偶极子(此时这些偶极子不能像点状偶极子那样自由旋转)的取向,会被拉入或推出更强电场的区域。此效应确实被莫斯科的一个研究小组发现,这些研究者开展了一个概念上非常简单的实验:他们用一根尖的铜丝靠近著名的高 T_c 铁磁绝缘体铁石榴石 $(BiLu)_3(FeGa)_5O_{12}$ 外延薄膜,并对其施加电压脉冲。他们检测到,在由此产生的非均匀电场的影响下,薄膜中的畴壁开始移动(或更准确来说为弯曲),如图 8.20 所示。他们分析得出这一现象确实是在上述机制的作用下发生的,人们甚至可以估算出由此导致的畴壁移动速度。这个

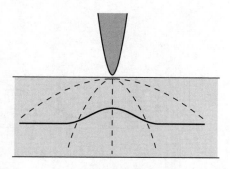

图 8.20 非均匀电场作用下铁石榴石薄膜 Néel 畴壁(粗线)的弯曲(虚线表示电场线) (引自 **Logginov A. S.**,**Meshkov G. A.**,**Nikolaev A. V.**,**et al. JETP Lett.**,**2007**,**86**:**115**; **Logginov A. S.**,**Meshkov G. A.**,**Nikolaev A. V.**,**et al. Appl. Phys. Lett.**,**2008**,**93**:**182510**)

观察,除了证实了这一普适理解之外,可能还有非常重要的应用前景。原则上,允许我们即使是在普通绝缘铁磁体中,仅通过施加一个电场,即电压,而不使用电流去控制磁畴结构,从而控制磁存储器件。

人们也可以在其他微磁结构中考虑类似的效应,例如如今在实验上被广泛研究的磁涡旋(图 8.11)。似乎通过一些巧妙的调控,人们可以改变、控制这些结构而使它们变得有用。

上文讨论的物理效应的另一个衍生是不同重金属基片上磁性薄膜的磁结构。例如,W 上单原子层 Mn 的磁结构不是简单的反铁磁结构,而是如人们预期的,长周期摆线螺旋。并且,最令人惊讶的是,所有这些螺旋的自旋旋转相同,比如右旋[①]。

乍一看,这是非常出人意料的现象。然而,如果回想一下 8.3.1 节中描述的 $BiFeO_3$ 中磁性螺旋形成的原理,此现象就会立刻变得合乎情理了。根据上述讨论,在 II 类多铁中,摆线螺旋可以引起非零极化;反之亦然,非零极化会产生摆线螺旋,这是 $BiFeO_3$ 中的情形,也适用于磁性金属/重元素异质结。事实上,接近表面时存在一个势能降(即功函数降),也就是说,在双层结构的表面存在一个垂直于表面的电场。因此,原则上这可以产生一个例如指向面外的局域电极化 P。根据上文的讨论,这会改变共线磁结构,将其变为包含相同自旋旋转[由式(8.19)和式(8.20)决定]的摆线螺旋。

微观上,相应的机制为 Dzyaloshinskii - Moriya 相互作用(反转对称性总是在表面被打破,这允许 Dzyaloshinskii - Moriya 相互作用的存在)。根据多铁的知识,此解释非常简单而明显。这种效应在一定程度上似乎总是存在,并且在所有的磁性薄膜中都应该被考虑,尽管其强度当然取决于特定的情况:此效应要求很强的自旋轨道耦合,因此需要重元素(例如 W)的参与。类似的物理效应也导致了在 Ir 的(111)面上单原子层 Fe 中的 skyrmion。

人们还可以提出另一种效应。考虑一个标准的铁磁绝缘体和其中的自旋波(或磁振子)。人们通常说的,自旋在晶体中翻转传播,但自旋波的准经典物理图像如图 8.21(a)所示,因此,

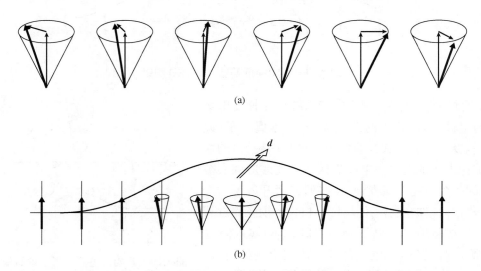

图 8.21　(a) 铁磁体中自旋波的准经典图像(每一个自旋都围绕平均磁化方向进动,而不同的自旋之间存在相位差);(b) 磁振子波包及其所携带的相应偶极矩(双线箭头)

---

① 注意,对于二维系统,人们也可以讨论摆线结构的手性。

磁振子是自旋关于平均磁化 **M** 的偏离,其每个自旋在 **M** 附近进动,并沿着传播方向有一定的相位差。但是,从图 8.21(a)可以看出,自旋波的瞬时图像是一个具有常数 **M** 和垂直分量形成的摆线锥。根据普适规则式(8.19)和式(8.20),这样的自旋组态中会出现垂直于磁极化和传播矢量的电极化。确实,这样的电极化在 $CoCr_2O_4$ 中的静态锥形磁结构中被发现。但是,这在动力学过程中也应该起作用:如果以波包的形式创造一个自旋波,波包不仅会携带磁化,而且还会携带一个电偶极矩,如图 8.21(b)所示[①]。

8.5 本章小结

铁电体的研究是一个相当完善的领域。这类材料绝不局限于过渡金属化合物,但最著名的、实际应用中最重要的铁电体为过渡金属化合物,通常是钙钛矿例如 $BaTiO_3$ 和 $Pb(ZrTi)O_3$。在我们看来,这种铁电性是最有意思的——尤其是那些可以将铁电性和磁性结合起来的**多铁**系统。它们之所以引起如此大的关注,主要是因为其实际应用的潜力,例如用电控制磁记录等。

尽管存在各种各样的磁结构,但强磁体的磁性起源在概念上相当简单:要求存在局域电子及其自旋,而磁序源于这些自旋的交换相互作用。然而,存在几种不同类型的铁电体,它们的铁电有序机制不同,使得理解和微观上描述铁电性更具挑战。

人们可以列举出几种铁电体,其一般分类和相应的例子见 8.1 节。对我们而言,以下四种铁电体最为重要:铁电性源于过渡金属离子空 d 壳层(组态为 d^0)的铁电体,如 $BaTiO_3$;由于孤对电子(或悬挂键)而导致铁电性的铁电体——通常为含有 Bi^{3+} 或 Pb^{2+} 的材料;"几何"铁电体,如 $YMnO_3$,其中铁电性是某些畸变的"副产物",如晶体中多面体(MO_6 八面体,MO_5 三角双锥)的旋转和倾斜;由于以格座为中心和以键为中心共存的电荷序,或不等价格座(例如不同离子)及它们之间不等价键共存导致铁电性的铁电体。所有这些铁电体都可以同时具有磁性,这样的话可以归为多铁。人们可以把这些铁电性和磁性原则上独立存在的多铁性材料称为 **I 类多铁**,当然它们之间也存在一定的耦合。

但也存在另一类铁电体,或者更确切地说为多铁:材料中的铁电性只在某些磁有序状态下出现,因此是由磁性**诱导**的。这种系统被称为 **II 类多铁**。

磁性与铁电性之间的关系并不简单。因此,在钙钛矿中,有相当多的磁性或铁电系统,但似乎二者是互斥的:磁性要求部分填充的 d 能级($d^n, n \geq 1$),但几乎所有的钙钛矿铁电体的过渡金属离子 d 能级为空,即 d^0。这其中有一些特殊的原因,具体讨论见 8.2 节,但实际上这个问题还没有完全弄清楚。然而,人们也可以在钙钛矿中结合磁性和铁电性——例如通过"混合"磁性 d^n 离子和铁电 d^0 离子的钙钛矿。另一种方法是采用其他微观机制的铁电性,例如钙钛矿 $BiFeO_3$——最优异的多铁材料,其具有比 $BaTiO_3$ 更大的 $\approx 90\ \mu C/cm^2$,以及很高的铁电和磁性转变温度 $T_{FE} \approx 1\,100\ K, T_N \approx 640\ K$。不幸的是,在这些优异铁电和磁性的 I 类多铁

[①] 如果把这个偶极矩表示为波包两边的"+"和"-"电荷,那么根据 Faraday 定律,由磁振子携带的磁矩 M_z 会产生相应的电流。

中,铁电和磁性子系统之间的耦合通常相对较弱,这限制了其潜在应用。从这个意义上讲,Ⅱ类多铁(其铁电性**源于磁性**)可能更有前景——尽管到目前为止,此类材料大多电极化较弱,临界温度较低。

Ⅱ类多铁可分为两个子类。目前,第一子类数量更多,其铁电性出现在螺旋磁结构中,主要是摆线螺旋,其微观机制是逆 Dzyaloshinskii-Moriya(DM)效应,见 5.3.2 节。在弱 DM 铁磁中,某些结构畸变使得两个磁格座之间的反转中心消失,产生相互作用 $\approx \boldsymbol{D} \cdot [\boldsymbol{S}_i \times \boldsymbol{S}_j]$,这导致自旋 $\boldsymbol{S}_i$ 和 $\boldsymbol{S}_j$ 的倾斜。在螺旋磁体中,由于螺旋结构本身的原因,自旋是倾斜的或非共线的(反之,这通常由阻挫的交换相互作用引起)。于是,这样的自旋倾斜可能会通过逆 DM 效应导致晶格畸变,即例如导致位于格座 i 和 j 之间的氧偏移,从而导致局域电极化 $\boldsymbol{P}_{ij} \approx \boldsymbol{r}_{ij} \times [\boldsymbol{S}_i \times \boldsymbol{S}_j]$,其中 $\boldsymbol{r}_{ij}$ 为连接格座 i 和 j 的矢量。实际上,在摆线磁结构中会出现铁电极化 $\boldsymbol{P} \approx \boldsymbol{Q} \times [\boldsymbol{S}_i \times \boldsymbol{S}_j]$,其中 $\boldsymbol{Q}$ 为摆线螺旋的波矢。换句话说,此时在垂直于摆线方向的自旋旋转平面内会出现电极化[①]。如果通过外磁场来改变磁结构,例如反转自旋平面,电极化也会随之旋转 $90°$,这确实在 $TbMnO_3$ 和 $DyMnO_3$ 中被观察到了。

值得注意的是,在此Ⅱ类多铁的子类中,类似于由 DM 相互作用导致的弱铁磁性,导致铁电性的逆 DM 效应微观上源于相对论的自旋轨道耦合。因此,在这些系统中通常很小的电极化值也就不足为奇了[一般是优异的铁电体,例如 $BaTiO_3$ 或 $Pb(ZrTi)O_3 \approx (10^{-3} \sim 10^{-2})$]。相反,如上所述,它们的磁性和铁电性的**耦合**本质上是很强的,可以通过相对较弱的磁场来改变电极化。

Ⅱ类多铁的另一个子类是由于磁致伸缩导致电极化的材料,而不需要自旋轨道耦合。因此,此子类多铁的电极化通常比螺旋型Ⅱ类多铁大,但仍然比例如 $BaTiO_3$ 小。这种电极化在例如 $TbMn_2O_5$ 或 Ca_3CoMnO_6,也包括在包含小稀土元素例如 Tm 的所谓 E 型磁序钙钛矿 $RMnO_3$ 中被观察到。

由于电和磁自由度的耦合,在多铁中可能会出现新的激发类型——例如,可以由电场激发的磁振子,也被称为**电磁振子**,构成了当今研究的一个重要领域。

如上所述,多铁材料在实际应用中前景广阔,例如用电场直接作用于磁态,反之亦然,这在原则上可以用作电场(不需要使用电流)读写磁存储器。但原则上甚至可以不依赖于真正的多铁材料:只要磁和电自由度之间的耦合足够大,即强磁电响应。这些特性在过渡金属化合物中很常见,被称为**线性磁电效应**。此效应于 1959 年由 Dzyaloshinskii 理论预言,并一年之后由 Astrov 实验证明。在此之后,很多磁电材料被相继发现。在此系统中,磁极化 M 可以被电场诱导,$M_i = \sum_j \alpha_{ij} E_j$。反之亦然,即电极化 P 可以被磁场诱导,$P_i = \sum_j \alpha_{ij} H_j$。磁电张量 α_{ij} 可以是对称的,此时能被对角化,$\alpha_{ij} = \alpha_i \delta_{ij}$。于是,对于沿着主轴方向的场,可以得到 $M \parallel E$ 或 $P \parallel H$。但是 α_{ij} 也可以包含非对称元,这等价于一个对偶矢量 T,被称为**环磁极矩**。在 $T \neq 0$ 的系统中,诱导的磁极化会垂直于电场,$M \approx T \times H$,类似地有 $P \approx T \times E$。这尤其可能是某些磁涡旋的性质。

研究多铁和磁电材料的经验可以用来解释普通磁性材料中一些有意思的效应,或提出一些新的效应。因此,普通的铁磁畴壁类型之一的 Néel 畴壁,其自旋在垂直于畴壁所在的平面

---

① 然而需要注意,在某些情况下,常规螺旋结构也可以诱导电极化。

旋转,局部看和摆线螺旋磁结构相同,因此在畴壁处的电极化应该不为零。于是,在电场的作用下,畴壁可以被拉入更强的电场区域内。人们还提出一些其他类似的效应,见 8.3.3 节。

综上所述,铁电性(多年来一直作为一个独立的学科)与磁性之间出现了非常有意思的联系。人们在多铁材料和线性磁电效应的系统,也包括像磁涡旋或畴壁这样的纯磁性材料中发现了特别有意思的效应。非平凡的电和磁性能在一种材料中的共存和相互作用,开辟了这些有意思的多功能材料的实际应用前景。

第 9 章
掺杂关联系统;关联金属

目前为止,主要讨论的是电子数为整数的关联系统性质;只有在少数几处,例如电荷序和双交换,才接触到掺杂关联系统的性质。但原则上,随着电子浓度的变化,这种系统中可能发生的现象相当宽泛——从磁性的强烈改变到非平凡高 T_c 超导态的出现。

考虑掺杂强关联系统时会出现许多问题:系统具有金属性吗? 如果是的话,它是标准 Fermi 液体理论所描述的正常金属吗? 实际上,即使对于部分填充的能带,电子关联仍然可以很强,Hubbard 排斥 U(远)大于带宽。因此,这些问题相当不普通。

另一个问题是,当掺杂 Mott 绝缘体时,会产生什么样的磁性? 正如第 1 章和 5.2 节的讨论,对于部分填充的能带,得到铁磁序的概率大大增加,而 d 壳层被整体占据的 Mott 绝缘体通常是反铁磁的。

人们也可以在部分填充 d 能级的强关联系统中预言一些其他的新特性:这些系统是否仍然是均匀的,或者是否会出现一些非均匀情况,例如 7.2 节中提到的条纹。

存在多种方法获得非整数电子浓度和部分填充能带。最直接的是通过电子或空穴掺杂 Mott 绝缘体。例如 CMR 锰酸盐,如 $La_{1-x}Ca_xMnO_3$,其 Mn 的平均价态为 Mn^{3+x} [即每个晶胞有 x 个空穴,或形式上为 $(1-x)$ 的 Mn^{3+} 和 x 的 Mn^{4+}],或者形式上包含 Cu^{2+x} 的高 T_c 超导铜氧化物 $La_{2-x}Sr_xCuO_4$,即空穴浓度为 x。类似的组态在一些理想配比化合物,例如 Fe_3O_4、V_4O_7 或 $YBaCo_4O_7$ 中也能遇到,其中过渡金属离子的平均价态因为化学成分而转变为非整数价态。因此,在以上例子中,钒离子为 $V^{3.5+}$、钴离子为 $Co^{2.25+}$ ($Y^{3+}Ba^{2+}Co_4^{2.25+}O_7^{2-}$)。在掺杂系统中,材料形式上是无序的($La_{1-x}Ca_xMnO_3$ 或 $La_{2-x}Sr_xCuO_4$ 中 La^{3+} 被 Ca^{2+} 或 Sr^{2+} 随机代替),有时这可能很重要,尽管在大多数情况下,人们往往忽略这一点。相反,包含平均中间价态过渡金属离子的混合氧化物,例如 V_4O_7,为周期晶格的规则系统。在这些材料中,仅从结构考虑,过渡金属离子可能存在不等价晶体学格座——例如在尖晶石(如 Mn_3O_4 或 Fe_3O_4)中的 A 格座(四面体)和 B 格座(八面体)。在 Mn_3O_4 中,一个 A 格座被 Mn^{2+} 占据,两个 B 格座被 Mn^{3+} 占据,也就是说,所有 Mn 离子实际上为整数价态(不同晶体学格座上价态不同)——尽管其平均价态为非整数。因此,可以期望这些系统在强关联作用下,表现得更像传统的电子密度为整数的 Mott 绝缘体。但是在其他类似系统中,情况可能不同。例如在磁铁矿 Fe_3O_4 中,A 格座被 Fe^{3+} 占据,而 B 格座被混合价的 $Fe^{2.5+}$ 占据,这极大地改变了此系统的物理性能。

最后,系统中可能同时存在强关联电子和能带电子。这在稀土化合物中更为典型,见第 11 章,但在过渡金属化合物中,也会遇到这样的情况。如果局域(或窄的)d 能级与更宽的、关联性较低的能带重叠,人们同样会获得部分占据的关联 d 电子。这可能是小或者负的电荷转移能隙过渡金属氧化物的情况,见 4.3 节,此时,掺杂空穴主要占据更宽的 p 带,而非局域的 d 带。几个 d 带的重叠也可能发生。在所有这些情况下,通常会获得金属态,尽管关联性仍然发挥着重要作用。

本章将讨论这些问题,将主要用三个案例来说明这些现象,一是 CMR 锰酸盐 $R_{1-x}A_x MnO_3$ (R 是稀土,通常是 La,A 是 Ca 或 Sr)。二是 $La_{1-x}Sr_x CoO_3$,展示了可能的自旋态转变。第三个,可能也是最重要的例子,为铜氧化物,例如 $La_{2-x}Sr_x CuO_4$,这构成了高 T_c 超导的基础。最后也会提到其他的此类系统。

9.1　任意填充能带下的非简并 Hubbard 模型

首先考虑非简并 Hubbard 模型描述的掺杂系统性质,这一简单例子足够说明许多掺杂过渡金属化合物的基本性质。为了完整,本节将重述第 1 章中部分简要涉及的主题。

9.1.1　一般特征

首先考虑概念上最简单情况的一般性理论描述,即对于不同相互作用强度 U/t 和不同电子浓度 $n = N_{el}/N$ 的非简并 Hubbard 模型[式(1.6)]:

$$\mathcal{H} = -t \sum c_{i\sigma}^\dagger c_{j\sigma} + U \sum n_{i\uparrow} n_{i\downarrow} \tag{9.1}$$

$n = 1$ 且 $U \gg t$ 时,系统为包含局域电子和反铁磁交换的 Mott 绝缘体,其反铁磁交换:

$$\mathcal{H}_{eff} = \frac{2t^2}{U} \sum_{\langle ij \rangle} \boldsymbol{S}_i \cdot \boldsymbol{S}_j \tag{9.2}$$

见式(1.12)。理论上,随着 U/t 的减弱,对于 $n = 1$,可以期待发生绝缘体—金属转变(Mott 转变)。然而,对于例如仅包含最近邻跃迁的正方或立方晶格,其能谱:

$$\varepsilon(\boldsymbol{k}) = -2t(\cos k_x + \cos k_y + \cos k_z) \tag{9.3}$$

有一个非常特殊的性质,被称为叠套(7.3 节):

$$\varepsilon(\boldsymbol{k} + \boldsymbol{Q}) = -\varepsilon(\boldsymbol{k}) \tag{9.4}$$

其中 $\boldsymbol{Q} = (\pi, \pi, \pi)$。可以证明,此时相对于形成电荷或自旋密度波(CDW 或 SDW),金属态是不稳定的,这导致在 Fermi 能级 ε_F 处能隙的打开,即使对于较弱的关联作用,也会使系统变为绝缘。对于电子-电子排斥,例如在 Hubbard 模型中,可以期待形成 SDW,随着 U/t 的增加,这会慢慢变为标准的棋盘式反铁磁序(G 型反铁磁),见 1.3 节。因此,对于此特殊的能谱,不存在向金属态的转变,此系统会保持绝缘性至 $U/t \ll 1$。

但是,如果电子密度偏离每个格座一个电子,即 $n \neq 1$,情况则有所不同。(注意,通常使用掺杂浓度,或者电子浓度对 $n = 1$ 的偏离,即 $\delta = |n-1|$ 会更加方便。)如果考虑均匀态(见下文),掺杂材料可能具有一定的电导,即金属行为:在周期系统中,通过掺杂产生的额外电子("双占据子")或空穴可以位于晶体中任意格座,原则上,它们可以在不消耗额外激活能的情况下移动。

然而，实际情况并没有那么简单。必须注意，即使是对于掺杂系统，强 Hubbard 排斥 $U \gg t$ 仍然存在，于是掺杂载流子会在其他电子的背底中移动，并发生剧烈的相互作用。从 1.4 节已经可以看出，正因如此，尤其是 $U/t \gg 1$ 的未掺杂系统为反铁磁，掺杂载流子的移动将强烈影响背底磁结构（反铁磁序在低掺杂浓度下不会立即消失）。

容易看出，对于二分晶格，例如包含最近邻跃迁的正方或立方晶格，在 Hubbard 模型中存在电子-空穴对称性：电子到空穴的转变对应交换 $c_{i\sigma}^{\dagger} \leftrightarrow c_{i\sigma}$，于是可以通过改变跃迁矩阵元 t 的符号来抵消它，这对于式 (9.3) 能谱而言等价于简单地将 $\boldsymbol{k} \to \boldsymbol{k} + (\pi, \pi, \pi)$。因此，下文仅讨论空穴掺杂（这实际上也是本书所选的三个例子——CMR 锰酸盐，掺杂钴酸盐和高 T_c 超导铜氧化物中的情况）。形式上，在二分晶格上的简化 Hubbard 模型中，电子掺杂和空穴掺杂等价（然而，对于其他一些晶格，如三角或 fcc 晶格，或者当考虑更远邻跃迁或轨道简并时，情况并非如此）。

9.1.2　部分填充 Hubbard 模型中的磁性

如 1.4 节所述，掺杂空穴的移动被反铁磁背底阻碍，从而使电子或空穴带宽剧烈减小，甚至掺杂载流子被完全局域化。此时无法获得其动能，如果允许空穴在晶体中自由移动，则能获得其动能。数学上，这意味着局域电子的能量为 $\varepsilon_0 = 0$ [式 (9.3) 能带的中点]。然而，如果电子或空穴可以自由移动，其能量对应能带的底部；也就是说，会获得能量 $-zt$，z 为最近邻原子数。因此，改变反铁磁序可能更为有利，例如变为铁磁就可以获得掺杂空穴的动能（能带能）。对于 $U \to \infty$ 和一个额外电子或空穴，即 $N_{el} = N \pm 1$，系统基态确实是铁磁的。对于大但有限

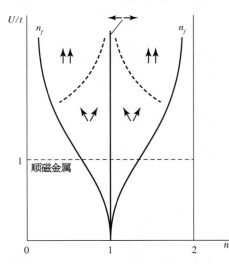

图 9.1　任意能带填充和不同相互作用强度下的 Hubbard 模型定性相图

的 U 和有限空穴**浓度** $\delta = 1 - n$，以上结论无法被严格证明，但是可以得到类似的结果，数值计算给出的相图如图 9.1 所示（第 1 章中已经展示过了）。如上讨论，对于 $n = 1$（即掺杂 $\delta = |1 - n| = 0$），当 $U/t \gg 1$ 时会得到反铁磁绝缘态，由于叠套，此时形式上会保持绝缘态至 $U = 0$（但是其能隙是指数次下降的 $E_g \approx e^{-U/t}$），并具有形式上为 SDW 的弱反铁磁序（与 $U/t \gg 1$ 时的反铁磁周期相同）。对于接近满 ($n \simeq 1$) 或空 ($n \simeq 0$) 的能带，系统为正常顺磁 Pauli 磁化率的金属态。以上结论可以通过使用所谓的"电子气"或 $n \ll 1$ 的低浓度近似得到：此时，Hubbard 排斥 U 被散射振幅（或散射长度）取代，这等价于有效 U：

$$U_{eff} \simeq \frac{U}{1 + U/W} \approx \frac{U}{1 + U/2zt} \tag{9.5}$$

（数学上，这相当于对所谓阶梯图的求和）。也就是说，在低浓度近似下，即使对于 $U \to \infty$，有效相互作用 U_{eff} 仍然是有限的。因此，在此极限下确实会得到正常金属，即标准 Fermi 液体[①]。

---

　　① 不过，这些论点可能存在一些问题。式 (9.5) 是假设 $n \to 0$ 和有限 U 得出的，基于此取极限 $U \to \infty$。但原则上，这些结果可能依赖于 $n \to 0$ 和 $U \to \infty$ 的顺序：如果反转此顺序，先取 $U \to \infty$，后取 $n \to 0$，结果原则上会改变。尽管如此，现有的数值计算似乎证实了对于 $n \ll 1$，仍然会得到正常 Fermi 液体，尽管需要再次说明，这样的计算也可能遇到同样的问题，即这些极限的顺序。

非常有意思（但仍然相当有争议）的是大 U/t 和中间掺杂范围的情况。近似处理得到相图中某些部分为铁磁态（图 9.1 中 ↑↑）。这也可以由大量的数值计算得出。在此处理中，从 $n = 1$ 的反铁磁态连续转变到这样的铁磁态有几种可能。一个是反铁磁亚晶格的倾斜，正如弱铁磁中的情形，见 5.3.2 节，或在双交换中（见 5.2 节，图 5.18），这样的倾斜随着掺杂而变强，直到获得铁磁态，如图 9.2(a) 所示。另一种可能性是磁序随着掺杂转变为波矢为 $\boldsymbol{Q}$ 的螺旋磁结构：对于未掺杂情形 $n = 1$（或 $\delta = 0$），会得到 $\boldsymbol{Q} = (\pi, \pi, \pi)$，这相当于简单的双亚晶格反铁磁（此时主要考虑的是简立方晶格，其晶格常数设为 1）。随着 δ 的增加，螺旋的波矢 $\boldsymbol{Q}$ 减小，在特定的临界掺杂 $\delta_c \approx t/U$，得到 $\boldsymbol{Q} \to 0$，即螺旋的周期变为无限长，磁结构变为铁磁，如图 9.2(b) 所示。在反铁磁态和铁磁态之间相应的"过渡"相在图 9.1 中用 ↖↗ 表示；还很难说这究竟是一个倾斜的反铁磁（反铁磁分量具有原本的棋盘周期性），还是一个相邻自旋之间螺距角相同的螺旋态。无论如何，在任意小的掺杂下关于纯反铁磁序的偏离，形式上是这样开始的，转变到纯铁磁态的临界值由以下条件近似给出：

$$0.25\delta_c = t/U \tag{9.6}$$

此非简并 Hubbard 模型中出现铁磁态的判据与 $0.246\delta_c = t/U$ 非常吻合。

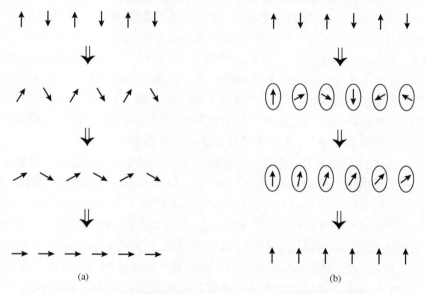

(a)　　　　　　　　　　　　　　　(b)

图 9.2　从 $n = 1$（或掺杂 $\delta = |n - 1| = 0$）的均匀反铁磁态到重掺杂和强关联铁磁态转变的两种路径

（a）通过倾斜态；（b）通过周期可变的螺旋态（第三种路径——相分离的可能性——见 9.7 节的讨论）

实际上，最棘手的问题并不是关于任何中间态的具体本质，而是铁磁相的存在及它所需要的确切条件。对于重掺杂（对半满 $n = 1$ 的较大偏离）下铁磁态的"外"边界问题，在图 9.1 中用 n_f 标记，即当 n 为多少时，此态会转变到非磁金属态（几乎空或者满能带，即 $n \approx 0$ 或 $n \approx 2$ 时的态）仍然有相当大的争议。显然，不同的计算给出了不同的临界值，例如 U 很大时，$\delta_f = |1 - n_f| \approx 0.29$，令人沮丧的是，更精确的计算通常给出铁磁态存在的区间更小。这带来了一个普适问题：简单二分晶格上的非简并 Hubbard 型是否**真的**能导致铁磁性？也许在此领域中唯一严格的结果，即 Nagaoka 定理，只描述了相图中一个铁磁性的"点"，而在相图 9.1 的有

限区间内获得铁磁性的其他结果，只是近似导致的假象。

对于更复杂的晶格，例如几何阻挫晶格，有时可以严格地证明铁磁态确实存在。这些晶格给出了一种非常特殊的电子能谱，其具有一个完全平坦的、无色散的能带，并导致了铁磁态。但这是一个相当奇特的情况，对于更传统的晶格，不存在这样的证明。人们通常认为，真正的铁磁性只能在多个能级同时存在时发生，实际上是由于"原子铁磁性"——原子内 Hund 耦合使得自旋最大时更稳定，见 2.2 节。从这个观点来看，在非简并 Hubbard 模型中不存在铁磁性；只有在存在多个轨道的情况下，才能得到铁磁性，此时，Hund 耦合是铁磁性的主要机制。

在某种意义上，这个问题有一定的学术属性：在所有真正的关联材料中，特别是那些存在铁磁相的材料，通常存在多个活跃的轨道。但从概念的角度来看，简单的非简并 Hubbard 模型中铁磁性的存在性问题无疑是非常有意思的，将其阐明会非常有助于理解强关联电子系统的物理特性。

9.1.3 掺杂 Hubbard 模型中最终的相分离

此处须立即提及另一个重要的因素。在考虑上述不同的磁态时，总是认为系统是均匀的，无论是 $n=1$ 时的反铁磁态，还是倾斜的中间相，或铁磁态。但还存在另一种可能性：对于 $n \neq 1$，非均匀态可能会出现，即在这样的系统中发生**自发相分离**。这样的相分离态最早由 Visscher 在部分填充的 Hubbard 模型中提出[①]，之后被其他几个工作再次提及，主要是基于高 T_c 超导为背景。例如，这种非均匀态可能由铁磁相（铁磁微区）组成，其中所有掺杂的电子或空穴聚集，样品其余未掺杂的部分是反铁磁的。可以证明，在简单近似下，这种非均匀态，相对于介于 $n=1$ 反铁磁态和重掺杂下铁磁态的中间相（如果确实存在）是一个更好的选择（能量更低）。反铁磁—铁磁转变将通过铁磁金属微区的产生而发生，随着掺杂的增加，铁磁区域的体积会增加，直到占据整个样品，从而使样品处于均匀铁磁态。

相对于相分离，能带部分填充的掺杂 Hubbard 系统的不稳定性当然是仅考虑短程（在座）相互作用模型的一种特殊性质：Hubbard 模型中没有包含长程 Coulomb 相互作用，这将强烈阻碍此相分离，并稳定电中性态。但是，如果这种趋于相分离的内在不稳定性确实存在于短程 Hubbard 模型中，那么长程 Coulomb 力不一定会完全抑制它，而可能会限制这种带电微区的大小，小微区的非均匀态仍然比完全均匀金属态更有利。如果系统低于渗流阈值，这种含有小金属态微区的非均匀态对于直流电仍然是绝缘的，而倾斜的反铁磁或铁磁序的均匀态应该具有一定的金属导电性。实验上，在许多掺杂关联系统中确实观察到了相分离和非均匀态的形成，详见 9.7 节。

9.1.4 Hubbard(子)能带与普通能带；谱权重转移

在处理掺杂强关联系统时，还需注意另一个非常重要问题。第 1 章中讨论了通常用来描述 Mott 绝缘体的半导体类比，下 Hubbard(子)带起着价带的作用，而上 Hubbard(子)带起着导带的作用（图 1.11）。此物理图像在解释 Mott 绝缘体的各种性质，例如光学性质时通常很有用。然而，如该章所述，人们在使用这个类比时必须非常谨慎。这些能带的起源，以及其带隙（$\approx U$）与普通绝缘体，或像 Ge 或 Si 这样的半导体有很大区别。如果后者的能带结构是由电子与晶格的周期势场相互作用形成的，于是可以用单电子近似描述这类系统的性质，那么

---

① Visscher P. B.. Phys. Rev. B, 1974, 10: 943.

Mott 绝缘体中的带隙是由于电子-电子相互作用本身导致的；因此，构成标准能带理论基础的单粒子图像可能不再适用于强关联系统。一个由此导致的结果，如 1.4 节和 9.1.2 节的讨论，是携带电荷的单粒子激发（额外的电子，即"双占据子"和空穴）与背底磁结构之间的强相互作用。这种相互作用强烈地影响着这种电子或空穴的激发性质，甚至可能导致基态磁序类型的改变。

　　另一至关重要且不同寻常的特征，尤其是对于掺杂 Mott 绝缘体，为上和下 Hubbard 带的总"容量"（状态数）并不恒定，而是随着掺杂变化（对于普通能带系统，这是恒定的，每个能带容量为 $2N$）。这种**谱权重转移**对这些系统的许多性质意义重大。

　　理解此现象最简单的方式是考虑局域电子的情形（忽略 Hubbard 模型中的电子跃迁 t），仅考虑每 N 个格座包含 N_{el} 个电子——即电子浓度为 $n = N_{el}/N$ 的系统中电子的移除或添加（图 9.3）。对于 N_{el} 个电子，存在 N_{el} 种方式将一个电子从系统中移除（图 9.3 中波浪线）。因此，能量 $E = 0$ 处的占据态数量为 N_{el}。

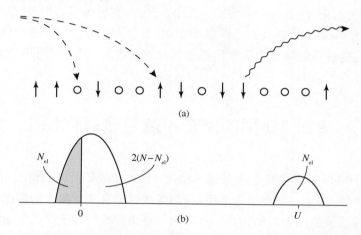

图 9.3　(a) 在部分填充的 Hubbard 系统中移除（波浪线）和添加（虚线）电子的过程（电子数量 N_{el} 小于格座数 N）；(b) 下和上 Hubbard 带对应的态密度演示了谱权重转移的过程（下 Hubbard 带中占据态用阴影表示）

此时在系统中添加额外电子（图 9.3 中的虚线）。可以在**已占据的格座**上添加 N_{el} 个电子——每个格座可以添加一个自旋与已占据电子相反的电子。添加这些电子需要的能量为 U——在座 Hubbard 排斥能。也就是说，在能量 U 处的可能状态数也是 N_{el}。

　　于是，可以将额外电子添加在**空格座**（数目为 $N - N_{el}$）。这些态的能量降为 $E = 0$；然而，每个格座可以添加两个自旋相反的电子，即这种态的总数为 $2(N - N_{el})$。

　　如果此时加入小的电子跃迁 t，这将在一定程度上宽化原子能级 $\{0, U\}$，得到的占据态（阴影）和未占据态（空白）态的态密度如图 9.3(b) 所示。也就是说，对于 $N_{el} \neq N$（$n \neq 1$），一个 Hubbard 子带，例如下子带，会被部分占据，其 Fermi 能级为零，于是同时在下（"价"）和上（"导"）子带中存在未占据态。然而，由此构造可知，与传统半导体的价带和导带不同，上下 Hubbard 带中态的数量不是恒定的，而是依赖于电子总数，随着能带填充（即掺杂）变化而变化。

　　图 9.3(b) 中两个能带的总态数当然是恒定的，$N_{el} + 2(N - N_{el}) + N_{el} = 2N$。但是，当电子总数改变时，会发生非常强的谱权重再分配。因此，例如对于非常小的 N_{el}，上 Hubbard 带基本上消失了——即 $E \approx U$ 处的态还存在，但是上 Hubbard 带的总权重随着 $N_{el} \to 0$ 而趋于零。

　　任意 N_{el} 填充的系统具有部分填充的下或上 Hubbard 带，因此，形式上应该为金属态。只

有当 $N_{el} = N$ 时，下和上 Hubbard 带的谱权重相等——每个带为 N——于是下 Hubbard 带被完全填充而上 Hubbard 带为空，为图 1.11 的 Mott 绝缘体态。但是，随着对系统的掺杂，我们不仅在上子带中产生了电子或在下子带中产生了空穴，而且改变了这些能带中态的总数。

这样做的一个结果与某些输运行为的系数有关，例如 Hall 系数，见 9.3 节。另一个与谱权重转移密切相关的一般性特点为，在强关联系统中，将低能态与高能态区分开非常重要。处理多粒子系统的标准方法是"排除"高能态，只使用基态和低能激发态（能量 ω 与温度 T 的量级接近）来描述低温特性。这种低能激发与单纯的电子或声子相比，可能被强烈的重正化，但是重正化之后，可以仅考虑低能激发，即准粒子。然而，上文描述的谱权重转移表明，在强关联系统中，$\omega \approx 0$ 的低能激发与高能激发 $\omega \approx U$ 强烈耦合而无法解除其纠缠，至少用常规的方式不能。此特性在很多实验中被直接观测到，例如在过渡金属氧化物（例如 V_2O_3）中的绝缘体—金属转变过程中光谱的改变。人们可能认为，在 $T_c \approx 150$ K 时，V_2O_3 中伴随着带隙 $E_g \approx 0.6$ eV 闭合的转变中，只有能量最大为 E_g 的范围内的特征会改变。然而，实验表明，该系统的光学权重发生了强烈的变化，达到了 ≈ 5 eV。在处理强关联系统时，特别是掺杂 Mott 绝缘体时，必须牢记这一一般性特点。将这种系统简化为仅利用低能部分的描述是一个相当不平凡的问题。

9.2　典型的掺杂过渡金属氧化物

在对非简并 Hubbard 模型概念上最简单情况（形式上是最简单的情况，但对一些基本问题仍然没有完全弄清楚）的一般性讨论之后，我们继续讨论真实材料中的情况，对此，定性考虑和近似处理方法往往能给出合理的描述。这些例子将用作阐明掺杂强关联系统领域的主要物理概念。

9.2.1　CMR 锰酸盐

钙钛矿结构的掺杂锰酸盐 $R_{1-x}A_x MnO_3$（其中 R^{3+} 为稀土，例如 La、Pr 等；A^{2+} 一般是 Ca 或 Sr）由于其丰富的性能，尤其在很多这种材料中发现了 CMR 效应，获得了大量关注。锰酸盐伴随惊人的、不同类型的有序：轨道、磁、电荷序；其中也包括绝缘相和金属相，并对外场非常敏感，如电场、磁场、辐照等。

这些系统的相图非常复杂而丰富。$La_{1-x}Ca_x MnO_3$ 和 $Pr_{1-x}Ca_x MnO_3$ 的相图在图 5.16 和图 7.5 中已经展示过；图 9.4 展示了 $La_{1-x}Sr_x MnO_3$ 的简化相图。包含 $S = 2$ 的 Jahn-Teller 离子 Mn^{3+} 的未掺杂 $LaMnO_3$ 是 Mott 绝缘体（尽管在高温时，其为相对良好的导体）。它在 $T_{O.O.} \approx 800$ K 时发生伴随轨道序的协同 JT 转变，在更低的温度 $T_N \approx 140$ K 时变为反铁磁。轨道和磁结构（根据标准分类，为 A 型，如图 5.24 所示）如图 9.5 所示[①]。

---

① 实际上，如第 6 章的讨论，$LaMnO_3$ 的真实轨道结构并不完全如图 9.5 所示，其中轨道为 $|x^2\rangle$ 和 $|y^2\rangle$ 所示，这相当于式（6.1）中的轨道混合角 $\theta = \pm \dfrac{2}{3}\pi$（图 6.2）；相反，这个混合角度相当接近 $108°$，这给出了图 6.14(b) 所示的轨道结构。但是，这一微小的差别并不起关键作用，对于大多数场合来说，使用图 9.5 所示的轨道通常就足够了。

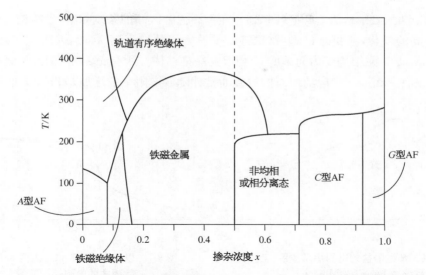

图 9.4 $La_{1-x}Sr_xMnO_3$ 的简化相图（类似的 $La_{1-x}Ca_xMnO_3$ 相图如图 5.16 所示）（引自 Hemberger J.，Krimmel A.，Kurz T.，et al. Phys. Rev. B，2002，66：094410）

随着 Ca^{2+} 或 Sr^{2+} 的掺杂，即空穴掺杂，形式上在此系统中引入了 $S = \frac{3}{2}$ 的无轨道简并 Mn^{4+} 来取代 JT 离子 Mn^{3+}。JT 转变（或轨道序）的温度 $T_{O.O.}$ 随着掺杂浓度 x 迅速降低，T_N 也随之降低；磁序也转变为例如相当非均匀的自旋玻璃态，即某种相分离。

在 $La_{1-x}Ca_xMnO_3$ 和 $La_{1-x}Sr_xMnO_3$ 中可能最有意思的相（或至少最受关注的相）为 $x \approx 0.2$ 到 $x = 0.5$，即图 5.16 和图 9.4 中的铁磁相区。（也可以参见图 9.9 中双层锰酸盐 $La_{2-2x}Sr_{1+2x}Mn_2O_7$ 类似的相图。）正是在此相中发现了 CMR 现象，并以此命名整个

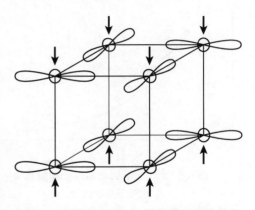

图 9.5 未掺杂 $LaMnO_3$ 的轨道和自旋结构

类型的化合物——CMR 锰酸盐。$H = 0$ 和 $H \neq 0$ 时，此相的典型电阻率行为如图 9.6 所示：当 $T > T_c$ 时，电阻率类似半导体，在铁磁转变时，电阻率迅速下降，在 $T < T_c$ 时呈金属性（这是 Ca 掺杂系统的情况；在 $La_{1-x}Sr_xMnO_3$ 中，尽管在 T_c 以下电阻率也会降低，但在 T_c 以上的电阻率更类似金属，如图 9.7 所示）。在磁场作用下，铁磁转变向较高的温度移动（并在一定程度上使转变宽化），在 T_c 附近的电阻率随着 H 的增大而强烈下降，即较强的负磁电阻，可达 80%。因此，我们再次看到另一个提及多次的趋势——未掺杂 Mott 绝缘体通常反铁磁性的，而铁磁性通常与金属电导共存；铁磁序使得电子的跃迁更容易，而电子跃迁反过来又会促进铁磁性，见 5.2 节。只有在相对少见、非常特殊的情况下（主要在特定轨道序情况下），才能得到绝缘铁磁态，见 6.1.2 节。

由于相分离而形成的非均匀态在低掺杂锰酸盐中很明显，在高掺杂锰酸盐中也可能存在，另有观点认为相分离对于这类系统中的 CMR 现象也很重要。

对于更高浓度的掺杂，$La_{1-x}Ca_xMnO_3$ 的态会再次改变（图 5.16）。在 $x = 0.5$ 和更高的掺杂浓度，系统中会出现电荷序：在 $x = 0.5$ 时，电荷序为基面中的棋盘类型，但是在第三方向上为"同相"，见 7.1 节；在过掺杂的区间，电荷序为无公度的 CDW 或条纹形式，见 7.2 节和 7.3

节。在 $x = 0.5$ 时,磁结构为 CE 型(图 7.3);在更高掺杂区间的条纹相中,磁结构为锯齿型(图 7.7);对于再高的掺杂,其变为 C 型(铁磁链的反铁磁堆叠),直到 $x \approx 1$,接近没有任何轨道自由度的纯 $CaMnO_3$,磁结构变为简单的 G 型双亚晶格结构。所有 $x \geqslant 0.5$ 相是绝缘的,尽管其电阻率可能没有那么高。向电荷序态的过渡通常伴随着电阻率的增加,如图 9.8 所示。

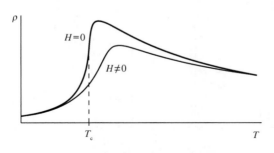

图 9.6　CMR 锰酸盐的电阻率示意图(典型系统为 $La_{1-x}Ca_xMnO_3$)

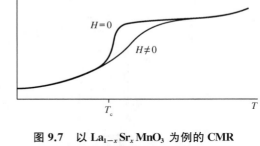

图 9.7　以 $La_{1-x}Sr_xMnO_3$ 为例的 CMR 锰酸盐的电阻率示意图

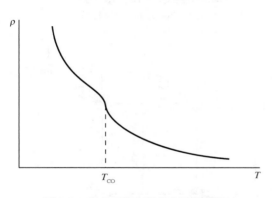

图 9.8　在 T_{co} 处电荷有序的锰酸盐电阻率行为示意图

图 5.16 和 9.4 节中 $La_{1-x}Ca_xMnO_3$ 和 $La_{1-x}Sr_xMnO_3$ 相的顺序或多或少对于其他锰酸盐也较为典型,但同样也存在显著区别。因此,如上所述,掺杂范围 $0.25 \lesssim x \lesssim 0.5$ 的 $La_{1-x}Sr_xMnO_3$ 的基态为铁磁金属,但是其 T_c 以上顺磁相的电阻率不像图 9.6 那样,而是会或多或少保持金属性(图 9.7)。因此,此系统中接近 T_c 负磁电阻比 $(LaCa)MnO_3$ 中的要小。电荷序同样也没有那么明显,或者完全消失。

然而,在 $Pr_{1-x}Ca_xMnO_3$ 中不存在铁磁金属相:如 7.2 节的讨论,此系统对所有 x 都是绝缘的,对于 $0.3 \lesssim x \lesssim 0.5$,其具有和 $x = 0.5$ 相同的棋盘式电荷序,其中额外的 Mn^{3+} 极有可能随机占据某些格座(图 7.9)或者伴随更大程度的相分离。

$Nd_{1-x}Sr_xMnO_3$ 系统存在一个有意思的新相:在 $x = 0.5$ 的电荷序绝缘相后又立即变为金属,但为 A 型磁序。在此系统中,导致金属电导率最有可能的部分填充能带是由 $x^2 - y^2$ 轨道(或 $x^2 - z^2$,如果平行自旋的面不是 xy 而是 xz 面)组成的二维能带。

因此,可以看出 CMR 锰酸盐呈现出大量不同的相,所有这些多样性是由不同自由度(电荷、自旋和轨道)之间的相互作用决定的。在很多这样的相中,还可以观察到相分离,特别是在能量相近的电荷序反铁磁绝缘态和铁磁金属态转变(通常相当急剧)附近时;这些转变可以由温度、磁场、甚至同位素取代引起。某些这样的转变(典型的相图如图 7.10 所示)可能会导致电阻率降低 5~6 个数量级,即这些系统的负磁电阻比图 9.6 所示的 $La_{1-x}Ca_xMnO_3$ 更强[①]。

---

①　另一个负磁电阻极其巨大的例子是轻微非理想配比的 EuO,更多细节见 10.3 节。随着温度的降低,EuO 在 $\approx 70\ K$ 时从顺磁绝缘体转变为铁磁金属,同时电阻率发生巨大跳变,达到 $\approx 10^{10}$ 倍,见 Shapira Y., Foner S., Reed T. B. Phys. Rev. B, 1973, 8:2299。当这个转变被磁场偏移到更高的温度时,T_c 附近电阻率会相同程度地下降,即 EuO 中的负磁电阻确实非常巨大,比 CMR 中的锰酸盐大得多。不幸的是,它发生在较低的温度,$\approx 70\ K$。

与（LaCa）MnO$_3$ 型锰酸盐类似，一些层状类钙钛矿锰酸盐也表现出多种多样的性质。例如双层"327"锰酸盐 La$_{2-2x}$Sr$_{1+2x}$Mn$_2$O$_7$ 的相图中有很多不同的相，如图 9.9 所示（参考图 9.4），包括铁磁金属（CMR）相 FM、同样是金属的 A 型反铁磁相、电荷序相（CO，为奇异的"冰淇淋甜筒"状——图 9.9 中的阴影部分）等。然而，需要注意的是，类似的单层"214"系统，La$_{2-x}$Sr$_x$MnO$_4$，对所有 x 都是绝缘的。这对很多此类系统是非常典型的：通常情况下，与双层相比，甚至是三维的"113"钙钛矿结构，这种单层化合物（含 Mn、Co 和 Fe）即使在掺杂时也有更强的绝缘倾向。

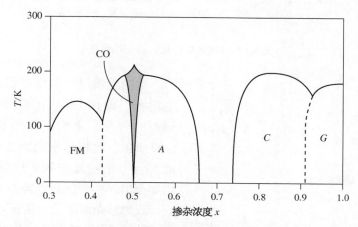

图 9.9 双层锰酸盐 La$_{2-2x}$Sr$_{1+2x}$Mn$_2$O$_7$ 的简化相图（见 Zheng H.，Li Q.，Gray K. E.，et al. Phys. Rev. B, 2008, 78: 155103）

9.2.2 掺杂钴酸盐

La$_{1-x}$Sr$_x$CoO$_3$ 系统存在另一种可能的掺杂效应。如 3.3 节的讨论，Co^{3+}（d^6）可以存在不同的自旋组态：高自旋（HS）、中间自旋（IS）和低自旋（LS）态，见图 9.10 以及 5.9 节中相关的讨论。未掺杂 LaCoO$_3$ 在低温下 Co^{3+} 的 LS 态是稳定的，此时几乎是一个非磁性绝缘体（Co^{3+} 的 LS 态自旋 $S=0$）。但是，HS 和 IS 态是磁性的，显然它们与 LS 态的能量接近，随着温度的升高而出现。因此，系统中出现部分 $S=2$（HS）和 $S=1$（IS）的磁性态，可以通过磁化率的迅速增加看出，如图 9.11 所示：低温下磁化率很低，但是在 $T\approx80$ K 时迅速增加，然后开始降低并或多或少遵循 Curie - Weiss 定律。在更高温区≈（400～500）K 还存在另一个类似的过渡，在此温度区间以上，此材料变为（坏）金属。

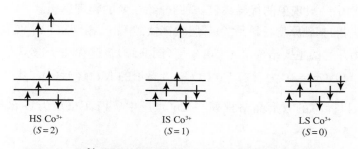

图 9.10 Co^{3+} 不同的自旋态（高自旋、中间自旋和低自旋态）

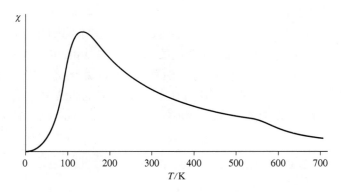

图 9.11　$LaCoO_3$ 磁化率的定性性质

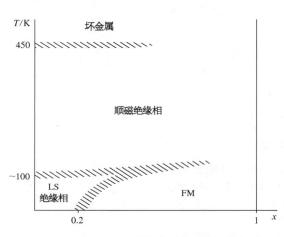

图 9.12　$La_{1-x}Sr_xCoO_3$ 相图示意图(LS 表示非磁低自旋态相,FM 表示铁磁金属相)

与温度诱导的转变类似,(空穴)掺杂,例如用 Sr^{2+} 取代 La^{3+},也可以引起向磁性和金属态的转变。由此产生的相图示意图如图 9.12 所示。此相图中阴影部分是磁性态的过渡,$x=0$ 的过渡如图 9.11 所示,随着掺杂的增加会出现一个铁磁金属态。

正如掺杂锰酸盐的情况,至少对于不是非常大的掺杂,此时也会发生相分离。因此,随着 x 增加,会通过非均匀态向铁磁金属态转变。非均匀态可以通过不同的方式确定,包括局部探测手段,例如 NMR 和 ESR,尤其是中子散射。导致这种行为的微观因素,特别是稳定铁磁性金属态的可能原因,将在 9.7 节中讨论。

9.2.3　铜氧化物

第三个,可能也是最重要的一个例子是掺杂铜氧化物,尤其是其可能为高 T_c 超导。在 1986 年这一现象被 Bednorz 和 Müller 发现后,它们引起了极大的关注[1],而且可能已经被所有现有的方法研究过了,积累了大量的信息。然而,尽管已经提出了许多理论观点,许多重要的问题仍然没有解决,尤其是对超导的微观机制的具体理解。

这已经发展成了一个巨大的领域。本书无法涵盖整个领域,而是把铜氧化物作为研究掺杂过渡金属化合物中一般现象的优异案例,试图介绍主要的物理思想。

高 T_c 铜氧化物的基础原型材料是"214"层状钙钛矿 $La_{2-x}Sr_xCuO_4$,它实际上是第一个发现这种超导性的材料。它的主要结构单元 CuO_2 层(图 9.13)普遍存在于这类高 T_c 超导材料中。

未掺杂 $La_2CuO_4(x=0)$ 为含有 $Cu^{2+}(t_{2g}^6 e_g^3)$ 离子的 Mott 绝缘体,其 d 壳层中有一个空穴,自旋 $S=\dfrac{1}{2}$,以简单的方形晶格排列在 CuO_2 层中。La_2CuO_4 为 G 型反铁磁(简单的 ↑

---

① 　Bednorz J. G., Müller K. A., Zeitschr. für Physik B: Condens. Matter, 1986, 64: 189.

和↓自旋交替的棋盘结构），其 $T_N = 317$ K［在偏离理想配比时≈（200～220）K］。Cu^{2+} 是著名的 Jahn - Teller 离子，在简并 e_g 轨道上存在一个空穴。这通常导致强烈的四方畸变（周围配体八面体伸长），而使两个 e_g 电子位于 $|z^2\rangle$ 轨道，空穴保持在 $|x^2-y^2\rangle$ 轨道，如图 9.14 所示。e_g 能级的劈裂 $2E_{JT}$ 通常相当大，一般来说≳1 eV。在 JT 畸变的过程中，两个顶点氧远离基面，如图 9.15（a）所示。此畸变如此强以至于这两个氧中的一个"可以移动到无穷远"，使 Cu^{2+} 变为五重配位，如图 9.15（b）所示。实际上，甚至两个顶点氧都可以远离，使 Cu 变为正方配位，如

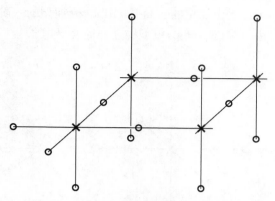

图 9.13　La_2CuO_4 晶体结构的基本组成（"×"表示铜离子，"○"表示氧）

图 9.15（c）所示。这些情况对于 Cu^{2+} 来说非常典型。尤其是在"YBCO"中——高 T_c 超导 $YBa_2Cu_3O_{7-\delta}$，其 T_c 可达≈90 K——CuO_2 面中的 Cu 离子在四角锥中，即如图 9.15（b）所示的五重配位（在线性的链中也主要为 Cu^+ 离子），也存在着如图 9.15（c）所示的正方配位超导体，特别是电子掺杂超导体 $Nd_{2-x}Ce_xCuO_4$。

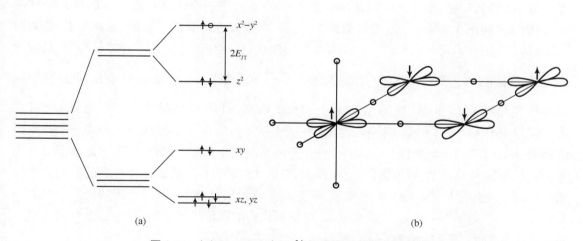

图 9.14　（a）La_2CuO_4 中 Cu^{2+} 的 d 能级的晶体场劈裂；
（b）La_2CuO_4 中已占据的 $|x^2-y^2\rangle$ 空穴轨道

对于大多数已知的包含 Cu^{2+} 的材料来说，$|x^2-y^2\rangle$ 轨道的空穴占据非常常见。但是这些畸变的 CuO_6 八面体（或四角锥和正方形）的轴不一定在 z 方向上。正如 6.1.3 节以 $KCuF_3$ 为例所示，"十字形"空穴轨道也可能交替，局部四方轴位于 x 和 y 方向（图 6.10）。类似地，名义上与高 T_c 超导原型材料 La_2CuO_4 晶体结构相同的 K_2CuF_4（K_2NiF_4 型结构）在基面具有交替的 $|x^2-z^2\rangle$ 和 $|y^2-z^2\rangle$ 空穴轨道（图 6.11）。但是在氧化物 La_2CuO_4 中，在这个意义上情况更简单：所有 CuO_6 八面体的长轴都平行于 z 轴，即所有空穴轨道都为 $|x^2-y^2\rangle$ 型。由于 $|x^2-y^2\rangle$ 和 $|z^2\rangle$ 轨道的 JT 劈裂相当大，人们通常只考虑 $|x^2-y^2\rangle$ 轨道，而忽略 $|z^2\rangle$ 轨道。因此，在该系统及其类似系统中，空穴处于非简并 $|x^2-y^2\rangle$ 能级或能带，于是，这些铜氧化物

可以是由简单的非简并 Hubbard 模型的一阶近似描述,或者更准确地说,也包括氧的 p 轨道,由三带(或 d-p)模型描述非简并 d 电子[①]。

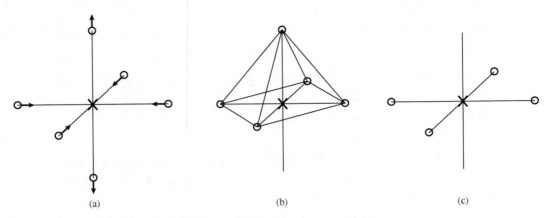

图 9.15　高 T_c 铜氧化物中 Cu 的可能配位

(a) 伸长八面体;(b) 四角锥(五重配位);(c) 正方(四重配位)

对于铜氧化物,Zhang 和 Rice 认为,可以将三带或 d-p 模型简化为非简并 Hubbard 模型。如 4.3 节的讨论,形式上空穴掺杂得到的 Cu^{3+} 态对应一个非常小或者负的电荷转移能隙,如图 4.7 和图 4.8 所示。这意味着掺杂的空穴将主要进入氧的 p 轨道,也就是说,更倾向于得到 $Cu^{2+}(d^9)\underline{L}$,而不是 $Cu^{3+}(d^8)$,其中 $\underline{L}$ 为配体(氧)空穴。$Cu^{2+}(d^9)$ 的"核心"态自旋为 $\frac{1}{2}$,其周围的配体空穴 $\underline{L}$ 同样具有未成对的自旋 $\frac{1}{2}$,可以证明,由于强 d-d 杂化,此配体空穴会与 Cu^{2+} 形成束缚单态,被称为 **Zhang-Rice 单态**,具体讨论见 4.4 节。也就是说,在 La_2CuO_4 中引入一个空穴后,此空穴会围绕一个特定的 Cu 为中心形成一个单态——这与简单的 Hubbard 模型中空穴掺杂(移除一个电子)的情况完全相同。因此,可以将此情况形式上对应到 Hubbard 模型上[或所谓的 $t-J$ 模型上,见式(9.22)],只需要记住这样的空穴并不局域在 Cu 的 d 态,而是 Zhang-Rice 单态,即空穴离域到围绕特定 Cu 离子的四个氧上(与 Cu 上的 $|x^2-y^2\rangle$ 态强烈杂化)。此近似在高 T_c 铜氧化物的理论描述中被广泛使用,尽管也有一些观点认为此近似有时会失效。

当掺杂 Mott 绝缘体 La_2CuO_4 时,即当 Sr 含量 x 增加时,首先反铁磁序被迅速抑制,材料变为金属性。此金属相也是高 T_c 超导。在这些系统中,T_c 的典型行为是圆屋顶状的:随着掺杂的增加,T_c 开始升高,经过最大值后开始下降,直到在过掺杂范围下消失(然而,这在实验上是很难实现的——对于过大的掺杂,$x \gtrsim 0.35$,此材料不再均匀而有分解的趋势)。高 T_c 超导的典型相图如图 9.16 所示,其中标记了不同的相:反铁磁绝缘体(AF)、自旋玻璃中间相(尽管此相不是在所有情况下都能观察到)、超导相(HTSC)。对于过掺杂系统,通常存在一个或多或少可以用 Fermi 液体理论描述的正常金属态。但在中等掺杂浓度范围内,接近最佳掺杂,

①　然而,也有一些理论更强调 e_g 电子初始的简并性和相应的 JT 物理。许多科学家仍然相信 JT 效应,特别是伴随强电子-晶格相互作用,对于高 T_c 超导非常重要,并存在一些支持该观点的实验结果,尽管目前的主要趋势是将此超导归咎于其他因素——更多细节见 9.6 节。

T_c 以上**正常态**（超导温度之上的金属态）的性质并不寻常：电阻率的行为不像正常金属，而是反常金属。通常对于较小的 x，还观察到另一种特殊的态：所谓的**赝能隙相**，其中输运和磁性质都是反常的。关于此赝能隙相的本质存在巨大争议。一种观点是，它是超导相的前兆，其中电子（或更确切地说，空穴）已经束缚在 Cooper 对中，但它们之间的相位没有真正超导所必需的相干性。另一种观点是，这种赝能隙相不是由于预形成的超导配对，而是由于其他一些与超导相竞争的不稳定性，例如电荷序。

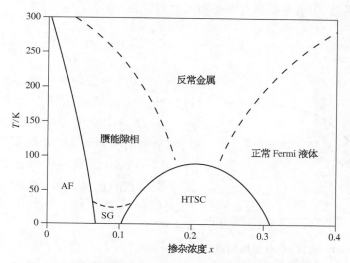

图 9.16　高 T_c 铜氧化物的相图示意图（**AF** 表示反铁磁绝缘相；
SG 表示可能的自旋玻璃态；**HTSC** 表示高 T_c 超导相）

其他高 T_c 铜氧化物，例如"YBCO"（$YBa_2Cu_3O_7$）、"BISCCO"（如 $Bi_2Sr_2CaCu_2O_{8+x}$），或者包含 Hg 或 Tl 的类似材料，其中最高的超导转变温度可达 ≈ 150 K，它们的主要结构单元基本相同——空穴轨道为 $|x^2-y^2\rangle$ 的 CuO_2 面，如图 9.14 所示。不同之处在于在 CuO_2 面中提供掺杂"电荷库"的性质。

本节简要地描述了三种典型的过渡金属化合物：CMR 锰酸盐、自旋态转变的掺杂钴酸盐，以及高 T_c 铜氧化物。我们将用这些例子来说明在掺杂 Mott 绝缘体中，或者一般来说，在具有显著电子关联性和部分填充能带的材料中所遇到的一般效应。下面讨论这些不同的现象，强调一般性趋势，并阐述仍然开放的问题。

9.3　掺杂 Mott 绝缘体：正常金属？

如上所述，当考虑部分填充能带的强关联系统时，首先出现的问题是，这些系统是否表现得像传统金属一样。对于每个格座电子数为整数的系统，例如 Hubbard 模型中的 $n=1$ 和强关联 $U \gg t$ 的基态是电子局域的 Mott 绝缘体。当掺杂该系统时，引入了载流子，即电子或空穴，它们原则上是可以移动的：这些额外的电子或空穴所处的全部位置都是等价的，形式上，不需要消耗任何能量就可以在格座间移动。然而，系统仍然存在很强的关联作用；这些电子或空穴在其他磁有序,乃至轨道有序的电子背底中移动。因此,所产生的态的性质原则上可能与弱关联电子的正常金属有很大差异。

本质上,人们认为正常金属是由几乎自由的电子组成的。电子占据相应能带的最低态,直到最大能量 ε_F——Fermi 能级。在动量空间中,电子占据了 ε_F 以下所有的态,占据态和空态的边界为 Fermi 面。其形式可以很简单,例如金属钠,也可以相当复杂,由多个电子和空穴袋组成。

标准金属的所有热力学和输运性质都由 Fermi 面附近的元激发决定。电阻率和光学性质由 Drude 理论描述,给出了电导率对频率和温度的依赖 $\sigma(\omega, T)$:

$$\sigma_{dc} = \sigma(\omega = 0, T) = \frac{ne^2\tau}{m}, \quad \sigma(\omega, T) = \sigma(0, T)\frac{1 + i\omega\tau}{1 + \omega^2\tau^2} \quad (9.7)$$

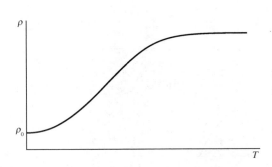

图 9.17 正常金属(Fermi 液体)的典型电阻率-温度依赖关系:低温区间 $\rho(t) \approx \rho_0 + AT^2$;之后电阻率随着温度近似线性增长,直到达到接近 Mott 最小金属电导率(或最大金属电阻率)的饱和值

其中,$\tau(T)$ 为弛豫时间。电导率 $\sigma(\omega, T)$ 可以通过标准直流输运测试和光学测试获得。电阻率 $\rho = 1/\sigma$ 随温度变化的典型行为如图 9.17 所示:从剩余电阻率 ρ_0 开始,由晶体中的杂质和缺陷决定,$\rho(T)$ 增大,但最终应该达到一定的饱和值。对于宽带宽的正常金属,如 Na 或 Al,电阻率增加的主要散射机制是电子声子散射,在低温下为 $\rho \approx T^5$。

当电子平均自由程 $l = v_F\tau$(其中 v_F 为 Fermi 速度,τ 为弛豫时间)随着 T 升高而降低并达到晶格常数 $l \approx a$ 时,电阻率在高温下达到饱和。之后,动力学理论(Boltzmann 方程)描述电导率的标准方法不再适用,电导的过程将具有扩散特性。

极限 $l \approx a$ 被称为 Yoffe-Regel 极限,相应的电导率 $\approx ne^2a/mv_F$,见式(9.7),为 Mott 最小金属电导。

对于带宽较窄、电子关联性较强的系统,当电子-电子散射开始起作用时,电阻率的低温依赖性为:

$$\rho(t) \approx \rho_0 + AT^2 \quad (9.8)$$

这有时被称为 Baber 定律。这种依赖性在一些过渡金属或金属性过渡金属化合物中观察到,在稀土重 Fermi 子化合物中更为明显,见第 11 章。

许多过渡金属化合物在金属相中的行为往往与正常金属不同,尽管其中一些确实表现为正常 Fermi 液体。例如锰酸盐的铁磁金属相(CMR 相)显然表现为正常金属。但铜氧化物的情况更为复杂。过掺杂铜氧化物(图 9.16)也表现为 Fermi 液体。但是,如上所述,在最佳掺杂下,铜氧化物正常态的性质有所不同,例如电阻率对温度的依赖关系,$\rho \approx T$ 表现出或多或少的线性(或在某些情况下不同,如 $\rho \approx T^{1.5}$),没有任何明显的饱和趋势。此外,它们的光学性质也与正常金属不同:很少观察到标准的 Drude 依赖关系[式(9.7)],或者在低温度下,$\sigma(\omega)$ 中的 Drude 峰强通常比正常金属的预期要低得多。一般来说,这对于许多掺杂的 Mott 绝缘体来说是很典型的。

同样,这种系统的一个非常典型的特征是在光学吸收中出现所谓的中红外峰。通常在

$\omega\approx(0.3\sim0.5)$eV 处观察到此峰。这个中红外峰的本质仍然有些争议：人们通常把它归因于与 Hubbard 能有关的某种激发(例如,越过 Hubbard 能隙或赝能隙的激发)。

在关联系统的高能谱学中可以看到一种非常特殊的行为,特别是(角分辨)光电子能谱(photoemission spectroscopy, PES 或 angle-resolved PES, ARPES),或者没那么常见的逆光电子能谱(inverse PES, IPES),或轫致辐射等色线光谱(bremsstrahlung isochromate spectroscopy, BIS)。光电子能谱是指在辐照下(紫外线或 X 射线)从固体中发射电子的过程。通过测量它的能量和动量(或电子逃逸晶体的相关角度),可以获得固体中电子的状态,包括能量、色散关系和态密度等信息。

对于无关联或弱关联的电子,它们的激发具有明确的相干准粒子形式和特定的色散关系 $\varepsilon(\boldsymbol{k})$。但对于强关联电子,也存在非相干激发：在 ARPES 中表现为宽峰。尤其是,对于强电子关联,在 Fermi 能级及其附近可能存在明确的准粒子,但是很大一部分的光谱权重为光谱的非相干部分,这与下(或上)Hubbard 带有关,如图 9.18 所示,其中展示了强关联系统中的典型光电子能谱[1]。

在关联系统中,人们可以在 Fermi 能级(图 9.18 中的能量零点)附近观察到明确的尖锐准粒子峰,此时可以认为我们处理的仍然是类 Fermi 液体系统(可能具有强重正化参量,例如增加的有效质量 m^*,或者当这种准粒子峰强度较低时,则光谱权重强烈降低),即使大部分的光谱权重转移到光谱的非相干部分。但也有可能在某些情况下,即使在名义上导电的材料中,真正的准粒子被破坏了；或者它们可能不是在整个 Fermi 面,而是在某些部分被破坏。于是,我们需要处理相当反常的态。这似乎是许多高 T_c 铜氧化物的情况。人们常常会发现其中只有部分 Fermi 面仍被保留下来——通常是以 Fermi **弧**的形式,如图 9.19 所示。也就是说,这些系统中的准粒子或多或少在 $\left(\pm\dfrac{\pi}{2},\pm\dfrac{\pi}{2}\right)$ 点附近,或者沿 $[\pm1,\pm1]$ 方向是明确的,而在初始 Fermi 面的其他部分(对于该晶格中的自由电子,其形式见图 9.19 中虚线)是不明确的。这对于在超导态(这些系统在低温时)中,沿这些方向 $\left[$即在 $\left(\pm\dfrac{\pi}{2},\pm\dfrac{\pi}{2}\right)$ 点附近$\right]$ 获得的所谓 d 波配对非常重要。因此,此能谱结构表明,在此掺杂范围内的高 T_c 铜氧化物确实不是标准的 Fermi 液体金属。显然,这种奇异正常态对于高 T_c 超导现象也非常重要。

---

① 可以证明,在光电子能谱和逆光电子能谱中测量的是电子的光谱函数,与单电子 Green 函数 $G(\boldsymbol{k},\omega)$ 有关。(AR)PES 和 IPES 的强度与谱函数 $A(\boldsymbol{k},\omega)$ 成正比,由以下关系给出：

$$G(\boldsymbol{k},\omega)=\int\frac{A(\boldsymbol{k},\omega)d\omega'}{\omega-\omega'+i\omega'\delta}$$

此谱函数正比于 $\operatorname{Im}G(\boldsymbol{k},\omega)$,其中

$$\operatorname{Im}G=\begin{cases}-\pi A(\boldsymbol{k},\omega) & \text{当 }\omega>0\\ \pi A(\boldsymbol{k},\omega) & \text{当 }\omega<0\end{cases}$$

对于弱关联电子,Green 函数 $G(\boldsymbol{k},\omega)$ 在激发谱值处为包含极点的结构：

$$G(\boldsymbol{k},\omega)\approx\frac{Z_{\boldsymbol{k}}}{\omega-\varepsilon(\boldsymbol{k})+i\Gamma}$$

于是谱函数为 $A(\boldsymbol{k},\omega)\approx Z_{\boldsymbol{k}}\delta[\omega-\varepsilon(\boldsymbol{k})]$(实际上这是一个轻微宽化的 δ 函数,其中峰强 $Z_{\boldsymbol{k}}$ 和峰宽 Γ 由准粒子寿命决定,$\Gamma\approx1/\tau$)。但是,对于强关联系统,这样的 Green 函数的准粒子峰很小,$Z\ll1$,并且较大的非相干部分不具有含有明确极点的结构,这可以通过 APRES 中远离 Fermi 能级(设为图 9.18 中的能量零点)的宽化峰看出。

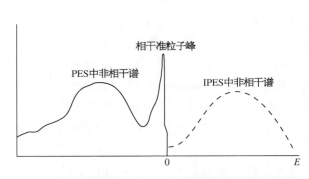

图 9.18　包含关联电子的金属系统的光电子能谱
（实线）和逆光电子能谱（虚线）示意图
（能量零点为 Fermi 能级）

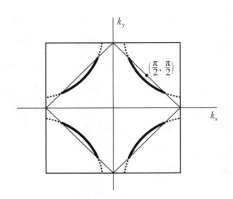

图 9.19　高 T_c 铜氧化物中的
"Fermi 弧"

值得注意的是，电子能谱的这种结构也可能与第 1 章中讨论的因素有关——特别是在关联系统中，磁性背底中电子或空穴运动的相互作用。未掺杂铜氧化物，如 La_2CuO_4 的磁结构，是简单的双亚晶格（G 型）反铁磁，如图 9.14(b) 所示。因此，根据 1.4 节的讨论，对于仅具有最近邻跃迁 t 的 Hubbard 模型，在这种磁性背底中掺杂载流子的相干运动要么完全不可能，要么被强烈抑制。但是，如果允许次近邻跃迁 t'，即沿着图 9.20(a) 的对角线，那么此跃迁则可以在相同磁亚晶格上发生，于是反铁磁背底不会阻碍此运动。实际上，电子将能够自由地、相干地沿 [11] 和 [$\bar{1}$1] 移动，但不能沿其他方向运动。我们可以期望在这些方向上，存在明确的相干准粒子，或者说部分 Fermi 面。这就是在图 9.19 中所看到的：Fermi 弧恰好存在于在这些方向上。

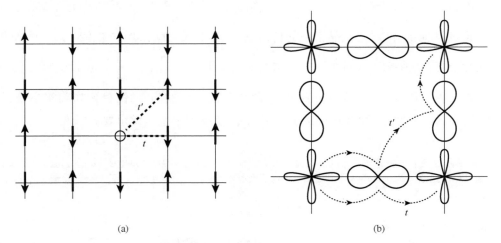

图 9.20　(a) 在反铁磁背底下空穴的运动（最近邻跃迁 t 和次近邻的
跃迁 t'）；(b) 在 CuO_2 面中跃迁的可能机制

在真实铜氧化物中，这样的次近邻跃迁 t' 确实可能存在，例如由于两个氧离子各自的 p 轨道叠加。估算表明 $t' \approx (0.15 \sim 0.18)\,eV$，而最近邻跃迁 $t \approx -0.4\,eV$（符号很重要！）。在例如未掺杂 La_2CuO_4 中，掺杂会抑制真正的反铁磁序，如图 9.16 所示，但是局域反铁磁序仍然可以在掺杂系统中得以留存，这可能会导致图 9.19 中的"弧"。

如果长程反铁磁序在此掺杂范围内仍然存在，情况甚至变得更加简单，如图 9.21 所示，新的反铁磁 Brillouin 区（图 9.21 中较小的内部方形）会将初始的（例如圆形的）Fermi 面切开，在 $\left(\pm\dfrac{\pi}{2}, \pm\dfrac{\pi}{2}\right)$ 点附近形成四个小的空穴袋（图 9.21 中阴影）。如果由于某种原因，光电子能谱的矩阵元在这些 Fermi 口袋外部要弱得多，那么在 ARPES 中可以看到图 9.19 所示的弧。在 de Haas-van Alphen 实验中，有一些迹象支持这种小空穴袋的存在。但是，在实际情况中，这些掺杂下的长程反铁磁序已经消失了，仅剩下一些短程反铁磁序，这会强烈地宽化图 9.21 中所示的这些特性。类似地，导致图 9.21 所示情况的电子能谱的平均场处理的适用性仍然存疑。

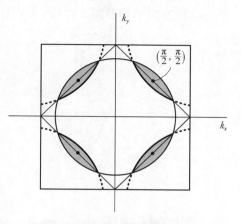

图 9.21　由于（长程）反铁磁序导致 Fermi 弧的可能机制

事实上，上述两种物理图像，简单 Hubbard 模型中的次近邻跃迁和导致图 9.21 的类平均场描述，本质上对应相同的物理原理：强电子关联会导致反铁磁态，而电子或空穴的运动与磁序（或磁相互作用）的强相互作用，会导致电子能谱的强烈改变，尤其是会形成图 9.19 或图 9.21 中仅在某些特定方向上存在明确的相干准粒子"Fermi 弧"。

可以看出，掺杂 Mott 绝缘体在其他方面也可能与正常金属不同，例如这些系统在低掺杂的行为。为了简便，考虑非简并 Hubbard 系统的情况。当处理电子密度 $n \simeq 1$ 的正常金属时（即 Hubbard 相互作用 $U \to 0$），会得到一个很大的 Fermi 面，类似图 9.19 中的虚线部分。对于正常金属（正常 Fermi 液体），存在一个著名的理论（Luttinger 定理[1]）表明 Fermi 面的体积，即使是对于（弱）相互作用的电子，也等于相同密度的自由电子气体的体积。因此，对于低空穴掺杂 $n = 1 - \delta\,(\delta \ll 1)$ 的弱相互作用系统，会得到浓度为 n 的载流子，这些载流子为电子（即质量为正）；这相当于略小于半满的能带，如图 9.22(a) 所示。相应地，例如 Hall 系数为：

$$R_{\mathrm{H}} = \frac{1}{nec} \qquad (9.9)$$

具有与电子相应的符号，即为负而小的（$e < 0$，$n \simeq 1$）。但是，如果从 Mott 绝缘体（$n = 1$，$U \gg t$）开始，并用空穴轻微掺杂，真正的载流子不是电子而是浓度为 $\delta \ll 1$ 的掺杂空穴，如图 9.22(b) 所示。确实，在此简单的物理图像中，我们会得到一个几乎完全填充的下 Hubbard 带，在此子带的顶部附近具有少量（δ）的空穴。因此，此时可以预期正而大的 Hall 系数：

$$R_{\mathrm{H}} = + \frac{1}{\delta |e| c} \qquad (9.10)$$

［即与式(9.9)相比，分母为 $\delta \ll 1$ 而不是 $n \approx 1$］。随着掺杂的增加，例如在 $La_{2-x}Sr_xCuO_4$ 中增加 Sr 浓度 x（空穴浓度 $\delta = x$），此 Hall 系数会保持为正，按照 $1/x$ 衰减。这确实是实验中在 $La_{2-x}Sr_xCuO_4$ 中观察到的。从这个意义上说，此系统在低掺杂水平下的表现与 Fermi 液体截

① Luttinger J. M.. Phys. Rev., 1960, 119: 1153; Luttinger J. M., Ward J. C.. Phys. Rev., 1960, 118: 1417.

然不同,根据 Luttinger 定理,在此浓度下,Fermi 液体应该具有一个大的 Fermi 面和一个小而负的 Hall 系数。只有在过掺杂范围 $x \gtrsim 0.3$,系统逐渐过渡到此 Fermi 液体行为:Hall 系数确实变得小而负。因此,对于 $x \ll 1$,在很多输运性能(例如 Hall 效应,可以很合理地定性解释为由于少量的正电荷空穴),和例如光电子能谱(很多情况下,似乎具有一个很大的类电子 Fermi 面)之间,似乎存在一个矛盾——尽管在铜氧化物中对 Fermi 面有很大的改变,但当只有 Fermi 弧为明确的准粒子时(图 9.19),才可能有助于解决这个矛盾。

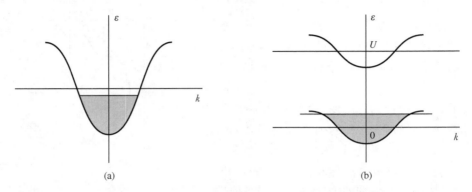

图 9.22　对于电子浓度 $n \lesssim 1$ 的部分填充电子能带(a)和部分填充下 Hubbard 带(b)

如果使用图 9.21 的物理图像,这确实变得很清晰:当长程反铁磁序存在时,电子能谱在平均场近似下会导致仅有在 $\left(\pm \frac{\pi}{2}, \pm \frac{\pi}{2} \right)$ 点附近的四个小的空穴袋(图 9.21 中的阴影),而不是一个大的 Fermi 面(图 9.19 中的虚线)。但是,如上所述,铜氧化物中在这些掺杂下真正反铁磁已经消失了,因此平均场近似的适用性存疑。所以原则上,问题仍然存在,其完整的答案依旧未知:许多掺杂 Mott 绝缘体的金属行为意味着较大的类电子 Fermi 面,而在这个简单直观的物理图像中,所有这些特性难道都归因于少量掺杂的空穴?

一个相关的问题如下:在什么样的掺杂下,或者什么样的能带填充下,由此少量空穴决定的 Hall 效应会转变到高浓度电子大 Fermi 面的 Hall 效应,而这样的转变是怎样发生的? 对于图 1.8 或图 9.22(a)的紧束缚能级自由电子,这在半满自由电子能带,即 $n = 1$ 时发生。对于强关联电子,这在什么时候发生? 9.1 节中关于谱权重转移的讨论(图 9.3 和图 9.23)可能可以用来论证,此时这样的从类电子到类空穴载流子的转变会发生在 $n \approx \frac{2}{3}$:正是在 $n = \frac{2}{3}$ 时,

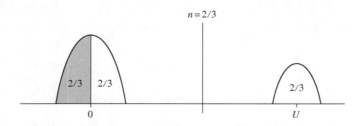

图 9.23　在下 Hubbard 带中的载流子的有效质量及与之相关的 Hall 系数可能在电子浓度 $n = N_{el}/N \simeq \frac{2}{3}$ 或空穴浓度 $x = 1 - n = \frac{1}{3}$ 时改变符号(参考图 9.3、图 9.16 高 T_c 掺杂铜氧化物超导相图)

图 9.23 所示的谱函数的所有三个部分的状态数相等,每个部分都是 $\frac{2}{3}$。尤其是,下子带底部的已占据态和空态数,$\epsilon \approx 0$,会相等。因此,人们可以认为对于 $n < \frac{2}{3}$ 时,载流子为类电子,而对于 $n > \frac{2}{3}$,载流子为类空穴。这也与使用所谓的 Hubbard I 近似进行的近似处理一致。所有这些都是非常有意思和重要的问题,值得更深入研究。

9.4　掺杂强关联系统的磁性

如上所述,未掺杂的 Mott 绝缘体具有某种磁序,通常为反铁磁。当改变电子浓度时,可以预期磁性也会被强烈地改变。材料可以变为金属态,可能是一个简单的 Pauli 顺磁体,就像正常金属那样。但是,强电子关联的存在可能改变掺杂系统的磁序类型。

理论上,在例如 9.1 节的非简并 Hubbard 模型,以及 5.2 节的双组元系统(同时包含局域电子和掺杂巡游电子)中讨论了这些问题。在掺杂材料中出现了铁磁序而非反铁磁序,铁磁序被获得的动能(能带能)而稳定,其中还可能出现倾斜或螺旋反铁磁中间相。只有在非常高的掺杂,或接近空或完全填充的能带时,才能得到非磁金属。但是,如前所述,事实上在简单晶格上的非简并 Hubbard 模型中,铁磁态的存在性问题仍然悬而未决:另一种可能是,要得到铁磁态,实际上需要简并能级,由于 Hund 定则,原子内"铁磁"起着关键作用。此处简要地复述这些论点,主要关注"更金属的"情况。

在真实材料中,我们几乎总是在处理不同 d 能级同时起作用的情况,这就是 CMR 锰酸盐的情况,见 9.2.1 节。包含 Jahn-Teller 离子 Mn^{3+} ($t_{2g}^3 e_g^1$) 的未掺杂 $LaMnO_3$ 为轨道序反铁磁 Mott 绝缘体。当用 Ca^{2+} 或 Sr^{2+} 取代 La^{3+} 时,在系统中引入了 e_g 空穴,或形式上组态为 $t_{2g}^3 e_g^0$ 的 Mn^{4+}。

钙钛矿晶格中的 e_g 电子与相邻的氧有较强杂化,相应的 $t_{pd\sigma}$ 跃迁较大,最终形成 e_g 能带,带宽 $\approx (1 \sim 2) eV$。比起 Hubbard 能 $U_{dd} \approx (3 \sim 4) eV$,这仍然更小或量级相同,也就是说,这些 e_g 电子应该被视为关联的,但是形成了窄的部分填充 e_g 能带。相应地,在一定掺杂下,通常为 $(0.2 \sim 0.3) \lesssim x \lesssim 0.5$,可以在 $La_{1-x}Ca_xMnO_3$ 和 $La_{1-x}Sr_xMnO_3$ 中产生金属电导率,如图 5.16、图 9.4 和图 9.9 所示。同时,t_{2g} 电子仍然可以被看作是局域的,也就是说,会得到每个格座上局域 t_{2g} 自旋 $S = \frac{3}{2}$ 反铁磁耦合,并且部分填充 e_g 能带与之共存的情况。这些 e_g 电子将通过 Hund 耦合与局域的 t_{2g} 电子相互作用,可以写作:

$$-J_H \boldsymbol{S}_i \cdot c_{i\sigma}^\dagger \boldsymbol{\sigma}_i c_{i\sigma} \qquad (9.11)$$

其中 $\boldsymbol{S}_i$ 为三个 t_{2g} 电子的局域自旋 $S = \frac{3}{2}$,$\boldsymbol{\sigma}$ 为 e_g 电子的自旋——对 Hund 耦合及其原子内交换的描述见 2.2 节。对于 3d 元素,电子对的典型 Hund 耦合值 $\approx (0.8 \sim 0.9) eV$,例如对于三个局域 t_{2g} 电子的 Mn 离子,式(9.11)中 e_g-t_{2g} 相互作用 J_H 为 $\approx (2.4 \sim 2.7) eV$——与 e_g 的

带宽 $W \approx (1 \sim 2)\mathrm{eV}$ 相当或甚至更大（但并没有大很多）。然而，在对锰酸盐的理论处理中，人们通常认为 Hund 耦合比带宽更大。在此极限下，得到的将是**双交换**情形，详见 5.2 节。注意，在此模型中，假设强 Hund 耦合时，将会得到基态下导电电子（此时为 e_g 电子）的自旋，与局域（t_{2g}）电子的自旋平行。并且，导电电子的运动，即格座间的跃迁，会"带动"周围格座的局域自旋，使得系统变为铁磁。此双交换物理图像被用来解释 CMR 锰酸盐中的铁磁金属态。

人们援引类似的机理来解释很多其他过渡金属化合物中金属态的铁磁性，这些金属态可以通过掺杂获得，或者因为本征能带足够宽。例如，这似乎是 CrO_2 中铁磁金属态的机制——此材料在很长一段时间被用于磁带。根据从头起（ab initio）计算，Cr^{4+} 两个 t_{2g} 电子中的一个几乎是局域的，并且具有局域磁矩。第二个电子形成金属能带，并由双交换提供铁磁序机制。

人们用这种机制来解释许多其他材料的铁磁性，甚至包括过渡金属本身，如金属铁、钴和镍。在这些系统中，我们处理的也不是一种 d 电子，而是不同能带的电子。Hund 交换和类Hubbard 关联都很重要，尽管这些系统具有金属特性。在将这些系统描述为巡游系统的方法中，特别是使用密度泛函方法的从头起（ab initio）能带结构计算，如局域密度近似（LDA），这些相互作用具有交换劈裂形式，通常用 I 表示。磁有序的条件（尤其是铁磁性）广义 Stoner 准则形式：

$$I\chi(\mathbf{k}) > 1 \tag{9.12}$$

其中，$\chi(\mathbf{k})$ 为相应波矢的磁导率。对于某一 $\mathbf{k} = \mathbf{Q}$ 的不稳定性，意味着将获得相应波矢为 $\mathbf{Q}$、或周期为 $\hbar/\mathbf{Q}$ 的磁序（例如螺旋磁结构）。$\mathbf{Q} = 0$ 为趋向于铁磁性的不稳定性判据，可以改写为：

$$IN(\varepsilon_F) > 1 \tag{9.13}$$

其中，$N(\varepsilon_F)$ 为 Fermi 能级处的态密度，这就是狭义 Stoner 准则。此方法引入的交换劈裂 I 本质上在局域描述中与 U 和 J_H 有关。

这些考虑还表明，在金属范围内，还可能发生磁导率 $\chi(\mathbf{k})$ 的最大值不在 $\mathbf{k} = 0$ 的情况（意味着铁磁的趋势），也不在 $\mathbf{k} = (\pi, \pi)$ 或 (π, π, π)（意味着在二维正方或三维立方晶格中反铁磁序趋势），而是对于某一 $\mathbf{k} = \mathbf{Q}$ 中间值，如果满足式（9.12），则表示趋向于相应周期的螺旋态或自旋密度波。这种情况通常可以在两种典型情况下遇到。首先，当最近邻和更远邻格座之间存在竞争相互作用时，这种情况会发生在更为局域的电子中，见 5.7 节。但在金属系统中，我们在特定的能谱或叠套 Fermi 面的特定形状的情况下更常遇到这种情况，见式（9.4）。这种叠套可以发生在关联能带本身，就像金属 Cr 或过渡金属二卤族化合物（然而，一般得到电荷密度波，而不是像 Cr 那样的自旋密度波）的情况。或者叠套可以发生在相对宽的导带中，与局域电子共存，这通常是稀土金属及其化合物中的情况。

无论如何，可以看出强电子关联的金属系统，无论是掺杂的 Mott 绝缘体还是"在 Mott 转变金属侧"的更巡游的系统，通常表现出相当有意思的磁性——一般为铁磁序，但也有更复杂的磁结构，如磁螺旋。即使这样的金属系统仍然为非磁性［如果相互作用不够强则无法满足Stoner 准则式（9.12）和式（9.13）］，往往强关联的存在会导致系统的反常磁响应——例如类Curie 磁导率 $\chi \approx 1/T$ 而不是正常金属中典型的约等于常数的 Pauli 磁导率 χ。接近不同种类的磁不稳定性[式(9.12)和式(9.13)]也可能通过相应的自旋涨落(铁磁或反铁磁)引起电子的相互作用,这尤其可以提供超导电子配对的机制,见 9.6 节。

9.5　掺杂强关联系统的其他特殊现象

在处理 Mott 绝缘体时,根据特定的情况,可能存在不同类型的有序。如果改变电子浓度,这些性能会发生改变,特别是如果掺杂后材料变得导电。前一节展示了磁序是如何因此改变的,那么其他可能的有序类型呢?

当然,铁电性会消失:导电材料中不存在电极化现象。然而却存在反转对称性缺失的金属,甚至那些具有热释电对称性的金属,这种"铁电金属"的性质非常有意思[①]。

其他类型的有序,如轨道序,或特定离子的自旋态,也可以通过掺杂改变。相反,新的有序类型会出现。最常见的是不同类型的电荷序,见第 7 章。当然,在某些这样的系统中可能出现的超导现象也非常有意思。

9.5.1　金属系统中轨道序的改变或抑制

电子局域和轨道简并的系统通常表现出某种轨道序,并伴有相应的结构(Jahn - Teller)畸变。然而,当电子变为巡游的时,这样的轨道序通常会消失。因此,可能存在很多金属系统,其中不同的轨道会贡献形成能带。通常在这些情况下,我们不讨论轨道序,也没有相应的畸变。可能有几个不同起源的穿过 Fermi 能级的能带;Fermi 面也可能存在不同的 Fermi 口袋;有时甚至可以说,哪个轨道的贡献更大,是 d 电子,p 电子还是 s 电子。但是对于足够宽的能带,这只是一种近似的描述,我们不会在通常意义上去讨论轨道序[②]。严格地说,对于能带电子,不能指定到一个轨道态:仅在 Γ 点($k = 0$),能带态可以按照各自离子的点群分类,即人们可以说哪个态来自例如 e_g 还是 t_{2g} 电子。在 Brillouin 区中任意 k 点,此分类是无效的。然而,通常当能带足够窄时,仍然可以说哪个能带起源于哪个 d 能级。此时,如果一个能带的占据与另一个不同,人们仍然可以讨论轨道序等,但必须非常小心此术语;应该说明,讨论的是**能带**电子,而不是局域电子。而能带电子各自的畸变特征可能与局域情况下的不同。因此,在第 6 章中强调了,对于 e_g 简并的常规 Jahn - Teller 系统,局部畸变几乎总是对应于相应的 MO_6 八面体的**伸长**:在已知的数百种具有 Jahn - Teller 效应和轨道序的绝缘体中,实际上没有(或几乎没有)局部收缩的八面体。但对于部分填充的 e_g **能带**(主要具有某一轨道特性)则不一定如此。因此,在 $R_{1-x}A_x MnO_3$ 型掺杂的锰酸盐中(9.2.1 节),产生的能带相对较窄,通常人们仍然可以说这些能带主要具有 $|x^2 - y^2\rangle$ 或 $|z^2\rangle$ 性质(这种情况也适用于包含简并 t_{2g} 电子的尖晶石,如 $MgTi_2O_4$ 或 ZnV_2O_4,见 6.2 节,以及许多其他系统)。但例如,如果电子主要占据 $|x^2 - y^2\rangle$

[①]　"铁电金属"已有报道,见 Kim T. H., Puggioni D., Yuan Y., et al. Nature, 2016, 533: 68。

[②]　有时,我们甚至会考虑轨道序及相应的晶格畸变是否存在,此时,根据电子数,可以把轨道简并作为我们处理的是局域电子还是巡游电子的"指纹"。如果系统中存在 JT 畸变,则应将其视为局域电子;如果在名义上轨道简并的系统中不存在 JT 畸变,则表明相应的电子应视为巡游的。

能带,这可能是层状(但也可能是三维钙钛矿中的情况①)锰酸盐的情况,这种能带占据可能会导致 $c/a<1$ 的四方畸变,即对应 MnO_6 八面体的局部**收缩**。再一次强调,这对于部分填充的 e_g**能带电子**是可能的,但是对于**局域** e_g 电子几乎是不可能的。

当真正讨论局域电子轨道序时,掺杂通常会抑制此有序。这可以从图 5.16 和图 9.4 的锰酸盐相图看出:未掺杂 $LaMnO_3$ 中的常规轨道序被掺杂抑制,至少在一般情况下,在铁磁金属 CMR 态中不存在轨道序。详细结构研究表明,掺杂范围 $0.3 \lesssim x \lesssim 0.5$ 内,温度高于铁磁转变温度 T_c 时,仍然存在短程电荷和轨道关联,让人联想到 $x=0.5$ 时出现的电荷和轨道序,但是这些相互作用随着进入铁磁态而迅速消失。因此,在铁磁相中,轨道序似乎在低温下完全消失②。类似地,某些过渡金属化合物(例如 VO_2 和 V_2O_3)中的金属—绝缘体转变,在绝缘相中伴随了一定的轨道序,而不同的轨道在高温金属态中数量大致相同,见下文和第 10 章。在某些情况下,这样的轨道序会导致系统的有效维数约减,然后可能由于 Peierls 现象而出现能隙。VO_2 中似乎是这样的,并且也可以用来解释 $MgTi_2O_4$ 和 $CuIr_2S_4$ 中伴随自旋单态形成的金属—绝缘体转变。因此要再次强调,在金属相中很少遇到轨道序,但这在绝缘态中经常出现。

9.5.2　掺杂 Mott 绝缘体中的自旋阻塞和自旋态转变

掺杂可以显著改变关联电子系统的其他性质。如 3.3 节、5.9 节和 9.2.2 节所讨论的,在某些情况下,尤其是包含 d^6 组态 Co^{3+} 和 Fe^{2+} 的材料,可能存在不同的自旋态,例如高自旋(HS) Co^{3+} ($t_{2g}^4 e_g^2$),$S=2$、中间自旋态(IS)Co^{3+} ($t_{2g}^5 e_g^1$),$S=1$ 和非磁性低自旋(LS)Co^{3+} ($t_{2g}^6 e_g^0$),$S=0$。某些情况下,例如在 $LaCoO_3$ 中,随着温度的升高,发生从非磁 LS 态到磁性态(HS 或 IS)态的转变(或者更准确地来说是过渡),见 9.2.2 节。类似的转变也可以由掺杂引起,例如 $La_{1-x}Sr_x CoO_3$。在这样的转变中发生了什么物理现象?导致这些转变的因素是什么?

一个决定自旋态的重要效应是由 Maignan 等提出的**自旋阻塞**现象③。假设从低自旋 Co^{3+} 的 $LaCoO_3$ 出发,如图 9.24 所示。如果在此系统中增加一个额外电子,则会形成 Co^{2+} (d^7)态。Co^{2+} 离子几乎总是以自旋 $S=\dfrac{3}{2}$ 的高自旋态 $t_{2g}^5 e_g^2$ 存在,如图 9.24 所示,只有当晶体场非常强时(例如非常强的配体 CO 或 NO_2),才能变成低自旋。于是,从图 9.24(a)可以看出,此额外电子的跃迁,或者 Co^{2+} 和 Co^{3+} 态的交换是被禁止的:如果从 HS Co^{2+} 转移一个 e_g 电子到 LS Co^{3+},"左边"得到的 Co^{3+} 态会处于"错误的"态——变为 IS Co^{3+},而不是最初的 LS

---

① 例如,对于 $x>0.5$ 时 $Nd_{1-x}Sr_x MnO_3$ 的 A 相。

② 除了金属态中两个 e_g 轨道的统计数目相等之外,还存在另一种可能性:如果关联作用仍然足够强,就如锰酸盐中 CMR 态那样,在掺杂系统中可能出现与常规情况下可以用波函数式(6.1)描述的情况完全不同的轨道序。此时,可能出现**复数**轨道序——$\dfrac{1}{\sqrt{2}}(|z^2\rangle \pm i|x^2-y^2\rangle)$)类型的 e_g 轨道的复数线性组合。可以证明,这样的轨道的电子密度对称,即与常规轨道序态不同,这样的轨道不会导致电四极矩,也不会导致结构畸变。相反,这些态[实际上是赝自旋算符 τ^y 的本征态,见 6.1 节,而常规态式(6.1)是 τ^x 和 τ^z 的本征态]将打破时间反演不变性,并且,像所有的复态一样,将是磁性的。然而,它们的磁偶极矩为零:此态非零的是**磁八极**矩。更高的多极有序的类似状态有时会涉及不同的情况,最常见的是稀土化合物,如 CeB_6 或 URu_2Si_2,也包括一些过渡金属化合物。在我们的情况中,可以证明,这样的态可能确实有利于掺杂双重简并 Hubbard 模型式(6.13)。这样的态是否在掺杂锰酸盐的铁磁态中出现仍然是一个悬而未决的问题。

③ Maignan A.,Caignaert V.,Raveau B.,et al. Phys. Rev. Lett.,2004,93:026401.

Co^{3+}。类似地，"右边"产生的 Co^{2+} 也是"错误的"——变为 LS Co^{2+} $(t_{2g}^6 e_g^1)$。换言之，无法通过只移动一个电子来交换 HS Co^{2+} 和 LS Co^{3+}。也可以用另一种方式来解释：不能通过只移动一个电子来交换 $S = \dfrac{3}{2}$ 的态［图 9.24(a) 左侧的 HS Co^{2+}］和 $S = 0$ 的态（右侧 LS Co^{3+}）：这种跃迁可以将相应离子的自旋改变 $\pm \dfrac{1}{2}$。因此，这种情况会引起**自旋阻塞**：离子态 $Co^{2+}\left(S = \dfrac{3}{2}\right)$ 无法在 $Co^{3+}(S = 0)$ 离子的背底中自由传播，无法获得其动能（在跃迁被允许时可以）。

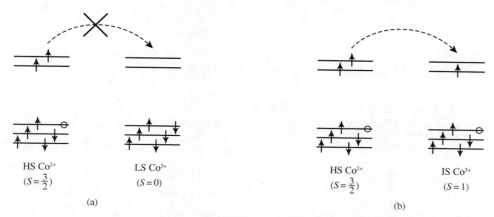

HS Co^{2+}　　　LS Co^{3+}　　　　　HS Co^{2+}　　　IS Co^{3+}
$\left(S = \dfrac{3}{2}\right)$　$(S = 0)$　　　　$\left(S = \dfrac{3}{2}\right)$　$(S = 1)$
(a)　　　　　　　　　　　　　(b)

图 9.24　**(a) 高自旋 Co^{2+} 和低自旋 Co^{3+} 之间电子跃迁的自旋阻塞；**
(b) 高自旋 Co^{2+} 和中间自旋 Co^{3+} 之间的跃迁是允许的

解决此问题的方法与之前在 3.3 节、5.9 节和 9.22 节遇到过的相似。可以将 Co^{3+} 离子从 LS 态激发到 $S = 1$ 的 IS 态，如图 9.24(b) 所示：此时，容易将第二个 e_g 从 Co^{2+} 移动到此格座，于是恢复到了初始态，即 IS 态 Co^{3+} 和 HS 态 Co^{2+}，它们仅在晶格上进行了位置交换。因此，Co^{3+} 从 LS 态激发到 $S = 1$ 的 IS 态后，掺杂电子可以在这些激发 IS Co^{3+} 间自由移动，进而获得一定的动能。如果此动能增加超过了激发 LS Co^{3+} 到 IS Co^{3+} 态的能量，此过程就会自发发生。

对钴酸盐进行空穴掺杂时会遇到类似的情形，例如 $La_{1-x}Sr_xCoO_3$。形式上，此时产生了一般为 LS 态的 Co^{4+} 离子。相应的情况如图 9.25 所示。从图 9.25(a) 可知，原则上，可以通过移动一个 t_{2g} 电子来交换 LS Co^{3+} $(S = 0)$ 和 LS $Co^{4+}\left(S = \dfrac{1}{2}\right)$。但是，$t_{2g}$ 电子的跃迁效率低得多，相应获得的动能也比 e_g 情形小得多：这出现在很多案例中，例如 CMR 锰酸盐，其中 t_{2g} 电子几乎是局域的，而 e_g 电子形成部分填充的能带。此时的情况类似，但是为了获得 e_g 电子的动能，首先必须将 LS Co^{3+} 激发到 IS 态，如图 9.25(b) 所示。此过程会消耗一定的能量，但是产生的 e_g 电子则可以自由地跃迁到相邻的 LS Co^{4+}，如图 9.25(b) 所示。同样地，如果获得的动能超过了激发（一定量的）LS Co^{3+} 到 IS 态的能量，那么此过程会自发发生。注意，在相邻 Co 离子之间跃迁的 e_g 电子的自旋是平行的，此过程会稳定铁磁序。

这显然是空穴掺杂 $LaCoO_3$ 的情况。如图 9.12 所示，$La_{1-x}Sr_xCoO_3$ 在 $x \gtrsim 0.2$ 时变为铁磁金属，在此相中，不仅形式上由掺杂导致比例为"x"的 Co^{4+} 离子携带非零自旋，而且实

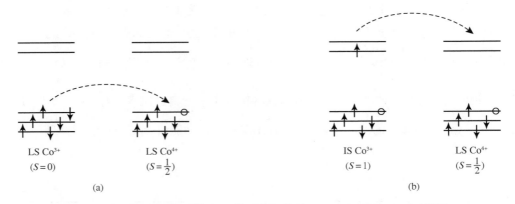

图 9.25　不同自旋态 Co^{3+} 和 Co^{4+} 之间可能的 t_{2g}-t_{2g}(a) 和 e_g-e_g(b)跃迁

际上,所有的 Co 离子都是磁性的——更接近 IS 还是 HS 态仍然存在争议[①]。最有可能的是,使用 IS 态的描述更好(尽管这种描述可能不太适用于巡游电子的金属态)。实验证明,在 $La_{1-x}Sr_xCoO_3$ 中,对于非常低的掺杂 $x \approx 0.2\%$,某些 Co^{3+} 也会跃迁到 IS 态。此时,围绕 Co^{4+} 态的六个 Co^{3+} 离子激发到了 IS 态,见图 9.26,即每个掺杂的空穴会产生一个局域对象——磁极化子,或更准确来说为自旋态极化子,其额外的空穴退局域化到这七个格座。从图 9.25(b)可以看出,对于一个空穴的自由移动,同样需要所有格座的自旋平行。因此,在此物理图像中,每个空穴 $\left(\text{LS Co}^{4+}, S=\dfrac{1}{2}\right)$ 在其邻近的格座产生六个 $S=1$ 的磁性 IS Co^{3+} 离子,于是,此对象的总自旋为 $6+\dfrac{1}{2}=\dfrac{13}{2}$,即总磁矩 $M=13\ \mu_B$。这确实可以通过非常低掺杂的 $LaCoO_3$ 的磁导率看出,并被中子散射和 ESR 所证实。

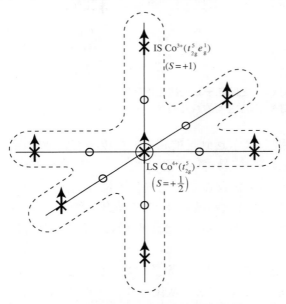

图 9.26　在微量 Sr 掺杂 $LaCoO_3$ 中形成的磁团簇("×"为 Co^{3+},中心处的"×"为 Co^{4+},"○"为氧)

有些令人惊讶的是,这种低自旋 Co^{3+} 向磁态的跃迁,无论是在低还是高电子掺杂的钴酸盐中都没有被观察到。因此,例如半掺杂层状钴酸盐 $La_{1.5}Sr_{0.5}CoO_4$,其名义上 Co 离子一半为 $2+$,一半为 $3+$,具有 Co^{2+}/Co^{3+} 棋盘状的电荷序,如图 9.27 所示。Co^{2+} 离子(图 9.27 中的"×")为 $S=\dfrac{3}{2}$ 的磁性离子,因为它们应该为 HS Co^{2+},但是 Co^{3+} 保持非磁性,即 LS Co^{3+}。

---

① 注意,e_g 电子的自由跃迁不仅能在 LS $Co^{4+}\left(S=\dfrac{1}{2}\right)$ 和 IS $Co^{3+}(S=1)$ 之间发生,还可以在 IS $Co^{4+}(t_{2g}^4 e_g^1)$ $\left(S=\dfrac{3}{2}\right)$ 和 HS $Co^{3+}(t_{2g}^4 e_g^2)(S=2)$ 之间发生。

此系统中的磁序,仅涉及 Co²⁺,同样如图 9.27 所示。为什么上文表述的自旋阻塞(例如图 9.24)在此不起作用,即为什么尽管 Co³⁺ 离子被 Co²⁺ 包围仍保持非磁性 LS 态,是一个有意思的开放性问题。可能有两个因素导致了钴酸盐中电子掺杂和空穴掺杂之间的这种明显的非对称性。第一个是晶格效应:Co²⁺ 离子的半径比 Co³⁺ 大得多。因此,当通过电子掺杂产生 Co²⁺ 时,相邻的 Co³⁺ 格座会被局域压缩,这稳定了 Co³⁺ 的 LS 态。确实,如 3.3 节所述,LS Co³⁺ 的离子半径比例如 HS Co³⁺ 的小得多(小了约 15%)。因此,压缩使 Co³⁺ 的 LS 态更稳定,这与实验相符。这可能是在电子掺杂时,阻止相邻 Co²⁺ 的 Co³⁺ 从 LS 到 HS 态转变的重要因素(在 La₁.₅Sr₀.₅CoO₄ 中,大的 HS Co³⁺ 和小 LS Co³⁺ 交替形成棋盘状电荷序也可能与此有关)。与之相反,空穴掺杂导致的 Co⁴⁺,例如 La₁₋ₓSrₓCoO₃,相对较小,相邻的 Co³⁺ 有更多空间,也就是更容易转变到更大的 IS 或 HS 态。

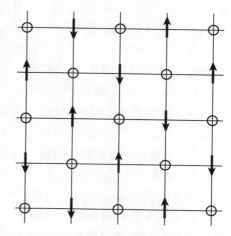

图 9.27　半掺杂单层钴酸盐 La₁.₅Sr₀.₅CoO₄ 的电荷序和磁序("〇"表示 $S = 0$ 的低自旋 Co³⁺,其中箭头展示了 Co²⁺ 离子的磁序)

另一个可能的因素是,额外电子确实进入了 d 态,产生了标准的 Co²⁺。然而,通过空穴掺杂形式上产生的"Co⁴⁺"被认为是相对不稳定的:如第 4 章所述,这些态的电荷转移能隙非常小甚至是负的,于是很大一部分空穴实际上进入了相邻的氧,相对于 Co⁴⁺(d⁵),我们会得到 Co³⁺(d⁶)$\underline{L}$,甚至是 Co²⁺(d⁷)$\underline{L}^2$,其中 $\underline{L}$ 表示配体空穴。这会降低相应的晶体场劈裂,因此有助于空穴掺杂 LaCoO₃ 的 LS–HS 或 LS–IS 转变[注意,LS 相对于 HS 或 IS 态的相对稳定性由晶体场劈裂和 Hund 耦合的比值决定:较大的晶体场劈裂会稳定 LS 态,劈裂的降低会有助于 HS 或 LS 态,见式(3.33)、式(3.36)和式(3.38)]。

9.5.3　关联系统中的量子临界点和非 Fermi 液体行为

9.3 节已经提到,某些情况下,掺杂 Mott 绝缘体即使为金属性,也可能与 Fermi 液体型正常金属表现不同。因此,最优掺杂铜氧化物的电阻,在很大一个温度范围内,通常关于温度是线性的,$\rho \approx T$(在某些系统中,也可能为 $\rho \approx T^{1.5}$),在高温下,电导率可能小于 Mott 最小金属电导率。对这种非正常金属行为的一种解释是,此行为最为明显的掺杂浓度 x,或多或少与系统中的某些有序消失的浓度一致。通过改变某一特定的参量 q(压力、磁场或掺杂浓度)抑制了某些有序,于是相应的临界温度 $T_c(q)$ 随着 $q \to q_c$(例如压力 $P \to P_c$)变为零,被称为**量子临界区间**,(q, T) 相图中的点 $q = q_c$ 被称为**量子临界点**(quantum critical point, QCP),如图 9.28 所示。确实,接近临界点 T_c,尤其是当处理 II 级(连续)相变的时候,通常会出现很强的涨落。对于有限 T_c,这些涨落通常是热涨落,其本质上

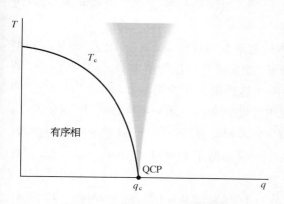

图 9.28　包含 QCP 的相图示意图

是经典的。但是，如果通过改变某些外参量 q，可以抑制 T_c，使得 $q \to q_c$ 时，$T_c \to 0$，那么接近这样的 QCP 时，不再是经典的，而是量子涨落会起主要作用。这可以改变系统的许多性质，包括热力学性质和输运性质。

尤其是，如果处理的是金属系统，或者至少某一相（例如图 9.28 中的无序相）为金属，那么通常接近 QCP 时（图 9.28 中阴影），系统的行为会明显不同于远离此点的正常 Fermi 液体。于是，我们讨论的是**非 Fermi 液体**态。

在这些情况下，不同系统的行为并不总是相同的，它可能取决于特定的情况和 QCP 的具体类型。因此，例如电阻率可能为线性 $\rho \approx T$，或者 $\rho \approx T^\alpha$（特定的指数 α，例如 $\alpha = 1.5$）。此外，比热或磁化率等物理量可能与正常 Fermi 液体行为（$c \approx \gamma T$、$\chi \approx \text{const.}$）不同，可能变为非解析的，例如 $c \approx T^\zeta$ 等。

如今有很多 QCP 的例子，以及不同系统中相应的非 Fermi 液体行为[①]。人们在稀土金属化合物中通常可以清晰看到这些效应，例如在重 Fermi 子系统，见第 11 章。然而，某些过渡金属化合物同样表现出这些行为。尤其是，对于接近最佳掺杂高 T_c 铜氧化物奇异正常态的一种解释是将其归因于该物相附近的一个"隐藏的" QCP，大约在 $x \approx 0.22$，就在超导"圆屋顶"内，如图 9.29 所示（参考图 9.16）。此 QCP（如果确实存在的话）的具体本质是什么，与之关联的是哪种有序还不完全清楚。它可能与图 9.16 中的赝能隙相关（然而，其本质仍存在争议）。

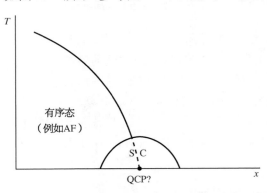

图 9.29 接近 QCP 的圆屋顶形超导相（SC）的相图示意图（这是高 T_c 超导铜氧化物的可能情况之一）

在高 T_c 铜氧化物中，支持这种解释的另一个论据是，在几个不同的系统中，人们经常在接近 QCP 的地方观察到超导，此时某种有序（通常是磁性）会消失，如图 9.29 所示。这种现象在 $CePd_2Si_2$ 和 $CeIn_3$、UGe_2 和某些有机化合物被观察到。通常来说，是反铁磁序（但在 UGe_2 中是铁磁）被抑制了，在这些情况下，人们通常将超导归因于与反铁磁自旋涨落相互作用的电子对。这也是高 T_c 铜氧化物中电子配对本质最主流的解释。

可以预期此时超导是非常规的，不是 s 波类型的［超导序参量或间隙 $\Delta(\boldsymbol{k}) \approx \text{const.}$］，而是 d 波类型的［$\Delta(\boldsymbol{k}) \approx (\cos k_x - \cos k_y)$ 或 $\approx (k_x^2 - k_y^2)$］。对于通过铁磁自旋涨落的耦合，可以预期为 p 波配对——更多细节见 9.6 节。

还有一些更罕见的情况，其中非 Fermi 液体行为不在特殊的**点**（QCP）附近，而是在相图的有限区域内被观察到。这是例如 MnSi 中的情况：螺旋磁序被压力所抑制，但是非 Fermi 液体态在很大的压力区间 $P > P_c$ 中被观察到。另一个这样的例子为镍酸盐，例如 $PrNiO_3$。如 3.5 和 7.5 节（图 3.46）所述，在这些材料中，存在由温度驱动的金属—绝缘体转变，相应的 T_c 可能被压力剧烈抑制。Zhou 等发现，对于 $P > P_c \approx 10$ kbar，此时 $T_c \to 0$，$PrNiO_3$ 变为金属，但是为非 Fermi 液体型：产生的金属相中，电阻率 $\rho \approx T^\alpha$，对于 $P_c < P \lesssim 16$ kbar，$\alpha \approx 1.3$ 而对

---

① 注意，非 Fermi 液体行为可能不仅存在于 QCP 附近，也可以存在于某些其他情况中，见 von Löhneysen H.，Rosch A.，Vojta M.，et al. Rev. Mod. Phys.，2007，79：1015。

于 $P > 16$ kbar，$\alpha \approx 1.6$。也就是说，在这些系统中，QCP 不仅导致了非 Fermi 液体行为，而是一整个非 Fermi 液体区间，其在不同压力下的性质不同。在 MnSi 和 $PrNiO_3$ 的一个很大压力区间中，此行为的本质是什么，什么机制导致了非 Fermi 液体态还不是很清楚。

9.6　强关联系统中的超导

9.2.3 节简要讨论了高 T_c 超导铜氧化物的结构和性能的一些基本方面，主要是以第一个发现的高 T_c 超导 $La_{2-x}Sr_xCuO_4$ 为原型（尽管准确地说，最早发现的是 $La_{2-x}Ba_xCuO_4$）。本节将讨论基于过渡金属的一些其他高 T_c 超导，把关注点主要放在概念性的问题上，例如配对的类型和机制，也就是此现象的本质。

首先关于铜氧化物再多说几句。现在已知有几类高 T_c 铜氧化物超导体，除了 9.2.3 节讨论的所谓的"214"或 $La_{2-x}Sr_xCuO_4$ 型的 LSCO 系统（最高临界温度 $T_c \approx 40$ K），还有 $YBa_2Cu_3O_7$（YBCO）、Bi 基材料，例如 $Bi_2Sr_2CaCu_2O_8$（BSCCO 2212）、和类似的 Hg 或 Tl 基系统。T_c 最高的如下：YBCO 和 BSCCO 的 $T_c^{max} \approx 90$ K，而 Hg 或 Tl 基材料的 $T_c^{max} \approx (120 \sim 130)$K[压力下，甚至高达 $\approx (140 \sim 150)$K]。

所有这些系统都有相同的基本结构单元——如图 9.13 中的二维 CuO_2 层。某些情况下，面内 Cu 离子位于伸长的八面体中，例如图 9.13 中的 $La_{2-x}Sr_xCuO_4$；在其他系统中，例如 $YBa_xCu_3O_7$，"活跃"层包含四方锥 CuO_5 的五重配位 Cu，如图 9.15（b）所示；某些情况下，Cu 离子为正方配位（注意，一般来说，这些是 Cu^{2+} 的典型配位，因为其非常强的 Jahn - Teller 本质）。

这种 CuO_2 层（有时是双层或三层）之间的基团扮演着电荷库的角色（但有时也起着更活跃的角色）。在某些中间层中也存在 Cu 离子，但是通常配位不同，例如线性配位的 Cu^+（哑铃状组态）。

组分的改变，例如在 $La_{2-x}Sr_xCuO_4$ 中用 Sr^{2+} 取代 La^{3+}，或者 $YBa_xCu_3O_{6+x}$ 中氧化学计量的改变，会导致 CuO_2 面的空穴掺杂，进而在一定的空穴浓度时出现超导。高 T_c 超导铜氧化物（$La_{2-x}Sr_xCuO_4$）的相图示意图已经在图 9.16 展示了，但是一般来说，结构与此类材料的其他系统非常相似（存在某些较小的变化）。例如图 9.30 展示了 $YBa_xCu_3O_{6+x}$ 相图示意图，其中氧含量 x 与 $La_{2-x}Sr_xCuO_4$ 中 Sr 浓度的作用相同。对于 $x = 0$，为 Mott 绝缘体，磁性 Cu^{2+}（d^9）离子的自旋 $S = \frac{1}{2}$ 有序排列。两种情况中，空穴掺杂都会导致超导相的出现。在所有高 T_c 铜氧化物情况中，超导相都位于这种磁相附近，并且具有圆屋顶形，在一定掺杂水平下 T_c 达到最大，之后在过掺杂区域降低。在大多数理论中，人们根据超导相与磁相的近邻，把高 T_c 超导归因于电子和磁自由度的相互作用，尽管细节可能截然不同。然而，也存在一些理论，将超导归因于电子与某些电荷激发的耦合（注意，"经典"超导中，超导的主要机制是电子声子耦合，见下文）。

2008 年，包含过渡金属元素的第二大类高 T_c（≈ 55 K）超导被发现：铁基高 T_c 超导。这些系统的种类比铜氧化物更广泛，一般用缩写表示：$LaFeAs(O_{1-x}F_x)$ 的 1111 系统、$BaFe_2As_2$

的 122 系统、LiFeAs 的 111 系统、和 α - FeSe 的 11 系统[①]。

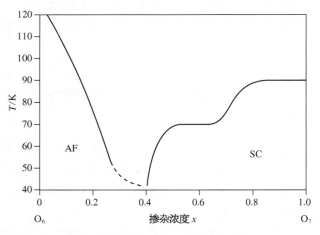

图 9.30 　YBa$_x$Cu$_3$O$_{6+x}$ 的相图示意图

　　这类材料与高 T_c 铜氧化物有相似之处，也有不同之处。两者都是层状（准二维）系统，通常超导态附近都存在磁态。相图的典型形状也类似，见下文。但它们之间也有重要的区别。其一是，与铜氧化物相反，这里的掺杂可能是同价的，也可以用压力代替。此外，虽然未掺杂的铜氧化物是 Mott 绝缘体，其电子关联很强，这显然能持续到超导的化学组分，但铁基系统实际上往往是金属（只有少数例外）。铁基超导中的电子关联较弱——关联仍然存在，但肯定没有铜氧化物中的那么强。据推测，它们的磁性主要具有巡游特性，类似于自旋密度波。

　　此处不再详细描述所有这些系统，只展示这些系统的主要结构单元（图 9.31）和典型相图（图 9.32）（按照惯例，用“×”表示过渡金属离子，此处为 Fe 离子，用“○”表示阴离子——As、Se 等）。Fe 离子形成正方晶格，被 As 或 Se 四面体包围，As 或 Se 离子也在 Fe 层上方和下方形成正方晶格。其他组分（1111 系统中的 LaO 层，122 和 111 系统中的 Ba 或 Li）位于这些 FeAs 层的中间，在 11 系统中，FeSe 层直接相连，没有中间层。

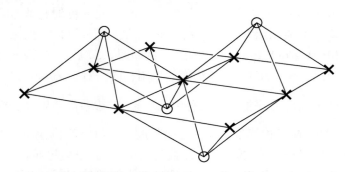

图 9.31 　铁基超导体的基本结构要素，由正方晶格的铁离子在由
　　As 或 Se 组成的四面体配位构成［“×”表示 Fe 离子，
　　“○”表示氮族（例如 As）或硫族（例如 Se）阴离子］

---

　　① 　包含过渡金属镍的镍基超导，例如 Nd$_{0.8}$Sr$_{0.2}$NiO$_3$ 近期被发现了，但其 T_c 较低，仅 ≈ 12 K，见 Li D.，Lee K.，Wang B. Y.，et al. Nature，2019，572：624。

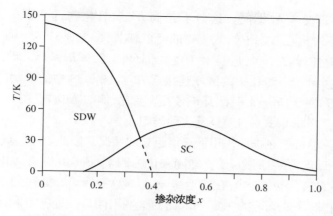

图 9.32　典型的铁基超导相图（例如 $Ba_{1-x}K_xFe_2As_2$）

典型的铁基超导相图（图 9.32）与铜氧化物的有很多相似之处，参考图 9.16。在两种情况中，通常接近超导态都存在某种磁态，超导相都具有圆屋顶形，T_c 在特定掺杂下达到最大值，欠掺杂和过掺杂都会导致超导的消失。在某些系统中，磁和超导相有轻微的重叠。某些情况下，反铁磁（或 SDW）相消失，并突然进入超导相。

当然，最重要的问题是这些系统中的超导机理是什么。上面讨论的这两大组系统都是基于过渡金属元素的，至少电子关联可能很强——其 T_c 值比更早、更熟悉的超导体（如 Al 或 Sn）要高得多。乍一看，这似乎相当出人意料和令人惊讶。实际上，在正常金属中，超导性可以用标准的 Bardeen‐Cooper‐Schrieffer(BCS) 理论很好地描述，超导配对可以用电子声子相互作用提供的电子之间的有效吸引来解释。此时，标准配对处于单态，发生在 s 波通道中，即序参量为：

$$\Delta(\boldsymbol{k}) \approx \langle c_{\boldsymbol{k}\uparrow}^{\dagger} c_{-\boldsymbol{k}\downarrow}^{\dagger}\rangle = \Delta_0 = \text{const.} \tag{9.14}$$

从这个观点来看，在强 Coulomb **排斥**的系统中出现超导似乎非常令人惊讶：在标准方法中，为了形成两个电子的 Cooper 对，需要这些电子之间**相互吸引**。

答案是，在电子排斥占主导地位的情况下，电子的超导配对仍然是可能的，但通常这种配对不是 s 波，而是 p 波或 d 波型；它不会像在 Sn 或 Al 等传统超导体中那样被电子排斥所阻碍，而是会被电子排斥所**促进**。因此，现在已经相当确定的是，高 T_c 铜氧化物的超导性是 d 波型的：

$$\Delta_{\mathrm{d}}(\boldsymbol{k}) \approx \Delta_0 \cdot (\cos k_x - \cos k_y) \approx \Delta_0 \cdot (k_x^2 - k_y^2) \tag{9.15}$$

此处对这些问题不进行过于详细的讨论，只要说明通常超导能隙的自洽方程具有以下形式就足够了：

$$\Delta(\boldsymbol{k}) = -\int d^3 \boldsymbol{k}' \Gamma(\boldsymbol{k} - \boldsymbol{k}') \frac{\Delta(\boldsymbol{k}')}{\sqrt{[\varepsilon(\boldsymbol{k}') - \varepsilon_F]^2 + |\Delta(\boldsymbol{k}')|^2}} \tag{9.16}$$

如果有效相互作用 $\Gamma(\boldsymbol{k} - \boldsymbol{k}')$ 为吸引，$\Gamma < 0$，则此方程可能存在一个式 (9.14) 型的解，其间隙 Δ_0 与 $\boldsymbol{k}$ 无关。然而，如果电子之间主要为排斥，则核 $\Gamma > 0$，这样的解是不存在的：此方程的左右两边的符号相反。

但是此时可能存在这样的解，其中能隙函数 $\Delta(\boldsymbol{k})$ 的符号会随着 $\boldsymbol{k}$ 的变化而变化，也就是说,Fermi 面的不同部分符号不同。这似乎是高 T_c 铜氧化物的情况。Fermi 面的形式如图 9.33 所示(此处不讨论正常态下铜氧化物的能谱细节;详见 9.3 节)。如果式(9.16)中的相互作用 $\Gamma(\boldsymbol{k} - \boldsymbol{k}')$ 是排斥,$\Gamma > 0$,但是对于绝大部分的 $\boldsymbol{k} - \boldsymbol{k}' \approx (\pi, \pi)$,这不为零,即它将 Fermi 面上由波矢 $\boldsymbol{Q} = (\pi, \pi)$ 相关的区域连接起来,如图 9.33 中的箭头所示,那么就会存在式(9.16)的非平凡解,对于 $\boldsymbol{k} \rightarrow \boldsymbol{k} + \boldsymbol{Q}$ 其符号发生变化;例如 $\Delta(\boldsymbol{k})$ 在图 9.33 中的非阴影部分为正,阴影部分为负。d 波解式(9.15)就是这种类型[①]。

这并不是唯一一种可能在排斥作用下获得超导的情况。因此,在铁基超导中(见上文),在 Brillouin 区的 Γ 和 L 点,存在两个(或更准确来说为四个)Fermi 口袋,如图 9.34 所示。如果电子之间存在排斥,$\Gamma(\boldsymbol{k} - \boldsymbol{k}') > 0$,在接近 $\boldsymbol{k} - \boldsymbol{k}' \approx \boldsymbol{Q} \approx (\pi, \pi)$ 处达到最大值,超导方程式(9.16)可能存在一个非零解,其能隙在 Fermi 面的这些不同口袋处符号相反,例如对于 $\boldsymbol{k} \approx 0$,$\Delta(\boldsymbol{k}) > 0$(Brillouin 区的 Γ 点附近),或对于 $\boldsymbol{k} \approx \boldsymbol{Q}$,$\Delta(\boldsymbol{k}) < 0$(L 点附近)。每个 Fermi 口袋中的 Δ 的符号保持相同,即其可以是 s 波型,但是两个口袋中的符号相反。这种配对类型被称为 $s_{\pm}$ 类型,这很可能在铁基超导体中出现。

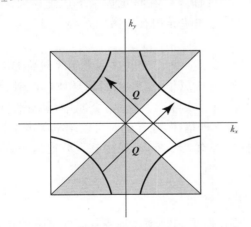

图 9.33　高 T_c 铜氧化物中 d 波配对的起源

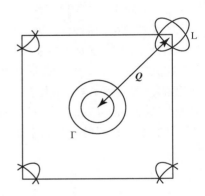

图 9.34　Fermi 面示意图和铁基超导体中 $s_{\pm}$ 配对的可能起源

为什么有效电子-电子相互作用 $\Gamma(\boldsymbol{k} - \boldsymbol{k}')$ 会集中在特定的动量值附近? 通常的方法是将这种相互作用归因于自旋涨落交换,类似于 BCS 理论中的标准电子-电子吸引,这被解释为声子交换。可以预期,在电子排斥占支配地位的强关联系统中,要么出现某种磁序,要么系统接近这种磁序——例如铜氧化物的情况,如图 9.16 和图 9.29 所示。此时可以预期,即使长程磁序被抑制(要获得超导性似乎应该被抑制),仍然会保持较强的自旋涨落。粗略而言,式(9.16)中的有效电子-电子相互作用 $\Gamma(\boldsymbol{k} - \boldsymbol{k}')$ 将正比于:

$$\Gamma(\boldsymbol{q}) \approx \frac{\chi(\boldsymbol{q})}{1 - g\chi(\boldsymbol{q})} \tag{9.17}$$

---

① 有时,相比于 s 波配对,人们解释此时电子排斥的 d 波配对的倾向是因为:鉴于对于 s 波 Cooper 对存在很大概率两个电子会相互靠近,这对于电子排斥非常不利,对于轨道动量 l 非零(对于 p 波,$l = 1$,对于 d 波,$l = 2$ 等)的 Cooper 对,其波函数行为为 $\psi(r) \approx r^l$,即两个电子相互靠近(相对坐标 $r \rightarrow 0$)的概率降低了。虽然这个因素可以发挥一些作用,但这个论点并不完全正确:即使对于 s 波配对,由于在座排斥很强,此概率也可以大大降低。上述处理更为严格,确实描述了排斥相互作用的 d 波配对的主要物理原理。

其中 g 为特定的耦合常数，$\chi(q)$ 为相应的磁导率。可以看出，相互作用 $\Gamma(q)$ 在 $\chi(q)$ 取最大值的 q 处最大。

如果系统接近反铁磁，例如高 T_c 铜氧化物或铁基超导的情况，可以预期，最强的自旋涨落应该为 $q \approx Q \approx (\pi, \pi)$ 处，此时为图 9.33 和图 9.34 的情况［通常在与最终有序对应的 q 值处，$\chi(q)$ 最大］。此时，这种相互作用确实给出了铜氧化物中单态的 d 波超导（图 9.33）和铁基超导中 $s_\pm$ 波超导（图 9.34）。然而，如果最强的自旋涨落是铁磁的，即 $q \approx 0$，则会得到非常规超导，不再是 d 或 $s_\pm$ 波情况的单态 Cooper 对，而是三重态 p 波配对［根据量子力学规则，$S = 0$ 的单态配对（反对称自旋部分）可以与 $l = 0$（s 波）或 $l = 2$（d 波）（对称坐标波函数）共存，而 $S = 1$ 的三重态配对仅可能是 p 波（$l = 1$）或可能是 f 波（$l = 3$）等］。这种三重态 p 波配对极有可能在 Sr_2RuO_4 中出现——此材料晶体结构与 $La_{2-x}Sr_xCuO_4$ 的 K_2NiF_4 型结构相同，但 T_c 低得多 ≈ 0.95 K，并且，如上所述，极有可能为三重态 p 波超导。

在高 T_c 超导中，许多非常重要的问题，特别是在铜氧化物中，仍然是开放的。9.2.3 节已经提到了文献中关于赝能隙相本质的争议：究竟它是超导的前驱体（预形成的超导配对，只是没有真正的超导的相位相干性），还是由于一些其他类型的与超导竞争的有序。

另一个悬而未决的问题是，在产生超导态的过程中，实际上获得的能量是什么。在电子声子配对机制的传统低 T_c 超导中，获得的是相互作用能。但对于铜氧化物，理论和实验表明更有可能获得的是动能——尤其是层间隧穿的能量。其中一个论点是，在高 T_c 铜氧化物所属的强关联系统中，元激发的特征可能不同于金属中的正常电子：如上所述，见第 1 章和 5.7.2 节，这些可能是例如携带自旋的中性激发——自旋子，和无自旋电荷激发——空穴子。因此，举例来说，它们不能从一个 CuO_2 平面隧穿到另一个 CuO_2 平面——它们必须首先结合成一个真正的带电荷 $+e$ 和自旋 $\frac{1}{2}$ 的空穴。但在超导态中，铜氧化物的态和激发的性质发生了变化，变得"更正常"，这有助于获得额外的动能，成为铜氧化物中超导的驱动力。再次强调，这只是一个建议，本节最开始描述的、更为传统的方法目前更加流行。但原则上，高 T_c 铜氧化物超导配对的主要驱动力仍未最终解决，铁基超导亦是如此。

如 9.5.3 节所述，也有人提出在高 T_c 铜氧化物中可能存在一个隐藏的量子临界点，如图 9.29 所示。这种量子临界点是否真的存在，如果存在，其性质是什么，在产生高 T_c 超导中可能扮演什么角色，仍然是悬而未决的问题。但应该注意到，现在有许多不同的关联电子系统，超导确实出现在量子临界点附近。例如，已经提到的稀土系统（$CePd_2Si_2$、$CeRh_2Si_2$、$CeNi_3$、$CeCoIn_5$、UGe_2 和 $URhGe$）、Cs_3C_{60}，以及某些包含关联电子和磁有序态的有机材料，其磁性可以被例如压力等抑制。

9.7 相分离和非均匀态

在能带被部分占据的系统中，特别是掺杂的 Mott 绝缘体中，经常会得到不同类型的非均匀态。在前文中已经遇到了一些例子：不同类型的电荷序（CO）、条纹或电荷密度波（CDW）。这些状态是非均匀的，但仍然有序。还可能出现随机非均匀态，使不同的相随机混合，这往往会导致渗流现象。这种状态通常由系统中的相分离引起。

人们经常遇到均匀态的不稳定性，特别是在掺杂的 Mott 绝缘体中。在描述强关联系统的标准理论模型中，当载流子浓度不同于某些简单的公度值（如 $n=1$ 或 $n=\frac{1}{2}$）时，就会产生这种不稳定性。在不同的真实系统中，也有许多这种相分离的实验迹象。

这一现象最简单模型是标准的非简并 Hubbard 模型[式(1.6)]。9.1 节已经提到，对于大 U/t 和 $n\neq1,n=1$ 的反铁磁绝缘态到最终远离半满的铁磁金属态的过渡可以通过倾斜或螺旋态发生，如图 9.1 和图 9.2 所示，还可以通过相分离进入包含所有掺杂电子或空穴的铁磁区间和 $n=1$ 的未掺杂反铁磁区间；如果考虑到防止大范围电荷非均匀性的长程 Coulomb 相互作用，这种分离为有限大小的铁磁微区形式（回想一下，如果空穴在铁磁背底中移动，可以获得最大动能，这促进了铁磁微区的相分离）。在 Hubbard 模型中，人们可以看到这种相分离的趋势。假设存在这样的电荷分离，让我们将由此产生的非均匀态的能量与最优均匀态的能量进行比较。如果掺杂空穴的平均浓度为 $\delta=N_{holes}/V=(N-N_{el})/V$，此处 V 为系统总体积，其中的 V_F 为铁磁区域体积，包含所有掺杂空穴，于是铁磁部分的实际空穴浓度为 $\delta_F=N_{holes}/V_F=(V/V_F)\delta$（为了具体，此处讨论的是空穴，尽管如上所述，对于简单的晶格，存在电子-空穴对称）。样品的其余部分，即 $V_{AF}=V-V_F$ 将是未掺杂和反铁磁的。此反铁磁区域的能量为：

$$E_{AF}\approx-JV_{AF}=-JV\left(1-\frac{V_F}{V}\right) \tag{9.18}$$

其中，Hubbard 模型中的交换常数 $J=2t^2/U$，见式(1.12)。

体积为 V_F 的铁磁区域的能量由磁能 $+JV_F$（在此体积中失去了交换能），以及占据相应能带的空穴的能量组成。此能量为 $-tz\delta_F V_F+tV_F\delta_F^{5/3}$：空穴在铁磁背底中自由移动，其跃迁矩阵元为 t，带宽为 $2zt$，即这些 δ_F 空穴位于相应能带的底部，$-zt$，进而此能带的有限填充会得到第二项 $\approx\delta_F^{5/3}$。实际上，样品铁磁部分的总能量为：

$$E_F=JV_F-tz\delta_F V_F+t\delta_F^{5/3}V_F \tag{9.19}$$

关于分数 V_F/V 最小化总能量 $E_{AF}+E_F$，即式(9.18)和式(9.19)之和，最终得到：

$$\left(\frac{V_F}{V}\right)_0=\left(\frac{U}{t}\right)^{3/5}\delta \tag{9.20}$$

于是，此相分离态的最小能量为：

$$\frac{E_0}{V}=-\frac{2t^2}{U}-tz\delta+t\delta\left(\frac{t}{U}\right)^{2/5} \tag{9.21}$$

与均匀态能量相比，例如 9.4 节的倾斜态[关于小的 δ 为二次方关系，$\approx-(2t^2/U)-c\delta^2$]，可以看出，至少对于小的 δ，非均匀态的能量[式(9.21)]更低。因此，根据此处理，部分填充的、$U/t\gg1$ 的 Hubbard 模型应该相分离成包含所有掺杂载流子的铁磁金属部分和剩余未掺杂的反铁磁 Mott 绝缘体部分。根据式(9.20)，此非均匀态当 $V_F/V<1$ 时会存在，即对于总掺杂量 $\delta<\delta_c\approx(t/U)^{3/5}$；高于此掺杂水平，铁磁相会占据整个样品，即获得了一个均匀铁磁态。Hubbard 模型中不同状态能量的行为如图 9.35 所示。

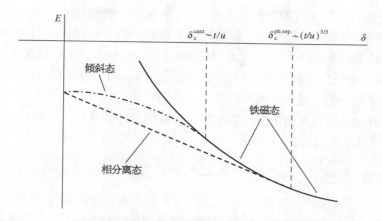

图 9.35　掺杂 Hubbard 模型中的相分离

这种处理当然是非常粗糙的。例如，它没有考虑反铁磁基体中铁磁相的表面能。但最重要的是没有考虑量子涨落。此外，对于真实材料，当然必须要考虑长程 Coulomb 相互作用，这将阻止大范围的相分离，而可能会导致有限大小的铁磁微区，对此，表面能甚至更加重要。然而，在此系统中，均匀态中固有的、普适的不稳定性趋势似乎确实存在，并且在真实系统中常常有迹可循。

同样的相分离趋势在所谓的 $t\text{-}J$ 模型中表现得更加明显，这一模型现在经常被用来描述强相互作用的 Hubbard 系统，特别是高 T_c 铜氧化物。在这个模型中，与 Hubbard 模型[式(1.6)]不同，对于 $U \gg t$，人们将电子系统映射到以下模型：

$$\mathcal{H}_{t-J} = -t \sum_{\langle ij \rangle, \sigma} \widetilde{c}_{i\sigma}^{\dagger} \widetilde{c}_{j\sigma} + J \sum_{\langle ij \rangle} \boldsymbol{S}_i \cdot \boldsymbol{S}_j \tag{9.22}$$

其中，第二项为局域自旋的反铁磁交换，第一项描述了掺杂电子或空穴的移动（注意，有效算符 $\widetilde{c}^{\dagger}$ 和 $\widetilde{c}$ 与原始电子算符 $c^{\dagger}$ 和 c 类似但不等价）。在此 $t\text{-}J$ 模型（对于 $n < 1$）中，人们有效地排除了双重占据格座，仅保留了 $\langle n_i \rangle = 0$ 和 1 的态（"代价"为算符 $\widetilde{c}$ 和 c 的区别）。容易看出，此时如果在此反铁磁系统中加入一定量的空穴，于是至少对于 $J > t$，空穴会倾向于聚集，见图 9.36：如果此时有两个分离的空穴，见图 9.36(a)，每个空穴会失去 z 个反铁磁键（此时，每个空穴四个键，即总共八个键），在这种情况下，当这些空穴聚集，见图 9.36(b)，仅失去七个键，即获得能量 J。如果 $J > t$，此过程显然更为有利。

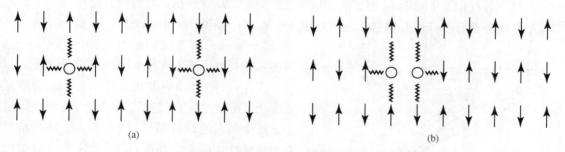

图 9.36　在强交换相互作用 $J > t$ 下，$t\text{-}J$ 模型中相分离趋势示意图

当然，如果回到最初的 Hubbard 模型，$J > t$ 的极限似乎并不现实：在强相互作用 $J = 2t^2/U \ll t$ 的 Hubbard 模型中，如果 $t \approx U$，关于 t/U 使用微扰理论获得的反铁磁交换[式(9.22)]

中的 $J\boldsymbol{S}_i \cdot \boldsymbol{S}_j$ 严格来说是无效的。但从定性上讲,图 9.36 中所示的讨论在更现实的情况下也可能起作用。多数使用 t-J 模型的不同处理确实验证了相分离的趋势,至少对于 $J > t$ 是这样的,尽管某些结果存在细微差别。然而,在最初的 Hubbard 模型中,情况并不是那么清楚:不同的计算在这方面给出了截然不同的结果。尽管如此,相分离的可能性似乎是一个真实而重要的因素,这总是一个必须要考虑的因素。

事实证明,其他情况和其他模型也可能展现同样的趋势。其中一个模型是双交换(DE)模型,详见 5.2 节。此模型的 Hamiltonian 为:

$$\mathcal{H}_{\mathrm{DE}} = -t \sum c_{i\sigma}^{\dagger} c_{j\sigma} + J \sum \boldsymbol{S}_i \cdot \boldsymbol{S}_j - J_{\mathrm{H}} \sum_i \boldsymbol{S}_i \cdot c_{i\sigma}^{\dagger} \boldsymbol{\sigma} c_{j\sigma} \tag{9.23}$$

其中 $c^{\dagger}$ 和 c 描述了导电电子,其在 Hund 交换 J_{H} 下与局域自旋 $\boldsymbol{S}_i$ 相互作用,它们自身之间同样为反铁磁交换 J。在此模型中,人们通常考虑窄带,或小跃迁 $t \ll J_{\mathrm{H}}$ 的情况,其局域电子的交换仍然更小,即 $J < t$。如 5.2 节的讨论,对于大的 J_{H},导电电子的自旋总是平行于局域自旋,正因如此,有效跃迁 t_{ij} 依赖于自旋 $\boldsymbol{S}_i$ 和 $\boldsymbol{S}_j$ 之间的夹角 θ,即 $t_{\mathrm{eff}} = t\cos(\theta_{ij}/2)$,见式(5.14)。结果如第 5 章所示,为了获得巡游电子的动能,局域自旋开始随着掺杂 x 倾斜,即 $\cos\left(\frac{1}{2}\theta\right) = tx/4JS^2$,见式(5.16),如果假设系统是均匀的,那么随着掺杂,局域自旋的反铁磁结构开始改变——首先,会得到一个倾斜态,最后,对于掺杂 $x > x_c = 4JS^2/t$ [式(5.17)],得到铁磁金属态。

然而存在另一种可能性:系统可以变得非均匀,例如得到掺杂电子全部聚集在样品的铁磁部分,而剩余部分为未掺杂反铁磁态的相分离态,而不是均匀的倾斜态。可以看出,这种可能性与部分填充的 Hubbard 模型非常相似。

确实,容易看出,这就是双交换模型[式(9.23)]发生的情况。对于由 $\cos\left(\frac{1}{2}\theta\right) = tx/4JS^2$ [式(5.16)]给出的倾斜角 θ,系统的能量[式(5.15)]变为:

$$E_{\min}^{\mathrm{canted}} = -JS^2 z - \frac{z}{8} \frac{(xt)^2}{(JS^2)^2} \tag{9.24}$$

可以看出,此均匀倾斜态的能量是电子密度 $x = N_{\mathrm{el}}/V$ 的凹函数,即 $d^2E/dx^2 < 0$。但这实际上是系统的逆可压缩性,它的负值意味着此态是不稳定的。能量对电子浓度的依赖关系如图 9.37 所示,类似于 Hubbard 模型的相应依赖性,如图 9.35 所示:均匀倾斜态肯定是不稳定的,人们必须使用 Maxwell 构造来找到两相态:对于平均电子浓度 $0 \leqslant x < \tilde{x}$,系统分解成两相,即 $x = 0$(未掺杂反铁磁态)和 $x = \tilde{x}$(铁磁金属态),其相对体积由常规 Maxwell 法则决定。

同样,长程 Coulomb 相互作用的加入会限制铁磁微区的大小,而不是形成一个大的铁磁区域。由此产生的态的块体属性,例如直流电导率将具有渗流特性:在渗流阈值以下,当这些金属微区没有形成无限的团簇时,系统对于直流表现为绝缘性,尽管存在一定比例的铁磁金属相。只有在超过渗流阈值时,直流电导率变为金属性。

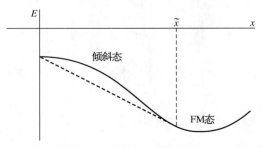

图 9.37 双交换磁体中的相分离。虚线显示了相分离态的 Maxwell 构造

容易估计出由掺杂电子或空穴导致的磁性微区的平均大小(在反铁磁基体中称这样的铁磁微区为**磁极化子**或**铁磁子**)。如果假设每个载流子产生一个半径为 R(单位为晶格常数)球形铁磁微区,其能量为:

$$E(R)\approx\frac{4\pi}{3}R^3JS^2-tz+\frac{t}{R^2} \tag{9.25}$$

其中,第一项为局域自旋交换相互作用的能量损失,因为被"强制"变为铁磁,第二项和第三项代表载流子在半径为 R 的球形势阱中移动的能量(电子或空穴可以在铁磁子中间自由移动,但是不能向外运动到反铁磁基体中)。关于 R 最小化此表达式,得到:

$$R_0\approx\left(\frac{t}{J}\right)^{1/5},\quad E_0=E(R_0)\approx-tz+J^{2/5}t^{3/5} \tag{9.26}$$

(其中,忽略了常数因数≈ 1)。此估算当然只对于 $t\gg J$ 有效,此时铁磁子的半径足够大,大于晶格常数(注意,我们用晶格常数 a 来衡量 R)。

可以证明,在其他情况和模型中,当掺杂有序系统时,如果这种有序抑制掺杂载流子的运动,也有类似的相分离趋势:在所有这些情况中,为了促进电子运动,从而获得动能,可以使有序发生"变形",或者完全破坏。可以证明,这种情况可以存在于电荷序系统中,如轻微偏离公度掺杂 $x=0.5$ 的 $La_{1-x}Ca_xMnO_3$;类似地,伴随自旋态转变的掺杂系统相对于相分离也可能变得不稳定。在所有这些情况中,都可以形成非均匀态,其导电性和很多其他特定的属性都具有渗流物理图像。

人们经常在真实材料中看到这种相分离的倾向。这在掺杂锰酸盐中被观察到,因此,即使是其 CMR 现象,有时也与这种相分离的趋势有关。在钴酸盐和许多其他的系统中也可以看到相分离的迹象。为了解释这些材料的性质,经常需要使用渗流图像。因此,例如在 $La_{1-x}Sr_xCoO_3$ 中发生在 $x\approx(0.18\sim0.2)$ 的向铁磁金属态的过渡,如图 9.12 所示,可以用渗流来解释(注意三维系统的渗流阈值为 ≈0.18)。人们可以通过诸如 NMR 这样的局域探测方式清楚地看到非均匀态的形成:经常显示出不同的相,例如,在锰酸盐或钴酸盐中过渡金属离子的两种不同的局域组态。

关于真实系统,我们在此必须做一个重要的评述。通常在关联系统中(当然,不仅是在关联系统中),人们处理的是突变的 I 级相变。例如,在一些锰酸盐中,从电荷序态转变为铁磁金属态,如图 7.10 所示。此时,这种相变会伴随着一个强烈的滞回,在此相变附近,系统正因此而可能变得非均匀:这类似于在过冷蒸汽中雾的形成。此时,由此产生的非均匀态具有非平衡的本质:其存在和特性取决于例如形核中心等。过冷态和过热态会随着时间的推移而弛豫到一定的均匀平衡态。接近这种 I 级相变的非均匀区域的大小原则上可以相当大,几乎是宏观的。因此,例如在 $Pr_{1-x}Ca_xMnO_3$ 中,从电荷序绝缘态过渡到铁磁相(图 7.10)时,共存相可以随着有序类型、电导率而有所不同,它们的晶格常数和能带结构可能不同,但在电荷密度上没有差异,即这些共存的相是不带电的:它们的化学势,或更准确地来说为电化学势应该是相同的。此时,电中性条件对这些区域的大小没有任何限制,这与上面使用 Hubbard 和双交换模型为例考虑的本征相分离的情况相反。因此,人们必须区分在 I 级相变附近经常看到的宏观和非平衡相分离,以及某些情况下导致微观相分离的内在不稳定性。因此,事实上人们经常使用同一个术语"相分离"来表示两种不同的现象。例如,在 CMR 锰酸盐中,许多相分离的实验观测实际上是对接近Ⅰ级相变的大范围非均匀的探测。然而，一些实验展示了相分离的本征倾向，这种倾向常常出现在掺杂 Mott 绝缘体中。甚至可以说，这种趋势不是一种例外，而是这种情况下的一种规则，在分析此类系统的行为时，我们必须始终牢记这种可能性。

9.8 薄膜、表面和界面

目前为止，我们处理的都是块体过渡金属化合物——真正的三维固体。其中一些可能具有层状（准二维）或链状（准一维）结构，但原则上，最终也会形成三维晶体。然而，在某些特定的系统中，主要的特殊效应是由其二维本质引起，例如薄膜、块体材料的表面，不同系统（例如多层材料）的界面。此类系统的研究非常活跃，并在实践中得到了广泛的应用：现代电子器件很大程度是基于界面现象的，主要是半导体的界面。

在这种情况下，过渡金属化合物会产生非常特殊的效应。由于在表面和界面处的反转对称性被打破，可能会出现非平凡磁性和铁电态，见 8.4 节。类似地，由于薄膜与基片之间的晶格失配，晶格周期性会发生变化。如下文所示，电子结构和多种有序类型都可以在表面和界面处发生改变。

过渡金属化合物代表了一类特殊的情况。目前，这一领域的研究非常活跃，本书无法完整涵盖。本节试图定性地描述一些可能发生的、有意思的效应，其物理原理与本书的主要主题有关。注意，很多对过渡金属化合物表面和界面重要的基础现象——例如，能带弯曲、Shottky势垒的形成等——基本上与半导体的类似。然而，某些现象，确实是过渡金属化合物特有的，是本节讨论的重点。

当处理过渡金属化合物的表面或界面时，首先遇到的效应之一是系统特征参数的改变。对于关联电子系统，这些特征参数首先是有效电子跃迁 t 和由此产生的带宽 $W \approx t$，以及 Hubbard 相互作用 U，参见最简单的 Hubbard 模型[式(1.6)]。由于表面经常发生结构转变，如结构弛豫和最终的表面重构，有效电子跃迁 t 会发生变化。这些在自由表面可能已经发生。不同材料的界面上，晶格常数的匹配至关重要，因为它可以改变原子间的距离，从而改变 t 的值。

但是最简单且最重要的事实是，对于表面层，最近邻数 z^*（d 电子可以跃迁）相对于块体的 z 减少了。因此，有效带宽 $W^* = 2z^* t$，这是电子动能的衡量，其相对于块体的值 $W = 2zt$，在表面处减小了。这种动能的降低对于过渡金属化合物表面和界面至关重要，会导致表面或界面倾向于更绝缘。

同时，在这种情况下，Coulomb（Hubbard）能也会发生变化。通过产生电荷激发（例如 $d^n d^n \rightarrow d^{n-1} d^{n+1}$）对 Coulomb 相互作用的屏蔽，相对于块体，在界面和薄膜中是不同的。描述这种效应的一种简单方法是使用经典的镜像电荷的概念，这在传统电学和磁学课程中很常见。通过电子在格座间的转移，在 Mott 绝缘体中产生的正和负电荷，会与它们的镜像电荷相吸，实际上，产生这种电子空穴对所需的能量（根据定义为 Hubbard 排斥 U）会降低，$U^* < U$。此效应的强度取决于很多因素。原则上，它可以非常强以至于 Mott 绝缘体（块体中 $U > W = 2zt$）的表面或薄膜甚至变为金属性，即 $U^* < W^* = 2zt^*$，或至少在表面带隙会强烈降低，尽管表面处的有效带宽 W^* 本身相对于块体也会降低。对这种情况进行理论讨论，有迹象表明，

在某些情况下，表面带隙的降低可能会发生：例如，金属基片上 NiO 薄膜的带隙为 1.2 eV，小于块体的 3 eV[①]。

然而，如上所述，相反的效应——动能的降低（一个方向上的电子跃迁被抑制）——也会发生，导致表面或界面层更强的绝缘性；比起由于 Hubbard 相互作用减小导致的界面金属化，这似乎更加常见。因此，在很多情况中，人们看到块体为金属的材料，当制备成非常薄（1、2 或 3 层）的薄膜形式时变为绝缘。这是例如在薄膜镍酸盐 $RNiO_3$ 中典型的情况。例如，从图 3.46 可以看出，虽然这些镍酸盐的基态大部分是绝缘的，但块体 $LaNiO_3$ 是金属的。但是，非常薄的 $LaNiO_3$（层数 $\lesssim 3$）为绝缘体，即使是在压应变的基片上（相当于外压力，这通常会使系统金属性更强）。最可能的解释是由于最近邻数的减少和相应的电子在垂直方向跃迁被抑制导致的上述有效动能和带宽 W^* 的降低。

还应注意到，正如第 4 章的讨论，存在两种电子强关联的绝缘体：Mott-Hubbard 绝缘体和电荷转移绝缘体。可以预期，在电荷转移系统中，表面和界面的性质的改变可能更强，因为电荷转移绝缘体对界面处，经过氧的电荷和自旋密度分布非常敏感。电荷转移能 Δ_{CT} 在这些情况下的变化甚至比 Hubbard 排斥 U 更强。

当讨论更真实的情况，在描述中加入轨道效应等因素时，情况可能会变得更加丰富和复杂。特别是在特定轨道序的系统中，轨道结构可以在表面或界面处发生变化。这可能是由几个因素造成的。首先，基片施加的应变可以抑制伴随特定轨道序的晶格畸变。此外，超交换对轨道序的贡献（"Kugel-Khomskii"贡献，见 6.1 节）也可能发生强烈变化。实际上，界面处的轨道结构可能与块体的截然不同，并且可能取决于基片。人们甚至可以通过选择特定的基片来控制轨道结构。实验上，例如当 CMR 锰酸盐 $La_{1-x}Ca_xMnO_3$ 与高 T_c 超导体 $YBa_2Cu_3O_7$ 通过界面连接时，可以看到界面处的轨道重构[②]。其他的效应，例如在各向异性的情况中晶体场劈裂的改变，也可以一定程度上改变表面和界面的轨道占据。

表面、薄膜或多层膜中电子关联强度的改变，以及轨道结构的最终改变，都能强烈地影响交换相互作用和磁序的类型。因此，例如，如果 Mott 绝缘体的表面变成金属，通常可以预期，这样的表面可能也会变成铁磁性，而不是块体的反铁磁性。这与本书其他地方多次提到的一般趋势是一致的，即 Mott 绝缘体通常是反铁磁的，而强关联的金属系统很有可能变成铁磁。然而，如果块体和表面/界面的两种状态都保持绝缘，那么轨道结构的改变，如上所述，原则上可能导致相反的效应。因此，可以推测，考虑到 K_2CuF_4（图 6.11）中的轨道序使得此材料为铁磁，如果界面的轨道序（因为压应变）变为例如 La_2CuO_4 中常见的每个格座由 (x^2-y^2) 空穴占据，如图 6.12 所示，那么此表面层可能变为反铁磁的。

另一类非常重要的现象，是自 2004 年以来，相关研究非常活跃（尽管许多基本思想在更早的时候就形成了），那就是与薄膜中可能存在荷电层相关的效应，特别是在界面上，并与极化灾难和由此产生的电荷再分配相关现象有关。

荷电层的存在会导致相当不平凡的效应，这一事实很久之前就在半导体物理学中实现了，而在当前背景下，Hesper 等[③]给出了最清晰的形式。以典型的钙钛矿，例如 $LaMnO_3$ 的（001）

① Coulomb 相互作用的长程部分也可以在薄膜中被剧烈地改变，这取决于薄膜的厚度和薄膜与基片介电常数的比值。
② Chakhalian J., Freeland J. W., Srajer G., et al. Nat. Phys. 2006, 2: 244; Chakhalian J., Freeland J. W., Habermeier H. U., et al. Science, 2007, 318: 1114.
③ Hesper R., Tjeng L. H., Heeres A., et al. Phys. Rev. B, 2000, 62: 16046.

图 9.38　在例如 LaMnO$_3$ 或 LaAlO$_3$ 等钙钛矿系统中的荷电(001)层

面为例。此时,每个单胞中交替的 Mn^{3+} O^{2-} 层总电荷为 -1,La^{3+} O$_2^{2-}$ 层总电荷为 $+1$,如图 9.38 所示。

在经典静电理论中,此时有效电场 $\mathcal{E}$ 和电势 V 如图 9.39 所示。也就是说,电势会随着薄膜的厚度增大而增大,$V(n) = V_0 n$,其中 n 为层数。实际上,此电势会随厚度线性增长,在一定厚度时,电势降会超过系统的带隙 E_g,这意味着系统是不稳定的。

简单的估计表明,图 9.39 中的非零电场将为 $\mathcal{E}_0 \approx 10^7$ V/cm,厚度 $d \approx 4$ Å 的一个单胞的电势降 V_0 为 $V_0 \approx \mathcal{E}_0 d \approx 0.4$ V,于是跨过一个单胞移动一个电子的能量为 $E_0 \approx eV_0 \approx 0.4$ eV。实际上,对于 5 个单胞,电势降为 ≈ 2 V,也就是说,相应的能量将为 $E \approx 2$ eV,这已经与系统的典型带隙差不多或更大了。对于更厚的薄膜,它还会进一步增加,并极大地超过带隙。此情况被称为**极化灾难**:这样底层和顶层之间电势差如此大,显然是不稳定的。

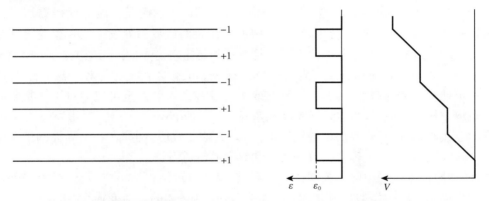

图 9.39　荷电层堆叠中的有效电场和电势展示了极化灾难现象(电势随厚度无限制的增加)

这个问题存在不同的解决方案。在实际情况中,薄膜的表面可能会吸附一些周围介质(液体、空气)中带电离子。另一个选择是边界层化学计量的变化,例如形成氧空位。的确,带电层之间巨大的电位差可能会导致一个强电场,将原子推离已经稳定的平衡位置(由于界面对称性破缺),导致空位的形成。此时,相对于图 9.38 中荷电为 -1 的顶层 Mn^{3+} O$_2^{2-}$ 层,取而代之的是荷电为 $+3 - 2(2-x) = -1 + 2x$ 的缺氧的 Mn^{3+} O$_{2-x}^{2-}$ 层;因此,对于 $x = 0.5 \left(\text{此层中有} \frac{1}{4} \text{氧空位}\right)$,此层为电中性。这是非常现实的情况,而且显然也是很常见的。简单地说,薄膜的生长过程中,最初的几层按照理想配比生长,但在某一阶段下,电势降足够大时,将不再有利于生长理想配比层,于是出现非理想配比使得表面层为电中性。

另一种经常发生的情况是在生长过程中,界面处离子互扩散,例如界面层的相互扩散会使 SrTiO$_3$/LaTiO$_3$ 界面处的极化灾难被"避免"。

但也存在一种更有意思的、本征的克服极化灾难可能性,即**电子重构**——一定量的电子从例如顶层转移到底层。事实上,对于顶底层电势降为 $V = V_0 n$,相应能量 $E(n) = eV(n) = eV_0 n$ 超过系统带隙 E_g 的情况,将电子从顶层移动到底层,或形成(空间分离的)电子空穴对是有利的：在此过程中损失能量 E_g，但是获得了更大的能量 $E(n)$。也就是说，此时应该会发生电子重构——即在薄膜的顶底层之间，自发的电荷再分配。

在我们的模型案例中，如图 9.39 所示，应该从顶层（MnO_2）的每个晶胞移动 $\frac{1}{2}$ 个电子到底层（LaO）。于是静电情况将如图 9.40 所示。可以看到，此时电场的符号在相邻层（"电容"）之间交替，总电压降并不随着薄膜的厚度增加，而是呈现锯齿状。

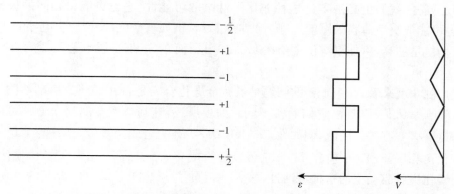

图 9.40　电子重构后的内电场和电势$\left(\text{每个晶胞从顶层到底层转移}\frac{1}{2}\text{电子}\right)$

从图 9.40 所示的电子重构过程中，可以预测一些相当重要的结果。电荷再分配后，原来整数价态的上界面层此时被重掺杂：例如在图 9.40 中，顶层每个 MnO_2 晶胞有 ≈ 0.5 个空穴。此时，可以预计这类表面，或者两个绝缘材料的界面可能会变为金属性。这确实是 Ohtomo 与 Hwang 所研究的情形[1]：尽管块体材料 $SrTiO_3$ 和 $LaAlO_3$ 是优异的绝缘体，但其界面却是金属性的！上面讨论的物理机制——极化灾难和由此产生的电子重构——对此现象给出了一个非常自然的解释。此外，如上所述，存在强电子关联时，可以预期这种部分填充的能带可能导致铁磁性。下面将讨论这方面的实验迹象。

当然，除了氧空位的形成，还必须谨记上文提到的其他可能性，尤其是化学计量的变化。在某些实验中，这些效应可能的确起着重要的作用。但也有论据支持这一本征机制[2]。最有利的证据可能是在 $SrTiO_3/LaAlO_3$ 界面中，金属电导率开始于 $LaAlO_3$ 层特定的临界厚度。$SrTiO_3$ 中，各自层 $Ti^{4+}O_2^{2-}$ 和 $Sr^{2+}O^{2-}$ 都是中性的。但是在 $LaAlO_3$ 中，与上文 $LaMnO_3$ 类似，我们处理的是荷电的（001）层：荷电 $q = -1$ 的 $Al^{3+}O_2^{2-}$ 层，和荷电 $q = +1$ 的 $La^{3+}O^{2-}$ 层。如上所述，此时的极化灾难从特定的 $LaAlO_3$ 厚度开始，使得相应的能量差 $E(n) \approx eV_0 n$

①　Ohtomo A.，Hwang H. Y.. Nature，2004，427：423.

②　注意，在某些情况下必须产生氧空位，即使是在由于极化灾难导致的电荷再分配的情况中。当从 $LaMnO_3$ 的顶层 MnO_2 中移除一个电子$\left(\text{实际上为}\frac{1}{2}\text{个电子}\right)$时，如图 9.38 所示，顶层的 Mn 离子由最初的 Mn^{3+} 变为 Mn^{4+}。但是这对于例如 $LaAlO_3$ 来说并不起作用。此时，同样在顶层 $Al^{3+}O_2^{2-}$ 层中移除 $\frac{1}{2}$ 个电子，但是 Al^{3+} 无法改变价态。取而代之的是必须产生氧空位，每个 AlO_2 中 $\frac{1}{2}$ 个氧空位。实际上，这意味着该层中会产生名义浓度为 $\frac{1}{8}$ 的氧空位，即该层的组成变为 $AlO_{2-\delta}$，$\delta = \frac{1}{8}$。

超过能带 E_g。在 Thiel 等[①]的实验中，1、2 和 3 层系统保持绝缘性，但是从 $n=4$ 开始，界面变为金属性。后来，在其他几种材料的组合中也观察到了类似的临界厚度。极化灾难的本征机理和由此产生的电子重构为这种现象提供了一个自然的解释，包括存在金属电导率出现的临界厚度。

另一个支持本征机理的论据是，由此形成的金属层电子迁移率相当高。如果主要的机制与非化学计量有关，例如在这个界面上氧空位的形成，人们可以预期这种无序会强烈地降低电子迁移率。同样，我们也必须牢记这种非化学计量的可能性（它也可能由相同的极化灾难驱动，因此也可能取决于薄膜的厚度）。此时，如果掺杂（例如氧空位）位于产生电导的不同层中，则迁移率仍然足够高，例如氧空位主要在 $LaAlO_3$ 层，而在 $SrTiO_3$ 层由于 Ti 离子的混合价而导电。

从我们的角度来看，一个重要的问题是过渡金属化合物是否在任何方面都不同于其他材料，如 $LaAlO_3$。人们可以说，它们确实不同。如上所述，这与过渡金属离子通常可以存在不同的价态这一事实有关。因此，例如在 $LaAlO_3$ 中，所有的组成元素价态明确：La^{3+} 和 Al^{3+}，且无法变化。相反，$SrTiO_3$ 包含 Ti^{4+}，它可以轻松接受一个电子而变为 Ti^{3+}。显然，过渡金属离子在极化灾难驱动下的这种灵活性，极大地促进了 $SrTiO_3/LaAlO_3$ 界面的电荷再分配。从这个意义上说，普通能带绝缘体（如 $LaAlO_3$）与过渡金属元素基材料（通常是 Mott 绝缘体）的界面具有特殊意义[②]。这些界面上的特性，以及不同 Mott 绝缘体之间界面，表现出非常特殊的行为，显然值得特别关注。

在这些界面上还可能发生其他的现象。其中一些已经在上面提到过，如轨道重构，不同于块体材料的新磁态等。Reyren 等[③]在同一 $SrTiO_3/LaAlO_3$ 界面上观察到了另一种效应。结果表明，这一界面不仅变成了金属，而且在某些情况下还出现了 $T_c \approx 0.2$ K 的超导性。这种现象很可能是由于 $SrTiO_3$ 表面层的有效电子掺杂造成的：在轻微 Nb 掺杂下，块体 $SrTiO_3$ 变为超导，其 $T_c \approx (0.3 \sim 0.4)$ K 与 $SrTiO_3/LaAlO_3$ 界面的相当（Nb 通常为 5＋，即它可以当作 $SrTiO_3$ 的电子施主）。有意思的是，在某些情况下，$SrTiO_3/LaAlO_3$ 界面同时具有超导性和铁磁性。有人可能会说，此时发生了相分离，见 9.7 节，因此超导区域和铁磁区域在空间上是分开的，这种相分离很可能是由氧空位诱导的。本书在撰写时，这个问题仍未解决。

多层膜可以被看作是一种"材料工程"：它允许人们创造自然条件下不存在的人工材料。因此，例如通过生长不同过渡金属元素 B 和 B' 的连续 (111) 层 ABO_3 和 $AB'O_3$ 钙钛矿，可以创造 $A_2BB'O_6$ 的双钙钛矿，其过渡金属离子 B 和 B' 按棋盘式排列在两个亚晶格中。这种双钙钛矿已知在块体中存在，但在许多情况下，如果使用传统制备技术，其中的 B 和 B' 离子会保持无序[④]。然而，逐层生长可以构建完美有序的系统。此材料工程可以用来制备新奇和特殊的人工材料。

---

① Thiel S.，Hammerl G.，Schmehl A.，et al. Science，2006，313：1942.

② 不应该称 $SrTiO_3$ 为 Mott 绝缘体，尽管经常这么做。这是因为它形式上包含空 d 壳层 d^0 的 Ti^{4+}，即应该被归为能带绝缘体——但仍有可能通过改变 Ti 的 d 能级的占据来改变其价态。

③ Reyren N.，Thiel S.，Caviglia A. D.，et al. Science，2007，317：1196.

④ 通常，在双钙钛矿和许多其他混合过渡金属系统中，如果离子 B 和 B' 的离子半径和价态截然不同，如 Sr_2FeMoO_6（Fe^{3+} 和 Mo^{5+}），则会得到有序结构。该有序双钙钛矿是铁磁的，其具有相当高的临界温度 $T_c = 415$ K 和较大的负磁电阻。但是如果两种离子相当类似，例如 Co^{2+} 和 Ni^{2+}，通常会得到无序系统。

过渡金属化合物的薄膜和多层膜不仅从物理的角度来看非常有意思（因为在这些情况下存在观察到的或预期的非常有意思的物理现象），而且从应用角度也得到了极大关注：它们有非常重要应用前景，其中一些已经实现。还应该注意到，过渡金属化合物表面的现象往往依赖于本征强电子关联，对另一个相当不同的领域来说非常重要——催化领域。所有这些使得对此类系统的研究变得非常重要。

9.9　本章小结

如引言中总纲所述，当考虑关联电子系统时，特别是过渡金属化合物，人们通常从最简单的每个格座的电子数为整数（例如 $n = N_{el}/N = 1$）和强关联［例如在座 Coulomb（Hubbard）相互作用 U 比电子跃迁 t 或相应的带宽 $W \approx t$ 大得多］的情况出发。此时，系统为包含局域电子的 Mott 绝缘体，见第 1 章。基于此，可以通往不同的方向。第一步是"使得描述更现实"：保留电子密度为整数 n 和 $U \gg t$，并引入轨道自由度、Hund 耦合、自旋轨道耦合和多重态效应等。下一步是逐步放宽限制：首先考虑非整数电子密度 n，即部分填充的能带，然后放宽 $U \gg t$ 并考虑向弱相互作用范围过渡。本章中，我们首先处理的第一种情况，即系统仍然是强关联的，但是每个格座的电子不再是整数。下一步，当相互作用变弱，即 $U \lesssim t$ 时的情况，将主要在第 10 章中讨论。

当系统中**晶体学等效的**过渡金属离子具有非整数 d 电子或中间价态时，讨论这些系统的首要问题是该系统是绝缘的还是金属的，以及其类型。有些可能性已经在第 7 章和 5.2 节中讨论过。在这些情况下，可能会出现电荷序，电子以某种规则的方式局域在特定的格座，之后材料变得绝缘。但系统也可能保持均匀，此时，电子（或空穴）可以从已占据的格座跃迁到空格座，这将导致金属行为。但在很多情况下，这些金属不同于标准能带理论中描述的 Cu 或 Al 等正常金属，从更正式的意义上说，后者是 Fermi 液体。即使基态形式上是 Fermi 液体类型，关联性仍然非常重要。因此，在较高的温度下，磁化率仍然可以是类 Curie 的，即 $\chi \approx 1/T$，而不是 Pauli 磁化率 $\chi \approx$ const.（仅在非常低的温度下，χ 变为常数，尽管可能非常大）。强关联但基态为 Fermi 液体的金属中的电阻率低温时表现为 $\rho \approx \rho_0 + AT^2$，其中 $A \approx m^{*2} \approx 1/W^2$，而 m^* 为有效质量，W 为带宽。

但通常关联电子系统，即使是金属的，也表现为非 Fermi 液体。例如接近最佳掺杂的高 T_c 铜氧化物 $La_{2-x}Sr_xCuO_4$，此时其 T_c 最高。在这种情况下，电阻率可以表现为 $\rho \approx T$ 或 $\approx T^\alpha$，其中指数 α 可能不同，例如 $\alpha = 1.5$。通常在高温下，电阻率不饱和而持续增加，或者电导率下降到低于 **Mott 最小金属电导率**，粗略地说，这是在电子平均自由程达到晶格间距的量级时，即 $l \lesssim a$（Yoffe‑Regel 极限）得到的值。因此，强关联金属系统的正常态性质通常与正常金属（例如 Cu）的截然不同。

有时这种特殊的行为与量子临界点有关，在量子临界点处，随着一些参数（压力，磁场，掺杂）的变化，系统中某种类型的有序（通常为磁序）消失，例如 Néel 温度逐渐被抑制到 0 K。量子涨落在此时非常重要，它可以强烈地改变此类系统的性质，特别是使其成为非 Fermi 液体。这在稀土化合物中更为常见，但也可能出现在一些过渡金属化合物中。有观点认为，高 T_c 铜氧化物的奇异正常态性质可能与超导圆屋顶中存在"隐藏"量子临界点有关,该临界点位于最大 T_c 的掺杂浓度附近。但在其他过渡金属化合物中,如 MnSi 或 $PrNiO_3$ 中,这种非 Fermi 液相不仅存在于相图的某一点附近,如临界压力 P_c 处,还存在于 P_c 以上很大的压力范围。这种状态的具体性质尚不清楚。

在未掺杂和最佳掺杂铜氧化物中发现了强关联金属的一个非常有意思的特征。人们发现,在光电子效应中,无法观察到预期的整个 Fermi 面,而只能看到其中的一部分——在四方设定中,所谓的 [11] 和 $[\bar{1}1]$ 方向的 Fermi 弧,即 Brillouin 区中 $\left(\pm \frac{\pi}{2}, \pm \frac{\pi}{2}\right)$ 点附近。一种可能的解释是,未掺杂铜氧化物(例如 La_2CuO_4)中存在反铁磁序背底,或存在特定掺杂下被保留的反铁磁涨落。如第 1 章所讨论的,反铁磁背底阻碍电子或空穴的运动,即在反铁磁亚晶格上的跃迁。但是载流子可以在同一个亚晶格上"沿着对角线"移动。因此,空穴运动在这些方向上可以是相干的,但在其他方向上剧烈衰减。这可以解释沿 Brillouin 区的对角线上存在明确的相干准粒子,而在 x 或 y 方向上没有。如果此时存在一个真正的双亚晶格反铁磁序,那么在平均场近似下,它将截断初始的 Fermi 面,只在 $\left(\pm \frac{\pi}{2}, \pm \frac{\pi}{2}\right)$ 点周围留下小的空穴袋,这可以解释观测到的 Fermi 弧。

由强关联系统中典型反铁磁序导致小的空穴袋的物理图像也有助于解释在掺杂 Mott 绝缘体(如铜氧化物)中观察到的另一个特征。定性上很清楚,从常规 Mott 绝缘体中移除一些电子时,实际的电流将由这些 $\delta = |1-n|$ 空穴所传输,因此例如 Hall 系数 $R_H \approx 1/\delta ec$ 将为大且正的。这的确在低掺杂时被观察到,例如在 $La_{2-x}Sr_xCuO_4 (\delta = x)$ 中。但是总电子数 n 很大,在传统金属相中,这些电子会形成一个大的 Fermi 面;这由 **Luttinger 定理**给出,对于正常金属有效。但是这样一个大的 Fermi 面更倾向于给出一个小而负的 Hall 系数。怎么去协调与 $1/\delta$(在 $La_{2-x}Sr_xCuO_4$ 等于 $1/x$)成比例的大且正的 Hall 系数和大的 Fermi 面这两个特征,是高 T_c 超导和其他掺杂 Mott 绝缘体物理中一个著名的问题,其答案还不是很清楚。一种可能是,如此强关联的金属实际上不是 Fermi 液体,此时,Luttinger 定理可能不成立。另一种可能是上文提到的,即由于潜在的磁关联性,最终得到的可能不是大的 Fermi 面,而是只有小的空穴袋的 Fermi 面。同样,第二种情形基于许多简化,如平均场处理,这些方法的适用性依旧存疑。无论如何,这再次表明,强关联金属的表现可能与正常金属截然不同。这也说明了上文已经提出的观点,在强关联系统中,如掺杂的 Mott 绝缘体,电荷和磁自由度之间有很强的相互作用。这是强关联系统最典型的特征之一,在不同的情况中反复出现。

掺杂载流子的运动对磁结构也有相反的影响。在第 1 和 5 章已经看到,反铁磁会抑制电子的相干运动。此时,如果材料变为铁磁,我们可以获得这些载流子更多的动能。这可以在简单的 Hubbard 模型中看到,但在更真实的多 d 电子情况下,例如由于双交换作用,这会更明显,见 5.2 节[①]。

对于部分填充能带的关联系统,不仅可以存在铁磁性,还可以存在其他类型的磁序。在金属系统中,这是由 Stoner 准则 $I\chi(q) > 1$ 决定的,其中 I 是相应的相互作用,$\chi(q)$ 是依赖于 q

---

[①] 仅仅对于非简并 Hubbard 模型,情况就不那么清楚了。这种模型是否能在任何掺杂状态下得到铁磁态,或者是否真的需要不同类型的 d 电子来实现,还不清楚,此时,铁磁与 Hund 定则导致的"原子铁磁"有关。掺杂非简并 Hubbard 模型在这一方面的严格结论仅存在于极少数情况中,现有的数值计算并没有给出确切的答案。

的磁化率。如果条件首先在特定的 $q = Q$ 满足，那么系统中会出现周期由 Q 决定的（$a \approx \hbar/Q$）磁序，例如以此为波矢的螺旋或正弦自旋密度波（SDW）。导致以上现象的典型情况是**叠套** Fermi 面——Fermi 面存在重叠的（例如平坦的）部分。这显然是许多稀土金属和化合物、金属 Cr 和铁基超导体中磁序的起源。

掺杂还会强烈影响关联系统中许多其他现象，例如抑制或强烈改变许多含有 Jahn-Teller 离子的过渡金属化合物的轨道序（第 6 章）。这是 CMR 锰酸盐（如 $La_{1-x}Ca_xMnO_3$）中的情况，其中轨道序被掺杂抑制并于 $x \approx 0.2$ 处消失，之后系统变为 CMR 铁磁金属。对于弱电子关联的巡游电子态，轨道序也会被抑制，见下一章。

此外，某些离子如 Co^{3+} 的自旋态可以通过掺杂改变，例如 $La_{1-x}Sr_xCoO_3$。尽管未掺杂系统为低自旋 Co^{3+}（$t_{2g}^6 e_g^0$，$S = 0$）的非磁性绝缘体，通过掺杂（$x \gtrsim 0.2$），其转变为铁磁金属。在此状态中，不仅形式上的 Co^{4+}（通常 Co^{4+} 为低自旋，$t_{2g}^5 e_g^0$，$S = \frac{1}{2}$）是磁性的，而且很多一部分剩余的 Co^{3+} 也跃迁到磁性态，不是高自旋就是中间自旋，见 3.3 节。这也与获得掺杂空穴的最大动能的趋势，以及**自旋阻塞**现象有关。为了获得动能，一些 t_{2g} 电子跃迁到更宽的 e_g 能带更为有利，从非磁 Co^{3+}（$t_{2g}^6 e_g^0$）中产生磁态。但在某些情况下无法移动由此产生的磁态，例如低自旋 Co^{3+}（$t_{2g}^6 e_g^0$，$S = 0$）背底中的高自旋 Co^{2+}（$t_{2g}^5 e_g^2$，$S = \frac{3}{2}$）：人们无法仅仅通过一个电子来交换 $S = \frac{3}{2}$ 和 $S = 0$ 态。这种自旋阻塞可以抑制这种运动，降低获得的动能；为避免自旋阻塞，自旋态会有选择性。

关联系统中最有意思和最重要的现象之一是超导，特别是高 T_c 超导，由 Bednorz 和 Müller 于 1986 年在铜氧化物中发现。2008 年，第二类高 T_c 超导材料，即铁基超导被发现。尽管铁基超导的最高 T_c（≈ 55 K）要比铜氧化物的（≈ 130 K）低得多，很多性质也不相同，但是这两类超导体的超导配对本质可能有很多共同之处。

重要的是，关联系统中主导的电子-电子相互作用是排斥，而在传统超导体中，如 Sn 或 Al，需要有效的电子-电子吸引。一个结果是，这些新系统的超导配对特性不同于"老"超导：不再是传统的 s 波配对，其中配对振幅 $\Delta(k) \approx \text{const.}$，而是非传统的配对，其配对振幅在 Fermi 面的不同部分会改变符号。在铜氧化物中，此为 d 波配对，$\Delta(k) \approx (\cos k_x - \cos k_y)$，在铁基超导中，极有可能为所谓的 $s_\pm$ 配对：为 s 波，但是在 Fe 基磷族化合物或硫族化合物的 Fermi 面的不同口袋上，超导序参量的符号不同。这使得我们可以利用电子之间的排斥：这种排斥对于正常的 $\Delta(k) \approx \text{const.}$ 的 s 波配对是有害的，但可能有助于 d 或 $s_\pm$ 配对。

另一种描述这种情况的方法是，提供电子间相互作用的中间 Bose 子不是像传统超导体中的声子，而是关联系统和掺杂 Mott 绝缘体中典型的自旋涨落。根据主导的涨落［被磁化率 $\chi(Q)$ 最大化的波矢 Q 表征］，当 $Q \approx (\pi, \pi)$ 时，有倾向于 d 波或对于铁基系统 $s_\pm$ 配对的趋势，即当主导涨落是反铁磁的时候，如果系统接近铁磁［$\chi(Q)$ 在 $Q = 0$ 时最大化］，那么可能为例如三重 p 波配对，这大概是 Sr_2RuO_4 中超导的本质。

在铜氧化物和铁基系统的物理研究中，还有许多尚未解决的问题。因此，铜氧化物中所谓的**自旋能隙相**的本质仍然争议很大。一种观点是，它是超导的前兆，是超导配对的结果，只是没有真正超导所必需的相位相干。另一种观点是，这种赝能隙与超导配对无关，而是由于某些其他与超导竞争的有序类型。

然而,另一个悬而未决的问题是,在铜氧化物的超导态中,主要获得的能量是什么:是像常规超导(例如 Sn)那样在相互作用中获得的能量,还是获得了电子的动能。

上面已经提到的另一个提议是,存在某种量子临界点,在其附近出现高 T_c 超导。注意,如果在铜氧化物中这仍然是一个相当有争议的提议,那么存在其他几个系统,例如 $CePd_2Se_2$、$CeIn_3$ 和 UGe_2,超导的确出现在这样的量子临界点附近。

当我们考虑掺杂关联系统时,还会遇到另一个一般性问题。标准方法是将这些系统视为均匀的。然而,在许多情况下,相对于相分离,均匀态可能是不稳定的,进而出现非均匀态。这种趋势在许多模型中都很明显:在 Hubbard 模型和 t-J 模型中,在双交换模型中,在接近公度态的电荷序系统等。类似地,实验上,在许多系统已经观察到了这种相分离:CMR 锰酸盐、掺杂钴酸盐,以及某些铜氧化物。

一般来说,这种相分离的主要驱动力与形成某种有序类型的倾向和电子的动能(即能带能,这可能“倾向于”其他的态)的竞争有关。因此,已经在第 1 章或 5.2 节中看到,并在上文提到,载流子(电子或空穴)的运动被反铁磁背底所阻碍,因此,为了获得更多的动能,使系统变为铁磁可能更为有利。但是对于低掺杂,这可能不会在整个样品中发生——掺杂载流子的数目不足以将整个系统从反铁磁改变为铁磁。此时,这可能在**部分样品**中发生,其中所有的载流子(例如空穴)被集中,而剩余的部分保持为未掺杂的,此时为反铁磁区域。同样的机制——特定有序态和电子动能之间的竞争——对于掺杂轨道简并系统,或对于电子浓度略微偏离 $n = 0.5$ 的电荷序系统,也可能导致类似的相分离。此时,块体性质,例如电导率,应该用渗流来描述。

Hubbard 和双交换等简单模型中没有涵盖的一个重要因素是长程 Coulomb 相互作用,其倾向于电中性态,因此至少会阻止大规模相分离,例如,所有的电子都被集中在晶体的一个区域。但相分离的趋势可能仍然存在,即使考虑 Coulomb 相互作用,仍然可以形成非均匀态,但为小范围的非均匀,例如纳米尺度。

在实验中,人们有时会看到大范围的非均匀,但这通常发生在接近 I 级相变的系统中。此时,系统中通常存在滞回,可能出现过热或过冷,而在滞回区间内,会存在不同相的混合——例如雾中的水滴,不同相的尺寸可能是很大的宏观尺寸。人们必须注意,不要把这种接近 I 级相变的大范围相分离和许多掺杂关联系统中本征相分离混淆。在 I 级相变的滞回区间,大范围相分离不需要电子的重分布,即不会形成带电微区。实验上,这两种现象,两种类型的相分离,都在掺杂关联系统中被观察到。

一种特殊的非均匀系统是人工材料,如薄膜和多层膜;类似地,块体材料的表面也存在特殊情况。过渡金属化合物的表面和界面性质可能与块体截然不同,此时会出现相当特殊的现象。因此,在这些情况下,有效带宽和 Coulomb(Hubbard)相互作用都会发生变化,其结果是绝缘化合物的表面和界面可能变成金属,反之亦然,块体为金属的材料,其薄膜形式可能是绝缘的。不同类型的有序——电荷序、磁序、轨道序——可能在表面和界面发生变化。所有这些都展示了“材料工程”的可能性——人工构造新材料,其具有块体材料不具备的新性能。

在包含荷电层的薄膜或多层膜中[例如在 $LaMnO_3$ 的 (001) 薄膜中,$Mn^{3+} O_2^{2-}$ 和 $La^{3+} O^{2-}$ 荷电层相互交替]会遇到特殊的现象——**极化灾难**——随着薄膜厚度线性增加的电势,于是对于厚膜,穿过薄膜的电势降可能会超过带隙,导致系统的不稳定。这种情况可以被非本征地,例如氧空位的产生,或者自发电子重构(一定量的电子从薄膜的一个表面转移到另一个)所“修正"。在两种情况中，可能在表面或界面出现载流子，进而变为金属性，尽管相应块体材料都是优异的绝缘体。这在例如 $SrTiO_3$ 和 $LaAlO_3$ 的界面处被观察到，甚至可以在这个界面获得超导或铁磁序。过渡金属化合物在这些现象中发挥着特殊的作用，是因为它们在界面处可以改变的最终（轨道、磁）有序，更是因为大多数过渡金属离子存在不同的价态（例如在 $SrTiO_3$ 中可以使 Ti 离子的价态从 Ti^{4+} 变为 Ti^{3+}），于是它们的掺杂是自然而然发生的（此时是自发的，例如由于极化灾难而发生）。

第 10 章
金属—绝缘体转变

上一章分析过渡金属化合物中的各种现象时,已经多次遇到了以下情形:材料在不同条件下可以处于绝缘态或金属态。这样的金属—绝缘体转变可以由掺杂(能带填充的改变)、温度、压力和磁场等引起。金属—绝缘体转变是关联电子系统物理学中最有意思的议题之一。这种金属—绝缘体转变通常会导致系统性质的剧烈改变,接近这种转变的材料对外界扰动非常灵敏,可以用于很多实际应用。

原则上,金属—绝缘体转变并不局限于关联电子系统,在更传统的、可以用单电子图像和标准能带理论描述的固体也会出现。然而,最有意思的金属—绝缘体转变,通常与"能带"系统中的这种转变明显不同,确实是在强关联电子系统中遇到,特别是在过渡金属化合物中。

10.1　金属—绝缘体转变的分类

所有的金属—绝缘体转变可分为三大类,见下文。

10.1.1　能带图像中的金属—绝缘体转变

在能带理论的框架下,可以从单电子角度来理解第一类金属—绝缘体转变——尽管对于这种转变,某种类型的相互作用总是必要的。能带理论中对金属—绝缘体转变的一般解释是,众所周知,这类系统中的电子能谱由能带和将能带隔开的能隙所组成。如果一个或多个重叠的能带是部分填充的,如图 10.1(a)所示,材料呈金属性。然而,如果某些能带(价带)被完全填充,但是被能隙隔开的、能量更高的导带是空的,材料为绝缘体(或半导体),如图 10.1(b)所示。可以看出,根据这样的能带图像,每个晶胞的电子为奇数(例如在简单非简并能带中,每个格座一个电子的情形)的系统总是金属的,其能带被部分填充:在传统的能带理论中,根据 Pauli 原理,每一个态都可以被两个电子填充,只有当每个晶胞包含偶数个电子时,才会出现完全填充的价带。

从此简单的物理图像立即可以看出,原则上把图 10.1(b)中的能带绝缘体变成金属有两种可能性。一种是改变电子浓度,例如通过掺杂,合金化等:即在系统中增加额外电子。这些电子将填充导带,如图 10.1(a)所示,而图 10.1(b)的初始绝缘体中导带是空的(当然,也可以使用空穴掺杂,以减少电子的数量;这将导致价带的部分填充)。这种现象在很多情况下都可以遇到,例如在重掺杂半导体中,或在某些合金中(有时称为**能带填充调控的**绝缘体—金属转变)。通常,这也是关联系统中绝缘体—金属转变的机制:例如 CMR 锰酸盐、掺杂钴酸盐和高 T_c 铜氧化物(见第 9 章,当然,在这些情况下,必须考虑强电子关联)。

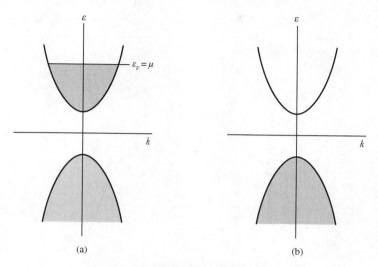

图 10.1　能带图像中金属和绝缘体的区别

　　另一种获得绝缘体—金属转变的可能性是在不改变电子浓度的情况下改变能带结构,使能隙打开或闭合,如图 10.2 所示,这在很多系统中经常出现。这种转变可以通过例如简单地把价带和导带相互靠近(例如通过压力)而产生,如图 10.2(a)、图 10.2(b)所示。然而,这种转变通常在改变导致能带形成的周期性势场,例如改变晶体(有时为磁)结构时发生,如图 10.2(c)、图 10.2(d)所示。例如在准一维系统的 Peierls 相变中,其每个格座有一个电子,为半满能带,当晶格发生二聚化(原子链)时,会导致在 Fermi 面能隙的打开,结果其能谱从图 10.2(d)的金属性转变为图 10.2(c)的绝缘性。

　　这种由晶体结构变化引起绝缘体—金属转变的例子不胜枚举。可能最早的案例是白锡和灰锡之间的转变(中世纪以来著名的"锡瘟疫")。白锡在室温下稳定,是一种众所周知的金属,为轻度扭曲的金刚石晶格。然而,在低温下,锡的稳定相是未畸变金刚石结构的灰锡,为绝缘的(它的带隙几乎为零,但块体性能实际上是绝缘的)。这种白锡—灰锡转变伴随着较大的体积增大,通常会导致晶体的解体,例如锡勺、军装上的锡纽扣会转变为灰色的粉末[①]。

　　只要看看元素周期表(本书末页)就能理解这种趋势:当沿着 C、Si、Ge、Sn、Pb 列向下时,可以看出,金刚石结构中的能隙随着原子序数的增加(从 C 到 Sn)而减小。C(金刚石本身)以及 Si 和 Ge 都是绝缘体;Sn 可以是金属性的或绝缘的(绝缘时能隙为零);而 Pb 总是金属性的。所以绝缘体—金属转变与晶体结构的变化有关。

　　在同样的材料中可以看到了另一个类似的现象:虽然金刚石结构的固体 Ge 和 Si 是绝缘的(或者更准确地说是半导的),但它们在熔化时会变成金属。在液态中没有长程有序,但主要是短程有序决定了系统的金属或绝缘性。液相 Ge 和 Si 的短程有序与晶相中的有序相比发生了剧烈的变化,从而使熔融 Ge 和 Si 具有金属性。

---

　　① 正如一些报道中提到的,这种现象可能是导致著名极地探险家 R. Scott 悲惨命运的关键,其团队于 1912 年在南极遇难。其中一个可能的原因是,在南极寒冷的气候中,由于白锡—灰锡转变,由锡密封的燃料罐发生了泄漏。

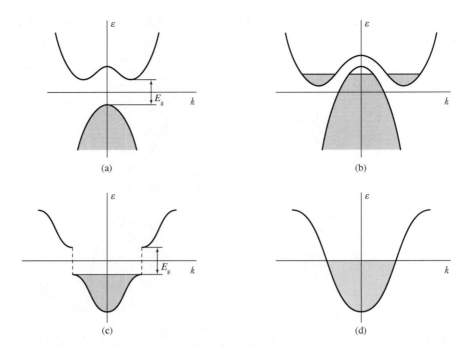

图 10.2 半导体(a)和(半)金属(b)之间可能的转变,由于结构畸变,例如一维
情况下的 **Peierls** 畸变导致金属能谱(d)中能隙的打开(c)

导致在固体中形成能带、并决定在能带图像中材料应该是金属还是绝缘体的周期势场,主
要由原子晶格产生。但在能带理论中,电子本身以自洽电子的形式对周期势场也会产生重要
贡献。如果电子**密度**发生周期性变化,就像在一些**电荷密度波(CDW)** 系统中那样,其作用的
方式与晶格势相同,并能在 Fermi 面打开部分或者完整的能隙;这导致了例如在 $NbSe_2$ 中的
金属—金属 CDW 转变(Fermi 面部分能隙的打开),或在 TaS_2 中的金属—绝缘体转变(Fermi
面完整能隙的打开)。这种 CDW 当然总是伴随着相应的晶格畸变(并可能在很大程度上由晶
格畸变驱动)。但也存在这种自洽势的交换部分,原则上可以导致能隙的打开(这与弱得多的
晶格畸变耦合)。这是在磁有序态中有时会发生的情况,特别是在一些巡游电子和自旋密度波
(SDW)的系统中。这种 SDW 也对周期势场有贡献,并能在部分或整个 Fermi 面打开能隙。
在第一种情况下,材料仍然是金属性的;这显然是处于反铁磁态时金属 Cr 的情况。然而,如果
这种能隙覆盖了整个 Fermi 面,系统则会变为绝缘,这是许多有意思的有机材料中的情况。例
如,这种绝缘 SDW 态可以被压力抑制,这通常会导致量子临界点,往往在其附近会出现超
导——见 9.5.3 节。

10.1.2　无序系统中的 Anderson 转变

第二类金属—绝缘体转变出现在无序系统中,被称为 Anderson **转变**,它们与无序系统中
的 Anderson **局域化**[①]有关。这本身是一个重要的研究领域,本书仅解释最主要的观点。在无
序系统中,人们应该考虑自由电子在外部势场中的运动,然而此势场不是周期性的,而是随机的。
能谱本身可以是连续的,在态密度 $\rho(\varepsilon)$ 中没有能隙,如图 10.3 所示。但是,正如 Anderson 所

---

① Anderson P. W.. Phys. Rev., 1958, 109: 1492.

示,其中的一些态,例如图 10.3 中的阴影范围,实际上是局域的:处于这种态的电子无法长距离运动,而只能保持在其初始位置附近。其他的态,图 10.3 中的"白色"范围,仍然可能是离域的,如果电子的数量使得最高占据能级(Fermi 能级)在此离域范围,系统呈金属导电性。然而,如果 Fermi 能级 ε_F 处于局域态的范围(图 10.3 中的阴影范围),材料则为绝缘的——不是因为能谱中存在能隙,而是因为相应态的**迁移率**为零。这引申出**迁移率边**的概念:图 10.3 中阴影和非阴影范围的边界为迁移率边,如果能带填充的改变导致 ε_F 越过这样的迁移率边,系统会发生 Anderson 金属—绝缘体转变。

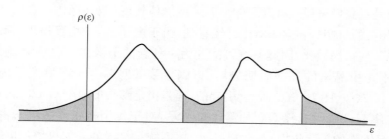

图 10.3　无序系统中的迁移率间隙与 Anderson 局域化(阴影范围的迁移为零)

人们可以从"山川景貌"模型中定性地理解此情形。假设随机势场具有图 10.4 所示的形式——"山川景貌",包括一些"深谷""火山口""湖泊"和"山脉"。显然,电子("水")将填满此势能的底部,形成孤立的"湖泊",于是电流无法从"山脉"(样品)的一边流向另一边。但是,如果增加填充,"水位"(Fermi 能级)将升高,直到从系统的左边界到右边界发生渗流——如图 10.4 中的虚线所示,这就是迁移率边。"水位"高于此阈值时,系统将变为导体。

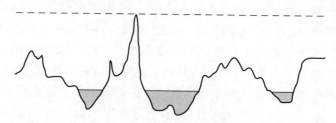

图 10.4　液体(电子)在随机势场中局域化的定性物理图像

此物理图像是纯经典的,只是用来作为示例。Anderson 局域化实际上是一种量子现象,很大程度上是因为量子干涉。此过程中,决定状态为离域或局域的是典型的电子动能(我们熟知的电子跃迁 t)和无序势场的幅值或强度(图 10.4 中山脉和山谷之间典型的差值)。如果无序度太强,电子会被局域在晶体的某个部分,而无法从该区域扩散到无限远——这就是 Anderson 局域化。

此方法的一个具体特点是,Anderson 绝缘体—金属转变的标准处理忽略了电子之间的相互作用;Anderson 绝缘体—金属转变可以发生在(随机外部势场中的)自由电子系统中。正如在前几章所看到的,电子-电子相互作用也会导致电子局域化。关于这两种电子局域化的机制(电子关联引起的 Mott 局域化和无序引起的 Anderson 局域化)的相互作用,存在一个有意思的问题:无序强关联系统的性质是什么?这个问题正处于积极研究中,迄今为止得到的答案表明,情况可能非常不平凡:这两个因素,或者说是局域化的两种机制,不是简单的叠加,而甚至可能相互抵消。最简单的定性图像也可以用类似图 10.4 来说明。假设一个电子局域在图 10.4 中随机势场的一个局域最小值处,因而被局域。但是存在电子-电子相互作用时,第二个电子在接近第一个电子的时候,可以把第一个"推"出势阱,迫使它穿过晶体,从而促进金属电导性。也就是说,在此物理图像中,电子-电子相互作用原则上可以抵消,而非增强 Anderson 局域化。

10.1.3 Mott 转变

第三类,也是对我们来说最有意思的金属—绝缘体转变(或绝缘体—金属转变)机制是与电子关联本身相关的机制。在第 1 章中已经看到,由于电子-电子相互作用,标准能带图像可能不再适用,电子变得局域化,因此系统可能变为一种新的绝缘体——Mott 绝缘体。此类系统的绝缘特性不是由晶格的外部周期势场[可以导致某些单电子态填充系统的绝缘性,如图 10.1(b)、图 10.2(a)、图 10.2(c)所示]引起的,而是由足够强的电子 Coulomb 相互作用引起的,例如大的在座 Hubbard 排斥 U。如第 1 章所示,对于每个格座整数电子占据(例如 $n = N_{el}/N = 1$)和足够强的关联作用 $U/t > (U/t)_{crit}$,系统是绝缘的。如果增加电子跃迁 t,或者电子带宽 $W = 2zt$(z 为最近邻原子数),则迟早会发生向金属态的转变——Mott 或 Mott - Hubbard 转变[①]。Mott 转变通常在压力下发生,但往往也依赖于温度,这些是最有意思的例子。Mott 转变常常伴随着系统某些其他性质的改变:磁序的消失或改变,轨道序的改变,以及结构的改变。因此,有时很难确定观察到金属—绝缘体转变是否为 Mott 转变,或者它是否可以在标准能带图像中解释,例如,作为结构相变的结果。事实是,在许多真实材料中,这两个因素经常同时存在:例如晶格畸变,它本身可以导致金属—绝缘体转变,以及电子关联性。到底哪一种是正确的解释,常常存在相当大的争论,见下文最著名的 VO_2 情形。

这也涉及由能带填充改变引起的金属—绝缘体转变,例如掺杂。正如 10.1.1 节的讨论,原则上这些转变可以在能带图像中解释。但在许多真实材料中,如掺杂的锰酸盐或铜氧化物,电子关联效应无疑发挥着重要作用,必须将其纳入能带图像中。事实上,正如第 9 章的讨论,部分填充关联能带系统的性质常常与那些自由电子的普通能带系统截然不同。是否仍应将这种转变归类为 Mott 转变,是一个惯例问题;此术语通常用于固定电子浓度的金属—绝缘体转变,例如由于温度或压力改变引起的转变。

10.2　关联电子系统中金属—绝缘体转变的案例

在关联系统中存在几个金属—绝缘体转变"经典"系统,其中包括几种钒氧化物:V_2O_3、VO_2,以及所谓 V_2O_3 和 VO_2 之间的"插值"——Magnéli 相 V_nO_{2n-1}(对于 $n = 2$,这对应于 V_2O_3;接下来是 V_3O_5、V_4O_7……直到 VO_2,相当于 $n = \infty$)。这些系统中 V 的价态从 V_2O_3

---

① 我们用"Mott 转变"这个术语来表示从金属到 Mott 绝缘体的转变以及逆向的绝缘体—金属转变。此处没有考虑 Fermi 面叠套的特殊情况,这可以使系统对大 W 或小 U 也绝缘:对于最近邻跃迁,这种叠套可能存在于一些简单的晶格中,如方形或立方晶格。当考虑远邻跃迁时,这种叠套通常会被破坏,从而恢复绝缘态到金属态的转变。

的 V^{3+}（d^2）变到 VO_2 的 V^{4+}（d^1）。特别有意思的是 V_4O_7 中包含数量相等的 V^{3+} 和 V^{4+}。

在许多 Ti 氧化物中也观察到了类似的金属—绝缘体转变，特别是类似的 Magnéli 相 Ti_nO_{2n-1}（$n=2$ 是 Ti_2O_3，……，$n=\infty$ 为 TiO_2）。然而，与钒 Magnéli 相不同，Ti^{4+} 的 d 壳层为空，是非磁性的。

如上所述，许多金属—绝缘体转变都伴随着某些额外的有序（或被额外的有序驱动）：V_2O_3 中的反铁磁序，V_4O_7 中的晶格二聚化和电荷序，VO_2 中的二聚化。这也是许多其他系统中的情况：金属—绝缘体转变经常伴随着电荷序的出现，例如磁铁矿 Fe_3O_4 或某些锰酸盐；金属—绝缘体转变伴随着轨道序、形成过渡金属二聚体或更复杂"分子"的结构畸变的情形，例如尖晶石 $MgTi_2O_4$ 或 $La_4Ru_2O_{10}$ 中的二聚体、$LiVS_2$ 中的三聚体，以及 AlV_2O_4 中的七聚体（由 7 个 V 离子构成的"分子"）。无论如何，电子关联在所有这些现象中都起着非常重要的作用。

10.2.1　V_2O_3

随着温度降低到 $T_c=150$ K，V_2O_3 发生金属—绝缘体转变。这是一个剧烈的 I 级相变：电阻率的突变可达 10^6，如图 10.5 所示，其中展示了不同 Cr 掺杂的 $V_{2-x}Cr_xO_3$ 的系列电阻率-温度曲线。这一转变伴随着 V_2O_3 在 $T<T_c$ 时由刚玉结构向单斜结构的转变；此晶格变化非常强烈，以至于 V_2O_3 单晶在经历此转变时会产生裂纹甚至发生爆裂。

V_2O_3 的低温态是反铁磁的，其磁结构如图 10.6 所示（其中仅展示了 V 亚晶格，参考图 3.43）。在 ab 面的蜂窝 V 晶格中，自旋排列成两个反铁磁亚晶格，而沿 c 方向的 V 离子自旋平行。

有时人们讨论 V_2O_3 时，会把主要的关注点放在沿 c 方向的 V 离子对。这对于类似的 Ti_2O_3 系统是很合理的，因为 Ti_2O_3 中的这种离子对确实会在 T_c 以下强烈结合；但在 V_2O_3 中却完全不是这样。V_2O_3 中的 c/a 比在 T_c 以下降低；然而，c 方向的 V 离子对的间距没有减小，而实际上是**增大**的。因此，在 V_2O_3 将这些离子对视为天然的"结构单元"是没有意义的。在 V_2O_3 中，绝缘体—金属转变会受

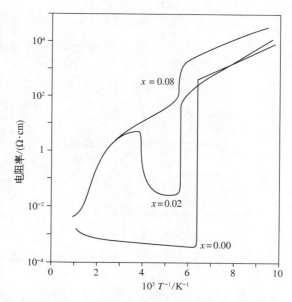

图 10.5　$V_{2-x}Cr_xO_3$ 中的金属—绝缘体转变（引自 **McWhan DB, Jayaraman A, Remeika JP, et al. Phys. Rev. Lett., 1975, 34: 547**）

到压力或掺杂的强烈影响，例如在 $V_{2-x}Cr_xO_3$ 中，Cr 含量的增加起到了负压的作用。所得到的相图 10.7 对于许多类似的绝缘体—金属转变非常典型，可以用它来说明这种转变的某些一般性特征。

在常压下，存在从金属到反铁磁绝缘体的急剧转变，其被压力所抑制。但对于负压或一定的 Cr 掺杂，实际上存在两种转变：随着温度的升高，系统从反铁磁绝缘体转变到顺磁金属，然后又转变到没有任何长程磁序的绝缘体；这可以从图 10.5 中 $x=0.02$ 的曲线看出。第一个转

变可以用结构相变和磁序引起的能带结构改变来解释;原则上,结构相变和磁序足以在能谱中打开能隙,并导致绝缘体—金属转变。但高温转变的情况显然不是这样的。此转变是同构的,即它的发生不需要任何晶格对称性的改变(只有晶格常数的改变),为顺磁—顺磁转变。因此在此转变中不发生对称性的改变,这也可以从它在某一临界点(图 10.7 中的＊号)处结束这一事实看出,在临界点之上所有的性质都是连续变化的。这种转变只可能是纯粹的 Mott 转变,不伴随着任何其他的有序。这证明了 V_2O_3 中电子关联的重要性,因此低温向反铁磁绝缘相的金属—绝缘体转变也应该被明确归类为 Mott 转变(但与结构和磁性转变同时发生)。

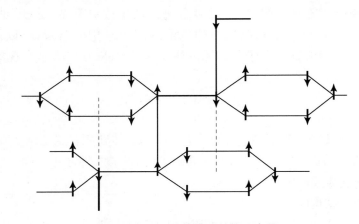

图 10.6　V_2O_3 晶体和磁结构示意图

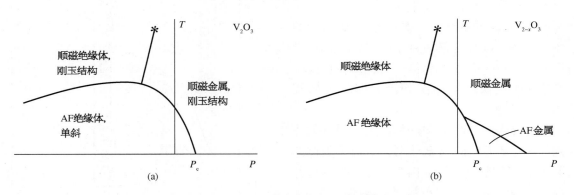

图 10.7　V_2O_3(a)和 $V_{2-x}Cr_xO_3$(b)的相图

Mott 转变的其他几个典型特征如图 10.7 所示。其一是负压下的 dT_N/dP 为正,其电子更局域化,其转变为反铁磁绝缘体到仍然绝缘但顺磁的转变。这就是局域电子的区间,低温为 $T_N \approx J \approx t^2/U$ 的反铁磁有序相,高温相为标准的 Mott 绝缘体。随着压力的增加,跃迁积分 t 增加,T_N 也随之增加。

但随着压力的增加,T_N 经过最大值后开始下降:在此区间,当带宽 W 或电子跃迁 t 与 Coulomb 排斥 U 相当时,对于 $P > P_c$ 因为局域磁矩本身开始减小,并最终在金属相中消失,T_N 开始下降。当局域电子在接近巡游态的过渡时,这是典型的局域电子有序行为,这也可以在 $CdV_2O_4 - MnV_2O_4 - ZnV_2O_4 - MgV_2O_4$ 系列中看到。轨道序也是这种情况,如图 7.19 所示。

图 10.7 中另一个违反直觉的特征是高温绝缘体—金属转变的正斜率,即 $dT_c/dP > 0$。

可以朴素地认为,这个已经被我们归类为真正 Mott 转变的转变,即从局域电子("电子晶体")到离域电子("电子液体")的转变,应该与普通晶体的熔化类似,高温相应该是"液体",即金属的。从实验上看,在高温转变时,情况正好相反:随着温度的升高,会发生从金属到绝缘体的转变,如图 10.5 和图 10.7 所示。

7.2 节已经简要地讨论了类似的情况及其可能的解释。本质上,物理图像如下:由统计力学可知,相之间的选择取决于自由能 $F = E - TS$ 最小化条件,见式(7.1),随着温度的增加,不同相出现的顺序总是使得高温相的熵 S 大于低温相。随着温度的升高,自由能表达式中的第二项 $-TS$ 变得更加重要,我们需要使它变大,以减少总自由能。

在 V_2O_3 的接近较高温绝缘体—金属转变过程中,存在竞争的两相:顺磁金属和顺磁绝缘体。金属相,虽然是顺磁性的,但由填充的 Fermi 海描述,至少在低温下,它是一个零熵的独特状态。当然,在有限的温度下,不再是这种情况,但是熵保持很低,$S \approx \gamma T \approx T/\varepsilon_F$,其中 γ 是线性比热系数,$c = \gamma T$。然而,顺磁绝缘态的局域自旋是无序的,在 V_2O_3 中名义上自旋 $s = 1$(V^{3+} 的组态为 d^2;此处用 s 表示自旋,以免与熵 S 混淆)。因此,如果忽略短程自旋关联,此态的熵为 $S = k_B\ln(2s + 1) = k_B\ln 3$——远远大于金属态的熵。因此随着温度的升高会发生从金属态到顺磁绝缘态的转变。当然,如果考虑绝缘态中的自旋关联,以及金属态中的电子关联的影响,这两种态的熵差就会减小。但显然,这种趋势仍然存在,顺磁绝缘体的磁熵大于金属态的磁熵,决定了随温度升高的相序。当自旋有序时,在反铁磁态中,绝缘态的磁熵降低,相序颠倒:随着温度的升高,会发生从反铁磁绝缘体到金属的转变。

V_2O_3 中绝缘体—金属转变还有一些其他有意思的特征。可以证明,这种转变伴随着一定的轨道序。同时,研究发现,在轻度非理想配比 $V_{2-x}O_3$ 样品中,压力下的转变不是从反铁磁绝缘体向顺磁金属的转变,而是首先在 9 K 以下,转变附近出现某种磁序(螺旋型)的金属态,只有在更高的压力下,材料才会变成正常的顺磁金属。

10.2.2　VO_2

VO_2 中的情况也很有意思,且与 V_2O_3 的截然不同。在 VO_2 中,在略高于室温的 $T_c = 68\,°C$ 时,也会发生从高温金属相到低温绝缘相的金属—绝缘体转变。其电阻率行为与 V_2O_3 相似(图 10.5,曲线 $x = 0$),突变幅度可达 10^5。但是,与 V_2O_3 相反,VO_2 的低温绝缘相是非磁绝缘体。显然,这是由 V^{4+}(d^1)离子与 V_2O_3 中的 V^{3+}(d^2)电子组态的不同导致的,二者伴随或引起金属—绝缘体转变的结构畸变也不同。值得注意的是,在金红石结构的 VO_2 中,我们可以讨论沿 c 方向的 V 链,在 T_c 以下发生的晶格畸变与这种一维化有关——尽管 VO_2 的高温相各向同性相当强,也就是说,在此相中,这种一维链从电子的角度还没有很好地形成,见下文。

VO_2 在 T_c 以下发生的结构畸变有两种类型:第一种是这些链中出现 V 二聚化,同时这些 V 对在晶体中有一定量的倾斜(扭转),即实际上,V 离子向左和向右偏离 VO_6 八面体中心(类似反铁电畸变),如图 10.8 所示。由此产生的结构如图 10.9 所示。短 V - V 二聚体的形成导致在这种 $\frac{1}{\sqrt{2}}(1\uparrow 2\downarrow - 1\downarrow 2\uparrow)$ 型 V 对上两个电子的单态配对,这有效地排除了局域自旋,导致磁化率在 T_c 以下降低,并形成非磁性绝缘态。

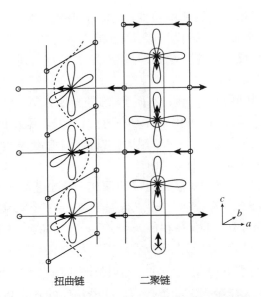

扭曲链　　　　二聚链

图 10.8　VO$_2$ 的 M$_2$ 相中的轨道占据和晶格畸变
（箭头）（"×"为 V^{4+} 离子，"○"为氧）

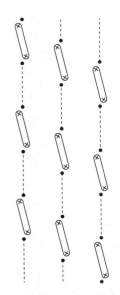

图 10.9　金属—绝缘体转变温度
以下 VO$_2$ 的结构畸变

在 T_c 以下 VO$_2$ 中观察到的畸变与一维系统中 Peierls 相变的畸变非常相似。二聚化本身会导致系统中能隙的打开，这就是为什么最初提出的关于 VO$_2$ 中金属—绝缘体转变的解释之一就是将其关联到此结构相变，这是用传统能带物理图像来解释的。然而，一些实验指出了关联效应在 VO$_2$ 中的重要性。其中一个最有说服力的论据是，当 V 被 Cr 取代时，或者在单轴应力下，VO$_2$ 的性质发生了改变。图 10.10 所示的 V$_{1-x}$Cr$_x$O$_2$ 相图不仅包含高温金属金红石相和低温单斜绝缘相 M$_1$（图 10.9），还有另一种单斜相 M$_2$，其畸变图案是不同的：一半的 V 链只发生二聚而不发生扭转，另一半只发生扭转而不发生二聚，见图 10.8～图 10.10。还存在一个三斜相 T，其畸变由 M$_2$ 相逐渐变为 M$_1$ 相（或此 T 相只是 M$_1$ 相和 M$_2$ 相的精细混合）。

重要的是 M$_2$ 相（其中只有一半的 V 离子形成单态配对）已经是绝缘的了；这有力地证明了电子关联（Mott‑Hubbard 物理学）在 VO$_2$ 中的金属—绝缘体转变中的重要性。

M$_2$（和 M$_1$）相的畸变图案可由以下讨论来理解，如图 10.8 所示。该图展示了在 VO$_2$ 中的金红石结构中两个相邻的链，其中"×"表示 V，"○"表示氧。当二聚化发生在一个链中，例如右边的链，V 离子对中的一个 V 离子向另一个偏移会推动位于第一个链之间的氧，然后相邻链中相应的 V 离子远离二聚体中缩短的 V‑V 键，而偏向二聚体之间伸长的 V‑V 键。也就是说，一个链中的二聚化，例如右侧链，肯

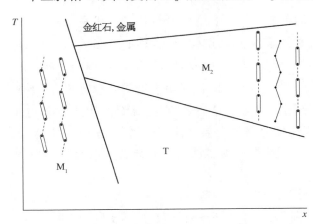

图 10.10　掺杂 Cr 或在单轴应变下的 VO$_2$ 相图［其中展示了除了标准的 M$_1$ 相（其中所有的 V^{4+} 链存在二聚化和扭转），还存在 M$_2$ 相（其中一半的 V 链只发生二聚而不发生扭转，另一半只发生扭转而不发生二聚）］

定会导致相邻链中的扭转(左侧的链)。这些畸变和相应的序参量是线性耦合的,显然是一个公共的畸变,例如 η_1。类似地,左侧链的二聚化会导致右侧链的扭转,可以称之为 η_2。VO_2 M_1 相中观察到的复杂畸变由每个链中二聚化和扭转共同构成,$\eta_1 = \eta_2$。在 M_2 相中,这"分裂"成:相邻的链要么仅有二聚化,要么仅有扭转,即 $\eta_1 \neq 0, \eta_2 = 0$ 或 $\eta_1 = 0, \eta_2 \neq 0$[①]。

　　如上所述,重要的是,对于一半 V^{4+} 离子保持未二聚化并保留局域自旋(从磁化率可以看出)的 M_2 相已经是绝缘的了。这表明不能完全用能带理论和 Peierls 二聚化来解释 VO_2 中的金属—绝缘体转变,电子关联肯定也发挥了重要作用——尽管结构畸变肯定也很重要。关于 VO_2 中电子关联的重要性,还有其他实验依据。

　　在绝缘态中,VO_2 中也会发生轨道序,并且轨道序在这一转变过程中起着重要作用。如高能光谱所示,在 T_c 处,VO_2 中发生显著的轨道序:高于 T_c 时,V^{4+} (t_{2g}^1)的所有三个 t_{2g} 轨道或多或少数量上是相等的,这导致了相当各向同性的性质;低于 T_c 时,电子主要占据 c 方向上相邻 V 离子,其轨道强烈重叠,如图 10.8 所示。此轨道占据使得 VO_2 在低于 T_c 时的电子结构更加一维化,由此得到的这些轨道是伴随半满非简并能带的一维链[在 V^{4+} (d^1) 中每个格座一个电子],相对于 Peierls 二聚化变得不稳定(高于 T_c 时,在三维电子结构中形成有效的一维电子结构,是轨道序导致降维的另一个例子,见 6.2 节)。

　　事实上,所有这些现象——轨道序、二聚化、向绝缘态的转变——当然都是同时发生的,它们都贡献了相应获得的能量,使得转变成为可能。由此可见,VO_2 中的金属—绝缘体转变具有"组合"本质:它既有 Mott 转变的特征,又有类能带的特征。电子关联和通过畸变改变能带此时都有作用。利用从头起(ab initio)能带结构计算结合动力学平均场理论(dynamical mean-field theory, DMFT)的详细理论计算确实证实了此物理图像。

　　关于 VO_2 的讨论展示了此系统行为中相当有意思的方面,这些实际上也应该(有时确实)在其他金属—绝缘体转变材料中观察到。值得注意的是,研究表明,不仅可以在 VO_2 中通过升温来诱导绝缘体—金属转变,还可以通过在样品中通入足够强的电流,或者施加一个大电压来实现。研究发现,VO_2 的 I-V 特性是强烈非线性的,为 S 形,如图 10.11 所示。值得注意的是,如果对绝缘态 VO_2(例如在室温)施加足够强的电压,在特定的临界电压下,会发生向低电阻态的**开关转变**。当降低电压后,系统可能会一直处于导电态,直到 $V = 0$,也可能会转变回高电阻率态,如图 10.11 所示(这些实验通常是在电流控制模式下进行的)。

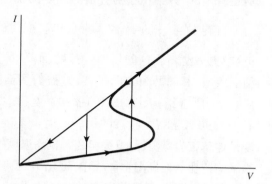

图 10.11　VO_2 薄膜的非线性(S 形)I-V 特性示意图(其展示了开关转变的可能性)

　　在文献中,这种转变是仅仅由样品加热引起的,还是电场或载流子注入对系统的电子态有直接的影响,存在着大量的讨论。第一个机制当然

---

　　① 相当有意思的是,在另一种 V 氧化物,$K_2V_8O_{16}$(锰钡矿结构)中观察到了与 VO_2 的 M_2 相非常类似的畸变,它也会发生金属—绝缘体转变。此材料中 V 的价态 $V^{3.75+}$ 接近 VO_2 的,其晶体结构也与 VO_2 的类似。它在 c 方向也有 V 链(旋转 90°),然而,这些不是金红石相中的单链,而是双链,K 离子位于双链间的空心通道。详细的结构研究表明,在 $K_2V_8O_{16}$ 的双链中会发生非常类似于 $V_{1-x}Cr_xO_2$ 中 M_2 相的畸变:一半的链发生二聚化,另一半扭转。

是最自然的：当电流流经样品时会产生 Joule 热，这足以把样品加热 $40\sim50℃$，进而导致向金属态的转变（注意，这些实验都是在室温下进行的，而 VO_2 中的绝缘体—金属转变发生在 $\approx68℃$）[①]。然而，也有观点认为这不是完备的解释，而且可能存在非热效应的直接影响，如载流子注入。

实验表明，此电流（电压）引起的转变不是均匀发生的，即不在整个样品中同时发生：样品中出现导电通道，其中发生绝缘体—金属转变，晶体和电子结构发生局部变化。这种再结晶的通道甚至可以在显微镜下看到。当电流或电压降低时，有时这些导电通道维持不变，此时电阻率保持低至 $V=0$；在其他情况下，它们被打破，系统就会恢复到高电阻态。如果金属通道在 $V=0$ 时被保留，人们可以通过施加一个强而短电压脉冲使样品回到高电阻态，因为这显然会"熔化"这种金属通道，就像保险丝那样。类似的现象现在不仅在此类材料，而且也在其他类型的材料中被积极研究，其目的是使用此类材料来作为开关存储介质。

10.2.3 Magnéli 相 Ti_nO_{2n-1} 和 V_nO_{2n-1}

从 Magnéli 相 Ti_nO_{2n-1} 和 V_nO_{2n-1} 的研究中可以获得非常有意思的信息，Magnéli 相 Ti_nO_{2n-1} 和 V_nO_{2n-1} 是 Ti^{3+} 和 Ti^{4+}，V^{3+} 和 V^{4+} 离子态之间的一种"插值"。对于 Ti_nO_{2n-1}，相应的电子组态为 $Ti^{3+}(d^1)$ 和 $Ti^{4+}(d^0)$；对于 V_nO_{2n-1}，为 $V^{3+}(d^2)$ 和 $V^{4+}(d^1)$。

很多这样的化合物中存在金属—绝缘体转变。最简单的情况是 Ti_2O_3——相应化合物族中 $n=2$ 的成员。类似于 V_2O_3，Ti_2O_3 同样会发生金属—绝缘体转变，但是其特征与 V_2O_3 截然不同。Ti_2O_3 中的转变相当宽化，介于 400 K 和 500 K 之间，其低温绝缘相是非磁的。结构数据表明，在 Ti_2O_3 中，c 方向的 Ti 对（图 10.6 中的结构）确实在转变温度以下形成配对：这些离子对中的 Ti - Ti 距离在绝缘相中减小。显然，这会导致单态配对（每个 Ti^{3+} 有一个 d 电子），进而导致材料变为非磁性。因此，与 V_2O_3 相反，对于 Ti_2O_3，基于此配对的理论处理确实是有效的，并给出了对性能相当好的描述。

自旋 $S=\frac{1}{2}$ 的 d^1 离子形成单态配对的相同趋势在 Ti_4O_7（Ti 的 Magnéli 相的另一个成员）中更为清晰。这些材料，可以表示为 $M_2O_3+(n-2)MO_2$，由类似 TiO_2 或 VO_2 中金红石型层组成，其向两个方向扩展，并被剪切面隔开。剪切面上 MO_6 八面体共面，正如 Ti_2O_3 和 V_2O_3 的刚玉结构（图 10.12）那样。在 Ti_4O_7 中，随着温度降低存在两个连续的转变，分别在 $T_{c1}=150$ K 和 $T_{c2}=120$ K，转变时电阻以跳变形式增加，如图 10.13 所示，其中较高温度的转变是伴随相当宽滞回的 I 级相变。较高温度的转变为绝缘体—金属转变，较低温度的为绝缘体—绝缘体转变。在高温金属相中，磁化率是类 Curie 的，因此为"Curie 金属"；磁化率在较高的转变温度 T_{c1} 时下降，低于此温度时，材料实际上是非磁的。结构研究表明，低于 T_{c2} 时，首先发生电荷序：Ti^{3+} 和 Ti^{4+} 在 c 方向上以连续链的形式分开，如图 10.12(b) 所示，其中用空心圆表示 Ti^{3+}，用实心圆表示 Ti^{4+}。除此之外，Ti^{3+} 离子发生配对，其离子对内的 Ti - Ti 距离比离子对与

---

① 存在一个与此热效应相关的美妙效应。假设从室温的绝缘态出发，此时 VO_2 的电阻率很大，并让电流通过样品。于是 Joule 热也很大，$\approx IV=I^2R$（实验在电流控制模式下进行）。由于剧烈的加热，样品的温度上升，最终超过 T_c，材料变到低电阻率（金属）态。但在这种状态下，Joule 热变小，样品可能会冷却到 T_c 以下，之后再次跳变到高电阻率，并重复此过程。实际上，在实验中确实观察到了，在直流电压下，材料中出现了振荡。

离子对之间的距离短得多。这同样也会导致在这种配对中形成单态,正如 Ti_2O_3 那样,此趋势在 Ti_4O_7 中甚至更强。显然,这种二聚化和电荷序在 Ti_4O_7 的金属—绝缘体转变现象中起着重要作用。还可以看到,此现象与 VO_2 中低于金属—绝缘体转变时的现象非常相似,正如 Ti_4O_7 的“中间”结构单元一样,VO_2 也具有金红石结构,其中为自旋 $\frac{1}{2}$ 的 V^{4+} (d^1) 离子单态配对。

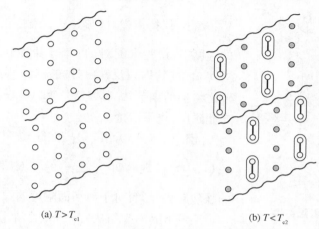

(a) $T > T_{c1}$　　　　　　　　(b) $T < T_{c2}$

图 10.12　高温(a)和低温(b)下的 Magnéli 相 Ti_4O_7 的晶体结构 [“●”为 Ti^{4+} $(d^0,\ S = 0)$ 离子,“○”为形成单态配对的 Ti^{3+} $\left(d^1,\ S = \frac{1}{2}\right)$ 离子]

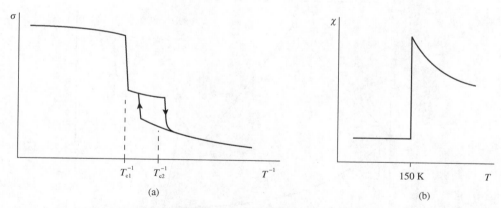

图 10.13　Ti_4O_7 电阻率(a)和磁化率(b)的定性性质

Ti_4O_7 在 T_{c1} 和 T_{c2} 之间的中间相非常有意思。此相的磁化率非常小;显然 Ti^{3+} 离子的配对已经发生。但是,与低温相不同,低温相的配对是有序的,如图 10.12(b)所示,在中间相中,这种配对是无序的,可以在晶体中涨落和移动,形成类似这种配对的液体。此物理图像与 5.7.2 节讨论的 Anderson 共振价键(RVB)类似,但是动力学明确,不完全由量子效应,而是由热涨落决定。这导致了相当多的理论研究:Ti_4O_7 的中间相可能是巡游双极化子的例子——双电子的束缚态,其可以在晶体中移动并伴随相应的畸变,这可以维持两个电子的束缚态。

此类材料中另一个“半填充”材料是 V_4O_7,它与 Ti_4O_7 在某些方面看起来类似,但是也存在一定的不同。此材料也会经历在 $T_c = 237$ K 的绝缘体—金属转变,但是之后会在 $T_N =$

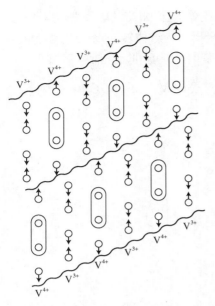

图 10.14　V_4O_7 的低温结构

34 K 时产生磁序。低于 T_c 时，发生类似 Ti_4O_7 中的结构相变，如图 10.14 所示：V^{3+} 和 V^{4+} 离子同样在交替的链中有序，并 V^{3+} 离子有一定的二聚化。V^{4+} 离子，其组态为 d^1，表现得更复杂：在金红石层中的形成紧束缚的二聚体（图 10.14 中的椭圆），但是那些位于剪切面附近的一半 V^{4+} 离子，保持未配对状态，显然维持自旋磁矩 $\frac{1}{2}$。在更低的温度下，这些未配对的 V^{4+}，以及可能部分的弱配对的 V^{3+}，在 34 K 时以反铁磁方式排列。实际上，V_4O_7 中的低温磁结构的细节，尤其是 V^{4+} 和 V^{3+} 离子在多大程度上参与此磁序，仍不清楚。

无论如何，VO_2、Ti_2O_3 和 Ti_4O_7 中的一个共同特点在 V_4O_7 中也被观察到：自旋 $\frac{1}{2}$ 的 d^1 离子有形成单态二聚体的强烈趋势（尽管对于剪切面附近的 V^{4+} 格座不成立）。

V 的 Magnéli 相从另一个方面来说也很有意思：除了 V_7O_{13} 之外，所有 V 的 Magnéli 相（V_3O_5、V_4O_7、V_5O_9、V_6O_{11} 和 V_8O_{15}）都具有金属—绝缘体转变，如图 10.15 所示。在所有包含金属—绝缘体转变的系统中，除了 V_3O_5，在绝缘态都有一定程度的配对，实际上配对在 T_c 以上就开始了。其余未配对的电子显然会贡献磁序。

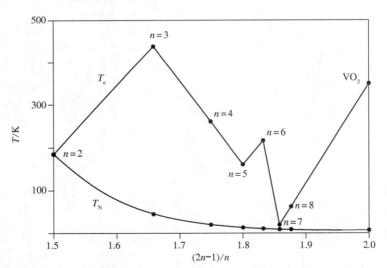

图 10.15　V 的 Magnéli 相 V_nO_{2n-1}[$n = 2$、3、……、8 和 $n = \infty(VO_2)$]中的金属—绝缘体转变和 T_N

唯一一个到最低温度仍然是金属相的 Magnéli 相为 V_7O_{13}，其原因尚不清楚。

从研究这些不同的 Ti 和 V 化合物中（许多会发生金属—绝缘体转变），可以得到什么普适经验？上面已经提到：$S = \frac{1}{2}$ 的 d^1 构型过渡金属离子似乎都倾向于形成单态二聚体。我们在其他化合物中也看到了同样的趋势，例如尖晶石 $MgTi_2O_4$。这种趋势在接近局域—巡游转变的系统中尤其明显,例如那些金属—绝缘体转变系统,以及更复杂、不那么对称晶格的系统(例如 MO_6 八面体共棱或共面时)。对于更对称的情况,如钙钛矿,这种趋势不太明显:因此,例如包含 Ti^{3+}(d^1)的 $LaTiO_3$ 不发生畸变,并在低温下 Ti 离子形成反铁磁序。因此,这种形成单态的二聚化并不一定总是发生,但对于许多这样的系统来说,这是一种极有可能的情况。

当比较整数 d 电子的材料(如 V_2O_3 或 VO_2)和 $n > 2$ 的名义上含有不同价态(即部分填充的 Hubbard 能带)的过渡金属离子的 Magnéli 相,可以看到另一个特征。在所有钒 Magnéli 相中,高于 T_c 的金属相中磁化率遵循 Curie 定律,而不是像正常金属那样遵循 Pauli 磁化率。因此,这些材料属于"Curie 金属"。这不是包含此性质唯一的系统,例如著名的 $x \gtrsim 0.5$ 层状材料 Na_xCoO_2(著名的 Li_xCoO_2,为笔记本电脑和手机中最优异的可充电电池的基础,也属于此类材料)。显然,许多窄带和强关联的金属都可以表现出这种行为。

足够有意思的是,V_2O_3 和 VO_2(d 壳层占据态分别为 d^2 和 d^1)的金属相表现出**普通得多**的磁化率,而不是类 Curie 的。因此,似乎此类部分填充 Hubbard 带的系统在**磁性上的**表现更像关联系统,而不像 Mott 转变以上每个格座恰好有一个或两个电子的系统。人们可以通过以下方式定性地理解:对于 $n = 1$ 的 Hubbard 系统,电子只能通过"在彼此格座上跃迁"来移动,即会产生双重占据格座和空格座。在简单的 Hubbard 模型中,这种态是非磁的($|0\rangle$ 或 $|\uparrow \downarrow\rangle$)。因此,它们都不会贡献(Curie)磁化率。然而,如果在强关联(大 U/t)的部分填充 Hubbard 带中存在相对少量的电子,这些电子可以在晶体中轻松移动,获得相应的动能,并相互回避,即没有形成双重占据格座的必要。于是,所有这样的电子一方面会贡献电导率,另一方面,保留了它们的自旋,即它们会以局域电子相同的方式贡献磁响应,即给出 Curie 磁化率。实际上,此物理图像根据的是 Khomskii 的计算。

10.2.4　电荷序导致的金属—绝缘体转变

过渡金属化合物中绝缘体—金属转变的一个可能的机制是电荷序,第 7 和第 9 章中已经展示过一些案例。正如在那些章节中所讨论的,许多能带部分填充(每个格座的 d 电子数为非整数)的过渡金属化合物,即使存在强关联,也可能是金属性的。此时,金属电导率可能与过渡金属离子不同价态的快速交换有关,例如 Fe_3O_4 中的 Fe^{2+} 和 Fe^{3+}(7.4 节),或掺杂锰酸盐中的 Mn^{3+} 和 Mn^{4+}(9.2.1 节)。此物理图像在能带很窄的时候适用,此时带宽 W 比在座 Hubbard 排斥 U 小,相应材料的金属特性可能与正常金属不同,尽管 $T = 0$ 的基态可能仍然是 Fermi 液体型,虽然具有很强的重正化参量(但也可以是非 Fermi 液体型)。在低温下,此系统中存在的强相互作用通常会引起某种有序,往往是电荷序。而在这种有序下发生的电子局域化可以使材料绝缘。

如第 7 章的讨论,这种电荷序通常在公度电子浓度下发生,例如每两个格座一个电子等。这是半掺杂锰酸盐(7.1 节)和 Magnéli 相 V_4O_7 及 Ti_4O_7(10.2.3 节)中的情况。然而,正如 7.4 节中以磁铁矿 Fe_3O_4 为例所讨论的那样,阻挫晶格中的情况可能相当复杂。

局域 d 电子的电荷序态也应该表现出某种磁序或轨道序,并且通常伴随着结构相变。然而,通常很难直接观察到这种电荷序。因此,在几个锰钡矿[①]结构的 V 氧化物系统中,例如

[①]　锰钡矿构成相当大的一类材料(属于所谓的隧道化合物),其中一些表现出金属—绝缘体转变。除了上文提到的 V 的锰钡矿,还有 $K_2Cr_8O_{16}$,在其 ≈ 90 K 的铁磁相中($T_c = 160$ K),会发生金属—绝缘体转变,于是此系统在低温时是相当少见的铁磁绝缘体的案例。

$K_2V_8O_{16}$、$Ba_{1.2}V_8O_{16}$ 和 $Bi_xV_8O_{16}$ 的绝缘体—金属转变极有可能会伴随电荷序(这些系统中 V 离子的价态介于 V^{3+} 和 V^{4+} 之间),但是显然,电荷序的特征相对较弱。

在自发电荷歧化的材料中会遇到一类非常有意思的绝缘体—金属转变,见 7.5 节。尤其是,在 $PrNiO_3$ 和 $NdNiO_3$ 观察到了急剧的绝缘体—金属转变。在这些系统中,此转变伴随着低温绝缘相中一种相当特殊类型的反铁磁序的出现——自旋在 x、y 和 z 方向为 ↑↑↓↓ 型。该转变及其中出现的磁结构的初步解释是基于轨道序的 Mott 转变:这些材料中的低自旋

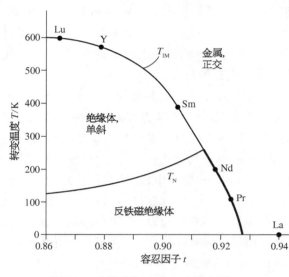

图 10.16 镍酸盐 $RNiO_3$ 中的金属—绝缘体和反铁磁转变

Ni^{3+} 离子的组态为 $t_{2g}^6 e_g^1$,为强 Jahn – Teller 离子。然而,没有一种可能的轨道序可以解释观测到的磁结构。此问题的答案,由理论预言并得到了实验证明,为 7.5 节中讨论的电荷歧化现象:这些系统 Ni^{3+} 离子形式上歧化成 Ni^{2+} 和 Ni^{4+},并且这些离子在钙钛矿晶格中以棋盘的方式排列。这种电荷歧化发生在绝缘体—金属转变处,并显然会驱动此转变。足够有意思的是,在镍酸盐 $RNiO_3$ 中,对于较大的稀土离子 $R = Pr$ 和 Nd,此转变与磁序同时发生,但是对于较小的稀土离子,这两种转变是分离的,如图 10.16(已经在 3.5 节的不同背景中展示了)所示,其中细线表示 Ⅱ 级相变,粗线表示 Ⅰ 级相变。

10.2.5 过渡金属化合物中其他金属—绝缘体转变的案例

还存在许多其他金属—绝缘体转变的过渡金属化合物——一些依赖于温度,这是上文讨论的主要关注点,还有很多依赖于压力。可以这样说,所有这些材料,甚至是许多更简单的材料,都应该在压力下变成金属:电子波函数的重叠(与之相关的带宽)随着压缩而增加,可以预期,在足够高的压力下,所有材料迟早都会变成金属。然而,在某些情况下,人们可能需要巨大的压力来实现这一点,而这在实验室中是很难达到的。但这种现象肯定会发生,例如在地球内部的深处,人们确实相信许多通常绝缘的材料,包括过渡金属化合物,可能会在地核处变为金属性。

回到温度或成分诱导的金属—绝缘体转变,介绍一些硫化物和硒化物。最著名的例子是 NiS,其为亚稳 NiAs 结构,如图 10.17 所示,由在 c 方向共面 NiS_6 八面体链构成,这些链在 ab 面内为六方有序,参考 3.5 节的讨论。NiS 在 $T_c \approx 240$ K(具体值依赖于样品)处发生从低温反铁磁非金属(可能为半金属)相到高于 T_c 的顺磁金属相的绝缘体—金属转变;此转变被压力抑制,并随着化学计量会有偏移,如图 10.18 所示。NiS 中的情况有时被认为是一个真正的 Mott 转变,因为此转变时晶格对称性没有改变;在 T_c 以上,只有晶体的体积减小了约 1.9%,并导致带宽增加和 Mott 转变。但显然,NiS 中电子关联没有例如金属—绝缘体转变的 V 氧化物中那么重要:相比之下,NiS 的高温或高压相几乎是一个正常金属,Pauli 磁化率很小,其线性比热 $c = \gamma T$ 中的系数 γ 约为 6 mJ/(mole · K^2)——对正常金属是典型的,但是对于例如 V_2O_3

要小一个数量级①。同样,NiS 在压力下获得的金属相电阻率与弱关联金属的类似:在 ≈ 10 K 以内的小温度区间内为 $\rho \approx T^2$,而在 V_2O_3 中,$\rho \approx T^2$ 可以到 ≈ 100 K。NiS 的低温特性更类似于半金属或极窄带隙半导体,而不是真正的 Mott 绝缘体。尽管如此,在 T_c 以下的反铁磁序,以及在 T_c 处体积的强烈跳跃式变化,可能表明电子关联一定的重要性。

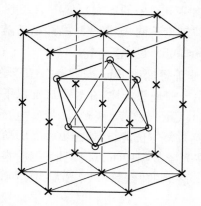

图 10.17　NiS 结构("×"为 Ni 离子,"○"为 S 离子)

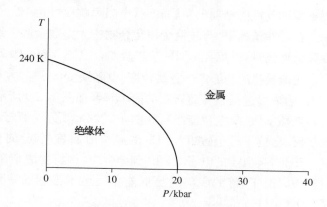

图 10.18　NiS 中压力诱导的绝缘体—金属转变

然而,在过渡金属化合物的金属—绝缘体转变背景下,另一个经常被提起的系统是 $NiS_{2-x}Se_x$。该系统具有 3.5 节所描述的黄铁矿结构:它可以表示为由 Ni^{2+} 离子和 $(S_2)^{2-}$ 或 $(Se_2)^{2-}$ 分子组成的 NaCl 结构。NiS_2 为绝缘体,而 $NiSe_2$ 为金属。低温下,$NiS_{2-x}Se_x$ 中的绝缘体—金属转变发生在 $x \approx 0.3$ 处。绝缘相为反铁磁的,并且显然对于更大 x(或增加压力)的金属相也是反铁磁的。这类似于非理想配比的 V_2O_3 的情况,见 10.2.1 节。该系统的全相图如图 10.19 所示,也类似于 V_2O_3 的相图,如图 10.7 所示。显然,高温金属—非金属转变 dT_c/dx 或 dT_c/dP 的正斜率的解释与 V_2O_3 的相同:顺磁绝缘相中的自旋熵比金属相中的熵大,这导致随着温度升高的金属—绝缘体转变。

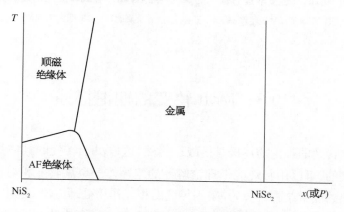

图 10.19　$NiS_{2-x}Se_x$ 系统的相图示意图

① 注意系数 γ 为 $\gamma \approx N(0) \approx m^*$,也就是说,这是相应带宽 W 的一个度量(对于窄带和在 Fermi 能级处态密度很大时,γ 较大,即 $\gamma \approx 1/W$),并被电子关联和电子声子相互作用增强。对于宽能带正常金属,例如 Cu 和 Ag,γ 值为 ≈ 1 mJ/(mole·K²);对于金属性的过渡金属化合物,$\gamma \approx (10 \sim 10^2)$ mJ/(mole·K²);对于重 Fermi 子系统(通常是基于稀土或锕系元素,即 4f 和 5f 元素),其可达 ≈ 10^3 mJ/(mole·K²)——见第 11 章。

几个有意思的绝缘体—金属转变系统展现了以下趋势（第 1 章已经提到）：在强关联系统中，Mott 绝缘体通常是反铁磁的，而通常铁磁被电子动能稳定，与金属电导率共存（尽管也有例外——铁磁绝缘体和反铁磁金属）。一些绝缘体—金属转变可以用此趋势来解释：磁结构的变化有时是这种转变的原因。例如在 $Pr_{1-x}Ca_xMnO_3$ 中，磁场可以导致从（电荷序的）反铁磁绝缘体到铁磁金属的急剧转变（电阻率跳变可达 10^8，比例如 V_2O_3 中的还大），如图 7.10 所示。在某些情况下，与过渡金属化合物中大多数金属—绝缘体转变不同，金属（和铁磁）态随温度降低而出现，例如在 CMR 锰酸盐 $La_{1-x}Ca_xMnO_3$（$0.25 \leqslant x \leqslant 0.5$），见 9.2.1 节。

可能最强的绝缘体—金属转变（电阻跳变 $\approx 10^{10}$）发生在非理想配比 EuO 向铁磁态（$T_c \approx 70$ K）的降温过程中。此转变的简单解释如图 10.20 所示。由于非理想配比，在导带底部以下存在杂质能级（氧空位能级），如图 10.20(a) 所示。低于 T_c 时，EuO 转变为铁磁，导带发生交换劈裂，自旋平行于磁矩（由 Eu 的局域 4f 自旋引起）的子带穿过氧空位能级，如图 10.20(b) 所示。于是，杂质层的电子"溢出"到导带中，材料变成金属。在光学数据中可以清楚地看到，在低温下，导（子）带的底部向更低能量发生了强烈的偏移——著名的"红移"，在 EuO 中达到了 ≈ 0.4 eV。

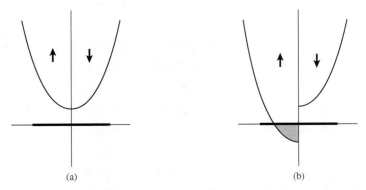

图 10.20 （轻度非理想配比的）EuO 中绝缘体—金属转变的定性解释

（a）$T > T_c$，顺磁绝缘态；（b）$T < T_c$ 铁磁金属态（粗水平线为空穴能级）

10.3　Mott 转变的理论描述

金属—绝缘体转变的理论描述极具挑战。当然，这取决于转变的具体类型。那些主要与晶体结构变化有关的、可以用常规能带理论解释的绝缘体—金属转变相对简单：人们可以对这些系统使用成熟的能带结构计算，并采用传统的相互作用处理方法，此时往往可以视为弱微扰（尽管如此，这会导致能带结构中能隙的打开，即金属—绝缘体转变）。这是例如 Peierls 相变，或电荷（或自旋）密度波的情况。同样，由电荷序引起的金属—绝缘体转变也可以用类似的方法来解释。在所有这些情况中，金属—绝缘体转变与系统中某种（长程）有序的出现有关——在准一维系统中的 Peierls 二聚化，半掺杂锰酸盐中电荷序等，并且正是由于这种有序导致了电子能谱中能隙的打开和金属—绝缘体转变（尽管实际上，能隙打开而获得的能量往往是这种有序的驱动力)。无论如何,在这种情况下,我们可以通过引入相应的序参量来描述金属—绝缘体转变,因为我们知道在这些转变中发生了哪些对称性的改变。

在强关联电子系统中,真正的 Mott 转变情况完全不同。根据其定义,Mott 转变发生在电子-电子相互作用达到带宽量级的情况下,也就是当系统的相互作用与动能相当时。对于理论描述来说,这是最糟糕的情况:所有能量的量级相同,没有小的参数来当作微扰。但大多数成熟的理论方法通常使用某种形式的微扰理论:最常见的是在弱相互作用中,例如 Feynman 图,或反之亦然,把电子跃迁当作微扰,正如在强关联 Hubbard 模型($t/U \ll 1$,见第 1 章)中那样。Mott 转变是微扰理论失效的真实案例——也许是整个凝聚态理论中最难的问题之一。

然而,另一个复杂的问题是,我们不知道 Mott 转变的序参量是什么,哪种对称性(如果存在的话)被打破("纯粹的"Mott 转变,不伴随任何常规的有序,例如磁或结构有序)。通常我们通过找出哪种对称性被破坏,并引入相应的序参量,例如铁磁体的磁矩,来描述 II 级相变(例如许多磁性相变)。对于 Mott 转变,这些特性是未知的;在这个意义上,很有可能 Mott 转变代表了一种与传统相变不同的新型相变(或者 Mott 转变应该总是 I 级的,就像液气相变,其中两相的对称性相同)。

无论如何,在没有小参数的情况下,必须设计描述 Mott 转变的近似方案。目前为止,最成功的方案有两个。第一个是 Gutzwiller 变分处理,Brinkman 与 Rice 将其专门应用于 Mott 转变。另一种方法是动力学平均场方法,目前被广泛用于描述 Mott 转变的一般特征。尤其是,该方法可以结合密度泛函方法[例如,局域密度近似(LDA)]的能带结构计算,以描述特定材料的绝缘体—金属转变。

10.3.1　金属—绝缘体转变的 Brinkman - Rice 处理

强关联电子系统,例如式(1.6)Hubbard 模型所描述的强在座排斥 $U \gg t$ 系统,其主要特征之一是由于这种相互作用,在同一格座上发现两个电子的概率被强烈抑制。对于自由电子填充的能带,例如每个格座一个电子($n = N_{el}/N = 1$)的情况,波函数的形式为平面波,容易证明,在一个给定格座处没有电子、有一个自旋↑的电子、有一个自旋↓的电子和有两个自旋↑↓电子的概率相等,都为 $\frac{1}{4}$。因此,给定格座上存在两个电子的概率(由在座关联函数 $\langle n_{i\uparrow} n_{i\downarrow} \rangle$ 的平均值来衡量),此时也是 $\frac{1}{4}$。对于 $U \gg t$ 的 Hubbard 模型,此概率将被强烈降低。Gutzwiller[1] 提出将此因素考虑到变分方案中,将总波函数中在同一格座发现两个电子的贡献降低一个系数 $g < 1$,其中 g 为变分参数,于是如果系统中存在 D 个这样双重占据的格座,波函数相应的部分将被降低,降低的系数为 g^D。如果写下平均能带能(动能)和平均相互作用能的表达式,其依赖于参数 g,于是关于 g 优化总能量,能得到一个考虑了强电子关联的解。

Brinkman 与 Rice[2] 将这种一般方法应用于每个格座一个电子的非简并 Hubbard 模型 Mott 转变,其中可以预期随 U/t 增加的金属—绝缘体转变。在该近似下,在金属中本应该为

---

①　Gutzwiller M. C., Phys. Rev., 1965, 137: A1726.

②　Brinkman W. F., Rice T. M.. Phys. Rev. B, 1970, 2: 4302.

零的双重占据$\langle n_{i\uparrow} n_{i\downarrow} \rangle$,或变分参数$g$,对于$U < U_c = 8|\bar{\varepsilon}_0|$的金属态不为零(此处$\bar{\varepsilon}_0$为电子的平均动能,其与跃迁$t$或带宽$W = 2zt$在一个量级),但是此在座关联函数随$U \to U_c$降低,当$U > U_c$时变为零,在此描述中对应 Mott 绝缘体。严格地说,尽管这并不是完全正确的——在第 1 章中已经看到,即使在 Mott 绝缘体中,也存在一定的电子在格座间的虚跃迁,导致在一个格座发现两个电子的概率不为零,$\langle n_{i\uparrow} n_{i\downarrow} \rangle \approx (t/U)^2$。尽管如此,Brinkman - Rice 处理还是很好地描述了这些系统中 Mott 转变的金属侧,也就是说,非常合理地描述了关联金属。特别地,Brinkman 和 Rice 证明了从金属侧接近 Mott 转变时,即对于$U \lesssim U_c$,电子的有效质量发生偏移:

$$m^* = \frac{m_0}{1 - (U/U_c)^2} \tag{10.1}$$

于是磁化率为:

$$\chi \to \frac{\mu_B \rho(\varepsilon_F)}{1 - (U/U_c)^2} \approx \frac{m^*}{m_0} \tag{10.2}$$

Brinkman - Rice 近似已经在很多强关联系统中得到应用,不仅如此,这也适用于另一个在座排斥很强的 Fermi 子系统——^{3}He。

10.3.2 Mott 转变的动力学平均场方法

另一种对 Mott 转变(包括真正的过渡金属化合物系统)相当成功的理论描述是动力学平均场理论(DMFT)。在此方法中,人们精确处理在座效应,并且以平均场的方式考虑格座与系统其余部分的耦合,就像在其他平均场理论中一样。然而,与例如在磁学理论中的标准平均场处理不同,动力学平均场理论中相互作用不是以静态方式处理的,而是考虑了动态效应。这意味着相应的物理量应该是时间或频率依赖的。由此产生的自洽方程描述了电子行为的参数——尤其对于单电子 Green 函数或自能。这种 Green 函数"知道"自由电子的能谱$\varepsilon_0(k)$,但在处理相互作用时通常忽略其动量依赖,只考虑频率依赖。这种近似在某些特定情况下是合理的,但在一般情况下会导致一些不足。目前,很多工作致力于超越此近似,以期最后能纠正其不足。尽管如此,即使在完全忽略自能对k依赖的简单形式中,这种方法依旧给出了一个对 Mott 转变饶有兴趣的描述。

正如 9.3 节中的描述,自由电子气(或者弱关联的)的单电子能谱可以描述为相干准粒子,或许是重正化的能谱$\varepsilon(k)$,并伴随一定的弱弛豫,导致这种准粒子的有限寿命τ。数学上,此准粒子谱由单电子 Green 函数的极点描述:

$$G(\boldsymbol{k}, \omega) \approx \frac{1}{\omega - \epsilon(\boldsymbol{k}) + i\Gamma}, \; \Gamma \approx \frac{\hbar}{\tau} \tag{10.3}$$

然而,在强关联系统中,除了能谱的相干部分外,还会出现非相干部分,这不是由 Green 函数的极点导致的。特别地,在第 1 章中描述的下和上 Hubbard 子带在很大程度上呈现了能谱这种非相干部分。

对简单非简并 Hubbard 模型的 DMFT 处理(近似下忽略关联效应的k依赖性)导致系统接近 Mott 转变的物理图像,如图 10.21 所示,其中展示了随电子关联U/t增加,态密度$\rho(\epsilon)$典型的演变。对于自由电子,会得到填充到 Fermi 能级的正常金属能带,对于每个格座一个电子,即$n = 1$,Fermi 能级位于能带的中间,如图 10.21(a)所示,其中展示了从相应 Green 函数得到的激发态态密度。随着 U/t 的增加,此接近于零能的准粒子能带的形状发生改变,其中状态总数(峰的面积)减小,并且在能量 $\approx -U/2$ 和 $+U/2$ 处出现卫星峰,这代表了之后形成的下和上 Hubbard 带,如图 10.21(b)所示(此处将 Fermi 能级设为 0)。随着 U/t 进一步增加,如图 10.21(c)所示,在 Fermi 能级的准粒子峰变窄,其面积进一步降低,谱权重转移到下和上非相干峰。从金属侧接近 Mott 转变时,即 $U \to U_c$,中间准粒子峰的宽度变为零(而由于所谓的 Friedel 求和规则,其高度保持不变),对于 $U > U_c$,该峰完全消失,只剩下满下 Hubbard 带和空上 Hubbard 带,其能隙 $\approx U$,如图 10.21(d)所示。也就是说,对于 $U > U_c$,得到了一个绝缘态——Mott 绝缘体。

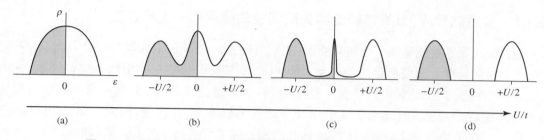

图 10.21 单格座动力学平均场理论中非简并 Hubbard 模型的态密度演化

此物理图像非常引人注目,尤其是对接近 Mott 绝缘体的金属态的描述,能谱既有相干的类 Fermi 准粒子,又有很大的非相干部分,它的主要特征与高能谱学,如光电子能谱和逆光电子能谱的结果一致。$U \to U_c$ 时相干峰的逐渐变窄同样与 Brinkman 和 Rice 的结果一致:有效质量 m^* 为 $\approx 1/W_{\text{coh.}}$,其中 $W_{\text{coh.}}$ 是图 10.21 中相干峰的宽度;当 $U \to U_c$ 时,$W_{\text{coh.}} \to 0$,有效质量应该趋于无穷大,也可以由式(10.1)得到。

在导致图 10.21 的 DMFT 描述中使用的近似仍然有一些弊端。该近似忽略格座间的关联,有效地将其约化成了单格座处理。但是,正如在一些 Mott 转变的例子中所看到的,例如 VO_2(10.2.2 节),这种格座间的关联有时也至关重要:在 VO_2 中,在单态二聚体中也存在关联。一些关于单格座 DMFT 的推广现在允许我们至少部分地考虑这些效应;VO_2 中金属—绝缘体转变的团簇 DMFT 处理就是一个很好的例子,其给出了相当合理的描述。

一般来说,单格座处理导致的图 10.21 中"一系列结果"使用了准粒子峰高为常数的近似,遵循了对单格座(例如金属中的一个孤立杂质)有效的 Friedel 求和规则。如果考虑格座间的关联,这种近似在一些富集系统中原则上会失效。事实上,这是 DMFT 考虑多格座效应的某些推广中的情况,其中在接近 Mott 转变的过程中,准粒子峰的中心可以形成赝能隙。还有一个问题是,DMFT 处理中的 Mott 转变是否始终应该是 I 级相变。尽管还存在所有的这些问题,但是 DMFT 方法,特别是其现代推广,似乎是目前对 Mott 转变最有前景的理论处理方法之一。

10.4　不同电子组态的绝缘体—金属转变

目前为止,我们主要从能带模型或非简并 Hubbard 模型等基本理论模型出发,讨论了金属—绝缘体转变。正如我们所看到的，即使在这些概念上简单的案例中，仍有许多基本的开放性问题。当讨论真实的材料时，每一种材料的具体特征也发挥着至关重要的作用，显著地改变并通常在很大程度上决定了这种转变的细节。接下来讨论金属—绝缘体转变对相应化合物具体的电子结构，如轨道态、多重（自旋）态效应、阴离子（配体）p电子等的依赖。

当考虑所有这些影响时，从材料的绝缘态开始并考虑向金属态的转变可能会更方便，即不去讨论金属—绝缘体转变，而是讨论绝缘体—金属转变，本节将遵循这种方式。我们将讨论绝缘体电子结构的具体细节，见例如在第2章—第4章，是如何影响相应材料中的绝缘体—金属转变的。

10.4.1 多重态效应，自旋态转变和关联调控的绝缘体—金属相变

当讨论关联系统绝缘体—金属转变时，人们有时指的是两种主要类型：能带填充调控的和带宽调控的转变。我们所说的能带填充调控的转变是指在第9章中所描述的情况，此时系统在掺杂或电子浓度变化的情况下变成金属，例如通过光激发、界面注入等。所谓带宽调控的转变，指的是整数（或至少固定）d电子系统的标准Mott转变，例如10.1.3和10.3节所讨论的。在这种情况下，绝缘还是金属态的判据是有效电子-电子关联，即在座Hubbard排斥U和相应带宽$W \approx 2zt$（其中t为电子-电子跃迁，z是最近邻原子数）之间的比值。对于$U/W > (U/W)_c$，材料为Mott绝缘体，对于更小的U/W，为金属。例如，这种转变可以由压力引起：压力增加了波函数的重叠，从而增加了电子跃迁t和带宽W。排斥U通常被当作常数。

但是，这种简化在某些情况下可能是不够的。首先，Coulomb相互作用，甚至在座U，可以被屏蔽。于是当材料接近巡游态并变成金属时，这种屏蔽效应增加，导致U的持续降低。特别是，这可以加速压力下的绝缘体—金属转变：不仅带宽W会随着压力的增大而增大，而且U会减小，导致U/W比降低得更快。这种"互相促进"机制甚至可以使这种绝缘体—金属转变成为I级相变。

然而，还有一种更强的机制可以改变U的有效值。U对于过渡金属离子的实际定义是d电子从一个过渡金属离子转移到另一个过渡金属离子的能量消耗，即$d^n + d^n \to d^{n+1} + d^{n-1}$转变所需的能量：

$$U_{eff} = 2E(d^n) - E(d^{n+1}) - E(d^{n-1}) \tag{10.4}$$

这种能量一般既取决于相应离子的具体状态，也取决于其自旋关联。由于这些影响不那么为人所知，我们将在这里更详细地讨论。

首先讨论格座间自旋关联可能的作用。以铁磁Mott绝缘体为例，例如$YTiO_3$（特定轨道序导致的铁磁），其包含一个t_{2g}电子。当从格座i转移一个电子到相邻格座j，最低激发能为$U_{eff} = U - J_H$，如图10.22(a)所示：在激发态中，在j格座有两个自旋平行的电子，根据2.2节的规则，得到能量$U - J_H$（每一对平行自旋的能量为$-J_H$）[①]。

---

① 为了简便，我们在这一节中，就像在本书的其他几处地方一样，将Hubbard排斥U当作常数，忽略了它可能对特定轨道占据的依赖关系，请参阅3.3节的详细讨论。实际上，不同表达式中的Hund耦合J_H的系数可能会有所变化，但下文给出的定性结论仍然有效。

图 10.22　格座间电子转移的激发能取决于相应的自旋-自旋关联

　　然而,如果在两个自旋反平行的格座之间转移电子,能量 U_{eff} 会增加,$U_{eff} = U$,如图 10.22(b)所示。因此,在临界温度以上,当 $YTiO_3$ 变为顺磁时,此时同时存在平行自旋格座对和反平行自旋格座对;因此,平均 U_{eff} 相对于其低温值 $U - J_H$ 会增加。

　　如果在类似的情况下,从反铁磁态开始,例如在 $LaTiO_3$ 中,类似的论点表明,在磁序(Néel)温度以上,**最近邻之间跃迁的有效 U_{eff} 会降低**。因此,自旋关联的改变可以改变 U_{eff} 值,从而可以改变 Mott 转变的条件。此因素可能在 V_2O_3 的金属—绝缘体转变中起着一定的作用:例如 V_2O_3 中的自旋关联不仅在绝缘体—金属转变时发生从反铁磁到顺磁的转变,甚至在绝缘相中变为铁磁。这会导致 V_2O_3 中的 U_{eff} 在其从绝缘体到金属的转变中的显著降低。

　　另一种可能导致同样效应(有效 Hubbard 相互作用 U_{eff} 的改变)的机制是自旋态的改变,或者相应离子多重态的改变,见 3.3 节和 9.5.2 节。例如,在常规条件下,对于不是极其强的配体,Fe^{3+} 通常处于高自旋态,如图 10.23(a)所示。此时,在 Fe^{3+} 离子之间转移一个电子(当离子自旋反平行时才可能),会消耗能量:

$$U_{eff}^{HS}(Fe^{3+}) = U - \Delta_{CF} + 4J_H \tag{10.5}$$

消耗最小能量的"最优"转变,是图 10.23(a)所示的情况:通过从一个格座转移一个 e_g 电子到另一个格座的 t_{2g} 能级,会获得 $t_{2g} - e_g$ 劈裂能 Δ_{CF},但是失去了金属态中此电子与其他四个平行自旋电子的 Hund 相互作用能[①]。

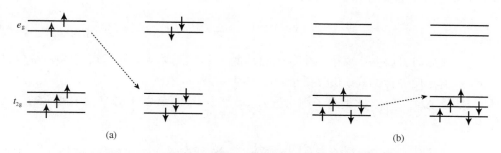

图 10.23　以 $Fe^{3+}(d^5)$ 为例说明格座间 d-d 激发的最低能量
(即 U_{eff})对相应离子自旋态的依赖关系

　　然而,如果 Fe^{3+} 为图 10.23(b)所示的低自旋态(这可能在压力下发生,因为压力下晶体场劈裂 Δ_{CF} 变大),消耗最小能量的电子转移过程如图 10.23(b)所示,需要的能量为:

[①]　注意,根据第 2 和第 3 章中提出的规则,特定自旋构型的 Hund 总能量是 $(-J) \times$ (平行自旋对的数量)。

$$U_{\text{eff}}^{\text{LS}}(\text{Fe}^{3+}) = U - J_H \tag{10.6}$$

电子保持在 t_{2g} 能级,即没有改变晶体场能,并获得了 J_H,因为在初始态中,两个格座上自旋向下的电子的 Hund 能为 $-2J_H$,但是在电子转移后的最终态,此能量为 $-3J_H$。实际上,对比式 (10.5) 和式 (10.6),可以看到,如果 $\Delta_{\text{CF}} < 5J_H$,那么 $U_{\text{eff}}^{\text{LS}}(\text{Fe}^{3+}) < U_{\text{eff}}^{\text{HS}}(\text{Fe}^{3+})$。$\Delta_{\text{CF}}$ 的典型值为例如 $\approx 2\text{ eV}$,$J_H \approx (0.8 \sim 0.9)\text{ eV}$,于是此条件是满足的[①]。相反,如果 $\Delta_{\text{CF}} > 3J_H$ [式(3.36)],易知在孤立格座上的 Fe^{3+} 会变为 LS 态[②]。

假设从含有 HS 态的 Fe^{3+} 离子材料的绝缘态出发,对此系统施加压力。在压力下,晶体场劈裂 Δ_{CF} 增加,如果其变得比 $3J_H$ 更大,则 Fe^{3+} 会发生 HS→LS 自旋态转变。然而,如果晶体场劈裂仍然比 $5J_H$ 小,那么根据式(10.5)和式(10.6),$U_{\text{eff}}^{\text{LS}} < U_{\text{eff}}^{\text{HS}}$。并且,可能存在 $U_{\text{eff}}^{\text{HS}} > U_{\text{crit.}}$ 的情况,即 HS Fe^{3+} 在绝缘态中,但是低自旋态中的有效 Hubbard 排斥 $U(U_{\text{eff}}^{\text{LS}})$ 已经比临界值 $U_{\text{crit.}}$ 更小。因此,HS→LS 转变中 U_{eff} 的急剧降低会导致此转变同时为金属—绝缘体转变。

U_{eff} 降低导致的这种自旋态转变,确实在某些 Fe^{3+} 化合物中观察到了:FeBO_3、GdFeO_3 和 BiFeO_3。在 BiFeO_3 中,这同时还是一个绝缘体—金属转变(在其他两个系统中,此转变时能隙降低,但仍然不为零)。显然,这种伴随 U_{eff} 降低的自旋态转变有助于绝缘体—金属转变。因此,这是**关联调控的**绝缘体—金属转变。

注意,如 Fe^{3+} 展示的 LS 态中 U_{eff} 的降低并不是一个普适的规律。依赖于特定的电子组态,U_{eff} 在 HS - LS 转变中既可能增加,也可能减少,或者保持不变。因此,对于组态为 d^6 的离子,例如 Co^{3+} 和 Fe^{2+}(自旋态转变发生在不那么极端的条件下的典型离子),效应是相反的,$U_{\text{eff}}^{\text{LS}}(\text{Co}^{3+}) > U_{\text{eff}}^{\text{HS}}(\text{Co}^{3+})$。确实,与上述相同的考虑表明,对于 HS d^6 离子,如果两个离子的初始自旋平行[图 10.24(a)],则:

$$U_{\text{eff}\uparrow\uparrow}^{\text{HS}}(d^6) = U - J_H \tag{10.7}$$

对于初始自旋反平行的离子[图 10.24(b)]:

$$U_{\text{eff}\uparrow\downarrow}^{\text{HS}}(d^6) = U - \Delta_{\text{CF}} + 3J_H \tag{10.8}$$

由于当 $\Delta_{\text{CF}} < 2J_H$ 时,这种 d^6 离子的 HS 态能量低于 LS 态,见 3.3 节和式(3.38),平行自旋式 (10.7) 的 U_{eff} 值比反平行的式(10.8)要小。

然而,如果 $\Delta_{\text{CF}} > 2J_H$,此类离子则会进入 LS 态。此时,从图 10.24(c)中展示的方法可以容易算出:

$$U_{\text{eff}}^{\text{LS}}(d^6) = U + \Delta_{\text{CF}} - J_H \tag{10.9}$$

---

① 此处没有讨论此自旋态转变的某些细节,例如最终态中,不仅可以从两个 LS 态[图 10.23(b)]中得到两个 HS 态[图 10.23(a)],还有机会获得 d^6 组态的"混合"态;对于 $2\Delta_{\text{CF}} < J_H < 3\Delta_{\text{CF}}$,这可能会导致中间态情形,但是这种激发要求该过程中自旋的改变。

② Fe^{3+} 的 LS 态的能量,如图 10.23(b)所示,为 $E^{\text{LS}}(\text{Fe}^{3+}) = -4J_H$(此时平行自旋对的数量为 4),而图 10.23(a)中 HS 态的能量为 $E^{\text{HS}}(\text{Fe}^{3+}) = 2\Delta_{\text{CF}} - 10J_H$(从 LS 态到 HS 态,从 t_{2g} 转移了两个电子到 e_g,这消耗 $2\Delta_{\text{CF}}$,但是在 HS 态获得的 Hund 能更大,因为此态中有 10 对平行自旋对)。对比这两个能量,得到对于孤立 Fe^{3+} 离子低自旋态转变的条件 $\Delta_{\text{CF}} = 3J_H$。

对比式(10.9)和式(10.7)可以看出，如果 $\Delta_{CF} > 2J_H$（d^6 的 LS 态条件），那么 $U_{eff}^{LS} > U_{eff}^{HS}$①。因此，当例如在压力下，$\Delta_{CF}$ 增加，材料从 HS 态转变到 LS 态，有效 Hubbard 排斥将会**增加**，系统变得"更加绝缘"。这与 $LaCoO_3$ 观察到的趋势一致，其中 LS Co^{3+} 的低温基态是绝缘的，但是很多 Co^{3+} 跃迁到磁性态（最有可能的是 HS 态）的高温态（$T \gtrsim 400$ K）是导电的：在高自旋态中 U_{eff} 降低，有助于导电。同样也看到了在掺杂 $La_{1-x}Sr_xCoO_3$ 中，在压力下从金属态到绝缘态的这种不寻常的转变：尽管在压力作用下材料的导电性增强，但在该系统中，压力导致 Co 从 HS（或 IS）态转变为 LS 态，伴随着从导电态转变为绝缘态。

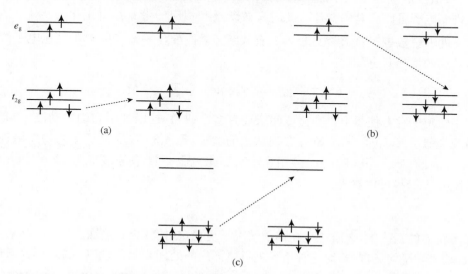

图 10.24　不同自旋态和不同自旋方向的 d^6（Co^{3+} 和 Fe^{2+}）构型离子的格座间电子转移

再次强调，由于我们的简化（特别使用相同的 U 而不考虑其对轨道占据的依赖性时），上文提出的一些数值估算可能不完全准确，请参阅 3.3 节和第 274 页的脚注①。但所得出的定性结论仍然是正确的。

无论如何，可以看到在讨论多电子过渡金属离子的绝缘体—金属转变时，必须考虑相应离子可能的多重态结构，以及它们的磁关联。这些因素，再加上可能的屏蔽作用，可以导致在绝缘体—金属转变过程中有效 Coulomb 排斥的变化，并且可以改变这种转变的特征，特别是可以导致除了通常讨论的带宽和能带填充调控的绝缘体—金属转变外，还能导致**关联调控的**绝缘体—金属转变。绝缘体—金属转变系统的模型和从头起（ab initio）计算中（标准方法几乎总是认为绝缘相和金属相的 Hubbard 排斥 U 相同），以及解释真实材料中的绝缘体—金属转变时，必须考虑这些效应。

10.4.2　轨道选择的 Mott 转变

在对 Mott 转变的理论处理中，人们通常从简单的非简并 Hubbard 模型开始。然而，正如在本书中很多地方讨论的那样，轨道自由度在确定过渡金属化合物的许多性质方面起着非常

①　同样，此处不讨论与 d^6 离子初始 LS 态到"激发的" d^5 和 d^7 离子的 HS 态转变（这同样要求这种激发态总自旋的改变）的某些具体细节。

重要的作用。已经在上面几个金属—绝缘体转变的例子中看到,例如在 V_2O_3 和 VO_2 中,这些效应可能对 Mott 转变也很重要。

从 Anisimov 等[①]的论文开始,许多论文从理论上研究了轨道效应在 Mott 转变中可能的作用。Mott 转变的标准条件是 Hubbard 排斥 U 应该大于相应的带宽 $W = 2zt$(其中 t 是电子跃迁,z 是最近邻数):

$$U > U_{c0} = aW = a \cdot 2zt \tag{10.10}$$

其中 a 为数值常数 ≈ 1,取决于晶格结构的细节等。假设在一个格座上存在几个(例如 N)等价轨道,进而电子可以在其中跃迁。此时有效跃迁和相应的带宽是重正化的:对于半满能带(每个格座的电子数等于轨道简并度 N),有效跃迁被改变,$t \rightarrow t\sqrt{N}$(对于其他电子浓度也有类似、但较弱的增强),也就是说:

$$W = 2zt \rightarrow \sqrt{N}W = \sqrt{N}2zt \tag{10.11}$$

实际上,多轨道的存在使得电子在格座间跃迁有多个通道,这增加了它们的动能,即有效带宽(此时情况类似于 Zhang-Rice 单态有效杂化的增加,见 4.3 节,尽管具体的物理原理不同)。然后需要更大的 Coulomb(Hubbard)相互作用 U 来克服动能,使系统成为 Mott 绝缘体:从式(10.10)和式(10.11)可以看出:

$$U_c = \sqrt{N}2zt = \sqrt{N}U_{c0} \tag{10.12}$$

因此,在多轨道的系统中,金属态比在单带情况下更稳定,使其更难绝缘。

通过动力学平均场理论,对这种情况进行更详细的处理表明,随着 U 的减小,(Mott)绝缘态确实在 $U_{c1} \approx \sqrt{N}W$ 时变得不稳定,但是从金属态出发,此态存在于增加 U 到 $U_{c2} \approx NW$ 过程中。也就是说,在此近似下,低温下 Mott 转变是一个 I 级相变,并且滞回范围 U_{c1} 和 U_{c2} 取决于不同的简并度。

结果式(10.12)中使用的假设对于真实过渡金属化合物不太现实,尽管该处理得到的定性趋势是正确的,并且对于某些系统,例如 Fuller 烯 R_xC_{60}($R = $ K、Rb 等),这可能直接有效。在典型的过渡金属化合物系统中,由于轨道强烈的取向性,使得相应的跃迁是轨道依赖的。因此,在钙钛矿中,e_g 或 t_{2g} 电子只能跃迁到相邻离子相应的 e_g 或 t_{2g} 轨道。实际上,取决于相应的跃迁矩阵元,会形成不同带宽的、特殊轨道属性的分离能带。这些系统中有效 e_g-e_g 跃迁(对于 $\approx 180°$ M-O-M 键)比相应的 t_{2g} 电子的要大,$t_{e_g-e_g} \simeq 2t_{t_{2g}-t_{2g}}$,即 e_g 能带要比 t_{2g} 的宽。问题是,此时是否会得到**轨道选择的 Mott 转变**,例如,根据标准即式(10.10)讨论,人们可以预期如果 $U < W_{e_g}$,而 $U > W_{t_{2g}}$,会得到金属 e_g 能带和巡游的 e_g 电子,而 t_{2g} 电子则在 Mott 转变的绝缘侧。虽然存在一些相互矛盾的观点,但似乎上文描述的定性预期在理论上确实得到了很强的支撑——特别是已经发生了 Mott 转变的局域电子,可能在更宽的能带上与巡游电子共存。事实上,也许之前没有明确地说明这个问题,但我们已经在本书中多处使用了此物理图像,例如在处理 CMR 锰酸盐的双交换模型时,见 5.2 节和 9.2.1 节,认为 t_{2g} 电子是局域的,形成局域自旋,并将部分填充的 e_g 能带中的电子视为巡游的。

实际上,不同的电子可以显示不同程度关联的概念早在引入 Mott 绝缘体这一概念之

---

① Anisimov V., Nekrasov I., Kondakov D., et al. Eur. Phys. J. B, 2002,25:191.

前就已经被使用了。例如在处理过渡金属本身的时候,例如铁或镍,Mott 使用了以下物理图像,其中更多 t_{2g} 特性的 d 能带比更多 e_g 特性的要更加局域(尽管对于真正的金属,这些概念的定义没那么明确)。类似地,当我们处理稀土金属或化合物时,也会使用此物理图像,参见第 11 章,其中总是从局域 f 电子和导带的巡游电子(s、p、d 电子)图像开始。正如将在第 11 章中看到的,在某些情况下,这些不同类型的电子的杂化可以导致相当不平凡的态,比如重 Fermi 子态。显然,同样的效应也导致了关于 d 电子系统中存在轨道选择的 Mott 转变的一些相互矛盾的说法。但至少从定性上讲,在同一固体中共存的两种可能的不同电子态图像,窄带中的局域电子和宽带中的导电电子,是讨论许多真实材料性质的一个很好的出发点。

10.5 Mott–Hubbard 和电荷转移绝缘体中的绝缘体—金属转变

正如第 4 章的讨论,可以将强关联绝缘过渡金属化合物分成两类:Mott–Hubbard 绝缘体和电荷转移绝缘体,见例如图 4.7 中 Zaanen–Sawatzky–Allen 相图。第 4 章讨论了这两种绝缘系统中性质的不同,例如最低带电激发的特性和交换相互作用的具体形式。该章简要地提到了,当从有局域 d 电子的绝缘区间过渡到巡游电子区间时,可以有两种不同的情况,如图 10.25 所示。系统可以从 Mott–Hubbard 区间开始经过 A → A′演变,或可以从电荷转移区间开始经过 B → B′演变。

人们很容易理解这两种情况下的转变特征,此外,在点 A′和 B′处得到的状态的性质可能截然不同。第一种情况(轨迹 A → A′)描述了常规 Mott 转变。使用态密度示

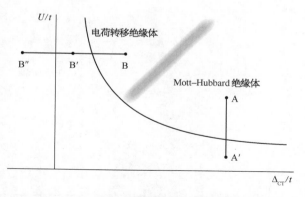

图 10.25 从 Mott–Hubbard 或电荷转移绝缘体出发局域电子到巡游电子可能的转变

意图,例如图 4.12 所示的情况,我们可以在图 10.26 中说明相应的变化,其中展示了 Mott–Hubbard 绝缘相(A 点)和金属相(B 点)中完全填充配体(氧)的 2p 能带和下和上 Hubbard 带。此时,最低带电激发对应于 d–d 跃迁 $d^n d^n \to d^{n-1} d^{n+1}$。可以看出,此时绝缘体—金属转变对应于 Mott–Hubbard 能隙的闭合,形成了正常金属态的部分填充 d 能带。此时,完全填充的氧 p 能带仍然在 Fermi 能级之下,并没有发挥重要作用。请注意,以 Hubbard 相互作用 U(或 U/t)为特征的电子关联,在进入金属态时强烈降低,所以形式上在过渡到巡游电子时没有显著的关联。

相反,从电荷转移绝缘相开始,即图 10.25 的 B 点,可能的演化如图 10.27 所示。可以看出,在图 10.25 中从 B 点到 B′点,电荷转移能隙 Δ_{CT} 降低了,但是 Hubbard 排斥 U 和与之相关的电子关联仍然很强。图 10.27(b)所示的由此产生的态相当不平常:这对应于电荷转移能隙

（$d^n p^6 \rightarrow d^{n+1} p^5$ 转变所需的能量）的闭合。实际上，宽 p 带（认为没有关联）与上 Hubbard 带（这对应于仍然是强关联的 d 电子）重叠，如图 10.28 所示。这与混合价稀土化合物非常相似，详见第 11 章（图 11.2 和图 11.7）。也就是说，在此区间中，遇到了稀土化合物类似区间中的所有问题和可能性。问题的核心在于，此处电子态能量非常接近，但特性截然不同：宽的巡游 p 带，每个态可以容纳两个电子，以及上 Hubbard 带的强关联态，每个态只能容纳一个电子。并且这些不同的态一定会杂化，它们有不同的相互作用等。在 4f 和 5f 系统（例如混合价系统）中遇到的问题同样也会在这里出现——"怎样杂化关联能带"（或者更准确地说，不同程度关联的能带——此处为无关联 p 带和仍然强关联的即 $U/t \gg 1$ 的 d 带）。根据具体的情况，可能存在不同类型的态。如图 10.27（b）所示，虽然有强重正化参量和仍然存在强电子关联，但最终依旧可以得到金属态。人们于是可以预期，例如，得到的金属态仍然具有 Curie 或 Curie-Weiss 而不是 Pauli 磁化率。这种态（"Curie-Weiss 金属"）常常在金属性的过渡金属化合物中观察到，例如 $x > 0.5$ 的 $Na_x CoO_2$，或 $LaNiO_3$，如图 10.16 所示。以上描述的情况可能是 Curie-Weiss 磁化率金属最有可能的原因。某些情况下，此态也可能形成某种磁序，并保持金属性；这可能是 $SrFeO_3$ 中形成螺旋磁结构的情况。

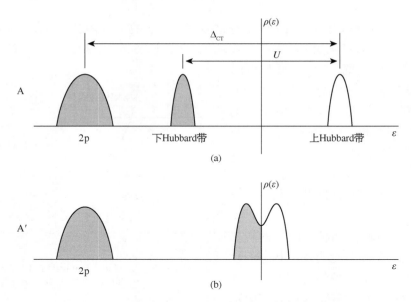

图 10.26　图 10.25 中 A 点 Mott-Hubbard 绝缘体（a）和
A′点金属相（b）中态密度示意图

　　但这不是唯一的可能性。类似于稀土化合物，在此区间内的某些情况中，产生的态可以是绝缘的——类似于 4f 化合物中所谓的 Kondo 绝缘体。在最简单的处理中，这种能隙可以仅由于 p-d 杂化引起，如图 10.29 所示。然而，这个简单的解释在此处和 4f Kondo 绝缘体中不一定正确，或至少可能不充分。这种态的一个更合理的解释可能是，当占据的 2p 能带开始与空的上 Hubbard 带重叠后，一些原本的 p 电子会转移到 d 态，留下 p 空穴。那么仅仅通过"构造"，产生的 d 电子数量就等于由此形成的 p 空穴数量。此时，它们可能由于电子—空穴吸引而形成激子型束缚态，从而使产生的态绝缘：每个 p 空穴都可以找到一个 d"配对"。由此产生的态将与激子绝缘体非常相似。

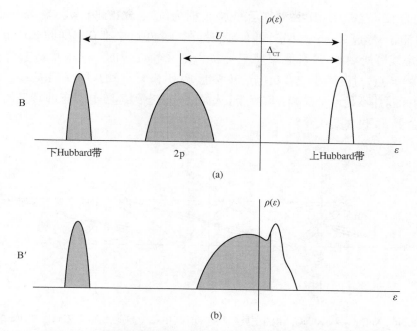

图 10.27　随着电荷转移能 Δ_{CT} 的降低，发生绝缘体—金属转变时态
密度可能的演化［即图 10.25(a) 中轨迹 **B → B′ → B″**］

(a) 初始绝缘态（电荷转移绝缘体，图 10.25 中的 B 点）；(b) 最终金属态，
对于 d 电子仍然具有强关联（图 10.25 中的 B′ 和 B″ 点）

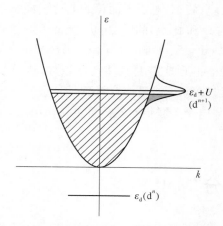

图 10.28　电荷转移能 Δ_{CT} 降低引起的绝缘体—
金属转变后（图 10.25 中 B′ 点和 B″
点）得到的金属态能谱

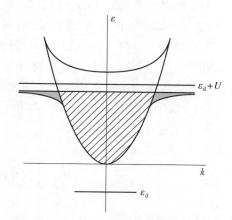

图 10.29　对于小或者负的电荷转移能可能出现
的绝缘态能谱（图 10.25 中 B′ 点和 B″
点）参考 4f 化合物的 Kondo 绝缘体情
形（第 11 章）

　　还可以注意到这些态与 4.4 节中讨论的 Zhang‐Rice 单态（d 电子和 p 空穴的束缚态）的
关系。在某些情况下，包含很多 Zhang‐Rice 单态的系统是绝缘的。因此，例如这是描述
$NaCuO_2$ 和 $KCuO_2$ 绝缘和非磁性态的方法。这些系统的主要结构单元是共棱 CuO_6 八面体
链，如图 10.30 所示。在这些化合物中，Cu 形式上的价态为 3＋。但是，正如 4.3 节所述，Cu^{3+}
的电荷转移能隙是负的，如图 4.8 所示。也就是说，此时为图 10.25 中的 B″ 点。此时，不再是

$Cu^{3+}(d^8)$，而是 $Cu^{2+}(d^9)L$，其中 L 表示配体(此时为氧)空穴。此 p 空穴将与 Cu^{2+} 的"额外" d 电子(d-p 激子)形成 Zhang-Rice 单态，此时，在每个单胞中都有这样的 Zhang-Rice 单态(图 10.30 中虚线圈所示)。这种态事实上确实为绝缘和抗磁的。这也是从电荷转移绝缘体(图 10.25 中的 B 点)过渡到小或者负电荷转移能隙(B′和 B″点)的可能结果之一。从这个意义上说，本节的标题并不是十分准确：实际上，从局域电子态到巡游电子态的转变的可能结果之一可能不是金属，而仍然是绝缘体。

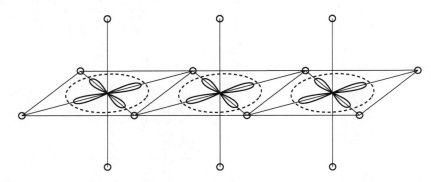

图 10.30　$NaCuO_2$ 和 $KCuO_2$ 中的主要结构单元(其中每个单胞上都有 Zhang-Rice 单态)

注意，由此产生的态的性质不同于一开始的电荷转移绝缘体，这也导致了例如此态磁性的巨大区别。因此，尽管在例如 $KCuO_2$ 系统中初始态的电荷转移绝缘体[但是具有正的电荷转移能隙(图 10.25 中的 B 点)、局域 d 电子和相应的局域磁矩]应该具有某种磁序，但是例如在 B′和 B″点的最终态应该是非磁性的[可以认为此时发生了高自旋态(对于大而正的电荷转移能隙是典型的，图 10.25 中的 B 点)到低自旋态(图 10.25 中的 B′和 B″点)的转变——类似于例如从高自旋 $Ni^{2+}(d^8，S=1)(\Delta_{CT}>0$，图 4.8)到低自旋 $Cu^{3+}(d^8，S=0)=Cu^{2+}(d^9)L(\Delta_{CT}<0)$]。

类似于稀土化合物中的 Kondo 绝缘体，这种绝缘态的形成需要某些特定条件；这就是为什么我们不经常遇到这种态的原因。更常见的是，通过降低 Δ_{CT}，最终会得到某种金属态——但是，正如上文所强调的，这是一种相当不寻常的态，强电子关联仍然发挥着重要作用。

10.6　分子团簇和"部分"Mott 转变

电子-电子排斥，例如 Hubbard 排斥 U，本质上是一种原子内属性，与原子间距无关，而电子跃迁强烈地依赖于原子间距。这导致由例如 Goodenough 强烈倡导的概念，即应该存在一个临界原子间距 R_c(依赖于过渡金属离子的种类)，来划分电子行为的局域和巡游区间。当过渡金属离子之间的距离发生变化时，例如在压力下，固体中应该发生绝缘体—金属(Mott)转变(在分子中，这对应于从 Heitler-London 描述向分子轨道描述的过渡)。

过渡金属化合物中的 Mott 转变通常认为在整个样品中均匀发生。但是，随着认识的逐步清晰，这并不是唯一的可能。在 Mott 转变附近可能会出现新的非均匀态，因此，在某种意义上，得到的是"部分"Mott 转变：在系统的某些部分，在某些特定的团簇中，原子间距可能已经小于 R_c，因此这些团簇可以更好地用分子轨道来描述，然而这些团簇**之间**的距离仍然很大，因此不会有净金属电导率。这种"金属"团簇的形成与价键固体有许多共同之处。

这种现象，即"部分"Mott 转变，是在低维和阻挫系统中最常被观察到。事实上，在规则的三维晶格中，如钙钛矿，通常得到均匀有序态，如三维反铁磁序。分子类型的团簇，如价键态，在低维和阻挫系统中更有可能。本节使用三角和烧绿石（尖晶石）晶格系统，以及一些准一维系统的几个具体例子来描述这种情况。

10.6.1　尖晶石中的二聚体

在许多尖晶石中可以观察到形成非平凡结构的金属—绝缘体转变，例如 $MgTi_2O_4$、$CuIr_2S_4$ 和 AlV_2O_4。结构研究表明，在所有这些情况下都发生了相当不寻常的结构变化，这通常可以描述为分子团簇的形成。在 $MgTi_2O_4$ 中会出现长短 Ti–Ti 键交替的"手性"结构，在 $CuIr_2S_4$ 中形成了 Ir 八聚体，但是这两种现象都可以用 Ti 或 Ir 的**单态二聚体**来解释，这在尖晶石的 B 格座阻挫晶格中会导致这些手性或八聚体结构。在 AlV_2O_4 中，形成的分子团簇由七个 V 组成——非常大的"七聚体分子"。根据 6.2 节的讨论，轨道序在此现象中往往扮演着重要角色。

在所有这些情况下，这些团簇主要是由尖晶石 B 格座晶格的特殊性质引起的，可以表示为在 xy（或 $x\bar{y}$）、xz 和 yz 方向上的一维链的集合，如图 6.15 所示。此晶格上的 Ti 和 V 离子的 t_{2g} 轨道有强烈的直接 d–d 重叠，因此例如 xy 轨道上的电子可以跃迁到 xy 方向相邻离子的相同轨道，其他方向也一样。所以这些（准）立方晶体中，电子结构本质上具有一维特性。而在绝缘相中，这些一维链形成单态二聚体 Peierls 态，这在尖晶石晶格中会导致 $MgTi_2O_4$ 的手性结构，$CuIr_2S_4$ 的八聚体，和 AlV_2O_4 的七聚体（实际上由二聚体组成）。注意，这些团簇（二聚体）里的原子间距相当短：比局域—巡游转变的临界距离 R_c 更短，甚至比相应单质金属中的原子距离更短，所以可以把这些团簇中的电子态看作是分子轨道，也就是说，这些团簇已经处于 Mott 转变的"金属"侧。但这些团簇**之间**的距离大于 R_c，因此整个化合物是绝缘的。

上文案例中单态"金属性"团簇不是唯一的可能性。在某些情况下也会形成磁性（如三重态）团簇，这似乎发生在 ZnV_2O_4 中。钒尖晶石，例如 MgV_2O_4、ZnV_2O_4 和 CdV_2O_4，在低温下会发生立方—四方结构相变，并形成非常特殊的磁结构，即 xz 和 yz 链上的 ↑↑↓↓（在 xy 方向为 ↑↓↑↓ 有序），如图 10.31 所示。通常，这些系统的性质可以通过轨道序的类型来解释：由于 $c/a < 1$ 的四方畸变，xy 轨道总是被占据的，V^{3+}（d^2）中剩下的第二个 t_{2g} 电子被认为会形成某种额外的轨道序。但是从头起（ab initio）计算表明在 ZnV_2O_4 中应该在 xz 和 yz 链中存在二聚化，如图 10.31 所示，出人意料的是，其铁磁键变得更短（图 10.31 中的粗键）。可以通过以下内容来理解此趋势：注意，与大多数单态键的价键固体相比，此时处理的不是 $S = \frac{1}{2}$ 的单电子离子，而是 $S = 1$ 的 d^2 离子。

可以认为短键中两个电子之一的额外离域增强了这些 $S = 1$ 的 d^2 离子之间的铁磁相互作用（实际上是双交

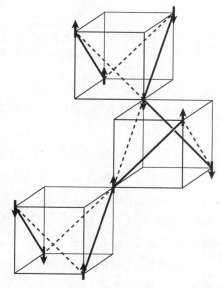

图 10.31　ZnV_2O_4 或 CdV_2O_4 中形成的短（粗）和长（虚线）V–V 键

换）。此类材料的另一个例子，CdV_2O_4 的另一种从头起（ab initio）计算证实了这些二聚体的形成，并进一步表明二聚体的形成会导致铁电性，这确实在 CdV_2O_4 观察到。

非常有意思的是，理论上得到的 ZnV_2O_4 的短 V–V 键仅有 2.92 Å——同样也比临界 V–V 键 2.94 Å 短。因此，这些 V 二聚体可以再次被认为是"金属"，尽管材料本身保持绝缘，其带隙相当小 ≈ 0.2 eV。

10.6.2 层状材料中的"金属性"团簇

在层状材料中发现了更多整体绝缘的基体中的"金属性"团簇例子，尤其是在三角晶格中，例如 $LiVO_2$、$LiVS_2$ 和 TiI_2；这些内容已经在 6.2 节的不同背景下提到过。

三角晶格通常被认为是阻挫的，这意味着它不是二分的（不能被细分为两个亚晶格）。但是在 $LiVO_2$、$LiVS_2$ 和 TiI_2 中，两个 t_{2g} 电子的 V^{3+} 和 Ti^{2+} 除了自旋外，还存在三重轨道简并。如果不能将一个三角晶格细分为两个亚晶格，那么可以自然地将其分为三个。这确实发生在这些材料中，如图 10.32(a)所示（已经在前文展示过了，如图 6.17 所示），其中展示了 V^{3+}(d^2) 或 Ti^{2+}(d^2) 的已占据轨道。

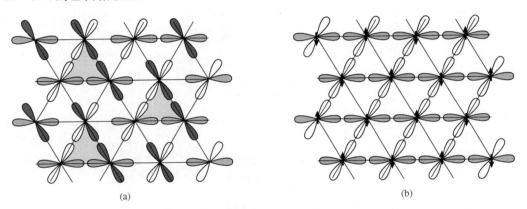

(a)　　　　　　　　　　　(b)

图 10.32　(a) 包含三个轨道亚晶格的 $LiVO_2$ 中的轨道序，并导致在紧束缚 V 三角（阴影）中形成自旋单态；(b) $NaVO_2$ 中的轨道和磁序

此轨道超结构形成后，在图 10.32(a)中的阴影三角中存在很强的反铁磁交换，实际上这些键变得比其他键更短，**在这种三聚体上形成了单态**（强反铁磁耦合的三个 $S = 1$ 离子为 $S_{tot} = 0$ 的单重基态）。

然而，如果增加总晶格常数（远离局域—巡游转变），例如从 $LiVO_2$ 到 $NaVO_2$，情况则发生巨大改变。例如，$NaVO_2$ 中的轨道序与 $LiVO_2$ 的截然不同：只有两类轨道被占据，如图 10.32(b)所示。因此，发生此轨道序后，系统拓扑上变为了正方晶格，进而可以形成常规 Néel 磁序，这确实被观察到了。还需要注意的是，与 $LiVO_2$ 相比，在 $NaVO_2$ 中强轨道重叠的化学键**不是变短了，而是变长了**！

实际上，此时短键和长键（2.977 Å 和 3.015 Å）都大于 Goodenough 临界值，即与 $LiVO_2$ 和 $LiVS_2$ 相比，$NaVO_2$ 仍然处于 Mott 转变的绝缘侧（在 $LiVS_2$ 中，此三聚化同时也是一个真正的金属—绝缘体转变）。

可以将 $NaVO_2$ 的这种行为解释为两种效应之间的竞争：更强的共价性倾向于使这样的

键变短,但键荷排斥(相互指向的轨道上的电子云的 Coulomb 排斥)则倾向于使这样的键变长。显然当系统的晶格常数较小,或者 TM‐TM 距离较小,即当系统更接近局域—巡游转变时,杂化相当强,因此第一个效应,即进一步增加杂化的倾向更占优势,使得这样的键变得更短,这是 $LiVO_2$ 和 $LiVS_2$ 中的情况。然而,如果系统存在局域 d 电子且远离 Mott 转变,d‐d 重叠是指数次衰减的,为次级效应,键荷排斥可能变得更加重要,因此,使得这样的键更长,进一步降低此排斥,可能更为有利,这显然是 $NaVO_2$ 中的情况。

10.6.3　TiOCl 中的自旋 Peierls‐Peierls 相变

关于 Peierls 现象的一个非常清楚的例子是 TiOCl,在本书中已经多次遇到过这种现象,特别是与 VO_2 中金属—绝缘体转变有关的方面。

TiOCl 为准一维材料,在常压下为 d 电子局域的绝缘体,其在 $\approx 60\ K$ 发生自旋 Peierls 相变(在 $60\ K < T \lesssim 90\ K$ 时为无公度相)。在压力下,它的带隙强烈降低,在 $\approx 10\ GPa$ 时接近绝缘体—金属转变。

然而,直流电阻测试显示 TiOCl 在 $P > 10\ GPa$,甚至直到 30 GPa 时仍然为绝缘的,尽管带隙很小。令人惊讶的是,基于晶格优化的从头起(ab initio)计算表明,高压相中的带隙确实明显减小,Ti‐Ti 二聚化本身并没有减弱,反而**增强**了。

根据这些计算,短 Ti‐Ti 距离变为 2.95 Å——接近于 Ti 金属中的 Ti‐Ti 距离 2.90 Å,而长 Ti‐Ti 距离要长得多,为 3.69 Å。因此,此时短 Ti‐Ti 二聚体相比于 Heitler‐London 描述,更接近于分子轨道描述。

再次假设此材料在局域—巡游转变附近,可以获得一个定性的解释。在 $P = 0$ 处,d 电子是局域的,于是得到自旋 Peierls 相变,其 T_c 和二聚化程度 $\delta d / d$ 正比于:

$$T_c \approx \frac{\delta d}{d} \approx J e^{-1/\lambda} \tag{10.13}$$

其中 J 为交换相互作用($J \approx t^2/U$),λ 为自旋—声子耦合常数。注意,此区间的带隙仍然是 Mott‐Hubbard 型,即很大的 $E_g \approx U$。在压力下,TiOCl 接近绝缘体—金属转变。但是转变到巡游区间后,系统仍然"知道"它是一维的,因此具有 Peierls 不稳定性,其 T_c($\approx$二聚化程度 $\approx$带隙):

$$T_c \approx E_g \approx \frac{\delta d}{d} \approx t e^{-1/\lambda'} \tag{10.14}$$

其中 λ' 为此区间的电子-电子耦合常数。也就是说,此区间绝缘态的本质是由于 **Peierls 二聚化**,而不是 Mott 绝缘体类型。但是,此区间的二聚化正比于带宽,或者跃迁矩阵元 t,而不是式(10.13)中的 $J \approx t^2/U$。因此,很明显,在局域—巡游转变的同时,还得到一个自旋 Peierls‐Peierls 相变。

总结本节,需要再次强调,接近 Mott 转变或局域—巡游转变的系统,可以表现出很多特殊的性能,不同于 Mott 绝缘体区间中的态或传统金属态。特别有意思的是"部分 Mott 转变"的情况,此时,首先某些有限团簇进入了非关联的(巡游)电子态,然后才在整个样本中发生真正的 Mott 转变。正如在几个例子中看到的,在低维和阻挫系统中,这些现象的最有利条件是满足的;在简单的晶格中,如钙钛矿中,它们不太可能发生。因此,这个局域电子态和巡游电子态之间的过渡区间为有意思的物理理论提供了广阔的平台，并最终发现了一些新奇的状态。

10.7 Mott 转变：常规相变？

Mott 转变的 DMFT 处理的一个有意思特点是，在低温时，此转变是 I 级相变，见 10.3 节。尤其是，这与 Mott 转变一般描述中相当开放的问题有关。在凝聚态相变的标准处理中，如磁性或超导相变，主要的概念是对称性和序参量。例如，序参量是铁磁体的平均磁化强度或铁电材料的极化强度。序参量是某一算符 $\eta = \langle 0|\hat{A}|0\rangle$ 的**基态平均值**，例如局域磁化强度，于是这种序参量在无序相中为零，在有序相中不为零。相应地，在相变过程中通常会出现对称性的变化：无序相通常对称性较高，而有序相的对称性则被打破。例如，在铁磁体中，时间反演和旋转对称性被打破，在铁电体中，反转对称性被打破，等等（这些至少是 II 级相变的必要特征：I 级相变，例如液气相变可以在对称性不变的情形下发生，在其中一些相变中，无法定义常规的序参量）。

在这个意义上，如何描述 Mott 转变是不清楚的：我们不知道在这种转变中哪些对称性（如果有的话）被打破了，以及如何引入适当的序参量，以区分绝缘态和金属态。的确，Mott 绝缘体与金属的不同并不完全在于**基态本身**的特性，而在于**最低带电激发态**的特性。在金属中，这种激发没有能隙，而在绝缘体中，这种激发有一个有限大小的能隙。这可能就是为什么人们无法通过任何算符的**基态平均值** $\eta = \langle 0|\hat{A}|0\rangle$ 来区分 Mott 绝缘体和金属，于是在这个意义上，Mott 相变确实不同于固体中的标准 II 级相变。如果以上是正确，我们可以得出结论，Mott 转变既可以是 I 级相变，也可以只是一个渐进的过渡。关于 Mott 转变的可能序参量，文献中有不同的建议，但都不太令人满意。

人们甚至还不清楚哪种态（金属态和绝缘态）应该被视为有序的，哪种态应该被视为无序的。可以认为金属态是有序态，无磁序的 Mott 绝缘体是无序态。确实，如上所述，金属在 $T = 0$ 时 Fermi 面是完全填充的——一个独特的零熵量子态，而无序自旋的局域电子态存在一定的自旋熵 $k_B N \ln 2$。确实，掺杂 V_2O_3 中的"纯粹的"Mott 转变（图 10.7 的相图中的高温转变线）斜率为正，根据其解释，这意味着 Mott 绝缘相的熵要高于金属态，于是金属态更加有序。

实际上，向 Mott 绝缘体的过渡几乎总是伴随着一些其他的，更传统的有序，例如反铁磁。此时，人们可以把此转变和这个有序联系起来。但此时，我们实际上可以用有效单电子图像来描述这种转变，考虑一个电子在磁亚晶格形成的自洽交换场中运动的能带。这本质上不是 Mott 转变——巡游电子到局域电子的转变，不是必须要伴随常规长程有序，例如磁序。许多过渡金属氧化物在 Néel 温度以上仍是很好的绝缘体。类似地，反铁磁序可能在例如阻挫系统中被抑制，而系统仍然保持绝缘。同样，如何用传统的对称性变化和序参量的概念来描述这种"纯粹的"Mott 转变还不清楚。很可能这个标准描述并不适用于 Mott 转变。如上所述，在这种情况下，转变应该是 I 级的，或者只是一个渐变的过渡。

还不能排除为 Mott 转变引入序参量的可能性，但此序参量可能相当不平凡——例如在纠缠熵等概念下的非局域参量。然而，这种尝试还处于非常初步的阶段。

10.8　本章小结

在强关联系统的物理研究中，可能最有意思的现象之一，但也是最难以从理论上描述的现象之一，是在温度、压力、成分等变化的某些系统中观察到的金属—绝缘体转变。从引言中总纲的角度，我们现在放宽了强关联 $U \gg t$ 的条件，并考虑极限 $U \lesssim t$。从 $U < t$ 的金属态到 $U > t$ 的 Mott 绝缘态的过渡被称为 **Mott 转变**。

原则上，固体中存在不同类型的金属—绝缘体转变，可以细分为三大类。第一个是可以在标准能带理论（考虑在周期势场中无相互作用的自由电子的运动）框架中解释的转变。依赖于特定的能谱形式和电子浓度，可以得到绝缘体或半导体（完全填充的价带和空导带被带隙隔开），或金属（部分填充的导带）。此类绝缘体为**能带绝缘体**。例如，如果在该系统中，结构相变下电子能谱的形式发生改变，带隙消失，则会得到一个绝缘体到金属的转变，反之亦然。这种转变的例子有白锡（一种好金属）向灰锡（一种零能隙半导体）的转变、准一维系统中的 Peierls 二聚化，以及经典半导体 Ge 和 Si 的熔化。Ge 和 Si 熔融后成为金属，是因为液态的短程有序与固态 Ge、Si 的金刚石结构不同。导致带隙打开的周期势场可能是电子-离子相互作用的晶格势，也可能是由于电子-电子相互作用的自洽场。也就是说，在某些情况下，电子间的相互作用对这种绝缘体—金属转变机制也很重要，但此时绝缘态的本质和起源仍然是在能带图像中，单电子能谱中存在的带隙。这种处理的结果之一是，对于这样的系统，每个单胞的价电子为奇数的材料总是金属性的：因为根据 Pauli 原理，在能带图像中，每个态应该被自旋相反的两个电子填充，只有当每个晶胞中存在偶数个电子时，才会出现将价带和导带隔开的带隙；对于此图像中奇数个电子，某些带一定被部分填充，因此系统呈金属性（但偶数电子浓度并不能保证系统的绝缘特性：不同的能带可以重叠，所以即使每个单胞的电子数是偶数，能带也可能是部分填充的）。

自由电子系统中还存在另一种金属—绝缘体转变——无序系统中的 **Anderson 转变**。对于足够强的无序，严格地来说，当随机势场的均方涨落 $\langle \Delta V^2 \rangle^{1/2}$ 比电子跃迁 t 或能带 $W \approx zt$ 要大时，电子的扩散会被抑制，于是系统中某一位置的电子会保持在其初始位置附近而无法远距离移动，即这种系统的电导率将为零，系统是绝缘的。但是，单电子能谱此时可能仍然连续，因此可能在能谱中没有能隙。此时抑制电导率的是电子**迁移率 μ** 为零。这种情况可以用经典的"山川景貌"图像来说明：如果一个势场有深阱（"火山口"或"山谷"），电子（"液体"）会填充这些深阱，而穿过势垒（"山脊"）在阱与阱之间的"流动"是不可能的。

对于较弱的无序态，在能谱的某些部分，迁移率可以不为零，如果电子填充使得 Fermi 能级落在这些非零区间，系统为金属。但是如果落在能谱的其他部分，迁移率仍然可以为零，于是可能存在划分绝缘体（$\mu = 0$）和金属（$\mu \neq 0$）区间的**迁移率边**。如果通过改变电子浓度或降低无序的强度，将会越过迁移率边进而得到绝缘体—金属转变。

对我们来说，在处理强关联过渡金属化合物时，主要关注的是第三种金属—绝缘体转变——金属和绝缘体之间的 Mott 转变。如第 1 章的讨论，在强关联系统中，材料变得绝缘不是因为外部（或自洽）场，而是因为强电子关联：在最简单的 Hubbard 模型中——每个格座一个电子($n=1$)和强在座排斥 U 大于电子跃迁 t。正如在本书几处讨论过的,特别是在第 9 章中,如果对系统掺杂,即 $n \neq 1$,材料即使是在 $U \gg t$ 时也可以变为金属。但是对于固定的电子浓度,比如 $n=1$,如果降低关联强度 U,或者增加电子跃迁强度 t(例如施加压力),也可能会发生到金属态的转变。金属与 Mott 绝缘体之间的转变称为 Mott 转变。

在相当多的过渡金属化合物中都观察到了这种转变,例如,依赖于温度的转变。但在特定情况下,有时不容易判断特定金属—绝缘体转变是否真的是 Mott 转变,或者该转变是否与例如伴随这种转变的晶格畸变有关(这样就可以用能带图像解释了)。

过渡金属氧化物中金属—绝缘体转变的"经典"案例是 V_2O_3 和 VO_2 中的转变。在 V_2O_3 中,常压下的金属—绝缘体转变是顺磁金属到反铁磁绝缘体之间的转变,其具有 Mott 绝缘体所有的特征。因此,公认这是一个真正的 Mott 转变——尽管此时,晶体结构也发生了强烈的变化——从高温的刚玉到 $T < T_c$ 时的单斜晶结构。在 V_2O_3 的相图中,如图 10.7 所示,在负压和高温下,有一条金属—绝缘体转变分割线,在此之上,磁性和晶体结构都没有变化(只有晶格常数的跳变,但晶格对称性保持不变)。这个转变一定是 Mott 转变,而不可能是任何其他的转变。

VO_2 中的情况更有争议。此材料中发生在 $T_c \approx 70℃$ 的金属—绝缘体转变,伴随着在 VO_2 金红石结构中 c 方向 V 链的二聚化,于是很多人用能带图像来解释此系统中的金属—绝缘体转变是该二聚化的结果(例如认为此转变为 Peierls 相变)。这种晶格畸变在 VO_2 中的金属—绝缘体转变中确实起着重要作用。然而,此时电子关联也很重要,例如用 Ti 和 Cr 取代 V 就可以证明这一点。因此,VO_2 中的金属—绝缘体转变具有组合性质,兼具 Mott 转变和 Peierls 相变的特点。

类似地,可以分析许多其他过渡金属化合物中的金属—绝缘体转变。因此,Magnéli 相 V_nO_{2n-1} 和 Ti_nO_{2n-1} 中的金属—绝缘体转变肯定与电子关联相关,但结构细节也起着重要作用。相反,NiS 中金属—绝缘体转变的特征表明其具有类能带图像的特点,尽管低温绝缘相中反铁磁的存在似乎标志着关联的重要作用。

在某些金属—绝缘体转变的、$S = \frac{1}{2}$ 的单 d 电子系统中一个有意思的特征是,在绝缘相中经常出现过渡金属的单态二聚体。这是 VO_2、钒锰钡矿 $K_2V_8O_{16}$、某些 Magnéli 相例如 V_4O_7 和 Ti_2O_3,以及辉石 $NaTiSi_2O_6$ 中的情况。但自旋更大的离子,比如 $S=1$ 时,也可以形成配对,但既可以是单态,也可以是三重态。类似地,更复杂的团簇可以伴随金属—绝缘体转变,例如在 $LiVS_2$ 中形成的单态三聚体(同样见第 6 章)。

Mott 转变的理论描述是一个极具挑战的问题。主要的困难在于,这些转变发生在所有参数量级相同的情况下,关联作用 U 与动能或能带能 t 的量级相同。也就是说,此时不存在可以用来构建常规理论描述的小参数,而必须依赖于一些近似。

文献中提出了许多这样的理论方法。其中最成功的可能是:**Gutzwiller 方法**和**动力学平均场理论(DMFT)**。在 Gutzwiller 方法中,人们使用变分方法,通过某些参数来抑制极性态(格座被双重占据的态)在总波函数中的贡献。然后通过最小化系统的总能量,用变分法来找到这个参数。这种方法不仅被广泛用于讨论 Mott 转变,而且也被用于描述关联系统本身的性质,特别是高 T_c 超导。对于 Mott 转变,这种方法主要由 Brinkman 和 Rice 提出,它从金属侧对这种转变的方式进行了合理的描述。这种方法现在不仅被广泛应用于固体,也应用于关联性很

强的 ^{3}He。

　　另一种描述金属—绝缘体转变的成功方法（特别是在某些真实材料中）是结合特定材料的从头起（ab initio）计算的 DMFT。DMFT 方法中使用的一般方案是平均场描述，它考虑了动力学效应，用电子 Green 函数或相应的自能来表述。这使我们可以得到有效电子能谱函数或态密度 $\rho(\varepsilon)$，其中包括相干准粒子的贡献和非相干贡献。在这种方法中，随着电子关联（Hubbard 排斥 U）的增加，从正常金属到 Mott 绝缘体的过渡在 $\rho(\varepsilon)$ 中首次出现非相干"翼"时发生，随着 Fermi 能级处的相干峰强度的降低，直至在 Mott 绝缘相中 $U > U_c (\approx 2zt)$ 完全消失，这些"翼"发展成下和上 Hubbard 带。这种方法存在一定的局限性，主要与忽略了空间关联有关，即 Green 函数和自能的 k 依赖性，这可能会影响结果。但是，这种方法对金属—绝缘体转变的一般性描述似乎非常有吸引力。目前有许多人试图进一步发展此方法，特别是通过囊括格座间的关联，以弥补其不足。

　　当讨论真实材料中的 Mott 转变时，不仅要考虑晶体结构的细节，还要考虑磁关联和多重态效应的可能作用。它们可以导致 Hubbard 排斥有效值 U_{eff} 的改变，例如随着相应离子的自旋态而改变。因此，在某些 Fe^{3+} 化合物中，压力诱导的 HS - LS 转变会伴随着 U_{eff} 的降低，这样的 HS - LS 转变可以同时是绝缘体—金属转变。因此，除了占据态调控的和带宽调控的绝缘体—金属转变，还可能存在关联调控的转变。

　　不同特征的多能带系统中，Mott 转变的性质可能很特殊。此时，原则上可能出现轨道选择的 Mott 转变：更窄的能带已经位于 Mott 转变的绝缘侧，而更宽能带中的电子仍然可以视为巡游的。事实上，在前几章中已经使用过这样的物理图像，例如在描述庞磁阻锰酸盐时，t_{2g} 电子被视为局域电子，产生局域自旋，而 e_g 电子被视为导致双交换铁磁性的巡游电子（尽管仍存在一定的关联）。从理论上讲，轨道选择的 Mott 转变问题并不平凡，因为总是存在不同的方法（杂化、关联）来耦合不同的能带。然而，人们的共识似乎是，Mott 转变在不同能带中确实可以很大程度上独立发生。

　　在接近 Mott 转变时，可能会出现非均匀态，与紧束缚的金属团簇（二聚体、三聚体、更大的团簇）的形成有关。在这种团簇内，电子跃迁可能已经足够大，大过 Hubbard 排斥 U，因此这样的团簇可以用分子轨道图像来描述，这些团簇中的电子就已经在局域—巡游转变的巡游侧（金属侧）了。同时，这些团簇与团簇之间的距离可能仍然很大，它们之间的跃迁很小，所以整个系统仍然是绝缘的。整个样品中真正的绝缘体—金属转变可能需要在例如较高的压力下发生。这种**部分的**或**分步的 Mott 转变**在低维阻挫材料中更有可能发生，例如 $MgTi_2O_4$、$LiVO_2$、$LiVS_2$ 和 $TiOCl$。

　　至于从概念的视角，纯粹意义上的 Mott 转变（无任何伴随的长程有序，例如磁序的局域—巡游转变）的一个非常具体的特征是，它们与例如 Landau 理论（见附录 C）中讨论标准相变截然不同。至于是否存在某种区分金属相和绝缘相的对称性，以及 Mott 转变的真实序参量是什么，目前尚不清楚。纯 Mott 转变可以是 I 级相变，也可以是连续过渡——类似于液气相变。对于 Mott 转变，仍然不能排除引入序参量的观点——然而，这是一个相当不平凡的序参量，例如是非局域的。

第 11 章
Kondo 效应、混合价和重 Fermi 子

本书的主题是过渡金属化合物物理学,在所有性质中,强电子关联至关重要。然而,这样的材料不仅包括过渡金属化合物,还包括含有 4f 电子的稀土元素或含有 5f 电子的锕系元素化合物。这些系统展现出非常有意思的特性,例如混合价和重 Fermi 子行为。尽管这些现象主要是在 4f 和 5f 系统中发现和研究的,但在一些过渡金属化合物中也存在,只是可能没那么显著。稀土(和锕系)化合物在物理上的主要概念和问题与过渡金属化合物系统非常相似。因此,在这本形式上致力于过渡金属材料的书中,也包含了这一简短的章节,总结了在 4f 和 5f 系统中发现的主要现象,并将其与过渡金属系统进行了比较。其中一些现象最早在含有过渡金属离子的材料中被发现,但后来在处理稀土系统时被证明是必不可少的。而其他概念先在稀土化合物中引入,后来推广到了过渡金属系统。

11.1 f 电子系统的基本特征

本书描述了在过渡金属(3d、4d、5d)化合物中,部分填充 d 壳层(轨道角动量 $l = 2$)决定了其主要性质。类似于 d 壳层,在镧系(稀土,4f 系列)和锕系(5f 系列)中,f 壳层(轨道角动量 $l = 3$)被部分占据。因此,前文大多数描述也适用于这些元素。f 电子,尤其是 4f 电子,相应的波函数半径更小,即更靠近原子核,这会导致了几个重要的影响。在原子水平上,f 元素的电子态分类与过渡金属元素的类似,但由于 f 元素更强的局域化和更大的原子质量,f 元素的自旋轨道耦合比过渡金属元素强得多。因此适用于 d 电子(尤其是 3d 电子)的多重态方案——LS(Russel-Saunders)耦合方式,其中先对所有电子的自旋和轨道分别求和成总自旋 $\boldsymbol{S}_{\text{tot}}$ 和总轨道矩 $\boldsymbol{L}_{\text{tot}}$,之后再将其结合成 $\boldsymbol{J} = \boldsymbol{S}_{\text{tot}} + \boldsymbol{L}_{\text{tot}}$——不再适用于稀土元素。对于稀土元素,必须使用所谓的 jj 耦合方式:对每个电子先将其轨道矩 $\boldsymbol{l}_i$ 和自旋 $\boldsymbol{s}_i$ 结合成 $\boldsymbol{j}_i = \boldsymbol{l}_i + \boldsymbol{s}_i$,然后构建原子或离子的总角动量 $\boldsymbol{J} = \sum_i \boldsymbol{j}_i$。 强自旋轨道耦合的一个非常重要的结果是,在含有 f 电子的离子中,g 因子可能相当大,有时也是相当各向异性的,因此相应的离子可能实际上表现为 Ising 离子,例如对于 Tb,其 $g_{\parallel} \approx 18$ 而 $g_{\perp} \approx 0$,即 Tb^{3+} 可以被认为是 Ising 离子。这种很强的单离子各向异性使某些稀土系统从物理角度来看非常有意思,也使它们在实际应用中非常有用,例如在矫顽场很大的强永磁体中的应用。

　　同样是由于 f 电子的强局域性[①]，f 离子的第二个特点是当 f 离子进入晶体时，晶体场劈裂通常比过渡金属离子小得多。过渡金属离子的晶体场劈裂高达≈(2～3) eV，而在稀土离子中，这通常小于 0.1 eV。

　　同一事实(f 态的半径小)的第三个结果是在 f 离子富集系统中，f 电子，特别是 4f 电子，几乎总是局域化的，它们的磁矩几乎与孤立离子的磁矩相同。也就是说，f 电子几乎总是深深处于 Mott 转变的绝缘侧。因此，这些化合物大多具有强磁性，通常磁矩相当大。与此同时，它们中磁序通常在相对较低的温度下出现——由于相同的原因，即 f 电子实际上在离子内强局域化，因此它们之间的交换相互作用相当小。

　　相反，在许多稀土和锕系元素材料中，除了这些非常局域的 f 电子外，还存在着形成宽能带的导电电子。因此，尽管 f 电子处于"Mott 绝缘态"，但是包含 f 电子的材料经常是金属性的。通常是与这些导电电子的相互作用，或 f 电子之间通过导带的相互作用，决定了这些系统的主要物理性质。因此，最有意思的现象往往在含有稀土元素的金属系统中出现。

　　包含 f 电子的绝缘材料则没有那么有意思，除非系统不仅包含稀土元素，还包含过渡金属元素，例如 CMR 锰酸盐(LaSr)MnO_3 和 (PrCa)MnO_3，或混合稀土-过渡金属正铁氧体和石榴石。过渡金属的自旋是这类系统的主导磁序，但与稀土离子的耦合决定了具体的磁性质。只有磁稀土离子时，磁性通常在相当低的温度下出现。

　　某些此类系统仍然得到了极大的关注，特别是阻挫系统。如上所述，由于强单离子各向异性，一些稀土离子实际上表现为 Ising 离子，它们是阻挫晶格上 Ising 系统的一个很好案例，例如烧绿石 $R Ti_2 O_7 (R = Tb, Dy)$，这是**自旋冰**的经典例子，见 5.7 节。所有的能量尺度(如交换相互作用)都比过渡金属系统中的要小得多，这对实验研究非常有吸引力，尽管通常需要较低的温度，但也使它们更容易受到较小磁场的影响["经验规则"是，对于 g 因子≈2，1 T 磁场等价于≈1 K 的能量，于是如果交换相互作用或者最终有序温度为≈(5～10) K，人们可以用≈(5～10) T 的磁场来影响这些系统]。目前，这种绝缘的阻挫稀土系统的研究非常活跃，并给出了相当有意思的信息。

　　在其他绝缘或半导的稀土化合物中也观察到一些有意思的效应，例如在第 10 章中讨论的 EuO 中绝缘体—金属转变。在这类材料中也观察到协同 Jahn-Teller 效应和轨道序，如锆石 $TmVO_4$ 或 $DyVO_4$。但是，相应的转变温度也比类似过渡金属化合物的要低得多：$TmVO_4$ 的 T_c≈2.4 K。在稀土化合物中通常不说 Jahn-Teller 效应，而是四极有序，因为在这些材料中，这种有序的机制确实是经典的四极-四极相互作用，这在过渡金属化合物中要比导致轨道序的电子声子相互作用(或交换相互作用)弱得多。

　　对于最有意思的金属性稀土化合物，其模型应该包含强关联 f 电子和弱关联能带电子。某种意义上，过渡金属系统中使用的原始 Hubbard 模型被 f 系统的基本模型取代。该模型是描述金属中的孤立 f 离子、或将其推广到集中 f 离子系统的 Anderson 模型[②]——Anderson 晶格，对于孤立磁性杂质，其 Hamiltonian 为：

$$\mathcal{H}_A = \varepsilon_f \sum_\sigma f_\sigma^\dagger f_\sigma + \sum_{k,\sigma} \varepsilon(\mathbf{k}) c_{k\sigma}^\dagger c_{k\sigma} + U n_{f\uparrow} n_{f\downarrow} + \sum_{k,\sigma} (V_k f_\sigma^\dagger c_{k\sigma} + \text{h.c.}) \tag{11.1}$$

---

　　① 本章主要讨论稀土系统，前文描述的所有特征仍然适用。锕系元素中 5f 电子的半径更大，在某种程度上类似于 3d 系列，5f 电子比稀土系统中的局域性更小——尽管如此，其自旋轨道耦合同样非常强。

　　② Anderson P. W.. Phys. Rev., 1961, 124: 41.

此处 $f_{i\sigma}^{\dagger}$ 和 f_{σ} 是自旋为 σ 的 f 电子产生和湮灭算符,而 $c_{k\sigma}^{\dagger}$ 和 $c_{k\sigma}$ 描述了能谱为 $\varepsilon(\boldsymbol{k})$ 的导电电子,第三项是 f 电子的在座 Coulomb 相互作用,最后一项是 f-c 杂化。

富集系统相应的 Anderson 晶格与多 f 电子格座的式(11.1)模型看起来尤为相似:

$$\mathcal{H}_{AL} = \varepsilon_f \sum_{i,\sigma} f_{i\sigma}^{\dagger} f_{i\sigma} + \sum_{k,\sigma} \varepsilon(\boldsymbol{k}) c_{k\sigma}^{\dagger} c_{k\sigma} + U \sum_i n_{fi\uparrow} n_{fi\downarrow} + \sum_{i,k,\sigma} (V_{ik} f_{i\sigma}^{\dagger} c_{k\sigma} + \text{h.c.}) \quad (11.2)$$

其中,系统的周期性导致:

$$V_{ik} = V_k e^{ik \cdot \boldsymbol{R}_i} \tag{11.3}$$

这个模型当然是简化的。它忽略了与 f 电子的轨道量子数(当 $l = 3$ 时,有 $2l + 1 = 7$ 个不同的 f 轨道),以及多重态结构等相关的复杂性。但它体现了主要的物理效应:存在与宽导带电子杂化的强局域(大 U)f 电子。

当比较这两个基础模型时,尤其是式(11.2)Anderson 晶格模型和描述过渡金属系统的基本模型,可以看出,类似于 Hubbard 模型,式(11.2)包含了强在座 Coulomb(Hubbard)关联 U,当其非常强时,会阻止在座电荷涨落(即 f 能级的双重占据)。但与 d 电子相反,d 波函数在相邻过渡金属离子上的重叠不可忽略,在式(11.2)Hamiltonian 中没有类似于 Hubbard 模型中跃迁项 $tc_{i\sigma}^{\dagger} c_{j\sigma}$ 的直接 f-f 跃迁项。相反,此时存在局域 f 电子和导带之间的杂化,因为原则上 f 电子也可以获得一定的动能,通过导带在格座间跃迁。在这个意义上,Anderson 晶格更类似于式(4.1)d-p 模型,该模型通过包含 d-p 杂化来描述过渡金属化合物,如钙钛矿氧化物。不同之处在于,此时色散关系为 $\varepsilon(\boldsymbol{k})$ 的导电电子形成了自己的能带,而在式(4.1)中没有包括 p 能带的本征带宽——尽管在过渡金属化合物的更现实的描述中,人们也可以(有时应该)在 d-p 模型中包括 p-p 跃迁 t_{pp},这会导致 p 带的色散。如果在式(4.1)中加入不同氧格座之间的 p-p 跃迁 $\approx t_{pp} p_{j\sigma}^{\dagger} p_{j\sigma}$,这两个模型实际上等价。

11.2 金属中的局域磁矩

式(11.1)单离子 Anderson 模型被广泛用于描述非磁性金属中磁性杂质的性质——不仅是稀土杂质,也包括过渡金属杂质,例如 Cu 中的 Mn 等。事实上,这个模型最初就是针对过渡金属杂质提出的。Anderson 在该论文中研究的第一个问题是,磁性杂质溶解在非磁性金属中时,局域磁矩形成或维持的条件。简单来说,此时由于 f-c 杂化[①],杂质的局域电子可以跃迁到导带,进而导带中的一个自旋相反的电子可以跃迁回杂质能级。实际上,杂质磁矩将开始涨落,从而使平均磁矩消失。

Anderson 的理论处理阐明了这种情况发生的条件,反之,也阐明了局域磁矩存在的条件。在不描述技术细节的情况下,本书展示由平均场近似得到的主要结论。在磁性杂质上存在局域磁矩的条件取决于 f 能级相对于导电电子 Fermi 能级的位置、在座关联作用 U 和 f-c 杂化 V_k。当 f 能级位于导带内时,该能级的宽度是有限的:

---

① 我们将在此处继续讨论 f 电子,尽管也可以是过渡金属杂质的 d 电子。

$$\Gamma = \pi |V|^2 \rho(\varepsilon_F) \tag{11.4}$$

此处 $\rho(\varepsilon_F)$ 是在 Fermi 能级 ε_F 处的导电电子态密度,其中忽略了式(11.1)中杂化矩阵元 V_k 的 k 依赖性。Γ 在某种意义上起着 f 电子有效"带宽"(能级宽度)的作用,真正表征电子局域化趋势的无量纲参量是 U/Γ,就像 Hubbard 模型中的 U/W 一样。

Anderson 得到的局域磁矩存在的区域为图 11.1 中的阴影区域。可以看出,这种局域态对于大 U 和小 Γ,以及 f 能级相对于 Fermi 能级的最对称位置更有可能,如图 11.2 所示。确实,此时如果在这个能级上有一个电子,其能量为 ε_f。如果在同一能级放置另一个电子,使杂质的总自旋为零,则该能级的能量为 $\varepsilon_f + U$。ε_f 和 $\varepsilon_f + U$ 相对于 Fermi 能级 ε_F 最对称的位置,有利于保持该杂质的局域磁矩(localized magnetic moment,LMM)。如上所述,导致这些磁矩消失的过程可能是电子从 f 能级跃迁到导带(到 Fermi 能级),或者杂质捕获导带中的另一个电子;从图 11.2 清晰可知,这些过程分别消耗能量$(\varepsilon_F - \varepsilon_f)$和$(\varepsilon_f + U - \varepsilon_F)$。然而,这些过程被 f-c 杂化 V 促进,因此 V 或 Γ[式(11.4)]越大,这种过程就越有可能发生。然而,在大部分参量空间中,非磁性金属中的过渡金属或稀土原子可以保持它们的局域自旋。

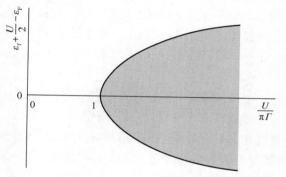

图 11.1　金属中磁性杂质局域磁矩的存在区间

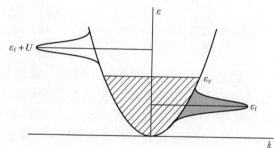

图 11.2　金属中获得局域磁矩的虚束缚态

11.3　Kondo 效应

然而,故事还没有结束。根据 Anderson 研究中平均场的解,假设确实处于杂质具有局域自旋的区间,这样的自旋仍然与导电电子是反铁磁交换的。这可以用有效 Hamiltonian 来描述:

$$\mathcal{H} = \sum_{kk'} J_{kk'} c_{k\sigma}^\dagger \boldsymbol{\sigma}_{\sigma\sigma'} c_{k'\sigma'} \cdot \boldsymbol{S} \approx J\boldsymbol{\sigma} \cdot \boldsymbol{S} \tag{11.5}$$

其中,$\boldsymbol{\sigma}$ 为杂质处导电电子的自旋密度,$\boldsymbol{S}$ 为杂质自旋。交换常数 J 可以由对杂化 V 的微扰理论获得,其形式为:

$$J = 2V_{k_F}^2 \left(\frac{1}{\varepsilon_F - \varepsilon_f} + \frac{1}{\varepsilon_f + U - \varepsilon_F} \right) = 2V^2 \frac{U}{(\varepsilon_F - \varepsilon_f)(\varepsilon_f + U - \varepsilon_F)} \tag{11.6}$$

注意,此处与第 1 章 Hubbard 模型中处理交换相互作用有一个接近的类比:在这两种情况下,都是从电子 Hamiltonian[式(1.6)或式(11.1)]出发的;在强关联极限下,电子(或杂质电子)变得局域化,因此可以将模型简化为只处理自旋自由度的有效模型[式(1.12)或式(11.5)];反铁磁交换[式(1.12)或式(11.6)]以二阶形式出现在电子跃迁中,在 Hubbard 模型中为格座间跃迁 t,在 Anderson 模型中为 f - c 跃迁(杂化)V。

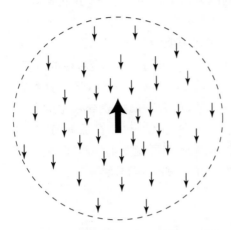

图 11.3　金属中局域磁矩的 Kondo 屏蔽定性图像

此类反铁磁交换[式(11.5)]会导致显著的影响。结果表明,在高温下,磁性杂质确实表现为局域自旋,具有快速的自旋涨落,但仍导致类 Curie 磁化率 $\chi \approx 1/T$。但是随着温度的降低,杂质自旋和导电电子自旋的有效耦合变得越来越强,由于这是反铁磁的[式(11.6)中的 $J > 0$],那么自旋↓的导电电子将聚集到自旋↑的杂质附近。实际上,这些导电电子的磁矩将**屏蔽**局域自旋(图 11.3),因此,从外部看,杂质自旋似乎已经消失。这一现象被称为 **Kondo 效应**,式(11.5)相互作用的模型被称为 Kondo 模型。将这个模型推广到在每个晶格座上都包含局域自旋的周期系统的情形被称为 Kondo 晶格。Kondo 效应的理论处理是一个相当困难的问题,已经提出了几种近似方法;这个模型的精确解后来由 Andrei N.、Wiegmann P. B. 和 Tsvelik A. M. 给出[①]。

因此,似乎我们一开始努力地在杂质处得到一个局域磁矩,只是为了看它最后消失。但是,由此产生的物理图像,仍然比如果局域磁矩一开始就没有出现(即系统位于图 11.1 阴影区域之外)的结果丰富和有意思得多。在 Kondo 情况中,强有效相互作用随着温度的降低而增加,相应的杂质自旋的逐渐屏蔽导致了该系统大部分性质的强烈改变。可以证明,在这种局域磁矩屏蔽发生时的能量或温度尺度由以下表达式给出:

$$T_{\mathrm{K}} \approx \varepsilon_{\mathrm{F}} e^{-1/J\rho(\varepsilon_{\mathrm{F}})} \tag{11.7}$$

[对于弱耦合几乎总是有 $J\rho(\varepsilon_{\mathrm{F}}) \approx J/\varepsilon_{\mathrm{F}} \ll 1$]。当 $T > T_{\mathrm{K}}$,如上所述,杂质自旋表现为自由局域磁矩。但当温度接近 Kondo 温度 T_{K} 时,导电电子与磁性杂质的交换散射变得越来越强,可以认为自旋↓的导电电子会"绑定"在杂质自旋↑上。特别是,这将导致电阻率随温度的降低而**增加**,如图 11.4 所示——这是一种对正常金属来说相当非典型的行为。这种在一定温度下出现的电阻率最小值,很早以前就在简单金属,例如 Cu 或 Au 中被注意到,但是在很长一段时间里其起源都是一个谜。现在我们知道,这种效应是由某些难以避免的过渡金属杂质引起的,例如这些金属中的 Fe 和 Mn。

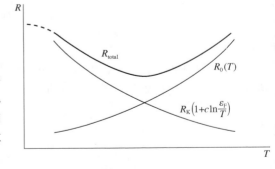

图 11.4　含有磁性杂质的金属中可以用 Kondo 效应解释电阻最小值

① Andrei N., Furuya K., Lowenstein J. H.. Rev. Mod. Phys., 1983, 55:331; Tsvelik A. M., Wiegmann P. B., Adv. Phys., 1983, 32:453.

Kondo 效应还有许多其他影响,可以简单理解为 **Kondo 共振**(有时也叫 Abrikosov - Suhl 共振):如上述讨论,随着 $T \to 0$,杂质的局域自旋被屏蔽而等效于消失,系统再次表现为标准金属或 Fermi 液体,但伴随强重正化参量,看起来似乎在态密度中出现了一个狭窄的峰(图 11.5),Fermi 能级将位于这个峰上。这个峰的宽度 $\approx T_K$,Fermi 能级处的有效态密度会剧烈增加,$\rho^*(\varepsilon_F) \approx 1/T_K$[当然在杂质很稀的情况下,这些效应将与杂质浓度 ν 成正比,但是,如下一节所示,在由式 (11.2) 的 Anderson 晶格模型所描述的富集系统中,所有的格座都有贡献]。无论如何,在正常金属中,Fermi 能级的态密度决定了大多数低温特性,例如线性比热:

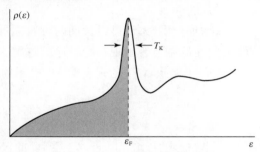

图 11.5 含有磁性杂质金属的有效态密度展示了低温下在 Fermi 能级处的 Kondo(或 Abrikosov - Suhl)共振

$$c = \gamma T, \quad \gamma \approx \rho^*(\varepsilon_F) \tag{11.8}$$

以及低温磁化率:

$$\chi(T \to 0) \approx \rho^*(\varepsilon_F) \tag{11.9}$$

由于此时 $\rho^*(\varepsilon_F) \approx 1/T_K$(或更准确地说为 ν/T_K,其中 ν 为杂质浓度),Kondo 系统中比热和磁化率都在 $T < T_K$ 时强烈增强(T_K 以上 $\rho^* \approx \rho \approx 1/W$,其中 W 为导电电子的带宽)。鉴于典型的 $W \approx (2\sim5)\text{eV}$,Kondo 温度通常小得多[式(11.7)],$\approx (10\sim100)\text{K} \approx (10^{-3}\sim10^{-2})\text{eV}$,于是很多性质的 Kondo 重正化可能极其强。

人们可以对这些结果作一个简单的定性解释。Kondo 效应的物理图像是:$T > T_K$ 时,杂质自旋表现为自由自旋 s,在顺磁状态下,其熵为 $S_0 = k_B \ln(2s + 1)$。但在低温下,由于反铁磁耦合,这些自旋被屏蔽,基态实际上是一个非磁单态,并且,与 Nernst 定理一致,Fermi 系统中的熵线性地趋近于零。因此,熵的整体行为应该如图 11.6 所示。即整个磁熵在较窄的温度区间 $\approx T_K$ 被释放,于是该区间熵的斜率很大,即 $S(T) \approx T/T_K$(或 $\approx S_0 T/T_K$)。由于比热为 $c = T \partial S/\partial T$,可以看出,比热的行为是 $c \approx T/T_K$,正如式(11.8)中那样[其中 $\rho^*(\varepsilon_F) \approx 1/T_K$]。

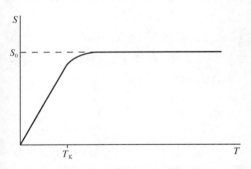

图 11.6 Kondo 系统中由于在很窄温度区间 T_K 内释放的大自旋熵 $\approx k_K \ln(2s + 1)$ 导致的大线性比热示意图

如果在晶格的每个格座都有类 Kondo 自旋,而不是稀释的磁性杂质,那么所有这些效应将会更加显著。这将导致**重 Fermi 子态**,见下一节。

11.4　重 Fermi 子和混合价

当讨论局域电子和巡游电子共存的富集系统时,如稀土金属或金属间化合物,必须考虑一个非常重要的因素——不同格座上局域电子之间的相互作用。它将与局域效应(如 Kondo 效应)同时起作用,并可能相互抵消。这种局域关联与格座间关联的相互作用可以导致非常丰富而非平凡的性质。

从物理上讲,人们可以预期两种可能的结果。一是局域磁矩,例如稀土的 4f 壳层存在交换,因此在低温下会出现某种磁序。这种交换的机制在大多数情况下需要借助导电电子:由于局域 f-c 交换,f 自旋诱导了导电电子的自旋极化,其行为是:

$$M(r) \approx \frac{\cos(2k_F r)}{r^3} \tag{11.10}$$

而另一个格座的局域 f 电子,"感受到"此极化,并相应地调整自旋方向。这种交换机制被称为 Ruderman-Kittel-Kasuya-Yosida(RKKY)交换(RKKY 相互作用),形式如下:

$$\mathcal{H}_{\text{RKKY}} = \sum_{ij} I_{ij} \boldsymbol{S}_i \cdot \boldsymbol{S}_j, \qquad I_{ij} \approx \frac{J^2}{\varepsilon_F} \frac{\cos(2k_F r_{ij})}{|r_{ij}|^3} \tag{11.11}$$

其中 J 为 Kondo 耦合。这是稀土金属或金属间化合物中最主要的交换机制[①]。

注意 RKKY 相互作用在空间中振荡。因此,原则上可以导致不同类型的磁序,见第 5 章。对于规则的周期系统来说,磁序可以是铁磁序或反铁磁序,也可以是某种类型的螺旋有序(螺旋的波矢由 Fermi 面的结构决定,即由 k_F 的值决定)。但在无序系统中,RKKY 相互作用可以导致例如**自旋玻璃态**。

然而,如前一节所述,也存在一种相反的趋势:由于 Kondo 效应,局域磁矩可能被导电电子屏蔽,最终消失,因此仍然没有自旋序。如果这种趋势占主导,并且这种屏蔽发生在自旋有机会发生有序化之前,那么结果和基态的类型将完全不同:基态将是 Fermi 液体型非磁金属,但是具有强重正化量,而不是局域(例如 4f)自旋长程有序的金属。此态被称为**重 Fermi 子态**。

哪一种趋势占主导是由哪一种能量或温标更大所决定的。磁序的趋势由 RKKY 相互作用的强度表征,即 $T_c \approx I \approx J^2/\varepsilon_F$。相反地,"退磁化"趋势的能量标度为 $T_K \approx \varepsilon_F e^{-1/J\varepsilon_F}$,见式(11.7)。由于 Kondo f-c 交换 J 由式(11.6)给出,对于非常大的 U,其为:

$$J = \frac{2V^2}{\varepsilon_F - \varepsilon_f} \tag{11.12}$$

可以看出,f 能级 ε_f 比 Fermi 能级 ε_F 低得多,此时 $J \to 0$。但是,由于 RKKY 相互作用关于 J 是二次方的,即 $I \approx J^2/\rho(\varepsilon_F)$,于是 Kondo 温度是指数次小的,$T_K \approx e^{-J\rho(\varepsilon_F)}$,于是在此区间 $T_c \approx I_{\text{RKKY}} \gg T_K$,可以预期会形成长程磁序。这是大多数稀土金属或化合物的情况,如金属 Gd、Tb 等。

但是在一些特殊情况下,f 能级并不深,可以接近 Fermi 能级。当然,如果 $\varepsilon_F - \varepsilon_f$ 变得很小,严格来说不能使用通过关于 $J/|\varepsilon_F - \varepsilon_f|$ 的微扰理论得出的式(11.6)和式(11.12)。但是,

---

[①] 在绝缘稀土化合物(如 EuO、EuS 等)中也存在类似的 RKKY 相互作用:其与一个 f 电子向空导带的虚转移(或一个电子从价带到 f 能级的转移)有关,于是这些激发的电子或空穴可以在导带或价带移动,进而提高与其他格座的耦合。这会导致表现为 $I_{ij} \approx e^{-\sqrt{2}m\Delta|r_{ij}|}$ 的交换,其中 Δ 是 f-c 激发能(起着能隙的作用)。此交换机制有时被称为 Bloembergen-Rowland 机制,见 Bloembergen N.,Rowland T. J.. Phys. Rev.,1955,97:1679。

趋势是明显的：此时 Kondo 温度急剧增加，可能超过 $T_c \approx I_{RKKY}$。因此，此时 Kondo 效应将会主导，进而形成非磁基态。

大多数稀土元素在 3+ 价态时确实非常稳定，但也有一些了例外，那就是 4f 系列开头的 Ce 和 Pr，最后的 Tm 和 Yb 和中间的 Eu 和 Sm。这些元素除了常见的价态 R^{3+} 外，还存在其他离子态：Ce 可以存在 $Ce^{3+}(4f^1)$ 和 $Ce^{4+}(4f^0)$ 态；Yb 可以存在 $Yb^{3+}(4f^{13})$ 和 $Yb^{2+}(4f^{14})$；Eu 可以存在 $Eu^{3+}(4f^6)$ 和 $Eu^{2+}(4f^7)$。这些非常规价态（4+ 或 2+）是由于空（此时为 $4f^0$）、满（$4f^{14}$）或半满（$4f^7$）f 壳层的额外稳定性导致的，这在原子物理中非常有名。这就是为什么 $Ce^{4+}(4f^0)$、$Yb^{2+}(4f^{14})$ 和 $Eu^{2+}(4f^7)$ 与常规 3+ 价态竞争的原因。这种趋势在 Sm 和 Tm 等"近邻"元素中也有体现，虽然不太明显。

从我们的观点来看，这种接近不同价态的趋势，意味着对应的 f 能级接近 ε_F，原则上甚至可能高于 ε_F。以 Ce 为例，在常压和室温下，Ce 金属中的"常规"价态 Ce^{3+} 意味着此系统，作为一个金属，每个 Ce 有一个局域 f 电子。也就是说，对应的能量图如图 11.7(a) 所示，f 能级 ε_f 低于 Fermi 能级 ε_F（此处也展示了 f 能级在与导带杂化时的宽化，参见图 11.5）。

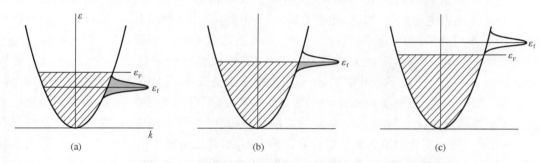

图 11.7 局域 f 能级 ε_f 从低于 Fermi 能级 ε_F 移动到高于 ε_F 时能谱的演化

而另一个价态 $Ce^{4+}(4f^0)$，如果以纯 4+ 价形式出现，则对应图 11.7(c) 的情况，其 f 能级**高于** ε_F，所有最初的 f 电子"溢出"到导带中。事实上，Ce 中也发生了这样的转变：在压力下，Ce 从磁性 γ 相转变到相同晶体结构（但体积较小）的非磁性 α 相（无局域 4f 电子）。下面将详细描述这种转变，此处首先要强调的是 Ce 同时具有 3+ 和 4+ 价，这意味着这些态在能量上应该没有太大的区别，即使 Ce 为 Ce^{3+}，其 f 能级应该相对接近 Fermi 能级，于是 $\varepsilon_F - \varepsilon_f$ 应该会比较小。如上所述，这是 $T_K \gtrsim T_{RKKY}$ 和获得重 Fermi 子态的条件。事实上，正是在许多含有 Ce 的化合物中发现了重 Fermi 子态。或者，如果讨论的不是一个 f 电子，而是一个 f 空穴，那么 Yb 就类似于 $Ce[Yb^{3+}(4f^{13})$ 有一个 4f 空穴，而 f 壳层完全填充的 $Yb^{2+}(4f^{14})$ 没有 f 空穴]。因此，可以预期一些 Yb 化合物的重 Fermi 子行为，事实上也确实如此。类似地，在一些锕系化合物中观察到重 Fermi 子的行为，或多或少趋势相同：这主要在 5f 系列的开头（U 和 Np）遇到，尽管由于 5f 电子更大的半径和更强的杂化，确定金属化合物中相应的价态更加困难。

从图 11.7 中可以获得更多信息：当 f 能级 ε_f 升高（例如在压力下），接近并越过 Fermi 能级 ε_F 时，不总是直接从 $n_f \simeq 1$ 的图 11.7(a) 的态过渡到空 f 能级（$n_f \simeq 0$）的图 11.7(c) 的态；相反，系统可能会"卡在" $\varepsilon_f \simeq \varepsilon_F$ 中间区间。如果此转变是连续的，情况就应该如此。在此态中，f 能级为**部分填充**，$0 < n_f < 1$，或者换句话说，离子的价态在 3+ 和 4+ 之间。这种状态称为**中间价**或**混合价**(mixed valence, MV)**态**。在 Ce 中，γ-α 转变是 I 级的，但高压非磁 α 相的

f能级仍然不是全空的,而是混合价,$\approx Ce^{3.6+}$。

因此,整个"事件顺序",即当我们逐渐将 f 能级从远低于 Fermi 能级移向 Fermi 能级,并最终越过 Fermi 能级时不同阶段的顺序,将如图 11.8 所示。

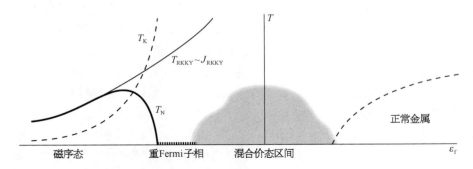

图 11.8　取决于 f 能级 ε_f 和 Fermi 能级 ε_F(此时设为零)相对位置的不同的态

不同区间能谱的有效形式如图 11.9 所示。从状态(a)中非常深的 f 能级开始,其中 RKKY 相互作用占主导地位,因此,此态中形成长程磁序。当 f 能级升高,Kondo 效应开始与 RKKY 相互作用竞争,当 Kondo 效应主导时,系统进入重 Fermi 子区间。f 能级本身在这个阶段仍然低于 Fermi 能级,因此 n_f 几乎为 1,但所有性质都有很强的重正化,这可以用集体 Kondo 共振来描述——在 Fermi 能级处,态密度中一个宽度 $\approx T_K$ 的窄峰,如图 11.9(b)所示。正是在这一阶段,有效态密度 $\rho(\varepsilon_F) \approx 1/T_K$ 变得非常大,所有的低温性质,例如比热和磁化率都发生了剧烈的重正化。与 Kondo 杂质的情况相反,此时在每个格座,或在每个单胞中都有这样的"杂质",所以实验观测到的效应会非常大。因此,传统金属中低温比热 $c = \gamma T$ 的系数为 $\gamma \approx (1 \sim 5) \mathrm{mJ}/(\mathrm{mole} \cdot \mathrm{K}^2)$,而在重 Fermi 子系统中这要大 $\approx 10^3$ 倍。例如,在 $CeAl_3$ 中,$\gamma \approx 1\,700\ \mathrm{mJ}/(\mathrm{mole} \cdot \mathrm{K}^2)$。

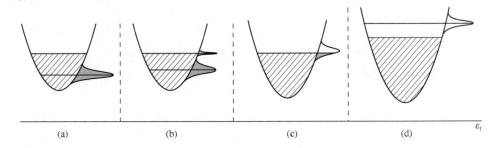

图 11.9　态密度的变化:从磁性金属相(a)到重 Fermi 子相(b)再到混合价(c),最后到 f 能级为空的非磁性金属相(d)

由于在金属中 $\gamma \approx \rho(\varepsilon_F) \approx m^*$。可以认为,Fermi 能级处 Fermi 子的有效质量变得非常大,$\approx (10^2 \sim 10^3) m_0$。这就是为什么此时我们说的是重电子,或者**重 Fermi 子**。这种剧烈重正化可以解释为磁涨落对电子的"修饰",由于 $T_K \ll \varepsilon_F$,重正化变得非常大:在典型重 Fermi 子化合物中,$T_K \approx (1 \sim 10) \mathrm{K}$,而在正常金属中,Fermi 能级的典型值为 $\approx (2 \sim 5) \mathrm{eV}$,即 $\approx (10^4 \sim 10^5) \mathrm{K}$。

当 f 能级进一步接近 ε_F 时,系统会进入真正的混合价态,即 $0 < n_f < 1$。此时,f 能级本身接近 Fermi 能级,如图 11.9(c)所示。此能级的宽度为 $\Gamma = \pi \rho(\varepsilon_F) |V|^2$,见式(11.4)。这个带

宽也比 ε_F 小很多，但通常比 T_K 大。因此，在此态中，电子有效质量也会增强，但不如在重 Fermi 子区间那么强。在这种情况下，线性比热中的 γ 系数的典型值是 $\gamma \approx 10^2$ mJ/(mole·K^2)（γ 值通常被用来衡量电子有多"重"）。

以稀土和锕系元素为基础的重 Fermi 子和混合价化合物有许多非常有意思性质。例如某些这种保持强烈重正化的材料，仍然会形成小的能隙。这些系统有时被称为混合价绝缘体或 Kondo 绝缘体，如 SmS 和 SmB$_6$，其带隙的具体本质仍不清楚。

在重 Fermi 子系统中也有一些非常有意思的超导体，比如 CeCu$_2$Si$_2$ 或 UPt$_3$。其中，最可能的配对类型是非常规的——不是标准的 s 波配对，而是 p 波或 d 波配对。这些系统中的配对机制可能与它们邻近磁态有关，并且是由自旋涨落引起的。就这一点而言，这些超导可以类比于以过渡金属为基础的高 T_c 超导，如高 T_c 铜氧化物或铁基超导体，见 9.7 节。相当有意思的是，在一些不具有反转对称性的重 Fermi 子化合物中发现了超导。在这种情况，配对类型的分类可能不同于传统的配对，例如此时 s 和 p 配对将混合，这些材料确实有些意思[①]。

另一个关于许多稀土和锕系重 Fermi 子化合物的特殊方面是，由于能量尺度相对较小，人们可以很容易改变通过压力、磁场等改变它们的性质，特别是可以将它们调控到量子临界区域，见 9.5.3 节。目前对量子临界现象的研究主要集中在这类化合物上，但也有一些过渡金属系统表现出此类性质。因此，这些 4f 和 5f 重 Fermi 子化合物是"实验学家的天堂"（尽管同时也是"理论学家的地狱"）。

回到本书的主题——过渡金属化合物，可以说，在稀土重 Fermi 子系统的研究中获得的经验和在这一领域发展起来的概念，也开始在过渡金属化合物的研究中发挥越来越重要的作用。由于过渡金属化合物的典型能量尺度比稀土化合物大得多，因此在过渡金属化合物中观察到的效应通常较弱。但仍有一些过渡金属系统表现出与稀土系统相似的行为。第一个例子是尖晶石 LiV$_2$O$_4$，它被认为是第一个重 Fermi 子过渡金属化合物。在 LiV$_2$O$_4$ 中，线性比热 $\gamma \approx 450$ mJ/(mole·K^2)——与稀土重 Fermi 子系统相当。对这种行为的第一个解释是由于与稀土系统相同的物理机制，即大 γ 值是由于自旋熵的释放，如图 11.6 所示。但这并不是唯一可能的解释。如果观察此化合物的化学式，可以发现 V 离子的形式价态是 V$^{3.5+}$。也就是说，在尖晶石的 B 格座亚晶格上，每两个格座有一个电子。这种情况与 Fe$_3$O$_4$ 非常相似，见 7.4 节，此时可以预料到某种类型的电荷序。但是，正如 7.4 节所讨论的，此时的情况是强烈阻挫的。结合钒 d 电子相对 Fe$_3$O$_4$ 中 Fe 格座上更强的跃迁，这可能会抑制最终的电荷序，但仍可能与之非常接近。而这种电荷序的趋势，以及相应的电荷局域化，也会导致电子有效质量的大幅增加，参考式(10.1)。因此，与传统的重 Fermi 子 4f 和 5f 系统相比，导致 LiV$_2$O$_4$ 重 Fermi 子行为的可能不是自旋，而是电荷自由度。尽管如此，正如在本章中试图展示的，过渡金属化合物与非常规 4f 和 5f 系统的行为中有许多相似之处（但也存在许多不同），特别是那些混合价和重 Fermi 子的系统：强电子-电子关联作用最终决定了这两类材料的性质。

[①] 在某种意义上，重 Fermi 子超导体比铜基或铁基系统更像"高 T_c 超导"，尽管在绝对尺度上它们的转变温度很低，通常 $T_c \approx 1$K；鉴于在标准高 T_c 超导中，T_c 仍然远远小于 Fermi 能级，这是正常态的能量特征，$T_c \ll \varepsilon_F$，在重 Fermi 子超导中，T_c 值必须与正常态的能量相当，此时这由 Kondo 温度来定义，且在重 Fermi 子超导中，可能已经是 $T_c \approx \varepsilon_F^* = T_K$，这才是"高 T_c 超导"真正的定义。

11.5 本 章 小 结

电子关联在过渡金属化合物中起着至关重要作用,在许多其他材料中也扮演着重要角色,特别是含有稀土和锕系元素的化合物。由于与过渡金属化合物相同的原因(强电子-电子关联作用导致的电子局域化),这些材料通常也具有磁性。但它们也表现出非常特殊的现象,这些现象在原理上与过渡金属系统中的相似,但往往会导致强得多的效应。本书的主要主题是过渡金属化合物的物理,但由于稀土系统中的许多效应是相似的,一些针对稀土系统的概念现在也用于研究过渡金属化合物,本章总结了稀土系统的性质,并简要描述了这些系统中主要的特殊效应。

大多数稀土和锕系元素化合物包含部分填充的 4f 或 5f 壳层。4f 态比 3d 态更加局域,因此其在座 Hubbard 排斥总是比电子跃迁大得多,这意味着 4f 电子总是局域的,并具有局域磁矩。通常,锕系元素中的 5f 电子也是局域的,尽管其更类似于 3d 电子。

对于 4f 和 5f 电子,另一个特殊的因素是,由于 f 电子的局域性更强和离子质量更大,相对论的自旋轨道耦合比过渡金属元素要重要得多。因此,在稀土和锕系元素原子和离子中,不能使用 Russell – Saunders 耦合方式来构建原子多重态,而需要使用 jj 耦合方式,其中每个电子的自旋和轨道角动量首先组合成单个电子的总角动量 j,然后求和这些电子的角动量,得到原子或离子的总角动量。尤其是,强自旋轨道耦合使 g 强烈偏离 2,g 因子也可能变得相当各向异性。因此对于 Tb^{3+},通常 $g_\parallel \approx 18$,$g_\perp \approx 0$,即 Tb^{3+} 几乎是一种 Ising 离子。

由于很强的局域性,尤其是 4f 态,它们与晶体环境的相互作用要比 d 电子弱得多,实际上 f 能级的晶体场劈裂比 d 态的小得多:对于 4f 态,通常为 $10^{-2} \sim 10^{-3}$ eV,而过渡金属离子的 ≈ 1 eV。由于这种强烈的局域性,绝缘体中 4f 交换相互作用通常比过渡金属化合物中的弱得多,所以这种系统在更低的温度下(通常为 $1 \sim 10$ K)形成磁序。

但是很多 4f 和 5f 系统实际上是金属,除了局域的 f 电子,还有巡游的 s、p 或 d 电子形成的宽带。局域 f 电子与非局域电子的相互作用是最重要的因素,也正是这种相互作用导致了最有意思的、往往也是十分惊人的效应。这种效应已经在包含局域电子的金属情况中出现,例如非磁性金属中的磁性杂质。这种磁性杂质可以是过渡金属杂质,例如 Cu 中的 Mn,也可以是稀土杂质。此时,首先存在于孤立原子或离子中的磁矩可能消失,"消失"在导电电子的海洋中。导致这一结果的最简单的过程可能是一个局域电子(比如自旋为↑的电子)跃迁到导带,之后相反自旋↓的电子就会被离子捕获。实际上,杂质的磁矩开始涨落,这可能导致该格座平均磁矩的消失。非磁性金属中磁性杂质出现的条件,或者更准确地说,在磁性杂质上保持这一磁矩的条件,通常可以根据 11.2 节所述的磁性杂质 Anderson 模型来推导。

但是,即使在此能级上局域磁矩得以保留,杂质的磁矩和导电电子的自旋之间仍然存在交换,通常是反铁磁的。这种相互作用导致这些系统的性质在低温下发生剧烈变化。值得注意的是,由于这种反铁磁相互作用,导电电子的自旋对杂质自旋产生了屏蔽作用。实际上,在 $T \to 0$ 时,"从外面"看不到局域自旋:它将被一团相反极化的导电电子云所包围,这有效地屏蔽了此局域自旋。因此,在高温下,磁化率来自局域自旋,符合 Curie 定律,$\chi \approx c/T$,当 $T \to 0$,

其变得饱和,趋向于常数,即 $\chi \rightarrow$ const.。但这种行为在正常金属(Fermi 液体)中很典型。发生这种从类 Curie 磁化率的局域磁矩到被屏蔽磁矩(逐渐)过渡的温度称为 **Kondo 温度** T_K,这种屏蔽效应就是 **Kondo 效应**。

含有磁性杂质和 Kondo 效应的金属在热力学和输运性质上都表现出许多异常。因此,在一定温度下存在电阻率的最小值:在低温下,导电电子在这些杂质上的散射变得更强,这导致在温度 $\lesssim T_K$ 时,电阻率的增加。正是这种电阻率最小值是后来被称为 Kondo 效应的第一个实验标志。

如果不只存在孤立磁性杂质,而是磁性离子富集的常规系统,如稀土金属或金属间化合物,情况会发生变化。此时,每个格座都存在这样的“杂质”,必须考虑这些 f 离子之间的相互作用。这种相互作用不是通过直接 f-f 跃迁或交换发生的(这通常很小,因为 f 波函数是强局域的),而是或通过导电电子发生的。这种相互作用有两个结果,其一是格座间所谓的 RKKY (Ruderman - Kittel - Kasuya - Yosida)交换相互作用,$J_{RKKY}(r) \approx (J^2/\varepsilon_F)\cos(2k_F r)/r^3$,其中 J 为局域(f)电子与导电(c)电子的交换相互作用,k_F 和 ε_F 为导电电子的 Fermi 波矢和 Fermi 能级。可以看出,这种相互作用在空间中振荡,可以导致不同类型的磁序,特别是很多稀土金属中典型的螺旋型磁序。

但此时还存在另一种可能性——由于 Kondo 效应,对每个格座磁矩的屏蔽。如果此效应比 RKKY 相互作用强,即 $T_K > J_{RKKY}$,那么随着温度的降低,磁矩会在 $T \lesssim T_K$ 时消失——在它们有机会有序化之前。此时,基态将再次为非磁性金属,一种正常 Fermi 液体,但具有强重正化参量:初始的局域自旋(仅在 T_K 以下消失)仍然起作用,并导致 Fermi 能级处的态密度中形成一个巨大的峰(Kondo 或 Abrikosov - Suhl 共振),其宽度为 T_K。相应地,在 Fermi 能级处重正化的态密度 $\rho^*(\varepsilon_F) \approx 1/T_K$,随之例如磁化率 $\chi(T=0) \approx \rho^*(\varepsilon_F) \approx 1/T_K$,或线性比热 $c = \gamma T$ 中的系数 $\gamma \approx 1/T_K$,Fermi 能级处的 Fermi 子的有效质量将为 $m^* \approx m_0 \varepsilon_F/T_K$。此态为**重 Fermi 子态**:对于 4f 和 5f 系统,通常 $T_K \ll \varepsilon_F$,有效质量 $m^* \gg m_0$,系统的所有低温性质都被极其强烈地重正化。对于重 Fermi 子稀土系统 m^* 可达 $\approx 10^3 m_0$。

可以证明,此态出现在含有 4f 或 5f 离子的金属系统中,此时 f 能级 ε_f 相对更接近 Fermi 能级 ε_F。RKKY 相互作用为 $J_{RKKY} \approx J^2/\varepsilon_F$,其中 f-c 交换 $J \approx V^2/|\varepsilon_f - \varepsilon_F|$(此处 V 为 f-c 杂化)。相反,Kondo 温度为 $T_K \approx \varepsilon_F^{-J/\varepsilon_F}$,即对于深 f 能级和小的 J,Kondo 温度是指数次小的。因此,对于非常深的 f 能级,RKKY 相互作用占优,并产生磁态。对于大多数稀土金属和化合物是这样的。

但是,如果 $\varepsilon_f - \varepsilon_F$ 变小,则 Kondo 效应会变得更强,此时,会最终得到重 Fermi 子态。对于稀土元素,这可能发生在 4f 系列的开端(Ce),末尾(Tm 和 Yb)和非常中间的(Sm 和 Eu)元素中。如果,例如在压力或掺杂下,将 ε_f 直接移到 Fermi 能级,材料将从重 Fermi 子态进入部分占据 f 能级的**混合价态**。因此,例如在压力下金属 Ce 的 $\gamma-\alpha$ 转变中,Ce^{3+}($4f^1$)过渡到混合价态(或中间价态)$Ce^{\approx 3.6+}$。混合价系统通常也是金属,但处于重 Fermi 子态和正常金属的重正化“之间”,其 $m^* \approx (10 \sim 10^2)m_0$。

因此,将 f 能级从 Fermi 能级以下的深处移动到 Fermi 能级之上时,其相序如下:RKKY 主导的磁有序态──→重 Fermi 子态──→混合价──→完全非磁(spd)金属(没有任何重正化,且 f 能级为空,例如金属 La)。

在某些特定的情况下，重 Fermi 子系统的混合价仍可能在 Fermi 能级形成一个小的能隙而变为绝缘体，被称为混合价绝缘体或 Kondo 绝缘体，例如 SmB_6、YbB_{12} 和 SmS 的"黄金"相。在其他情况下，在重 Fermi 子系统中可能会出现量子临界点：这些系统的量子临界现象主要是实验研究，其中一些还展现出超导性（$CeCu_2Si_2$、UPt_3 等）。它们的超导性很可能也像高 T_c 铜氧化物那样是非常规的：不是标准的 s 波，而是 d 波。这些系统中的超导性通常出现在量子临界点附近。

如上所述，在稀土（4f）和锕系元素（5f）化合物中，可以看到最显著的效应，如所有性质的重 Fermi 子重正化。但在过渡金属化合物中也会遇到许多这种现象，尽管形式较弱（但温度较高）。此外，在过渡金属基金属系统中，可以看到正常态性质（例如有效质量、比热等）的重正化。Kondo 效应也可以发生在过渡金属杂质中。RKKY 相互作用对这些系统也很重要。近年来发现了一些重 Fermi 子性质的过渡金属化合物。第一个是 LiV_2O_4——比热 $c = \gamma T$ 中 $\gamma \approx 450$ mJ/(mole·K^2) 的金属性尖晶石[正常金属 $\gamma \approx 1$ mJ/(mole·K^2)；对于稀土重 Fermi 子系统 $\gamma \approx 10^3$ mJ/(mole·K^2)]。但 LiV_2O_4 中重 Fermi 子行为的机制可能与稀土重 Fermi 子化合物中的不同。此时可能是由于电荷自由度，而不是磁性（Kondo）机制：混合价 $V^{3.5+}$ 倾向于形成 V^{3+} 和 V^{4+} 有序，但是在阻挫尖晶石晶格中，这种电荷序可能会被抑制，仍然留下强烈的电荷涨落，这可以急剧增加载流子的有效质量。

在稀土和锕系元素中所遇到的许多效应在过渡金属化合物中都是相近的。从根本上说，它们都是由于强电子关联导致的，当然尽管具体的表现取决于特定系统的具体细节。

附录 A
历史注释

本书中讨论的一些关键概念的发展历史相当有趣,并有一些意想不到的曲折。本节将简要讨论 Mott 绝缘体、Jahn-Teller 效应和 Peierls 相变等概念的历史。

A.1 Mott 绝缘体和 Mott 转变

Mott 绝缘体的概念不同于标准的能带绝缘体和金属,可以用两种方法来介绍。在正文中,例如第 1 章,我们介绍的方法是使用短程(在座)电子-电子排斥的 Hubbard 模型[式(1.6)],并将强关联绝缘的本质归因于电子转移到一个被占据的格座会受到已占据电子的排斥这一事实。这是现在最常用来解释 Mott 绝缘体概念的物理图像。

但从历史上看,这些观点首先出现在不同的物理图像中,这是 Mott 在 1949 年发表的一篇论文[①]中提出的——尽管它已经包含了一些关于当今最常用的、在 Hubbard 模型中正式表述的物理图像的暗示。但 Mott 在本文中的主要论点是依赖于 Coulomb 相互作用的长程特性,其主要论点是,从绝缘体出发,不能通过激发少量电子和空穴得到金属。这些电子和空穴通过(屏蔽的)Coulomb 相互作用互相吸引,其势场为:

$$V(r) = -\frac{e^2}{r}e^{-\kappa r} = -\frac{e^2}{r}e^{-r/r_D} \tag{A.1}$$

其中 Debye 屏蔽长度 r_D 由以下表达式给出:

$$\kappa^2 = \frac{1}{r_D^2} = \frac{4me^2 n^{1/3}}{\hbar^2} = \frac{4n^{1/3}}{a_0} \tag{A.2}$$

此处 Bohr 半径为:

$$a_0 = \frac{\hbar^2}{me^2} \tag{A.3}$$

自由载流子(电子和空穴)的浓度此时为 n。

这里也可以包括静态介电常数,但不会改变最终结论。

至此,Mott 提出的论点是,电荷载流子 n 浓度较低,Coulomb 相互作用较弱,对于相互作

---

① Mott N. F.. Proc. Phys. Soc. A, 1949, 62: 416.

用式(A.1),总是存在一个电子-空穴束缚态(激子),也就是说,由此产生的(低浓度)激发态电子和空穴会被中性激子束缚,进而不会产生金属导电性。因此,从这些论点可以清楚地看出,由于这种 Coulomb 相互作用,绝缘态和金属态应该是固体不同的态,它们之间的连续过渡是不可能的。只有同时创造大量的电子和空穴时,Debye 屏蔽才能大到使激子束缚态消失,而形成有限(大)浓度的自由载流子金属态。

式(A.1)势场中束缚态消失的条件是:

$$\kappa > \frac{me^2}{\hbar^2} \tag{A.4}$$

基于此,同样使用式(A.2)和式(A.3),可以获得金属态存在的条件:

$$a_0 n^{1/3} > 0.25 \tag{A.5}$$

在 Mott 于 1949 年发表的第一篇论文中,只有定性的论点,没有上面提到的任何公式和数字估计,这些包含在他后来的出版物中[1]。

这种对绝缘体和金属之间的区别以及它们之间过渡的解释,就是关于 Mott 绝缘体和 Mott 转变的最早的物理图像。在此图像中,转变必然是跳跃式的,即 I 级的,随着金属中出现有限大小的电子浓度 $n^{1/3} > 0.25/a_0$,见式(A.5),浓度较小的态保持绝缘不是因为标准的能带效应,而是因为 Coulomb 相互作用(此处是以电子和空穴吸引的形式)。这被学界采用,并被 Ziman 一本关于固体理论的优秀书籍[2]的 5.9 节中复述了——至今这都是此领域最好的教科书之一。直到后来,特别是在 Anderson 和 Hubbard 的论文[3]之后,另一种描述变得更加流行(正如前面提到的,尽管这两个图像实际上是密切相关的,并且已经在 Mott 于 1949 年发表的第一篇论文中就有讨论指向这个方向,例如 Heitler-London 图像和分子轨道图像的对比,后者本质上等价于能带图像,见第 1 章)。

现在,让时间倒退一步。在第二次世界大战期间,L. D. Landau 与当时相当年轻的同事 Yakov Zeldovich 于 1944 年发表了一篇短文[4]。这篇论文在苏联出版,在西方基本上没有获得关注,但现在很容易找到,因为它被转载在 L. D. Landau 1965 年的文集[5]。在该论文中,主要研究了汞或熔融钠等液态金属中液气转变和金属—绝缘体转变之间的关系。该论文的开头有以下一段话:

> 电介质区别于金属之处在于其电子能谱中存在带隙。然而,当转变点接近金属(在电介质侧)时,此带隙会趋向于零吗?此时,我们需要处理一个没有潜热,没有体积和其他性质变化的转变。Peierls 指出,在这个意义上,连续转变是不可能的。让我们考虑电介质的激发态,其可以导电:电子离开了它的位置,在晶格的某个位置留下了正电荷,并在其中移动。在离正电荷很远的地方,电子肯定会受到 Coulomb 引力,使之趋向于回到原来的位置。在 Coulomb 引力场中,总存在离散的负能级,对应

[1] Mott N. F.. Phil. Mag., 1961, 6: 287.

[2] Ziman J. M.. Principles of the Theory of Solids. Cambridge: Cambridge University Press, 1964.

[3] Anderson P. W.. Phys. Rev., 1959, 115: 2; Hubbard J. Proc. Roy. Soc. A, 1963, 276: 238.

[4] Landau L. D., Zeldovich Y.. Acta Phys.-Chim. USSR, 1944, 18: 194.

[5] Landau L. D., Lifshitz E. M.. Quantum Mechanics. Oxford: Pergamon Press, 1965.

于电子的束缚;因此,电介质的激发态必须总是被一个有限宽度的带隙隔开(其中电子被束缚)。

正如我们所见,本质上与 Mott 第一篇论文中相同的论点已经被涵盖,尽管没有数值估算[式(A.5)]。Landau 和 Zeldovich 提到了另一位 20 世纪著名的物理学家 Rudolf Peierls,他是此主要观点的支持者之一。

很长一段时间以来,我(本书作者)一直以为这只是 Peierls 在非正式讨论或私下交流中的评书,并没有正式发表过。但是最近我发现这些想法实际上出现在 1937 年 *Proceedings of the Physical Society* 上的一篇简短的论文中,作为荷兰物理学家 de Boer 和 Verwey 报告之后的讨论,他们报道了根据能带理论 NiO 应该是一个金属,但实际上是一个很好的绝缘体[1],这篇简短的讨论实际上是 Mott 使用 Peierls 的注释写的[2]。最有可能的是,在这篇简短的论文中,Mott 也包含了他关于该主题的一些早期想法,尽管他认为主要思想来自 Peierls。这篇文章是如此有趣,我将其大部分复述在此:

> Peierls 教授同意 de Boer 博士的看法,即不完全填充 d 带半导体不能仅仅通过考虑势垒的低透明度来理解。这种透明度大概是 10^{-2} 或 10^{-3},比正常金属的透明度低,但又不是 10^{-10}。他建议,为了把这些事实考虑进去,有必要对现有的金属电子理论作一个相当大的修正。这个问题的解决方法可能如下:如果势垒的透明度很低,电子之间的静电相互作用很可能使它们根本无法移动。在低温下,大多数电子都在离子中适当的位置上。少数碰巧越过势垒的原子发现所有其他的原子都被占据了,为了穿过晶格必须在已经被其他电子占据的离子中花费很长时间。这需要相当多的能量,所以在低温下是极不可能的。
>
> 因此,如果透明度很小,静电相互作用将进一步降低电导率,因此在低温下,电导率与初始透明度的高阶成正比。然而,这些思想还没有数学进展。
>
> Peierls 教授对含有杂质的半导体作了进一步的评论。假设杂质能够给出一个电子;那么为了使电子可以自由导电,将电子移到相邻的晶格离子中是不够的。这是因为杂质随后处于电离态,将吸引电子,因此电子在晶格的周期场与 Coulomb 场叠加中运动。众所周知,在这样的场中,电子能够处于负能量的离散束缚态(就像在正离子场中一样)。只有当电子的能量进一步增加,使它能够克服这种吸引,并直接离开杂质中心时,它才会在恰当意义上成为一个导电电子。这表明,即使有可能发生,电子从杂质原子移动到相邻晶格离子时会获得能量,然而,电子的最低态总是一个在杂质中心附近的束缚态,也就是说,电子总是围绕杂质中心,即使电子没有明确地被附属。因此,产生导电电子总是需要一定的活化能。当杂质中心数量增加时,这个结论不再成立,因为此时电子不需要完全克服来自其"诞生处"离子的吸引力;电子在离杂质中心不远的地方,将同时受到其他杂质中心的吸引,因此电子将可以自由移动。
>
> 从这些讨论中,我们可以得出这样的结论:无法找到一种含有少量杂质的物质,

---

① de Boer J. H., Verwey E. J. W.. Proc. Phys. Soc., 1937, 49: 59.

② Mott N. F., Peierls R.. Proc. Phys. Soc., 1937, 49: 72.

它能在缺少活化能的情况下产生电导率。

用这些文字可能可以解释大多数半导体表现出的活化能与浓度的关系。

同样,理想配比的纯物质中应该无法出现非常少量的、活化能为零的导电电子。

正如我们所见,在以上文字和 Peierls 的评论中,现在用来解释这一现象的 Mott 绝缘体的**两个**物理图像已经以非常清楚的形式表达出来了。以上文字的第二部分提出了电子和空穴的非屏蔽 Coulomb 吸引(Peierls 提到的不是空穴,而是带正电的杂质)总是会导致非导电束缚态的形成,而对于金属态,需要有限大小浓度的载流子——这一观点后来被 Landau 和 Zeldovich 所采用,显然也影响了 Mott 在 1949 年和之后重要论文。但是,Peierls 在这些评论的第一部分阐述了我们现在使用的 Hubbard 模型:电子会被局域在它们各自的格座上,而把额外的电子放到已经占据的格座上需要很大的能量,这可以完全抑制电导率。这并不依赖于 Coulomb 相互作用的长程特性。这正是我们现在所谓的 Hubbard 模型和 Mott 或 Mott - Hubbard 绝缘体。

尽管 Mott 在此领域的重要作用怎么强调都不为过,并且我们理所当然地用他的名字来命名这些现象,但是 20 世纪其他伟大的理论物理学家,Peierls 和 Landau,同样站在了这些概念的策源地,如今这些概念在现代固体物理中扮演了如此重要的角色,尤其在过渡金属化合物中。

A.2　Jahn - Teller 效应

非常有意思的是,Landau 似乎在"Jahn - Teller 效应"的思想的发展中也发挥了重要作用。这是 Teller 自己在一本关于 Jahn - Teller 效应的书[①]的序言中所写的,以下是序言(Teller 自己称之为"历史注释")中的一段节选:

> 1934 年,Landau 和我都在哥本哈根的 Niels Bohr 研究所。我们进行了很多讨论。我向 Landau 讲述了我的学生,R. Renner 在线性 CO_2 分子中关于简并电子态的工作……Landau 说我必须非常小心。在简并电子态中,这种简并性所基于的对称性通常会被破坏……
>
> 我继续与 H. A. Jahn 讨论这个问题,他和我一样,是来自德国大学的难民。我们仔细检查了所有可能的对称性,发现线性分子是唯一的例外。在其他所有的情况下,Landau 的怀疑都得到了证实……
>
> 这就是为什么这个效应应该带着 Landau 名字的原因。他猜想了这一效应,但没人能给出数学家喜欢的证明。我和 Jahn 只是做了一点粗活。

当然,Teller 肯定是过谦了:这不仅仅是"粗活",事实上,这个工作在开启 Jahn - Teller 效应这个巨大而重要的领域中发挥了至关重要的作用。不过,有趣的是,这个领域和其他许多领域一样,都带有 Landau 不可磨灭的印迹。

---

① Englman R.. The Jahn-Teller Effect in Molecules and Crystals. New York: Wiley, 1972.

A.3　Peierls 相变

　　Peierls 的名字已经在与 Mott 转变历史相关的地方出现了（见 A.1 节），在本书中在另一个背景下也被提及。很多地方，我们提到了 Peierls 不稳定性，Peierls 相变，或 Peierls 二聚化——尤其是在与轨道物理（第 6 章）和金属—绝缘体转变（第 10 章）相关的地方。这最初是为一维系统提出的现象，其本质是在能带图像中（不考虑电子-电子相互作用），如果一个（紧束缚）能带是半满的，例如图 1.8，此系统相对于晶格二聚化是不稳定的。事实上，如果通过每两个原子偏移一个来引入晶格畸变，产生交替的短键和长键，得到的单胞尺寸将会翻倍，也就是说 Brillouin 区的边界将不再位于 $\pm \pi$，而是 $\pm \dfrac{\pi}{2}$；于是，Fermi 面处将会打开能隙，如图 A.1 所示，因此得到绝缘态。

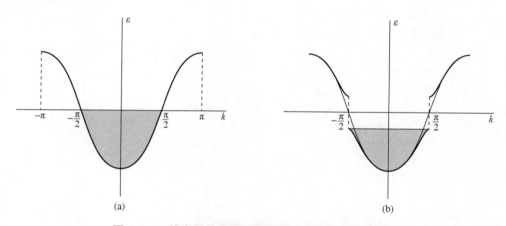

图 A.1　一维金属的半满能带（a）在二聚化后（b）的变化

　　相当有趣是，如今这个对许多系统（不仅对准一维系统）都很重要的观点，甚至不是 Peierls 在专门的论文中提出的；相反，这以短评的形式首次出现在他的 *Quantum Theory of Solids* 书中。正如后来 Peierls 自己在一本有意思的论文集[①]中所说，他认为该结果是如此显然，以至于甚至没有包括任何数学来证明均匀一维金属在这种畸变下的不稳定性。但实际上，这个结果是需要一定数学证明的。确实，如上述解释，当晶格畸变时，所有已占据态的能量都下降了，因此获得了一些能量，但同时由于畸变而导致弹性能损失，$E_{\text{elastic}} \approx Bu^2/2$，其中 u 是晶格畸变（二聚化）。我们必须证明获得的电子能超过失去的弹性能，只有这样，均匀系统才会不稳定而发生 Peierls 二聚化。事实上，很久以后，Peierls 提出的计算表明，获得的电子能总是大于弹性能量的损失：电子能为 $E_{\text{el}} \approx -u^2 \ln u$，对于这种畸变，一维系统确实总是不稳定的（事实上，这不仅适用于半满的一维能带和相应的二聚化，还适用于一维系统中任意电子浓度，此时能带填充到某一 Fermi 能级 ε_{F} 和 Fermi 波矢 k_{F}：周期为 $l = a\hbar/2k_{\text{F}}$ 的畸变总是会使 Fermi 能级以下

---

①　Peierls R.. More Surprises in Theoretical Physics. Princeton. NJ：Princeton University Press, 1991.

的电子态能量降低,并获得能量 $-u^2 \ln u$。同样的论点也适用于某些二维和三维的 Fermi 面叠套系统,见 7.3 节和 9.1 节)。

如上所述,在 Peierls 的书中,Peierls 没有包括这些计算,认为结论是不言自明的,但在论文集中重做了系统的计算。在书中,他写道:

> 当我为我的书整理材料时,这种不稳定性完全出乎了我的意料,我花了相当长的时间来说服自己这个论点是合理的。然而,这似乎只有学术意义,因为自然界中并没有严格意义上的一维系统(如果有的话,它们在任何有限温度下都会变得无序……)因此,我认为不值得发表这个论点,除了在书中简短的评论之外,甚至没有提到对数行为。

但这句话及其所包含的物理后来在凝聚态物理的许多领域中发挥了极其重要的作用。

附录 B
二次量子化的简易指南

从这本书的第 1 章开始,当介绍和讨论与本领域相关的模型时,已经使用了二次量化的符号和技巧。这是一种非常便捷的方法,在固体量子理论(以及其他领域)的许多书籍中都有广泛的应用和详细的描述。它确实是一种特殊的技巧,有其自身的细节和微妙之处,但它本质上很简单,了解一些基本的概念对我们来说就足够了。

二次量子化方法主要运用 $c^\dagger$ 和 c 算符,也就是产生和湮灭算符。如果我们从系统某个由某些波函数描述的状态开始,例如 $|\Psi\rangle$,$c^\dagger$ 和 c 算符描述了添加或移除一个粒子的过程——这可能是一个电子,一个光子等。例如,为了在格座 i 处产生一个自旋为 σ 的额外电子,我们使用相应的产生算符 $c_{i\sigma}^\dagger$,即包含一个额外电子的新态为 $c_{i\sigma}^\dagger|\Psi\rangle$。类似地,我们可以描述移除一个电子的过程,例如移除格座 j 处自旋 σ' 的电子;此过程由相应的湮灭算符 $c_{j\sigma'}$ 描述,得到的态为 $c_{j\sigma'}|\Psi\rangle$。马上可以看出,在此符号的帮助下,可以很方便地描述,例如电子在格座间跃迁的过程:如果对初始态 $|\Psi\rangle$ 应用组合算符 $c_{i\sigma}^\dagger c_{j\sigma}$(假设在格座 j 处已经存在一个自旋为 σ 的电子),我们从 j 格座移除一个电子(算符 $c_{j\sigma}$),但是在格座 i 将其(重新)生成。换句话说,以下项:

$$c_{i\sigma}^\dagger c_{j\sigma}|\Psi\rangle \tag{B.1}$$

描述了电子从格座 j 到 i 的跃迁过程(过程中当然会保持自旋 σ),见例如 Hubbard 模型[式(1.6)]中 Hamiltonian 的第一项。

人们也可以用这种语言来描述特定格座的占据情况,由占据数算符 $\hat{n}_{i\sigma} = c_{i\sigma}^\dagger c_{i\sigma}$ 给出。当我们将此算符作用到格座 i 处没有这种电子的态,算符 $c_{i\sigma}$ 会给出零(此算符将从格座 i 处湮灭一个电子,但是如果没有这样的电子,其给出 0)。如果此态中有一个电子,那么对此态作用此算符 $\hat{n}_{i\sigma}$,我们回到了同一个态:$\hat{n}_{i\sigma}|\Psi\rangle = c_{i\sigma}^\dagger c_{i\sigma}|\Psi\rangle = |\Psi\rangle$(湮灭算符摧毁了电子 $\{i, \sigma\}$,但是产生算符在同一个态中重新产生了它)。实际上得到:

$$\hat{n}_{i\sigma}|\Psi\rangle = c_{i\sigma}^\dagger c_{i\sigma}|\Psi\rangle = \begin{cases} 0 & \text{如果没有电子}\{i, \sigma\} \\ |\Psi\rangle & \text{如果存在这样的电子} \end{cases} \tag{B.2}$$

因此,可以写作:

$$\hat{n}_{i\sigma}|\Psi\rangle = c_{i\sigma}^\dagger c_{i\sigma}|\Psi\rangle = n_{i\sigma}|\Psi\rangle \tag{B.3}$$

其中,$n_{i\sigma}$ 是相应状态的电子数(对于电子,即 Fermi 子来说,只能是 0 或 1)。因此,占据数 n 是占据数算符 $\hat{n} = c^\dagger c$ 的特征值。使用这些占据数算符,我们可以描述,例如电子的 Hubbard 在座排斥——Hubbard 模型[式(1.6)]中 Hamiltonian 的第二项。

我们可以对电子、声子、磁子等引入这样的算符。众所周知,电子是 Fermi 子,遵循 Pauli 原理,即每个态无法容纳多于一个(相同自旋的)Fermi 子。这意味着它们满足 Fermi 统计,总的波函数对于两个粒子(Fermi 子)的交换应该是反对称的。在二次量子化形式中,这反映在 Fermi 子的产生和湮灭算符必须服从反对易关系:

$$\{c_{i\sigma}^{\dagger}, c_{j\sigma'}^{\dagger}\} = c_{i\sigma}^{\dagger}c_{j\sigma'}^{\dagger} + c_{j\sigma'}^{\dagger}c_{i\sigma}^{\dagger} = 0 \tag{B.4}$$

$$\{c_{i\sigma}, c_{j\sigma'}\} = c_{i\sigma}c_{j\sigma'} + c_{j\sigma'}c_{i\sigma} = 0 \tag{B.5}$$

$$\{c_{i\sigma}, c_{j\sigma'}^{\dagger}\} = c_{i\sigma}c_{j\sigma'}^{\dagger} + c_{j\sigma'}^{\dagger}c_{i\sigma} = \delta_{ij}\delta_{\sigma\sigma'} \tag{B.6}$$

其中,符号 $\{,\}$ 是两个算符的反交换算符,$\{a, b\} = ab + ba$;对于 $i = j$,$\delta_{ij} = 1$,对于 $i \neq j$,$\delta_{ij} = 0$,$\delta_{\sigma\sigma'}$ 亦是如此。可以证明,Pauli 原理自然而然地包含在这些(反)对易关系中,而且结果式(B.3)与之完全相符。

与电子(Fermi 子)类似,我们也可以为 Bose 子(具有整数自旋的粒子,如声子)引入二次量子化算符(产生、湮灭和粒子数算符等)。这种算符 $b_{\alpha}^{\dagger}$ 和 b_{α},其中指数 α 可能是例如声子支(纵向、横向)的声子动量和指数,遵循的不再是反对易关系,而是对易关系:

$$[b_{\alpha}, b_{\beta}^{\dagger}] = b_{\alpha}b_{\beta}^{\dagger} - b_{\beta}^{\dagger}b_{\alpha} = \delta_{\alpha\beta} \tag{B.7}$$

由于遵循不同的统计,反映在 Bose 子[式(B.7)]与 Fermi 子[式(B.4)～式(B.6)]的不同对易关系上,两个 Bose 子交换时,Bose 子波函数应该是对称的,可能有多个 Bose 子处于同一状态。尤其是,这会导致 Bose 凝聚现象。然而,这对于我们目前的主题并不关键(尽管有时人们会将 Bose 凝聚的概念应用于基于过渡金属的某些磁性系统)。此处仅提及,类似于式(B.3),我们可以引入 Bose 子的粒子数算符,$\hat{n}_{\alpha} = b_{\alpha}^{\dagger}b_{\alpha}$,于是再一次得到:

$$\hat{n}_{\alpha}|\Phi\rangle = n_{\alpha}|\Phi\rangle \tag{B.8}$$

其中 n_{α} 为在总多粒子函数 $|\Phi\rangle$(对于 Bose 子可以为任意值)中处于(例如动量为 k 的)态 α 的 Bose 子数量。

事实上,利用这些信息,特别是式(B.1)中所包含的,足以理解正文中使用的符号和概念。

附录 C
相变和自由能展开：Landau 理论简介

C.1 一 般 原 理

在本书中我们已经使用了 Landau 首先发展的方法和概念来描述二级相变,但如今,这一理论在广泛得多背景下被使用着。此处,我们总结这个理论的基础,并说明了使用它的不同的场景。我们可以在 Landau 与 Lifshitz 于 1969 年发表的精彩的原著[①]中,或者在 Khomskii 于 2010 年发表的著作[②]中找到更多的具体描述。

Landau 最初的目的是描述 II 级相变——即在某一临界温度 T_c 下,随着温度的降低而连续出现某种有序的相变,如铁磁相变。但后来的结果是,这种方法的适用性比最初设想的要广泛得多。

在热力学和统计物理中,多粒子系统的最佳平衡状态是由给定温度,和固定体积[式(C.1)]或固定压力[式(C.2)]下的 Helmholtz 自由能或 Gibbs 自由能最小化的条件决定的,Helmholtz 自由能为:

$$F(V,\ T) = E - TS \tag{C.1}$$

Gibbs 自由能为:

$$\Phi(P,\ T) = E - TS + PV \tag{C.2}$$

现实中更多处理的是第二种情况。当系统中出现某种有序时——可能是磁序,例如铁磁序或反铁磁序;或铁电性;或者结构相变中的有序——可以引入一种关于这种有序的度量(依赖于具体情况)称为**序参量**,记为 η。它可以是一个标量,例如电荷序时的电子密度;或者矢量,例如铁电体的极化;或者赝矢量,比如铁磁体中的磁矩;或者张量,例如四极有序;等等。系统的自由能取决于有序的程度,也就是序参量 η,例如 $\Phi(P,\ T,\ \eta)$。相应序参量的平衡值同样由自由能最小的条件决定,即:

$$\frac{\partial \Phi(P,\ T,\ \eta)}{\partial \eta} = 0 \tag{C.3}$$

(当然,必须检查这个方程的解是否真的对应于自由能的最小值,而不是最大值或鞍点)。

---

① Landau L. D., Lifshitz E. M.. Statistical Physics. Reading, MA: Addison-Wesley, 1969.

② Khomskii D. I.. Basic Aspects of the Quantum Theory of Solids: Order and Elemantary Excitations. Cambridge: Cambridge University Press, 2010.

对于相变,序参量 η 在 $T > T_c$ 的无序相中为零,而在低于 T_c 时不为零。接近 T_c 时,序参量应该很小,不然就不是一个连续的 II 级相变了。此时,根据 Landau 的想法,可以对小的 η 进行自由能的级数展开,对于一个标量序参量 η,可以写作:

$$\Phi(P, T, \eta) = \Phi_0 + \alpha\eta + A\eta^2 + C\eta^3 + B\eta^4 + \cdots\cdots \tag{C.4}$$

对于更复杂的序参量(矢量、张量),可以写出类似的表达式,包括对称所允许的项,见下文。

一般式(C.4)中可能存在哪些项是由某些一般性的要求决定的。因此,我们假设在没有外部场的情况下,在 $T > T_c$ 处的序参量应该为零。这意味着在展开式(C.4)中,线性项 $\alpha\eta$ 的系数 α 应该为零;否则,由式(C.3)给出的自由能的最小值总是对应于 $\eta \neq 0$。类似地,在大多数情况下,自由能,不应该依赖于序参量的符号,也就是说,它应该是 η 的偶函数。这就是铁磁序的例子,在各向同性系统中,磁矩 $\boldsymbol{M}$ 和 $-\boldsymbol{M}$ 的态应该是等价的。此时可以断定,式(C.4)中的立方项 $C\eta^3$ 也应该不存在,即 $C = 0$。于是,表达式剩下:

$$\Phi(P, T, \eta) = \Phi_0 + A\eta^2 + B\eta^4 + \cdots\cdots \tag{C.5}$$

[这就是为什么在写式(C.4)时使用了一种不太自然的系数记号(C 出现在了 B 的前面),在大多数情况下,这一项都会消失。但也有一些有意思的情况下,自由能展开中存在这样的立方项;这会导致类跳跃式的 I 级相变]。

为了描述 II 级相变,一个自然的假设是,展开式(C.5)的系数 A 关于 $T > T_c$ 为正,而关于 $T < T_c$ 为负。此时确实得到了,对于 $T > T_c$,$\eta = 0$,和对于 $T < T_c$,$\eta \neq 0$。此相的自由能式(C.5)的形式如图 C.1 所示[此时假设式(C.5)中的系数 $B > 0$]。

最简单地假设 $A = a(T - T_c)$,与 $A(T)$ 的假设行为一致,对于 $T < T_c$,由最小化(C.3)得到:

$$\eta^2 = -\frac{A}{2B} = \frac{a}{2B}(T_c - T) \tag{C.6}$$

当 $T > T_c$ 时,$\eta = 0$。因此,在接近 T_c 时,$\eta \approx \sqrt{T_c - T}$,如图 C.2 所示。自由能自身为:

$$\Phi_{\min} = \Phi_0 - \frac{A^2}{4B} = \Phi_0 - \frac{a}{2B}(T_c - T) \tag{C.7}$$

利用这些结果,我们也可以描述接近这种相变的系统中许多其他的性质,如比热,磁化率等。此处不再介绍这些结果,读者可以在 Landau 与 Lifshitz 于 1969 年和 Khomskii 于 2010 年发表

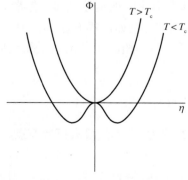

图 C.1　对于 $T > T_c$ 和 $T < T_c$ 的自由能对序参量的依赖关系

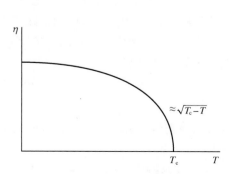

图 C.2　II 级相变 Landau 理论中序参量 $\eta(T)$ 的行为

的出版物中找到具体的内容。相反，我们专注于自由能的 Landau 展开的不同用途。

C.2 Landau 自由能泛函的处理

如上所述，对自由能 Landau 展开时，必须只包含相应系统的对称性所允许的项。因此，对于标量序参量，我们应该保留展开式（C.5）中包含的项。对于更复杂的情况和其他的序参量，展开中可能会包括其他的项。例如，对于有序参量 M（平均磁化强度）的各向同性铁磁体，自由能的形式如下：

$$\Phi = AM^2 + BM^4 - \boldsymbol{H} \cdot \boldsymbol{M} \tag{C.8}$$

我们也包括了与外部磁场 $\boldsymbol{H}$ 的相互作用。对于常规的二分晶格反铁磁序，其序参量不是总磁化强度，而是亚晶格磁化强度，或两个亚晶格磁化强度之差：

$$\boldsymbol{L} = \boldsymbol{M}_1 - \boldsymbol{M}_2 \tag{C.9}$$

显然，该序参量并不与磁场线性耦合，因此必须把这个耦合写成另一种形式，这样反铁磁体的总展开将为：

$$\Phi = \Phi_0 + AL^2 + BL^4 + K(\boldsymbol{H} \cdot \boldsymbol{L})^2 - \frac{1}{2}\kappa_p H^2 \tag{C.10}$$

对于与磁场的耦合，此时使用了对称性允许的最低阶项：对于 $\boldsymbol{L}$ 应该是二阶的，并且应该在旋转和时间反演（此时磁矢量 $\boldsymbol{H}$、$\boldsymbol{M}$ 和 $\boldsymbol{L}$ 变号）时不变。我们在这里也包含了最后一项，描述了外场中顺磁相的能量。例如，由式（C.10），可以得到众所周知的反铁磁体磁化率的行为，如图 C.3 所示。尤其是这表明在临界温度（Néel 温度 T_N）以下，磁化率是各向异性的〔这实际上是由式（C.10）中与磁场耦合的形式而来〕。

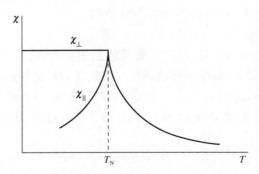

图 C.3　各向同性反铁磁体中平行和垂直磁化率的行为

类似地，使用一般的对称性要求，我们也可以写出系统的自由能表达式，其中存在一个特定有序的耦合，例如磁场对其他自由度，例如晶格畸变的耦合。也可以存在相互耦合的不同有序，如第 8 章中讨论过的多铁材料中的铁电有序和磁序。在所有这些情况下，我们应该只保留对称所允许的自由能项（不变量）。此外，如果对称性允许某些这样的项，它们**必须被包含**在相应的自由能中；也就是说，如果对称允许某些项出现，它们**就会出现**。也许系数很小而对系统行为的影响很小——但无论如何,都应该包含所有这些项,并研究它们可能的影响。

C.3 案 例

1. 可压缩晶格中的相变

当我们考虑由序参量 η 表征的可压缩晶格中的相变时,包含对晶格耦合的自由能的最简单形式为:

$$\Phi = A\eta^2 + B\eta^4 + \lambda\eta^2 u + \frac{bu^2}{2} \tag{C.11}$$

此处引入了序参量 η 与形变(均匀压缩)u 的耦合 $\lambda\eta^2 u$。同样,它应该是 η 的二次项,因为在大多数情况下,当 $\eta \to -\eta$ 时,自由能不发生改变。我们还加入了最后一项,用体积模量 b 描述晶格的弹性能。

关于畸变 u 最小化自由能,得到:

$$\frac{\partial\Phi}{\partial u} = bu + \lambda\eta^2 = 0, \quad u = -\frac{\lambda\eta^2}{b} \tag{C.12}$$

将此式代回式(C.11),得到:

$$\Phi = A\eta^2 + B\eta^4 + \frac{\lambda^2\eta^4}{2b} - \frac{\lambda^2\eta^4}{b} = A\eta^2 + \left(B - \frac{\lambda^2}{2b}\right)\eta^4 \tag{C.13}$$

由式(C.13)可知,对于足够强的晶格耦合(大耦合常数 λ)和软晶格(小体积模量 b),式(C.13)中二次项的重正化系数,$B' = B - \lambda^2/2b$ 可能变为负值。

但我们可以证明,此时相变会变成跳跃式的Ⅰ级。也就是说,此机制尤其是可以使得某些磁相变变为Ⅰ级(5.4节中提到的 Bean-Rodbell 机制)。

2. 求解铁磁 T_c;Arrott 图

可以利用式(C.5)的 Landau 展开,或者更具体地说是式(C.8),设计出一种精确确定铁磁序临界温度值的方法。众所周知,在没有磁场或外部磁场较弱的铁磁体中,总是会出现磁畴,这极大地阻碍了临界温度的精确测定。人们可以使用展开式(C.8)来克服此困难。在有外场的情况下,对这个表达式求最小值,我们得到(磁化强度 $\boldsymbol{M}$ 平行于磁场 $\boldsymbol{H}$,因此可以忽略矢量符号):

$$\frac{\partial\Phi}{\partial M} = 2AM + 4BM^3 - H = 0 \tag{C.14}$$

我们可以用以下形式重写式(C.14):

$$2BM^2 = H/2M - A \tag{C.15}$$

注意,在 Landau 理论中,$T > T_c$ 的系数 A 是正的,$T < T_c$ 的系数 A 是负的,在 T_c 附近,它可以近似为表达式 $A = a(T - T_c)$。那么式(C.15)变为:

$$2BM^2 = H/2M - a(T - T_c) \tag{C.16}$$

因此，在不同温度和磁场下测量磁化强度——相当常规的测量——并在不同温度下绘制 M^2 vs H/M，我们将得到如图 C.4 所示的一系列曲线，被称为 Arrott 图。在足够强的磁场下，当所有的磁畴消失（所有自旋取向相同）时，磁化强度仍然不等于最大可能值（图 C.2 中的序参量在零温度时还没有达到最大值），M 仍然随着磁场

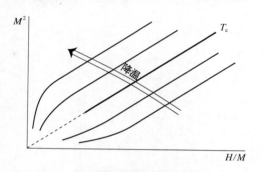

增加，如式(C.16)那样（有时被称为平行过程）。这给出了图 C.4 中曲线的线性部分。根据式(C.16)，这些在坐标(M^2, H/M)中的直线将 $T > T_c$ 外推到 M^2 的负值，将 $T < T_c$ 外推到正值。正好在 T_c 处，这条直线外推到 0——即给出了 T_c 的值（在靠近原点的地方，由于磁畴效应等，这些线变得弯曲。但是这个区域对这个方法来说并不重要，我们使用的是图中 M^2 对 H/M 线性依赖的部分）。

图 C.4　准确求解铁磁体临界温度的 Arrott 图

索　引

元素周期表

图例说明：

- 原子序数 — 26
- 元素符号 — Fe
- 元素名称 — Iron 铁
- 氧化态（粗体表示最稳定态）— 3,2
- 原子质量 — 55.85
- 电子结构 — $(Ar)3d^6 4s^2$

族标题： 1 IA · 2 IIA · 3 IIIB · 4 IVB · 5 VB · 6 VIB · 7 VIIB · 8·9·10 VIII · 11 IB · 12 IIB · 13 IIIA · 14 IVA · 15 VA · 16 VIA · 17 VIIA · 18 VIIIA

第1周期

序号	符号	名称	氧化态	原子质量	电子结构
1	H	氢 Hydrogen	1	1.01	$1s$
2	He	氦 Helium		4.00	$1s^2$

第2周期

序号	符号	名称	氧化态	原子质量	电子结构
3	Li	锂 Lithium	1	6.94	$(He)2s$
4	Be	铍 Beryllium	2	9.01	$(He)2s^2$
5	B	硼 Boron	3	10.81	$(He)2s^2 2p$
6	C	碳 Carbon	4,2,-4	12.01	$(He)2s^2 2p^2$
7	N	氮 Nitrogen	5,4,3,2,-3	14.01	$(He)2s^2 2p^3$
8	O	氧 Oxygen	-2	16.00	$(He)2s^2 2p^4$
9	F	氟 Fluorine	-1	19.00	$(He)2s^2 2p^5$
10	Ne	氖 Neon		20.18	$(He)2s^2 2p^6$

第3周期

序号	符号	名称	氧化态	原子质量	电子结构
11	Na	钠 Sodium	1	22.99	$(Ne)3s$
12	Mg	镁 Magnesium	2	24.31	$(Ne)3s^2$
13	Al	铝 Aluminium	3	26.98	$(Ne)3s^2 3p$
14	Si	硅 Silicon	4	28.06	$(Ne)3s^2 3p^2$
15	P	磷 Phosphorus	5,3,-3	30.97	$(Ne)3s^2 3p^3$
16	S	硫 Sulfur	6,4,2,-2	32.07	$(Ne)3s^2 3p^4$
17	Cl	氯 Chlorine	7,5,3,1,-1	35.45	$(Ne)3s^2 3p^5$
18	Ar	氩 Argon		39.95	$(Ne)3s^2 3p^6$

第4周期

序号	符号	名称	氧化态	原子质量	电子结构
19	K	钾 Potassium	1	39.10	$(Ar)4s$
20	Ca	钙 Calcium	2	40.08	$(Ar)4s^2$
21	Sc	钪 Scandium	3	44.96	$(Ar)3d4s^2$
22	Ti	钛 Titanium	4,3	47.87	$(Ar)3d^2 4s^2$
23	V	钒 Vanadium	5,4,3,2	50.94	$(Ar)3d^3 4s^2$
24	Cr	铬 Chromium	6,3,2	52.00	$(Ar)3d^5 4s$
25	Mn	锰 Manganese	7,6,4,3,2	54.94	$(Ar)3d^5 4s^2$
26	Fe	铁 Iron	3,2	55.85	$(Ar)3d^6 4s^2$
27	Co	钴 Cobalt	3,2	58.93	$(Ar)3d^7 4s^2$
28	Ni	镍 Nickel	3,2	58.69	$(Ar)3d^8 4s^2$
29	Cu	铜 Copper	2,1	63.55	$(Ar)3d^{10} 4s$
30	Zn	锌 Zinc	2	65.38	$(Ar)3d^{10} 4s^2$
31	Ga	镓 Gallium	3	69.72	$(Ar)3d^{10} 4s^2 4p$
32	Ge	锗 Germanium	4	72.64	$(Ar)3d^{10} 4s^2 4p^2$
33	As	砷 Arsenic	5,3,-3	74.92	$(Ar)3d^{10} 4s^2 4p^3$
34	Se	硒 Selenium	6,4,-2	78.96	$(Ar)3d^{10} 4s^2 4p^4$
35	Br	溴 Bromine	5,1,-1	79.90	$(Ar)3d^{10} 4s^2 4p^5$
36	Kr	氪 Krypton		83.80	$(Ar)3d^{10} 4s^2 4p^6$

第5周期

序号	符号	名称	氧化态	原子质量	电子结构
37	Rb	铷 Rubidium	1	85.47	$(Kr)5s$
38	Sr	锶 Strontium	2	87.62	$(Kr)5s^2$
39	Y	钇 Yttrium	3	88.91	$(Kr)4d5s^2$
40	Zr	锆 Zirconium	4	91.22	$(Kr)4d^2 5s^2$
41	Nb	铌 Niobium	5,4,3	92.91	$(Kr)4d^4 5s$
42	Mo	钼 Molybdenum	6,5,4,3,2	95.96	$(Kr)4d^5 5s$
43	Tc	锝 Technetium	7	(97.91)	$(Kr)4d^5 5s^2$
44	Ru	钌 Ruthenium	8,6,4,3,2	101.07	$(Kr)4d^7 5s$
45	Rh	铑 Rhodium	4,3,2	102.91	$(Kr)4d^8 5s$
46	Pd	钯 Palladium	4,2	106.42	$(Kr)4d^{10}$
47	Ag	银 Silver	1,2	107.87	$(Kr)4d^{10} 5s$
48	Cd	镉 Cadmium	2	112.41	$(Kr)4d^{10} 5s^2$
49	In	铟 Indium	3,1	114.82	$(Kr)4d^{10} 5s^2 5p$
50	Sn	锡 Tin	4,2	118.71	$(Kr)4d^{10} 5s^2 5p^2$
51	Sb	锑 Antimony	5,3,-3	121.76	$(Kr)4d^{10} 5s^2 5p^3$
52	Te	碲 Tellurium	6,4,-2	127.60	$(Kr)4d^{10} 5s^2 5p^4$
53	I	碘 Iodine	7,5,1,-1	126.90	$(Kr)4d^{10} 5s^2 5p^5$
54	Xe	氙 Xenon		131.29	$(Kr)4d^{10} 5s^2 5p^6$

第6周期

序号	符号	名称	氧化态	原子质量	电子结构
55	Cs	铯 Cesium	1	132.91	$(Xe)6s$
56	Ba	钡 Barium	2	137.33	$(Xe)6s^2$
57-71		镧系 Lanthanides			
72	Hf	铪 Hafnium	4	178.49	$(Xe)4f^{14}5d^2 6s^2$
73	Ta	钽 Tantalum	5	180.95	$(Xe)4f^{14}5d^3 6s^2$
74	W	钨 Tungsten	6,5,4,3,2	183.84	$(Xe)4f^{14}5d^4 6s^2$
75	Re	铼 Rhenium	7,6,4,2,-1	186.21	$(Xe)4f^{14}5d^5 6s^2$
76	Os	锇 Osmium	8,6,4,3,2	190.23	$(Xe)4f^{14}5d^6 6s^2$
77	Ir	铱 Iridium	6,4,3,2	192.22	$(Xe)4f^{14}5d^7 6s^2$
78	Pt	铂 Platinum	4,2	195.08	$(Xe)4f^{14}5d^9 6s$
79	Au	金 Gold	3,1	196.97	$(Xe)4f^{14}5d^{10} 6s$
80	Hg	汞 Mercury	2,1	200.59	$(Xe)4f^{14}5d^{10} 6s^2$
81	Tl	铊 Thallium	3,1	204.38	$(Xe)4f^{14}5d^{10} 6s^2 6p$
82	Pb	铅 Lead	4,2	207.2	$(Xe)4f^{14}5d^{10} 6s^2 6p^2$
83	Bi	铋 Bismuth	5,3	208.98	$(Xe)4f^{14}5d^{10} 6s^2 6p^3$
84	Po	钋 Polonium	4,2	(208.98)	$(Xe)4f^{14}5d^{10} 6s^2 6p^4$
85	At	砹 Astatine	7,5,3,1,-1	(209.99)	$(Xe)4f^{14}5d^{10} 6s^2 6p^5$
86	Rn	氡 Radon		(222.02)	$(Xe)4f^{14}5d^{10} 6s^2 6p^6$

第7周期

序号	符号	名称	氧化态	原子质量	电子结构
87	Fr	钫 Francium	1	(223.02)	$(Rn)7s$
88	Ra	镭 Radium	2	(226.03)	$(Rn)7s^2$
89-103		锕系 Actinides			
104	Rf	鑪 Rutherfordium	4	(267.12)	$(Rn)5f^{14}6d^2 7s^2$
105	Db	𨧀 Dubnium	5	(268.13)	$(Rn)5f^{14}6d^3 7s^2$
106	Sg	𨭎 Seaborgium		(271.13)	
107	Bh	𨨏 Bohrium		(270.13)	
108	Hs	𨭆 Hassium		(269.13)	
109	Mt	鿏 Meitnerium		(276.15)	
110	Ds	鐽 Darmstadtium		(281.16)	
111	Rg	錀 Roentgenium		(280.16)	
112	Cn	鎶 Copernicium		(277)	
113	Nh	鉨 Nihonium		(286)	
114	Fl	鈇 Flerovium		(289)	
115	Mc	镆 Moscovium		(289)	
116	Lv	𫟼 Livermorium		(293)	
117	Ts	鿬 Tennessine		(294)	
118	Og	鿫 Oganesson		(294)	

镧系 Lanthanides

序号	符号	名称	氧化态	原子质量	电子结构
57	La	镧 Lanthanum	3	138.91	$(Xe)5d6s^2$
58	Ce	铈 Cerium	4,3	140.12	$(Xe)4f5d6s^2$
59	Pr	镨 Praseodymium	4,3	140.91	$(Xe)4f^3 6s^2$
60	Nd	钕 Neodymium	3	144.24	$(Xe)4f^4 6s^2$
61	Pm	钷 Promethium	3	(144.91)	$(Xe)4f^5 6s^2$
62	Sm	钐 Samarium	3,2	150.36	$(Xe)4f^6 6s^2$
63	Eu	铕 Europium	3,2	151.96	$(Xe)4f^7 6s^2$
64	Gd	钆 Gadolinium	3	157.25	$(Xe)4f^7 5d6s^2$
65	Tb	铽 Terbium	4,3	158.93	$(Xe)4f^9 6s^2$
66	Dy	镝 Dysprosium	3	162.50	$(Xe)4f^{10} 6s^2$
67	Ho	钬 Holmium	3	164.93	$(Xe)4f^{11} 6s^2$
68	Er	铒 Erbium	3	167.26	$(Xe)4f^{12} 6s^2$
69	Tm	铥 Thulium	3,2	168.93	$(Xe)4f^{13} 6s^2$
70	Yb	镱 Ytterbium	3,2	173.05	$(Xe)4f^{14} 6s^2$
71	Lu	镥 Lutetium	3	174.97	$(Xe)4f^{14} 5d6s^2$

锕系 Actinides

序号	符号	名称	氧化态	原子质量	电子结构
89	Ac	锕 Actinium	3	(227.03)	$(Rn)6d7s^2$
90	Th	钍 Thorium	4	232.04	$(Rn)6d^2 7s^2$
91	Pa	镤 Protactinium	5,4	231.04	$(Rn)5f^2 6d7s^2$
92	U	铀 Uranium	6,5,4,3	238.03	$(Rn)5f^3 6d7s^2$
93	Np	镎 Neptunium	6,5,4,3	(237.05)	$(Rn)5f^4 6d7s^2$
94	Pu	钚 Plutonium	6,5,4,3	(244.06)	$(Rn)5f^6 7s^2$
95	Am	镅 Americium	6,5,4,3	(243.06)	$(Rn)5f^7 7s^2$
96	Cm	锔 Curium	3	(247.07)	$(Rn)5f^7 6d7s^2$
97	Bk	锫 Berkelium	4,3	(247.07)	$(Rn)5f^9 7s^2$
98	Cf	锎 Californium	3	(258.08)	$(Rn)5f^{10} 7s^2$
99	Es	锿 Einsteinium	3	(252.08)	$(Rn)5f^{11} 7s^2$
100	Fm	镄 Fermium	3	(257.10)	$(Rn)5f^{12} 7s^2$
101	Md	钔 Mendelevium	3	(258.10)	$(Rn)5f^{13} 7s^2$
102	No	锘 Nobelium	3	(259.10)	$(Rn)5f^{14} 7s^2$
103	Lr	铹 Lawrencium	3	(262.11)	$(Rn)5f^{14} 7s^2 7p$

图书在版编目（ＣＩＰ）数据

过渡金属化合物 /（俄罗斯）丹尼尔·I.霍尔姆斯基
（Daniel I. Khomskii）著；伍亮译. -- 上海 ：上海科
学技术出版社，2024.1
  书名原文：Transition Metal Compounds
  ISBN 978-7-5478-6472-2

  Ⅰ．①过⋯ Ⅱ．①丹⋯ ②伍⋯ Ⅲ．①过渡金属化合
物 Ⅳ．①O614

中国国家版本馆CIP数据核字（2023）第235344号

上海市版权局著作权合同登记号 图字：09－2023－0663 号

过渡金属化合物
丹尼尔·I.霍尔姆斯基
（Daniel I. Khomskii） 著
伍 亮 译

上海世纪出版（集团）有限公司 出版、发行
上 海 科 学 技 术 出 版 社
（上海市闵行区号景路 159 弄 A 座 9F－10F）
邮政编码 201101   www.sstp.cn
江阴金马印刷有限公司印刷
开本 787×1092 1/16 印张 21
字数 530 千字
2024 年 1 月第 1 版 2024 年 1 月第 1 次印刷
ISBN 978－7－5478－6472－2/TB·21
定价：168.00 元

本书如有缺页、错装或坏损等严重质量问题,请向印刷厂联系调换